Contents 目　录

第一章

概　　述

第一节　基因与基因资源

随着人类基因组计划的完成和后基因组时代的到来，以基因技术为核心的生命科学与生物技术已经成为自然科学和高新技术最富有生命力的领域之一。生命科学的快速发展和突破，使生物产业启动了又一次新革命并进入了全球扩张阶段，其影响力远超过前三次科技革命。现代生物技术正改变着人类生活，成为解决人类粮食、健康和环境三大基本问题的关键技术，生物产业也将成为21世纪经济的支柱产业。生物基因资源是所有生命科学研究及生物技术产业的物质基础，随着对生物资源的进一步发掘和利用，基因资源在人类社会发展中的重要地位日益凸显，并必将取代其他传统资源而成为世界各国争夺的焦点。

一、基因的基本概念

基因（gene）一词在1909年由丹麦遗传学家约翰逊提出。他用这一名词表示遗传的独立单位，相当于孟德尔在豌豆实验中提出的“遗传因子”。一般来说，基因是遗传信息的基本单位，但基因的概念并非一成不变。随着科学研究水平的不断提高，基因的概念也从浅入深，由宏观到微观，不断得到修正和发展。从遗传学的角度看，基因是生物遗传的基本单位——突变单位、重组单位和功能单位；从分子生物学的角度看，基因是负载特定遗传信息的DNA分子或RNA片段，在一定条件下能够表达该遗传信息，执行特定的生理功能。

基因的概念最初来自遗传学奠基人孟德尔，他于1866年在奥地利自然科学学会年刊上发表了著名的论文“植物杂交实验”，发现了遗传学的两大基本规律——基因的分离定律和自由组合定律。该文指出，生物每一个性状都是通过遗传因子传递的，遗传因子是一些独立的遗传单位，为现代基因概念的提出奠定了基础。1909年，约翰逊在《精密遗传学原理》一书中提出了“基因”概念，以此来替代孟德尔假定的“遗传因子”。从此，“基因”一词伴随着遗传学发展至今。

1910年，摩尔根等通过果蝇杂交实验表明，染色体在细胞分裂时的行为与基因行为一致，从而证明基因位于染色体上，并呈线性排列，提出了连锁交换定律。1941年，Beadle和Tatum通过对粗糙脉孢菌营养缺陷型的研究，提出了“一个基因一个酶”的假说。1944年，Avery等用生物化学方法证明了转化因子（transforming factor）是DNA，且转化频率随着DNA纯度的提高而增加，从而证明了DNA就是遗传物质。1953年，Watson和Crick

提出了 DNA 双螺旋结构模型，明确了 DNA 在机体内的复制方式。1957 年，Crick 最早提出遗传信息的中心法则，并在 1961 年提出了三联遗传密码，将 DNA 分子的结构与生物学功能有机地统一起来，为揭示基因的本质奠定了分子基础。1957 年，Benzer 用大肠杆菌 T4 噬菌体作为材料，分析了基因内部的精细结构，提出了顺反子（cistron）概念，证明基因是 DNA 分子上的一个特定的区段。1961 年，法国科学家 Jacob 和 Monod 通过不同的大肠杆菌乳糖代谢突变体来研究基因的作用，提出了操纵子学说（operon theory）。从此人们根据基因功能把基因分为结构基因、调节基因和操纵基因。

传统的观点认为，一个结构基因是一段连续的 DNA 序列。20 世纪 70 年代后期发现绝大多数真核生物基因都是不连续的，被一些非编码序列隔开，这些基因称为断裂基因。1978 年，在噬菌体中发现了重叠基因，一个基因序列可包含在另一个基因中，两个基因序列可能部分重叠。另外还发现，在原核和真核生物中均存在基因转移现象，并确认这些可转移位置的成分为跳跃基因（jumping gene），也称转座因子（transposon element）。后来，人们发现除了编码蛋白质的基因外，还有编码最终产物是 RNA 的基因，包括长非编码 RNA（lncRNA）、微小 RNA（miRNA）、核糖体 RNA（rRNA）和转运 RNA（tRNA）等。

经过不断发展和补充，现代基因概念最终形成，即基因是指携带有遗传信息能产生一条多肽链或功能 RNA 的核苷酸序列，是控制性状的基本遗传单位。基因主要通过指导蛋白质的合成来表达其所携带的遗传信息，从而控制生物个体的性状表现。从分子水平来说，基因有三个基本特性：①稳定性，基因的分子结构稳定，不容易发生改变，基因可精确地自我复制，并随细胞分裂分配给子细胞或通过性细胞传给子代，从而保证了遗传的稳定。②决定性，基因通过转录和翻译决定多肽链的氨基酸顺序，从而决定某种酶或蛋白质的性质，而最终表现为某一性状。③可变性，基因可以由于细胞内外诱变因素的影响而发生突变。由于基因的这种可变性，增加了生物的多样性，也为选择提供了更多的机会。

二、基因资源的特性

根据 1992 年签订的《生物多样性公约》（Convention on Biological Diversity，CBD）的规定，基因资源是指具有实际或潜在价值的遗传材料，遗传材料是指来自动物、植物、微生物或其他来源的任何含有遗传功能单位的材料。CBD 对基因资源的定义并非一步到位，而是先引入了“遗传材料”的概念，然后通过进一步限定“遗传材料”来定义“基因资源”。从 CBD 定义的文字表述来看，“基因资源”的概念可以包括人类遗传资源在内，但基于道德伦理等原因，CBD 缔约方大会第六次会议通过的《波恩准则》明确排除对人类基因资源的适用，此准则规定：“本准则应涵盖《生物多样性公约》所涉及全部遗传资源以及相关的传统知识、创新和做法，并涵盖由于这些遗传资源的商业利用和其他利用而产生的惠益，唯人类遗传资源不在此列”。之所以将人类基因资源排除在外是因为对人类基因资源利用的要求更加严苛，更侧重于生物伦理方面的规制。根据基因资源定义的内涵和外延，基因资源具有复合、不可再生、不均衡和价值潜在等特性。

1. 基因资源的复合性

基因资源具有实体材料与无形信息的复合性。有形的实体材料是指承载了基因信息的动物、植物或微生物的本身或部分结构。无形的基因信息是决定某一物质是否为基因资源的决定性因素，若某些生物材料不含有任何基因信息，则它们可能仅仅是自然资源而不是基因资源（周莳文，2012）。从这个角度讲，基因资源包括物质形态的资源和信息形态的资源，与计算机磁盘和它们承载的计算机程序的关系是极其相似的。

基因资源的复合性使其有别于其他自然资源。其他自然资源仅仅强调其在自然界中的有形物理表现形式，如附着了基因信息的动物、植物、人体细胞、保藏菌种或者病毒样品，而基因资源不仅强调有形的动物、植物、微生物或其他基因材料等生物载体，更强调这些载体上无形的基因信息，这些信息装载于基因双螺旋结构的特殊序列中。因此，基因资源的这一特性决定了生物科技时代基因资源的利用方式和其他自然资源的利用方式的区别，利用其他普通自然资源需要持续地提供材料，而基因资源的利用只需要少量的样本提取出相关的基因资源信息就可以。

基因资源的复合性也使得其研究必须依赖高新生物技术。一方面，需要先进的生物科学技术以不断地挖掘基因资源中蕴藏的基因信息，并且进行功能注释和验证。另一方面，功能基因的开发利用需要严格可控的实验环境和完善先进的生产流程。对功能基因的深入研究是当前生物学研究的主旋律，各种高新技术的发展方兴未艾，不仅推动了人们对功能基因的研究，同时加深了对基因资源的了解。

2. 基因资源的不可再生性

基因资源具有不可再生性，若作为基因资源载体的生物物种灭绝，失去的基因资源则不能被再次获得。生物物种的灭绝是指动植物等生物种类不可再生性地消失或破坏，是指承载基因信息的生物物种的整体性消失。很多动植物在尚未被人们完全认识之前已消亡，一旦物种灭绝，若事先未提取标本并对其基因信息加以识别和保存，基因资源将不可恢复。

基因资源的不可再生性使得当前基因资源的保护迫在眉睫。据统计，全世界每天有75 个物种灭绝，每小时有 3 个物种灭绝。来自欧洲、澳大利亚、中南美洲和非洲的科学家在对 6 个生物物种最丰富的地区进行了为期两年的研究后得出了一个惊人的初步结论：由于全球气候变暖，在未来 50 年中，地球陆地上 1/4 的动物和植物将遭遇灭顶之灾。他们预计，至 2050 年，地球上将有 100 万个物种灭绝。科学家据此推断，地球正面临第 6 次生物大灭绝。随着物种灭绝速度的不断加快，人类可利用的基因资源将越来越少，开发利用和保护基因资源刻不容缓。

3. 基因资源的不均衡性

基因资源具有时间和空间分布的不均衡性。在地质史上存在多次物种大暴发和大灭绝事件，分别伴随着基因资源的大量增加和急剧减少。例如，在前寒武纪物种大暴发中，出现了现存的主要生物门类，致使地球上基因资源的丰度达到顶峰。在空间上，现有基因资源主要分布于中低纬度的热带和亚热带地区，在高纬度地区则相对较少。

基因资源在各国之间也呈现出不均衡分布的状态，尤其在发达国家和发展中国家之间。很多发展中国家的地理位置、自然环境和气候环境得天独厚，拥有多样性的生物资源及基因资源。例如，位于热带和亚热带的国家拥有世界上最高比例的基因资源和生物多样性。巴西、哥伦比亚、厄瓜多尔、秘鲁、中国、印度、印度尼西亚、马来西亚、扎伊尔、马达加斯加和玻利维亚是世界上生物多样性最丰富的国家，其生物多样性约占全世界生物多样性的70%。同时，发展中国家往往现代化水平不高，环境资源破坏程度较低，原始生态环境保存较完整，从而使其基因资源更加丰富。由于基因资源分布的不均衡性，围绕基因资源的竞争和掠夺时有发生。各个国家已逐渐意识到保护基因资源的重要性，纷纷加快了基因资源开发和保护的步伐。

4. 基因资源的价值潜在性

基因资源具有价值潜在性。当前，受认知水平和生物科技发展水平等因素的制约，人们仅能发现一小部分基因资源的价值，而对大部分基因资源的价值缺乏了解。生物科技的发展对基因资源潜在价值的开发利用至关重要。正因为开发利用价值的潜在性，国际上的科技和经济强国纷纷对基因资源进行了“圈地运动”，基因资源已经成为生命科学和生物产业激烈竞争中的战略制高点。

基因资源的价值潜在性也决定了保护基因资源的重要性。一方面，随着生物科技的不断发展，基因潜在的价值将被陆续开发出来，带动生物产业的快速发展。另一方面，随着生物物种的不断灭绝，大量的基因资源在地球上消失，其潜在的价值也随之消失。因此，必须尽快对基因资源进行研究、开发和保护。

三、功能基因的发掘利用

功能基因的发掘利用是指在了解功能基因的生物学活性和特征后，利用功能基因的相关信息开发出相应的基因产品，为现代工业、农业和医药等行业提供服务的过程。功能基因的发掘利用既包括功能基因在所属生物内的利用，也包括在其他方面的利用。现代生物技术的发展大大促进了功能基因的发掘利用。20世纪70年代以来，分子生物学的飞速发展，迅速带动了以DNA重组为核心内容的基因工程，并作为技术支柱直接催生了功能基因的发掘利用。基因工程的发展不仅为基因的结构和功能研究提供了有力手段，更加速了一批具有世界领先水平的基因产品的形成，推动人类进入生物经济时代。随后出现的过表达技术、RNA 干扰技术和高通量测序技术等，使得人们可以精细地了解功能基因的活性特征，并进一步缩短了功能基因发掘利用的周期。目前，开发的功能基因相关产品已逐渐应用于工业、农业和医药等行业。

在工业上，功能基因主要应用于生物酶制剂和工程菌株的开发。研究人员通过查明备选微生物中目标功能基因的生物学活性特征，利用突变技术筛选获得酶基因，并进行大规模发酵和体外纯化，获得大量生物酶制剂。生物酶制剂的使用能大大降低生产过程的能耗、提高生产效率或满足其他方面的特殊需求。同样，通过基因重组技术定向改造菌株的某些生物学功能，如改造发酵工业中的酵母菌株等，也能满足人们在工业上的某些需求。

在农业上，功能基因主要应用于优良种质的选育和转基因生物的培育。经济性状突出或具有抗病害/耐胁迫的优良种质，是相关产业发展的巨大推动力。筛选与优良性状相关的功能基因或分子标记，然后采用基因辅助或分子标记辅助育种技术，只需数代就能选育出优良品种，大大缩短了选育时间。尽管目前人们尚无法完全认可转基因生物，但毋庸置疑，转入的功能基因大大改良了生物的性状。例如，美国孟山都公司把苏云金杆菌基因插入棉花植株获得了转基因抗虫棉花，经连续田间试验，发现防治虫害效果良好。到2012年，我国抗虫棉种植面积已达全国种植棉总面积的 80%以上，其中国产抗虫棉种植面积已占全国抗虫棉种植总面积的 95%以上，取得了显著的经济和社会效益。当然，转基因生物所带来的长期影响还有待继续观察。

功能基因在医药业的应用相对较早，多见于具有相应生物活性的功能蛋白的开发和遗传病的检测与诊断等。目前已有许多利用体外合成的活性功能蛋白开发药物，治疗人类疾病的成功实例。例如，利用大肠杆菌表达和体外纯化的胰岛素，已广泛应用于糖尿病的治疗。利用体外表达纯化的神经生长因子可以用来治疗各种精神类疾病和脑瘫等。目前研究人员已经发现大部分遗传病是由某些功能基因的特别类型或突变造成的。在临床上，Illumina 公司已经开发出专门的高通量测序仪，通过重测序来快速检测人体潜在遗传病的发病概率。

功能基因的发掘利用大大拓展了人们对基因资源的认识，并为人们的生产和生活提供了便利。深入了解功能蛋白的活性和特征，一方面可以通过优化条件来最大化利用功能基因的活性。另一方面可以拓展对基因资源的了解，开发功能基因的相关产品或服务，提高工农业生产力，为人们提供物美价廉的产品，丰富人们的生活。同时，功能基因在人类健康领域也具有非常广阔的开发利用前景。

第二节 海洋生物功能基因与基因资源

地球表面的总面积约 5.1 亿平方千米，其中海洋面积约为 3.6 亿平方千米，占地球总表面积的 71%，海洋是一座巨大的资源宝库。广袤的海洋中生活着种类繁多的海洋生物，蕴藏着数之不尽的基因资源。研究海洋生物基因的结构、生物学活性和生理功能，可以深入了解海洋生物基因资源的特点，加速海洋生物功能基因的开发利用进程。

一、海洋生物基因资源的特点

顾名思义，海洋生物基因资源是指分布于海洋中的基因资源。与陆地生物基因资源相比，海洋生物基因资源除了具有复合性、不可再生性、不均衡性和价值潜在性外，还有其独有的特点。这些特点包括海洋生物基因资源的多样性、独特性和开发困难性。

1. 海洋生物基因资源的多样性

与陆地生物相比，海洋生物具有更高的多样性。生活在海洋中的生物约有 40 万种，占全部生物的 80%以上，无论是在数量上还是在种类上都远远超过陆地生物。在目前所发现的 34 个动物门类中，海洋生物就占了 33 个门，且其中有 15 个门类的动物只能生活在海洋环境中。每种海洋生物都承载着其特有的基因信息，海洋是蕴藏基因资源的巨大宝库。

生物的进化历程和海洋的特殊环境共同决定了海洋生物基因资源的多样性。一方面，生命起源于海洋，地球上现存生物的共同祖先就生活在海洋中。基因也最早产生于海洋，并不断地得到增加和丰富，然后随着生物的登陆而扩展到陆地上。因此，海洋中保存着许多古老的基因资源，也拥有丰富的新基因资源。另一方面，特殊的海洋环境造就了种类繁多、丰富多彩的海洋生物。海洋中有高山、丘陵和峡谷等复杂地貌，同时海底还具有低光照和高压等特征，复杂的环境使得海洋生物进化产生了特有的适应能力，也大大增加了海洋生物基因资源的多样性。

2. 海洋生物基因资源的独特性

某些基因资源仅存在于海洋生物中，这种海洋生物基因资源的独特性是由特殊的海洋环境决定的。海洋生境具有高压、高盐、少光照、潮汐、海流、寡营养等特点，而且还存在高温、低温等极端环境，远比陆地环境复杂多变。海洋生物在极端环境因素的自然选择下，适应产生了一系列结构新颖、作用机制特殊并具有潜在应用前景的功能基因，形成了独特的生理生化过程和特殊的物质、能量代谢途径。

3. 海洋生物基因资源的开发困难性

开发海洋生物基因资源的难度远高于陆地生物，这种开发困难性主要在于难以全面获取海洋生物基因资源，以及海洋生物基因资源开发与利用技术平台的限制。

长期以来，人们对地球上自然资源的开发利用一直以陆地资源为主，而忽略了海洋资源，对海洋环境及海洋生物资源的认识十分有限。海洋生物生活在海水介质中，由于海洋环境高盐、高压、缺氧、低光等特殊条件的限制，目前的科技及装备水平尚不能完全满足人们采集、培育、养殖和认识海洋生物的需要。相关研究表明，深海海底也生活着大量生物，而且这些生物的形态和生理生化等特征可能完全不同于陆地和海表的生物。要全面认识、开发和利用这些海底生物的基因资源，还需大力发展海洋科技及装备水平。

因为海洋生物及海洋环境的独特性，目前基于陆地生物的成熟基因资源开发与利用平台通常不能完全适用于海洋生物。为更好地开发海洋生物基因资源，首先需要研发适用于海洋生物功能基因研究的配套技术，如基因组学的功能基因高效挖掘技术，特殊活性蛋白的筛选、验证和分析技术，以及功能蛋白的高效表达和规模化制备技术等。

二、海洋生物基因资源研究现状

种类繁多的海洋生物是一个巨大的基因资源库，迅速发展的海洋生物技术为海洋生物基因资源研究提供了重要支撑。随着一系列海洋生物基因组计划的完成和生物信息学技术的飞速发展，对海洋生物基因资源的发掘也从单一基因跨入了组学水平。大规模高通量地发掘蕴藏于海洋生物中的基因资源、开展功能基因相关研究已成为海洋生物技术的前沿领域之一。探索和利用海洋生物基因资源，能够定向设计优良性状，培育优质、高产、抗逆新品种，从根本上解决海水养殖生物“质”、“量”和“病”的问题，同时还能开发高端海洋生物基因工程产品，应用于工业、农业、医疗卫生和环保等领域（秦松等，2006）。

海洋生物功能基因的研究是目前国际海洋大国争夺海洋生物资源的焦点之一。欧盟、美国、日本、加拿大、澳大利亚纷纷斥巨资加入海洋生物基因资源的研究行列，引发了一场海洋生命科学技术竞争。美国等海洋科技强国已经完成了大部分海洋生物门类代表物种的基因组测序，这些被测序的动物物种包括大西洋真鳕（*Gadus morhua*）、佛罗里达文昌鱼（*Branchiostoma floridae*）、玻璃海鞘（*Ciona intestinalis*）、紫色球海胆（*Strongylocentrotus purpuratus*）、帽贝（*Lottia gigantea*）、海蠕虫（*Capitella teleta*）、太平洋侧腕水母（*Pleurobrachia bachei*）、大堡礁海绵（*Amphimedon queenslandica*）和草履虫（*Paramecium tetraurelia*）等。

通过对基因组的深入分析，获得对应物种的基因资源，并对其进行了功能注释和开发利用。据不完全统计，目前全世界已经从海洋生物中发现了约为人类基因数目两倍的全新基因，发掘和利用各种海洋生物基因资源特别是新基因资源，用于生产药物和高附加值产品备受关注，海洋生物丰富且特殊的基因资源正为基因工程产品的开发提供充足的源动力。

我国在海水养殖重要生物基因资源研究方面已经跃居世界领先水平，从养殖鱼虾贝藻中克隆获得大量的功能基因，其中包括与生长、抗逆和品质等经济性状相关的基因，如抗菌肽、天然抗性相关巨噬蛋白、细胞因子、干扰素调节因子、抗病毒蛋白、成肌因子、生长因子等的基因，这些基因的获得为解析重要经济性状的决定机制，进一步利用生物技术开发海洋动植物优良品种奠定了重要基础。在海洋生物基因组测序方面，我国也已跨入国际先进行列。中国科学院海洋研究所完成了国际上第一个海洋软体动物长牡蛎（*Crassostrea gigas*）的基因组测序，发现了抗逆相关基因的大扩张，从而揭示了牡蛎抗逆性状和贝壳形成的分子机制（Zhang *et al.*，2012）。中国水产科学院黄海水产研究所完成了半滑舌鳎（*Cynoglossus semilaevis*）的基因组测序（Chen *et al.*，2014）。目前即将完成或正在进行基因组测序的海洋生物物种还包括大黄鱼（*Pseudosciaena crocea*）、凡纳滨对虾（*Litopenaeus vannamei*）、虾夷扇贝（*Patinopecten yessoensis*）、栉孔扇贝（*Chlamys farreri*）和海带（*Laminaria japonica*）等。尽管我国在海洋生物基因资源的研究方面已经取得了不少成就，但与国外发达国家相比仍有不少差距。当务之急是要充分利用海洋生物基因组学和生物信息学等前沿学科的重大成就，围绕海洋生物功能基因发现、活性筛选和功能验证，发掘功能明确、可重组表达、有潜在应用前景的全长功能基因序列，对重要基因进行重组表达和功能验证，建立具有海洋特色的表达系统和生物反应器技术，发展并完善海洋生物基因资源开发的核心前沿技术。

三、海洋生物功能基因开发利用

基因资源是海洋生物资源开发利用的核心内容。海洋生物种类繁多，生境复杂，具有丰富的基因资源，其基因产品在食品、医药、化工、农业、环保、能源和国防等许多领域日益彰显出巨大的应用潜力，为解决世界面临的蛋白质缺乏、能源紧张、环境污染和重大疾病等问题提供了重要参考。海洋生物基因资源的多样性和独特性使得其能满足人们的多方面需求，提高人们的生产和生活水平。世界各沿海国家都已经意识到海洋生物基因资源的重要性，纷纷加快了海洋生物基因资源开发利用的步伐。海洋生物基因资源的开发利用水平不仅体现了各国的生物技术综合实力，更标志着其综合国力的强弱。

近年来，围绕海洋生物基因资源开发利用的国际竞争日趋激烈，各国政府纷纷加强了对重要海洋生物基因资源的开发和利用技术的研发。经过长期的资本投入和技术攻关，西方国家在海洋生物基因资源的利用方面已开始收获成功的果实。目前共有两种海洋基因工程药物被批准上市，2004 年 12 月美国食品药品监督管理局（FDA）批准芋螺多肽毒素 MVⅡA 用于治疗慢性疼痛，2007 年 10 月 Trabectedin（ET743）在欧洲上市，用于治疗软组织肉瘤。另外，还有多款海洋生物基因药物正处于临床测试阶段。

我国在海洋生物功能基因的开发利用方面已经迈出了坚实的一步，取得了一些成果。

从控制海洋生物生殖、生长、抗病和抗逆等主要经济性状的基因克隆、鉴定和功能分析入手，解析重要经济性状和重要生命现象的分子机制，建立以分子标记和基因转移为主的分子育种技术，结合传统的选育技术，为海水养殖优良品种培育提供了有力手段。我国科研人员已经克隆海蛇毒素、海葵毒素、水蛭素等一批功能基因，重组芋螺毒素、别藻蓝蛋白和鲨肝生长刺激因子可以作为潜在的基因工程的药物。同时，海葵强心肽、重组鲨肝刺激物质类似物、低温脂肪酶等 10 余种海洋生物基因工程产品已经进行中试规模制备，重组鲨肝刺激物质类似物等 3 个基因工程产品基本完成了临床前成药性评价研究。这些潜在的产品如成功准入市场，将产生巨大的经济效益。

面对数量巨大的海洋生物及其丰富的基因资源，大力发掘和合理利用海洋生物基因资源，尤其是开展与重要生产性状或特殊生理代谢过程相关的功能基因研究，建立和完善海洋生物基因资源发掘利用关键技术，发掘筛选出具有工业、农业及医药应用前景的功能基因，开发具有我国自主知识产权的海洋基因工程新产品，不仅能从更深层次探索海洋生命的奥秘，还是我国海洋生物资源可持续利用的根本方略和必然趋势。

（宋林生）

主要参考文献

秦松，丁玲. 2006. 专家论海洋生物基因资源的研究与利用. 生物学杂志，23（1）：1-5.

周莳文. 2012. 基因和基因资源专利保护战略研究. 北京：知识产权出版社.

Chen S，Zhang G，Shao C，*et al*. 2014. Whole-genome sequence of a flatfish provides insights into ZW sex chromosome evolution and adaptation to a benthic lifestyle. Nat Genet，46（3）：253-260.

Zhang G，Fang X，Guo X，*et al*. 2012. The oyster genome reveals stress adaptation and complexity of shell formation. Nature，490（7418）：49-54.

第二章

海洋生物功能基因发掘与验证技术

第一节 基因组学技术

基因组（genome）是某一特定生物的所有遗传信息的总称，基因组学（genomics）则可定义为研究基因组结构、功能与多样性的科学。基因组学方法与传统生物学方法的主要差异在于研究的规模，因为基因组学的目标在于广泛分析大量的基因甚至可能涉及组成基因组的全套基因，而不再局限于一个或少量基因。基因组学是一门新学科，起始于最初尝试通过测定基因组 DNA 序列或大量的 cDNA 序列来获得单个物种的大规模测序数据。早期的测序过程花费昂贵，因此研究者主要将精力集中在包括大肠杆菌（*Escherichia coli*）、酵母（*Saccharomyces cerevisiae*）、线虫（*Caenorhabditis elegans*）、果蝇（*Drosophila melanogaster*）和拟南芥（*Arabidopsis thaliana*）等在内的模式生物上。随着 DNA 测序技术的发展而使得测序费用大幅度下降及大数据分析能力的提高，基因组测序在生命科学研究领域的地位日益显著。截至 2014 年 7 月，已有 220 余种动植物的基因组文章发表。这些物种基因组图谱的完成，将带动其基因组下游一系列研究的开展。

DNA 测序技术至今已发展至第三代（表 2-1）。第一代以 ABI3730 测序仪为代表，拥有较长的测序读长和较高的准确率，目前适合于对短片段的 PCR 产物进行测序。自 2005 年以来，以高通量低成本为主要特征的第二代测序技术蓬勃发展且目前仍是测序市场的主流，其中，Roche 454 和 Ion Torrent 测序仪读长较长，但是在判断连续单碱基重复区时准确度不高，且通量和成本在动植物全基因组测序方面不具备显著优势；Hiseq2000 测序平台兼有高通量、高准确度和低成本的优点，目前是动植物基因组测序研究的主流技术平台。第三代测序技术主要基于 DNA 单个分子直接测序，读长很长但错误率较高，目前还处在研发改进阶段，尚未大规模投入应用。本章节主要基于 Hiseq2000 测序平台介绍基因组测序技术。

表 2-1 三代测序技术平台比较

测序技术	测序平台	读长/bp	通量	错误率
第一代	ABI3730	800～1000	0.2Mb	低（约 2%）
第二代	Roche454	400～600	400Mb	中（约 4%）
	Hiseq2000	100～150	250Gb	低（<2%）
	Ion Torrent	200～400	10Gb	中（约 4%）
第三代	Pacific Biosciences	约 8500	400Mb	高（约 18%）

目前利用第二代测序技术（next generation sequencing，NGS）进行全基因组组装来获得某一物种的基因组序列图谱是最全面、快捷的研究手段，也即全基因组鸟枪法测序技术（whole-genome shotgun sequencing，WGSS）。这种技术对基因组结构要求很高，对于二倍体或多倍体的测序材料，其高杂合度、多重复序列将会对组装效果产生负面影响。因此，在采取 WGSS 策略进行大规模测序组装前，需进行基因组调查（genome survey）分析。

一、基因组调查

对一个物种进行全基因组从头测序（*de novo* sequencing）之前，应尽可能地了解该物种的基因组特点，特别是借助已知基因组大小的近缘物种的信息，预判该物种的基因组大小。除了已完成基因组测序的物种，有部分物种可查阅流式细胞仪的检测结果。查询植物基因组大小的网站：http：//data.kew.org/cvalues/CvalServlet?querytype=2；查询动物基因组大小的网站：http：//www.genomesize.com/search.php。换算关系为 1pg=978Mb。

基因组调查是对无参考基因组的物种，采用低深度测序并进行生物信息学分析，从而全面了解某一物种基因组基本情况和复杂程度的分析方法。一般用在进行全基因组从头组装之前，了解该物种的基因组大小、杂合度、重复序列、GC 含量等信息，以便制订合理的测序策略。

1. 基因组调查对 DNA 样品的要求

基因组调查的建库类型为小片段文库，即插入片段≤800bp 的文库。要求 DNA 样品无降解或轻微降解，总量≥6μg，浓度≥50ng/μL。

2. 基因组调查测序技术流程

文库构建策略：构建不同插入片段大小的 DNA 文库（170bp、500bp 或 800bp）。

测序策略：测序平台为 Hiseq2000，一般采用双末端测序，读长为 101bp（PE101）。

建库流程如下。

1）将检测合格的基因组 DNA 样品用物理方法随机打断成特定大小的片段；

2）对打断的 DNA 片段进行末端修复，在 3′端连接 A 碱基；

3）将特定测序产物连接到 DNA 片段上；

4）纯化连接产物，选择合适大小的 DNA 片段；

5）将 DNA 片段在 cBot 仪器上扩增制备文库；

6）对构建的文库进行质量检测；

7）将质量检测合格的文库上机测序。

3. 基因组调查生物信息分析

（1）原始数据处理

测序得到的原始 read（read 是指由测序读到的碱基序列片段），并不都是有效的，里面含有带接头的、重复、测序质量很低的 read，这些 read 会影响组装和后续分析，必须对下机的 read 进行过滤，得到有效 read。过滤 read 的方法如下。

1）去除 read 中碱基为 N 的碱基数达到一定比例的 read 或者是含 polyA 结构（默认 10%）的 read；

2）去除低质量碱基数目达到一定程度的 read（默认 40 个碱基）；

3）去除有 adapter 污染的 read（与 adapter 序列至少 10bp 比对上，且错配数不多于 3 个）；

4）去除 read1 和 read2 有重复的 read（read1 和 read2 重复至少 10bp，且错配低于 10%，对双向测通的 read 不进行此操作）；

5）去除重复的 read（read1 和 read2 完全一样才算是重复）。

（2）K-mer 分析及基因组大小估算

从一段连续序列中迭代地选取长度为 K 个碱基的序列，若 read 长度为 L，K-mer 长度为 K，那么可以得到 $L-K+1$ 个 K-mer。使用一定量的测序数据，逐碱基取 K-mer 获得深度频数分布图。如图 2-1 所示，使用高质量测序数据 31.3Gb，逐碱基取 17-mer 获得深度频数分布图，其峰值深度大约在 35。因此，根据公式 Genome Size=K-mer num/K-mer depth，结合表 2-2 的数据，可以估算出该物种的基因组大小约为 0.74Gb。

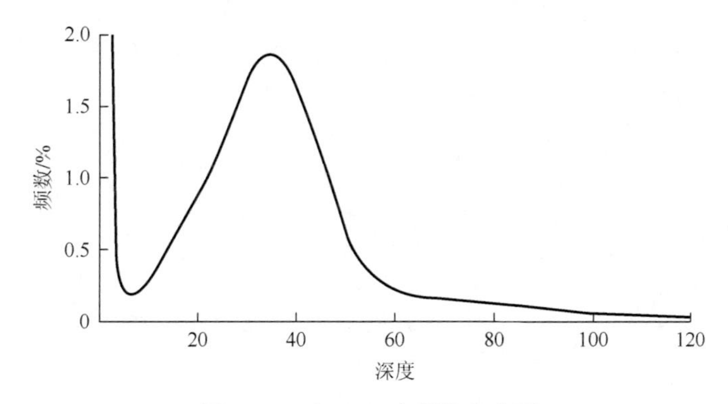

图 2-1　17-mer 深度频数分布图

表 2-2　17-mer 分析统计表格

K-mer	K-mer 数	K-mer 深度	基因组大小	碱基数	read 数
17	25 875 061 536	35	739 287 472	31 322 442 912	340 461 336

（3）基因组 GC 含量估计

各个物种基因组序列中 GC 或 AT 的分布呈现不同特征，而且不同的 GC 含量可能影响测序随机性。为了分析基因组序列的碱基分布特征和测序随机性，进行 GC 含量分析。此外，如果存在外源 DNA 污染，通常能够从 GC 含量分析中呈现出来。如图 2-2 所示，横坐标是 GC 含量，纵坐标是平均深度。以 10kb 为窗口无重叠序列，计算 GC 含量和平均深度。根据图 2-2 可以看出该基因组整体的测序深度较高，基因组 GC 分布相对集中，整个 GC 分布范围内覆盖深度较好，基本都在 60×以上，且不存在外源 DNA 污染。

（4）基因组杂合率估计

对于基因组杂合率估计，采用模拟数据拟合的方式进行评估。选用已知的一个模式物种的基因组序列，随机生成 X bp read（基因组覆盖深度和目标物种的测序深度保持一致），错误率为 y%，按照梯度分别加入杂合率 x_1%、x_2%、x_3%（如 0.7%、1%、1.3%等），将所

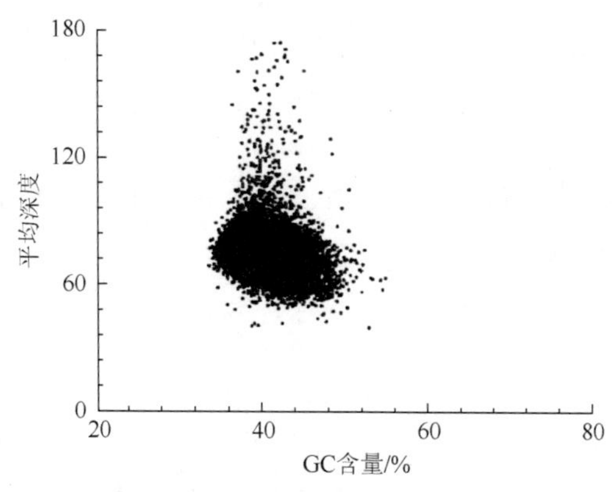

图 2-2　GC 含量与测序深度关系分布图

得到的模拟数据分别进行 17-mer 分析画出 17-mer 分布曲线。当加入杂合率为 *x*%时，模拟数据曲线的主峰和杂合峰均与真实曲线接近，可以大致地认为该物种的杂合率处于 *x*%水平。如图 2-3 所示，杂合率为 1%的模拟曲线与目标物种的真实曲线（PGP9）最为接近，则可判断该物种的杂合率约为 1%。

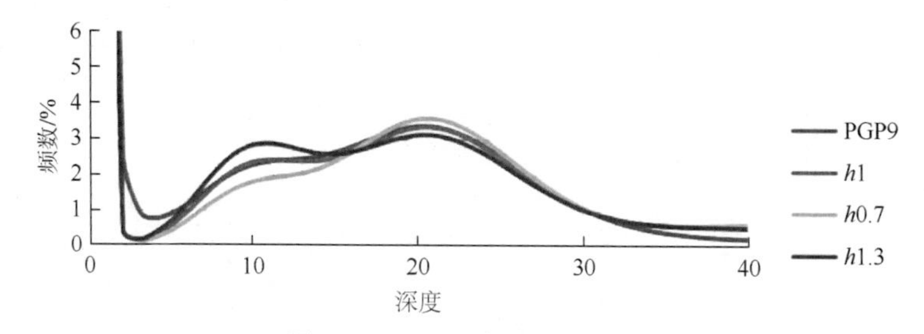

图 2-3　17-mer 杂合率估计图

*h*1、*h*0.7、*h*1.3 分别表示杂含率为 1、0.7 和 1.3 的曲线

二、普通基因组图谱

通过基因组调查，了解物种的基因组大小、杂合率、重复序列和 GC 含量等信息。如果某物种基因组杂合率＜0.5%、重复序列含量＜50%、GC 含量介于 35%～65%，且该物种为二倍体或单倍体，则该物种的基因组可认定为普通基因组。

1. 普通基因组测序技术

（1）文库构建策略及样品要求

小片段文库构建策略：170bp、500bp、800bp 插入片段文库。

大片段文库构建策略：2kb、5kb、10kb、20kb、40kb 环化片段文库。

其中，小片段文库一般在基因组调查阶段完成，在基因组图谱测序阶段主要是完成大片段文库的测序，当然，可根据小片段文库的数据量再增加 1～2 个小片段文库的测序。

各种插入片段文库 DNA 样品要求如表 2-3 所示。5kb 或者更大的文库 DNA 样品用普通琼脂糖电泳检测时要求基因组 DNA 主带在 λ-*Hin*d Ⅲ digest 最大 23kb 条带以上。推荐电泳条件为 0.6%琼脂糖凝胶，λ-*Hin*d Ⅲ digest marker 或其他具有 20kb 以上条带的 ladder，80～120V 电泳 40～60min；脉冲场电泳要求 DNA 主带应在 40kb 以上。

表 2-3 各种插入片段文库 DNA 样品要求

建库类型	总量（单次）	浓度	$OD_{260/280}$ 值
≤800bp 文库	≥6μg	≥50ng/μL	1.8～2.0
2kb 文库	≥40μg	≥150ng/μL	1.8～2.0
5～6kb 文库	≥40μg	≥150ng/μL	1.8～2.0
10kb 文库	≥40μg	≥150ng/μL	1.8～2.0
20kb 文库	≥60μg	≥200ng/μL	1.8～2.0

（2）测序策略

整体测序深度要在 60×以上。

小片段测序策略：101PE 或 91PE 测序。

大片段测序策略：50PE 或 91PE 测序。

（3）DNA 大片段建库流程

1）将基因组 DNA 随机打断成特定大小（2～40kb 可选）；

2）将 DNA 片段末端进行修复补平并进行生物素标记；

3）胶回收选择合适大小的片段；

4）取适量回收后的 DNA 进行环化；

5）将环化后的 DNA 样品加入消化反应体系中，消化线性 DNA；

6）把环化的 DNA 分子打断成 400～600bp 的片段，并通过带有链亲和霉素的磁珠捕获带有生物素标记的片段；

7）将捕获的片段经末端修饰和连接接头建成大片段文库。

2. 普通基因组信息分析

（1）原始数据处理

同本节“一、基因组调查”的“3. 基因组调查生物信息分析”中的“（1）原始数据处理”。

（2）数据纠错

在数据量足够的情况下，从 read 中逐碱基取出的所有 K-mer 能够遍历整个基因组，并且 K-mer 出现的频数是服从泊松分布的。测序错误会导致新的 K-mer 出现，一般来说这些新的 K-mer 频数都是比较低的。在测序量足够大的情况下，可以认为频数低的 K-mer 是因为测序错误导致的，对这些低频 K-mer 进行纠错使之成为高频 K-mer 的过程即数据纠错。由于大片段在建库时经过环化的过程，而且在组装过程只起到定位的作用，因此纠错仅针对小片段数据进行。

（3）普通基因组 SOAP*de novo* 组装流程

1）构建 contig：contig 是指由 read 通过对重叠区域拼接组装成的连续序列段，首先把小插入片段的数据用于构建 de Bruijn 图，通过连接 K-mer 路径得到 contig 序列（assembly_800）。

2）构建 scaffold：把所有可用的大片段文库双末端（pair-end）的 read 比到 contig 序列上。权衡比较两个 contig 之间的 pair-end read 的连接数，再从小片段到大片段数据逐步将 contig 连接起来构建 scaffold，最后得到 scaffold 序列。

3）补洞（fill gap）：先屏蔽（mask）覆盖度比较高的序列，利用一端比上 contig 序列而另外一端比上 gap 的 pair-end read。利用落在同一个 gap 的 read 做局部组装。

（4）基因组组装指标

目前，反映基因组组装的指标主要是 contig N50 和 scaffold N50。把组装出的 contig 或 scaffold 从大到小排列，当其累计长度刚刚超过全部组装序列总长度 50%时，最后一个 contig 或 scaffold 的大小即为 N50 的大小。全部组装序列总长是指所有 scaffold 序列的总和。不同物种基因组组装的 N50 可以进行比较，其大体反映不同物种基因组组装的质量。

如果基因组组装结果含有一些特别长的 scaffold 和很多短的 scaffold，这种基因组组装结果表现出较好的 N50，但其组装质量不是很好。特别是采用基因组数据进行基因预测，脊椎动物 1 个基因的平均长度大致为 25kb（Bradnam *et al.*，2013），短的 scaffold 对基因预测很不利。因此，除了要有好的 N50 指标，组装出的 contig 和 scaffold 的长度分布，也是反映基因组组装完整性和连续性的重要参考指标。

（5）基因组组装结果评估

基因组组装完成之后，有以下几种方法对基因组组装质量进行评估。

1）采用不同的组装软件进行组装，然后比较不同组装结果之间的一致性，如果不同的组装软件得到的基因组组装结果一致性较高，则说明该组装结果比较可靠。不同的基因组组装算法具有不同的特点，基于 de Bruijn 作图的组装软件（ALLPATHS-LG、SOAP*de novo* 等）比较适用于短序列组装（100bp 以下的序列，如基于 Hiseq2000 测序平台产生的序列），而基于重叠序列算法的组装软件（Velvet、ABySS 等）则一般用于相对较长但错误率较高的序列组装（大于 200bp，如 Roche 454 和 Sanger 测序平台产生的序列）（Nagarajan & Pop，2013）。对于短序列的基因组组装，可以采用 ALLPATHS-LG 和 SOAP*de novo* 这两种组装软件进行相互的组装验证评价。

2）利用已知的或加测一些细菌人工染色体（bacterial artificial chromosome，BAC）或 fosmid 克隆序列作为参考序列，将组装完成的基因组序列比对回参考序列上，检查组装的序列对已知序列的覆盖度（对于来自于同一物种的数据，要求覆盖度达到 95%）。这个评价既可以从宏观的角度判断基因组组装的完整性，还可以从微观的角度检查基因组序列组装的准确性。

3）把已经公布或者加测的表达序列标签（EST）或转录组序列作为 query 序列比对到组装完成的基因组序列上，检查组装序列对已知序列的覆盖度（来自于同一物种的 EST 或转录组数据一般要求覆盖度达到 98%）。

4）基因区域的完整性和准确性是基因组数据应用的关键基础。目前，大多数开展基因组测序的物种，一般都会并行地做转录组测序或已有一些 EST 或 cDNA 文库信息，这些数据可以有效地辅助基因区域的组装评估。如果有些物种缺乏转录组或 EST 数据，则可以采用已报道的真核生物核心基因集，该基因集含有已知的大部分真核生物基因组高度保守的基因序列，目前已有两个版本，第一个版本含 458 个基因（Parra *et al.*，2007），第二个版本由第一版本挑选出最保守的 248 个基因组成（Parra *et al.*，2009）。利用这些核心基因集信息可以很好地检查基因区域组装的完整性与准确性，并且这些指标可以在不同组装结果之间进行比较。

（6）重复序列注释

基因组重复序列可分为散在重复序列和串联重复序列。散在重复序列又称转座子元件，包括4种：长末端重复序列（long terminal repeat，LTR）、长散布元件（long interspersed nuclear element，LINE）、短散布元件（short interspersed nuclear element，SINE）和DNA转座子。串联重复序列包括卫星DNA、小卫星DNA和微卫星DNA。根据重复多少可以分为高度重复序列、中度重复序列和低度重复序列。一般采用两种方法对基因组重复序列进行注释。

1）同源预测方法，基于已知重复序列库（RepBase）进行注释，可采用RepeatMasker和ProteinMask，其中RepeatMasker以RepBase中的核酸序列库为准，寻找基因组中的重复序列；ProteinMask以RepBase库中的蛋白质序列库为准，寻找基因组中的重复序列。

2）*de novo*预测方法，先通过RepeatScout和LTR-FINDER建立*de novo*预测的重复序列库，对这个库进行去冗余、去污染后，利用RepeatMasker软件，基于这个库来寻找基因组中的重复序列区域。根据串联重复序列的结构和分布特征，利用TRF软件预测基因组中的串联重复序列。

（7）基因结构预测

通过基因组基因结构预测，能够获得基因组详细的基因分布和结构信息，也将为功能注释和进化分析工作提供重要的原料。基因结构预测包括预测基因组中的基因位点、可读框、翻译起始位点和终止位点、内含子和外显子区域、启动子、可变剪切位点及蛋白质编码序列等。预测方法主要有*de novo*预测、同源预测、基于EST/cDNA和转录组数据预测和GLEAN软件整合。

1）*de novo*预测：首先将基因组中已经注释出的重复序列屏蔽。基于隐马尔科夫（HMM）进行全基因组编码基因预测。利用基因模型中包含的特征：剪接信号、外显子长度分布、启动子和polyA信号、不同的GC组分区域在基因密度和结构方面的差异等，确定外显子编码区的位置，预测序列中的基因个数。该方法既能预测出完整的基因，也能预测出不完整的基因，并且是正负两条链上的基因。主要的分析软件：Augustus、Genscan、GlimmerHMM、FgeneSH和SNAP。

2）同源预测：该方法是将已知的近缘或模式物种的编码蛋白序列与目标物种的基因组序列进行比对，通过BLAST、Solar和Genewise等软件预测识别目标物种的基因。

3）基于EST/cDNA数据预测：利用相同物种EST/cDNA序列，通过Blat、Pasa软件注释基因组中的基因。

4）基于转录组数据预测：用TOPHAT软件把转录组测序read比对到基因组序列上，再用Cufflink根据TOPHAT比对结果，把转录本组装起来。

5）GLEAN软件整合：用GLEAN软件将*de novo*预测、同源预测和基于EST/cDNA、转录组数据预测得到的基因集整合为一个完整的基因集，整合出来的基因集大多是多种预测方法支持的基因。另外，为了最大程度降低基因集的冗余，可针对只有*de novo*预测支持的基因，结合其RPKM（转录组测序数据衡量某一个基因表达水平的值）和功能注释信息，如果此基因RPKM=0并且没有功能注释，则手工去除此基因。

（8）基因功能注释

基因功能注释是指根据已有数据库对基因功能和所参与的代谢途径进行标注，包括基因功能域、结构域、蛋白质功能及所在的代谢通路等信息的预测。主要采用以下两种方法。

1）基于序列相似性注释：将基因集中的蛋白质序列与现有蛋白质数据库 Swiss-Prot、TrEMBL 及代谢通路数据库 KEGG 进行 BLASTP 比对，获得序列的功能信息，以及蛋白质可能参与的代谢通路信息。

2）基于功能域相似性注释：利用 InterProScan 对二级数据库 InterPro 中的子数据库 ProDom、PRINTS、Pfam、SMART、PANTHER 和 PROSITE 进行比对，获得蛋白质的保守序列、功能域和结构域等。InterPro 记录了每个蛋白质家族与 Gene Ontology 中的功能节点的对应关系，通过此系统预测基因编码的蛋白质序列所执行的生物学功能。

（9）非编码 RNA 注释

非编码 RNA 是指不被翻译成蛋白质的 RNA，如核糖体 RNA（ribosome RNA，rRNA）、转运 RNA（transfer RNA，tRNA）、小核 RNA（small nuclear RNA，snRNA）、小 RNA（small RNA，sRNA）和长链非编码 RNA（long non-coding RNA，lncRNA）等，这些 RNA 都具有重要的生物学功能。tRNA、rRNA 直接参与蛋白质的合成。snRNA 主要参与 RNA 前体的加工，是 RNA 剪切体的主要成分。sRNA 是生物体内一类重要的功能分子，其长度为 18～40nt，主要包括 miRNA、siRNA 和 piRNA 等，它们通过这种序列特异性的基因沉默作用，包括 RNA 干扰、翻译抑制、异染色质形成等，诱导基因沉默，调控诸如细胞生长发育、应激反应、沉默转座子等各种细胞生理过程。lncRNA 是一类长度大于 200nt，可含有或不含有 polyA 结构的非编码 RNA。lncRNA 在表观遗传调控、转录调控及转录后调控等多种层面上调控基因的表达。

目前，对于 rRNA、tRNA、snRNA 和 miRNA，可根据其特有的序列结构，在基因组序列对其进行注释。具体来说，利用 tRNAscan-SE 软件对基因组中的 tRNA 进行二级结构的搜索，注释基因组中的 tRNA；通过和人的 rRNA 序列库进行 BLAST 比对寻找基因组中的 rRNA 信息，注释基因组中的 rRNA；通过与 Rfam 库进行比对，确定大概位置，然后再通过 cmsearch 软件精确预测基因组中的 miRNA 和 snRNA 的位置信息，注释基因组中的 miRNA 和 snRNA。对于 siRNA、piRNA 及 lncRNA，需要分别通过 sRNA 测序和 lncRNA 测序进行识别注释。

（10）基因家族分析

基因家族是指起源于共同的祖先、具有一定相似性的一类基因的集合，它不仅包括由于基因复制而倍增的基因，还包括随物种分化后逐步进化而产生的基因。根据基因形成的不同过程，基因家族的成员可分为直系同源基因（orthologs）和旁系同源基因（paralogs）。直系同源基因是指具有共同的祖先，由于物种的分化而在不同的物种中保留的同源基因，而旁系同源基因是指在同一物种内，由于基因复制而产生的同源基因。根据该同源基因是否经过复制，基因家族也可以分为单拷贝基因家族和多拷贝基因家族。

对基因家族各个成员的常用鉴定方法是根据基因的相似性，一般采用对蛋白质序列进行分析，可以根据局部的相似性进行鉴别，如蛋白质线性序列结构域的相似性，也可以参考全长序列的相似性，或者两者结合起来使用。基因家族聚类分析，一般要选取 6～9 个相关物种的基因集作为参照。首先要过滤每个物种的基因集，即过滤掉无起始密码子、无终止密码子、提前终止、编码区序列不是3的倍数的基因，且每一个基因选取最长的转录本进行分析。对所有基因的蛋白质序列，用BLASTP作比对，然后采用OrthoMCL、TreeFam软件进行基因家族聚类分析。在识别基因家族的基础上，通过café软件获得目标物种与参照物种相比这些基因家族的扩张/收缩情况。

根据基因家族聚类结果，选取单拷贝基因，利用基于蛋白质序列的muscle比对后，转换为核苷酸序列，连接形成supergene，在此基础上利用PhyML或MrBayes构建物种间系统发育树。

（11）基因组共线性分析

共线性片段是指同一个物种内部或者两个物种之间，由于复制（基因组复制、染色体复制或者大片段复制）或者物种分化而产生的大片段的同源性现象。在该同源片段内部，基因在功能上及排列顺序上都是保守的。共线性片段中的基因在物种进化过程中保持了高度的保守性。共线性分析将海量数字相互信息用图的形式可视化地表现出来，对两组测序数据通过比对分析，发现它们之间存在的共线性关系。对于同一个物种不同基因组区域或者是两个物种之间的共线性分析，可以采用lastz比对，如果是多个物种，可以采用multiz进行多物种序列比对。

（12）基因正选择分析

分析蛋白质编码区位点的突变水平能为基因功能的适应性进化提供重要的信息。编码区位点的突变分为同义突变和非同义突变。同义突变是指不导致氨基酸变异的核苷酸变异；非同义突变则是指导致氨基酸变异的核苷酸变异。可以用非同义/同义突变率的比率（$\omega=dN/dS$）来测度基因在蛋白质水平受到的选择压力。如果选择对适合度没有影响，则非同义突变将以与同义突变相同的速率被固定下来，使得$\omega=1$。如果非同义突变是有害的，则净化选择将降低其固定速率，使$\omega<1$。如果非同义突变受到达尔文选择的影响，则其被固定的速率将高于同义突变，致使$\omega>1$，表现出正选择。正选择一般作为蛋白质适应性进化的证据。

开展全基因组水平的正选择分析，首先要收集相关物种间的所有一对一同源（one to one orthologues）编码序列，使用prank软件进行多物种比对。在比对中，若一个基因在某一物种中有多种转录形式，则选用最长的一条。随后，对比对后的序列进行相似度分析，并基于此，在不影响编码阅读框的前提下删除比对质量差的区域。然后使用PAML软件的Codeml程序进行正选择检验。

三、复杂基因组图谱

经过基因组调查，若预估基因组的杂合率较高（高于0.5%），或者重复序列含量较高（大于50%），则该基因组可视为复杂基因组。适用于普通基因组的WGS测序和组装策略一般很难获得较好的复杂基因组图谱。目前，较常采用的解决复杂基因组图谱的策略有两种，Sanger+454测序和WGS+BAC to BAC/fosmid to fosmid，相对于前者，后者基于Illumina测序，成本要低很多。下面主要介绍基于WGS+BAC to BAC/fosmid to fosmid的复杂基因组测序。

1. 复杂基因组测序技术

首先，基于简单基因组测序策略，构建不同插入片段文库获得基因组覆盖度 100×以上的 WGS 测序数据。另外，构建 6×左右基因组覆盖度的 fosmid 或 BAC 文库，以目标物种的预估基因组大小为 1Gb 为例，6×左右基因组覆盖度，需要的 fosmid 或 BAC 克隆数目分别为 15 万和 6 万。然后随机挑选 50%的 fosmid 或 BAC 克隆进行质粒提取。通过构建 2 个小片段插入文库，进行双末端测序，保证平均每个 fosmid 或 BAC 克隆不低于 50×的测序深度。

2. 复杂基因组组装技术

在 fosmid 或 BAC 文库的总数据中，根据 index 序列信息获得每一个 fosmid 或 BAC 克隆的 read。使用 lastz 软件将 read 和载体序列进行比对，去除有载体污染的 read。分别完成每个 fosmid 或 BAC 克隆的组装，再根据 fosmid 或 BAC 克隆之间的 overlap，将所有的 fosmid 或 BAC 克隆连接起来。

整合 WGS 数据和 BAC to BAC/fosmid to fosmid 的数据，进一步进行 SOAP *de novo* 组装。

（游欣欣　石　琼）

第二节　转录组学技术

在生物体内 DNA 序列需要通过转录形成 RNA，这些组成、大小和结构不同的 RNA 分布在生物体细胞的不同部位，起着不同作用。根据功能差异，生物体内 RNA 可以分为：编码特定蛋白质序列的信使 RNA（messenger RNA，mRNA）、转运 RNA（transfer RNA，tRNA）、核糖体 RNA（ribosomal RNA，rRNA）和非编码 RNA（noncoding RNA，ncRNA）等。

各种生物性状主要是由结构或功能蛋白质所决定的，这些蛋白质主要是由 mRNA 按照遗传密码子的规律翻译产生的。转录组学是对某一时间细胞内所有 mRNA 进行研究，对于了解生命现象至关重要。通过这一分析可高通量地获得基因表达的 RNA 信息，揭示基因表达与生物机制之间的关联。此外，非编码 RNA 可能也与基因表达调控相关，针对这些非编码 RNA 的研究也能够帮助了解生物生理活动规律。

一、转录组技术平台

转录组分析需要具有高通量并行序列分析平台。传统分析方法主要是采用反转录定量 PCR 方法对单个基因或者几个基因 RNA 的表达情况进行分析。随着分子生物学技术发展，基因芯片技术和高通量测序技术也被广泛应用于转录组学研究。

基因芯片技术（DNA microarray）是将不同序列探针固定在芯片上，与荧光标记的检测样本进行杂交，通过检测荧光信号获得检测样本序列和丰度信息。芯片技术早在 20 世纪 90 年代就被用于基因表达研究，提取检测样本总 RNA 后使用反转录酶和具有特定荧光标记的核苷酸将其反转录成 cDNA，通过与已知探针进行杂交，检测获得基因表达信息。

目前常见的基因芯片平台主要包括 Affymetrix、Illumina、Agilent、Nimblegen 等，能够提供人、小鼠等基因表达芯片，但是对于一些相对不常见的生物，由于缺乏参考基因组或者转录组序列信息而无法进行分析，这也大大限制了海洋生物转录组研究。

随着过去 10 年中成本不断降低且测序读长逐步增加，高通量测序技术（high-throughput sequencing）也被广泛应用于 RNA 水平研究，称为转录组测序（RNA sequencing，RNA-seq），这是一种对检测样本中所有转录本进行定量和定性分析的技术。与其他 RNA 水平研究技术如基因芯片技术相比，转录组测序不需要提供研究物种序列信息用于探针设计，可以显著性提高检测基因范围和基因表达丰度。同时，转录组测序也可以直接用于发现新转录本、鉴定可变剪切和基因融合、寻找编码序列单核苷酸多态性（coding-region single nucleotide polymorphism，cSNP）位点等，提供最全面的转录组信息。目前，Illumina Hiseq2000/2500、Life Proton、Roche 454、PacBio RS、BGISEQ-1000 等测序平台，在测序读长、产量、质量、时间上各具优势，能够较好地满足不同海洋生物转录组分析需求。

二、基于高通量测序的转录组学技术

转录组测序步骤通常包括，从总 RNA 中富集多聚腺嘌呤核糖核苷酸（polyA）尾巴的 mRNA，经过反转录得到双链 cDNA，在片段化 cDNA 末端连接测序通用接头，然后进行高通量测序分析。由于总 RNA 中大部分（为 80%～85%）为核糖体 RNA，mRNA 仅占总 RNA 的 1%～5%，因此在高通量测序前去除核糖体 RNA 实现 mRNA 富集是转录组测序中的关键环节。根据 mRNA 富集方法的差异，转录组测序方法可以分为基于 Oligo（dT）方法和非 Oligo（dT）方法两大类。

1. 基于 Oligo（dT）方法转录组测序

真核生物的 mRNA 分子最显著的结构特点是在 5′端具有帽子结构，以及在 3′端具有 polyA 尾巴，这一结构是进行 mRNA 分离的重要选择标志。通过带有 Oligo（dT）寡核苷酸序列的纤维素柱层析法或者磁珠法可以实现 mRNA 分离（图 2-4），在高盐缓冲液条件下，mRNA 通过 polyA 尾巴与纤维柱或者磁珠结合，通过洗脱缓冲液将未结合 rRNA、tRNA 等其他 RNA 去除，再通过低盐缓冲液进行 mRNA 洗脱回收。采用 Oligo（dT）方法可以有效准确分离带有 polyA 尾巴的 mRNA 分子，但这一方法并不适用于原核生物及总 RNA 质量较差的样本。

完成 mRNA 富集之后需要将 mRNA 进行反转录成为 cDNA，分为第一链 cDNA 和第二链 cDNA 的合成。第一链 cDNA 的合成是以 mRNA 为模板反转录成为 cDNA，这一过程通过反转录酶催化，该酶合成 DNA 时需要引物引导，常用的引物是 Oligo（dT）或者 N6 引物，Oligo（dT）引物一般包括 12～20 个脱氧胸腺嘧啶核苷酸，而 N6 引物是随机合成碱基核苷酸。第二链 cDNA 的合成是以第一条链作为模板，由 DNA 聚合酶催化，常用 RNase H 切割 mRNA 和 cDNA 杂合链中的 mRNA 序列所产生的小片段为引物，合成第二条 cDNA 的片段（图 2-5）。

反转录获得 cDNA 可以采用标准 DNA 文库构建方法进行测序文库构建，首先将 cDNA 使用超声打断成 200～400bp 大小的 DNA 片段，然后使用 DNA 聚合酶、PNK 酶等进行末端补平，在 3′端加上碱基 A 后可以通过 T4 DNA 连接酶连接测序通用接头，最后通过 PCR 对带有接头的产物进行扩增。获得足够的 PCR 产物后可经过定量直接进行高通量测序。

2. 非 Oligo（dT）方法转录组测序

针对没有 polyA 尾巴的原核生物中 mRNA 富集，可以采用 Ribo-Zero-seq、DSN-seq 等去除 rRNA 的方法。原核生物和真核生物中 rRNA 序列都是保守序列，根据这些已知序列信息可以设计寡核苷酸探针，通过这些序列与检测样本中 rRNA 序列进行杂交，结合磁珠和酶切方法去除 rRNA 分子，达到富集 mRNA 的目的。例如，RNase H 方法可以将预先设计的 DNA 寡核酸探针结合核糖体 RNA 序列，然后使用 RNase H 消化 DNA-RNA 杂交物中的 RNA。这种方法可以去除总 RNA 中高丰度 rRNA 而不影响样本 mRNA 分子，比 Oligo（dT）方法在文库复杂性及覆盖均匀度上均有更大优势，目前也逐渐应用于真核生物转录组测序（图 2-4）。

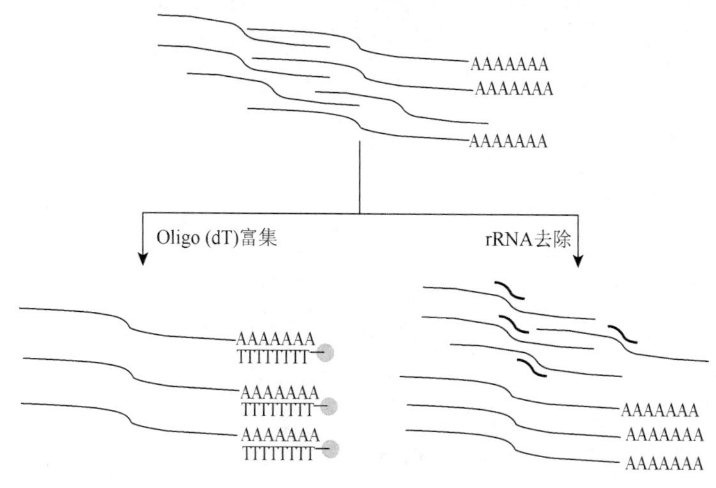

图 2-4 转录组测序中富集 mRNA 的方法

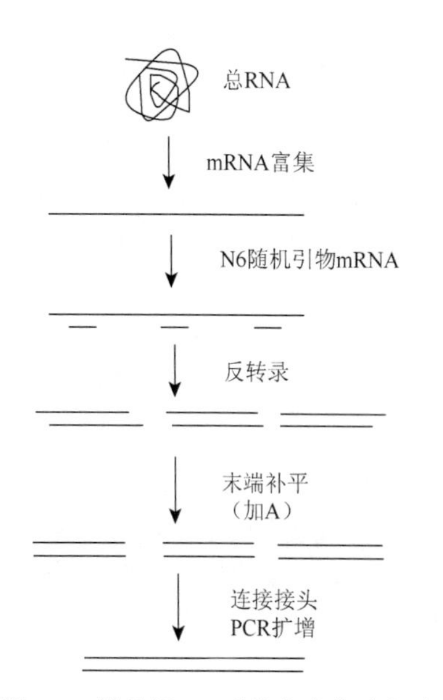

图 2-5 转录组 N6 引物文库构建方法

这些经过 rRNA 去除后的产物无法通过 Oligo（dT）进行反转录，这类 RNA 分子通常都是通过 N6 随机引物进行反转录形成 cDNA 分子，通过控制 N6 引物量、反应时间，以及反转录酶等经过一链合成和二链合成后可以获得特定片段范围的双链 cDNA 分子。这些 cDNA 分子可以直接通过末端补平、加碱基 A、连接通用测序接头和 PCR 富集等步骤完成文库构建，获得用于高通量测序的文库。

3. 链特异性转录组测序

由于基因组中具有正负链的转录本，明确转录本的链起源可以准确获得基因的结构及基因表达信息，并可能发现新基因。

链特异性转录组测序需要在文库构建中在合成第二条 cDNA 链时，将 dTTP 替换为 dUTP，加上接头之后再将带有 dUTP 碱基的链使用酶切方法进行降解。

最后通过 PCR 扩增完成文库构建。测序数据表明，链特异性测序结果比非链特异性测序结果具有更好的基因组比较效率。

目前不同测序平台采用不同测序原理，导致其测序长度和产量存在显著性差异，可以根据研究目的选择不同测序平台。根据有无参考基因组，测序的策略也有差异。对于没有参考基因组的物种，可以进行从头（*de novo*）转录组测序研究，使用测序数据进行 *de novo* 组装，进而获得该物种的全转录本信息。针对有参考基因组物种的转录组研究，可以通过比对发现可变剪切、融合基因及新转录本等。

PacBio RS 测序平台基于单分子测序，目前平均测序长度可以达到 7kb，能够减少组装拼接步骤直接检测 RNA 完整序列。在真核生物中，基因可能存在多种剪切形式，拥有可变的转录起始/终止位点。采用读长较长的测序可以尽量获得更加准确的外显子结构关系，虽然 PacBio RS 测序平台目前测序错误率较高，但是可以通过构建长度略短的转录组文库，通过对同一碱基进行多次测序提高测序准确度。通过这一方法可能发现多转录异构体，但是由于目前 RS 测序平台通量有限和测序费用较高，这一方法更加适用于获得完整的全转录本信息，而不是用于大规模群体研究。未来第三代测序可能产生更长测序片段，有望对转录本直接测序。

Life Proton 测序平台是使用半导体芯片进行测序，能够在一天内完成测序，结合文库构建过程可以在两天内获得全转录组信息。此外，这一平台上开发的 AmpliSeq-RNA 测序可以通过多重逆转录 PCR 技术结合测序，实现成百上千个转录本并行检测，可以应用于基于转录组的物种快速鉴定等方面。

Illumina 测序平台是使用边合成边测序技术，目前有不同测序仪器可供选择。以 Hiseq2500 为例，可以实现转录本打断之后双末端 150bp 测序，这一序列信息结合插入片段信息进行转录本组装等，这一测序策略比其他策略在测序成本方面具有显著优势，是现阶段用于转录组研究的主要测序平台。

华大基因 BGISEQ-1000 测序平台是使用联合探针锚定连接测序，测序产量高但读长短，适合用于进行转录本表达量分析。这一分析可针对具有参考基因组的物种和一些没有参考基因组但有单一基因序列集数据库的物种，主要用于不同条件下转录本表达量差异分析。

4. 转录组测序数据生物信息分析

在获得转录组测序数据之后首先要对数据进行处理，通常包括去除含有通用测序接头序列、低质量测序序列和重复序列等。经过过滤后，测序数据可以用来进行基因表达注释、基因差异表达分析、鉴定基因可变剪切、预测新转录本及 cSNP 分析等。此外，对于不同实验条件样本可以进行组间差异分析。

转录组中基因表达量分析可以使用 RPKM 法（reads per kb per million reads），其计算公式为 $\text{RPKM}=10^6C/(NL/10^3)$，式中，$C$ 为唯一比对至检测基因的 DNA 序列数量，N 为唯一比对所有基因上的 DNA 序列数量，L 为检测基因的碱基数。这一检测方法可以对不同样本进行均一化处理，能快速进行基因表达量分析。

转录组的从头组装可用来发现新转录本，是将一定长度具有序列重合的 DNA 测序序列连成更长的片段（contig），使用两端测序（paired-end read）信息可以将不同的 contig

连接成为中间含有未知序列的片段（scaffold），通过补洞处理后获得两段不能延长的序列称为 unigene。这些 unigene 序列与已有数据库进行比对，如不能比对至数据库中则可能为新转录本。基因注释是将测序获得基因序列比对至蛋白质数据库中，如 KEGG、nr、Swiss-Prot 和 COG 等，通过比较后获得具有最高序列相似性的蛋白质，从而得到功能注释信息。KEGG 数据库可用于系统性分析基因在细胞中的代谢途径及基因的功能。gene ontology（GO）功能分析可以全面了解转录组中基因功能分布特征，包括基因的分子功能、所处的细胞位置及参与的生物学功能。COG 数据库可对基因产物进行直系同源分析。

可变检测可使得一个基因产生多个转录本，并翻译成为不同蛋白质。使用高通量测序数据中 paired-end read 信息可以检测常见变异检测，包括外显子跳跃（exon skipping）、内含子保留（intron retention）、5′端可变检测（alternative 5′ splice site）和 3′端可变检测（alternative 3′ splice site）。此外，可以使用基因组变异检测软件检测 cSNP。

三、转录组研究其他技术

除了直接对转录组序列和结构进行分析，其他技术可以结合转录组测序进一步解析整个转录发生机制和调控过程。

RNA 也能够通过与蛋白质结合实现转录调控过程研究，可以采用 RNA 免疫沉淀技术（RNA immunoprecipitation，RIP）开展针对 RNA-蛋白质复合物的研究。一般需要使用 107 细胞进行 RIP 处理，首先使用细胞裂解液进行裂解，然后加入特异性抗体进行孵育；RNA-蛋白质复合物通过蛋白质 A 磁珠进行免疫共沉淀后，使用 Trizol 提取 RNA，分离获得的 RNA 可按照转录组样本处理方法进行芯片或者测序分析。这一方法可以用来研究 mRNA 调控及转录本目标位点等。

为了测定细胞内转录速率，可以使用 global run-on sequencing 技术（GRO-seq）绘制整个基因组范围内参与转录的 RNA 聚合酶的位置和数量等，这一方法可以直观展示细胞内正在进行的转录。这一技术首先在溴尿嘧啶核苷（Br-UTP）条件下通过高速离心分离细胞核，然后提取并水解 RNA 成大约 100bp 片段大小，使用抗脱氧溴尿嘧啶核苷磁珠（anti-deoxy BrU beads）分离纯化带有 Br-U 碱基 RNA，然后按照常规 RNA 转录组方法进行测序分析。

此外，NET-seq（native elongation transcript sequencing）也可以精确定位所有具有活性的 RNA 聚合酶复合物位置，实现细胞内转录效率测定。这一方法不需要进行交联反应而直接检测活细胞中 DNA-RNA-RNA 聚合酶复合物稳定性。这一技术将活细胞进行速冻再低温裂解，通过免疫沉淀方式获得 RNA 聚合酶延伸复合物，分离其中 RNA 后进行文库构建测序就可以获得正在发生延伸反应的全转录子信息。

转录本起始位点研究能够加强对于基因表达调控的了解。如 PEAT-seq（paired-end analysis of TSSs）技术，通过转录本起始位点及下游 20nt 位置序列的配对研究能够直接研究细胞的转录起始位点，发现这些位点可能与转录后修饰相关。这一方法是通过磷酸激酶处理转录本末端后，通过连接酶在转录本 5′端加上带有 *Mme* I 限制性酶切位点的接头，进行反转录后在转录本中随机引入另外一个 *Mme* I 酶切位点，将获得的 PCR 产物进行环化后酶切，这样可以获得转录本5′端及转录本中随机位置20bp序列信息。

转录本异构体也是研究热点之一，它与基因功能直接相关。TIF-seq（transcript isoform sequencing）可以对细胞内每个RNA分子5′端和3′端进行联合测序实现系统性转录本异构体研究。这一技术是将获得的全长转录本进行反转录后环化并打断，采用标准文库构建方法获得每个转录本末端信息。目前在酵母中研究发现转录异构体远比之前了解的复杂。

RNA虽然是以单链形式存在，但是可以通过折叠形成复杂二级结构，这些结构也与其功能相关。通过PARS-seq（parallel analysis of RNA structure sequencing）可以平行分析上千个RNA分子的二级结构。这一方法是通过RNase V1和RNase S1分别特异性酶切双链和单链RNA分子，将两种酶切产物分别进行文库构建和测序，通过比较分析可以获得全转录本中mRNA二级结构信息。

由于转录本表达和调控存在时空特异性，针对不同研究目的还需要一些对应的研究方法。以上介绍的针对转录过程和转录本结构等方面的研究技术能更全面和系统地了解生物体内从基因组到RNA的转录调控过程。

四、单细胞转录组技术

细胞是生命活动的基本功能单位，在生物体内不同类型的细胞共同作用实现各种功能。以往的转录组学技术主要是以混合的大量细胞为主进行的，检测的是群体细胞转录组平均值，难以观测单细胞水平差异。单细胞转录组技术将转录组研究从个体水平推进至细胞水平，能够实现基因表达和调控的精细研究。研究单细胞水平差异能够更加直观地了解胚胎发育、细胞分化等生命过程。

单细胞转录组技术中最核心的问题是如何实现单细胞中RNA信息完整和真实检测。目前芯片平台或测序平台都无法直接使用单细胞起始进行序列信息读取，因此单细胞RNA需要先经过扩增以获得足够模板用于后续测序分析，目前单细胞转录组技术主要以高通量测序为主，主要包括SMART-seq、SMART-seq2、STRT-seq等方法。

SMART-seq和SMART-seq2等方法也是通过Oligo（dT）方法分离mRNA之后进行扩增。主要流程如下：获得单细胞之后加入细胞裂解液、Oligo（dT）和dNTP等进行裂解，加入模板反转核苷酸（template-switching oligos，TSO）及反转录酶等进行反转录，然后进行PCR扩增，获得足够反转录产物后结合Tagmentase Tn5酶进行快速测序文库构建，文库测序后获得单个细胞转录组信息，用于基因表达甚至可变剪切位点分析。SMART-seq2与SMART-seq相比对试剂等进行了优化，能够检测到更多转录本等，但是这一方法不能用来分析polyA-RNA，而且也无法反映链特异性信息。

五、非编码RNA研究技术

非编码RNA通过多种机制调控基因表达，以小RNA（microRNA，miRNA）为例，这是一类内源小分子RNA，可以在基因转录后水平通过与靶位mRNA互补结合实现对基因表达负调节作用或者基因沉默。其作用机制较为复杂，其作用靶点可能存在于mRNA的非编码区及编码区。

针对小RNA研究可采用小RNA测序，其技术方案如下：首先，通过RNA连接酶在RNA 3′端和5′端连接特定公用接头；通过反转录和PCR，对加上公用接头的产物进行富集；由于小RNA大小为18～30nt，经过PCR扩增之后需要通过聚丙烯酰胺凝胶电泳选择特定片段大小PCR产物进行测序。

不同测序平台对应小RNA样本文库构建略有差异，有部分方案是首先从总RNA中通过电泳筛选小RNA分子后进行测序接头连接。通过小RNA测序可以发现不同时期和条件下小RNA的差异表达情况，结合转录组分析数据可能发现非编码RNA调控机制。

（蒋　慧）

第三节　蛋白质组学技术

一、简介

蛋白质组学（proteomics）是一门新兴的研究蛋白质组的学科，主要研究细胞内蛋白质的组成及其活动规律。蛋白质组定义为一种基因组所表达的全套蛋白质，即包括一种细胞乃至一种生物所表达的全部蛋白质。蛋白质组本质上是对蛋白质的特征，包括蛋白质的表达水平、翻译后修饰、蛋白质与蛋白质相互作用等进行大规模的研究，促进从蛋白质整体水平上，揭示细胞生理生化机制、阐明生命活动规律、认识疾病发生本质、筛选疾病关键生物标志物、发展疾病预警和诊断方法、发现疾病防治措施。由此，蛋白质组也可以狭义地定义为主导某种生物表型的全部蛋白质，此为采用差异蛋白质组研究策略的理论基础。由于细胞中的蛋白质即使在同一个机体中，其表达数量也会因发育阶段、生理状态、时间地点、环境条件等状态的不同而产生变化，因此蛋白质组实际上处于一个动态的变化过程。动态蛋白质组学的研究可以更深入、更系统地揭示生命活动的本质。

蛋白质组学技术主要由样品制备技术、分离技术、质谱技术和生物信息学技术四大技术构成，其中基于生物质谱数据进行蛋白质鉴定需要采用生物信息学技术来完成（图2-6）。蛋白质鉴定后还需要采用相关生物学技术和生物信息学方法进行蛋白质功能通路和网络的深入研究。

1. 蛋白质组样品制备技术

在蛋白质组学研究中，样品的制备十分重要。样本制备作为蛋白质组学技术的第一步，直接影响后续的研究结果，可以说样品质量关系到蛋白质组学分析的质量以至决定实验是否成功。由于蛋白质样品复杂，分析目的各异，故制备方法也有所不同。其基本原则：①制备方法越简单越好，以避免蛋白质丢失，提高实验的重复性。②制备过程中应尽可能减少蛋白质的降解。③注意保持蛋白质的溶解状态，尽可能提高样品的溶解度。④注意防止溶液介质对蛋白质的修饰作用。⑤注意防止破坏蛋白质与其他生物大分子之间的相互作用，以产生独立的多肽链。⑥必要时注意保持蛋白质的活性。⑦注意去除非蛋白质杂质。

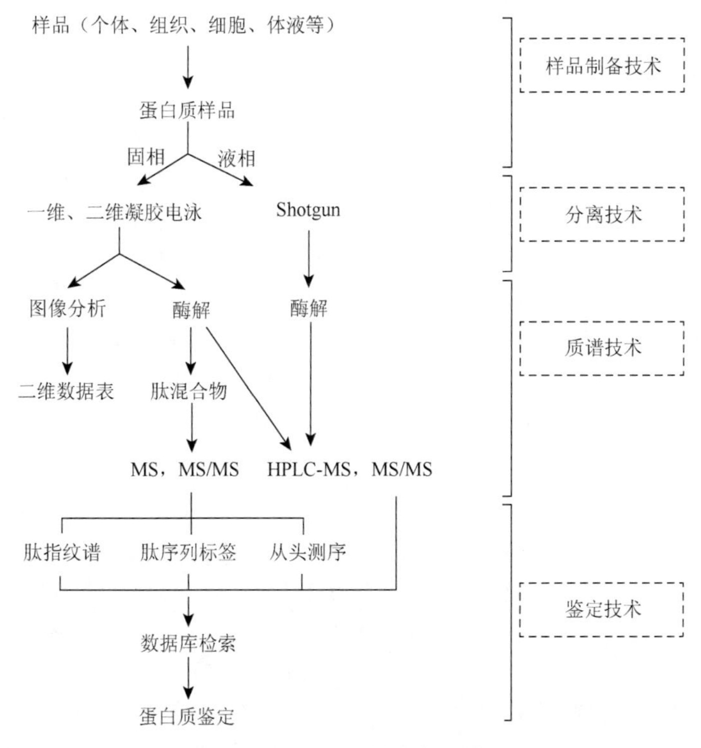

图 2-6 蛋白质组学技术与研究流程

2. 蛋白质组分离技术

蛋白质组分离技术可分为固相和液相两种。前者主要为电泳技术，包括双向凝胶电泳技术、SDS-聚丙烯酰胺凝胶电泳、等电聚焦电泳、毛细管电泳、连续自由流电泳等多种技术；后者主要为色谱技术。其中应用最为广泛的为双向凝胶电泳和液相色谱技术。

（1）双向凝胶电泳技术

目前往往将 IEF/SDS-PAGE 称为双向凝胶电泳，即第一向基于蛋白质的等电点不同采用等电聚焦（IEF）进行分离，第二向按分子质量的不同采用 SDS-PAGE 进行分离，从而将复杂蛋白质混合物中的蛋白质在二维平面上分开的技术。事实上，利用蛋白质的不同特性以凝胶为载体对其进行两次分离的技术均为双向凝胶电泳，如 Native/SDS-PAGE 双向凝胶电泳、两次 SDS-PAGE 的对角线电泳。IEF/SDS-PAGE 双向凝胶电泳仍是蛋白质固相分离的核心技术。

由于双向凝胶电泳所具有的局限性，其面临极大的挑战。这些局限性包括：①低拷贝蛋白质的鉴定。当前的技术还不足以检出拷贝数低于 1000 的微量蛋白质，而一般认为微量蛋白质往往是重要的调节蛋白质。因此，提高双向凝胶电泳的灵敏度十分重要。②极酸或极碱蛋白质的分离。采用双向凝胶电泳很难分离到这些蛋白质。③极大（＞200kDa）或极小（≤10kDa）蛋白质的分离。这些蛋白质或因分子质量过大无法进入凝胶中，或因分子质量过小进入后很快离开凝胶。④疏水性蛋白质的检测。这类蛋白质中包括一些重要的膜蛋白，而膜蛋白往往具有十分重要的功能。这些不足使双向凝胶电泳的使用受到一定限制。

（2）液相色谱技术

色谱技术又称层析技术，目前已被广泛应用于物质的分离纯化和分析鉴定。按照层析技术进行物质分离机制的不同，可以分为离子交换层析、亲和层析、分配层析和排阻层析等。高效液相色谱（HPLC）是目前进行蛋白质组学分析中常用的技术，根据其分离模式的不同，可分为一维（1D）、二维（2D）和多维（MD）三种。其中，二维液相色谱（2D-LC）是蛋白质组学研究中使用最广泛的高效液相色谱技术，其第一向为阳离子交换，第二向为反向色谱，经过液相色谱分离的肽段再进行质谱鉴定可以提高蛋白质分析的灵敏度。通过结合各种不同原理的色谱分离类型，多维液相色谱分离技术能够极大地提高分离系统的峰容量，高效促进蛋白质样品的充分分离，满足复杂程度很高的蛋白质组学样品的分离要求，极大地提高了复杂样品的蛋白质组学鉴定能力，使鉴定成千上万个丰度各异的蛋白质成为可能。

3. 蛋白质组质谱鉴定技术

质谱技术（MS）是进行蛋白质组鉴定的核心技术，其基本原理与鉴定的过程首先是样品分子的离子化，然后再根据不同离子间的质荷比（*m*/*z*）的差异进行分离，最后确定蛋白质的相对分子质量。根据样品分子离子化方式的不同，可分为基质辅助的激光解吸质谱（MALDI-MS）和电喷雾离子化质谱（EI-MS）两种，前者常与飞行时间（TOF）质谱联用，又称为基质辅助激光解吸电离飞行时间质谱（MALDI-TOF-MS）。MS 可同时鉴定多个蛋白质，无需进行蛋白质的纯化，便于自动化，具有灵敏度高和准确度高等特点。随着蛋白质组学技术的发展，液相色谱-串联质谱的联用技术（液质联用）由于具有高自动化、高重现性、高分离效率的特点，已经成为蛋白质组学中蛋白质组分离和鉴定的主流技术。

鸟枪法（shotgun）/LC-MS 为目前最为常用的蛋白质分析方法。复杂的蛋白质样品或经 SDS/PAGE 分离的蛋白质条带首先经过酶解形成肽段混合物，肽段混合物经高效色谱分离成为较简单组分，由自动化的串联质谱鉴定。肽段在质谱仪中经过离子化后，带上电荷；通过质量分析器分析，获得各肽段的质量与电荷的比值（*m*/*z*），从而得到其质量数。如果样品经过稳定同位素标记，则可以根据不同标记的信号强度比例精确确定化学上具有均一性的蛋白质在不同样品中的相对丰度，这种多重分析通过利用在谱图上产生前后次序的质量标记得以完成。质谱分析以前在样品中加入同位素标记的某种质量校准肽，通过对此肽的相对定量就可以获得绝对定量的信息，实现目的肽段的绝对定量。

4. 生物信息学技术

生物信息学（bioinformatics）是以计算机为工具对生物信息进行储存、检索、分析和归纳的科学。生物信息学运用数学理论和信息学方法来研究生命现象，具体说就是从核酸和蛋白质序列出发，分析序列中表达的结构功能的生物信息。生物信息学的研究方法包括对生物学数据的搜索、处理及利用。目前主要的研究方向有序列比对、基因识别、基因重组、蛋白质结构预测、基因表达、蛋白质反应的预测、模式识别分析及建立进化模型。

基于生物质谱进行蛋白质鉴定需要生物信息学技术。生物质谱产生的数据需要使用数据库搜索方法进行处理，进一步发展的鉴定方法分为从头测序和相似序列搜索结合的方法，以及搜索 EST、基因组等核酸数据库两大类。

目前，生物信息学在蛋白质组学方面的应用主要包括：双向凝胶电泳图谱的构建与分析；蛋白质结构的预测；数据库的建立和搜索；各种分析及检索软件的开发与应用。现有的蛋白质组学生物信息学数据库非常多，比较常用的有 UniProt、PIR、GELBANK 和 SWISS-2DPAGE 等，这些数据库的不断发展极大地提高了蛋白质组学的研究效率。

二、研究进展及应用实例

1. 研究进展

随着蛋白质组学研究的深入和广泛应用，其技术也不断改进。在蛋白质样品制备技术方面，主要有高丰度蛋白质去除和低丰度蛋白质富集技术的日趋成熟。在蛋白质分离技术和质谱技术方面，建立了高效快速蛋白质分离鉴定平台、高通量阵列蛋白质分离鉴定平台、规模化磷酸化蛋白质组分离鉴定平台，可以通量、高效、快速、灵敏地鉴定蛋白质及其修饰产物。例如，蛋白质鉴定从 bottom-up 发展到 top-down。bottom-up 是一种传统的鉴定手段，它将蛋白质的大片段混合物消化/酶解成小片段肽后再进行分析。然而，由于选择性剪接、各种蛋白质修饰及内源性蛋白质裂解等复杂机制的存在，细胞内产生了复杂的蛋白质异构体及种类。这些蛋白质的特征采用 bottom-up 技术无法完整准确地进行鉴定。top-down 技术则可以直接对完整的蛋白质——包括翻译后修饰蛋白质及其他一些大片段蛋白质测序。比较而言，bottom-up 是在肽段水平，而 top-down 是整个蛋白质水平对蛋白质进行分析鉴定。在生物信息学技术方面，由于大型服务器和高性能计算机的参与，蛋白质组的研究效率和精确度大大提高。生物信息学不仅可以对蛋白质组数据进行分析和预测，而且可以对已知或者未知的基因产物进行全面的功能分析和预测。此外，定量新技术、新方法朝着高效分离、高灵敏检测、高精度定量方向快速发展，推动了蛋白质组学的深入研究。

我国海洋生物蛋白质组学研究取得了较好进展。目前已经构建了超过 8 种病原细菌和 30 种宿主的 2-DE 图谱。病原菌图谱包括迟缓爱德华菌外膜蛋白和全菌蛋白，副溶血弧菌、溶藻弧菌、美人鱼发光杆菌、嗜水气单胞菌外膜蛋白。同时，不少海洋动物的 2-DE 图谱也已构建，包括河豚肌肉、心脏、肾脏和肝脏，斑马鱼单胚胎、胚胎、雄性和雌性肝脏、脑及大脑皮层和脾脏，稀有鮈鲫肝脏，牙鲆鱼鳃，黑点青鳉鱼的鱼鳃、肝脏、脑，黄鳍鲷肝脏，香鱼鱼鳃和肝脏，大黄鱼血清，金鱼肝脏，草鱼肾脏，翡翠贻贝肝胰脏、闭壳肌和血细胞，虾夷扇贝心脏和肾脏，九孔鲍肝胰脏和血淋巴，南美白对虾血细胞、肝胰脏和胃，中国明对虾肝胰脏和淋巴器官，盐水虾囊胚，锯缘青蟹等。这些图谱为采用蛋白质组学技术进一步研究病原致病机制、宿主生长发育、免疫抗病、环境应激等提供了基础。

随着我国海水养殖业集约化生产和商业化规模的不断扩大，传染性疾病严重危害其可持续发展。目前，蛋白质组学技术已经在细菌性和病毒性病原致病机制和宿主抗感染机制的研究及疫病防控等方面得到广泛应用。在细菌病原方面，主要包括对海水养殖重要病原溶藻弧菌、副溶血弧菌、迟缓爱德华菌、美人鱼发光杆菌与其病原性、环境应激和（或）抗生素耐药等相关蛋白质组的发现和鉴定及其机制的探讨。在病毒病原方面，主要包括对虹彩病毒和对虾白斑杆状病毒致病机制等的研究。在宿主抗感染研究方面，蛋白质组学在发现多种水产养殖动物抗感染应答蛋白及其机制方面发挥了重要作用。

2. 应用实例

采用双向凝胶电泳和液相色谱技术对蛋白质组样本进行大规模的表达图谱分析或者对所有差异蛋白质进行鉴定已成为蛋白质组学研究的常规技术，已有较多的文献报道。由此，本节的应用实例介绍一种采用蛋白质组学技术开展微生物病原与宿主相互作用的研究。

迟缓爱德华菌是目前水产养殖中危害极大的病原菌，给养殖业带来巨大的经济损失。该菌不仅可以感染鱼类和哺乳动物，也可以引发人类疾病。因此研究迟缓爱德华菌与宿主的相互作用具有重要意义。

病原菌进入的门户与其病原性密切相关，是其侵入宿主的第一步。已知迟缓爱德华菌主要通过腮和体表侵入鱼体，需要通过其表面蛋白与宿主相互作用来实现。这一相互作用是由分别来源于病原菌和宿主的两个蛋白质组来完成，从而形成一个由两个异源蛋白质组相互作用构成的网络。这一作用网络决定是病原菌感染还是宿主免疫性建立。因此，研究该蛋白质网络具有重要意义。高通量蛋白质组学的发展为获得该蛋白质作用网络提供了技术基础。分别采用鱼鳃和细菌细胞 pull-down 细菌和宿主蛋白，进行蛋白质组学研究，可以鉴定该相互作用组并揭示其在病原菌感染或宿主免疫性构建中的作用。

（1）与鱼鳃蛋白相互作用的迟缓爱德华菌外膜蛋白组的鉴定

制备鱼鳃细胞，用于 pull-down 迟缓爱德华菌外膜蛋白，进行 SDS-PAGE 检测，共获得 8 个蛋白质条带，而鱼鳃细胞对照组无明显条带。经过质谱鉴定及 NCBI 检索，为 8 种蛋白质，其分子质量与试验检测一致。这些蛋白质按照分子质量编号，其序号从 1 到 8 分别为 polyribonucleotide nucleotidyltransferase、type Ⅵ secretion system protein EvpB、outer membrane protein、flagellin、putative outer membrane porin F protein、outer membrane protein A、hypothetical protein、virulence-related outer membrane protein。这些蛋白质的功能分类涉及结构蛋白、转运和受体蛋白、催化和调节蛋白、信息储存蛋白和分类不明的功能蛋白。

（2）与迟缓爱德华菌相互作用的鱼鳃蛋白组的鉴定

制备迟缓爱德华菌细胞，用于 pull-down 鱼鳃蛋白，进行 SDS-PAGE 检测，共获得 11 个蛋白质条带，而仅细菌对照组无明显条带。这些条带按照分子质量编号，其序号从 1 到 11。经过质谱鉴定及 NCBI 检索，其中 line 7 鉴定出 2 种蛋白质，分别为肌肉的肌酸激酶与细胞质的肌动蛋白，故共为 12 种鱼鳃蛋白。这些蛋白质按照分子质量编号，其序号从 1 到 12 分别为 actinin（alpha 1）、heat shock protein 5、calnexin、glutamate dehydrogenase b、dihydrolipoamide dehydrogenase、actin（alpha-cardiac）、creatine kinase（muscle）、actin（cytoplasmic）、annexin A4、hydroxyacyl-Coenzyme A dehydrogenase、mitochondrial ATP synthase alpha subunit 和 nucleoside diphosphate kinase-Z1。这些鱼鳃蛋白按功能分为 5 类，分别为结构蛋白（25%）、转运及受体蛋白（25%）、信息储存蛋白（25%）、生物催化及调控蛋白（12.5%）、未知功能蛋白（12.5%）。

（3）细菌结合蛋白质基因克隆、序列分析和重组蛋白质表达

根据 GenBank 中已经公布的迟缓爱德华菌全基因组序列，用 Primer Premier 软件

设计与 7 个基因相匹配的 7 对引物进行 PCR 扩增，获得 7 个与预期大小相符合的目的基因片段。

重组子的鉴定：将目的基因片段与载体经双酶切后，连接过夜后转入大肠杆菌 DH5α 中，并涂布于与载体相应抗性的 LB 平板上，37℃培养过夜。挑取单菌落 37℃培养至饱和后收集菌体，用碱裂解法提取重组子后，进行双酶切进一步鉴定。经过双酶切的重组子被切开且切下的基因片段分子质量与 PCR 产物的一致，确证各重组子为阳性重组子。

将已鉴定的含迟缓爱德华菌外膜蛋白基因的重组子转化到大肠杆菌 BL21 感受态细胞中，37℃温箱培养后挑取菌落，在加有与载体相应抗性抗生素的培养基中 37℃培养。培养至 OD0.6 时加入 IPTG 至终浓度为 1mmol/L，诱导 3～4h。室温收集经诱导的菌体，按照常规 SDS-PAGE 样品处理方法处理后，取适量样品用于 SDS-PAGE 电泳。考马斯亮蓝染色、脱色后，获得各蛋白质的表达图。

（4）迟缓爱德华菌外膜蛋白的纯化和抗体制备

将上述表达的重组子，转入 BL21 后大量诱导表达、培养及诱导。经过超声破碎、洗涤液 1 和洗涤液 2 处理表达蛋白，发现蛋白质位于包涵体内，故利用制备包涵体切胶纯化方法纯化蛋白质。采用包涵体溶解与洗涤的方法进行蛋白质纯化，获得的蛋白质均较纯。纯化的蛋白质分别为 $OmpS_2$、PnP、EvpB、Flic、OmpA、ETAE-2675 和 ETAE-0245。

将上述所纯化的蛋白质经蛋白质复性后，各取 100μg 用于免疫昆明鼠，间隔两周后加强免疫，第 2 次加强免疫后检测其血清效价。当血清效价符合要求后对鼠进行眼球取血以获得相应的鼠抗血清。最终获得 7 种迟缓爱德华菌外膜蛋白鼠抗血清，采用 Western blot 方法检测各种抗血清的效价。结果发现，OmpA、$OmpS_2$、PnP、EvpB 效价为 8000；Flic、ETAE-2675、ETAE-0245 效价达到 2000。

为验证制备的迟缓爱德华菌外膜蛋白鼠抗血清的特异性，采用 Western blot 将迟缓爱德华菌外膜蛋白 SDS-PAGE 分离，电转印到硝酸纤维素膜（NC 膜）上，以各种鼠抗血清为一抗孵育 1h，羊抗鼠为二抗，37℃孵育 1h，最后经 DAB 显色得到各血清免疫印迹图。结果表明，对照组没有出现相应蛋白质条带，而试验组出现与鱼鳃蛋白相互作用的迟缓爱德华菌外膜蛋白条带，分别为 OmpA、$OmpS_2$、Flic、PnP、EvpB、ETAE-2675、ETAE-0245。

（5）迟缓爱德华菌与鱼鳃相互作用蛋白质的研究

采用细菌 pull-down 技术获得与迟缓爱德华菌外膜蛋白相互作用的鱼鳃蛋白，将其转移到膜上，采用 far-Western blot 方法验证迟缓爱德华菌外膜蛋白与鱼鳃蛋白的相互作用关系，发现 5 对相互作用蛋白质：PnP 与 glutamate dehydrogenase b，$OmpS_2$ 与 dihydrolipoamide dehydrogenase，$OmpS_2$ 与 annexin A4，ETAE-0245 与 calnexin，FliC 与 heat shock protein 5。

（6）免疫保护作用评价

将纯化好的蛋白质进行复性，采用主动免疫方法进行试验，昆明鼠主动免疫试验中，选择攻毒剂量为 1.0×10^{8}CFU，共有 7 种蛋白质组和 1 组对照组，每种蛋白质及对照组选取 15 只昆明鼠进行试验，观察死亡情况。在攻毒前取血进行效价检测，PnP、EvpB 效价可达到 8000，OmpS2、OmpA 效价为 4000，而 Flic、ETAE-2675、ETAE-0245 效价为 2000。

且 7 种蛋白质保护率均具有显著性差异，其保护率为 46%～85%。

综上所述，基于 pull-down 的蛋白质组学技术方法的建立，可以有效用于宿主和病原相互作用组及其作用网络的研究。上述发现的相互作用蛋白质，其中大多数已经证明与细菌感染和宿主先天性免疫直接相关。因此，该研究策略的建立可以从相互作用蛋白质组和异种生物相互作用网络角度研究病原感染和宿主免疫相互关系，揭示其作用机制。

三、展望及发展趋势

随着技术方法的不断发展和深入，从基因组学技术、转录组学技术发展到蛋白质组学技术是生命科学研究的必然，进一步结合目前热点的代谢组学技术，构建成系统生物学的核心组学技术，将极大地推动从系统角度对细胞活动规律的认识和理解，并有利于采用生物学手段进行调控。目前海洋生物蛋白质组学技术的应用和发展极大地促进了海洋生物学的研究，使人们可以从蛋白质组角度探讨宿主先天性免疫、病原微生物的病原性、宿主与病原的相互作用，同时加快海洋药物和疫苗候选免疫原的筛选、发现和发明。

今后蛋白质组学技术的发展将会更加围绕生命活动规律和生物学功能研究。首先，需要重视生物学功能研究与蛋白质组学技术的有机结合。蛋白质组学技术作为生物学功能研究的重要组成部分，可以高通量发现和鉴定负责某种表型的全部蛋白质，同时蛋白质组学技术也可以非常“微观”地分析和鉴定蛋白质翻译后修饰（post-translational modification，PTM）的具体内容，对揭示细胞活动的分子机制十分重要。蛋白质翻译后修饰将继续成为蛋白质组学的研究重点和热点。翻译后修饰使蛋白质其他的生物化学官能团（如乙酸盐、磷酸盐、不同的脂类及碳水化合物）附在蛋白质上从而改变蛋白质的化学性质，或是造成结构的改变（如建立双硫键），来扩展蛋白质的生物学功能。酶可以从蛋白质的 N 端移除氨基酸，或从中间将肽链剪开，形成执行功能的活性蛋白。其他修饰，如磷酸化，可以令酶活性化或钝化，控制蛋白质的活动。有关蛋白质修饰在海洋生物中的研究较少。因此，结合海洋生物的特殊性，从生命起源和进化、生物发育和病害防治、海洋环境和极地生态等方面揭示蛋白质组修饰的重要意义，将大大丰富和深化海洋生物学的研究。同时，需要关注整个差异蛋白质组与其中关键功能蛋白的相关关系。某种生物表型必定是众多蛋白质集体作用的反映，而各种蛋白质在其中的贡献度具有明显差异。蛋白质组技术不仅仅是发现和鉴定这些参与的全部蛋白质，而且更重要的是明确它们的贡献度，鉴定起到核心和“灵魂”作用的蛋白质并揭示其作用机制。由此，第一，关键功能蛋白虽然是这个差异蛋白质组的核心和“灵魂”，但是不能偏废“组”这个概念和思路。第二，不能面面俱到地理解“组”这个概念和思路，“组”需要突出重点、突出核心、突出“灵魂”。第三，需要考虑到蛋白质组学技术与其他技术特别是其他组学的协同性。虽然蛋白质在生命活动中起到至关重要的作用，但这一活动离不开蛋白质与核酸、代谢物和细胞环境的相互作用。蛋白质组学技术是基因组学、转录组学、翻译组学及代谢组学技术不可或缺的补充，是系统生物学组学技术的重要组成部分。因此，有机地将这些组学技术结合起来，才可能从细胞活动的多层次多网络角度认识其规律。目前，这些方面的研究进展包括蛋白质基因组学及蛋白质组学与代谢组学数据的整合。利用蛋白质组学数据，结合基因组数据（DNA）、转录组数据（RNA）来研究基因组注释问题，称为蛋白质基因组学。这是弥补以往基因组注释方法主要依赖于 DNA 及 RNA 序列信息的不足而建立。由于基于串联质谱技术的蛋白质组学已经发展成熟，可以实现对蛋白质组的高覆盖，利用串联质谱数据进行基因组注释成为可能。利用蛋白质串联质谱数据既可以对已注释的基因进行表达验证，还可以校正原注释基因，进而发现新基因，实现对基因组序列的重新注释。目前的观点认为，基因组的注释应该分为核酸层、蛋白质层和代谢层三个层次。具体地，核酸层注释的主要任务是对基因组进行标注，即在基因组上标明编码基因、非编码基因及对应调控区域的位置和结构；蛋白质层注释的主要任务是对编码基因进行分类及功能分配；代谢层注释则需要对基因和蛋白质如何参与生命代谢给出解释。有关不同组学层次的整合研究，以往较多的报道集中在转录组与蛋白质组数据的吻合研究上。由于两者的时空差异，大多数报道相互间难以验证。新近认为，转录组与翻译组及蛋白质组与代谢组数据的资料的吻合性较高。因此，开展这些整合研究特别是相互间的调节探讨可望形成一个新的蛋白质组学研究热潮。

综上所述，以海洋生物为研究对象，以蛋白质组学技术为核心，以功能、机制和生物学意义为目的主线，开展上述内容的研究，可望引领海洋生物蛋白质组学技术的发展和未来。

（彭宣宪　李　惠）

第四节　宏基因组学技术

一、宏基因组学起源

宏基因组学也称为环境基因组学、群落基因组学、生态基因组学或微生物群落基因组学，主要是通过基因组学的方法对特定生态背景下的整个微生物群落进行研究。宏基因组的概念是在 1998 年由 Jo Handelsman 和他的同事首次提出的，被定义为特定自然环境下的整个微生物群落基因组的总和。它包含了可培养和不可培养的微生物，目前主要指环境样品中细菌、真菌及病毒基因组的总和。广义的宏基因组学应用基因组学技术直接对自然环境中的生物群落进行调查研究，而无需进行微生物的分离、实验室培养及单个微生物种类的鉴定。与依赖纯培养物的传统微生物基因组研究不同，目前宏基因组学研究主要关注特定环境中微生物群体的遗传物质，可以直接真实地反映自然环境中的微生物遗传信息、物种信息及群落结构信息，可应用于发现新基因，开发新的生物活性物质，研究群落中微生物多样性等诸多方面。利用宏基因组学分析自然环境中的生物群落革新了人们对多样性、功能结构及微生物组成之间相互关系的理解。早期的宏基因组学研究主要分析单个基因（如核糖体小亚基 rRNA 基因）或者一些随机的基因片段。近年来，宏基因组学研究逐渐发展成研究环境样本中多个层面的物质，包括微生物 RNA、蛋白质及代谢产物。随着分子生物学技术的发展，不同的实验方法包括单细胞分选和全基因组扩增等也被用于研究微生物群落和宏基因组中的不同组分。图 2-7 展示了应用宏基因组学分析研究微生物群落结构及功能多样性的总体框架。

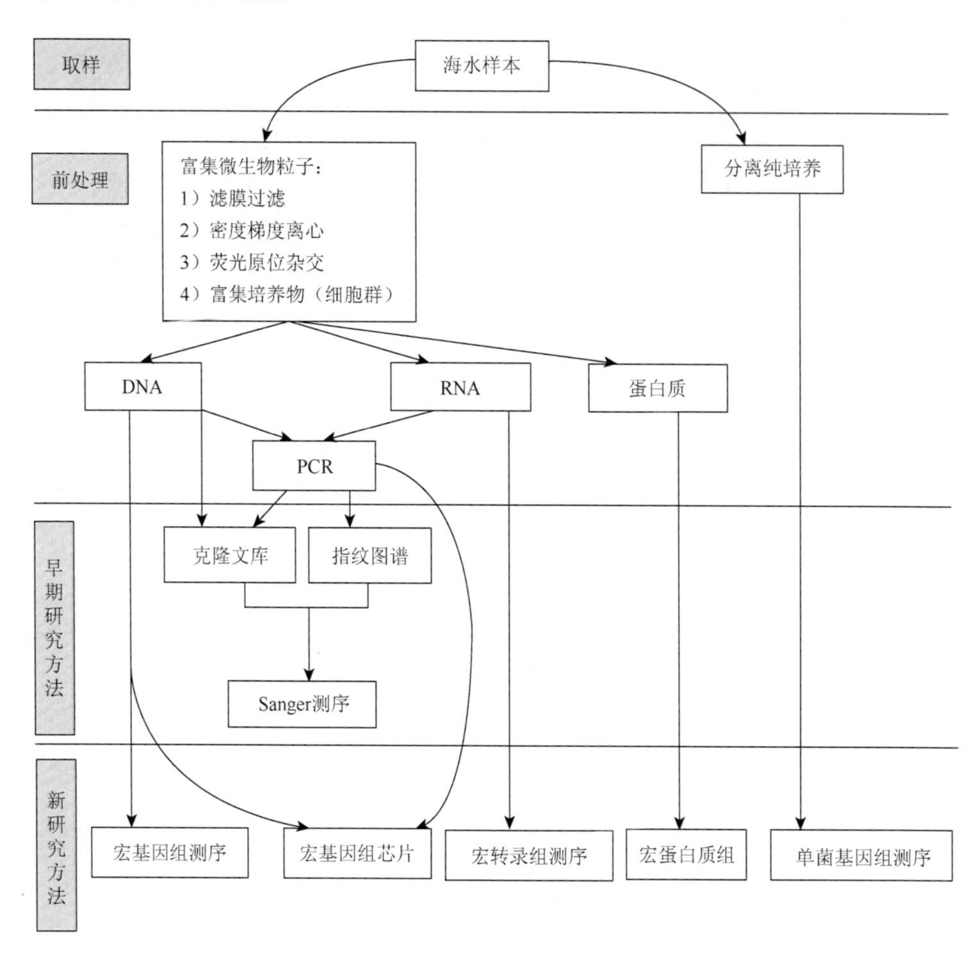

图 2-7 宏基因组学研究流程

对环境微生物群落进行研究，首先要涉及微生物基因组 DNA 的获得。基因组 DNA 可以直接从环境样本中提取，也可以经过有目的地筛选或富集之后提取。通常提取的方法有手工提取和试剂盒提取两种。早期的研究方法是采用 PCR 扩增特定基因然后建立分子指纹图谱，主要包括变性梯度凝胶电泳（denaturing gradient gel electrophoresis，DGGE）、温度梯度凝胶电泳（temperature gradient gel electrophoresis，TGGE）、终端限制性片段长度多态性（terminal restriction fragment length polymorphism，T-RFLP）、单链构象多态性（single-strand conformational polymorphism，SSCP）、核糖体内部间隔区分析（ribosomal internal spacer analysis，RISA）、长度异质性 PCR（length heterogeneity-PCR，LH-PCR）等，通过挑选特定条带进行 Sanger 测序，鉴定物种及功能基因的多样性，这些方法中 DGGE 的应用较为广泛。其次是沿用分子克隆的基本原理和技术方法建立宏基因组克隆文库，并根据具体环境样品的特点和建库目的采用了一些特殊的步骤和对策，包括样品总 DNA 的提取，与载体连接和克隆到宿主中。宏基因组研究中，较常用的 DNA 克隆的载体主要包括质粒（plasmid）、黏粒（cosmid）和细菌人工染色体（bacterial artificial chromosome，BAC）等。然后是根据其研究目的进行基于序列或者功能的筛选。序列筛选法主要根据已知相关功能基因的保守序列设计探针或 PCR 引物，通过杂交或 PCR 扩增筛选阳性克隆子。基于功能的筛选是根据重组克隆产生的新活性进行筛选，可用于检测编码新型酶的全部新基因或者获取新的生物活性物质，该法对全长基因及功能基因的产物具有选择性。最后将筛选出来的特定克隆进行测序分析，从而获得特定环境的部分功能基因信息。宏基因组芯片是伴随着 DNA 芯片的发展而产生，从土壤中抽提宏基因组 DNA（通常要进行前扩增）进行荧光标记，然后和宏基因组芯片杂交，对杂交后的信号进行数字化分析，通过这种方式可以获得土壤中微生物物种和功能多样性及其组成。宏基因组芯片上存在数十种到上千种寡核苷酸探针，芯片分为两种，一种是序列为 16S rRNA 基因片段的芯片 Phylochip，另一种为功能基因片段的芯片 Geochip。Phylochip 适合鉴定不同土壤样本中的微生物多样性的差异，与基于 16S rRNA 基因 PCR 扩增—克隆—测序的方法相比，新的芯片技术可以检测到更高的微生物多样性。而 Geochip 则包含 24 000 个探针，这些探针覆盖了超过 150 个功能分类的 10 000 多个基因，主要涉及碳、氮、硫和磷循环等。将 Geochip 应用于南极圈土壤的碳氮循环研究中，所检测到的氮和碳循环相关的基因随着不同的取样位点和植被类型而呈现显著差异。应用该技术可以分析环境样品微生物结构和功能组成，可以通过不同环境样品宏基因组芯片的比较分析获得某环境样品菌群的代表 DNA 探针，因此在环境方面具有巨大的应用价值。

近年来，随着新一代高通量测序技术的出现，包括 Roche 454、Illumina GA 和 AB SOLiD，以及基因组学在各个领域的渗入，基于高通量测序的宏基因组学应运而生，该方法不依赖于传统克隆培养的技术，以整个微生物群落的遗传物质为对象直接进行测序分析，即可获得整个环境微生物的物种组成、遗传信息组成及功能多样性信息，实现了高灵敏度、高通量、高分辨率（单碱基分辨率）和无偏好性的宏基因组学研究，而之前的各种技术仅能满足其中之一。该方法推动了不可培养微生物群落的结构和功能基因组学研究的迅速发展，促使人们深入了解来自不同环境的整个微生物群落的结构、功能、进化，以及群落间、群落与环境间的相互作用关系，包括空气、土壤、河流等自然环境，食品酿造及工业发酵等工业环境，人体及动物宿主各个部位，甚至还有冰川、深海烟囱等极端环境，克服了传统微生物培养方式的缺陷，扩大了微生物资源的利用，为微生物生态学研究注入新的动力，成为微生物生态学研究领域新的亮点。

二、宏基因组学在海洋微生物研究中的应用

地球面积约 70%被海洋覆盖，海洋环境的复杂性造就了其丰富多彩的微生物多样性，海洋微生物在海洋生态系统的物质循环和能量流动中起着极其重要的作用。然而目前对海洋中的细菌、病毒等微生物独特的遗传特性和特殊的适应机制仍然知之甚少。传统分离培养单个微生物的方法仅能关注不到 1%的可培养微生物，存在很大的局限。自从 16S rRNA 基因被发现可用作细菌和古菌系统发育的分子标签，1991 年，Schime 等便首次通过构建 10～20kb 克隆文库分析海洋浮游微生物的群落结构，通过 16S rRNA 探针杂交筛选出 38 个阳性克隆，鉴定了 16 种微生物，使研究者第一次感受到了宏基因组学研究的巨大潜力。基于探针筛选的方法操作复杂，变性梯度凝胶电泳 DGGE 是利用不同序列的 DNA 片段在具有变性剂梯度的凝胶上迁移率不同的原理，达到片段分离的目的，获得微生物群落遗传多样性和动态分析。2001 年，Diez 等应用 DGGE 技术研究了地中海东南海域不同位点和

深度的海洋微型真核生物（picoeukaryotic）群落多样性，其结果与克隆文库和 RFLP 技术分析相同样品所得结果基本一致。PCR 扩增原核细菌的 16S rRNA 基因或者真核生物的 18S rRNA 基因和 ITS 目的区域，再与 DGGE 技术相结合，筛选出高丰度物种的条带，结合 Sanger 测序鉴定物种类别，是海洋微生物多样性研究的又一进步。

克隆文库技术为海洋微生物研究打开了一扇大门，从海水样本中收集足够量的细菌样本提取 DNA，需要先经过 0.1～0.8μm 的滤膜过滤，滤去大型的真核浮游生物，如藻类等。更长更多的宏基因组片段被克隆到不同的载体序列（cosmid、fosmid 和 BAC 等）中，更长的插入片段，意味着研究者可以获得完整的功能基因，因此研究内容也从物种鉴定，发展为功能基因研究。2000 年，Beja 等在一个长达 130kb 的 BAC 克隆子上同时鉴定了 γ-变形菌的 16S rRNA 基因和视紫红质样基因。视紫红质样基因是非光合细菌里面利用光能转化为 ATP 的关键基因，揭示了海洋微生物在能量循环中的作用。2003 年，Venter 发起迄今为止规模最大的海洋微生物研究计划，经过 1 年多的环球采样（GOS），从北美东部海岸通过墨西哥湾进入赤道太平洋，每隔 200 英里[①]采集一次表层海水样本，共计 44 个样本。首次采用鸟枪法与克隆文库相结合的方法对采集的样本进行海洋微生物宏基因组研究，两次测序分别获得 1.6Gb 和 6.4Gb 的数据，分别发现了 120 万种新基因和 612 万条编码序列，成功构建了第一个海洋微生物蛋白质数据库（GOS database）。该计划大规模地收集了宏基因组序列数据，是其他海洋数据库的 90 倍，发现的蛋白质是当时所有数据库中蛋白质数据的两倍。同时大量的 fosmid 克隆也应用于深度分析海洋浮游群落碳和能量代谢的变化。2006 年，DeLong 等通过对夏威夷 HOT 站点的不同深度（10m、70m、130m、200m、500m、770m 及 4000m）的海洋微生物进行测序研究，获得 4.5Gb 数据量，发现不同深度的海洋微生物物种组成、功能基因结构及代谢潜力存在差异，并且微生物菌群随着海洋深度在碳及能量代谢、微生物附着运动、基因转移及噬菌体与宿主互作都呈现一定的变化。伴随着克隆子覆盖深度的不断增加及基于宏基因组研究的生物信息分析技术的发展，从宏基因组的数据中逐渐可以完整重建单个细菌的基因组序列信息，这是海洋宏基因组发展过程中的巨大进步，同时为揭示微生物群落的遗传能力及微生物之间和微生物与宿主之间的相互作用提供了一种全新的视角。芯片技术应用于环境微生物功能研究是基于已知微生物的功能基因进行芯片定制，然后杂交检测海洋环境中的微生物组成和功能基因信息。该方法存在一定的局限，只能检测已知功能基因的信息，低丰度的基因信息难以检测到，也无法发现新基因。但是在环境保护方面基因芯片有着广泛的用途，一方面可以快速检测污染微生物或有机化合物对环境、人体、动植物的污染和危害；另一方面也能够通过大规模的筛选寻找保护基因，制备防治危害的基因工程药品或治理污染源的基因产品。

到了 20 世纪，测序技术的发展突飞猛进，新一代的高通量测序技术（包括 Roche 454、Illumina GA 和 AB SOLiD）的出现，基于高通量测序的宏基因组学得到迅速发展，该方法不涉及克隆，因此不会产生克隆的偏向性。测序读长也随着技术发展而不断增加，Roch 454 FLX+读长由 2005 年的 100bp 增加到 700bp，Illumina 测序仪由 2006 年的 PE50 升级到 PE250，通量更是高达 600Gb/run。单条序列的测序长度可以覆盖细菌和真菌的核糖体

① 1 英里≈1.609km

基因可变区，便于无偏向性地进行物种分类及鉴定低丰度群体信息，高通量深度测序则有益于序列的组装，获得更多更长的不可培养微生物的基因组序列信息。2006年，Sogin等采用焦磷酸测序的方法对北大西洋深海及热液喷口的微生物多样性研究发现，微生物多样性比之前报道的其他环境要复杂一到两个数量级。并且每个样本中都有成千上万的低丰度物种占据大部分多样性，这些古老的群体之间也存在着很大的差异。高通量测序除了能够全面无偏向性地检测自然环境中的微生物组成外，还能从基因功能的视角全面探索微生物在海洋物质能量代谢及元素循环中的作用。高通量测序不仅可以直接对环境样本DNA进行测序，还可对构建的克隆文库进行深度测序。通过剔除载体序列之后，对插入片段的测序数据进行组装，可以有目的性地获得较长的基因簇序列。2010年，肖湘等通过对构建的fosmid文库进行高通量深度测序，研究深海烟囱附近的微生物群落，阐释了微生物对极端环境的适应机制。该方法以高通量的方式大大节约了时间和测序成本。

海洋面积广袤，横跨多个纬度，因而气候差异变化较大。海洋的深度更是达数千米，表层海水的温度与底层海水之间也存在差异。昼夜之间的海洋温度也存在差异，如此变化的环境，使得海水中的微生物多样性更加丰富。基因层面的研究，可以反映微生物的遗传多样性和功能多样性，通过研究微生物表达的基因信息，可以研究特定生境中微生物对于环境变化的反应机制。高通量测序的方法可以检测到自然环境中大量已知和之前未能检测到的转录信息。2008年，Gilbert通过将宏转录组和宏基因组方法的结合，既能从DNA层面反映海洋微生物的遗传和功能多样性，又能从RNA的层面揭示微生物对海洋环境变化的适应性。多组学相结合的研究尤其能说明这一点。2011年，Shi等在北太平洋、夏威夷群岛海域附近采集4个不同深度的海水样本，测序获得38Mb的宏转录数据和157Mb的宏基因组数据，分析发现物种的相对丰度在宏基因组和宏转录组数据中有些差异，说明每个细胞基因的表达的活性不同。高表达基因的功能特征表明特定物种与特异生化过程（如光合作用、肽聚糖合成、氨同化）相关基因密切相关。联合宏基因组与宏转录组测序的研究方法可反映自然环境中微生物真实的物种组成和功能结构。

为了更加深入地解析微生物与微生物之间，微生物与宿主的互作机制和分子机制，只从基因水平和转录水平还不够，宏蛋白质组和代谢组学的全息组学也需逐渐联合起来用于环境微生物的研究。2010年，Gilbert等对6年来收集的西英吉利海峡不同季节的海水样本（2m）进行测序研究，首次通过“多组学”（16S+宏基因组+宏转录组）研究方法，揭示同一温带沿海环境在季节和昼夜更替下微生物群落的结构与功能多态性。除此之外，多组学相结合的方法还可对溢油之后海洋微生物群落的功能基因和代谢及溢油带中富集的微生物的特殊功能进行深入解析，监测环境污染对海洋生态的影响。

由于海洋环境的多样性，海洋微生物组成丰度差异巨大，很多痕量微生物难以捕捉，即使捕捉到了，微生物的量也无法达到高通量测序的需求。多重置换扩增（MDA）技术，能够从很少的环境样本中扩增基因组DNA，使其总量达到高通量测序的产量要求，来研究微生物群落的组成。另外，MDA技术还可用于单细胞分选后的微生物基因组扩增，与宏基因组相结合可以大大提高自然环境中无法培养的微生物基因组序列信息的获得。单细胞测序技术和宏基因组技术相互互补用于评估不可培养微生物的多样性，对于研究无法培养微生物的遗传和功能组成有着重要价值。

早在 2006 年，Erkel 等就通过信息分析的方法将 fosmid 文库中来自同一种微生物的序列信息框并在一起。随着高通量测序通量的增加，测序成本逐渐下降，单个环境样本中的微生物测序覆盖度不断增加，同时生物信息分析技术不断发展，从环境样本中组装出单个微生物基因组序列信息的频率也上升。2012 年，Iverson 等就通过对海洋样本进行深度测序，从中组装出一株海洋古菌基因组并确定了其分类地位。除此之外，传统的荧光定量 PCR、单拷贝基因分析等也被用来验证微生物基因组的真实性和完整性。传统分子生物技术与宏基因组测序技术融合迸发出新的火花。

海洋病毒被认为是海洋水体中数量最多的生物体和地球上仅次于原核生物的第二大生物量组分，是海洋生态系统结构与功能的重要调控者。海洋病毒宏基因组也是近年来研究的重点。海洋病毒体积小，基因组小，病毒粒子被膜成分与细菌有较大差异，直接采用宏基因组的方法与细菌一起进行核酸抽提，很难捕捉所有的遗传物质。因而对海洋病毒进行宏基因组研究需要先富集病毒颗粒。2006 年，Angly 等采集 4 个区域的海水样本，首先将海水经过 0.16μm 的滤膜滤去细菌和真核浮游生物，然后采用密度梯度离心分离富集病毒颗粒，最后提取病毒核酸。经焦磷酸测序产生 181Mb 的数据，共发现 184 个病毒组合，且不同海洋区域中的病毒组成不同。2013 年，Mizuno 等研究人员利用宏基因组测序技术，发现了 208 种新的海洋噬菌体，组成噬菌体的 21 个基因组中 10 个完全是新发现的。除此之外，海洋病毒作为海洋微生物群体的重要调控者，其宿主组成，以及与宿主之间的互作方式也是近年来研究的重点。2014 年，Enav 等通过比较宏基因组学的方法研究发现病毒可以诱导宿主的代谢向核酸合成的方向转移。

目前宏基因组学方法多应用于海洋细菌、古菌及病毒多样性和功能方面的研究，而作为海洋中能源转化及赤潮、水华重要来源的真核藻类的研究却很少。中国既是一个陆地大国，又是一个海洋大国，有 18 000 多公里海岸线，6500 多个沿海岛屿。中国的海域面积广阔，整个海域自然地理分布范围跨度约 38 个纬度，东西跨度约 24 个经度，中国拥有近 300 万平方公里的海洋国土，是世界上海岛最多的国家之一，海洋中蕴含着丰富的资源。尽管海洋微生物资源极其宝贵和丰富，但是目前中国海洋微生物数据依然缺乏（不同海域、不同季节、不同深度及不同温度海洋环境中微生物多样性数据），海洋微生物种类，尤其是一些不可培养微生物资源很难被发现。依托新一代高通量测序的宏基因组学的研究方法为实现该研究目的提供了可能，另外海洋微生物在氮、硫、磷、碳循环及海洋食物链中也起着非常重要的作用，探索海洋微生物的结构组成及物质、能量代谢有着重要意义。此外，海洋微生物将成为未来医药、酶制剂、新能源等产业的重要来源，而开发和利用海洋微生物资源的前提是对其多样性的了解，因此海洋微生物多样性研究仍然是未来海洋科学研究的前沿领域。

（金 桃 王亚玉）

第五节 海洋生物功能基因验证技术

一、功能基因的结构特征分析与功能预测

基因的功能可以通过对其序列和结构的分析进行预测。基因编码区的核苷酸序列决定

了其编码的氨基酸序列，而氨基酸序列又决定了蛋白质的空间结构，并最终决定了该蛋白质的生物学功能。随着基因组学研究的不断进步及生物信息学的长足发展，人们可以利用信息技术对功能基因及其编码蛋白质的结构特征进行全面分析，通过对基因核苷酸序列及其编码的氨基酸序列结构特征的了解，初步预测该蛋白质可能具有的生物学活性，大大加速了人们对未知功能基因的研究和认识，也推进了对功能蛋白的开发和利用。

1. 功能基因的结构特征分析

基因的核酸结构包括上游调控元件、可读框（open reading frame，ORF）、非编码区（untranslated region，UTR）及其他关键结构。基因编码蛋白的结构包括由氨基酸序列决定的一级结构和高级空间结构，可进一步细分为氨基酸组成、信号肽（signal peptide）、跨膜区（transmembrane region）、基序（motif）和结构域（domain）等。通过分析功能基因的核酸序列，可以了解该基因在基因组中的分布特征、潜在的表达调控特征及其可能参与的生命过程。通过分析功能基因编码蛋白的结构，可以了解相应功能蛋白的亚细胞定位、生物学活性特征和活性中心等。

（1）功能基因的核酸序列特征分析

在基因组中，基因包括转录本编码区和上游调控区两部分。转录本编码区主要负责编码蛋白质的氨基酸序列，而上游调控区负责基因转录表达的调控，如启动子等就位于该区。真核生物基因的转录本编码区通常是不连续的，以外显子和内含子的形式相间排列。外显子携带的信息最终可以表达为蛋白质的氨基酸序列，而内含子则在转录后修饰过程中被切除。所以真核生物基因转录表达的最初产物——信使 RNA（mRNA）不能被直接翻译，而是需要修剪掉内含子后才能被翻译。原核生物的基因通常是连续的，没有外显子和内含子的区分。

基因的转录本在结构上包括蛋白质编码区和 UTR。蛋白质编码区又称为可读框，是从起始密码子到终止密码子的区域，编码一条完整的多肽链，其间不存在使翻译中断的终止密码子。在基因转录本的 5′端和 3′端都有一个 UTR，它们负责该转录本的稳定和转录后的表达调控等。

1）基因启动子区域的结构特征分析：启动子是位于基因编码区的上游，能与 RNA 聚合酶特异结合的部位，结合到启动子区域的 RNA 聚合酶能够开启相应基因的转录表达。从启动子开始到终止子为止的 DNA 序列称为一个转录单位，一个转录单位可以包括一个基因或几个基因。在基因的表达调控中，转录的起始至关重要，决定着基因表达的开启及其表达效率。RNA 聚合酶与启动子的相互作用是起始转录的关键。启动子一般可分为两类：一类是被 RNA 聚合酶直接识别的启动子，这类启动子在 RNA 聚合酶的作用下直接启动基因转录；另一类启动子需要依赖蛋白质辅助因子才能与 RNA 聚合酶结合以启动基因转录，这些辅助因子能够识别与该启动子相邻甚至重叠的 DNA 顺序。

启动子预测软件可分为三类，第一类是启发式预测方法，该方法利用模型对几种典型的转录因子结合部位进行预测，具有较高的特异性，但是不能提供通用的启动子预测方法；第二类方法是根据启动子与转录因子结合的特性，从转录因子结合部位的密度来推测启动子的区域，该方法存在较高的假阳性；第三类方法则是根据启动子自身的特征来进行预测，这种方法的准确性较高，且可以结合分析 CpG 岛的影响对预测的准确性作出辅助性判断。

信息技术的高速发展给生物信息学研究注入了新的活力，大型数据库的建立为启动子预测及鉴定提供了便利。目前在互联网上就可以对启动子位点进行搜索，根据与已知启动子结构的比较可以预测启动子的存在及其位置。GENESCAN（http：//genes.mit.edu/GENSCAN.html）是目前常用的启动子预测工具。另外，还有一些数据库收集了已知的启动子序列，建立了通过序列比对，分析判断启动子的可能存在位置及其功能区域的预测方法。真核生物的启动子数据库（http：//www.epd.rital-it. ch）是目前最为权威的数据库。其他关于启动子研究的数据库还有 PROSCAN（http：//www-bimas.cit.nih.gov/molbio/proscan/），该数据库用于预测启动子中被 RNA 聚合酶Ⅱ识别的核心区。TESS（http：//www.cbil.upenn.edu/tess/）、Match 和 AliBata 数据库（http：//www.gene-regulation.com/pub/programs.html）则是用来搜索启动子区域中潜在的能与已知转录因子互作的位点。

2）基因可读框的结构特征分析：可读框是基因的核心区域，也是遗传信息的编码区域，从起始密码子开始至终止密码子结束。在该区域内，每三个核苷酸编码一个氨基酸，根据这一编码规则，可以从一段核酸序列中找到潜在的蛋白质编码区。其基本思路是依次计算 6 种可能的 ORF，直至找到编码最长肽链的 ORF。目前在互联网上有许多相关预测工具，如 ORF Finder（http：//www.ncbi.nlm.nih.gov/gorf/gorf.html）等。已有的研究证实，在不同的物种中存在密码子的偏好性，这为某些功能基因的体外表达带来了一定的困难，因此基因密码子的偏好性分析和改造是蛋白质体外表达所必须考虑的。

3）基因 UTR 的结构特征分析：基因 UTR 分为 5′UTR 和 3′UTR。在真核生物基因的转录后修饰过程中，转录本的 5′端一般会加帽来维持转录本的稳定性，3′端都有一段多聚腺苷酸尾巴（polyA tail），这种尾巴不是由基因编码而是在转录后加到 mRNA 上的。加尾过程受终止密码子下游的加尾信号控制，动物基因的加尾信号为 AATAA，植物基因的加尾信号变化较大，通常为 ATAATAApu。目前发现非编码微小 RNA（miRNA）主要通过作用于转录本的 3′UTR 来降低转录本的稳定性或抑制其翻译。目前已有一些软件可用于预测 3′UTR 中潜在的 miRNA 结合位点。这类软件主要包括两大类：一类是仅限于碱基配对和自由能分析，如 miRanda（http：//www.microrna.org/microrna/）等；另一类主要基于机器学习，其算法包括支持向量机和遗传算法等，如 PicTar（http：//pictar.mdc-berlin.de/）等。

随着海洋生物功能基因研究的不断深入，对其核酸序列特征的分析也日趋完善。例如，对中国明对虾（*Fenneropenaeus chinensis*）*βGBP* 基因结构及其启动子序列的分析发现其启动子可能在免疫反应中受到调节；通过预测凡纳滨对虾（*Litopenaeus vannamei*）*caspase-8* 基因的 3′UTR 序列中存在的 miRNA 作用靶点，发现白斑综合征病毒（WSSV）能通过其编码的 WSSV-miR-N24 调节对虾 *caspase-8* 基因的表达来侵染对虾。核苷酸序列的分析有助于了解海洋生物功能基因的表达调控规律，也能初步预测这些基因可能参与的生理过程。

（2）功能基因编码蛋白的结构特征分析

蛋白质是由氨基酸以脱水缩合方式形成的多肽链经过盘曲折叠形成的具有一定空间结构的生物大分子。蛋白质结构通常分为 4 个水平，包括一级结构、二级结构、三级结构和四级结构。一般将二级、三级和四级结构统称为蛋白质的高级结构。

1）蛋白质一级结构的特征分析：一级结构是指蛋白质多肽链中氨基酸的排列顺序，它决定了蛋白质如何折叠成更高级的结构。对蛋白质一级结构中氨基酸的组成和排列进行分析，可以初步了解该蛋白质的物理和化学性质。例如，通过统计蛋白质中各氨基酸的类型和数量能获知在未修饰情况下该蛋白质的理论分子质量。蛋白质是两性电解质，它的酸碱性质取决于肽链上可解离的 R 基团。不同蛋白质所含有的氨基酸的种类、数目不同，所以具有不同的等电点（pI）。目前许多软件可以根据蛋白质一级结构来计算其理论分子质量和等电点，如 ExPASy（http：//www.expasy.org/）等。

对蛋白质一级结构的分析还能确定该蛋白质是否含有信号肽，从而明确该蛋白质是否为分泌型蛋白。信号肽通常指新合成多肽链中用于指导蛋白质跨膜转移及定位的 N 端氨基酸序列，一般由 15～30 个氨基酸组成，包括三个区：带正电的 N 端，称为碱性氨基末端；中间疏水序列，以中性氨基酸为主，能够形成一段 d-螺旋结构，它是信号肽的主要功能区；较长的带负电荷的 C 端，含小分子氨基酸，是信号序列切割位点，也称加工区。SignalP（http：//www.cbs.dtu.dk/services/SignalP/）是目前比较主流的信号肽预测软件，能预测蛋白质的 N 端是否含有信号肽及信号肽的长度。

2）蛋白质二级结构的特征分析：蛋白质的二级结构是指多肽链骨架盘绕折叠形成的规律性结构，最基本的二级结构类型有 α-螺旋和 β-折叠，此外还有 β-转角和自由回转。右手 α-螺旋是在纤维蛋白和球蛋白中最常见的二级结构，每圈螺旋含有 3.6 个氨基酸残基，螺距为 0.54nm，螺旋中每个肽键均参与氢键的形成以维持螺旋的稳定。β-折叠也是一种常见的二级结构，在该结构中多肽链以较伸展的曲折形式存在，肽链或肽段的排列可以有平行和反平行两种方式，氨基酸之间的轴心距为 0.35nm，相邻肽链之间借助氢键彼此连成片层结构。不同的氨基酸残基有形成不同的二级结构元件的倾向性，按蛋白质中二级结构的成分可以把球形蛋白分为全 α 蛋白、全 β 蛋白、α＋β 蛋白和 α/β 蛋白 4 个折叠类型。分析蛋白质二级结构的算法大多以已知二级结构和三维结构的蛋白质为依据，用人工神经网络和遗传算法等技术预测，还有一些软件将多种预测方法结合起来获得一致序列。总的来说，二级结构预测仍是未能完全解决的问题，一般对于 α-螺旋预测精度较好，对 β-折叠稍差，而对除 α-螺旋和 β-折叠等之外的无规则二级结构的预测效果则更差。

结构域是介于二级结构和三级结构之间的一种结构层次，是指蛋白质亚基结构中明显分开的紧密球状结构区域。对 DNA 序列进行表达的结果证实了大分子蛋白质的结构域具有独立保持稳定性的能力。许多结构域不仅能在溶液中形成稳定的折叠结构，还能保持部分生物学活性。目前有很多算法可以预测蛋白质的结构域，这些算法多是基于氨基酸序列的同源性来预测的，如主要用于在线分析的 SMART（http：//smart.embl-heidelberg.de/）和主要用于本地分析的 InterProScan（http：//www.ebi.ac.uk/interpro/scan. html）等。

3）蛋白质三级结构的特征分析：蛋白质的三级结构是整个多肽链的三维构象，是多肽链在二级结构的基础上进一步折叠卷曲形成复杂的球状分子结构。具有三级结构的蛋白质一般都是球蛋白，这类蛋白质的多肽链在三维空间中沿多个方向进行盘绕折叠形成十分紧密的近似球形的结构，分子内部的空间只能容纳少数水分子，几乎所有的极性 R 基团都分布在分子外表面，形成亲水的分子外壳，而非极性的基团则被埋在分子内部不与水接触。蛋白质分子中侧链 R 基团的相互作用对维持球状蛋白质的三级结构起着重要作用。

蛋白质三维结构预测是最复杂和最困难的预测技术。研究发现，自然界中蛋白质的结构多样性远少于序列多样性，差异较大的蛋白质序列也可能折叠成类似的三维构象。

由于目前对蛋白质的折叠过程仍然了解甚少，从理论上解决蛋白质折叠的问题还有待科学的进一步发展。但已有了一些具有指导意义的三维结构预测方法，最常见的是“同源模建”和“Threading”方法。同源模建方法是先在蛋白质结构数据库中寻找未知结构蛋白的同源分子，再利用一定计算方法把同源蛋白的结构优化构建出预测结果。Threading方法将序列“穿”入已知的各种蛋白质的折叠子骨架内，计算出未知结构序列折叠成各种已知折叠子的可能性，由此为预测序列分配最合适的折叠结构。除 Threading 之外，用 PSI-BLAST 方法也可以把查询序列分配到合适的蛋白质折叠家族，实际应用中也有较好的效果。

在海洋生物功能基因研究中多采用蛋白质结构特征分析来了解其生物学活性。例如，Zhang 等通过分析珍珠贝（*Pinctada fucata*）中酪氨酸酶基因的氨基酸序列，发现其 N 端含有信号肽，并鉴定了结合两个铜离子的关键氨基酸残基，从而确定该酪氨酸酶属于III型铜蛋白家族；Kong 等利用生物信息学方法分析了中华绒螯蟹（*Eriocheir sinensis*）的两个铁蛋白的三级结构，发现它们都具有典型的铁蛋白空间结构，含有 4 个长 α-螺旋、1 个短 α-螺旋和 1 个关键的 L-loop。这些结构分析不仅扩展了人们对海洋生物功能基因的结构特征的了解，还初步揭示了该功能基因可能的生物学活性。

2. 基因的功能预测

分析功能基因的结构特征可以预测其编码蛋白的生物学功能和活性特征，并有助于功能蛋白的活性验证和活性改造。对基因的核苷酸序列及结构特征进行分析可以预测该基因潜在的表达调控机制。如对功能基因启动子的预测，可以了解该基因的表达可能受哪些转录因子的调控，从而有助于确定该基因可能参与的生理过程。对转录本上潜在 miRNA 结合位点的预测，可以获悉该基因转录本的稳定性及其翻译可能受哪些 miRNA 调控。分析基因编码蛋白的结构特征，可以更加全面和准确地了解其功能蛋白的活性。目前主要基于功能蛋白的序列同源性、高级结构和蛋白质相互作用，来预测功能基因的生物学功能和活性特征。

（1）基于序列同源性的功能预测

一般情况下，功能蛋白的序列相似性越高，其同源性就越高，它们通常也具有相似的功能。因此，序列相似性比对作为一个有效的工具被广泛应用，既可以用于同源基因的发现，也可以用于蛋白质功能的预测。将功能未知的蛋白质与功能已知的蛋白质进行序列相似性及同源性比对，然后根据同源性对未知功能蛋白的生物学活性进行推测。目前使用较多的序列比对工具包括 Clustal、BLAST 和 HH-suite 软件等。

对少量蛋白质序列的同源性进行本地比对时，通常使用 Clustal 软件。该软件采用渐进比对法，先将多个序列两两比较构建距离矩阵，确定每对序列之间的关系，然后根据距离矩阵计算产生系统进化树。最后从最紧密的两条序列开始，对关系密切的序列进行加权，并逐步引入邻近的序列并不断重新构建比对，直到所有序列都被加入为止。利用 Clustal 软件进行多个蛋白质序列的比对，可以找出各序列间的相似性及可能的共同基序，也可以将比对结果导入 MEGA 等进化树绘制软件中，进一步展示出各序列间的进化关系。

BLAST 是一套在蛋白质数据库或 DNA 数据库中进行相似性比对检索的分析工具。

该软件采用一种局部的算法获得两个序列中具有相似性的序列，它能对一条或多条任何形式的序列在一个或多个核酸或蛋白质序列库中进行比对。NCBI（http：//www.ncbi.nlm.nih.gov/）提供的在线服务包含 5 种 BLAST 程序：①BLASTP 提交蛋白质序列到蛋白质库中进行查询。提交的序列将逐一与库中存在的每条已知序列作一对一的序列比对；②BLASTX 提交核酸序列到蛋白质库中进行查询。该程序先将核酸序列翻译成蛋白质序列，一条核酸序列会被翻译成可能的 6 条蛋白质，再对每一条序列作一对一的蛋白质序列比对；③BLASTN 提交核酸序列到核酸库中进行查询。数据库中存在的每条已知序列都将同所提交序列作一对一地核酸序列比对；④TBLASTN 提交蛋白质序列到核酸库中进行查询。与 BLASTX 相反，它是将数据库中的核酸序列翻译成蛋白质序列，再同所查序列作蛋白质与蛋白质的比对；⑤TBLASTX 提交核酸序列到核酸库中进行查询，此种查询将数据库中的核酸序列和所查的核酸序列都翻译成蛋白质，每条核酸序列会产生 6 条可能的蛋白质序列，这样每次比对会产生 36 种比对阵列。

根据提供的未知基因的序列类型，可以选用相应的 BLAST 程序来检索同源序列。BLAST 会返回相似性最高的一组序列，一般由高到低排列。人们可以通过 BLAST 获得未知基因可能的同源序列，从而预测该基因可能的生物学功能。

利用核酸或氨基酸序列的同源性分析来预测功能基因的生物学活性是研究海洋生物功能基因的常用方法。通常采用 BLAST 软件检索未知功能基因的同源基因，采用 Clustal 软件分析同源基因间的保守氨基酸位点和进化关系。例如，Wang 等采用 BLAST 软件检索获得了栉孔扇贝（*Chlamys farreri*）中 TLR 通路各个潜在元件的同源基因，初步确定各个元件的保守功能，并进一步比较了无脊椎动物中 TLR 通路的结构；Zhang 等采用 Clustal 软件确定了斜带石斑鱼（*Epinephelus coioides*）中催乳素受体与同源基因间的 4 个保守半胱氨酸残基，并发现其与黑鲷催乳素受体的同源性最高，从而初步明确了该基因的生物学功能。

（2）基于蛋白质高级结构的功能预测

蛋白质的高级结构决定了其生物学活性和功能特征，因此可以通过分析基于二级结构的基序和结构域及基于三级结构的三维空间结构来预测大部分功能蛋白的功能。目前主要通过比较未知蛋白质和已知蛋白质的一级结构来预测未知蛋白质的高级结构信息。

蛋白质基序和结构域在氨基酸序列水平比其他区域保守，通过序列比对可以发现这些在进化上较为保守的区域，而蛋白质基序或结构域通常与该蛋白质的功能直接相关，因此，可以根据基序或结构域信息预测同源性较低的蛋白质的生物学功能。目前用于氨基酸基序预测的工具非常多，比较常用的是 ScanProsite（http：//prosite.expasy.org）和 Motif Scan（http：//myhits.isb-sib.ch/cgi-bin/motif_scan）。提交待查蛋白质的氨基酸序列后，ScanProsite 会分析出该蛋白质中的所有基序，并展示每个基序的序列特征和可能参与的生物学功能。

为了研究方便和数据共享，目前国际上已建成多个蛋白质保守结构域数据库。这些数据库在比对工具及结构域命名上可能存在不同（表 2-4）。

表 2-4　主要的蛋白质结构域数据库及网址

数据库	网址
SMART	http：//smart.embl-heidelberg.de
SUPERFAMILY	http：//supfam.org/SUPERFAMILY/index.html
TIGRFAMS	http：//www.jcvi.org/cgi-bin/tigrfams/index.cgi
Pfam	http：//pfam.xfam.org/
PROSITE	http：//prosite.expasy.org/
PIRSF	http：//pir.georgetown.edu/pirwww/dbinfo/pirsf.shtml
ProDom	http：//prodom.prabi.fr/prodom/current/html/home.php
PANTHER	http：//www.pantherdb.org/
CDD	http：//www.ncbi.nlm.nih.gov/cdd/

各个数据库均提供了在线分析蛋白质结构域的页面，用户只需提交查询蛋白质的一级序列。其中，CDD（conserved domain database）使用 BLAST 软件进行搜索，其他数据库多使用 HMM（hidden markov model）软件进行搜索。为保证蛋白质保守结构域预测的准确性，一般需要来自三个不同数据库的一致预测结果。因此，整合多个结构域数据库进行预测的工具应运而生。例如，NCBI 的 CD-search（http：//www.ncbi.nlm.nih.gov/Structure/cdd/wrpsb.cgi）和 EMBL-EBI 的 InterProScan。CD-search 能够利用 BLAST 软件匹配 CDD、SMART、Pfam 和 TIGRFAMS 等数据库，而 InterProScan 能够同时匹配除 CDD 外的其他大部分结构域数据库。为方便大规模地预测蛋白质的结构域，CD-search 和 InterProScan 都提供了本地化数据包。使用者下载搜索软件和结构域数据库等数据包后，可以在本地服务器上构建蛋白质结构域的预测平台，利用基于 GNU/Linux 系统的命令行界面批量预测蛋白质结构域。

利用三维空间结构也能预测某个未知蛋白质的生物学功能。目前主要使用两种技术，即 X 射线晶体衍射技术（X-ray crystallography）和核磁共振技术（nuclear magnetic resonance）来准确地了解蛋白质的三维空间结构。PDB 数据库中绝大部分的蛋白质结构都是采用上述两种方法来解析的。但这两种方法都有非常严格的要求，对每一个蛋白质结构的解析都必须从头摸索准确的实验条件，它们常用于需要极其精确结构的蛋白质分析，而难以快速大规模地解析蛋白质空间结构。目前，同源模建（homology modeling）和从头预测方法相继建立，可以实现对蛋白质三维空间结构的大规模快速预测。

同源模建技术是通过与已知同源序列的结构进行对比，为未知蛋白质构建一个合理的近似结构。蛋白质结构的变异建立在序列变异的基础上，如果两个蛋白质之间存在高度的序列相似性，它们总体上的折叠方式往往是相似的。蛋白质结构决定了蛋白质的性质和功能，具有相似结构的蛋白质一般具有类似的功能。通过比较空间结构可以发现序列相似性很低但结构相似的远缘同源蛋白，并根据这些远缘同源蛋白的结构和相关信息推测功能蛋白可能的生物学活性。SWISS-MODEL（http：//swissmodel.expasy.org/）是目前主要的同源模建平台。该平台能自动搜索到与未知蛋白质同源的已被解析结构的蛋白质，并模拟出未知蛋白质的最可能的三维空间结构。SWISS-MODEL 自动蛋白质同源模建服务器先将提交的序列在 ExPdb 晶体图像数据库中搜索相似性足够高的同源序列，建立最初的原子模型，再对这个模型进行优化产生预测的结构模型。通过同源模建方法，可以预测未知蛋白质的三维空间结构，结合展示软件的结构分析和分子对接，还可以进一步了解未知蛋白质的分子作用和功能特征。

当某些序列由于相似性太低而无法同源模建时，可以利用从头预测方法来判断未知蛋白质的折叠方式和三维空间结构。一个重要的从头预测方式是“profile-based threading”，它迫使未知功能序列依次采用一种已知的蛋白质折叠方式，通过计算一个计分函数来衡量该序列采用这种折叠方式的合适程度。使用该方法时，未知蛋白质的序列可以在网上提交给 PSIPRED（http：//bioinf.cs.ucl.ac.uk/psipred/），进行 threading 分析。另一种常用的从头预测方法是 Rosetta 方法，采用 Rosetta 构建蛋白质结构模型时首先用 BLAST、PSI-BLAST 和 3D-Jury 搜索结构同源体，然后通过序列与 Pfam 数据库中的结构族匹配，将目标序列解析为单独的结构域或者独立的折叠单元。再利用 K*sync 程序生成一组序列同源体，其中的每一项由 Rosetta 的 *de novo* 方法建模，产生可能的结构。最后由低分辨率 Rosetta 能量函数确定的最低能量模型被选为最终的结构预测方案。对于未检测到结构同源体的结构域，将根据 *de novo* 协议，选定生成的诱捕中具有最低能量的模型作为最终的结构预测方案。这些结构域预测方案将被连接在一起，用来研究蛋白质三级结构内的交互作用。Rosetta@home（http：//boinc.bakerlab.org/rosetta/）是一个基于伯克利开放式网络计算平台的分布式计算项目，也是利用 Rosetta 方法从头预测未知蛋白质三维空间结构的平台。

海洋生物功能基因研究中已有利用蛋白质高级结构预测功能基因生物学活性的相关实例。例如，Wang 等采用 SWISS-MODEL 方法模建了栉孔扇贝 C1q 蛋白的三维结构，进一步明确了其对病原相关分子模式的结合活性。但目前海洋生物中被精确解析出空间结构的蛋白质相对较少，这限制了海洋生物基因功能的预测和验证，也影响了功能基因的开发和利用。

（3）基于相互作用的蛋白质功能预测

基于序列的蛋白质功能预测考虑的是独立的蛋白质序列，未考虑蛋白质之间的相互作用，而蛋白质是通过与其他蛋白质直接或间接作用来执行功能，所以预测蛋白质的功能时应该把序列特征和与其相互作用的蛋白质序列一同考虑在内。蛋白质之间相互作用及通过相互作用而形成的蛋白质复合物是细胞各种基本功能的主要完成者。如某已知蛋白质具有某种功能，而未知蛋白质可以与该已知蛋白质相互作用，就可以推断未知蛋白质可能也参与了这一过程。

基于 PPI（protein-protein interaction）的预测方法主要用于从多个蛋白质序列中寻找相互作用和关联进化的蛋白质或从 PPI 数据库中提取信息，其预测效果依赖于基因组数目和 PPI 数据库的准确程度。由 Bader 等开发的 Pathguide（http：//www.pathguide.org）提供了 300 余个 PPI 相关的数据库列表和链接。根据这些数据库中提取的蛋白质相互作用数据，人们可以构建相应的相互作用网络。在相互作用网络中，一般用节点（node）来表示蛋白质，而连接两个节点的边（edge）表示蛋白质之间是否存在相互作用关系。目前，利用相互作用网络进行功能注释主要有两种方法，即直接注释方法（direct annotation schemes）和基于模块的方法（module-assisted schemes）。

直接注释方法可以根据网络中某个蛋白质与其他蛋白质的连接情况直接推测该蛋白质的功能。这类方法是基于在蛋白质相互作用网络中，距离相近的两个蛋白质更加倾向于拥有相似或相关功能的假设。目前可以通过邻位节点计算法、图论方法和马尔可夫随机场等方法计算两种蛋白质在网络中的距离，并判断这两个蛋白质的功能相似性。

基于模块的方法是先将网络相关的蛋白质划分为不同的模块，然后根据该模块中成员的功能得知整个模块所共有的可能功能，从而预测其中未知成员的功能。一个功能模块包含其中的蛋白质和所处的细胞位置，它们之间的相互作用可以实现一个特定的功能。基于模块的蛋白质功能注释方法也不再是单独预测单个蛋白质的功能，而是发现模块中所有蛋白质共同内在的功能。一旦模块确定，就可以通过一些简单的方法预测蛋白质功能。对蛋白质相互作用网络进行模块划分的常用方法包括分级聚类方法和图形聚类方法。

随着生命科学研究的不断深入，越来越多的数据信息被整合进蛋白质相互作用网络用以进行蛋白质的功能预测和注释，最典型的例子就是将蛋白质表达数据引入蛋白质相互作用研究中。利用蛋白质表达数据预测蛋白质的功能一般可分为两步。首先选择出在某一条件下高表达的一组基因，然后分析这部分基因编码的蛋白质和它们在相互作用网络中的拓扑性质及模块化特点。已有的分析发现，那些彼此间相互作用的蛋白质通常会倾向于具有相似的表达模式。根据这一特点，基因表达数据常常被引入相互作用网络进行分析，特别是模块的聚类，并取得了较大的成功。其他数据，如不同物种的基因组数据也可以引入蛋白质相互作用中，提高对基因功能预测的准确度。

近年来，利用蛋白质的相互作用来预测功能基因的生物学活性也已经应用到海洋生物相关研究中，并取得了很好的进展。例如，通过对中华绒螯蟹眼柄、Y 器官和肝胰腺中蛋白质相互作用网络的构建和分析，初步鉴定了 864 个基因可能的生物学功能。另有研究者通过预测中国明对虾与白斑综合征病毒 WSSV 的蛋白质互作网络，明确了 44 组宿主病原间的相互作用关系，并确定了其中 32 个宿主蛋白与病原的作用方式，初步了解相关宿主基因的生物学功能，还揭示了其可能参与的生物学过程。

二、基因表达规律分析技术

功能基因的表达通常会在时间或空间上表现出相应的特点和规律，对其表达特征进行分析往往可以提示其功能，因此摸清目标基因的表达特征和规律是开展基因功能研究工作的重要内容。如果目标基因参与某种生理生化过程，该基因则可能在执行该生理生化过程的组织或细胞高表达或者在该生理生化过程中其表达水平会发生显著变化（van Noort *et al.*，2003）。目前主要在 mRNA 和蛋白质两个表达水平研究基因表达规律。mRNA 水平上的表达规律分析技术主要包括半定量 RT-PCR、实时定量 RT-PCR 和 Northern blot 等。其中半定量 RT-PCR 方法具有操作简便和成本低廉的优点，但也存在着精确度低的缺点，通常用于基因表达水平的快速和初步分析。实时定量 RT-PCR 因其特异性强和自动化程度高而被广泛应用，但成本相对较高。Northern blot 技术不仅可以进行 mRNA 表达的定量分析，还能够检测基因转录本的大小及种类，具有半定量 RT-PCR 和实时定量 RT-PCR 所不具备的优势，但该技术操作较为繁琐。在实际工作中，通常需要结合两类方法同时进行，互为补充，还可以考虑采用 RNA 原位杂交技术对目标基因的 mRNA 在特定组织或细胞内的分布进行观察和定位。在蛋白质水平上检测基因表达规律的技术主要包括 Western blot 和免疫组化等。其中 Western blot 的特点与上述 Northern blot 类似，不仅可以进行定量分析，还能够检测蛋白质的分子质量大小及其聚合体形式。而免疫组化的优势则在于其能够精确地检测蛋白质在哪些组织或细胞乃至特定细胞的特定部位的表达。大量研究表明许多基因在 mRNA 和蛋白质水平表达变化的一致性并不高，所以对于新基因而言，同时分析 mRNA 和蛋白质水平上的表达情况，可以提供该基因表达调控的大致规律。

1. Northern blot

Northern blot 技术由斯坦福大学的 James Alwine、David Kemp 和 George Stark 等在 1977 年发明，并参照更早发明的另一项杂交技术 Southern blot 命名。其基本原理和操作流程如下：首先从细胞或组织中提取总 RNA 或者分离纯化 mRNA，通过电泳将这些样本依据分子质量大小分离并转移到膜上，利用烘烤或者紫外交联加以固定，使用带有特定标记的探针与这些样本杂交，经过信号显示后展示待检测基因的表达状况。Northern blot 是在 mRNA 水平上对基因进行表达分析的经典技术，通过该技术可以检测特定基因在机体、组织或者细胞生长发育的特定阶段或者胁迫及病理条件下的表达情况，其优势在于可以鉴定目标基因的 mRNA 在总 RNA 或者 mRNA 样品中存在与否、分子质量、丰度大小及是否具有可变剪接等，允许探针的部分不配对，杂交后的膜经过一定处理除去探针后可以长期保存和重复使用，是研究目标基因 mRNA 水平表达调控规律的重要手段。

然而该技术也存在明显的缺点，如样本起始用量较大但检测通量较低，一次实验只能检测数个样本；与实时定量 RT-PCR 相比，Northern blot 的精确性较低；同时 Northern blot 中很多实验用品如甲醛、溴化乙锭、焦碳酸二乙酯和紫外灯等对人体都有一定的伤害，如果采用放射性标记则存在放射性污染的风险。作为一种经典实验技术，Northern blot 在海洋生物基因表达规律分析中也得到了广泛应用，主要用于检测不同基因的组织表达、调控规律和可变剪接等。例如，Zhao 等使用该技术以地高辛标记的人工转录合成的序列特异性 cRNA 为探针，以管家基因 *β-actin* 为内参，分析了海湾扇贝（*Argopecten irradias*）的大防御素基因和 G-型溶菌酶基因的 mRNA 在扇贝不同组织总 RNA 样本中的相对丰度，初步提示这两个基因可能在宿主的固有免疫防御机制中发挥作用。由于 Northern blot 技术的固有缺点及替代技术的发展和成熟，Northern blot 在海洋生物基因表达规律分析中的应用日趋减少，而半定量 RT-PCR 和实时定量 RT-PCR 等相关技术则得到了日益广泛的应用。

2. 半定量 RT-PCR

半定量 RT-PCR 是一种简捷有效的测定目标基因 mRNA 在总 RNA 或者 mRNA 样品中含量的方法。其基本原理和操作流程如下：首先从细胞或组织中提取总 RNA 或者分离纯化 mRNA 并反转录合成 cDNA，再进行 PCR 扩增并测定 PCR 产物的数量以推测样品中目标基因 mRNA 的大致数量，通过比较目标基因与含量较恒定的管家基因的表达量，判断目标基因的 mRNA 表达水平及其变化。半定量 RT-PCR 具有操作简便和成本低廉的优点，但由于其实验过程受到总 RNA 及 mRNA 模板降解、基因扩增效率差异及主观因素对软件定量的干扰等多种因素的影响，精确度相对较低，通常用于目标基因表达水平的快速初步分析。随着实时定量 RT-PCR 的普及应用，半定量 RT-PCR 的应用范围逐渐缩小，但由于其不需要特殊仪器且操作相对简便，在不具备实时定量 RT-PCR 条件的情况下，也经常被用于海洋生物基因表达规律分析。例如，Wang 等利用该技术以 18S rRNA 为内参，研究了钙调素基因在不同脱水程度的条斑紫菜（*Pyropia yezoensis*）中的 mRNA 相对含量，提示该基因可能与条斑紫菜耐受失水胁迫的生物学特性相关。

3. 实时定量 RT-PCR

实时定量 RT-PCR 技术于 1996 年由美国应用生物系统公司推出，该技术的基本原理是在 PCR 反应体系中加入荧光基团，利用荧光信号的积累实时监测整个 PCR 进程，通过标准曲线或其他数据处理方法对样本中特定基因的拷贝数进行定量分析。该技术不仅实现了 PCR 从定性到定量的飞跃，而且与常规 PCR 相比具有特异性更强、PCR 污染少和自动化程度高等特点，目前已得到广泛应用并成为海洋生物基因表达规律分析中的主流方法。其最主要的优势在于灵敏和省时，但也存在成本较高及依赖昂贵仪器的缺点。目前主要的实时定量 RT-PCR 技术包括采用 5′核酸外切酶活性的 Taqman 荧光探针技术、采用与双链 DNA 特异结合的荧光染料 SYBR Green Ⅰ 技术、基于荧光能量转移的 AmpliSensor 技术和分子信标技术。其中前两者较常应用于海洋生物基因表达规律分析。例如，Su 等利用 Taqman 荧光探针技术，以 18S rRNA 为内参，检测了斑节对虾（*Penaeus monodon*）*Dicer* 基因在不同组织中的分布情况，以及该基因在对虾感染 WSSV 后的表达变化。

4. RNA 原位杂交

RNA 原位杂交又称 RNA 原位杂交组织化学技术，是一种运用 RNA 探针检测细胞或组织内特定基因的 mRNA 表达水平的原位杂交技术。该技术的基本原理和操作过程是在保持细胞或组织基本结构不变的前提下，采用携带特定标记且序列已知的 cRNA 片段充当探针，依照核酸杂交中碱基配对的原则与待测细胞或组织样本中相应基因的 mRNA 片段相结合，杂交形成的杂交体经过显色反应后可以在光学显微镜或电子显微镜下观察，从而获得细胞内相应的 mRNA 乃至 rRNA 或 tRNA 分子的含量和定位信息。RNA 原位杂交技术经过不断改进已经成为一种高效可信的分子生物学技术手段，特别是在分析低丰度和罕见 mRNA 表达方面发挥了重要作用。随着荧光技术的发展，在传统的放射性标记 RNA 原位杂交和地高辛标记 RNA 原位杂交基础上又发展出了荧光 RNA 原位杂交技术、多色荧光 RNA 原位杂交技术及 QuantiGene ViewRNA 技术等，这些技术在准确性、灵敏度、重复性等方面都有大幅度提高，极大地扩展了 RNA 原位杂交的应用范围并提高了检测精度，但也带来了成本昂贵及依赖于商业化试剂盒和特殊仪器的缺憾。目前在海洋生物基因表达规律分析中常用的主流方法仍然是基于地高辛的 RNA 原位杂交。例如，Zhou 等使用该技术以地高辛标记的人工转录合成的序列特异性 cRNA 为探针，分析了 DEAD-box 家族成员 *vasa* 基因在中国明对虾精原细胞和卵原细胞中的 mRNA 表达量，推测该基因可能作为母源生殖质成分参与中国明对虾生殖细胞的决定和形成。

5. Western blot

Western blot 即蛋白质免疫印迹，是由斯坦福大学的 George Stark 发明的一种分子生物学、生物化学、免疫学和遗传学常用实验方法，该技术基本原理是通过特异性抗体对凝胶电泳处理过的细胞或组织样本进行着色，通过着色的位置和深度分析特定蛋白质在样品中的表达情况。其具体操作流程包括首先将电泳分离后的组织或细胞总蛋白质从凝胶转移到固相支持物硝酸纤维素膜或聚偏二氟乙烯膜上，然后用特异性抗体检测特定抗原，最后采用合适的显色方法呈现结果。Western blot 显色的方法主要包括放射自显影、底物化学发光、底物荧光及底物呈色等。目前最常用的是底物化学发光和底物呈色两种，而绝大多数文献使用的都是底物化学发光。例如，Yue 等利用该技术，以 *α-tubulin* 为内参，以不同发育阶段的栉孔扇贝幼体总蛋白质为样本，使用自制的大鼠多克隆抗体及商业化抗体，检测了脂多糖葡聚糖结合蛋白、C-型凝集素、脂多糖结合蛋白/杀菌通透性增加蛋白、G-型溶菌酶和超氧化物歧化酶等免疫因子在扇贝幼体发育过程中的蛋白质水平表达变化，初步提示了这些基因在母源免疫及免疫系统发生过程中的作用。

6. 免疫组化

免疫组化又称免疫组织化学或者免疫细胞化学，是利用显色剂标记的特异性抗体通过抗原-抗体反应和组织化学的呈色反应在细胞或组织中原位对相应抗原进行定位、定性乃至定量的检测技术。该技术将免疫反应的特异性和组织化学的可见性巧妙地结合起来并借助显微镜的放大作用，在组织、细胞乃至亚细胞水平检测各类抗原，具有特异性强、敏感性高、定位准确及形态与功能相结合等优势。但染色过程中存在的非特异性会影响结果的准确性，从而也限制了该类技术的应用范围。近年来，免疫组化技术得到了迅速发展，常用的方法包括免疫荧光类、免疫酶标类及免疫胶体金类等技术。在海洋生物功能基因研究中常用的是前两类方法。例如，Liu 等利用免疫荧光技术，以血淋巴细胞滴片为样本，使用自制的大鼠多克隆抗体结合商业化荧光标记二抗，发现栉孔扇贝清道夫受体主要分布于血淋巴细胞表面，进而推断该基因可能具有模式识别功能。

三、基于基因功能获得与失活策略的研究技术

在根据表达规律对目标基因的功能进行合理预测后，还需要通过其他实验手段对相关功能加以验证。目前基因功能的研究策略大致可分为功能获得策略与功能失活策略两类。功能获得策略即通过将目标基因直接导入某一细胞或者个体中，通过观察细胞生物学行为或个体遗传性状的变化来鉴定该基因的功能。功能失活策略即通过将目标基因的功能全部或部分失活后，通过观察细胞生物学行为或个体遗传性状的变化来鉴定该基因的功能。基于功能获得策略的方法主要有基因转染技术和转基因技术等。前者是目前应用最广泛、技术最成熟的基因功能研究方法之一，具有简便快捷和成本低廉的优势，但是由于目标基因的表达受到转染效率和表达水平两方面因素的影响，常常存在结果稳定性与复现性较差的缺点。后者的优势在于可以在活体水平上进行多维研究，从分子到个体水平对目标基因的功能进行多层次、多方位的检测，而其缺点在于操作繁琐、成本昂贵，并且存在一定的生物伦理风险。基于功能失活策略的方法主要有基因沉默和基因敲除技术等。前者主要包括反义核酸技术和 RNA 干扰技术，具有成本低、周期短和操作快的优势，已经被作为一类简单有效的工具广泛应用于基因的功能鉴定研究，然而该类技术也存在可能诱导干扰素和其他细胞因子而引起非特异性效应，以及可能作用于与靶分子序列相近的非目标分子而产生脱靶效应等缺点。后者又称为基因打靶技术，是目前研究基因功能最直接和最有效的手

段之一。相对于基因沉默技术，该技术操作更加明确，效果更加精确，但是技术条件严苛，成本相对高昂，且仅限于小鼠等模式生物使用，这些劣势也制约了该技术的应用范围。

1. 基因转染技术

基因转染技术是将编码目标蛋白质的核酸片段转运到细胞内并使其在细胞内表达的实验方法。按照基因运载系统的不同，基因转染技术可以分为两大类：非病毒方法和病毒方法，前者又可以细分为化学转染法、生物方法和物理方法三类，其中化学转染法包括DEAE-葡聚糖法、Polybrene 聚阳离子法、磷酸钙共沉淀法和脂质体法等。生物方法包括直接注射法、受体介导的基因转移和精子载体法。物理方法包括微粒子轰击法即基因枪法、显微注射法和电穿孔法。病毒方法则分为逆转录病毒载体法即 RNA 病毒载体法和 DNA 病毒载体法。每种具体方法的技术原理、操作过程、发展水平及优缺点均不相同，并且这些方法均在模式生物及高等动物中应用比较成熟。基因转染技术不仅革新了生物学和医学中许多基本问题的研究方式，而且推动了分子诊断技术的发展并使基因治疗成为可能。目前该技术已经广泛应用于基因的结构和功能分析及基因的表达与调控研究中，但在海洋生物特别是低等海洋动物的基因功能验证研究中尚处于摸索阶段。例如，Li 等利用 WSSV 病毒的一个强启动子构建了一种载体 pIZ-P249，通过电穿孔法转染到原代培养的龙虾（*Procambarus clarkii*）血淋巴细胞后，可以有效地表达绿色荧光蛋白。Mu 等则利用 WSSV 病毒的 *ie1* 启动子构建了一种载体 pIe，直接注射即可在龙虾体内表达外源蛋白，这两种载体为海洋生物特别是甲壳类动物的基因功能研究提供了强有力的工具。

2. 转基因技术

转基因技术是将一个生物体的基因转移到另一个生物体中的分子生物学实验方法。与基因转染类似，转基因技术种类繁多，主要包括农杆菌介导转化、花粉管通道法、核显微注射法、基因枪法、精子介导法、核移植转基因法及体细胞核移植法等。在转基因实验中，一般是把目标基因导入受体生物体基因组内，通过观察受体生物体表现出的性状达到揭示基因功能的目的，常用的受体生物通常为模式生物，包括动物和植物。转基因技术作为一门强有力的研究手段被广泛应用于医学、农业和工业等诸多方面。在医学方面，可以为治疗遗传性疾病、恶性肿瘤和艾滋病等提供思路。在农业方面，可以用来改良植物的遗传性质使其具有以前所不具备的优良特性，如高产量、抗虫害、抗逆性等。而转基因动物的出现可以使人类获得生产性状更好的养殖品种，并且可以通过转基因动物生产出目的产物，如血红蛋白和乳铁蛋白等。在工业方面，转基因技术可以为能源问题找到出路。目前这一技术在海洋生物基因功能研究方面已经有应用实例。例如，Xuan 等利用农杆菌介导转化的方法成功获得了携带海带（*Laminaria japonica*）海藻糖-6-磷酸合成酶基因的水稻植株，虽然尚未见到后续研究结果，但这一研究模式对其他海洋生物基因功能研究具有重要参考价值。

3. 基因沉默技术

基因沉默技术是指通过人为地诱导基因沉默现象来阻止或抑制目标基因表达的分子生物学实验方法。基因沉默是指生物体中的特定基因由于各种原因不表达或者是表达量减少的现象，该现象首先在转基因植物中被发现，随后在线虫、真菌、水螅、果蝇及哺乳动物中被陆续发现。根据作用机制和水平不同，基因沉默可分为位置效应、转录水平的基因沉默和转录后水平的基因沉默三种方式。基因沉默技术是研究目标基因表达调控和功能活性的重要手段，目前最常见的主要包括反义核酸技术和RNA干扰技术。反义核酸是指能与特定mRNA精确互补、特异阻断其翻译的RNA或DNA分子。利用反义核酸特异地封闭某些基因表达使之低表达或不表达即为反义核酸技术，包括反义RNA、反义DNA和核酶三大技术。RNA干扰是一种由双链RNA诱发的基因沉默现象，其机制是通过阻碍特定基因的转录或翻译来抑制目标基因表达。大量研究表明，反义核酸技术中靶序列有效性和特异性的把握是一个难点，同时也存在稳定性和毒性的问题，其序列专一性和沉默效率均不如RNA干扰技术。目前海洋生物基因沉默研究主要采用RNA干扰技术。例如，Wang等利用RNA干扰技术，通过直接注射长双链RNA的方法，成功沉默了栉孔扇贝*TLR*基因的表达，并结合攻毒实验证明TLR及其信号转导通路在栉孔扇贝抵御病原菌侵染过程中发挥了重要作用。

4. 基因敲除技术

基因敲除技术是一种基因打靶技术，该技术能够改变生物体的遗传基因，使目标基因丧失全部或部分功能并对生物体的性状造成影响，进而推测出该基因的生物学功能，一般用于某个序列已知但功能未知的基因功能研究。依据原理不同，基因敲除可以大致分为利用基因同源重组进行基因敲除、条件性基因敲除、诱导性基因敲除、基于随机插入突变的基因敲除及基因捕获等不同类型。近年来又发展出了基于成簇的、规律间隔的短回文重复序列即CRISPR（clustered regularly interspaced short palindromic repeat）的基因敲除技术。虽然基因敲除技术发展早期出现的许多不足和缺陷已逐步得到解决，但基因敲除技术始终存在一个难以克服的缺点，即敲掉一个基因并非一定能获知该基因的功能。一方面的原因是许多基因在功能上是冗余的，敲掉一个在功能上冗余的基因并不能造成容易识别的表型差异，因为基因家族的其他成员可以提供同样的功能。另一方面，敲除某些必需基因后会造成细胞的致死，也就无法对这些必需基因进行相应的功能研究。基因敲除技术在海洋生物基因研究中应用并不普遍，目前主要见于海洋细菌的基因功能研究。例如，李杰等采用基因敲除的方法构建了迟缓爱德华菌（*Edwardsiella tarda*）缺失*esaC*基因的极性缺失突变株，证明了该基因参与了毒力因子T3SS的组装和输送。

四、基于基因编码产物与蛋白质或核酸相互作用的研究技术

细胞中各类基本功能的完成依赖于基因编码的蛋白质与其他蛋白质或者核酸之间的相互作用，因此确定与目标基因编码蛋白质相互作用的上下游分子是鉴定基因功能的一个重要方面。这方面的研究可以分为蛋白质-蛋白质之间的相互作用和蛋白质-DNA之间的相互作用。前者主要包括免疫共沉淀技术、pull-down技术和双杂交系统，后者主要包括电泳迁移率变动分析和染色质免疫沉淀技术等。

1. 免疫共沉淀技术

免疫共沉淀是利用抗原抗体之间的专一性反应研究蛋白质相互作用的经典方法，也是确定两种蛋白质在正常细胞内相互作用的有效方法。该方法的基本原理和操作流程包括：在细胞裂解液中加入目标蛋白的抗体，孵育后再加入能与抗体特异结合的Protein A或

Protein G 琼脂糖珠，若细胞中有能与目标蛋白结合的蛋白质就可以形成复合物，经变性聚丙烯酰胺凝胶电泳将复合物分开，然后通过免疫印迹或质谱检测或鉴定目的蛋白。该方法可以得到在细胞内与目标蛋白天然结合的目的蛋白，结果可信度较高。该方法的优点为相互作用的蛋白质都是经翻译后修饰的，蛋白质的相互作用是在自然状态下进行的，可以避免人为的影响，分离得到天然状态的相互作用蛋白质复合物。但该方法可能检测不到低亲和力和瞬间的蛋白质-蛋白质相互作用。如果两种蛋白质不是直接结合，而需要有第三者参与，该方法则无法发挥作用。另外，因为大多数免疫共沉淀实验得到的目的蛋白的量都不足以用于质谱鉴定，所以一般采用免疫印迹法鉴定，这就需要在实验前对目的蛋白进行预测以选择后续检测抗体，若预测不正确实验结果就得不到验证，使得方法本身具有不确定性。在海洋生物基因功能研究方面，该方法常用于验证两种目标蛋白是否在体内结合，也可用于确定特定蛋白质的相互作用因子。例如，Guo 等利用免疫共沉淀技术，采用自制的大鼠抗阿片肽生长因子受体多克隆抗体和商业化的小鼠抗甲硫氨酸脑啡肽单克隆抗体，验证了栉孔扇贝阿片肽生长因子受体在体内与甲硫氨酸脑啡肽的结合活性，提示该受体对甲硫氨酸脑啡肽具有显著的结合能力，是脑啡肽受体家族典型成员。

2. pull-down 技术

pull-down 是一种行之有效的验证蛋白质相互作用的体外实验技术，该技术的基本原理和操作流程是将融合特定标签的靶蛋白固化在亲和树脂上充当“诱饵蛋白”，将含有目的蛋白的溶液过柱从中捕获与之相互作用的“捕获蛋白”，洗脱结合物后通过变性聚丙烯酰胺凝胶电泳将复合物分开，然后利用免疫印迹或质谱检测或鉴定目的蛋白。根据与靶蛋白融合的标签不同，pull-down 实验可以分为 His pull-down、GST pull-down 和生物素化 pull-down 等几种不同类型。该方法的优点为操作周期短，灵敏度高，与免疫共沉淀相比对抗体质量要求不高。其缺点在于需要使用纯化后的蛋白质，并且经常出现假阳性。在海洋生物基因功能研究方面，该方法常用于鉴定两个已知蛋白质之间是否存在相互作用，也用于筛选与已知蛋白质相互作用的未知蛋白质。例如，Jiang 等利用 His pull-down 技术，以原核重组表达的文昌鱼（*Branchiostoma belcheri*）ycaCR 蛋白为诱饵，从文昌鱼的组织裂解液中捕获了肌酸激酶，从而证明 ycaCR 蛋白参与了文昌鱼的机体能量代谢。

3. 酵母双杂交系统

酵母双杂交系统是在酵母体内分析蛋白质-蛋白质相互作用的实验系统，也是一种基于转录因子模块结构的分子遗传学方法。酵母双杂交系统的建立和发展是基于对真核细胞调控转录起始过程的认识。许多真核生物的转录激活因子都是由两个结构上彼此分开的、功能上相互独立的结构域组成的。例如，常用的酵母双杂交系统是基于其转录激活因子 GAL4，该转录因子在 N 端有一个 DNA 结合域，C 端有一个转录激活域，GAL4 分子的 DNA 结合域可以与上游激活序列结合，而转录激活域则能激活上游激活序列对应的下游基因进行转录，但是单独的 DNA 结合域或单独的转录激活域都不能独立发挥功能，只有通过某种方式结合在一起才具有完整的转录激活因子的功能，利用这一特性建立了筛选和验证蛋白质-蛋白质相互作用的双杂交系统。利用酵母双杂交系统研究蛋白质-蛋白质相互作用虽然具有筛选通量大、检测效率高及应用范围广等优点，但也存在一定的缺陷。例如，该技术并非对所有蛋白质都适用，双杂交系统要求两种杂交体蛋白都是融合蛋白，都必须能进入细胞核内。该技术假阳性的发生率较高，而且部分假阳性原因不明，可能与酵母中其他蛋白质的作用有关。另外，在酵母菌株中大量表达外源蛋白可能产生毒性作用，从而影响菌株生长和报告基因的表达。在海洋生物研究中，该方法不但可以检测已知蛋白质之间的相互作用，还可以用于发现新的与已知蛋白质相互作用的未知蛋白质。例如，张莉等和王维新等在凡纳滨对虾中分别利用酵母双杂交系统筛选了与 WSSV 病毒黏附蛋白 VP37 和 VP39 相互作用的宿主蛋白。

4. 细菌双杂交系统

细菌双杂交系统最初由 Karimova 等于 1998 年提出，是继酵母双杂交系统和哺乳动物细胞双杂交系统之后建立的另一种直接在细胞内检测蛋白质-蛋白质相互作用的分子遗传学新方法。该技术的原理与酵母双杂交相似，即通过将所要研究的蛋白质分别与 DNA 结合域和转录激活域融合，利用相互作用蛋白质提供的桥联功能使转录激活域同 DNA 结合域相结合从而调控报告基因的表达，报告基因表达的结果可通过生物化学或者遗传学方法检测。到目前为止已经建立了许多不同体系的细菌双杂交系统，根据原理的不同可分为如下几类：以 λ 阻遏蛋白为基础的系统，以协同抑制为基础的系统，以形成 DNA loop 结构为基础的系统，以酶为基础的系统和以 RNAP 为基础的系统等。与酵母双杂交系统相比，细菌双杂交系统具有研究周期短、操作简单、较低的假阳性率和假阴性率、能够产生容量更大的文库等优势。一些真核的调控蛋白有可能对酵母细胞产生毒害，但这种情况发生在大肠杆菌中的可能性较小。虽然细菌双杂交系统的建立较晚且有许多方面需要改进，同时大肠杆菌不具有翻译后的加工修饰功能也限制了其应用范围，但因为其具有的许多优点使得该系统得到了飞速发展，逐渐走向成熟并运用到了包括海洋生物基因功能研究在内的许多领域。例如，熊生良等将该系统运用到了甲壳动物宿主蛋白与 WSSV 结构蛋白的相互作用研究中。

5. 电泳迁移率变动分析

电泳迁移率变动分析又称凝胶阻滞实验，是一种用于定性和定量分析 DNA 结合蛋白与相关 DNA 序列相互作用的技术。该技术最初用于 DNA 结合蛋白研究，目前已经扩展到研究蛋白质与特定序列 RNA 之间的相互作用。该技术的基本原理是当某个 DNA 片段与细胞提取物混合之后，若其在凝胶电泳中的移动距离变小就说明该 DNA 片段可能已与提取物中的某种特殊蛋白质分子相结合。对于基因表达调控的研究一般从三个层次展开：一是分离和鉴定基因 5′端核心启动子等顺式作用元件；二是分离和鉴定与各顺式作用元件相对应的转录因子；三是检测各顺式作用元件与对应转录因子的相互作用。鉴定顺式作用元件和转录因子是研究得比较多的内容，对于顺式作用元件与对应转录因子相互作用的研究相对薄弱，而这种相互作用却是生物转录调控最重要的途径。电泳迁移率变动分析正是针对这类研究而发展的技术之一，其核心功能是验证蛋白质与特定核酸序列的结合特性，从而间接推断已知蛋白质的靶序列或已知序列的结合蛋白。电泳迁移率变动分析可用于研究 DNA 与蛋白质的体外结合，但并不能说明这种结合在细胞内也是同样真实存在的，而染色质免疫沉淀则可以用来证实 DNA 与蛋白质在细胞内的特异性结合，因此在研究 DNA 与蛋白质的相互作用时，电泳迁移率变动分析和染色质免疫沉淀往往联合使用互为佐证。目前在海洋生物基因功能研究方面已经有该技术的应用实例。例如，Yue 等利用该技术验证了栉孔扇贝锌指蛋白转录因子GATA蛋白与DNA序列5′-WGATAR-3′之间的体外结合活性。

6. 染色质免疫沉淀

染色质免疫沉淀（chromatin immunoprecipitation，ChIP）是研究体内DNA与蛋白质相互作用的重要工具，可以灵敏地检测目标蛋白与特定DNA片段的结合情况，还可以用来研究组蛋白与基因表达之间的关系。该方法的基本原理是在活细胞状态下固定蛋白质-DNA复合物，并将其随机切断为一定长度范围的染色质小片段，然后通过免疫学方法沉淀此复合体，特异性地富集与目的蛋白结合的DNA片段，通过对目的片段的纯化与检测，从而获得蛋白质-DNA相互作用信息。染色质免疫沉淀是目前唯一可以研究体内DNA与蛋白质相互作用的方法，而且染色质免疫沉淀与其他方法的结合扩大了其应用范围。染色质免疫沉淀与基因芯片相结合建立的ChIP-on-CHIP方法已广泛用于特定反式因子靶基因的高通量筛选。染色质免疫沉淀与体内足迹法相结合，可用于寻找反式因子的体内结合位点。RNA-ChIP用于研究RNA在基因表达调控中的作用。由此可见，随着染色质免疫沉淀的进一步完善，它必将会在基因表达调控研究中发挥越来越重要的作用，且其应用范围不再局限于模式生物，在海洋生物的基因功能研究也得到了应用。例如，Aihara等建立了一种用于玻璃海鞘（*Ciona intestinalis*）的染色质免疫沉淀方法，用于脊索瘤新型标记物Brachyury蛋白的功能研究，并且该方法稍加改进即可用于其他海洋生物的基因功能研究。

（王玲玲　王孟强　周　智）

主要参考文献

Adiconis X，Borges-Rivera D，Satija R，*et al.* 2013. Comparative analysis of RNA sequencing methods for degraded or low-input samples. Nat Methods，10（7）：623-629.

Bradnam KR，Fass JN，Alexandrov A，*et al.* 2013. Assemblathon 2：evaluating *de novo* methods of genome assembly in three vertebrate species. GigaScience，2：1-31.

Chen XH，Zhang BW，Li H，*et al.* 2015. Myo-inositol improves the host's ability to eliminate balofloxacin-resistant *Escherichia coli*. Sci Rep，5：10720.

DeLong EF，Preston CM，Mincer T，*et al.* 2006. Community genomics among stratified microbial assemblages in the ocean's interior. Science，311（5760）：496-503.

Hao T，Zeng Z，Wang B，*et al.* 2014. The protein-protein interaction network of eyestalk，Y-organ and hepatopancreas in Chinese mitten crab *Eriocheir sinensis*. BMC Syst Biol，8（1）：39.

Huang T，Cui Y，Zhang X. 2014. Involvement of viral microRNA in the regulation of antiviral apoptosis in shrimp. Journal of Virology，88（5）：2544-2554.

Iverson V，Morris RM，Frazar CD，*et al.* 2012. Untangling genomes from metagenomes：revealing an uncultured class of marine Euryarchaeota. Science，335（6068）：587-590.

Kong P，Wang L，Zhang H，*et al.* 2010. Two novel secreted ferritins involved in immune defense of Chinese mitten crab *Eriocheir sinensis*. Fish Shellfish Immunol，28（4）：604-612.

Li PP，Liu XJ，Li H，*et al.* 2012. Downregulation of Na（+）-NQR complex is essential for *Vibrio alginolyticus* in resistance to balofloxacin. J Proteomics，75（9）：2638-2648.

Li S，Tighe SW，Nicolet CM，*et al.* 2014. Multi-platform assessment of transcriptome profiling using RNA-seq in the ABRF next-generation sequencing study. Nat Biotechnol，32（9）：915-925.

Liu Y，Zhang H，Liu Y，*et al.* 2012. Determination of the heterogeneous interactome between *Edwardsiella tarda* and fish gills. J

Proteomics，75：1119-1128.

Mason OU，Hazen TC，Borglin S，*et al*. 2012. Metagenome，metatranscriptome and single-cell sequencing reveal microbial response to Deepwater Horizon oil spill. ISME J，6（9）：1715-1727.

Nagarajan N，Pop M. 2013. Sequence assembly demystified. Nature Review Genetics，14：157-167.

Parra G，Bradnam K，Korf I. 2007. CEGMA：a pipeline to accurately annotate core genes in eukaryotic genomes. Bioinformatics，23：1061-1067.

Parra G，Bradnam K，Ning Z，*et al*. 2009. Assessing the gene space in draft genomes. Nucleic Acids Research，37：289-297.

Peng B，Su YB，Li H，*et al*. 2015. Exogenous alanine or/and glucose plus kanamycin kills antibiotic-resistant bacteria. Cell Metab，21：249-261.

Peng XX. 2013. Proteomics and its applications to aquaculture in China：Infection，immunity，and interaction of aquaculture hosts with pathogens. Dev Com Immunol，39：63-71.

Saliba AE，Westermann AJ，Gorski SA，*et al*. 2014. Single-cell RNA-seq：advances and future challenges.Nucleic Acids Res，42（14）：8845-8860.

Sogin ML，Morrison HG，Huber JA，*et al*. 2006. Microbial diversity in the deep sea and the underexplored "rare biosphere". Proc Natl Acad Sci USA，103（32）：12115-12120.

Venter JC，Karin R，Heidelberg JF，*et al*. 2004. Environmental genome shotgun sequencing of the Sargasso sea. Science，304（5667）：66-74.

Wang L，Wang L，Zhang H，*et al*. 2012. A C1q domain containing protein from scallop *Chlamys farreri* serving as pattern recognition receptor with heat-aggregated IgG binding activity. PLoS One，7（8）：e43289.

Wang Z，Gerstein M，Snyder M. 2009. RNA-Seq：a revolutionary tool for transcriptomics. Nat Rev Genet，10（1）：57-63.

Zhang C，Xie L，Huang J，*et al*. 2006. A novel putative tyrosinase involved in periostracum formation from the pearl oyster（*Pinctada fucata*）. Biochem Biophys Res Commun，342（2）：632-639.

第三章

海洋生物功能基因开发利用技术

第一节　海洋生物基因功能产品——天然产物

一、简介

天然产物是指动物、植物和微生物体内的组成成分或其代谢产物，主要包括蛋白质（或酶）、氨基酸、核酸、多糖、维生素、脂肪、酚类、醌类和抗生素等天然存在的化学成分。具有生物活性的天然产物，一直是预防和治疗人类疾病的主要药物来源，以天然产物为基础研制新的活性物质也是生物、化学和医药界长期关注的重点领域。近年来，随着代谢工程和组合生物合成技术的发展，人们可以通过对天然产物代谢途径的修饰或重构，获得天然产物及其类似物，实现天然产物的组合生物合成。

以生物合成为基础的代谢工程和组合生物合成，是在基因挖掘并验证其功能、深入了解天然产物代谢过程基础上，通过对天然产物代谢途径进行重构或合理修饰，采用微生物发酵的方式大量生产天然产物及其类似物。一方面，某些蛋白质（或酶）具有特殊的结构，需要结合辅基才具有生物活性，通过高效表达目的基因编码产物为主要目标的第一代基因工程技术，并不能得到完整结构的蛋白质，而利用代谢工程或组合生物合成技术，在异源生物中重构或设计这类蛋白质的生物合成途径，可以大量获得具完整结构的重组蛋白及其类似物。另一方面，一些结构复杂的化合物是通过多步酶促反应完成的，通过特异性地遗传修饰化合物的生物合成途径，获得基因重组菌株，可获得化合物的结构类似物，从而提高化合物的生物活性。

代谢工程和组合生物合成的核心内容是对代谢途径进行功利性改造。要完成这一过程，首先要了解代谢产物的生物合成机制，对代谢过程的多级反应进行合理设计，然后利用重组 DNA 技术改造代谢途径中相关基因，或在异源微生物中构建新的代谢途径。主要技术是在分子水平上对靶基因或基因簇进行遗传操作，包括基因或基因簇的克隆、表达、修饰、敲除、调控等，所有影响 DNA 重组技术的因素如启动子的更换、基因拷贝数的多少等都将影响代谢改造的效果。

二、研究进展及应用实例

1. 研究进展

发掘海洋生物功能基因，利用代谢工程和组合生物合成技术获得产品，是海洋生物基因资源研究和利用的重要方向。目前已在藻胆蛋白的组合生物合成方面取得较好进展。

藻胆蛋白是存在于蓝藻、红藻、甲藻及某些隐藻中，具有捕获和传递光能作用的色素蛋白。已知的藻胆蛋白主要可以分为四大类，即别藻蓝蛋白（APC，λ_{max}=650～655nm）、藻蓝蛋白（PC，λ_{max}=615～640nm）、藻红蛋白（PE，λ_{max}=540～570nm）和藻红蓝蛋白（PEC，λ_{max}=567nm）。不同藻胆蛋白的结构基本相似，均含有两条结构相似的多肽链 α 亚基和 β 亚基，亚基的分子质量为 17～22kDa。每种亚基是由脱辅基蛋白（apoprotein）和开环四吡咯结构的藻胆色素组成，藻胆色素通过硫醚键与脱辅基蛋白的半胱氨酸残基共价结合。目前在藻胆蛋白中共发现 8 种不同的色基，其中以存在于蓝藻中的 4 种研究得最为清楚，即藻蓝胆素（phycocyanobilin，PCB）、藻红胆素（phycoerythrobilin，PEB）、藻尿胆素（phycourobilin，PUB）和藻紫胆素（phycoviolobilin 或 phycobiliviolin，PVB）（Storf *et al.*，2001）。每个亚基共价结合 1～3 个藻胆色素，使藻胆蛋白具有特定的吸收光谱。一般来说，藻胆蛋白的 α 亚基与 β 亚基先形成稳定的单体$(\alpha\beta)$，再由单体聚合为多聚体$(\alpha\beta)_n$。从蓝藻和红藻中分离的藻胆蛋白是三聚体$(\alpha\beta)_3$和六聚体$(\alpha\beta)_6$。

Tooley 等（2001）作出了开创性的工作。他们从集胞藻 *Synechocystis* sp. PCC 6803 中克隆该代谢途径 4 个关键酶基因和藻蓝蛋白 α 亚基基因（*cpcA*），构建了两个表达质粒，其中把血红素加氧酶 1 基因（*ho1*）和藻蓝素铁氧还蛋白还原酶基因（*pcyA*）置于一个表达载体中，它们的表达产物催化血红素（heme）转化为藻蓝胆素（PCB）；而负责催化 PCB 与脱辅基蛋白相连的藻蓝蛋白裂合酶基因 *cpcE* 和 *cpcF* 则与 *cpcA* 在另一个表达载体中表达，构建好的两个表达载体共转化大肠杆菌。诱导表达后，重组菌株能利用自身含有的血红素合成藻蓝胆素，并组装出结合有藻蓝胆素的藻蓝蛋白 α 亚基（Tooley *et al.*，2001）。Tooley 等随后在 *E. coli* 中共表达了携带有 *pecE*/*pecF* 和 *pecA* 的质粒和 PCB 合成的质粒，体内获得了具有可逆光变色的藻红蓝蛋白 α 亚基。Guan 等则利用一个载体共表达 *Synechocystis* sp. PCC 6803 藻蓝蛋白 α 亚基合成途径 5 个基因，实现了藻蓝蛋白 α 亚基的组合生物合成。这些工作证明了外源的藻胆蛋白生物合成的相关酶在大肠杆菌体内是可以表达且具有活性的，利用大肠杆菌实现藻胆蛋白的组合生物合成是可行的。

Zhao 等及 Bryant 等在裂合（异构）酶的分离鉴定方面做了大量工作，在 *Synechococcus* sp. PCC 7002 和 *Synechococcus* sp. WH8102 等海洋蓝藻中鉴定了 cpcS、cpcT、rpcG 等新型裂合（异构）酶，实现了别藻蓝蛋白 α 亚基、β 亚基及藻蓝蛋白 β 亚基的组合生物合成。在此基础上，Liu 等在大肠杆菌中，表达了别藻蓝蛋白生物合成相关的 6 个基因，实现了别藻蓝蛋白三聚体的组合生物合成，胰蛋白酶消化实验证实重组 APC 与天然 APC 色基结合位点一致，光谱学性质分析也显示两者具有相似的性质，这是首次报道，在大肠杆菌体内重组的 APC α 亚基和 β 亚基组装成具有天然 APC 结构的三聚体。

目前，藻红蛋白的生物合成途径尚未研究清楚。藻红蛋白色基结合位点较多，与之相关的裂合酶大多还没有分离鉴定，因此藻红蛋白组合生物合成的研究进展较慢。Biswas 等在大肠杆菌中分别实现藻红蛋白α亚基及β亚基的组合生物合成，其中裂合酶 cpeY/cpeZ

催化 PEB 共价结合到藻红蛋白 α-cys82 上，而裂合酶 cpeS 催化 PEB 共价结合到藻红蛋白 β-cys80 位点上。但是这些亚基上仅偶联一个藻胆色素，尚不能实现偶联多个色基的藻红蛋白的组合生物合成。

在大肠杆菌中实现了“非天然”藻胆蛋白的组合生物合成是近年来取得的新进展。在蓝藻中，藻蓝蛋白 α 亚基只结合 PCB 或 PUB 色基。而在大肠杆菌组合生物合成体系中，裂合酶对藻胆色素的选择性较低，可以催化多种藻胆色素结合到同一位点上。利用这一特点，可以获得共价结合 PEB、PVB 和 phytochromobilinPΦB 等色基的藻蓝蛋白 α 亚基。中国科学院海洋研究所的研究人员通过组合生物合成，获得了共价结合 PEB 的别藻蓝蛋白 α 亚基和 β 亚基。此外，通过基因融合表达策略，将麦芽糖结合蛋白（MBP）与藻胆蛋白融合表达，获得稳定性提高的藻胆蛋白分子，通过链霉亲和素或 Strep Ⅱ标签与藻胆蛋白融合表达，获得了具有生物素结合功能的藻胆蛋白分子。利用组合生物合成技术，获得稳定性强、具有特殊生物学活性的藻胆蛋白分子将是今后研究的重点。

2. 应用实例

（1）单一亚基藻胆蛋白的组合生物合成

载体和菌株的构建：利用 pCDFDuet-1 和 pRSFDuet-1 两个载体，同时表达别藻蓝蛋白 α 亚基基因 *apcA*，藻蓝胆素生物合成酶基因 *ho1* 和 *pcyA*，以及裂合酶基因 *cpcU* 和 *cpcS* 5 个基因。表达载体结构示意图见图 3-1，*apcA* 插入到 pCDFDuet-1 第一个表达框，*ho1* 和 *pcyA* 组成多顺反子插入到 pCDFDuet-1 的第二个表达框，构建成表达载体 pCDF-*apcA*, *ho1*, *pcyA*；而 *cpcS* 和 *cpcU* 组合多顺反子插入到 pRSFDuet-1 的第二个表达框中，构建成表达载体 pRSF-*cpcS*, *cpcU*。将这两个表达载体共转化到大肠杆菌 BL21（DE3），获得表达菌株。

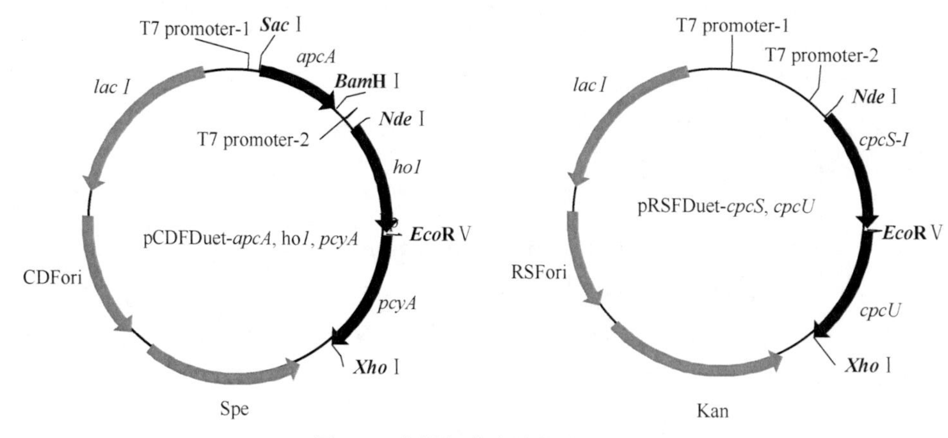

图 3-1 大肠杆菌表达载体的构建

重组藻胆蛋白的表达、分离纯化及其光谱学性质：在培养基中添加卡那霉素和壮观霉素维持质粒在大肠杆菌中的稳定性。在诱导物 IPTG 加入后，培养基的颜色逐步加深变为绿色，随着诱导时间的延长，颜色逐步变为墨绿色。取菌液离心，菌体为蓝色，而对照均仍为灰色（图 3-2），初步表明大肠杆菌中藻胆蛋白已获得表达，且已结合藻胆色素。将菌体放置于紫外线下照射，菌体发射出橘红色的荧光（图 3-2）。

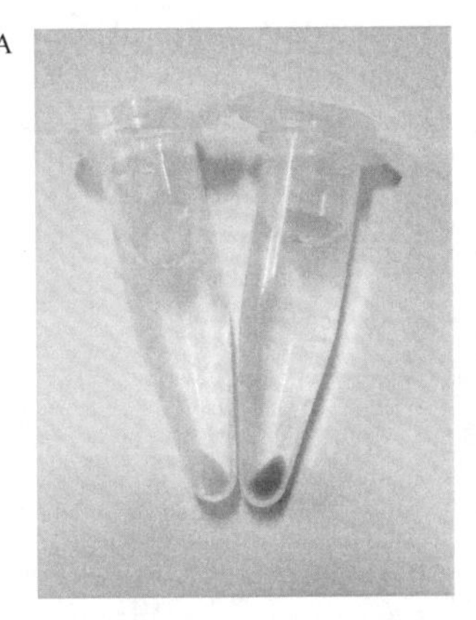

图 3-2　发酵菌液离心后的菌体（A）和在紫外灯照射的菌体（B）

B 图中亮点即橘红色荧光

为了便于分离纯化，在 *apcA* N 端融合了 His-tag 标签，根据理论计算，别藻蓝蛋白 α 亚基和 β 亚基的分子质量分别为 19kDa，而 His-tag 的大小为 3kDa，因此在 SDS-PAGE 检测时，目的蛋白应为 22kDa 左右（图 3-3）。IPTG 诱导后，在此范围内明显增加了蛋白质条带，即重组别藻蓝蛋白 α 亚基。电泳凝胶经过 Zn^{2+}染色后，在紫外线照射下蛋白质条带位置显示出橘红色的荧光，这表明别藻蓝蛋白 α 亚基已共价结合藻胆色素。

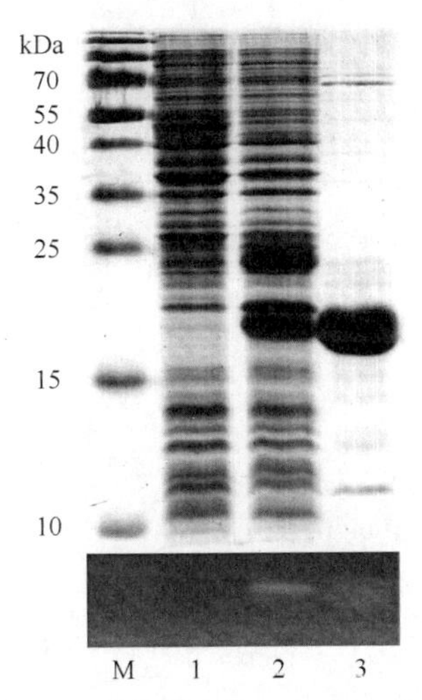

图 3-3　重组蛋白 SDS-PAGE 分析

M. marker；1. 未诱导的菌体破碎液；2. 诱导后菌体的破碎液；3. 纯化后的重组藻胆蛋白

利用亲和层析，建立了重组藻胆蛋白分离纯化方法，分离纯化得到重组藻胆蛋白（holo-apcA-PCB）的蛋白质纯度达 90%以上。蛋白质溶液呈蓝色，分别测定了 holo-apcA-PCB 的吸收光谱和荧光发射光谱，其最大吸收峰在 614nm 左右，最大荧光发射峰为 638nm。摩尔消光系数为 13 700 $M^{-1}cm^{-1}$，荧光量子产率为 0.36。

（2）藻胆蛋白三聚体的组合生物合成技术

以 *Synechocystis* sp. PCC6803 别藻蓝蛋白三聚体为例，介绍具有完整结构的藻胆蛋白在大肠杆菌中组合生物合成过程。

载体和菌株的构建：利用 pCDFDuet-1 和 pRSFDuet-1 两个载体，同时表达别藻蓝蛋白 α 亚基基因 *apcA*，β 亚基基因 *apcB*，藻蓝胆素生物合成酶基因 *ho1* 和 *pcyA*，以及裂合酶基因 *cpcU* 和 *cpcS* 6 个基因。表达载体结构示意图见图 3-4，*apcA* 插入到 pCDFDuet-1 第一个表达框，*ho1* 和 *pcyA* 组成多顺反子插入到 pCDFDuet-1 的第二个表达框，构建成表达载体 pCDF-*apcA*, *ho1*, *pcyA*；而 *apcB* 基因插入到 pRSFDuet-1 的第一个表达框中，*cpcS* 和 *cpcU* 组合多顺反子插入到 pRSFDuet-1 的第二个表达框中，构建成表达载体 pRSF-*apcB*, *cpcS*, *cpcU*。将这两个表达载体共转化到大肠杆菌 BL21（DE3），获得表达菌株。

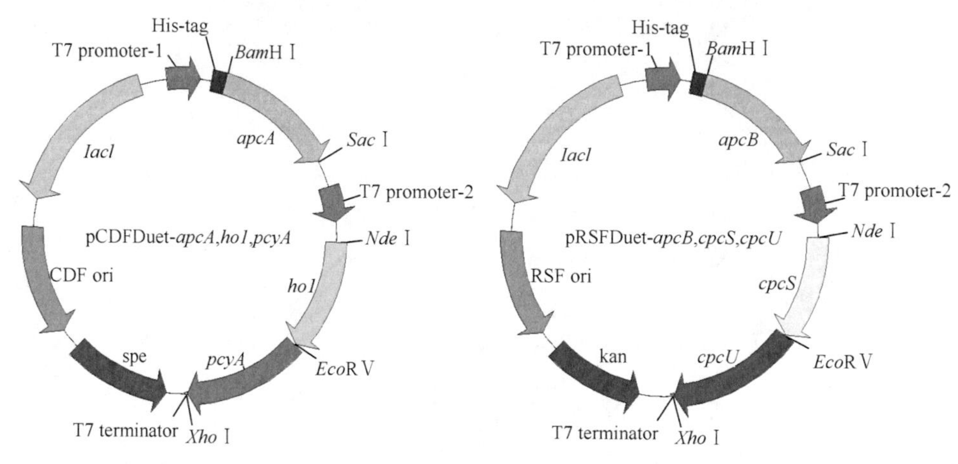

图 3-4 表达载体 pCDFDuet-*apcA*, *ho1*, *pcyA* 和 pRSFDuet-*apcB*, *cpcS*, *cpcU* 结构图

在培养基中添加卡那霉素和壮观霉素维持质粒在大肠杆菌中的稳定性。在诱导物 IPTG 加入后，培养基的颜色逐步加深变为绿色，随着诱导时间的延长，颜色逐步变为墨绿色。取菌液离心，菌体为蓝色，初步表明大肠杆菌中藻胆蛋白已获得表达，且已结合藻胆色素。

重组别藻蓝蛋白的分离纯化及其鉴定：为了便于分离纯化，在 *apcA* 和 *apcB* 的 N 端均融合了 His-tag 标签，根据理论计算，别藻蓝蛋白 α 亚基和 β 亚基的分子质量分别为 19.0kDa 和 18.8kDa，而 His-tag 的大小为 3kDa，因此在 SDS-PAGE 检测时，目的蛋白应为 22～23kDa。IPTG 诱导后，在此范围内明显增加了两个蛋白质条带，即重组别藻蓝蛋白 α 亚基和 β 亚基。电泳凝胶经过 Zn^{2+}染色后，在紫外线照射下蛋白质条带位置显示出橘红色的荧光。这表明别藻蓝蛋白 α 亚基和 β 亚基已共价结合藻胆色素。

别藻蓝蛋白亚基、单体的光谱特性和三聚体明显不同，亚基和单体的最大吸收峰分别在 620nm 附近，而形成的三聚体后则红移至 650nm，并在 620nm 处产生一个肩峰，同时荧光发射峰也红移至 660nm，因此可以通过光谱特性的检测分析重组蛋白的聚集状态。利用亲和层析对重组蛋白进行了纯化，纯化产物 SDS-PAGE 电泳图显示在 22～23kDa 有两条明显的条带，并且已结合色基。对该表达产物进行光谱性质分析，最大吸收光谱在 615nm 左右，表明纯化产物是以亚基和单体形式存在。随后利用 Sephadex G25 脱盐柱对亲和层析纯化产物进行脱盐，除去样品中高浓度的咪唑。脱盐后的样品在 650nm 附近有明显的吸收峰，呈现出别藻蓝蛋白三聚体的特征吸收峰，表明重组别藻蓝蛋白 α 亚基和 β 亚基已部分聚合为三聚体。脱盐后的样品，经过 Superdex 200 分子排阻层析进一步纯化后，得到 $A_{650}/A_{620}>1.3$ 的样品。

纯化产物经 SDS-PAGE 电泳检测，电泳胶图显示在 22～23kDa 有两条明显的条带，根据考马斯亮蓝染色的强度估计，α 亚基和 β 亚基的比例基本是 1∶1，锌染显色结果也显示两者的亮度相当，证明经过多步纯化，别藻蓝蛋白 α 亚基和 β 亚基的基本相当。样品在酸化尿素中（8mol/L 尿素，pH 1.5）变性后，藻胆色素与脱辅基蛋白的非共价键全部被破坏，样品的吸收光谱只与色基的性质有关，因此测定变性样品的吸收光谱，可以确定结合色基的类型。变性样品在 663nm 处有最大吸收峰，与 PCB 的特征吸收峰一致，这证明重组别藻蓝蛋白 α 亚基和 β 亚基共价结合的是 PCB。

重组 APC 和天然 APC 的吸收光谱基本一致，均在 650nm 处有最大吸收峰，在 620nm 处有一肩峰，且明显不同于亚基和单体的吸收峰。此外，重组 APC 和天然 APC 荧光发射光谱也基本一致，分别在 661nm 和 660nm 处有最大发射峰（图 3-5）。重组 APC 通过分子排阻层析法测定分子质量为 122kDa，与其理论计算值 114kDa 相近，证明重组 APC 是以三聚体的形式存在。

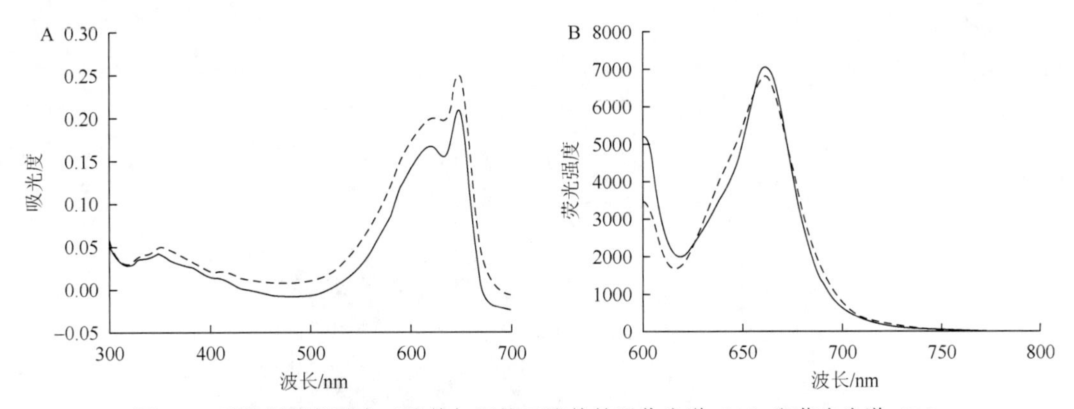

图 3-5 重组别藻蓝蛋白三聚体与天然三聚体的吸收光谱（A）和荧光光谱（B）

实线为重组别藻蓝蛋白；虚线为天然别藻蓝蛋白

采用胰酶水解的方法将重组 APC 与天然 APC 样品水解，分别获得含有色素的小肽片段，该水解的色素肽再经 HPLC 分析。从理论上分析，经胰酶水解后，含 α-Cys-81 的色素肽的分子质量为 2337.6Da，而含 β-Cys-81 色素肽的分子质量为 852.0Da。含 β-Cys-81 的色素肽先洗脱下来，洗脱时间分别为 5.99min（天然 APC）和 5.91min（重组 APC），而含 α-Cys-81 的色素肽在 10.53min（天然 APC）和 10.59min（重组 APC）洗脱下来。酶解色素肽的分析结果表明，重组 APC 与天然 APC 的色基结合位点一致。

综合上述结果，可知大肠杆菌组合生物合成的 APC 是以三聚体形式存在，与天然 APC 具有一致的光谱学性质。

（3）藻胆蛋白的应用

藻胆蛋白具有突出的荧光特性，利用生化提取的藻胆蛋白作为荧光探针应用于免疫荧光分析已有多年。藻胆蛋白和链霉亲和素交联，是藻胆蛋白探针常用的使用方式。目前藻胆蛋白和链霉亲和素的交联采用化学交联技术，即在热、光、高能辐射、超声波、机械力、交联剂等作用下，利用化学键将两个大分子连接起来，形成网状结构高分子的过程。化学交联法具有需要单独纯化各种交联原材料，交联副产物较多，藻胆蛋白荧光活性下降等不足。

利用组合生物合成方法制备融合有链霉亲和素的藻胆蛋白荧光探针，具有纯化简单、成本低等优点。获得的融合蛋白分子，既具有荧光特性，同时又具有生物素结合能力，可代替天然藻胆蛋白。应用生物素-链霉亲和素系统（BSA）荧光免疫检测体系可检测微量抗原，采用抗体夹心法，一株抗体包被反应板，另一株生物素化的抗体与结合到反应板上的抗原结合，而融合蛋白分子通过链霉亲和素和生物素之间的作用，结合到生物素化的抗体上，通过多功能微孔板检测荧光强度，可以对微量蛋白质（抗原）进行检测。

组合生物合成制备的具有 Strep Ⅱ-Tag 和 His-tag 双标签的、并同时融合链霉亲和素的别藻蓝蛋白，利用锌离子修饰硅壳磁性纳米颗粒对组氨酸标记藻胆蛋白的载负功能，制备了磁性纳米颗粒。该纳米颗粒具有超顺磁性，同时具有链霉亲和素结合功能和荧光特性，可实现特定细胞的快速识别和分离。将结合了链霉亲和素的荧光磁性纳米颗粒与标记了 Annexin V-biotin 的凋亡 HeLa 细胞进行共培育，结果如图 3-6 所示，该颗粒对这种生物素标记的凋亡细胞具有识别结合作用。磁分离前，细胞悬浮液中既有被颗粒标示细胞，也有未被颗粒标示细胞；磁分离后，所得磁分离细胞均为颗粒标示细胞，即结合在颗粒上的细胞可以被颗粒从溶液中分离出来。实验中同时采用固定了组氨酸标签的别藻蓝蛋白的荧光磁性纳米颗粒作为平行对照，结果发现这种颗粒对生物素标记的凋亡细胞并无明显识别作用，磁分离后得到的只有磁性纳米颗粒，而没有明显的细胞。这种现象说明该颗粒可以通过生物结合作用和免疫反应对目标细胞进行快速识别和分离。

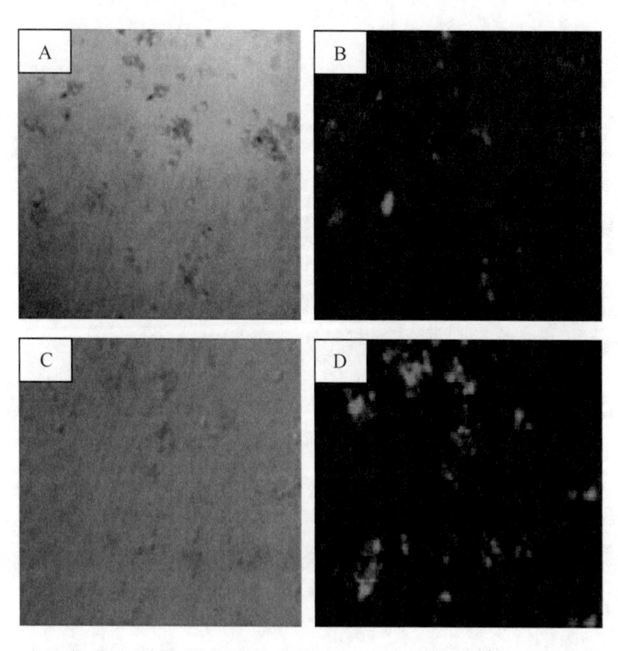

图 3-6 功能化荧光磁性纳米颗粒在凋亡 HeLa 细胞识别分离中的初步应用

A、B. 分别为颗粒与细胞悬浮液共培育后，悬浮液涂片的可见和荧光显微成像；C、D. 分别为磁分离后所得颗粒及凋亡细胞的可见和荧光显微成像

三、展望及趋势

利用代谢工程和组合生物合成技术，通过重组整个合成途径或改造代谢通路，在获得“仿真”蛋白和“非天然”新陈代谢产物方面已取得了一定的进展。但是就目前而言，仍然存在两大瓶颈问题：一是代谢产物生物合成机制的阐明。对天然产物生物合成机制的认识仍有待深入，一些新型 PKS 和 NRPS 催化机制的发现表明，天然产物合成机制的复杂性超出了人们现有的认识，对这些生物化学机制的揭示需要在实验手段和方法上有所突破。二是建立有效的遗传转化体系。高效的遗传转化体系是进行 DNA 重组、实现代谢工程和组合生物合成的前提条件，如何有效地建立遗传转化系统，优化异源表达的宿主-载体系统，也是当前代谢工程和组合生物合成需要解决的重要技术问题。

近年来，生物信息学、系统生物学和合成生物学的快速发展，为代谢工程和组合生物合成研究提供了系统有力的工具。多种海洋藻类和海洋微生物的全基因组测序工作相继完成，转录组和蛋白质组等组学研究技术也日趋完善，在多种组学水平上的深入研究将有助于揭示天然产物的复杂生物合成机制、鉴定具有特殊功能的基因和基因簇。代谢工程和组合生物合成技术将在海洋生物功能基因高效发掘和验证、获得具有应用前景的代谢产物方面发挥重要作用。

（姜　鹏　陈华新）

第二节　海洋生物药用功能基因开发

一、概述

新药的研发是生物医药工作者长期而艰巨的工作，而筛选可能开发成药物的材料（药源）则是新药研发中的关键环节。传统的新药开发都是立足于陆地，随着近半个世纪的快速发展，陆地生物的药源开发已经到了几近枯竭的地步，最近 20 年，世界上许多国家把目光投向占整个地球总面积 71%的海洋。浩瀚的海洋蕴藏着丰富的生物资源，海洋生物资源的开发利用是 21 世纪世界各海洋大国竞争的焦点，药用海洋生物基因资源的研究和利用是其重要内容。

研究发现，许多海洋生物活性物质具有抗病毒、抗肿瘤、降压、止痛、促生长等生理功效，因此，海洋生物成为新型药物和其他具有药用价值的生物活性物质的重要源泉。这些海洋活性物质可以广泛地应用于抗肿瘤、抗病毒、心血管、神经系统疾病、抗衰老等药物及提高机体免疫能力的保健品等方面的开发。但是海洋生物资源的有限及海洋生物活性物质含量的低微，导致除少数种类可直接大规模提取外，大多数药源不易获得，从而难以满足研究及应用的需要。随着生命科学研究进入后基因组时代，传统的海洋药物研究产生了巨大的变化，进入了基于海洋生物基因组学的基因组药物研究的崭新时代。现代生物技术的发展推动了海洋生物药用功能基因及基因工程制药产业的快速发展，利用现代生物技术对海洋生物药用功能基因资源进行科学的研究和开发已成为国内外生物学界的共识。目前，应用功能基因技术研究和开发海洋生物活性物质成为国际上研究海洋药物的热点之一。

目前，国内外海洋药用功能基因的研究正处于快速发展的阶段。我国与国际上的差距并不是很大，而我国所拥有的丰富的海洋生物资源则是其他国家所不能比拟的。我国是一个海洋大国，海洋国土面积约 300 万 km^2，大陆岸线 1.8 万 km，岛屿岸线 1.4 万 km，自然资源极为丰富。我国沿海的气候类型跨度较大，涵盖了温带-亚热带-热带，经分类鉴定的海洋生物达 2 万余种，海洋中蕴藏着极其丰富的基因资源。这些有利的自然条件为人们开展药用海洋生物功能基因研究提供了宝贵的材料来源。开发和利用这些宝贵的海洋生物药用功能基因资源，并加速其产业化是当前我国海洋生物技术药物产业发展的关键所在。在当前的形势下，加速开展具有中国特色的海洋生物药用功能基因组研究及产业化应用不但可以填补我国在该领域的空白，而且对于研发海洋生物来源的具有自主知识产权的新药或药物先导物具有重要意义。

海洋药用功能基因的研究已经具备一定的技术可行性。随着现代科学技术的发展，多学科交叉和集成的新技术的不断出现，为海洋药用功能基因组学的研究提供了强有力的手段。功能基因组学是 21 世纪生命科学的主要研究方向。如果能率先将这些技术应用到海洋生物功能基因开发利用中，不仅能从根本上增强我国海洋生物科学的国际竞争力，还将从整体上提高我国海洋药用功能基因资源保护与利用的水平，为我国生物技术产业储备一批具有自主知识产权和重要商业价值的技术和产品，为进一步开发相关的创新药物奠定基础，推动我国海洋经济的产业升级，创造新的经济增长点。

二、国内外研发现状与趋势

1. 国外研发现状及趋势

由于海洋的特殊环境，海洋生物中蕴藏着大量与陆地生物不同、结构新颖、生理功能独特的生物活性物质及其基因，海洋生物因而成为新型药物和其他具有药用价值的生物活性物质的重要源泉，这些海洋活性物质可以广泛地应用于新药的开发。现有的研究成果表明，海洋生物的多样性及其生物活性物质化学结构类型的多样性远远超过了陆生生物，这些生物资源具有广阔的开发前景。从 20 世纪 60 年代开始，各国学者提出了“向海洋要药”的口号，并开展了生物、化学、药理和毒理研究，进行了广泛的生物活性筛选。但是，海洋药物的研发并不像人们想象得那么容易，随着研究的深入，面临的困难也越多，如生物资源的限制、海洋生态、海洋活性物质的含量等问题，已成为制约发展的因素。随着时代的进步，特别是现代生物技术的广泛应用，为海洋药物及活性物质的研究与开发提供了崭新的技术和方法。21 世纪以来，世界沿海各国纷纷开展海洋基因组学及基因工程的研究，药用功能基因的研究成为海洋生物基因资源开发利用的新热点。

近年来，海洋来源天然活性物质的研究取得重大进展，国外很多的研究机构对多种海洋生物种类进行了广泛而深入的研究。例如，美国国家癌症研究院（NCI）的研究人员大量收集罕见的龙虾、海绵等海洋生物，用 60 种人的肿瘤细胞和人免疫缺陷病毒（HIV）逐一检测每个生物样品的提取物，从中筛选出具有抗癌、抗病毒性疾病等疑难病症的新药。

美国著名的Scripps海洋研究所，专门成立了海洋生物技术和生物医药研究中心（CMBB），研究方向包括海洋生物的保护与管理、环境检测与补偿技术的开发、重要商用海洋生物的遗传工程、用于生物医药研究的哺乳动物模型设计等。该中心的研究人员已从一种海绵中发现一种具有抗炎症作用的化学药物。另外，他们与UCSD（University of California，San Diege）癌症研究中心、Burnham研究所等机构合作从一种软珊瑚中分离出一种新的抗癌物质，可用于乳腺癌的治疗。目前此药（Eleutherobin）已申请专利并注册。美国亚利桑那州的Pettit研究小组最早开展了海兔抗肿瘤活性物质肽的研究，至今已经追踪分离到18个抗癌活性肽（Dolastatin 1～Dolastatin 18），其中Dolastatin 15和Dolastatin 10已经完成全合成，并在美国进行Ⅰ期和Ⅱ期临床试验。而从加利福尼亚海域及加勒比海群体海鞘（*Trididenum* sp.）中分离出的环肽DideminB是潜在的抗病毒和免疫调节剂，体内活性较临床应用的环孢菌素A强1000倍。与此同时，日本等国也投入大量资金用于深海海洋生物的开发与研究，并已宣布从海洋生物特别是深海海洋细菌里分离到许多极有潜力的抗癌和抗菌化合物。其中最令人瞩目的是从乌贼墨中发现的一种活性物质，动物移植性肿瘤实验表明了它可使小鼠的生存率高达60%～80%。另外，研究表明，水母毒素有望在研制独特功效的心血管药及研究神经、分子生物学的工具药方面有应用前景。头足毒素能改善心肌生化指标，提高人血液纤维蛋白溶解活性，防止血栓形成。从微囊球菌中发现环肽类肝脏毒素可导致细胞的程序性死亡。草苔虫素对蛋白激酶有强的结合力，对白血病细胞有显著致死作用。此外，国际上已从海绵、海鞘、软珊瑚、软体动物、苔藓虫、棘皮动物、海藻、细菌、真菌、微藻等各类海洋生物中分离获得约15 000种海洋天然产物，包括生物碱、肽类、大环内酯等各种结构类型，拥有抗肿瘤、抗病毒、抗炎等各种生物活性。其中，17种作用于离子通道、信号转导通路、微管蛋白、DNA等靶点的海洋天然产物（或类似物）正在进行或已经完成临床研究。目前已有多种海洋药物被批准上市，2004年12月被美国FDA批准的芋螺多肽毒素MVIIA用于治疗严重慢性疼痛。2007年10月，Trabectedin（ET743）在欧洲通过用于治疗软组织肉瘤。目前处于临床阶段的海洋药物达40多种，其中多肽结构占据主导地位（Molinski *et al.*，2009；Moore *et al.*，2015）。

海洋生物功能基因的研究也在全世界范围内展开，一大批海洋生物功能基因被收录到GenBank。日本、美国等通过功能基因组学研究，获得一大批水产经济生物疾病及免疫相关的功能基因。例如，美国的塞莱拉公司在马尾藻海的细菌中发现121万种新基因，782个基因编码蛋白对光敏感。功能基因组研究的一个最大技术特点，就是只需要耗费极少量的生物样品，便能得到极具研究开发价值的基因资源。海洋生物药用活性物质的产生归根结底都是其编码基因的产物，有些活性物质（如小肽、蛋白质）由单个基因决定，有些活性物质（如糖类、脂类）是由多基因组成的基因簇决定的。因此，利用功能基因组技术可以快速准确地从海洋生物中筛选克隆得到活性物质的相关功能基因，进而直接利用基因工程技术进行大规模生产，开展重组活性蛋白多肽的功能及作用机制研究，这是海洋生物功能基因组研究的有效手段之一，将从根本上解决资源限制等问题，成为21世纪海洋药物研究领域的发展趋势。此外，研究开发蛋白多肽类药物因其周期短、风险较小及效率高的优势受到高度关注。蛋白多肽类药物在新药的比例中不断增大，市场占有率迅速增长。自1995年以来，约1/3新药与蛋白多肽有关，2004年全球有40多个与多肽相关的新药投放市场，270 个蛋白多肽类药物正在进行临床实验，400 多个在开展临床前研究。2003～2010 年，全世界蛋白多肽类新药的增长达到 10.5%。辉瑞全球研究中心资料显示，2003 年上市的 27 个新药中，有 9 个为蛋白多肽药物，占 33%。因此，开展海洋生物药用功能基因为基础的多肽、蛋白质类药物研究具有巨大的潜力（Cheung *et al.*，2015）。

此外，海洋生物尤其是模式生物基因组学研究取得重要进展，目前已经完成了石斑鱼、海胆、文昌鱼、大马哈鱼等及一些海洋微生物（如蓝藻、对虾白斑杆状病毒等）全基因组序列测定，获得一批有药用价值的功能基因。

2. 国内研发现状与趋势

我国是世界上开发、应用海洋药物最早的国家之一，有着极其悠久的历史，积累并形成了我国独特的中医中药理论。药用海洋生物有 700 多种，分属于藻类、海绵动物、腔肠动物、节肢动物、软体动物、棘皮动物、鱼类、爬行动物、哺乳动物九大类，按照中医的基本理论，海洋药物的效用可大致分为以下几类：滋补强壮，滋阴补血，平肝潜阳，熄风镇惊，清热软坚，化痰散结，祛风、通络止痛等。近年来，随着对海洋天然产物的筛选提取、半合成及其药用研究的深入，人们发现海洋药物还有其他方面的疗效，特别是在抗菌、抗肿瘤、抗病毒方面。例如，蓝藻、褐藻中的脂溶性提取物具有抗白血病的活性；海绵、水螅、珊瑚、海葵、海兔、海参、海星、海胆、草苔虫、海鞘、海龙、鲎、乌贼中都发现有抗肿瘤、抗菌的活性物质；而鲨鱼软骨中血管生成抑制素更是目前研究的热点。自我国 20 世纪 70 年代开始现代海洋药物的研究与开发以来，已发现数百种海洋天然产物，有多种海洋药物获准上市，如藻酸双酯钠、甘糖酯、河豚毒素、多烯康、烟酸甘露醇等，同时有抗艾滋病药物“泼力沙滋”、抗心脑血管疾病药物“D-聚甘酯”和“916”、抗肿瘤药物“K-001”等多个国家一类海洋新药进入临床研究。经过多年的努力，我国海洋药物的研究与开发已取得了可喜的成效。

国内海洋生物功能基因的研究起步较晚，但在科技部海洋 863 计划等项目课题的资助下，近年来得到了跨越式发展，取得了可喜的成果。例如，国家海洋局第三海洋研究所在对虾白斑杆状病毒分子生物学研究方面取得了重要突破，在世界上首次完成该病毒基因组全序列 305kb 的测定，分别构建了正常和病变的对虾组织 cDNA 文库，测定了近百个病毒表达序列标签（EST）及近千个对虾 EST 序列，为研究功能基因的差异表达，揭示病毒与寄主功能基因相互作用的分子机制，最终为病害防治奠定了坚实的基础。目前已发现了大批药用、免疫相关、经济性状相关、遗传标记相关的来自海洋生物的功能基因，正在开展药物、育种、疾病预防的研究开发。此外，随着大规模基因测序技术的发展，我国在最近完成了牡蛎、文昌鱼、石斑鱼等重要海洋生物的基因组测序，同时还在开展芋螺、大黄鱼、深海微生物等的基因组测序工作，奠定了我国在海洋生物功能基因研究领域的研究基础（Huang *et al.*，2014）。

国内在药用功能基因的发掘方面获得了显著进展，发现了一大批新的具有抗艾滋病、抗肿瘤和抗动脉粥样硬化功能的海洋生物活性物质。中国科学院上海细胞生化所戚正武院士针对芋螺毒素开展了长期而又系统的研究，从多种南海芋螺中纯化及克隆得到 100 多种芋螺毒素，为研发具有自主知识产权的海洋来源新药提供了可能。军事医学科学院的黄培堂研究团队从芋螺中获得多种芋螺毒素，其中一种含 25 个氨基酸、3 对二硫键的新芋螺毒素获得了基因工程高表达，该毒素具有强力的镇痛作用和较高的用药安全性。第二军医大学率先从鲨鱼软骨中分离到一种具有抗实体瘤生长的新生血管抑制因子，重组表达获得成功。我国科学家共获得数十个海蛇毒素基因，其中有些具有药用价值。第二军医大学药学院海洋药物研究中心从南中国海来源的草苔虫中分离鉴定了 9 种大环内酯类成分，体内外试验显示具有明显的抗肿瘤作用，其中的一种为新型大环内酯，命名为草苔虫内酯 19（bryostatin 19），已基本完成了临床前研究。中国海洋大学在海藻多糖类药物的研究方面取得了显著成绩，抗肿瘤新药 K-001 已完成了全部临床前研究，并建立了专门的原料养殖基地，甲壳质衍生物 916 抗动脉粥样硬化新药也已申报了临床研究。中国科学院海洋研究所将基因工程技术应用于藻类研究，开发出具有抑制肿瘤活性的藻蓝蛋白。山东海洋药物研究所与复旦大学遗传研究所合作，利用基因工程研制强心多肽海葵素（anthopleurin），以期解决天然来源稀少和含量低的难题。中山大学化学与化学工程学院从南海的海绵、海藻、珊瑚及微生物中获得 100 多种新型化合物，在抗肿瘤、抗感染及调控血管功能和保护神经元等方面具良好效果。

中山大学生命科学学院的研究团队率先在国内外开展了海洋生物药用功能基因研究，取得了一系列原创性研究成果。建立了国内首个数据量大、查询方便的海洋生物功能基因数据库（图 3-7），供国内外同行参考使用。海洋生物功能的研究是当今生物技术领域中最为活跃的热点之一，也是开发和利用基因资源的技术保证，对个别药用功能基因结构与功能进行研究的传统方法已远远不能胜任目前生命科学发展的需要。该研究团队的成果之一是建立了一个专门针对海洋生物的基因数据库。数据库包括了来源于 18 种海洋生物共 24 个 cDNA 文库的大规模测序结果。该数据库的建立填补了国际空白，奠定了我国在海洋生物功能基因研究领域的国际领先地位。通过生物信息学技术和功能筛选技术，可以从数据库中研究发掘出一系列具有知识产权保护的药用功能基因和工业用酶基因。利用这些技术已初步筛选确定了 100 多个有应用前景的功能基因，这些新基因还可开发出具有专利保护的新药和新型工业酶制剂等。而且数据库可以为国内外同行和相关企业提供信息服务。

A

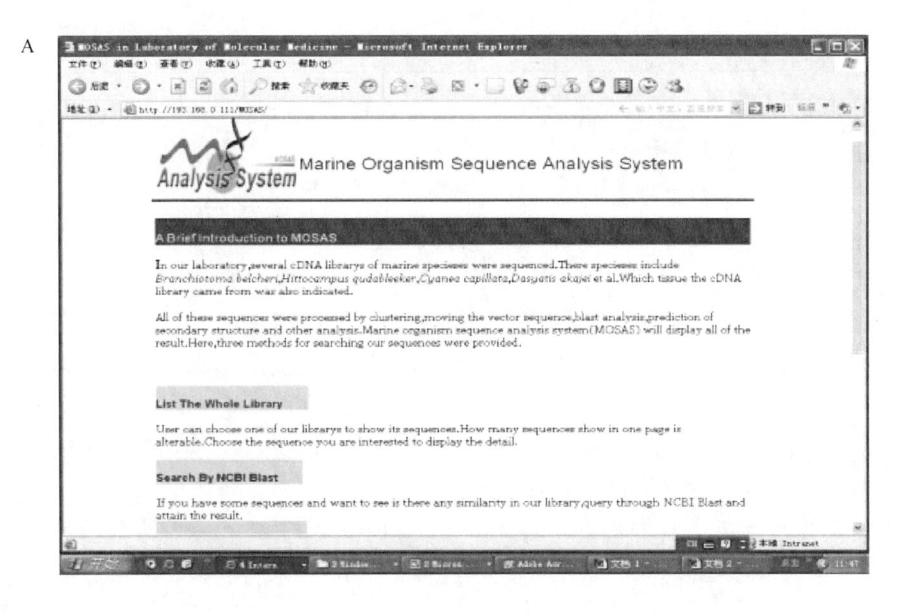

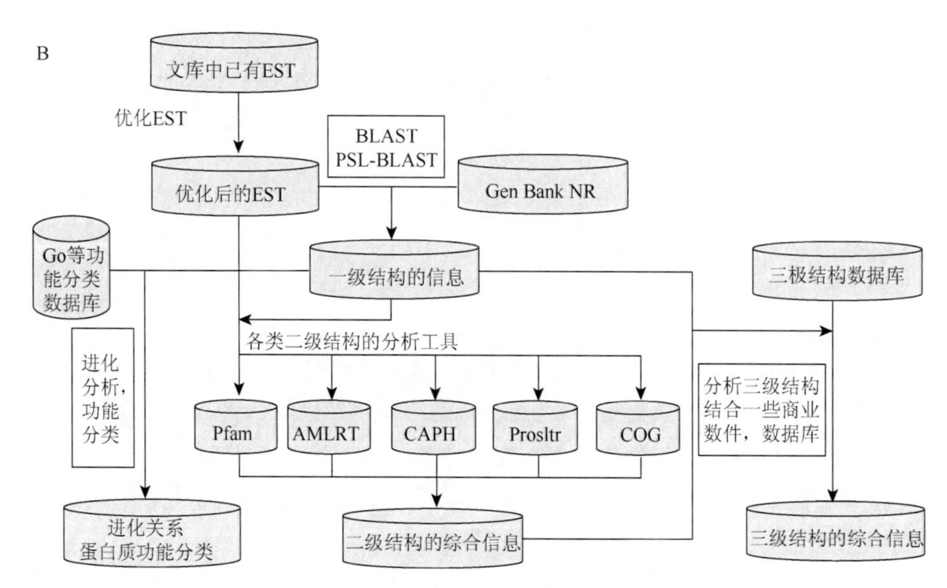

图 3-7　海洋生物功能基因数据库及基本的信息注释流程（中山大学生命科学学院徐安龙教授研究团队构建）

该团队利用从海洋生物组织中得到的药用功能基因共申请获得了 35 个具有自主知识产权的国家发明专利，1 个美国发明专利。这些新的潜在功能基因，在申请专利后，基因本身就可以作为产品，获得直接的经济利益，而且这些新基因的研究开发将大大推动我国生物医药高技术领域的产业化进程。其中研究较为深入的有海葵强心肽、芋螺镇痛肽、水产养殖免疫抑制剂海马抗菌肽、文昌鱼凝集素等。大部分已经完成了实验室的小试及功能研究，具有镇痛功能的芋螺毒素和具有强心作用的海葵毒素已经基本完成了成药性评价研究（Wang *et al.*，2009；Ren *et al.*，2015）。

此外，中山大学生命科学学院在海洋活性多肽的高效表达纯化平台的建设方面取得了重大技术突破。海洋生物药用功能基因研究的核心是获得具有特定生理或药理活性的海洋药用多肽编码基因，在此基础上，对所得到的一系列活性多肽基因进行高效表达，并进一步开展应用研究。海洋生物活性多肽在结构上的主要特点是分子质量小、具有多对二硫键。当以非融合方式表达外源基因时，表达产物通常以不溶的包涵体形式存在，而包涵体蛋白的复性是一个极其复杂的过程，限制其广泛的应用。采用分泌表达方式，表达量偏低，实际应用也有较大难度。因此，当表达一些分子质量较小、二硫键较多的蛋白质时，非融合表达系统很难得到有生物学活性的蛋白质。非融合表达的表达量差异很大，也加大了实验的难度和工作量。因此，建立一种高效可溶的融合表达载体，能够正确表达海洋生物活性多肽，并通过简便纯化获得大量海洋生物多肽活性物质是非常重要的。为克服表达产物以不溶的包涵体形式存在，以及分泌表达量低的困难，该研究团队设计了一种融合蛋白表达载体 pTRX，该表达载体使融合伴体 TRX 与外源基因融合，在原核细胞中表达融合蛋白。该融合表达载体表达海洋生物活性多肽具有以下优点：表达量高而稳定；保护外源蛋白免受细菌蛋白酶的降解，协助外源蛋白的正确折叠；该表达载体设计了用于纯化目的蛋白的 6His-tag 标签，提高了产物纯度，简化了纯化步骤，使海洋生物活性多肽的生产达到中试水平；该融合表达载体 6His 位点之后设计了肠激酶切割位点，识别特异性更强、切割效率更高、反应条件温和；由于肠激酶的切割位点在识别位点的羧基末端，因而切割下来的外源蛋白在 N 端无额外的氨基酸，从而使其氨基酸序列与天然蛋白完全一致。将该融合表达载体应用于多种新的海洋生物活性多肽的表达实践中，均获得成功，且表达量远远高于国内外文献的报道。该技术突破获得了 2005 年教育部提名国家科学技术发明一等奖。

3. 海洋生物药用功能基因研究技术发展趋势

海洋生物功能基因开发技术的发展是以现代生物技术的发展为依托。在 20 世纪 90 年代初期，现代生物技术的发展，带来了海洋生物技术的革命性发展。在海洋生物功能基因近 20 年的研究历程中，利用现代基因克隆及基因工程技术，从海洋生物基因资源入手，发现了大批具有应用前景的海洋生物功能基因，并对其功能进行了研究，使海洋生物功能基因研究技术获得了长足发展，从而使人们在简短的时间内获得了大批具有药用价值的海洋生物来源的功能基因，加快了海洋药物研发的速度和效率。随着大规模基因测序技术的发展，有代表性的海洋物种及特殊海洋生境基因资源的开发也成为热点，石斑鱼、文昌鱼等基因组测序相继完成，并从中发掘出大批功能基因，保存了宝贵的海洋生物基因资源。

随着海洋生物技术的进步，未来几年海洋生物药用功能基因研究的技术发展趋势将重点聚焦到以下几个方面。

1）大规模的海洋生物药用功能基因组测序技术：基因组测序技术的发展推动着海洋生物功能基因研究的发展。面对浩瀚的海洋，无穷的海洋生物基因，要想在国际海洋生物基因大战中抢占一席之地，必须发展高效率大规模的基因组测序技术及相应的生物信息学分析技术，建立相应的技术分析和数据处理平台。国内对海洋生物的基因测序还仅限于几种重要的经济海洋生物及模式生物，许多有开发价值的海洋生物基因资源有待发掘。建立相应的测序与生物信息分析平台对药用功能基因研究开发具有重要意义。

2）规模化、高效的海洋生物药用功能基因产物制备技术：制约海洋生物药物研发的重要环节是药源及活性产物含量低的问题。药用功能基因研究是克服这一瓶颈的最有效方法。但是，药用功能基因的发现和获得仅仅是海洋药物研发的开始，利用基因工程技术获得大量基因产品至关重要。目前，利用基因工程技术成功地获得了大量药用功能基因的表达产物，对其进行了临床前的各项研究及评价，如海葵强心肽、海蛇神经毒素及芋螺镇痛肽的临床前研究等。然而，仍有大量药用功能基因产物规模化制备存在困难，无法开展成药性评价研究。因此，发展新的高效、规模化基因工程制备技术是海洋药用功能基因研发的重要环节。

3）大规模海洋生物药用功能基因筛选平台：海洋生物基因资源非常丰富，但是到目前为止，处于研发阶段的仅有极少数。例如，美国仅在马尾藻海的细菌中就发现了 121 万种新基因，对这些基因功能的解析却是一个漫长的过程。功能筛选平台的欠缺及不完善是基因功能研究进展缓慢的主要制约因素。虽然获得了数目众多的功能基因，但是对其功能的开发却比较单一，速度缓慢。因此，系统完善的药用功能基因筛选平台对海洋新药的研发至关重要。

三、发展前景

20 世纪 90 年代以来，世界海洋经济高速增长，年均增长率为 11%，预计 2020 年将达 3 万亿美元。我国作为一个海洋大国，拥有辽阔的海域，蕴藏着丰富的海洋生物资源。我国海洋产业的发展也呈现高速发展的态势。海洋生物医药业，在国家《促进生物产业加快发展的若干政策》的激励下，继续保持增长态势，2008 年实现全年增加值 58 亿元，比上年增长 28.3%。

在国内外大力开发海洋资源的大环境下，世界范围内的海洋生物功能基因研究正在蓬勃兴起。在功能基因研究方面，我国与国际同行的差距不明显，这为我国提供了一个难得的竞争机遇，开展海洋生物药用功能基因研究，成为我国海洋药物研究领域赶超国际的突破口之一。海洋生物药用功能基因组是海洋生物资源的精髓体现，开展海洋生物药用功能基因组研究不但可以帮助人们了解海洋的生命特征，而且有助于海洋生物资源的可持续利用，既具有极大的科学意义，又具有巨大的经济效益。

在国内，海洋生物活性肽类药物的开发也日益受到重视。但国内海洋基因工程药物研究的产业化水平较低，正在研发的海洋药物真正能成为海洋一类新药的很少，大部分候选药物仍处在成药性评价和临床前研究阶段。因此，可通过搭建几个基础研究与产业化开发有机结合的基因工程研究平台，进行成果转化并向企业辐射，促进我国海洋功能基因的开发及应用进程。

我国目前在海洋功能基因的开发和应用方面取得一些成就，获得一批有应用价值的海洋生物功能基因及潜在药用、工业、农业用功能基因。特别是所获得的新功能基因，在获得专利后，可进行技术转让。这些成果将在世界基因组计划中占有一定的地位，从而提高我国在这个领域的科学水平，推动我国海洋生物技术的发展。专利技术和产品对我国生物医药产业将直接或间接地产生经济和社会效益。重要的是由于药用活性蛋白多肽在海洋生物中的含量非常少，用常规的方法提取、纯化产量极低，因而产品的成本和价格极高（如目前市场上 1g 海蛇毒素干粉的收购价高达 1 万美元）。采用分子生物学与基因工程的手段来研制开发出海洋药用活性蛋白多肽，将从根本上解决海洋生物活性多肽成为药物的最大障碍——资源限制，将为重组药用活性蛋白的大规模生产铺平道路，产生良好的经济效益和社会效益。此外，将海洋生物免疫及生产性状相关的功能基因应用于海水养殖品种的分子育种与病害防控，对海洋养殖业的价值也是不可估量的。

作为海洋生物药用功能基因的专利等知识产权受到法律保护。通过对功能基因和蛋白质的生物信息学分析及实验研究，发现新的候选药物基因并建立相应的产业化技术，申请专利，能为生物技术新药的进一步研究和开发打下良好的基础。从长远的战略眼光看，可产生巨大的经济效益。在国际生物医药行业里，一个与制药有关的技术和产品通常来说，最少值 300 万美元。近年来许多例证表明，一些重要专利的价值将远远高于这个数字。例如，美国安进（Amgen）公司花费 2000 万美元买下一个与人体肥胖相关的基因专利，葛兰素-威康（Glaxo-Wellcome）用 5 亿美元收购 Affymax 公司，也就是看中了其拥有新药快速筛选中的一个专利技术。

据报道，全球已有生物技术制药公司2000多家，其中美国有1300家，其余多在欧洲国家。1997年，美国用于生物技术研发的费用为76亿美元，欧洲为18亿美元。约20%的美国生物制药公司的股票已上市，也有相当比例的欧洲生物技术制药公司股票上市，获利的公司逐年增加。尤为引人注目的是，近一年来，纳斯达克市场上的生物技术股股价节节攀升，比网络股有过之而无不及。基因带给人们的无穷想象和切实的技术发展进步及所产生的经济效益是这道亮丽景观的形成基础。而我国生物技术制药的发展相对滞后，1996年第一个基因药品α-1b干扰素才正式批准上市，目前在真正涉及基因工程技术的不足100家生物技术公司中，只有约30家取得了试生产或正式生产文号。作为海洋生物制药类的公司企业更是屈指可数，目前规模较大的海洋生物制药公司有深圳海王、山东达因、北海国发、浙江海力生等。海洋生物技术药物的总体产值相对还很小，经济价值远未规模化体现。

海洋生物基因工程药物的研究与开发具有非常好的经济社会效益。尽管开发海洋生物基因工程药物存在一定的风险，但前景是显而易见的。只要有一个新药开发成功，企业就将获得巨大的经济效益。例如，甲磺酸伊马替尼/格列卫（Imatinib mesylate/Gleevec）是瑞士诺华研发的抗肿瘤药物，在产品问世当年即取得了1.65亿美元的显赫佳绩，2005年的销售额即超过20亿美元。通常研究型制药企业80%的市场价值都要归功于其所创造的知识产权研发。海洋药用功能基因研究的推进必将为进一步开发新的具有我国自主知识产权的重组肽类新药奠定基础。

综上所述，21世纪是海洋的世界，海洋经济成为世界经济的重要组成部分，我国虽然是一个海洋大国，但不是海洋强国，我国要切实把握国际海洋科技迅速发展的态势和我国建设创新型国家的重要机遇，大力发展海洋生物技术，开创海洋科技发展的新局面。

（王　磊　陈尚武　徐安龙）

第三节　海洋生物抗菌肽的研究与利用

一、简介

多重耐药性的超级细菌频繁出现，威胁着人类健康和公共卫生安全，开发全新抗菌药物刻不容缓。近30年来，一类由生物体基因编码的广谱抗微生物活性多肽，即“抗菌肽”、“天然抗生素”或“抗微生物肽”备受关注，抗菌肽是一类从生物体中分离得到的小分子多肽，是生物体在抵抗病原微生物的反应时产生的，已经被证实其是天然免疫系统的重要组成部分。由于最初人们仅发现这类活性多肽对细菌的作用，所以命名为抗菌肽，但是后续深入研究表明绝大多数抗菌肽具有多重生物学功能，即除了广谱抗细菌、病毒、真菌和寄生虫等活性外，还具有抗肿瘤、调节铁代谢、中和毒素、趋化和免疫调节、促进血管生成和创伤修复等生物学功能。由于抗菌肽来源于生物体本身，同时病原菌不易对其产生耐药性，所以被视为一种抗生素的替代品。这些天然抗生素，可直接引起宿主先天性免疫应答，并能对广泛的病原菌作出高效而迅速的反应，甚至对成团细菌也起作用，因而有望在将来作为一种新型的生物药物替代现有的化学类抗生素。抗菌肽的研究已成为医药学、免疫学和分子生物学等相关学科的研究热点。

1. 抗菌肽的发现

抗菌肽的发现与研究只有几十年的历史，世界上第一个发现抗菌肽的是 1980 年瑞典科学家 Boman 等，他们用大肠杆菌和阴沟肠杆菌诱导惜古比天蚕蛹产生了具有抗菌活性的短肽，将其命名为天蚕素（cecropin）（Boman *et al.*，1981）。此后，越来越多的抗菌肽从细菌、真菌、动物和植物等多种物种中被鉴定出来。为了更好地对这些抗菌肽进行研究，各国学者建立了各种数据库来搜集抗菌肽的信息，如 APD 数据库、ANTIMIC 数据库、SAPD 数据库和 AMSDb 数据库等，极大地方便了不同生物源抗菌肽的比较研究和新抗菌药物的筛选。

2. 抗菌肽的结构特性

抗菌肽种类繁多，因而其分类方法也各有不同。根据已知抗菌肽三维结构和核磁共振分析的结构特征，可以将抗菌肽分为 4 类：①α-螺旋抗菌肽，即以 α-螺旋为主的抗菌肽，如 cecropin；②β-折叠片层结构的抗菌肽，如 Hepcidin 含有的 8 个半胱氨酸，形成 4 对二硫键，构成 β-折叠片层结构；③富含某种氨基酸的抗菌肽，如富含 Pro 和 Gly 等的抗菌肽，如对虾 Penaeidins N 端富含脯氨酸区形成伸展构象；④含有稀有被修饰氨基酸的抗菌肽，这类抗菌肽大多是微生物中发现的，这类抗菌肽含有经过诸如 3-甲基-羊毛硫氨酸等修饰。

3. 抗菌肽的作用机制

抗菌肽的理化性质与结构特征决定抗菌功能。在一定范围内，部分抗菌肽氨基酸序列的长度及多肽中分子单体的数量都可以影响其生理功能。抗菌肽按其所带电荷可分为阳离子抗菌肽和阴离子抗菌肽，目前对阳离子抗菌肽的作用机制研究较多，而对阴离子抗菌肽和中性抗菌肽的抗菌机制仍不清楚。一些阴离子抗菌肽在与细胞膜结合时需要 Zn^{2+} 作为其活性必需的辅助因子，形成不同于阳离子抗菌肽的两亲结构；一些阴离子抗菌肽可能属于机体组成型表达组分，抗菌功能可能不是其主要功能。中性抗菌肽主要存在于人和其他动物的嗜中性粒细胞中，在宿主的先天免疫系统中扮演抵御微生物侵入、促进伤口愈合及消除炎症等角色。

抗菌肽种类繁多，其理化性质差异较大，生物功能也各不相同。不同抗菌肽抑菌的机制可能不同，目前尚没有一个能涵盖所有抗菌肽作用机制的理论。一般认为抗菌肽的作用机制分为膜结构破坏型和非膜结构破坏型。膜结构破坏型机制被广泛认为是抗菌肽的主要作用机制，抗菌肽通过静电作用与细胞膜结合并相互作用，破坏细胞膜的完整性致使细菌的生长被抑制；而在非膜结构破坏型机制中，抗菌肽与细胞膜结合后，通过一系列的构象变化，在不破坏细胞膜结构的情况下穿透细胞膜，作用于胞内大分子，如 DNA、RNA 和蛋白质等，阻碍或抑制细胞组分的合成，影响代谢从而引起细菌死亡。但是，抗菌肽造成微生物的死亡可能不只是靠单一的机制就可以完成，更有可能是通过胞内和胞外一起作用最终造成细胞死亡的。

二、研究进展及应用实例

占地球表面 71%的海洋拥有地球上 80%的生物资源，近 20 年来国际学术界早已高度认识到海洋动物中蕴藏着世界上丰富的抗菌活性物质，挖掘海洋动物抗菌肽成为近年来的研究热点。目前已从多种海洋动物中分离到多种多样的抗菌肽，其中鱼、虾、蟹等的抗菌肽报道比较多。

1. 鱼类抗菌肽研究进展

鱼类抗菌肽是鱼体内产生的一类能够抵抗外源病原微生物的防御肽类，它是鱼类自身先天免疫系统的重要组成部分，结构复杂，种类多样。鱼类抗菌肽按照生化和结构特点，可分为三类：①不含半胱氨酸可以折叠成疏水或双亲性 α-螺旋结构，此种类型的抗菌肽由于富含一些碱性氨基酸和 α-螺旋结构，有利于在细菌细胞膜形成穿孔，而产生直接的抗菌活性，如 Piscidins、pleurocidins、Pardaxin、moronecidin、misgurin 类等；②第二类含多个半胱氨酸，可以形成 β-折叠结构，主要包括 Hepcidin、Cathelicidins、LEAPs 类等；③源于组蛋白 H2A 类抗菌肽，包括 parasinI、SAM 等。

鱼类抗菌肽 Hepcidin 的研究：Hepcidin 是 2000 年由 Krause 等首先从人血液中分离纯化出的一种新抗菌肽，鱼类抗菌肽 Hepcidin 是 Shike 等于 2002 年首次报道的，研究者从杂交斑纹鲈鱼的鳃中分离获得了 Hepcidin 的成熟肽片段（Shike *et al.*，2002）。Hepcidin 是一个在保守位点上富含 8 个半胱氨酸残基的抗菌肽家族。来源于不同动物的 Hepcidin 组成相同：信号肽（signal peptide）、前导肽（prodomain）和成熟肽（mature peptide），基因含有 3 个外显子和 2 个内含子。Hepcidin 蛋白结构富含精氨酸、赖氨酸。Hepcidin 的合成过程为首先形成一个包括信号肽和前导肽及成熟肽的前多肽原（pre-pro-peptide），经酶切除去信号肽后，由前导肽和成熟肽组成的前体肽（pro-peptide）进入血液循环，最后通过前体肽转化酶切割形成具有生物活性的成熟肽。Hepcidin 成熟肽含有的 8 个半胱氨酸残基，其位置在不同的生物中具有高度的保守性。可以形成 4 个二硫键，二硫键的连接方式为 Cys1–Cys8、Cys3–Cys6、Cys2–Cys4 和 Cys5–Cys7。但近年来在鱼类中也发现了部分成熟肽含有 4 个、5 个、6 个或 7 个半胱氨酸残基的 Hepcidin。用圆二色光谱和核磁共振谱等技术方法已经证实人类、鲈鱼和大黄鱼的 Hepcidin 成熟肽在磷酸盐缓冲液中通过 4 个二硫键形成了 2 个稳定的β-折叠和 1 个 loop 结构，呈发卡形式。

厦门大学海洋生物抗菌肽课题组自 2002 年起系统地开展了海洋鱼类抗菌肽 Hepcidin 的相关研究，阐明了大黄鱼、黑鲷等不同鱼类 Hepcidin 的基因结构与表达机制，其基因工程表达产物对多种水产病原菌及耐药性细菌具有显著的抗菌活性。2004 年，国内首次报道了鲈鱼的抗菌肽 *Hepcidin* 基因，之后陆续报道了我国重要的养殖鱼类包括大黄鱼、鲈鱼、真鲷、黑鲷、石斑鱼、广盐性罗非鱼及海水青鳉等鱼种中多个抗菌肽 Hepcidin 的基因和基因变体，揭示了其基因组结构。研究发现，与人类及其他哺乳动物显著不同，鱼类 Hepcidin 抗菌肽存在明显的多基因变体现象，发现真鲷、鲈鱼、黑鲷等 *Hepcidin* 都存在 2 个以上的基因变体，其中黑鲷有 7 个不同基因变体 *AS-hepc1*～*AS-hepc7*，同时发现在正常状态下的组织分布、细菌感染下的诱导表达模式及生物活性，在不同鱼类和不同变体（如黑鲷的 *AS-hepc2* 和 *AS-hepc6*）都存在较显著的差异，这种变体现象反映出鱼类在复杂的海洋环境下可能需要多基因变体参与自身的免疫防御功能，预示 Hepcidin 抗菌肽是海水养殖鱼类普遍存在的重要免疫防御因子，为 Hepcidin 抗菌肽的广泛应用提供了理论依据（Yang *et al.*，2007）。在我国养殖鱼类的这些研究发现，与已经报道的人、鼠 *Hepcidin*

基因的表达模式有区别，肝脏不是普遍认为的唯一的 *Hepcidin* 基因高效表达的器官，肾脏是另一个主要高表达的器官。这些新的研究结果提示，不同鱼类的 Hepcidin 因所处的生存环境不同可能采取不同的免疫机制。

2. 甲壳动物抗菌肽的研究进展

甲壳动物缺乏特异性免疫系统，它们的免疫系统由物理防御、细胞免疫和体液免疫共同组成。甲壳动物的细胞免疫主要依赖各类血细胞完成，参与细胞免疫的血细胞按其形态学差异，主要分为三大类：透明细胞、半颗粒细胞和颗粒细胞。其中透明细胞参与凝集作用，半颗粒细胞参与包囊作用，颗粒和半颗粒细胞均参与吞噬作用。而体液免疫主要依赖于血淋巴，产生凝集反应，酚氧化酶原的激活导致的黑化反应及产生抗菌肽等。甲壳动物抗菌肽主要包括：①Penaeidins 是一类 N 端富含脯氨酸/精氨酸功能域，C 端富含 6 个半胱氨酸形成三个二硫键功能域的阳离子抗菌肽，Penaeidins 除了具有抗菌功能，还可以结合几丁质；②Crustin 是一类富含半胱氨酸和 C 端具有 WAP 结构域的阳离子抗菌肽，分子质量为 7～14kDa，具有抗菌抗病毒、抑制蛋白酶活性及参与体液免疫调节等多种功能；③ALF 是一类包含两个保守的半胱氨酸及高度疏水的 N 端的阳离子抗菌肽，分子质量约为 11kDa，具有广谱抗菌抗病毒活性。除上述三类抗菌肽外，甲壳动物中还存在许多有抗菌功能的小肽，如对虾血蓝蛋白的裂解片段、对虾组蛋白的裂解片段、蟹类抗菌肽 Scygonadin 及蟹类抗菌肽 Arasin 和 Hyastatin 等。

青蟹抗菌肽 Scygonadin 的研究：厦门大学王克坚课题组于 2006 年首次报道从雄性拟穴青蟹精浆中分离鉴定的一个新抗菌肽（Huang *et al.*，2006；Wang *et al.*，2007）。拟穴青蟹（*Scylla paramamosain*），俗称青蟹，隶属于甲壳纲（Crustacea）十足目（Decapoda）短尾亚目（Brachyura）梭子蟹科（Portunidae）青蟹属（*Scylla*），是我国东南沿海最重要的海洋经济蟹类之一。厦门大学利用蛋白质分离纯化技术，从我国海水养殖青蟹精浆中分离纯化出一个 10.8kDa 多肽，体外抗菌实验证明其具有显著抗菌活性，经国际 GenBank、Swissprot 等检索分析，证明为一种新的抗菌肽，因其源自锯缘青蟹（*Scylla serrata*），后国内统一正名为拟穴青蟹的雄性生殖系统，具有抗菌活性，故命名为 Scygonadin。

基因克隆获得了该抗菌肽 cDNA 全长序列和基因组 DNA 序列，其中可阅读框可编码 126 肽，包括信号肽（24 个氨基酸残基）和成熟肽（102 个氨基酸残基）。成熟肽平均分子质量为 11 271.82Da，pI 为 6.09，是一种阴离子肽。发现 Scygonadin 的基因组结构明显不同于其他甲壳动物的抗菌肽，包含有 3 个外显子和 2 个内含子。*Scygonadin* 基因主要在成熟的雄性锯缘青蟹的射精管中高效表达，是迄今为止在甲壳动物中首次发现的一种与生殖免疫相关的阴离子抗菌肽。

研究 *Scygonadin* 基因在不同组织器官中的表达情况，结果发现 *Scygonadin* mRNA 转录本及蛋白质在雄性和雌性青蟹的多种组织中存在。*Scygonadin* mRNA 转录本最主要分布于雄性青蟹射精管及血细胞，而其他组织中表达量微弱。原位杂交研究发现，*Scygonadin* mRNA 转录本可见于射精管内管壁的柱状腺上皮细胞。雌性青蟹中，*Scygonadin* mRNA 转录本主要位于血细胞和鳃。然而，雄性射精管中 *Scygonadin* mRNA 转录本的拷贝数远高于其他组织。例如，与雌性中含量最高的血细胞相比，它仍高出 60 000 倍。免疫组织化学研究发现，在雄性组织，特别是雄性射精管，Scygonadin 蛋白含量高于雌性。此外，以脂多糖（LPS）、嗜水气单胞菌和白假丝酵母等刺激青蟹，无法显著诱导 *Scygonadin* 基因的表达，然而，在性成熟未交配的雄性青蟹射精管和贮精囊中大量表达，交配后在雌性的纳精囊中发现其转录本增加。说明 *Scygonadin* 的表达不是直接由细菌和真菌感染诱导，而是性成熟或交配诱导。该结果提示，作为重要抗菌组分的 Scygonadin，它可能在蟹类的受精和繁殖过程中扮演重要的角色。*Scygonadin* mRNA 转录本在胚胎阶段和胚后溞状幼体Ⅰ期有一定量的表达，而在溞状Ⅲ期、大眼幼体和仔蟹中表达量极低。在早期发育阶段，该基因表达呈降低趋势，预示其具有母源免疫功能。在养成过程中，发现性成熟青蟹中 *Scygonadin* 基因的表达量显著高于未成熟个体。此外，研究发现 *Scygonadin* mRNA 转录本在其他蟹类如远洋梭子蟹和中华绒螯蟹等存在，证明该抗菌肽广泛存在于其他蟹类中。上述研究成果表明 Scygonadin 抗菌肽在青蟹的生殖免疫中起着重要作用，即在精子成熟、受精过程及胚胎发育阶段具有免疫保护性，对于青蟹的发育、繁殖和育种等都可能具有重要作用。通过研究 Scygonadin 从交配至胚胎发育过程中的生殖免疫机制和保护作用，将有助于解决人工育苗中的关键科学问题。

3. 抗菌肽基因工程表达产物及其抗菌活性

抗菌肽 Hepcidin：由于 Hepcidin 结构域中含有 8 个半胱氨酸，可形成 4 个二硫键，因此，用化学的方法合成具有正确二硫键位置的 Hepcidin 技术难度非常大。化学合成的 Hepcidin 表现为无活性或者活性很低，可能的原因就是没有形成正确的二硫键，且化学合成的方法价格昂贵，因而限制了 Hepcidin 抗菌肽的应用。大肠杆菌具有生长繁殖快、可高密度培养、遗传背景清楚、成本低廉、操作简单、可大规模地发酵等优点，成为众多外源蛋白表达系统的首选。目前，大部分 Hepcidin 体外表达采用大肠杆菌表达系统。例如，Zhang 将人 Hepcidin 连接到 pET-28a+原核表达载体上，表达了约 10.5kDa 的 His-Hepcidin 融合蛋白，对枯草芽孢杆菌具有活性。Srinivasulu 将鱼类褐牙鲆 Hepcidin 连到 pET-21a+原核表达载体上在大肠杆菌中诱导表达，表达产物对大肠杆菌、枯草芽孢杆菌等具有抗菌活性。但目前通过大肠杆菌表达系统获得的 Hepcidin 表达产物多以包涵体形式存在，需经过复杂的变性复性过程才能获得有活性的 Hepcidin 蛋白，因而限制了 Hepcidin 的规模化开发和利用。

毕赤酵母是一种能以甲醇为唯一碳源的单细胞真核生物，具有遗传操作简单，与历史悠久的啤酒酵母遗传背景相似，生长快，表达量高，可以高密度培养，培养成本低，还能进行原核表达系统不能进行的翻译后修饰、糖基化、形成二硫键等优点，因此毕赤酵母可能是表达 Hepcidin 的更好的选择。2007 年，Zhang 设计合成了人 *Hepcidin* 基因序列，构建了分泌型重组酵母表达载体 pPICZaA-Hepc，在毕赤酵母 GS115 中诱导后的表达量达到 100mg/L，其对枯草芽孢杆菌具有抑菌活性，对大肠杆菌抑菌效果不明显。2008 年，Koliaraki 成功地将人 *Hepc20* 和 *Hepc25* 在毕赤酵母中表达，表达量为 5～7mg/L，具有抗菌活性和铁代谢能力。

利用基因工程技术，厦门大学王克坚教授率领的海洋动物抗菌肽课题组通过大肠杆菌和毕赤酵母表达系统高效表达出多个鱼类 *Hepcidin* 基因工程产品。研究发现大黄鱼抗菌肽 Hepcidin（PC-hepc）对革兰氏阳性菌和革兰氏阴性菌具有显著的选择抗性，对鱼类重要致病菌嗜水气单胞菌、副溶血弧菌、哈氏弧菌和溶藻弧菌等具有很强的抑菌活性，而且还具有显著的抗金黄色葡萄球菌、表皮葡萄球菌等耐药性细菌的作用，对真菌（如禾谷镰孢菌）也表现较强的活性。海水青鳉 *Hepcidin1*（*OM-hep1*）的基因工程产品具有抗菌、抗病毒和抗肿瘤细胞的生物活性功能。最小抑菌浓度实验结果表明其具有抗革兰氏阳性菌活性（谷氨酸棒状杆菌和金黄色葡萄球菌），同时还对部分革兰氏阴性菌（大肠杆菌 MC1061、志贺氏菌、荧光假单胞菌、嗜水气单胞菌和施氏假单胞菌）具有抗菌活性，对弧菌（解藻弧菌和副溶血弧菌）无抗性。*OM-hep1* 的基因工程产品可以有效地抑制对虾白斑综合征病毒（WSSV）对红螯螯虾的造血干细胞的侵染，同时在一定程度上能抑制人肝癌细胞 HepG2 生长繁殖。同样，对黑鲷 *AS-hepc2* 和 *AS-hepc6* 基因工程产品的研究发现，两种表达产物对革兰氏阴性菌和革兰氏阳性菌都表现很强的抗菌活性，对革兰氏阴性菌（嗜水气单胞菌、哈氏弧菌）、革兰氏阳性菌（溶壁微球菌、金黄色葡萄球菌）等都表现显著的抗菌活性（3～12μmol/L）。这些结果与其他鱼类 Hepcidin 的抗菌特性不同，表明不同鱼类及不同变体的 Hepcidin 具有选择性的抗菌特性和抗菌谱。另外，试验证明海水养殖鱼类抗菌肽 Hepcidin 对钠盐耐受性强，这些研究工作为抗菌肽 Hepcidin 产品的目标性应用奠定了基础。

抗菌肽 Scygonadin：厦门大学王克坚课题组直接从雄性拟穴青蟹精浆中分离纯化抗菌肽 Scygonadin，体外抗菌活性结果显示其具有抗藤黄微球菌和嗜水气单胞菌的抗菌活性。然而直接从雄性青蟹精浆分离纯化或利用化学方法合成抗菌肽 Scygonadin，受到动物来源和化学合成方法的局限，无法得到足够量的抗菌肽蛋白用于功能研究或规模化生产应用。因此，彭会等构建了 Scygonadin 的原核与真核表达载体，其真核表达产物与原核表达产物的抗菌谱相近，但对某些菌的抗菌活性比原核表达产物强，对藤黄微球菌、金黄色葡萄球菌、嗜水气单胞菌、荧光假单胞菌及谷氨酸棒状杆菌具有良好的抗菌活性。以灌胃的方式将 Scygonaidn 重组蛋白喂养海水养殖鱼类黑鲷，观察该抗菌肽进入鱼体后对免疫相关因子的影响及消化吸收规律。结果显示，黑鲷灌胃 Scygonadin 重组蛋白对其免疫和抗氧化指标无显著性影响，初步表明口服抗菌肽不会影响机体的正常免疫功能，对机体无毒害作用，具有安全性。因而，Scygonadin 抗菌肽产品在抗病原微生物新药和动物饲料添加剂的开发中也将具有应用价值。

4. 海洋动物抗菌肽作为饲料添加剂的研发

厦门大学海洋生物抗菌肽研发团队在海洋动物抗菌肽的开发利用方面处于本领域的前列，所研发的抗菌肽基因都具有我国自主知识产权，研究成果具有原创性，如源于我国青蟹的两种抗菌肽是由该实验室于 2006 年首次发现并命名的。所建立的抗菌肽规模化发酵工艺技术，能够达到克级水平，这种小肽通过基因工程技术高产量表达在海洋生物技术领域未见报道，预示在未来推广应用抗菌肽产品时，将具有高效、低成本的价格优势。此外，厦门大学所研发的抗菌肽饲料添加剂已进入环境释放试验阶段，属国内第一个进入中试试验后期阶段的海洋动物抗菌肽产品。

三、展望及趋势等

1. 国际发展趋势

抗菌肽独特的性质使其具有极大的潜在的应用价值，随着对抗菌肽研究的不断深入和技术的不断更新，越来越多的抗菌肽从研究转入到应用中。欧美等经济和技术较发达的国家，已经有多家公司和机构致力于抗菌肽类新药物的研究和开发。抗菌肽可与传统的抗生素联合使用，也可作为单独的抗菌剂使用，其临床应用潜力很大。来源于细菌的两种抗菌肽 gramicidin S 与 polymyxin B 已经应用于治疗由绿脓杆菌和鲍氏不动杆菌引起的感染，临床证实其安全有效，也没有发现抗药性。但由于这两种抗菌肽毒性较大，因此不能全身用药。Colomycin 是甲基磺酸乙酯与 polymyxin E 的氨基酸中和后生成的一种新的药物，降低了抗菌肽的毒性从而可以作为全身用药。IB-367 是 protegrin 的一种类似物，被用于治疗囊性纤维变性病患者由绿脓杆菌引起的肺部感染；也可用于治疗口腔黏膜炎，已通过 I 期临床试验。MSI-78 是 Magainin 的衍生物，对于由糖尿病引起的足溃疡的治疗效果较好，Ⅲ期临床实验已经结束。Daptomycin 是一种阴离子脂肽，对革兰氏阳性菌有杀菌作用，已被 FDA 批准其用于治疗并发性的皮肤感染。此外，抗菌肽还可作为抗感染剂预防衣原体、HIV 和 HSV 等的传播。目前，几乎所有进入临床试验阶段的抗菌肽制剂均只用于局部的抗感染治疗，尽管目前上市的抗菌肽制剂还很少，但作为人类抵御感染的新方法，抗菌肽一定会在临床治疗中发挥重要的作用。

2. 我国发展现状

国内关于海洋生物抗菌肽的研究起步较晚，21 世纪以来的十几年间，我国学者在抗菌肽研究方面取得了显著进步，涉海的一些相关科研单位都曾先后报道从我国多种海洋动物中分离获得不同类型的抗菌肽，鱼、虾和蟹的抗菌肽报道比较多，其中厦门大学在海洋动物抗菌肽研究方面进行了系列深入的研究。2002 年以来，厦门大学海洋生物抗菌肽研发团队，针对我国海水养殖产业链中存在的抗生素污染及水产品安全等重大生产问题，以研发可降低或替代抗生素的环保型抗菌肽饲料为目标，对我国海水经济鱼类、蟹类等抗菌肽基因和蛋白质进行了深入系统的研发工作，取得了一系列国内外有影响的研究成果，建立了良好的前期研发技术平台。已先后从我国大黄鱼、石斑鱼、真鲷等 7 种鱼类及青蟹等经济动物中获得了多个具有我国自主知识产权的抗菌肽基因。建立了毕赤酵母表达系统，高效表达出多个鱼类、蟹类抗菌肽基因工程产品，实验动物和靶动物试验证明抗菌肽产品具有安全性和有效性，其抗菌肽产品已在鱼排完成了中间试验，进入环境释放试验研发阶段，为抗菌肽的开发利用奠定了良好基础。但迄今国内利用来自海洋动物抗菌肽研发饲料添加剂和抗菌肽药物的应用尚未见报道。目前国内已经在畜牧业应用的抗菌肽产品主要是来自天蚕素，在畜禽和对虾的养殖业中有较好的应用效果。但面对实际生产中存在的种类繁多的病原微生物感染，一种产品势单力薄，需要更多的抗菌肽产品开发与应用。而海洋生物中蕴藏着丰富的抗菌肽资源，虽然研发起步较晚，但十几年来，在国家 863 计划等多类项目的支持下，我国海洋动物抗菌肽的研究与开发利用取得了突出的进展，现有研究表明可以从中筛选出适应于抗多种不同类型耐药性细菌、真菌等的抗菌肽，因此海洋动物抗菌肽将成为未来抗生素有效替代品的重要来源，研究、开发与利用海洋动物抗菌肽，对促进水产养殖业和畜牧业的健康发展将具有重要意义。

3. 未来技术发展趋势

目前具有我国自主知识产权的新型抗菌肽较少，从我国海洋生物中，高通量筛选与发掘新型的抗菌肽是发展趋势，尤其是利用基因组学、转录组学、蛋白质组学、代谢组学等获取更多、更好的抗菌肽新产品。迄今对于许多源于海洋甚至陆地的抗菌肽或抗微生物肽的机制尚未完全阐明，而揭示抗菌肽机制对于高效、安全研发与利用抗菌肽产品是很有必要的。此外，需要加强抗菌肽开发利用的规模化生产平台和中试试验基地的建设，为促进抗菌肽产品的产业化提供可靠技术保障。

利用基因工程技术体外生产抗菌肽，作为环保型饵料添加剂，不仅可增强水产养殖生物的抗病能力，提高养殖水产品的质量，而且还可以改善水环境污染的问题。但是，要产业化推广应用抗菌肽产品，首先需要解决一些难题，如建立抗菌肽基因的高效表达系统，抗菌肽的规模化发酵工艺，抗菌肽在体内的高效利用技术及阐明抗菌肽作用机制等。另外，随着转基因技术的发展，人们有可能通过转抗菌肽基因获得抗病的新品种。海洋生物中蕴含着丰富的抗菌肽资源，因此，对海洋生物抗菌肽的研发具有广阔的发展前景。可以相信，随着研究的不断深入，海洋生物抗菌肽产品将对我国乃至世界的水产渔业的可持续发展起到重要的作用。

抗菌肽的研发与应用，不仅具有重要的医学开发前景，而且还将是实现海水养殖、动物健康养殖、减少抗生素污染的重要保障。因此，充分利用并发掘我国海洋动物的抗菌肽资源，研发出高效抗微生物的抗菌肽基因工程产品，可作为新型抗细菌无公害渔药替代传统抗生素制成饲料添加剂或食品和饲料的抗霉菌防腐剂等，应用于水产养殖业可保障其健康发展和水产品安全；还可应用于高效抗耐药性细菌的候选药物。

（王克坚　杨　明　彭　会）

第四节　海洋生物基因功能产品——工业用品

一、概念、原理和技术

基因工程（genetic engineering）又称基因拼接技术或者 DNA 重组技术，是以分子遗传学为理论基础，以分子生物学和微生物学的现代方法为手段，首先克隆得到不同来源的基因，然后在体外构建重组 DNA 分子，再导入活细胞，改变细胞原有的遗传特性，从而获得新品种或者新产品。此定义也是获得基因工程产品的基本流程。由于微生物具有易于大规模培养和遗传操作简单的特点，基因在微生物中进行外源表达更容易获得产品。多种疫苗和酶制剂都通过在真核或者原核微生物中表达实现了大规模生产。

海洋生物基因工业产品是指来源于海洋的基因，通过基因工程技术表达后的产物为工业所应用的产品。

1. 基因克隆技术

通过基因工程制备产品首先要得到基因序列，即基因克隆。随着分子生物学技术的进步，出现了多种基因克隆技术。目前，常用的基因克隆技术有图位克隆技术、同源序列技术、表达序列标签技术、转座子标签技术和以高通量测序为基础的克隆技术等。每一种方法都有它的优势和劣势，有不同的适用范围和限制因素，必须根据实际条件选择最佳方案。

（1）图位克隆技术（周国岭等，2001）

图位克隆（map-based cloning）是根据目的基因在染色体上的位置进行基因克隆的一种方法。在利用分子标记技术对目的基因进行精确定位的基础上，使用与目的基因紧密连锁的分子标记筛选 DNA 文库，从而构建目的基因区域的物理图谱，再利用此物理图谱通过染色体步行逼近目的基因或通过染色体登陆的方法最终找到包含该目的基因的克隆，最后通过遗传转化和功能互补验证最终确定目的基因的碱基序列。图位克隆的特点是无需预先知道基因的 DNA 序列，也无需预先知道其表达产物的有关信息，但需要一个根据目的基因的有无建立起来的遗传分离群体，所以图位克隆技术在各种经济物种的基因研究中用得较多。具体的操作流程如下。

1）首先找到与目标基因紧密连锁的分子标记；

2）用遗传作图和物理作图将目标基因定位在染色体的特定位置；

3）构建含有大插入片段的基因组文库（BAC 库或 YAC 库）；

4）以与目标基因连锁的分子标记为探针筛选基因组文库；

5）用获得阳性克隆构建目的基因区域的跨叠群；

6）通过染色体步行、登陆或跳跃获得含有目标基因的大片段克隆；

7）通过亚克隆获得带有目的基因的小片段克隆；

8）通过遗传转化和功能互补验证，最终确定目标基因的碱基序列。

（2）同源序列法

人们发现几乎所有的基因之间都有一定的联系，并且生物的种、属之间编码区序列的同源性高于非编码区的序列。基于此原理，在其他种属同源基因被克隆的前提下，构建 cDNA 文库或基因组文库，然后根据已知分子的保守序列设计简并引物，用简并引物对含有目的基因的 DNA 文库进行 PCR 扩增，再对 PCR 扩增产物进行克隆和功能鉴定（刘心伟等，2010）。对于同源性很高的基因，可以直接用作探针进行非严谨性杂交筛选另一物种的 DNA 文库，红海鲷和红鳟鱼的生长激素基因即用此法克隆得到。

同源性序列克隆技术自提出以来，受到了国内外学者的广泛重视，但也存在缺点：由于某些同源序列并不专属于某一基因家族，因而扩增产物不一定是某一基因家族成员；基因家族成员往往成簇存在，克隆的基因片段是否为目的基因尚需进一步判断。因此对 PCR 扩增产物和克隆产物，有必要进行基因与性状共分离分析，插入失活或遗传转化等功能鉴定工作，以便最终筛选到目的基因。

（3）表达序列标签技术

表达序列标签（expressed sequence tag，EST）技术是完整基因上能特异性标记基因的一部分序列，通常包含了基因足够的结构信息区，从而与其他基因相区分，大规模 EST 克隆和资料库的建立，为利用生物信息学克隆基因提供了条件。其基本原理是从组织特异性或细胞特异性的 DNA 文库中随机挑选克隆，并进行 5′端和 3′端部分测序，通过对基因库的检索，可以检测所测序及翻译的多肽氨基酸序列与基因库中已知的是否有同源性，最后对发现的新基因进行突变检测和表达分析。基本过程如下（田芳等，2000）。

1）对已知的部分序列进行数据库分析，筛选出代表新基因的 EST 及相应的重叠群，根据所得信息设计引物，制备探针；

2）用探针进行 cDNA 文库筛选，得 cDNA 阳性克隆，接着用所设计引物与所得 cDNA 阳性克隆进行 RACE 反应，得 5′端和 3′端部分序列；

3）对所得阳性克隆和末端序列进行测序；

4）通过数据库对新序列进行分析；

5）最后对发现的新基因进行突变检测和表达分析。

该技术建立在大量已有的生物信息资源基础上，同时结合了目前的新技术，为大规模克隆基因提供了捷径，能发现许多未知的基因。

（4）转座子技术

转座子（transposon）是染色体上一段可以移动的 DNA 序列，它可以从一个基因座位转移到另一个基因座位，当转座子插入到某个功能基因内部或邻近位点时，就会使插入位置的基因失活并诱导产生突变型，通过遗传分析可以确定某基因的突变是否由转座子引起，由转座子引起的突变可用转座子 DNA 为探针，从突变株的基因组文库中钓取含该转座子的 DNA 片段，获得含有部分突变株 DNA 序列的克隆，然后以该 DNA 序列为探针，筛选野生型植株的基因组文库，最终得到完整的目的基因。该技术多用于植物基因的克隆。由于可供利用的转座子的种类太少，而转座子在不同的植物中转座的频率和活性相差很大，并且需要筛选大量的个体来鉴定转座子突变个体，限制了转座子标签法的应用范围。

（5）高通量测序技术为基础的克隆技术

高通量测序技术（high-throughput sequencing）以能一次并行对几十万到几百万条 DNA 分子进行序列测定和一般读长较短等为标志。一台机器在两周内就可以产出超过 300G 的数据，相当于把人类基因组重复测 100 遍以上，而细菌的基因组一般不到 10M。全基因组测序和转录组测序将不可避免地像 PCR 技术那样走入每一个分子生物学实验室，成为常规研究手段。

高通量测序技术的发展使测序的经济成本和时间成本呈数量级地降低。目前已有几十个海洋生物物种已经完成或者正在进行全基因组测序，这意味着这些物种的多数基因或者基因片段会以碱基序列的形式直接呈现，而不再需要附加手段进行克隆。同时，高通量测序技术支持的海洋样品宏基因组研究也会给研究者提供一个更广泛的基因库。难培养或者不可培养生物的基因，甚至是已灭绝生物的基因都可以用于研究。当然高通量测序冗杂的数据量是其限制因素，并且过于依赖生物信息学分析也不能完全保证其准确性。

2. 基因表达技术

随着分子生物学研究的不断深入，基因表达技术有了很大的提高。迄今为止，人们已经研究开发出多种原核和真核表达系统用以生产重组蛋白。例如，原核生物表达体系中的大肠杆菌表达系统、枯草芽孢杆菌表达系统和链霉菌表达系统等，其中大肠杆菌表达系统被广泛应用，真核生物表达系统比较复杂一些，包括酵母表达系统、昆虫表达系统和哺乳动物细胞表达系统等。

每种表达系统各有优缺点，克隆得到的基因可以放在不同的宿主细胞中表达。原核表达系统是最早被采用也是目前研究最清楚的表达系统，其中大肠杆菌表达系统是外源基因表达的首选。真核表达系统具有翻译后的加工修饰体系，表达的外源蛋白质更接近于天然蛋白质。因此，利用真核表达系统来表达目的蛋白越来越受到重视。

对于获得表达基因以获得工业产品而言，大多选择微生物表达系统。微生物表达系统有周期短、易于大规模生产和容易纯化等优点。目前商业化的基因产品绝大多数都是通过微生物表达系统生产的。

（1）原核表达系统

在各种表达系统中，最早采用的是原核表达系统，这也是目前掌握最为成熟的表达系统。该项技术主要是将已克隆入目的基因片段的载体转化细胞，通过表达、纯化获得所需的目的蛋白。其优点是能够在较短时间内获得基因表达产物，且所需的成本相对较低。

大肠杆菌的遗传背景清楚，又由于其具有周期短、高效率、易操作和使用安全等特点，成为外源基因的首选表达系统。大量的有价值的多肽和蛋白质已在大肠杆菌中获得了超量表达，如花生条纹病毒外壳蛋白基因、木聚糖酶基因、大蒜病毒外壳蛋白基因等。但不容忽视的是大肠杆菌也并不是万能的宿主，有些蛋白质必须经过翻译后修饰（如糖基化、特定位点的切割）才能具有完全的生物活性，表达这些蛋白质时最好选择真核细胞作为宿主。

随着基因重组技术的发展，枯草杆菌表达系统也迅速发展起来。枯草杆菌作为外源基因表达宿主有以下优势：本身是一种非致病的土壤微生物；多种质粒可作为克隆载体；蛋白质分泌能力强；发酵技术成熟。多种原核和真核基因都已经在芽孢杆菌表达系统中得以表达，其中有的已应用于工业生产。但是，这种表达系统也存在一些缺点：自身蛋白酶水解重组蛋白；体内质粒不稳定；真核蛋白分泌量低甚至不能分泌。目前，枯草芽孢杆菌已经完成了全基因组测序，这些弊端将在不久的将来得以解决。

（2）真核表达系统

真核表达系统具有翻译后的加工修饰体系，表达的外源蛋白更接近于天然蛋白质。因此，利用真核表达系统来表达目的蛋白越来越受到重视。目前，基因工程研究中常用的真核表达系统有酵母表达系统、昆虫细胞表达系统和哺乳动物细胞表达系统。

酵母表达系统主要包括酿酒酵母、裂殖酵母、克鲁维酸酵母和甲醇酵母等表达系统。其中甲醇酵母基因表达系统是一种最近发展迅速的外源蛋白生产系统，也是目前应用最广泛的酵母表达系统，特别是 *Pichia pastoris* 作为基因表达系统使用最广泛。由于它具有无可匹敌的高表达特性，已被认为是最具有发展前景的生产蛋白质的工具之一。利用醇氧化酶（甲醇代谢的关键酶）基因 *AOX1* 的启动子和转录终止子构建成整合型表达载体，醇氧化酶的产量最高可占甲醇酵母中可溶性蛋白质的 30%，所以能使外源蛋白在它的控制下高效产生。在载体中加入酿酒酵母的分泌信号和前导肽序列构建分泌型载体，一方面可以减轻宿主细胞的代谢负荷，另一方面可以减少宿主细胞蛋白水解酶对外源蛋白的降解。此外，还可使多拷贝目的基因整合入甲醇酵母染色体，形成多个表达单元，构建高产的菌株。

丝状真菌表达系统也越来越受到人们的重视。丝状真菌表达异源蛋白质具有表达量大、胞外分泌率高、蛋白质分子折叠和修饰完全等特点。另外一些丝状真菌如黑曲霉、米曲霉和瑞氏木霉等已长期应用于食品加工业，发酵程序较成熟。许多同源和异源蛋白质已在丝状真菌中实现高效表达，其中淀粉酶基因和纤维素酶基因的表达量是在细菌中的2～400倍。目前工业上也已经用该系统表达了一些丝状真菌的内源性蛋白质。但是对于一些来源于动物或植物的基因来说，其表达的效果并不理想。提高异源蛋白质的表达效果和分泌量是改进丝状真菌表达系统的重要方向。

二、海洋生物基因工业产品的研究进展

海洋的高盐、高压、低温、高温、低营养和无光照等特殊的生态环境共同造就了海洋生物种类的丰富多样性和特殊性。海洋生物具有与陆地生物不同的独特的代谢途径和遗传背景，能产生有特殊结构和功能的活性物质，成为寻找天然活性物质的巨大来源，同时也是一个巨大的基因宝库。我国对于海洋生物基因资源的研究起步较晚，但到目前也取得了一些重要成果。克隆了海蛇毒素、海葵毒素、水蛭素、鲨肝生长刺激因子和芋螺毒素等一批功能基因并进行了重组表达，这些产物作为潜在的基因工程创新药物，进行了临床前试验。对于海洋生物基因工业产品的研究仍多集中于工业酶等的研究。

1. 海洋来源的工业酶基因的研究进展

海洋是一种极端环境，海洋生物所产酶系适应了海洋的极端环境，这是寻求新型海洋酶基因的物质基础。一般来说，海洋大部分是低温环境，所以多数海洋生物所产的酶是低温酶，即在低温下能发挥活性，表达其基因就应该能得到低温酶产物；另外，深海热液区存在多种已知和未知的极端生物，其产生的酶是高温酶，即在高温下能发挥活性，有重要的工业意义，其酶基因也是一种重要的资源。研究者已克隆了一系列海洋来源的工业酶基因。

（1）海洋蛋白水解酶

蛋白酶（proteases）是一类可以催化蛋白质和肽的肽键降解的水解酶类，广泛存在于动物、植物和微生物中（刘晓芳，2011）。海洋低温蛋白酶的最适酶活温度一般在40℃以下，主要由来自海洋的动物、植物及微生物产生。由于海洋低温蛋白酶具有最适催化温度低，在低温下催化效率高的特点，因而在食品、洗涤等工业具有良好的应用前景，有着中温蛋白酶无法取代的优越性。

近几年，随着分子生物学技术的广泛应用，对海洋低温蛋白酶的研究也越来越深入。自2003年以来，已明确获得来自海洋的蛋白酶基因大约为50多条。印度科钦科技大学自海水中分离的一株海洋真菌，产低温蛋白酶并克隆了基因；中国科学院海洋研究所崔朝霞实验室自三疣梭子蟹中获得6条丝氨酸蛋白酶序列；黄海水产研究所孙谧实验室从海水沉积物中分离一株海洋黄杆菌，分泌具有抗氧化活性的低温蛋白酶，进行了纯化并克隆了基因；山东大学张玉忠实验室分离了多种海洋假单胞菌，并克隆了多个蛋白酶基因。中国海洋大学池振明实验室从来自海洋的普鲁兰短梗霉菌中分离

低温蛋白酶，并克隆了基因。在上述已获得基因序列的海洋低温蛋白酶中，又进行了表达及纯化结晶，进一步揭示了海洋低温蛋白酶的适冷机制和热不稳定机制，为其应用研究奠定了基础。

（2）海洋糖苷水解酶

糖苷水解酶（glycoside hydrolases）是一类水解糖苷键的酶，在生物体糖和糖缀合物的水解与合成过程中扮演着重要角色。海洋生物中编码多种糖苷水解酶，如淀粉酶、菊粉酶、琼胶酶、木聚糖酶、乳糖酶、葡聚糖酶、琼胶酶、卡拉胶酶、褐藻胶裂解酶和几丁质酶等。下面简要介绍几种海洋糖苷水解酶的基因及其表达研究的进展。

褐藻是海洋储量最大的生物质资源之一，而且褐藻胶寡糖也在生物学和医药学方面有着十分重要的应用前景。因而开发利用海洋微生物褐藻胶裂解酶（alginate lyase）就有着深远的意义，来自假单胞菌 *Pseudomonas elyakovii* 的褐藻胶裂解酶就已成功应用于褐藻寡糖的生产。但野生菌株的酶活力并不能满足工业需求，所以通过基因表达的手段获得重组褐藻胶裂解酶受到极大重视。迄今为止，大约有 20 个编码褐藻胶裂解酶的基因被克隆和测序。*Sphingomonas* sp. A 的 A1-Ⅰ～A1-Ⅳ、*Pseudomonas* sp. OS-ALG-9、*Pseudomonas syringae* pv. syringae、*Pseudoalteromonas elyakovi*、*Streptomyces* sp. ALG-5 和 *P. elyakovii* IAM 等的酶基因均表达于大肠杆菌细胞中。其中 A1-Ⅳ在大肠杆菌中的表达量为 8.6U/L（胞外分泌型），是原始菌株表达水平的 270 倍；*Pseudoalteromonas elyakovii* 产的褐藻胶裂解酶的基因在大肠杆菌中的表达，表达水平高达原始菌株的 39.6 倍；A1-Ⅰ在大肠杆菌中的表达量为 3500U/L，是在原始菌株中的 10 倍。另外，研究者发现 *P. elyakovii* IAM 的褐藻胶裂解酶基因在大肠杆菌中的表达量可因钙离子的调节而提高。这些研究工作都将为实现褐藻胶裂解酶向商业酶转化并大量应用于工业中奠定重要的研究基础。

卡拉胶（carrageenan）是红藻类中提炼出来的亲水性胶体。卡拉胶寡糖具有十分独特的生物活性和重要的利用价值，但利用化学和物理等传统的卡拉胶降解方法不适用于大规模生产，所以卡拉胶酶越来越受到重视。卡拉胶酶（carrageenase）在作用底物时水解卡拉胶的 β-1, 4-糖苷键，生成一系列的卡拉胶寡糖。根据酶最终产物的不同，可分为 κ-卡拉胶酶、ι-卡拉胶酶和 λ-卡拉胶酶。而海洋微生物特别是海洋细菌中富含卡拉胶酶基因资源，此方面已取得了许多研究进展。目前已经克隆了 11 个物种的 κ-卡拉胶酶基因，其中 Barbeyron 等（1994）将 *Pseudoalteromonas carrageenovora* 的 κ-卡拉胶酶基因在大肠杆菌中进行了重组表达。Liu 等（2011）克隆 *Pseudoalteromonas porphyrae* LL1 菌株的 κ-卡拉胶酶基因，并进行了酵母表达。只有少数几种海洋细菌的 ι-卡拉胶酶和 λ-卡拉胶酶的基因得到了克隆，重组表达研究较少。

乳糖酶（Lactase）能使乳糖水解为葡萄糖和半乳糖，主要用于乳品工业。而天然乳糖酶存在一些问题，如产量较低，提取困难，提取工艺繁杂，生产成本高居不下，酶学性质欠佳等。乳糖酶基因的外源表达作为一种解决手段受到广泛重视，许多研究者也将目光投到海洋生物的乳糖酶基因上。Nakagawa 等（2007）克隆了极地海水细菌中的 *Arthrobacter psychrolactophilus* 乳糖酶基因，用镍亲和层析柱进行蛋白质纯化，纯化酶（1.0U/mL）24h 可水解掉 70%牛奶中的乳糖；段文娟等（2008）将嗜热古细菌（*Pyrococcus furiosus*）乳糖酶基因在大肠杆菌中表达，镍亲和层析柱进行蛋白质纯化，得到该纯化酶分子质量为58.0kDa，最适作用温度为105℃。第二军医大学的王国祥（2012）从海洋细菌 *Halomonas* sp. S62 中获得一个全新的适冷乳糖酶基因，并在大肠杆菌中进行了重组表达。研究重组蛋白的酶学性质表明，该酶 pH 稳定范围宽、热稳定性好，低温下活性高，耐受的金属离子较多，适合于在复杂体系中水解乳糖，有可能作为一种新的外源性乳糖酶应用于乳制品加工业。

（3）海洋其他酶类

脂肪酶即三酰基甘油酰基水解酶，它催化天然底物油脂水解，生成脂肪酸、甘油和甘油单酯或二酯。目前海洋脂肪酶的研究受到广泛关注，共有文献报道 226 篇。迄今为止，多种海洋脂肪酶基因得到了克隆，并在相应宿主中实现了异源表达。崔硕硕等（2011）将南极嗜冷菌 *Moritella* 的低温脂肪酶基因 *lip-837* 克隆到表达载体 pCold 中，并转化大肠杆菌，表达量达到了总蛋白质的 39%。Sheng 等（2011）将 Bohaisea-9145 的脂肪酶基因在大肠杆菌中表达，发酵培养后活力可达 17.6U/mg。Destain 等（1997）将解脂亚罗酵母（*Yarrowia lipolytica*）脂肪酶基因在米曲霉中高效表达，其产量比原始菌中提高了 1000 倍。在巴斯德毕赤酵母中表达海洋脂肪酶基因有较好的效果：Brocca 等（1998）将优化后的脂肪酶基因 *Lip1* 通过巴斯德毕赤酵母表达系统实现了高效异源表达，产酶量达到150U/mL；李忠磊（2012）表达了 *Yarrowia. lipolytica* 中的低温碱性脂肪酶基因，活力可达 1956U/mL；王永杰等（2011）将南极低温脂肪酶基因 *lip-948* 在巴斯德毕赤酵母中表达，上清液中脂肪酶活力达到 27.5U/mL。

漆酶（laccase）是指借助氧将对苯二酚（氢醌）氧化成对苯醌的酚氧化酶。真菌来源的漆酶在纺织工业的染料脱色中已经得到较多研究，其中以白腐真菌的漆酶研究较多。根据研究，海洋真菌来源的漆酶有独特的催化特点，受到广泛重视。巴西坎皮纳斯州立大学的 Bonugli-Santos 等（2010）从担子菌 *Marasmiellus*、*Peniophora* 和 *Tinctoporellus* 获得了漆酶的基因，并测定了这些真菌漆酶的活性。另外，安徽大学的肖亚中教授等通过宏基因组文库技术从海洋微生物中筛选获得了新型细菌漆酶基因 *Lac15*，并在大肠杆菌中进行了胞内表达。重组漆酶有优良的卤元素耐受性和低温脱色特性，显示了良好的工业潜能（Fang *et al.*，2012）。

激烈火球菌（*Pyrococcus furiosus*）生活于海洋热液区，体内的 *Pfu* DNA 聚合酶（*Pfu* DNA polymerase）具有较好的热稳定性及较强的 3′→5′核酸外切酶活性，故在 PCR 反应中可以快速且高保真地扩增 DNA 片段。该酶的基因与其他生物的 DNA 聚合酶无相关性，没有明显的氨基酸同源序列。将该酶的基因在大肠杆菌中表达，重组酶的保真性更高，已经大规模用于研究中，继续将该酶基因进行分子改造，能够得到更高保真性的融合酶。

2. 海洋功能蛋白基因的研究进展

除了工业酶之外，海洋生物来源的抗冻蛋白基因、藻胆蛋白基因和冷激蛋白基因等也具重要的应用价值。

（1）海洋抗冻蛋白基因的研究进展

抗冻蛋白（antifreeze protein，AFP），最早于 1969 年在极区海鱼血液中被发现，是一类抑制冰晶生长的蛋白质，能以非依数性形式降低水溶液的冰点。迄今为止，已发现 4 种抗冻蛋白。Ⅰ型抗冻蛋白（AFP-Ⅰ）从生活于北极和北大西洋的美洲拟鲽（*Pseudopleuronectes americanus*）和一些杜父鱼科鱼类中分离，富含丙氨酸，是一个标准的 α-螺旋结构（Duman *et al.*，1976）；Ⅱ型抗冻蛋白（AFP-Ⅱ）发现于美洲绒杜父（*Hemitripterus americanus americanus*）体内，是一种富含半胱氨酸的多肽（Ewart *et al.*，1993）；Ⅲ型抗冻蛋白（AFP-Ⅲ）主要存在于绵鳚科鱼类，是一种小球型蛋白；Ⅳ型抗冻糖蛋白（AFP-Ⅳ）从一种床杜父鱼属（*Myoxocephalus*）鱼类的血清中分离，是富含谷氨酸和谷氨酰胺的 α-螺旋结构（Deng *et al.*，2010）。

抗冻蛋白基因可以在许多方面得以应用。在农业上，可以将抗冻蛋白基因转化到植物中，可以大大提高农作物的抗寒能力；在医学上，可用于人类和动物的细胞核组织器官的超低温储存，提高其储存质量；在冷冻食品业方面，抗冻蛋白可以降低或者抑制食物内水和其他成分的重晶化，使食物保持原有的柔软质地。

限制抗冻蛋白应用的主要问题就是抗冻蛋白还无法形成规模化生产，仅从生物体内提取不能满足需求。现在研究人员正试图寻找更多的抗冻蛋白生物来源并通过在原核生物和真核生物中表达抗冻蛋白基因来进行定向生产。美洲拟鲽的抗冻蛋白基因已经在大肠杆菌中成功进行融合表达，具有重大的意义（金海翎等，1995）；而来自南极海洋硅藻的两个抗冻蛋白在大肠杆菌中表达时，基因中引入前导肽或者信号肽就能够使蛋白质定位在胞内或者胞外（Gwak *et al.*，2010）。通过构建 cDNA 文库，学者从南极银鱼与革首南极鱼中分离获得 AFP-IV 的基因全长序列，并在大肠杆菌中成功诱导表达（Lee *et al.*，2011）。Kelley（2010）与于静等（2005）研究学者通过对南极黏鱼 cDNA 文库中 EST 序列的分析，获得Ⅲ型 AFP 的基因全长序列，并通过生物信息学及蛋白质相关分析手段，扩展对抗冻蛋白基因家族的了解。而北极嗜冷酵母菌的抗冻蛋白基因在大肠杆菌中表达，得到 26kDa 的重组蛋白，具有抗冻活性（Trevors *et al.*，2012）。然而，重组抗冻蛋白仍然达不到生产要求。提高表达产量和活性应该成为抗冻蛋白能够广泛应用的突破口，以期生产出高质量高活性的抗冻蛋白。

（2）藻胆蛋白基因的研究进展

藻胆蛋白（phycobiliprotein）是某些藻类特有的重要捕光色素蛋白。根据色基种类及其与藻胆蛋白的相互作用，藻胆蛋白可分为藻红蛋白、藻蓝蛋白、别藻蓝蛋白和藻红蓝蛋白。藻胆蛋白可以作为天然色素用于食品、化妆品和染料等工业上，也可制成荧光试剂，用于医学诊断和生物工程等研究领域。目前藻胆蛋白的获得主要是从藻类中分离提取，步骤繁琐且受到原料来源的限制，还无法进行工业化生产。

所以许多研究者推崇人工构建藻胆蛋白的思路，即在大肠杆菌或酵母中表达藻胆蛋白基因，获得藻胆蛋白脱辅基蛋白及藻胆素，然后合成天然态的藻胆蛋白。目前通过将相关基因进行外源表达确实得到了一些有天然活性的藻胆蛋白。Cai 等（2001）报道在 *Anabaena* sp. PCC7120 中表达带 6His 和 Strep2 标签的重组藻蓝蛋白亚基，重组亚基能与藻体自身相应的亚基聚合，并且具有天然藻蓝蛋白的特性。龙须菜的藻红蛋白基因在大肠杆菌中诱导表达，大部分以包涵体的形式存在，经大量培养收集菌体和超声波破碎细胞，可溶性上清具有活性；极大螺旋藻的藻蓝蛋白基因在巴斯德毕赤酵母中能够大量分泌表达，最高产量为24.32mg/L；Tooley和Glazer（2002）在大肠杆菌中表达了具有荧光活性的鱼腥藻PCC7120的藻红蓝蛋白，重组蛋白的光谱特征与天然蛋白完全一致。但上述研究成果距离应用依然较远。

（3）海洋冷激蛋白基因的研究进展

冷激蛋白（cold shock protein，Csp）是抗冻保护机制研究中最重要的内容之一。它是微生物在低温刺激时主要产生的一系列低分子质量的蛋白质（Horn *et al.*，2007）。Csp参与各种代谢过程，如转录、翻译、蛋白质折叠、信号转导、能量产生和转换、氨基酸/脂类运输与代谢及细胞膜流动性调控等（Phadtare *et al.*，2008）。有研究表明，Csp可作为RNA分子伴侣与RNA或单链DNA相结合，在低温条件下，保持微生物的正常遗传和生理功能。Csp所表现出的潜在低温耐受性功能可以使其在许多方面发挥重要作用。例如，可以将其应用于抗冻剂的研究，提高微生物在冻融过程中的存活率；也可以在食品工业中，作为冷冻培养物促进乳酸菌的发酵，节约能源；还可用于农作物转基因研究，提高经济作物的抗寒能力（Phadtare *et al.*，2007）。

冷激蛋白几乎存在于所有的革兰氏阳性菌和革兰氏阴性菌中。除大肠杆菌和芽孢杆菌外，先后在400余种细菌中都发现存在冷激蛋白。在适冷微生物、嗜中温微生物、嗜热微生物中均发现Csp的存在，甚至在古菌中也分离得到冷激蛋白。有研究发现，南极适冷菌 *Janthinobacterium* sp.Ant5-2的CspD在37℃、22℃、15℃、4℃和−1℃条件下均表现为组成型表达，其氨基酸序列与β-变形菌纲中其他细菌的Csp具有很高的相似性；该菌株的CspD在不同的生长期表达特征不同，此外，高温处理和紫外辐射也会影响其表达；电泳迁移率和亚细胞结构定位研究表明，*Janthinobacterium* sp.Ant5-2的CspD具有结合RNA的能力（Trevors *et al.*，2012）。Jung等（2010）从嗜冷菌 *Psychromonas arctica* 中获得 *CspA* 基因全长，通过构建表达载体在大肠杆菌中表达。另外的研究还表明，在大肠杆菌中过表达 *CspA* 能够快速提高细菌的冷适应能力，但阻碍细菌生长。

然而，目前对冷激蛋白与冷激反应的研究大多仅围绕中温微生物 *E. coli* 和 *Bacillus subtilis* 开展。而且对已知Csp的了解绝大部分来自于可培养微生物，且大多仅限于基因组测序工作产生的Csp的基因序列信息，对冷激蛋白功能与作用机制的研究还非常少。

三、展望

海洋生物基因是一个待开发的巨大宝库，但总体上来说，我国对海洋生物基因的研究水平还较低：研究跟踪多，原始创新少；基础积累薄弱，应用急于求成；尚未能构建成熟的海洋生物基因的功能验证模式和表达应用体系。虽然在海洋低温酶基因等方面取得了一定成果，但对其他的极端环境中基因研究较少，如高温环境和高压环境下海洋生物的基因等。

研究要面向国家资源可持续利用和环境可持续发展的需求，发现、挖掘和利用各种极端环境下的基因资源，用于发展工业产品和高附加值产品，面向大洋和深海，开辟新的基因宝库；特别要重视宏基因组研究的成果，筛选更为新颖的基因；积极加强能力建设，注重基础性资料采集和管理，针对功能分析和应用模式建立相关技术平台，形成海洋生物基因资源研究的持续高效利用体系。

（孙　谧）

第五节　系统发育学及DNA条形码

一、系统发育学

1. 系统发育学的发展

系统发育学也称系统发生学（phylogeny），研究的是物种间的进化关系，基本思想是比较物种的特征，并认为特征相似的物种在遗传学上接近，其研究结果往往以系统发育树表示，用它描述物种之间的进化关系。

早期的系统发育学研究主要利用生物的形态学特征、解剖学特征和发育学特征来研究物种之间的进化关系，然而利用这些特征进行系统发育分析存在很大的局限性，在进化过程中，相似的结构特征可能独立进化。例如，脊椎动物和头足类的眼睛虽然功能相同，却是由完全不同的途径进化而来的；蝙蝠和鸟类都具有翅膀可以飞行，但是实际上蝙蝠为哺乳动物。因此对于许多生物体很难检测到可用来进行比较的表型特征或选择表型特征的标准比较难定。随着分子生物学和计算机科学的发展，系统发育学研究得到了长足的进展。20世纪中叶，DNA杂交（DNA-DNA hybridization）、蛋白质电泳（protein electrophoresis）等技术被相继运用于系统发育研究，系统发育开始进入分子时代，分子系统发育学（molecular phylogeny）一门新的学科应运而生。

2. 分子系统发育学的概念

分子系统发育学是利用生物大分子的信息来确定不同生物在进化过程中的地位、分歧时间及亲缘关系，建立谱系树，或者推断生物大分子的进化历史的一门科学。生物进化的本质是遗传物质的改变，所以遗传物质的相近程度最能反映生物之间亲缘关系的远近。分子数据（molecular data）不像形态与解剖性状因表型可塑性（phenotypic plasticity）而容易受到环境因素的影响，能够直接反映生物的基因型（genotype），是推演生物系统关系的理想标记。常用的生物大分子为蛋白质序列和核酸序列。蛋白质序列和DNA序列为分子系统发育分析提供了可靠的数据。这里要明确几个系统发育中常出现的术语。

分类单元（taxon）：是一个具有名称的生物类群。在系统发育中，物种（species）和单系群（monophyletic group）是基本的分类单元。一个物种是一个支系（lineage）。

单系群（monophyletic group）：是指一个分类单元（taxon），其中的所有物种只有一个共同的祖先而且是该祖先的所有后代（图3-8A）。

并系群（paraphyletic group）：指一个生物类群，此类群中的成员均拥有最近共同祖先，但该群中并不包含此最近共同祖先的所有后代（图3-8B）。

多系群（polyphyletic group）：指一个分类群当中的成员，在演化树上分别位于相隔着其他分支的分支上，不包含最近共同祖先及大部分后代个体，只包含一部分后代个体（图 3-8C）。

姐妹群（sister group）：在谱系上与某一类群具有最近亲缘关系的类群，它们享有一个共同的祖先。

外类群（outgroup）：是分析系统进化关系时所用到的除目标研究群体以外的类群。作为外类群，亲缘关系越近越好，姐妹群是重要的外类群。

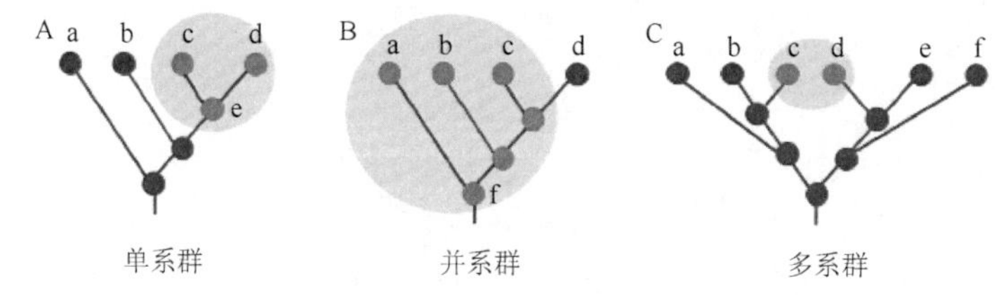

图 3-8 三种分类群

A. c 和 d 组成的分类单元为单系发生；B. a、b 和 c 为并系发生；C. c 和 d 为多系发生（仿 Barton *et al.*，2007）

3. 分子系统发育学研究的原理及分析方法

分子系统发育分析的前提是进行分子序列或特征数据的分析。其原理是相似功能位点的分子进化速率几乎完全一致，根据核酸和蛋白质的序列信息，可以推断物种之间的系统发生关系。

重构系统发育学关系的方法有两种：基于距离的矩阵法（distance matrix method）和基于离散特征法（discrete character method）。矩阵法包括平均连接聚类法（unweighted pair group method with Arithmetic mean，UPGMA）、最小进化（minimum evolution，ME）法和邻接（neighbor joining，NJ）法。离散特征法包括最大简约（maximum parsimony，MP）法、最大似然（maximum likelihood，ML）法和贝叶斯（bayesian inference，BI）法。

（1）基于距离的构树方法

距离法是利用所有分类单位间的遗传距离，依据一定的原则重建系统发生树。当分类单元间的序列变异较小时，距离法能反映出真实的进化距离。比较常用的距离法有平均连接聚类法（UPGMA）和邻接法（NJ 法）。常见的基于距离法构建系统树的软件有 PHYLIP、TREECON、PAUP、MEGA 等。相对来说基于距离法的构树方法算法简单，所以运算时间较短。

1）平均连接聚类法：该法在构建系统发育树时，假定在进化过程中每一分类单元发生趋异的次数是相同的，进化距离和分歧时间存在着线性关系。其算法比较简单：首先将距离最小的 2 个分类单元聚在一起，并形成一个新的分类单元，其分支点位于 2 个分类单元间距离的 1/2 处；然后计算新的分类单元与其他分类单元间的平均距离，再找出其中的最小 2 个分类单元进行聚类；如此反复，直至所有分类单元都聚到一起，最终得到一个完整的系统发育树。由该法所得的系统发育树是物种树的简单体现，多用于物种树的构建。

2）邻接法：NJ 法构建系统发育树时，认为在进化分枝上，每一分类单元发生趋异的次数可以不同。因此用该法构建系统发育树时，聚在一起的两个分类单元其所在的终节点到共祖节点的距离并不一定相同。同平均连接聚类法相比，NJ 法在算法上较为复杂，它首先依据其他所有节点间的平均趋异程度将每个分类单元的趋异程度标准化，形成新的距离矩阵；然后将距离最小的 2 个终节点连接起来，在树中增加一个共祖节点，同时去除原初的 2 个终节点及其分支；再把新增加的共祖节点作为终节点，重复上一循环；每一次循环中，都有 2 个终节点被一个新的共祖节点所取代，直至只有 2 个终节点为止。计算机模拟结果表明 NJ 法是基于距离数据构建系统发育树的最有效的方法之一。

（2）基于离散特征的构树方法

1）最大简约法（MP 法）：最大简约法是一种无参数的统计方法。在最大简约策略下，最佳系统树为需要最少进化数目的系统树。由于基于离散性状而非距离矩阵，最大简约法在一定程度上避免了趋同进化（convergent evolution）、平行进化（parallel evolution）和进化逆转（evolutionary reversal）等现象的干扰。在最大简约分析中，趋同性状（convergently-derived character）甚至可以成为分析的有用信息。但是，由于采取无参数分析的策略，最大简约法很容易受到长枝吸引（long branch attraction）现象的影响而产生错误的拓扑结构。

常见的基于最大简约法构建系统树的软件有 PHYLIP、PAUPRAT、PAUP、TNT 等。

2）最大似然法（ML 法）：和最大简约法一样，最大似然法是基于离散性状的统计方法，但是有别于前者的是，最大似然法是基于具参数统计模型的一种构树方法。最大似然法根据特定核苷酸替代模型分析给定数据，使所获得的每个拓扑结果的似然值最大，然后挑选出其中似然值最大的拓扑结构作为最优树。在进行最大似然法分析之前，需要设定一个合适的模型。正确选择模型是利用最大似然法来构建系统发生关系的关键。目前，常用的替代模型选择软件有 MODELTEST、MRMODELTEST 和 JMODELTEST。由于可以选择合适的进化模型，所以相对于最大简约树而言，最大似然树不容易出现长枝吸引现象。

常见的基于最大似然法构建系统树的软件有 PHYLIP、MOLPHY、PUZZLE、PAUP、PHYML、TREEFINDER、GARLI、RAxML、PAML 等。

3）贝叶斯法（BI 法）：同最大似然法一样，贝叶斯法也是基于似然功能（likelihood function）的，也需要在分析之前设定最优核苷酸替代模型。但和最大似然法相区别的是，贝叶斯法分析建立在贝叶斯定理（Bayes' theorem）后验概率（posterior probability）的基础之上。后验概率由马尔科夫链蒙特卡洛算法（Markov chain Monte Carlo algorithms，MCMC）通过计算机模拟抽样的方式获得。相对于其他系统发生分析方法，贝叶斯法运算速度较快的同时又能保证分析结果的有效性，所以成为系统发生学研究中最常用的一种构树方法。

常见的基于贝叶斯法构建系统树的软件有 MAC5、MrBayes、BEAST 等。

由于以上方法各有优劣，所以系统发育学研究往往会多种分析方法联合使用，相互验证。如果每种方法构建的系统树节点支持度都很高而且多种方法构建的系统树拓扑结构基本一致，那么结果的可信度将大大提高。

4. 分子系统发育学研究中基因的使用

动物、植物及微生物在 DNA 组成上存在很大差异，因而各自的分子系统发育学研究中选用的基因也不相同，本节主要介绍后生动物分子系统发育学中基因的使用。传统的系统发育学研究是基于少数几个基因序列片段的，常见的有线粒体基因 *COI*、*16S rRNA*、*12S rRNA*、*CYTB* 等，核基因 *28S rRNA*、*H3*、*ITS*、*18S rRNA*、*Tyr*、*EF1*、*NaK*、*GAPDH* 等。线粒体基因中 *COI* 基因使用最为广泛，这主要是由于 *COI* 的进化速率较其他线粒体基因更快，且两端序列保守性相对较高，便于使用通用引物进行扩增。核基因中使用最多的是核糖体 DNA（rDNA），不同 rDNA 的基因进化速率不同，因此适用的分析阶元也不同。进化速率较慢的基因适用较高级阶元的系统树构建，进化速率快的基因适合于种内和近缘种间的遗传结构和关系研究。*18S rRNA* 和 *28S rRNA* 基因进化速率很慢，是目前研究高阶元系统发育的主要分子标记。核糖体 *ITS* 中度保守，适合种间或种内群体间遗传结构及遗传分化的研究。线粒体基因和核基因作为分子系统发育学研究的主要分子标记，各有优缺点，因此许多研究经常是联合几种基因进行综合分析。然而，由于受到核苷酸替换饱和（substitutional saturation）、基因水平转移（horizontal gene transfer，HGT）、基因侧向转移（lateral gene transfer，LGT）和生物爆发式发生（explosive radiation）等因素的影响，在推演早期生物进化历程时，基于少数几个基因片段构建的基因树（gene tree）往往很难准确反映真实的物种树（species tree）。随着测序技术的进步及计算机计算能力的增强，为了更加有效地推演生物高阶元间的相互关系，越来越多的研究开始利用线粒体全序列，甚至全基因组信息（genomic data）来构建生物谱系树，即系统基因组学（phylogenomics）。

5. 海洋生物分子系统发育研究

随着分子技术的不断发展，分子系统发育研究在海洋生物中得到迅速发展。这些研究从分子角度揭示了物种间的进化关系，对传统的基于形态学的分类体系进行了有效补充，一些长期存在争议的系统演化关系得到解决。例如，Westneat 等应用 4 种 DNA 标记（12S rDNA、16S rDNA、RAG2 和 Tmo4C4）对 84 种隆头鱼科鱼类和 14 种外类群鱼类进行系统发育分析，基于 MP 法、ML 法、BI 法构建的系统发育树有一致的拓扑结构，都支持该科为单系发生，同时确定了一些鱼类（如 cheilines 和 scarines）的姐妹种关系（图 3-9）。Ma 等应用两种核蛋白编码基因（*PEPCK* 和 *NaK*）对对虾总科 37 个属进行系统发育研究，结果表明基于 ML 法和 BI 法构建的系统发育树有一致的拓扑结构，都支持管鞭虾科、须虾科和深对虾科为单系发生，但单肢虾科和对虾科为并系发生。陈军等选取 135 种双壳贝类（其中帘蛤科种类 128 种，帘蛤超科非帘蛤科种类 5 种，其他双壳贝类外类群 2 种），利用两个线粒体基因序列（*COI*、*16S*）和一个核编码蛋白基因序列（*H3*）进行了帘蛤科贝类的系统发生学研究，基于 ML 法、MP 法和 BI 法构建的系统发育树结果表明，传统意义上的帘蛤科并非单系发生，大多数名义上的亚科和属也是并系甚至是复系发生（图 3-10），该研究表明雪蛤属和密盖蛤属并非同物异名，并将后者置于帘蛤亚科之内，将雪蛤亚科内的构拿蛤属和畸心蛤属分别置于帘蛤亚科和缀锦蛤亚科之内，同时，将原帘蛤亚科皱纹蛤属的提加芒蛤亚属提升到了属的地位，但仍置于帘蛤亚科之内。邹山梅等运用多基因位点相结合（部分 *COI*、*16S*、*12S*、*H3* 部分序列和 *18S* 全序列）对新腹足目（13

个科）和外群体（15 个科）进行了系统发育分析，结果表明新腹足目为单系群，同形态学研究结果相一致，验证了运用相关形态学特征对新腹足目进行系统发育分析的有效性，推翻了过去分子研究中新腹足目为并系或多系群的观点。研究还显示鹑螺总科和琵琶螺总科形成一个单系，并作为新腹足目的姐妹群。这一结果支持了新腹足目起源于高层中腹足目的假设。林凤娇等测定了 5 种海蛄虾的线粒体全序列，通过对十足目的线粒体基因组序列进行系统发育分析，结果表明传统意义上的海蛄虾下目不是单系群，应将其分为两个下目：蝼蛄虾下目和阿蛄虾下目。

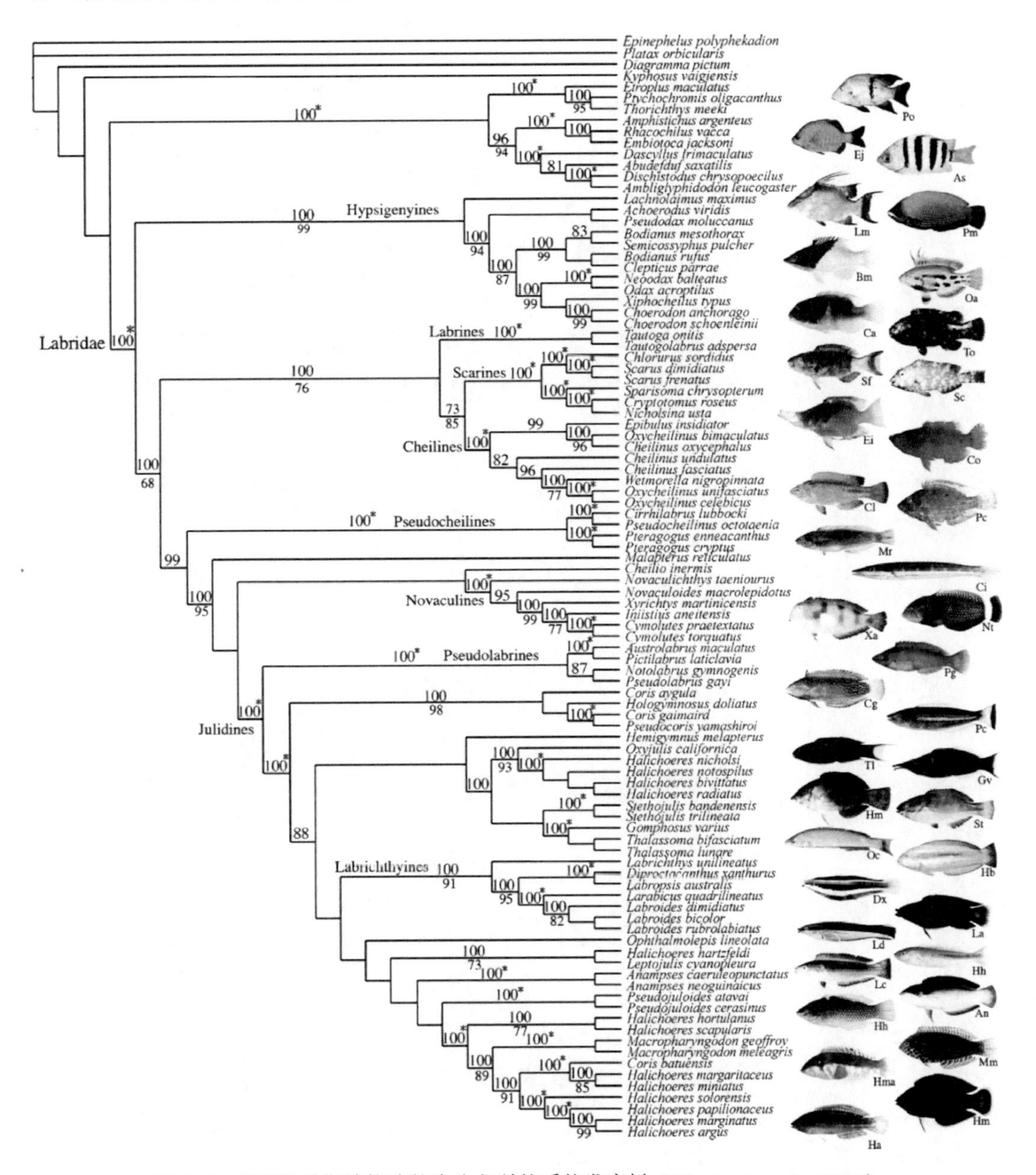

图 3-9　基于贝叶斯法构建的隆头鱼科的系统发育树（Westneat *et al.*，2005）

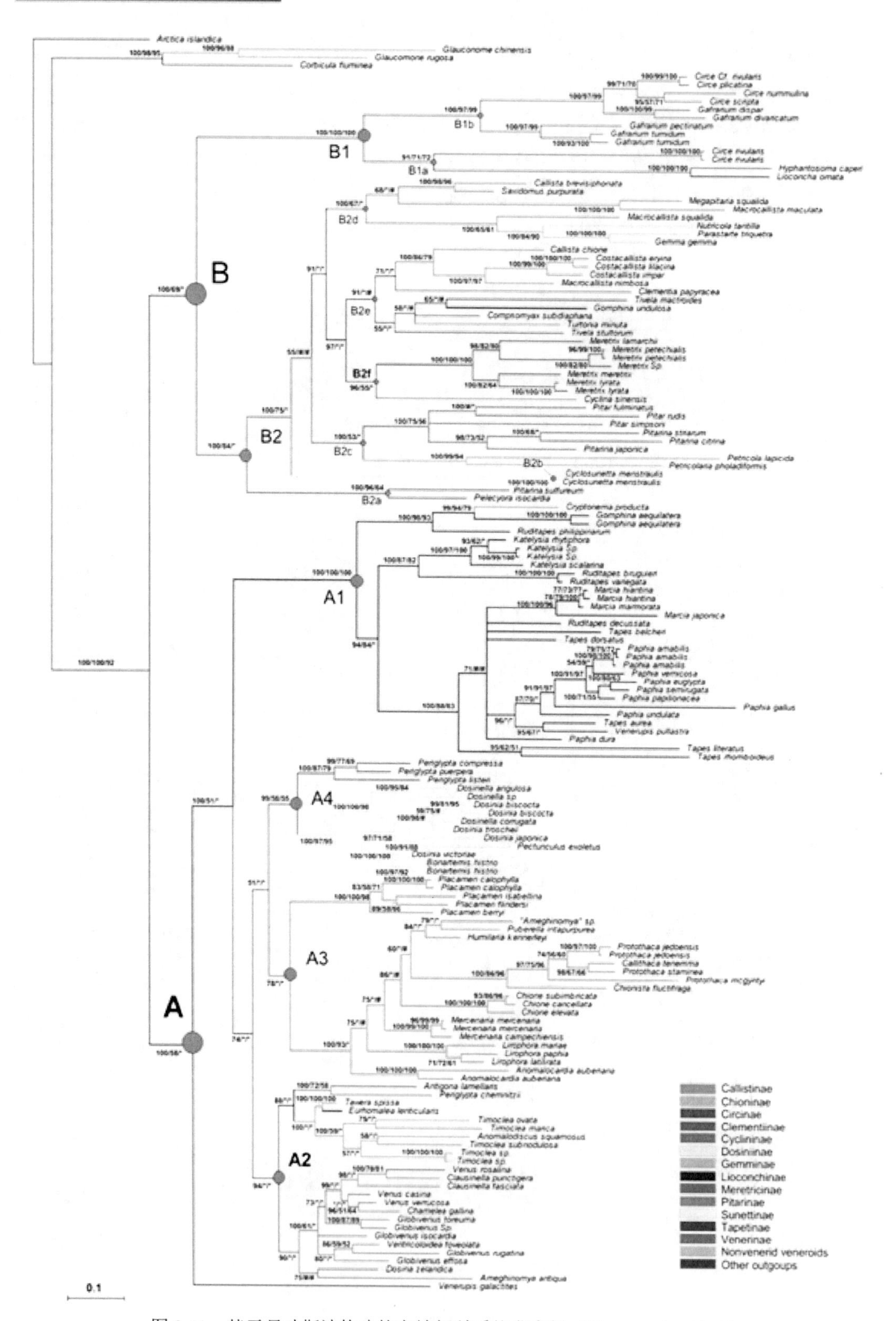

图 3-10　基于贝叶斯法构建的帘蛤超科系统发育树（Chen *et al.*，2011）

二、DNA 条形码

1. DNA 条形码的概念

DNA 条形码技术是从分子系统发育分析的基础上发展而来。2002 年 4 月，德国科学协会提出建立一个以 DNA 序列为基础的包含所有生物群体在内的分类系统的构想。受零售业中作为产品通用代码的“商品条形码”的启发，Hebert 首次提出了“DNA 条形码”（DNA barcoding）的概念，即利用一段短的 DNA 序列作为物种快速鉴定的标记，并希望以此建立 DNA 序列和生物物种之间一一对应的关系。目前，生命条形码联盟（The Consortium for the Barcode of Life，CBOL）把 DNA 条形码定义为一段能够高效鉴定物种的 DNA 标准区域。它是建立在两个基本前提之上，一是每个物种都应有唯一的 DNA 条码，二是种间的遗传变异应该大于种内的遗传变异。DNA 条形码的两个主要用途：①将研究的生物个体 DNA 序列和数据库序列进行相似性比对，从而将生物个体鉴定到种的水平；②加快隐存种和新种的发现，特别是对于形态上难以辨别的姐妹种。

2. DNA 条形码的原理

DNA 条形码需要一个通用的标准序列，但是找到能够区分任何物种的理想 DNA 片段比较困难。线粒体基因没有内含子，很少有重组现象，并且大多为母系遗传的单倍体，因此，相对于核基因，更适合作为通用 DNA 条形码序列。*COI* 基因成为动物 DNA 条形码序列的首选序列，具有以下优点：①对于几乎所有动物种类，在 *COI* 基因 5′端都能找到通用序列作为扩增引物；②*COI* 基因比核基因具有更多的系统发育信息，和其他蛋白质基因相比，*COI* 密码子第三个位点的碱基置换更多，进化速率比 12S rDNA 和 16S rDNA 快 3 倍；③650bp 的 *COI* 序列有 4^{650} 个 ATGC 的可能组合，其数量远远超过了全球动物物种的估计数量，而且一般情况下 *COI* 序列种间遗传变异大于种内遗传变异。但是，并非 *COI* 基因对所有的物种都适合，以核糖体为代表的一些核基因和其他线粒体基因也可作为生物 DNA 条形码使用。理想 DNA 条形码检测到的同属内种间遗传差异应明显大于种内遗传差异，并在两者之间形成 1 个明显的间隔区，称为条形码间隙（barcoding gap），它是评价 DNA 条形码理想与否的一个重要指标。

3. DNA 条形码的分析流程

DNA 条形码技术的分析流程包括：①采集所研究样品，记录采集时间和地点，并利用乙醇或冷冻保存样品，采用适宜方法提取 DNA；②利用相关引物对目的片段进行 PCR 扩增；③对扩增片段进行测序；④利用相关软件校正序列，建立系统进化树，并分析结果；⑤将研究样品的 DNA 序列、图像、采集地点和日期、采集人和鉴定人等信息提交 DNA 条形码数据库。目前，管理动物 DNA 条形码的数据库主要是 BOLD（The Barcode of Life Data System）（www.barcodinglife.org）。BOLD 提供了一个综合的 DNA 条形码生物信息平台，包括从样品的采集到序列的提交等各个阶段，为 DNA 条形码的规范性发展作出了贡献。

4. DNA 条形码的优点

传统的形态学分类法有诸多局限性：①受物种性别和发育阶段的限制，一些物种在不同性别和不同发育阶段，形态会有差别；②无法鉴定许多物种中普遍存在的隐存分类单元；③表型可塑性和遗传多样性容易导致不正确的鉴定，隐存种的存在更加剧了物种鉴定的困难。DNA 条形码技术能够避免形态学分类的缺陷，加速物种鉴定和新物种的发掘，其共享的数据库资源也为生态学、生物医学、进化生物学、生物地理学和物种保护、生物工程等其他生命科学领域提供了重要的参考资料。

与传统形态分类方法相比，DNA 条形码技术的优势主要体现在以下几个方面：①准确地鉴定形态相似度较高的物种，有些物种外部形态极其相似，只利用形态特征很难辨别，利用 DNA 条形码技术有助于准确区分此类物种；②准确地鉴定不同发育阶段的个体，有些物种具有发育变态期，不同发育阶段形态差异较大，采用 DNA 条形码技术可以鉴定处于不同发育阶段的个体；③发现隐存种，利用条形码技术对一些物种进行分析后，可能发现存在于此物种的极大的分子进化距离，即可能发现隐存种；④准确地鉴定表型可塑性较高的物种，有些物种的外部形态由于极易受环境的影响而变化，物种鉴定较为困难，DNA 条形码技术可以对此类物种进行准确的鉴定；⑤鉴定未知物种和濒危物种，促进生物多样性保护；⑥DNA 条形码数据库可以汇聚全球的物种资料，从而加速新物种和隐存种的发现。此外，DNA 条形码能够以较低的成本快速获得分子数据，为大规模采集样品的鉴定提供了便捷工具。相比之下，形态学数据的获得较为耗时，而且对于某些物种形态学数据根本无法获得。因此，利用 DNA 条形码技术进行物种鉴定和分类是高效可行的。

5. DNA 条形码在海洋生物中的应用

海洋生物占据着全球物种的很大一部分，目前已知的海洋生物约有 21 万种，但确切有多少种类，学者并未取得一致看法。O'Dor 认为实际的数量应在上述数字的 10 倍以上，Grassle 和 Maciolek 认为仅深海中就存在 1000 万种生物还未被发现。对如此庞大的海洋生物类群进行分类和鉴定是研究人员所面临的一个难题。随着 DNA 条形码的出现，近几年，该技术已被广泛应用于各种海洋生物的分类和鉴定。

（1）鱼类

DNA 条形码在鱼类的开发和应用较为广泛。目前，已经有 5000 多种鱼类的 DNA 条形码序列，其中大多为海洋鱼类。Ward 等用 *COI* 基因中的 655bp 片段对澳大利亚 207 种海洋鱼类进行分析，发现所有物种都能被有效区分，通过重建系统发生关系认为 *COI* 作为海洋鱼类的 DNA 条形码标准序列是可行的。随后，Ward 等又对北大西洋、地中海和澳大利亚南部海域的 15 种鱼进行 *COI* 基因的比较，除海鲂（*Zeus faber*）和大西洋叉尾带鱼（*Lepidopus caudatus*）有明显的种内差异及可能存在隐存种外，其他 13 种鱼类种内差异都很小。由于分布于北极和亚北极的鲑科鱼类依据形态难以区分，尤其是仔稚鱼阶段更难辨别，Schlei 等对其中 1 个亚科的 3 个属进行了 *COI* 基因序列分析，发现 49 个个体中 48 个个体都能够被正确鉴定。Zemlak 等用 *COI* 基因研究了印度洋沿岸 35 种鱼的 229 个个体，发现南非和澳大利亚海域的同种鱼类存在很大的差异，揭示了大量隐存种的存在。王中铎等用 *COI* 基因对南海硬骨鱼类 40 个物种 89 个样本进行了分析，结果表明 *COI* 序列广泛适用于硬骨鱼类物种鉴别，并可用于低级分类阶元的系统进化分析。越来越多的研究表明，DNA 条形码在鱼类分类、物种鉴定、隐存种的发掘、系统发生研究等方面都具有重要应用价值。

（2）甲壳类

DNA 条形码在海洋甲壳类动物也得到应用。Bucklin 等运用 *COI* 基因对 40 种磷虾进行序列分析，发现 *COI* 基因能够有效区分大部分近缘种，表明 DNA 条形码在磷虾类的物种鉴定、隐存种的发掘及系统地理学方面将起到重要作用。Radulovici 等对圣劳伦斯河河口和海湾的 460 种海洋甲壳类进行了 *COI* 分析，发现所研究的 507 个个体中，种间差异比种内差异高 25 倍，95%的个体序列差异和形态一致，并发现 4 个种类存在隐存种，证实了 DNA 条形码技术在海洋甲壳物种鉴定中的有效性。

（3）软体动物

软体动物种类较多，现在存活的种类有 8 万多种，为动物界第二大门类。近年来，DNA 条形码技术在软体动物中也得到了成功应用。生活在深海中的帽贝（*Lepetodrilus limpets*）形态相似、种类繁多，物种鉴定困难，Johnson 等分析了 20 个种类的 *COI* 基因，发现 *COI* 能够区分大部分姐妹种。Mikkelsen 等分析了 12 种双壳类的 *COI* 基因，结果显示种内差异和种间差异之间没有重叠，*COI* 可以作为双壳类的 DNA 条形码。Meyer 和 Paulay 通过分析宝贝科贝类 2026 个个体，发现 DNA 条形码鉴定物种的错误率最小为 4%，对于个体数较少的种类，DNA 条形码难以鉴别，种内变异和种间变异有大量重叠，之间并不形成条形码间隙。Davison 等选择 *COI* 基因中 381bp 和 228bp 两个片段研究种内差异较大的柄眼目蜗牛，发现 129 种蜗牛的 824 个序列中不存在 barcoding gap，利用单一标准序列差异的界限值无法区分该类群，只有在分析大量的生物个体和清楚的形态学鉴定基础上，DNA 条形码鉴定物种才能取得良好效果。陈军等对中国沿海分布的 60 余种帘蛤科贝类进行 DNA 条形码分析，结果表明除了饼干镜蛤和铁镜蛤这两个种的条形码序列混杂在一起之外，其余种类都具有其独特的条形码簇，另外，在 5 个传统的形态种中发现可能有隐存种现象的存在，表明了 DNA 条形码能够对帘蛤科贝类进行有效的分类鉴定。刘君等通过 *COI* 基因和 16S rDNA 片段对 11 种贻贝科和 10 种牡蛎科贝类进行 DNA 条形码分析，结果显示 16S rDNA 种内变异与种间分化有所重叠，但 *COI* 基因存在条形码间隙，表明基于 *COI* 基因作为 DNA 条形码标准基因在贻贝科和牡蛎科物种的鉴定中具有可行性。邹山梅等利用 *COI* 基因对中国沿海 17 个骨螺科种类进行分析，发现种内和种间遗传距离之间存在明显的条形码间隙，揭示了骨螺科的物种多样性，并对难以鉴定的一些种类进行了清楚的区分。冯艳微等对我国沿海扇贝科、珍珠贝亚目及蚶目 49 种贝类进行分析，结果表明基于 *COI* 基因的 DNA 条形码技术能够有效地应用于这些物种的鉴定。

（4）藻类

由于简单的外部形态和内部生理结构、生理上的趋同性及高度的表型可塑性，海洋藻类成为用传统分类法难以区分和鉴定的物种，这使得 DNA 条形码在藻类中的开发和应用受到关注。在大型藻类中，Saunders 等对大型红藻三个群体的 46 个样品进行 *COI* 分析，结合其他红藻门物种的 *COI* 序列，发现 *COI* 能准确地区分形态相似的红藻，并发现一些新种；Lane 等用 *COI*、内转录间隔区（nuclear internal transcribed spacer，ITS）和 *rbcSp*（plastid Rubisco operon spacer）基因研究北太平洋褐藻类 *Alaria* 属的 54 个样品，结果表明对于大部分种类，单用 *COI* 一个基因片段不能有效鉴别，而三个基因片段的组合则能够有效区分这一类群。在海洋微藻，为了寻找硅藻类合适的条形码标记基因，Moniz 和

Kaczmarsk 用小亚基核糖体基因的 1600bp 片段、*COI* 基因的 430bp 片段，以及 *5.8S+ITS2* 基因中的 300～400bp 片段对 28 种硅藻的 89 个样品进行分析，发现 *5.8S+ITS2* 是最适宜的硅藻条形码基因。

（5）其他海洋生物

在海洋生物的其他门类，DNA 条形码研究也有一些报道。Gomez 等用形态学、*COI* 和核基因（elongation factor-1-alpha，*EF-1-a*）分析了世界各地海洋苔藓动物，发现许多存在生殖隔离的遗传谱系拥有相似的外部形态，证实 DNA 条形码在发掘隐存种方面的重要作用。Amaral 等采用 *COI* 基因和 *CYTB* 基因分析了海豚属 54 个个体，结果表明 *CYTB* 比 *COI* 更适合作为海豚属的 DNA 条形码基因。此外，DNA 条形码技术在原生动物、线虫动物、腔肠动物和棘皮动物等物种的分类和鉴定研究中也得到应用。

6. 问题与展望

随着 DNA 条形码的广泛应用，DNA 条形码技术日趋完善。迄今，已有约 50 万个物种被生物条形码协会（CBOL）列入条形码计划。然而，由于采用 *COI* 标准界限法进行分类并不适用于所有物种。例如，硅藻的适宜 DNA 条形码基因为 *5.8S+ITS*，而高等植物的条形码 DNA 主要在叶绿体基因组中选择。另外，线粒体基因自身还存在单亲遗传、异质性、基因渗入等问题。因此，DNA 条形码不能完全脱离经典的分类学研究方法，应和形态学、生态学等其他特征结合使用。近几年，多基因分析法被普遍接受，并在一些物种取得了显著效果。

我国海域辽阔，海洋生物种类繁多，其中许多种类是重要的海水养殖对象，不仅具有重要的经济价值，而且对于海洋环境的生态调控具有重要作用。由于海洋生物的外部形态因生长环境、发育阶段的不同常发生很大的变化，给主要依据形态特征来鉴别物种的经典分类工作带来很大困难。国内外对许多物种的分类一直存在争议，尚存在大量未命名种类，即使已命名物种也存在许多同物异名和异物同名现象，迫切需要新的研究手段，特别是新兴的 DNA 条形码技术对我国海洋生物进行高效鉴定和分类，进而加速新物种的发掘，为我国海洋生物资源保护提供科学依据。

（李　琪　沙忠利）

第六节　海洋环境污染监测技术及病原检测技术

一、海洋环境污染监测技术及病原检测技术简介

1. 污染监测及病原检测的必要性

近年来，由陆源排放和海洋开发等活动造成的近岸海域污染问题日趋严重。《2013 年中国海洋环境状况公报》显示：虽然我国管辖海域海水环境状况总体较好，但近岸海域海水污染依然严重，其中黄海北部、辽东湾、渤海湾、莱州湾、江苏盐城、长江口、杭州湾和珠江口等部分海湾污染较为严重。在近岸海水、沉积物和海洋生物体内，重金属、石油烃、多氯联苯、有机氯农药、多环芳烃、有机磷农药和有机锡等有毒有害污染物和病原等普遍检出。污染物和病原均可影响海洋生物的繁殖能力，造成海洋生物资源的衰竭，同时可经过生物体的富集放大作用进入人体，最终危害人类健康。

2. 海洋污染监测技术

目前海洋环境的温度、盐度、pH、DO 和浊度等常规参数的监测已经基本成熟，随着人们对近岸海域环境质量要求的日益提高，无论是实验室常规检测还是实时在线的船载、浮标和水下无人机等立体监测系统，针对重金属和有机物的浓度、形态和毒性的检测均将成为海洋环境监测的重点任务。

（1）重金属检测技术

常用的重金属检测方法包括分光光度法、电感耦合等离子体法、生物传感器法、电化学方法、微流控技术法和光纤涂覆传感法等。《海洋监测规范》中，汞采用原子荧光法、冷原子吸收分光光度法、金捕集冷原子吸收光度法；铜、铅、镉均采用无火焰原子吸收分光光度法、阳极溶出伏安法、火焰原子吸收分光光度法；锌采用火焰原子吸收光度法和阳极溶出伏安法（国家海洋局，2007）。在国标和行标中，最常用的重金属检测方法是原子吸收光谱（AAS）分析和原子荧光分光光度分析法。原子吸收光谱分析基于气态原子可以吸收一定波长的光辐射，使原子中外层的电子从基态跃迁到激发态的现象而建立的。由于各种原子中电子的能级不同，将有选择性地共振吸收一定波长的辐射光，这个共振吸收波长恰好等于该原子受激发后发射光谱的波长，由此可作为元素定性的依据，而吸收辐射的强度可作为定量的依据。原子荧光分光光度分析法根据受激发原子的荧光波长和荧光强度进行定性和定量分析，试样经火焰和无火焰原子化器转变为原子蒸汽，经激发光照射，部分原子蒸汽中原子受激发跃迁至激发态。当原子由激发态跃迁至基态时，以荧光辐射形式释放能量，分别以荧光波长和强度作定性和定量分析。

可用于海洋环境中重金属的快速传感检测技术，以电流型溶出伏安法和电位型离子选择性电极应用最为广泛，适用于海水中痕量重金属的船载、浮标平台的远程实时在线监测。溶出伏安法又称反向溶出极谱法，待测物在待测离子极谱分析产生极限电流的电位下电解一定时间，通过改变电极的电位使富集在该电极上的物质重新溶出，根据溶出过程中所得到的伏安曲线来进行定量分析。该方法已成功用于海水中铅、镉、铜、锌、汞、砷、锰等离子的检测及溶解态金属的形态分析。聚合物膜离子选择性电极是一种利用膜电势测定溶液中离子的活度或浓度的电位型化学传感器，它基于敏感膜的电位响应与分析物离子活度的关系符合能斯特方程，该电位传感技术检测灵敏度较传统离子选择性电极提高了 5～6 个数量级，可检测到低至 10^{-12}mol/L 的重金属。

（2）有机污染物检测技术

对于不同的有机污染物，具体的分析手段有所差异。石油污染是海洋环境中一类重要的污染物，首选荧光分光光度法和紫外分光光度法进行海洋环境中石油烃的测定。荧光分光光度法可以测量萃取物中的低浓度不饱和化合物、芳烃类物质；紫外分光光度法通常使用 225nm 和 254nm 两个波长，225nm 主要是共轭聚烯烃类的吸收作用，254nm 则是芳烃化合物的吸收作用，适用于测定近岸海水和废水等受油污染较重的样品。

对于海水和沉积物样品中有机氯农药和多氯联苯等有机污染物的检测，主要采用气相色谱（GC）、高效液相色谱（HPLC）、毛细管电泳（CE）、气质联用（GC-MS）、液质联用（HPLC-MS）、气相色谱-三重串联四极杆质谱（GC-MS/MS）和生物传感检测等方法。GC 是一种具有高选择性、高分离效能和高灵敏度等优点的分析方法，可分析易气化且气化后热稳定的目标污染物。HPLC 主要用于分离分析挥发性差、受热易分解或失去活性的有机物。MS 可以提供分子离子及碎片离子信息进行有机化合物的结构鉴定。因此，GC-MS 结合了色谱的高分离能力和质谱准确性，采用内标定量法，减少了普通色质法中因溶剂提取及色谱进样造成的误差，精密度可达 10^{-9}g。沉积物组成的复杂性使得沉积物中有机污染物的准确检测较为困难，一般需通过液液萃取的方法抽提沉积物中的有机物，抽提液经旋转蒸发浓缩后通入氧化铝/硅胶柱纯化及分离，然后采用 GC、GC-MS 和紫外分光光度等方法进行分离分析。

（3）海水的生物毒性检测

单一的浓度检测既难以实现对某一特定环境中所有污染物的测定，又难以阐明污染特别是复合污染对生物体所造成的环境压力。采用现代生物学方法和技术，研究生物体在分子、细胞及个体水平上与污染物的相互作用，以及其导致的生物体在生理和功能上发生的变化，阐明污染物及其代谢产物与生物体变化的关系，发掘生物标志物和指示生物的方法更能满足环境监测的需求。继而，环境监测也从基于化学检测的污染物监测转向基于生物学分析的效应监测的转变。生物标志物的变化与海区环境质量状况存在直接的相关性，目前用于反映海洋污染状况的生物标志物主要包括基因类标志物、蛋白质类标志物、细胞类生物标志物、组织（器官）类生物标志物等（蔡中华等，2012）。

3. 病原的分子生物学检测技术

病原污染引起海水养殖动植物患病、大规模死亡，严重阻碍了海水养殖业的发展，同时给公共卫生安全和人类健康带来威胁。快速准确地检测海洋病原是有效预防病原感染和传播的前提。近 10 年来，聚合酶链反应（PCR）、核苷酸测序和探针标记等分子生物学方法的发展和日趋完善，使得病原的检测技术显得更为方便、安全和快速。

（1）PCR 技术

当已知待检病原具有独特的基因片段时，设计特异引物对样品中微量的目标 DNA 进行 PCR 扩增，通过电泳检测扩增出的 DNA 片段，可实现对病原的检测。目前常规 PCR、实时荧光定量 PCR、逆转录 PCR 和巢式 PCR 等技术，已经广泛用于病原检测中，其中实时荧光定量 PCR 是到目前为止在病原检测方面最为成熟的技术。

实时荧光定量 PCR 技术将 PCR 技术与 DNA 探针杂交技术相结合，通过探测 PCR 过程中荧光信号的变化，定性和定量地检测 PCR 产物，获得最初病原 DNA 模板的准确定量。实时荧光定量 PCR 技术融合了 PCR 的灵敏性、DNA 杂交的特异性和光谱技术精确定量等优点，电脑同步跟踪，数据自动化处理，实时监测 PCR 过程中的变化以获得定量的结果，无需进行 PCR 后处理或检测。因此，实时荧光 PCR 检测技术不仅提高了样品的分析速度和灵敏度，简化了操作步骤，而且可消除扩增产物引起的交叉污染、降低假阳性率。常用的荧光定量 PCR 探针主要包括 SYBR Green Ⅰ、TaqMan 探针、分子信标、荧光谐振能量传递探针和 LUX 引物等。

（2）恒温基因扩增技术

恒温基因扩增技术在扩增反应的全过程中（除初始步骤外），均在恒温下进行，可在短时间内针对更长的靶核酸片段进行检测并获得高的拷贝数，该类技术主要包括环介导等温扩增技术（loop-mediated isothermal amplification，LAMP）、赖解旋酶恒温基因扩增技术、链置换扩增技术、滚环扩增技术、转录依赖的扩增系统和实时荧光核酸恒温扩增检测技术等。LAMP 技术是基于具有链置换活性的 Bst DNA 聚合酶和基于靶核酸 6 个特异性区域设计的 4 条引物，反应过程包括哑铃状模板合成、循环扩增、伸长和再循环阶段，扩增的最后产物是具有不同个数茎环结构、不同长度的靶序列交替反向重复序列 DNA。扩增产物的检测可采用焦磷酸镁沉淀检测（浊度检测）、荧光检测和凝胶电泳检测（匡燕云等，2007）。

（3）探针杂交检测技术

探针杂交是利用能与特定核酸序列发生特异互补的标记 DNA、cDNA、RNA 及人工合成的寡聚核苷酸片段作为探针，通过复性动力学原理，与其互补链退火杂交，从而实现样品中特定基因序列的检测。探针多采用放射性同位素、生物素和地高辛等标记，结合荧光、化学发光剂或显色剂的抗体对这些抗原-探针复合物进行检测。

核酸探针已广泛应用于 Southern 杂交和 Northern 杂交等斑点和原位杂交中进行病原的检测。原位杂交是利用核酸单链分子的碱基序列在互补的情况下能够配对的特性，将带有标记的探针与生物体上待测 DNA 或 RNA 进行互补配对，使其结合成核酸杂交分子，再利用特定的检测手段将所检测的模板在生物体上的位置显示出来。用探针对组织细胞的原位杂交可以对病原在宿主内的位置进行定位。原位杂交技术特别适用于病毒的检测，在鱼虾病害快速诊断中也得到了广泛的应用。

（4）DNA 指纹技术

DNA 指纹技术是指限制性酶消化物在电泳图谱或 Southern 杂交中产生的一系列带纹，不同带纹代表了在染色体不同位置上的不同长度的 DNA 序列。常见的 DNA 指纹技术主要包括限制性酶切片段长度多态性（restriction fragment length polymorphism，RFLP）、随意扩增多态性（random amplified polymorphic，RAPD）、扩增片段长度多态性（amplified fragment length polymorphism，AFLP）等。RFLP 是基于单个核苷酸序列的变化导致某一酶切位点的增加或缺失，改变限制性酶消化 DNA 产生的片段数量和大小，通过凝胶电泳分离检测形成的 DNA 片段长度多态性，实现对病原的检测。RAPD 也被广泛应用于水产流行病学的研究中，主要是采用 8～10 个碱基的系列随机引物对基因组进行扩增，经凝胶电泳区分不同长度片段的条带，根据条带的有无计算样品之间基因组的差异。AFLP 技术是利用两种或两种以上的酶切割 DNA，形成不同的酶切片段，在所得的酶切片段上加上双链人工接头，作为 PCR 扩增的模板。AFLP 技术具有高度特异性，既克服了 RFLP 技术中 Southern 杂交繁琐和耗时等缺点，又解决了 RAPD 技术中非特异 PCR 扩增引起的可信度问题。

二、研究进展及应用实例

1. 重金属检测技术的研究进展及应用实例

自 20 世纪 60 年代开始，国内外学者就开始关注全球近岸海域环境中的重金属污染。实验室的重金属检测需要样品前处理技术与 AAS、ICP-MS 等技术相结合。例如，O'Sullivan 等利用自动流动注射系统联合 ICP-MS 分析海洋环境中的重金属，利用亚氨基二乙酸盐固体柱螯合痕量重金属的同时，去除海水中主要的二价阳离子和阴离子，通过 ICP-MS 在线分析了近岸海域中 Cd、Co、Cu、Ni、Pb 和 Zn 的含量。目前发展的酶抑制分析法、免疫分析法、微生物监测法和化学显色法等重金属快速检测技术，逐渐呈现以下特点：①仪器设备微型化、便携化；②在线、连续、实时和计算机控制测量的自动化；③分析速度快、试样用量少、费用消耗少；④灵敏度和准确度高、选择性好，并且形态分析也逐渐开始获得关注。例如，基于银/氯化银阳极氧化的小型脱盐系统与聚合物膜离子选择性电极技术相结合，促进聚合物敏感膜电极电位传感技术在海洋环境监测中的应用。该系统的电极阳极氧化促使溶液中的氯离子以氯化银形式沉积在银电极表面，钠离子进入到全氟磺酸-聚四氟乙烯共聚物膜相中，因此，采用流动注射电解模式，氯化钠的浓度能够从 0.6mol/L 脱盐至 3mmol/L。结合电化学传感器、光电传感器、离子选择电极和计算机自动检测识别系统的船载海水重金属自动检测电子舌系统，可以现场实时监测海水中 10^{-9}mol/L 的 Zn、Cd、Pb、Cu、Mn、As、Fe、Cr 和 Hg，无需人工操作，检测快速、结果准确。

2. 有机污染物检测技术的研究进展及应用实例

20 世纪 70 年代初，国内外学者开始对近海和大洋海水中的石油烃、多氯联苯、有机氯农药、多环芳烃（PAH）、有机磷农药和有机锡等有机污染物进行调查和研究。国内学者在大连湾、胶州湾、长江口、厦门西海域和珠江口等也先后开展了此项工作。PAH 目前比较成熟的检测方法为 GC-MS。例如，采用液液萃取结合 GC-MS 的技术手段，对厦门西港表层海水中 16 种优先监控的 PAH 的含量、表层海水中各种 PAH 的污染状况进行了分析。采用加入含有环庚三烯酚的二氯甲烷对海水中的有机锡进行萃取，结合 HPLC 和 ICP-MS 技术，可同时、快速分析 5 种有机锡的形态（三甲基锡、二苯基锡、二丁基锡、三丁基锡和三苯基锡），97.2%的海洋生物样品中可检出丁基锡和苯基锡化合物，其浓度分别处于该化合物检出限（1487.8ng/g）范围内。

近年来，用于污染物的浓度及形态检测的固相微萃取（SPME）技术，在海洋环境监测领域得到广泛应用，该技术将萃取与浓缩合并，具有操作简捷、携带方便、适应范围广、灵敏度较高及无需使用溶剂等优点。SPME 与 GC-QSIL-FPD 的联用，实现了我国主要沿海城市丁基锡类化合物的分布监测，数据表明从北部的大连湾至南部的广西北海 12 个城市的 19 个站位水体中，仅有黄岛养殖区水域 3 种丁基锡未检出，其中青岛北海造船厂附近海域三丁基锡质量浓度高达 976.9ng/L，超过美国 EPA 颁布的咸水中急性中毒浓度值 1 倍多。SPME 结合 GC-ICP-MS 技术分析了开放海域、SanLorenzo 海滩、造船厂近岸海域及封闭的码头内海水中甲基汞和无机汞的含量，造船厂附近和封闭的码头内海水中甲基汞浓度分别高达 33.2ng/L 和 77.0ng/L，远高于开放海域和 SanLorenzo 海滩的 0.39ng/L 和 4.46ng/L；造船厂近岸海域无机汞的浓度为 129ng/L，开放海水仅为 3.1ng/L。

得益于近年来污染物识别元件和便携设备的快速发展，生物传感技术用于实时在线监测海洋环境中农药、杀虫剂和环境内分泌干扰素等有机污染物，已经在海洋污染监测的应用中取得较大的进展。用于检测杀虫剂的生物传感器大部分是基于乙酰胆碱酯酶的抑制传感器。玻碳电极上依次组装多壁碳纳米管和乙酰胆碱酯酶，可实现对海水中 10^{-11}g/L 的虫螨威检测。基于丝网印刷电极的海洋沉积物中多氯联苯电化学免疫传感器，采用免疫磁珠实现了样品中多氯联苯的高效率、高选择性分离，可检测 0.4ng/mL 的 Aroclor 1248 多氯联苯。这些传感技术将来在以浮标、船载等平台的在线监测中将发挥重大作用。

3. 生物毒性监测技术的研究进展及应用实例

海洋鱼类、藻类和细菌等生物体内的染色体、抗氧化酶、乙酰胆碱酯酶、金属硫蛋白、生物荧光、免疫细胞、性畸变和行为学生物标志物等均可用作生物标志物，进行环境评估和环境污染物监测（表 3-1）。海洋底栖生物如贻贝、蛤和蚝等由于具有过滤性摄食方式，体内脂肪类可富集有机污染物，且移动能力很差，因此可准确反映背景水体的各种污染物含量。美国海洋大气局为了监控东、西两岸漫长海岸线水域污染状况和变化趋势，从 1984 年开始了“贻贝观测”国家项目，对贻贝体内的石油烃、多环芳烃、多氯联苯和有机氯农药等含量进行测定，用于监测海岸线水域污染状况和变化趋势。之后，加拿大、澳大利亚和日本等国家也开展了类似的沿岸和海域的贻贝监测活动。海洋生物体内的金属硫蛋白，其转录水平受重金属的激活，翻译的蛋白质可通过半胱氨酸残基与重金属结合，因此常用于重金属污染水平的监测。也有研究学者认为，相比于鱼类、贝类和蟹类等海洋动物研究，因为海藻处于食物链的底端，具有更强的污染物累积和放大效应，因此以藻体或藻体中特殊的酶（光合氧化酶Ⅰ）作为生物标志物，更能反映源头的污染状况。

表 3-1　生物标志物在部分海区环境评价中的应用（蔡中华等，2012）

生物标志物	生物	适用海区
基因毒性：DNA 损伤（加合物、双链断裂、染色体异常）、微核形成	贻贝、海星、海螺	北海沿岸、意大利沿岸、印度沿岸、北冰洋格陵兰岛沿岸
混合功能氧化酶系如 CYP1A（主要是 EROD）等	非常广泛：包括藻类、无脊椎和脊柱动物在内	意大利沿岸海域、南非海域北海沿岸、泰恩河口
乙酰胆碱酯酶（acetylcholinesterase，AChE）活性抑制	非常广泛：包括无脊椎和脊柱动物在内	波罗的海、地中海等
金属硫蛋白（metallothioneins，MT）	非常广泛：包括藻类、无脊椎和脊柱动物在内	世界范围内
热休克（压力）蛋白家族如 HSP60、HSP70、HSP90	蟹、虾、鱼、藻类等	世界范围内
氧化胁迫与抗氧化防御反应：SOD、CAT、GST、GR、GSH、TOSC	非常广泛：包括藻类、无脊椎和脊柱动物在内	世界范围内
细胞膜完整性和细胞溶质酶泄露（中性红保留检测法）	海鱼和无脊柱动物	世界范围内
性畸变（雄性化）	尤其是腹足类底栖生物	世界范围内
雌雄间性、卵黄蛋白原和放射状蛋白层诱导、雌激素受体	海鱼和无脊椎动物	世界范围内

4. 病原检测技术的研究进展及应用实例

（1）PCR 技术的研究进展及应用实例

通过检测 PCR 扩增产物的有无，可以显示样品是否被特定病原感染。根据鲑鱼肾杆菌 57kDa 可溶蛋白 p57 设计的引物 BKDR 和 BKDF，用于扩增 p57 蛋白编码基因的 501bp 片段，已被列为国际兽疫局《水生动物疾病诊断手册》中所推荐使用的分子生物学诊断方法。基于 16S rRNA 的多重 PCR，同步检测出杀鲑气单胞菌、嗜冷黄杆菌和鲁氏耶尔森氏菌。实时荧光定量 PCR 与常规 PCR 相比，不仅检测的特异性得到提高，而且检测灵敏度也可提高 10～100 倍。基于 TaqMan 探针技术分别建立的实时荧光定量 PCR 可快速、特异、灵敏地检测对虾的白斑综合征病毒（white spot syndrome virus，WSSV）和传染性皮下与造血组织坏死病毒（infectious hypodermal and haematopoietic necrosis virus，IHHNV），其灵敏度超过标准方法 100 倍以上，可节省 80%以上的检测时间。基于 TaqMan 探针技术的荧光定量-反转录-PCR（RT-PCR）方法用于快速检测桃拉综合征病毒（taura syndrome virus，TSV），反应动力学范围达 7 个数量级，可检测到 6 个病毒粒子，2h 便可对 96 个样品进行检测，因此适用于大批量对虾样品的 TSV 快速检测。利用多重荧光定量 PCR 方法，可同时定量检测鱼鲤春病毒血症病毒（spring viremia of carp virus，SVCV）、传染性造血器官坏死病病毒（infectious hematopoietic necrosis virus，IHNV）和病毒性出血性败血症病毒（viral hemorrhagic septicemia virus，VHSV）三种杆状病毒，对三种病毒的最低检出限分别为 100 个、220 个和 140 个拷贝数，与梭子鱼苗弹状病毒、传染性胰腺坏死病毒和草鱼呼肠孤病毒无交叉反应。

（2）LAMP 技术的研究进展及应用实例

2004 年，LAMP 技术首次用于鱼类致病菌迟缓爱德华菌的检测，2008 年，Kiatpathomchai 首次将横向流动试纸条（lateral flow dipstick，LFD）与 LAMP 技术相结合，致使 LAMP 技术在病原的灵敏、特异、快速检测等方面显示出了令人鼓舞的前景。目前，沙门氏菌、军团菌、利斯特菌、产志贺毒素大肠杆菌和弯曲杆菌等的 LAMP 检测试剂盒已经投入商业使用。基于溶血素的 LAMP 法可检测 10cfu/mL 的迟缓爱德华菌，比 PCR 法灵敏 100 倍，可用于检测受感染的褐牙鲆。针对溶藻弧菌的 *ompK*、鳗弧菌的金属蛋白酶基因 *empA*、传染性脾肾坏死病毒（infectious spleen and kidney necrosis virus，ISKNV）的 DNA 聚合酶基因和 WSSV 的结构蛋白 VP26 的基因，设计引物，建立的 LAMP 诊断方法，可检测 38cfu/mL 的溶藻弧菌、7.7cfu/mL 的鳗弧菌和 10 个拷贝的 ISKNV。

（3）核酸杂交技术的研究进展及应用实例

原位杂交技术在鱼、虾病害快速诊断中应用很广，特别适用于病毒的检测，多种虾病毒检测试剂盒已实现商业化。DIG 标记的基因探针多用于虾病原的诊断中，目前已经发展了 DIG 标记探针检测 IHHNV、WSSV 等检测试剂盒。例如，采用 DIG 标记的 *YHV* 基因探针对感染鳃联合病毒（gill associated virus，GAV）的虾进行原位杂交，在虾的淋巴组织、鳃、触角腺及胃上皮细胞中均检测到 GAV。中国水产科学院黄海水产研究所病害室研制的“对虾暴发性流行病原核酸探针点杂交检测试剂盒”，获得国家知识产权局 2006 年度中国专利优秀奖，该试剂盒的推广使用有效地指导了虾病防控工作。

（4）DNA 指纹技术的研究进展及应用实例

RFLP 是最早应用于种属鉴定、分类和多样性研究的分子生物学技术。例如，用 PCR 扩增三种寄生虫（*Gyrodactylus salaries*、*Gyrodactylus derjavini* 和 *Gyrodactylus truttae*）的 *rRNA* 基因 ITS 区域，扩增子经限制性内切酶 *Sau*3AI 消化后，所产生的 RFLP 带谱能够快速、清晰地鉴别 3 种寄生虫间的差异。RAPD 技术目前被广泛应用于生物的遗传多样性和流行病学的研究中。采用 RAPD 技术对 79 个美人鱼发光杆菌杀鱼亚种株系进行分析，发现欧洲来源株系与日本来源的株系有显著的遗传差别，证明两地暴发的病原 *Photobacterium.*

damselae 是独立起源，而不是横向转移传播。RAPD 分析发现美人鱼发光杆菌杀鱼亚种中存在两个特异片段，与其他 DNA 序列无显著同源性，基于这两个特异片段建立了 PCR 和 nested-PCR 检测该菌，斑点杂交和 Southern 杂交显示扩增产物具有美人鱼发光杆菌杀鱼亚种的高度特异性，能直接从受感染的鱼肾、脾、肝组织中检测到该菌。AFLP 指纹分析 62 个血清型的 78 株沙门氏菌，发现所有的血清型菌株都具有独特的 AFLP 指纹图，并且具有较高的分辨率，因此，AFLP 指纹技术被认定非常适合鱼细菌的诊断与鉴定工作。

（5）芯片技术的研究进展及应用实例

目前，国内外学者对生物芯片技术在水产养殖动物病原检测中的应用研究尚处于起始阶段，仅在一些常见的、危害较大的细菌性和病毒性疾病检测上有所应用。例如，将多重 PCR 技术和 DNA 芯片技术结合，构建了可同时检测创伤弧菌、鳗利斯顿氏菌、美人鱼发光杆菌、杀鲑气单胞菌和副溶血性弧菌的 DNA 微阵列，该微阵列由 9 种短链寡核苷酸探针（25-mer）组成，最低可检出低于 20fg 的 PCR 产物；根据细菌 16S rDNA 设计寡核苷酸探针，将其固化构建基因芯片，能 100%检测出 15 种鱼类病原；基于创伤弧菌的 *vvh* 和 *viuB* 基因，霍乱弧菌的 *ompU*、*toxR*、*tcpI* 和 *hlyA* 基因及副溶血弧菌的三个溶血基因和 *orf 8* 基因设计的 DNA 芯片，可检测到 10^2～10^3cfu/mL 病原菌；基于细菌 16S rDNA 的可变区设计核酸探针制备的基因芯片，可快速检测出水体中的副溶血弧菌、军团杆菌、李斯特菌、变形杆菌和耶尔森氏菌等常见致病菌。

国内自 2006 年开始进行用于水产动物病原检测的免疫芯片研究。例如，制备了 WSSV 和鱼类淋巴囊肿病毒（lymphocystis disease virus，LCDV）检测的免疫芯片，对 WSSV 的现场检测准确率达 98%，灵敏度最低可达 12.38ng/mL；建立了一种可准确检测水体中副溶血弧菌、河流弧菌和大肠杆菌的蛋白质微阵列；制备了可同时检测杀鲑气单胞菌、链球菌、鳗弧菌、迟缓爱德华菌、荧光假单胞菌和海分枝杆菌 6 种鱼类常见病原的检测免疫芯片，检测结果肉眼可见，无需专门的仪器设备和专业技术人员，在水产动物病原的快速、准确、简便、现场的检测应用中，具有广阔的应用前景。

三、展望及趋势

1. 海洋环境监测技术

未来海洋环境污染监测技术以能适应海洋水体自然条件为前提，向计算机控制自动化、水下、在线、实时、连续，以及小型、微型化方向发展，最终形成集海水的现场富集、分离和检测于一体的小型分析测试仪器，实现重金属和有机污染物的自动化、实时在线、快速和灵敏监测。未来海洋环境污染分析监测技术的发展方向：①研发针对重金属和典型可持续有机污染物的在线监测技术，以突破水文气象等常规参数测量，实现真正反映海洋污染程度的在线实时监测；②直接测量法，最理想的监测状态是利用传感器在水下直接测量重金属和有机污染物等污染参数；③微型实验室法，把目前实验室内行之有效的分析方法搬到水下，把复杂的取样分析过程转向小型化，解决目前解决不了的技术问题；④发展先进的样品前处理技术和新颖的分析方法，实现污染物的浓度、形态和毒性的大通量及痕量分析。

2. 海洋环境的生物毒性监测技术

当前，生物标志物作为海洋环境监测工具的应用仍处于起步阶段，研究结果大多是描述性的，缺乏对数据的定量分析，因此对所获得的不同的数据的集合及其相关的解释框架进行整合显得至关重要。未来的海洋环境中可应用的生物标志物的筛选需满足海洋生态相关性、特异性、敏感性、适用性、时间/剂量-效应依赖性和经济性等特点，以解决实际应用过程中的专一性、有效性、尺度放大和成本等问题。随着高通量测序技术、组学技术、生物芯片技术和生物传感技术等的快速发展，综合应用生态毒理学、计算生物学、生物信息学和计算机人工智能等技术开展数据的深度挖掘，以及开发基于生物标志物的高敏感性、高性价比便携式环境监测设备将是今后的工作重点。

3. 病原检测技术

海洋病原检测的大方向朝着更特异、灵敏、快速、便捷、安全、集成化、微量化、定量化及费用低廉化的方向发展。随着各学科的交叉发展，芯片技术是实现快速、灵敏、准确的病原识别，获取大规模病原信息的重要手段，是水产养殖疾病诊断技术的创新和飞跃。利用基因芯片技术，通过一步检测即可获得病原的种属、亚型、毒力、抗药、致病、同源性、多态型、变异、表达及感染病原相对数量等相关信息；并且针对目前水产养殖疾病的发生由多种病原共同作用引起的现状，基因芯片可实现多个样品、多种病原的平行检测，因此也为平行研究病原的基因组和功能组提供了有利的工具。得益于基因组测序技术和生物信息学的极大发展，探针序列在最近几年急剧增加。生物芯片北京国家工程研究中心与宁波大学海洋学院合作成立的生物芯片北京国家工程研究中心海洋生物分中心，是我国唯一的海洋领域的生物芯片分中心，目前已经发展了海水养殖病害快速检测、海洋生态环境微生物评价、水质蓝藻赤潮毒素快速检测等多项检测技术。相信在不久的将来，在数平方厘米的芯片上，可以集合能够检测所有鱼、虾、贝类重要病害的探针，经过一次简单的测试就可以准确地获得病原的种类、基因特征、致病能力等信息。

（李成华　苏秀榕　张卫卫）

主要参考文献

蔡中华，陈艳萍，周进，等. 2012. 生物标志物（Biomarkers）在海洋环境监测中的研究与进展. 生命科学，24：1035-1048.

国家海洋局. 2007. 海洋监测规范. 北京：海洋出版社.

巩晓芳，张宗舟，薛林贵. 2011. 蛋白酶的研究进展. 中国食品工业，10：50-52.

金海翎，商慧深，张庆琪，等. 1995. 美洲拟鲽抗冻肽基因在 *E. coli* 中的表达. 实验生物学报，28（1）：77-83.

匡燕云，李思光，罗玉萍. 2007. 环介导等温扩增核酸技术及其应用. 微生物学通报，34：557-560.

刘心伟，朱文豪，李何. 2010. 基因克隆技术研究进展. 河南职工医学院学报，6：753-756.

周国岭，杨光圣，傅延栋. 2001. 基因克隆技术. 华中农业大学学报，2：584.

Barton NH，Briggs DEG，Eisen JA，*et al*. 2007. Evolution. New York：Cold Spring Harbor Laboratory Press.

Boman HG，Steiner H. 1981. Humoral immunity in *Cecropia pupae*. Curr Top Microbiol Immunol，75-91，94-95.

Chen J，Li Q，Kong L，*et al*. 2011. Molecular phylogeny of venus clams（Mollusca，Bivalvia，Veneridae）with emphasis on the systematic position of taxa along the coast of mainland China. Zoologica Scripta，40：260-271.

Chen XL，Xie BB，Bian F，*et al*. 2009. Ecological function of myroilysin，a novel bacterial M12 metalloprotease with elastinolytic activity and a synergistic role in collagen hydrolysis，in biodegradation of deep-sea high-molecular-weight organic nitrogen. AppL Environ Microb，75（7）：1838-1844.

Cheung RC，Ng TB，Wong JH. 2015. Marine peptides：bioactivities and applications. Mar Drugs，13（7）：4006-4043.

Deng C，Cheng CH，Ye H，*et al.* 2010. Evolution of an antifreeze protein by neofunctionalization under escape from adaptive conflict. Proceedings of the National Academy of Sciences，107：21593-21598.

Fang Z，Li TL，Chang F，*et al.* 2012. A new marine bacterial laccase with chloride-enhancing，alkaline-dependent activity and dye decolorization ability. Bioresource Technology，111：36-41.

Huang S，Chen Z，Yan X，*et al.* 2014. Decelerated genome evolution in modern vertebrates revealed by analysis of multiple lancelet genomes. Nat Commun，5：5896.

Huang WS，Wang KJ，Yang M，*et al.* 2006. Purification and part characterization of a novel antibacterial protein Scygonadin，isolated from the seminal plasma of mud crab，Scylla serrata（Forskål，1757）. Exp. Biol. Ecol，339：37-42.

Molinski TF，Dalisay DS，Lievens SL，*et al.* 2009. Drug development from marine natural products. Nat Rev Drug Discov，8（1）：69-85.

Moore BS，Gerwick WH. 2015. Special issue in honor of William Fenical，a pioneer in marine natural products discovery and drug development. J Nat Prod，78（3）：347-348.

Ren Z，Wang L，Qin M，*et al.* 2015. Pharmacological characterization of conotoxin lt14a as a potent non-addictive analgesic. Toxicon，96：57-67.

Sheng J，Wang F，Wang HY，*et al.* 2011. Cloning，characterization and expression of a novel lipase gene from marine psychrotrophic Yarrowia lipolytica. Ann Microbio，62：1071-1077.

Shike H，Lauth X，Westerman ME，*et al.* 2002. Bass hepcidin is a novel antimicrobial peptide induced by bacterial challenge. European Journal of Biochemistry，269（8）：2232-2237.

Storf M，Parbel A，Meyer M，*et al.* 2001. Chromophore attachment to biliproteins：specificity of PecE/PecF，a lyase-isomerase for the photoactive 3^1-Cys-α84-phycoviolobilin chromophore of phycoerythrocyanin. Biochermistry，40：12444-12456.

Tooley AJ，Cai YA，Glazer AN. 2001. Biosynthesis of a fluorescent cyanobacterial C-phycocyanin holo-alpha subunit in a heterologous host. Proc Natl Acad Sci，98（19）：10560-10565.

Wang F，Hao JH，Yang CY，*et al.* 2010. Cloning，expression，and identification of a novel extracellular cold-adapted alkaline protease gene of the marine bacterium strain YS-80-122. Appl Biochem Biotechnol，162：1497-1505.

Wang KJ，Huang WS，Yang M，*et al.* 2007. A male-specific expression gene，encodes a novel anionic antimicrobial peptide，scygonadin，in *Scylla serrate*. Mol Immunol，44（8）：1961-1968.

Wang L，Liu J，Pi C，*et al.* 2009. Identification of a novel M-superfamily conotoxin with the ability to enhance tetrodotoxin sensitive sodium currents. Arch Toxicol，83（10）：925-932.

Westneat MW，Alfaro ME. 2005. Phylogenetic relationships and evolutionary history of the reef fish family Labridae. Molecular Phylogenetics and Evolution，36：370-390.

Yang M，Wang KJ，Chen JH，*et al.* 2007. Genomic organization and tissue-specific expression analysis of hepcidin-like genes from black porgy（*Acanthopagrus schlegelii* B）. Fish Shellfish Immunol，23（5）：1060-1071.

Zhao K，Su P，Tu J，*et al.* 2007. Phycobilin：cystein-84 biliprotein lyase，a near-universal lyase for cysteine-84-binding sites in cyanobacterial phycobiliproteins. Proc Natl Acad Sci，104：14300-14305.

第四章

海洋动物功能基因的发掘和利用

第一节　海洋生物基因组进展

早期海洋生物的基因组主要是用 Sanger 测序策略，随着二代测序的兴起，目前绝大部分的基因组都使用全基因组鸟枪法结合二代测序技术的策略。二代测序策略虽在读长和组装效果上略有不足，但凭借其超高的性价比已成为现在基因组研究最主流的方法。

本章主要介绍和解析目前已发表的部分海洋生物相关的基因组文章。如斑马鱼、青鳉鱼、河鲀为硬骨鱼类基因组研究公认的高质量参考基因组。此外，目前几乎所有的硬骨鱼类基因组都已证明有三次全基因组复制事件，其中虹鳟基因组有特异的第四次复制事件。

一、海洋鱼类

1. 硬骨鱼纲

海洋鱼类中最高等的、也是现在最为繁盛的一纲。内骨骼出现骨化，头部常被有膜骨，骨骼具有骨缝。体表被有硬鳞或骨鳞，或裸露无鳞。外鳃孔 1 对，鳃间隔退化，鳃丝为双行的鳃条所支持。通常有鳔，鳍条多分节，肠内无螺旋瓣。有些鱼有背肋和腹肋，耳石坚实。一般为体外受精，无泄殖腔。现知全世界硬骨鱼类有 420 科、3800 余属、18 000 余种，其中海洋鱼类约有 12 000 种。中国海洋硬骨鱼类有 197 科、780 属、1825 种。目前已经发表的硬骨鱼基因组有大西洋鳕鱼、半滑舌鳎、虹鳟和金枪鱼等。

（1）大西洋鳕鱼基因组

大西洋鳕鱼（*Gadus morhua*）为鳕形目鳕科鱼类的一种。原产于从北欧至加拿大及美国东部的北大西洋寒冷水域。栖息范围广泛，从沿海至大陆棚，以及许多开阔海域。属杂食性，以藻类、甲壳类、鱼类、头足类等为食。大西洋鳕鱼是全世界年捕捞量最大的鱼类之一，为高经济价值的食用鱼。

利用 Celera 和 Newbler 组装的结果结合 23 个连锁群（924 个 SNP 标记构建的连锁图谱）获得了约 830Mb 的基因组序列，并且通过注释得到 22 154 个基因。

分析发现，大西洋鳕鱼的基因组中缺少一组“主要组织相容性复合体 II”（*MHC II*）基因，以及与其密切相关的另两组基因。这三组基因是多数脊椎动物后天获得性免疫系统的重要组成部分。理论上，当组织中有细菌等病原体侵入时，*MHC Ⅱ*基因将病原体的碎片“提交”给免疫细胞，从而激发免疫反应。前人研究发现，缺少 *MHC Ⅱ*基因的实验鼠存在免疫缺陷，会患上严重疾病。然而，缺少部分 *MHC Ⅱ*途径必要基因的大西洋鳕鱼，通过增加 *MHC Ⅰ*基因和 Toll 样受体基因的数量来维持其正常的免疫功能，对 *MHC Ⅱ*及相关基因的缺失起到了一定的补偿作用，使它们能正常生存。在有着独特病原体组合的深水环境中，大西洋鳕鱼逐渐进化，可能获得了独特的免疫系统。

（2）半滑舌鳎基因组

半滑舌鳎（*Cynoglossus semilaevis*）属鲽形目舌鳎科舌鳎属，是我国近海底栖的大型经济名贵鱼类，雌雄个体差异较大，雌性个体的生长速度比雄鱼快 2～3 倍，具有雌性异配（ZW）性别决定机制，是研究鱼类性别决定的良好物种。结合全基因组扩增（WGA）技术构建了 15 个雌性（成年个体）文库和 11 个雄性（成年个体）文库，片段大小在 170bp～40kb，雌雄共测了 212 倍深度。利用 SOAP*de novo* 基因组组装软件对雌雄个体基因组分别进行组装，并结合 SNP 和 SSR 标记构建的遗传连锁图谱，最终获得参考序列。

半滑舌鳎雌性基因组为 545Mb，雄性为 495Mb，其中 94%的 Z scaffold 定位在雄性遗传图谱连锁群上，雌性和雄性性染色体 W、Z 分别组装为 16.4Mb、23.3Mb。利用 12 142 个 SNP 构建了高密度遗传连锁图谱，分配于 22 个连锁群，与 20 条常染色体和 2 条性染色体一致。在半滑舌鳎基因组中，转座子元件（TE）占 5.85%，预测了 21 516 个蛋白质编码基因，其中 99%的基因得到其他物种的同源序列或转录组数据支持。与其他硬骨鱼相比，半滑舌鳎有 1496 个基因家族发生扩张，2743 个基因家族收缩。注释获得了 674 个 tRNA，104 个 rRNA，285 个 microRNA，434 个 small nuclear RNA。*dmrt1* 基因在鸟类中是雄性性别决定基因，对 Z、W 染色体基因结构分析表明该基因位于半滑舌鳎的雄性 Z 染色体上，这是典型的趋同进化。

对于遗传和环境因素是如何相互作用来决定性别，目前还知之甚少。研究人员发现正常雌鱼性逆转成伪雄鱼之后，全基因组的 DNA 甲基化模型几乎变得跟正常雄鱼一模一样。而且，性逆转后发生的甲基化改变，显著富集于跟性别决定通路有关的基因。另外，通过对亲本和子代样品进行比较，研究人员发现亲本伪雄鱼相对于雌鱼发生的甲基化改变，能够被后代继承，这可能解释了为什么伪雄鱼后代不需要温度诱导就能自然发生性逆转。

（3）虹鳟基因组

在生物演化进程中，全基因组复制事件的发生虽然稀少，但由于基因数目的成倍增加对物种的影响巨大，如基因的表达剂量问题，偶发的全基因组复制事件在生物演化的实际进程中具有重大意义。全基因组复制可导致功能冗余，但通过基因沉默或丢失的方式可减少、删除基因功能，或重复基因经历新功能化或亚功能化，从而获得新功能或实现功能异化。硬骨鱼的基因组经历了三次古老的全基因组复制事件，冗余拷贝似乎经过基因的功能分化（gene fractionation）作用，最终仅保留小部分重复基因，但因事件久远，基因的功能分化作用已不太明显。虹鳟（rainbow trout）属鲑目（Salmoniformes）鲑科（salmonidae）鲑属（*Oncorhynchus*），与鲑鱼（salmon）的共同祖先，在 2500 万～10 000 万年前经历了特殊的第四次全基因组复制（WGD）事件，是了解全基因组复制后重新二倍化的重要材料。

对克隆品系的AFLP及microsatellite标记筛选得到虹鳟双单倍体提取测序DNA材料，将测序组装得到的scaffold和contig分别锚定到INRA连锁图、物理图谱和RAD测序连锁图上。得到基因组1.9Gb，N50长度为384kb，注释的蛋白质基因数为46 585个。第四次复制后的旁系同源基因区域仍保持高度同线性（colinearity）。数据分析表明，仅一半的蛋白质编码基因以重复拷贝的方式保留，其他大多数以假基因化的形式丢失，而重复的miRNA拷贝基因基本得以保留。胚胎发育和神经突触发育有关的基因也保持了原始或近乎原始的样子。

在加倍脊椎动物基因组研究中，虹鳟是第一个用来研究全基因组复制后的早期演化情况的物种。与目前认为全基因组复制后经历了大规模、快速基因重组和删除作用后重回二倍体化的假说不同，虹鳟的第四次WGD事件显示这种重新二倍体化是个缓慢且逐步的过程。

（4）金枪鱼基因组

太平洋蓝鳍金枪鱼（*Thunnus orientalis*）又称为太平洋黑鲔，为辐鳍鱼纲鲈形目鲭亚目鲭科的其中一种。

为了阐述金枪鱼水生适应性的遗传进化机制，了解其生态和行为习性，提高养殖技术等，日本国家水产科学研究所的科学家利用二代测序技术（454和*de novo*）对太平洋蓝鳍金枪鱼进行基因组测序，基因组大小为740.3Mb，从16 802条scaffold中预测出26 433个编码基因，覆盖了92.5%基因组。

分析发现，金枪鱼中感知绿光和蓝光的视蛋白基因（*RH1*、*RH2*和*SWS2*）在进化过程中发生较大变化。其中感知绿光的*RH1*（视紫红质）基因的氨基酸发生置换，引起吸收光谱的波长发生移动，转变成对蓝光敏感；金枪鱼至少有5个*RH2*同源基因，其中4个基因对蓝光敏感；系统进化树分析发现*SWS2*和*RH2*发生了基因转换。这些结果说明在海里快速游动的太平洋蓝鳍金枪鱼能识别从绿色到蓝色的微小色差，有利于深海生活及捕食。研究认为，这是太平洋蓝鳍金枪鱼为适应蓝色海洋表层生活而进化的结果，金枪鱼视蛋白基因的光谱吸收变化分析是该研究的一大亮点。

2. 软骨鱼纲

软骨鱼纲（Chondrichthyes）是脊椎动物亚门的一纲。世界有13目49科158属约837种；中国有13目40科90属约202种。内骨骼完全由软骨组成，常钙化，但无任何真骨组织；外骨骼不发达或退化，体常被盾鳞。脑颅为原颅，上颌由腭方软骨，下颌由梅氏软骨组成。鳃孔每侧5～7个，分别开口于体外；或鳃孔1对，被以皮膜。雄鱼腹鳍里侧鳍脚为交配器。肠短，具螺旋瓣。心脏动脉圆锥有数列瓣膜。无鳔。无大型耳石。泄殖腔或有或无。卵大，富于卵黄，盘状分裂，体内受精。卵生、卵胎生或胎生。已发表的软骨鱼基因组有姥鲨基因组。

姥鲨属姥鲨科姥鲨属，为单属种，是继鲸鲨之后世界上第二大鱼类，分布于世界范围的温带海洋。它们游动缓慢，对人类一般没有危害，以浮游生物为饵料。

在约1000种软骨鱼类物种中，由于姥鲨的基因组相对较小，仅为人类基因组的1/3，新加坡比较基因组学中心实验室对姥鲨基因组进行了测序和分析。通过对免疫系统进行分析，研究人员意外地发现鲨鱼似乎没有辅助性T淋巴细胞（T-helper lymphocyte），而人们普遍认为在脊椎动物抵御病毒、细菌感染及预防糖尿病和风湿性关节炎等自身免疫反应中，这类特殊的细胞类型起了至关重要的作用。

研究人员还探讨了姥鲨等软骨鱼类不能够像人类和其他的硬骨脊椎动物一样用骨骼来替代软骨的原因。基因组分析结果表明，鲨鱼缺少普遍存在于所有硬骨脊椎动物的一个基因家族，而这一基因家族对于骨骼形成极为重要。当在斑马鱼等硬骨鱼中失活这些基因时，研究人员发现其骨骼不能形成钙化。这一研究结果有力地表明了针对该基因家族的分析可能有助于更好地了解骨质疏松症等骨骼疾病。

此外，研究还显示姥鲨基因组是所有脊椎动物中进化最慢的基因组，甚至打败了近期研究证实进化极其缓慢的、有“活化石”之称的腔棘鱼。因此，姥鲨可能是远古灭绝的有颌脊椎动物祖先的最佳代表。姥鲨、鳐鱼和银鲛等软骨鱼类，是现存最古老的有颌脊椎动物群，大约在4.5亿年前与硬骨脊椎动物发生分化。

3. 其他鱼类基因组

（1）七鳃鳗基因组

海七鳃鳗（*Petromyzon marinus*），又名八目鳗，是隶属脊椎动物亚门圆口纲七鳃鳗目的一种古老鱼类。其身形似鳗鱼，无颌，半寄生生活，可寄生在鱼体表面，能分泌抗血凝物质吸食鱼的血液。是古代脊椎动物的代表，其分支形成于5亿年前，故被称为“活化石”，对于研究生物进化具有重要意义。

研究者选择野生成体海七鳃鳗（*P. marinus*）（雌）的肝脏为实验材料，在Illumina和罗氏454平台完成测序并进行组装，发现其基因组具备高重复、高GC含量等特征。分析包括：①在基因组层面，七鳃鳗与有颌类的共同祖先经历两次全基因组复制事件；②鉴定了在这个祖先支系中进化来的新基因；③尽管七鳃鳗没有髓鞘，但部分常在髓鞘中表达的基因在七鳃鳗中也有表达。这对于理解人类在很久以前丧失了神经再生能力，并试图重获这一能力有所启示；④免疫系统注释表明，脊椎动物固有免疫受体的复杂性降低，或许与适应性免疫受体的进化相一致。

该研究为脊椎动物亚门的进化重建，以及神经障碍相关疾病如阿尔茨海默症、帕金森症和脊髓损伤等的研究提供了宝贵资源。

（2）腔棘鱼基因组

腔棘鱼（coelacanth）属腔棘目（Coelacanthiformes），因鳍棘中空得名。最早于3.77亿年前衍化形成，当时在地球上极其丰富。由于在白垩纪之后的地层中找不到它的踪影，因此科学家曾认为腔棘鱼已全部灭绝。现今发现的现代腔棘鱼仅两种，分别为矛尾鱼科（Latimeriidae）矛尾鱼属（*Latimeria*）的非洲矛尾鱼（*L. chalumnae*）和印尼矛尾鱼（*L. menadoensis*），体型比大部分化石种大，是凶猛的掠食者，体粗重而多黏液，鳍呈肢状，行动灵活，颜色鲜艳，易于区分。据推测，现代腔棘鱼约在3.5亿年前出现，是6500万年前已灭绝的总鳍类中的一种。总鳍鱼类不但能呼吸空气，而且能使用鳍来当作脚走路，这是鱼类向两栖类进化的重要证据。在距今4亿年前的泥盆纪时代，腔棘鱼的祖先凭借强壮的鳍，爬上了陆地。经过一段时间的演化，其中一支逐渐适应陆地生活，成为真正的四足动物；而另一支在陆地上屡受挫折，又重新返回大海，并在海洋中寻找到一个安静的角落，与陆地彻底告别。

研究者概括了5个腔棘鱼个体的基因组测序研究进展，其中包括4个非洲矛尾鱼个体（3个来自于坦桑尼亚，1个来自科摩罗）和1个来自印度尼西亚的印尼矛尾鱼个体。基因组研究表明，现代腔棘鱼的基因组大小约为2.74Gb，重复序列比例很高，为60%并且在TE区内CpG岛数量极高，大于90 000个，该区域外的CpG岛数量为13 319个，比人类和鸡（23 000～28 000个）更低，但是与蛙类（15 000个）、斑马鱼（13 000个）相当。

在腔棘鱼基因组约60%的重复序列中，转座子高分散拷贝（＞35%）和低分散拷贝（＜5%）共存的现象表明，腔棘鱼基因组在早期和最近进化过程中均发生过转座或逆转座事件。

关于腔棘鱼基因组进化速度的争论持续了几十年，该研究计算得到的腔棘鱼核基因组遗传分化率仅为0.18%，显示腔棘基因组中核苷酸替换速度缓慢，为（0.03～0.045）$\times 10^{-9}$。进一步计算显示腔棘鱼杂合率很低，仅为0.0019%～0.0061%。

通过分析发现：①附肢发育基因，腔棘鱼基因组中发现了硬骨鱼形成鳞质鳍条过程中至关重要的*And*基因（在四足动物中缺失），说明其在DNA水平上保留了鱼类祖征。与前人相关报道一致，作为附肢发育过程中关键基因*bmp*7、*grem*1、*shh*和*gli*3的增强子，保守的非编码因子（CNEs）在腔棘鱼和四足动物中保守性很高；②化学受体基因，腔棘鱼含有所有大部分硬骨鱼具有的6个外激素受体（*V1R*）基因和多个四足动物特有的*t-V1R*基因，该基因有助于感受气态化学物质。嗅觉受体（OR）α亚家族和γ亚家族有助于感受陆生环境中挥发性化学物质，在腔棘鱼基因组中也有类似扩增现象。

二、海洋鸟类

海洋鸟类是指以海洋为生存环境的一类鸟。一般地说，这类鸟必须生活在海洋沿岸，或者是在飞越海洋中度过一生，或者长年生活在海洋上，只是在筑巢时才返回大陆。当然，它们的全部食物或主要食物是从海里获得的。人们在研究海鸟时，又把它们分为两大类：一类是海岸鸟，也就是长年生活在近岸海域的海鸟；一类是海上鸟，也就是大洋鸟。这种鸟的一生大部分时间生活在海上或在飞越大海，具有代表性的如管鼻鹱、海燕及鹱科类。

海鸟与海水的适应，已大大影响了它们自身的结构，如有的脚趾之间长出蹼膜，肌肉组织也发达了。另外，海鸟的羽毛中长出有许多尾脂腺，能分泌油脂，起到保护和润滑作用。一方面，使海鸟可以轻快地游泳，另一方面，也使它能保持恒定的体温。

目前已经完成的海洋鸟类基因组有企鹅基因组。

企鹅属企鹅目企鹅科，共分为6属，18种，主要分布在南半球，是一种最古老的游禽，素有“海洋之舟”的美称。

采用全基因组鸟枪法对帝企鹅和阿德利企鹅进行了全基因组测序，它们的基因组大小分别为1.19Gb和1.17Gb，分别包含15 270个和16 070个编码基因。

系统分化时间预测企鹅与其他鸟类在6270万～5680万年前发生分化，该时期地球温度急剧增加6℃左右，海平面明显上升，由此可能导致了企鹅远古祖先的产生。此外，帝企鹅和阿德利企鹅的分化时间在1540万～1170万年前。

群体演变分析发现阿德里企鹅种群数量在1.5万年前显著增加，可能由该时期全球温度升高导致。值得注意的是，6万年前，即海洋同位素阶段，极端的寒冷和干旱导致阿德利企鹅数量下降 40%，而帝企鹅的数量却一直保持稳定，这是因为帝企鹅采用在两脚之间孵蛋这种独特的方式使其具有更强的极端环境适应性。

企鹅的羽毛极其特殊，具有厚重的角质层。研究发现两种企鹅均拥有鸟类普遍存在的贝塔角质化基因（*β-keratin*），系统树分析显示这些角质化基因在企鹅中独立复制。此外，编码角质层的 *EVPL* 基因在企鹅的祖先中经历了明显的正选择。

研究还发现企鹅甜味基因、鲜味基因（*Tas1r1*、*Tas1r2* 和 *Tas1r3*）和苦味基因（*Tas2r*）的丢失与企鹅失去这三种味觉有关。此外，在企鹅中只发现三种视力相关基因，而 *rh2* 基因退化成假基因，推测可能与企鹅适应南极季节性白天长度有关。

另外，油脂的积累是企鹅适应寒冷气候的重要因素，研究发现阿德利企鹅的 *FASN* 编码油脂合成的基因受到强烈的正选择，但该基因在帝企鹅中并没有受到选择，推测两种企鹅的皮脂代谢可能存在不同的环境适应过程。

最后，研究还发现骨质合成基因 *EVC2* 的功能结构域中有5个特异突变，有报道称人类 *EVC2* 基因发生突变会导致软骨外胚层发育不良症，因此推测这些突变可能导致了企鹅翅膀的退化。

三、海洋爬行动物

最早的海洋爬行动物出现在古生代二叠纪，在中生代期间，许多爬行类生物种群适应海洋生活，海洋爬行类动物得到一时的蓬勃发展并演化很多相似的生物分支，包括鱼龙类、蛇颈龙类等，但经过白垩纪的大规模灭绝事件后，海洋爬行动物数量急剧减少。现存的海洋爬行动物主要包括海龟、海鳄和海蛇三类。

目前已经发表和公布的相关海洋爬行动物基因组有中华鳖、绿海龟基因组。

2013年4月29日，由深圳华大基因研究院、日本理化研究所（RIKEN）发育生物学中心及英国桑格（Sanger）研究所等多家单位合作完成的中华鳖、绿海龟基因组研究成果在《自然·遗传学》（*Nature Genetics*）杂志上在线发表。

在这项研究中，研究人员对绿海龟和中华鳖进行全基因组测序、组装注释。爬行类系统发育关系有3种理论：①龟类是蜥蜴目的姐妹群；②龟类是鸟类和鳄目的姐妹群；③龟类是鸟类、鳄目和蜥蜴目祖先的姐妹群。通过系统发育分析研究找到有DNA分子证据支持第二种理论，即龟鳖类很可能是鳄类和鸟类共同祖先的姐妹群；并根据分子钟及化石证据推测，龟鳖在2.679亿～2.483亿年前从初龙类中分化出来。

同时发现，在中华鳖和绿海龟基因组中均表现出嗅觉受体（OR）家族高度扩张，但过去对哺乳动物的研究表明脊椎动物会通过丢失一些 *OR* 基因来适应水环境从而拓展自己的生态位，故此次发现龟鳖 *OR* 基因扩张对早期丢失学说有一定质疑。此外，龟鳖中许多与味觉感知相关的基因都发生了丢失，同时还发现了与龟鳖长寿相关的微粒体谷胱甘肽S-转移酶3基因（*mgst3*）。

另外，科研人员借助于RNA-seq技术对中华鳖-鸡的整个胚胎发育的基因表达谱进行比较分析，发现鳖-鸡胚胎发生属于沙漏模型，即其保守性最强的时期大约在脊椎动物种系特征发育阶段，与羊膜动物普遍发育时期模式不同。在龟鳖胚胎经历保守的脊椎动物种系特征发生时期后，开始形成龟鳖特异的形态学特征，包括其全新的结构特征背甲脊，背甲脊在龟鳖后期发育中形成肋骨，继而再通过复杂的分化、折叠等，形成其特殊的背甲结构。同时检测到 Wnt5a 在龟鳖背甲生长带表达（Wnt 通路是细胞增殖分化的关键调控环节，在胚胎发育和肿瘤发生中起着重要作用。Wnt 途径参与了基因表达调节、细胞迁移黏附、细胞极化等过程，同时还与其他信号通路存在交叉协同），这支持了在形成龟鳖特异性新特征的过程中，肢体相关的 Wnt 信号可能发生了共选择，这为龟鳖背甲的形成研究提供了新的线索。

四、海洋哺乳动物

海洋哺乳动物是哺乳类中适于海栖环境的特殊类群，通常被人们称为海兽。是具有体呈流线型、前肢特化为鳍状、体温恒定、胎生哺乳和进行肺呼吸特点的海洋脊椎动物。不同的海洋哺乳动物由不同的祖先进化而来。科学家相信，所有的海洋哺乳动物的祖先都是源于陆地，部分的原因是后来因为食物需要及逃避捕猎者才返回至海里的。一般包括鲸目、鳍脚目、海牛目的所有动物及食肉目的海獭和北极熊。鲸目动物（如鲸、海豚）和海牛目动物（如儒艮、海牛）终身栖息在海里，为全水生生物；而鳍脚目动物（如海豹、海狮）需要到岸上进行交配、生殖和休息，食肉目的海獭和北极熊仅在海中捕食和交配，为半水生生物。生活在河流和湖泊中的白鳍豚、江豚、贝加尔环斑海豹等，因其发展历史与海洋相关，也被列为海洋哺乳动物。

（1）小须鲸基因组

小须鲸是属于鲸目须鲸亚目，主要分布于太平洋、大西洋的一种海洋哺乳动物。由于生存面临严重威胁，已被列入国际红皮书，属国际濒危动物。由于最早的生命被证实出现在海洋，很多科学家一直致力于解释生物是如何完成从海洋登陆陆地，如何演化为陆生生物的。然而，鲸类的进化却反其道而行之，由陆生向水生演化，与陆生偶蹄动物如牛、猪等拥有一个共同的祖先，一种现已灭绝的类似鹿的半水生哺乳动物 Indohyus。在大约 5400 万年前，Indohyus 进化为两个分支：一支渐渐习惯了水生生活最终进化成今天的鲸，而另一支则坚持陆地生活，成为陆生偶蹄类哺乳动物。因此，对于小须鲸的研究有助于人们了解鲸类是如何适应深海缺氧、高压强、高盐及完全水生的生活环境，同时依然维持与陆地哺乳动物相同的生理特征，如肺呼吸。

鲸类为了全方位地适应深海缺氧、高压强、高盐及完全水生的生活环境，其生理习性及生态发生了很多改变，但仍保留了部分与陆地哺乳动物相同的生理特征，如肺呼吸。

在该研究中，科研人员对从一只雄性小须鲸肌肉中提取的 DNA 进行了高深度全基因组从头（*de novo*）测序，并同时对三只小须鲸、一只长须鲸、一只宽吻海豚和一只江豚进行了重测序研究。通过比较分析发现，小须鲸、宽吻海豚、猪和牛共有 9848 个直系同源基因家族，其中小须鲸的特异基因家族数为 494。与非鲸哺乳动物相比，鲸类中有特异突变位点氨基酸的基因总数为 4773，其中 695 个基因上发现了功能性的氨基酸突变，小须鲸中有特异突变氨基酸的基因数为 574。

在缺氧环境下，机体最容易受到活性氧化物的攻击，而谷胱甘肽是机体内活性氧的清道夫。研究者发现鲸类基因组中许多与谷胱甘肽代谢相关的基因都发生了特异性的氨基酸突变，因此鲸类中可能存在更强的谷胱甘肽代谢能力。

此外，科研人员还发现了一些鲸类为适应深海环境而发生了改变的基因，如编码结合珠蛋白的基因，编码乳酸脱氢酶（LDH）的基因及参与肾素-血管紧张素-醛固酮系统的基因等。在形态学方面，小须鲸具有的是须而不是坚硬的牙齿，研究者发现须鲸中与牙釉质形成和生物矿化相关的基因 *MMP20*、*MMP* 和 *AMEL*，由于存在着提前终止密码子导致这些基因变成了假基因。在鲸类中，与毛发形成相关的角蛋白基因家族发生了显著的收缩，而与水生生活相适应的一些 Hox 家族在进化的过程中受到了正向选择。

（2）北极熊基因组

北极熊是一种生活在北极地区，处在食物链顶端的大型食肉动物。它生命中的大部分时间是在浮冰上度过的，而浮冰易受气候变化影响，所以北极熊又通常被当作全球气候变化的一个重要指示器。北极熊被人们所熟知的形象是具有披着雪白外衣的庞大身躯，身体脂肪含量十分丰富，同时还是赫赫有名的长距离游泳健将。然而全球气候逐渐变暖对北极生态圈造成了严重影响，浮冰的不断融化，使得北极熊的栖息地不断减少，像许多其他动物一样正面临着巨大的生存压力。

为系统全面地研究北极熊极地气候的适应性，科学家对一只来自欧洲北部的北极熊进行高深度的测序以获取它的全基因组图谱，此外还从瑞典、芬兰、美国阿拉斯加冰川公园、阿拉斯加海岸附近的岛屿等地区共选取了 79 只北极熊和 10 只棕熊进行了全基因组重测序。

研究人员通过对北极熊和棕熊进行比较基因组分析后，发现北极熊实际上比之前人们所认为的要更年轻，与它的近亲棕熊的分化时间只有不到 50 万年，这个时间段从进化的尺度上来说是相当短的，同比人类约在 500 万年前与其近亲黑猩猩分道扬镳。为了应对北极的寒冷天气，北极熊所拥有的独特适应性，包括皮毛由棕色变成白色，身体表面变得更加顺滑及发生的巨大生理和代谢变化，对于一个体型庞大的哺乳动物而言，在极短的时间内能够完成这么大的变化，令进化学家感到惊讶。

通过对群体数据进行分析，研究人员推算出北极熊的群体大小为 2 万～2.5 万，且处于减少的状态中。值得注意的是，它们的栖息地——北极浮冰也在同期时间不断减少。当北半球高纬度地区开始变暖时，北极熊的近亲棕熊或者灰熊就更易向北迁徙，这样就增加了它们和北极熊之间发生交配的可能。

通过对基因组中编码蛋白质的相关基因进行更深入分析后发现，很多与脂肪酸代谢和心血管功能相关的基因在北极熊中已经发生了适应性的进化，这可能是它之所以能够适应北极极地气候的关键所在。为了适应北极的严寒，北极熊明显偏向猎取脂肪含量高的猎物，但它却没有像人类一样易患由于高脂肪摄入而产生的一系列心血管相关疾病。研究人员推测这些基因很可能在这方面起着关键作用，这个发现或将为人类预防或者治疗由于高脂肪摄入而引起的心血管疾病提供新的方向和思路。

研究人员发现北极熊在几十万年的进化过程中，自然选择使很多与脂肪运输和脂肪酸代谢相关的基因发生了适应性的变化。载脂蛋白 B 基因（*APOB*）是其中一个受到强烈正向选择的基因，它在哺乳动物中编码低密度脂蛋白（LDL），这种蛋白质携带的胆固醇被人们普遍称为“坏胆固醇”。该基因的改变使北极熊即使摄入高脂肪，也不会引起高血糖和高血脂等问题。

该研究利用群体遗传学研究为人们揭示了北极熊是比以前认为的要更年轻的一个物种，以及北极熊能够适应北极极地气候的奥秘。

五、其他海洋生物

除了以上已经发表的海洋鱼类、鸟类、哺乳类等基因组文章外，还有海胆、海葵、海绵和鹿角珊瑚的基因组也已经完成。这些生物分属于棘皮动物门、腔肠动物门、多孔动物门、刺胞动物门。下面以海葵基因组为例进行介绍。

海葵生活在美国和英国的沿岸水域中，是发育学、进化学、基因组学、生殖学和生态学研究的重要模型。该研究的星状海葵（*Nematostella vectensis*），是一种体长不到一英寸、透明且多触手的动物。

所有的多细胞动物都属于“后生动物”（metazoan），但研究人员经常将海绵动物与其他的后生动物——真后生动物（eumetazoa）区别对待，并用组织和明显的胚胎层对其定义。

在简单的活体动物对比中，研究人员发现，早期真后生动物有许多现代动物的特征：一个神经系统、肌肉、感觉、肠道，甚至几乎没有尾巴的精子。研究认为通过基因组对比，有望找出真后生动物所拥有的基因和基因组的结构。

研究人员发现，在海葵的 4.5Gb 的基因组中包括约 18 000 个编码蛋白质的基因。

通过对比海葵与其他已知物种的基因组序列，研究人员推测并重建了真后生动物的基因组特征，而新元古代后生动物被认为是除海绵外的其他多细胞生物的祖先。他们发现，新元古代后生动物全基因组中的 80%是真菌、植物和其他真核生物的同源基因，其余 20%是新元古代后生动物所特有的，它们负责信号转换、细胞通讯、胚胎发生及神经和肌肉的功能。

进一步的研究表明，人类与海葵等现代动物有 2/3 的基因家族源自于它们的新元古代后生动物祖先。相比之下，果蝇与线虫的继承性只有大约 1/2。同时，研究人员发现，人类和海葵的基因内含子与外显子（exon-intron）结构也十分相似，基因组中内含子较多。而果蝇与线虫丢失了新元古代后生祖先 50%～90%的内含子。这些发现意味着果蝇和线虫基因组在进化过程中丧失了一定的复杂性。因此，这个研究挑战了一个人们广泛接受的观点：生物会越进化越复杂。

海葵这样原始的动物的基因组如此复杂，实在让人惊讶。这一发现说明，尽管现代动物的祖先在形态学上或许比较简单，但在基因组结构和调控机制上已经十分复杂。

六、总结与展望

海洋生物的基因组研究将会是将来基因组研究领域的热点，通过目前已经完成的海洋动物基因组文章，可以发现科学家在这些物种中找到了很多问题的解释和答案。例如，通过半滑舌鳎基因组的分析解释了该物种的性别决定机制，北极熊的基因组和群体分析回答了北极熊适应北极气候的奥秘；白鳍豚基因组揭示了鲸类的进化与水生适应机制，以及白鳍豚的濒危机制与灭绝原因。

由于前期研究较少、海洋生物基因组非常复杂等因素的影响，目前海洋生物基因组研究还存在较大的限制。尤其是一些海洋鱼类和低等海洋生物，基因组较大、杂合率高，需要投入很大的成本才能获得一个相对完整的基因组序列。但在已经发表的其他基因组文章中的方法有可能部分地解决这类问题。

例如，在 2012 年发表在 *Nature* 上的牡蛎基因组文章，由于牡蛎基因组高达 1%左右的杂合率，通过常规的二代测序技术不能获得完整的基因组序列，该研究团队采用了一种 fosmid to fosmid pooling 的方法，即将几十个或者几百个 fosmid 混合在一个 pool，对每一个 pool 单独进行测序、组装获得基因组的局部序列，然后将所有 pool 的组装结果合并在一起结合 WGS 数据进行最终组装，从而获得较为完整的基因组序列。该方法相对于传统的单个 fosmid 策略，能有效降低成本，同时针对高杂合的基因组能保证其组装效果。

海洋占据了地球表面约 71%，蕴含地球上绝大多数的生物种类和数量，还有许多尚未被发现的海洋生物。在基因组测序等技术的应用下，海洋的秘密定会被人类逐步挖掘。

（方晓东　卞　超　江烜霆　闵久梦）

第二节　半滑舌鳎

一、简介

半滑舌鳎（*Cynoglossus semilaevis*）是一种珍稀名贵的温水性大型底层比目鱼类，属鲽形目（Pleuronectiformes）鳎亚目（Soleoidei）舌鳎科（Cynoglossidae）舌鳎属（*Cynoglossus*），主要生活于我国的黄海、渤海海域。半滑舌鳎在我国已报道的 25 种舌鳎属鱼类中个体最大，生长速度快，肉味鲜美，市场价值高，因此极具开发价值。我国对半滑舌鳎的研究始于 20 世纪 80 年代后期，2002～2003 年中国水产科学研究院黄海水产研究所与莱州明波水产有限公司合作首次完成了半滑舌鳎生殖调控及规模化人工繁育技术研究，达到工业化生产商业苗种的水平。目前半滑舌鳎已发展成为我国海水养殖鱼类的主导品种之一。

近 10 年来，我国科技工作者围绕半滑舌鳎生殖发育、性别特异标记筛选、性别控制及其基因资源等方面开展了系统的研究工作，主要包括：生长与繁殖生物学研究，细胞生物学如染色体核型研究、雌核发育和性别控制技术研究、群体遗传学研究等。研究表明，半滑舌鳎雌雄个体生长差异显著，性成熟野生雌鱼平均体长是同期雄鱼的 2 倍左右，且卵巢发达，精巢细小，导致自然种群不繁盛。半滑舌鳎人工养殖群体中的雌鱼比雄鱼生长快 2～4 倍，2 龄雌性成鱼体重平均为同龄雄鱼的 3.28 倍。同时表明，半滑舌鳎性别决定系统为 ZZ/ZW 型，具有异型性染色体，并且发现存在天然性逆转现象。特别是采用 AFLP 技术在国内外率先筛选到半滑舌鳎雌性特异 AFLP 标记，并建立了遗传性别鉴定的分子技术，通过全基因组测序筛选到性别特异微卫星标记，建立了 ZZ 雄、ZW 雌和 WW 超雌鉴定的分子技术，从而为半滑舌鳎性别控制和全雌育种提供了重要的技术手段。本节将对我国在半滑舌鳎全基因组测序及基因资源发掘方面取得的重要进展进行简要介绍。

二、半滑舌鳎基因组研究进展

1. 半滑舌鳎 BAC 文库构建

细菌人工染色体（bacterial artificial chromosome，BAC）文库是含有某种生物体全部基因的随机片段的重组 DNA 克隆群体，是进行全基因组测序、构建物理图谱、染色体步查、基因筛选及基因图位克隆的基础。近几年来，黄海水产研究所构建了半滑舌鳎 BAC 文库。利用 3 条半滑舌鳎成鱼的血液进行基因组大小的流式细胞仪分析，计算半滑舌鳎雌鱼基因组大小约为 626.9Mb。并通过生理性别和遗传性别鉴定，表明这 3 条鱼的生理性别和遗传性别均为雌性。用这 3 条半滑舌鳎雌鱼的血细胞与低熔点琼脂糖混合制备胶条（plug），经过细胞裂解后用 *Bam*HⅠ和 *Hin*dⅢ进行部分酶切，再利用脉冲场电泳（PFGE）进行两次酶切片段大小的筛选，将适宜大小的 DNA 回收和连接到 pECBAC1 载体上，电转化到 DH10B 感受态细胞，构建了两个高质量的半滑舌鳎 BAC 文库。其中 *Bam*HⅠ文库含有 15 360 个克隆，空载率小于 1%，平均插入片段为 160kb，覆盖半滑舌鳎单倍体基因组约 3.88 倍；*Hin*dⅢ文库含有 39 936 个克隆，空载率约为 4%，平均插入片段大小约为 155kb，覆盖半滑舌鳎单倍体基因组约 9.48 倍。因此，半滑舌鳎两个 BAC 文库共由 55 296 个克隆组成，空载率小于 3.2%，平均插入片段约为 156.4kb，两个文库的覆盖率约为半滑舌鳎单倍体基因组大小的 13.36 倍。

利用自动工作站制备了 BAC 文库杂交膜，并根据半滑舌鳎 AFLP 雌性特异标记和性别相关基因设计 Overgo 探针，进行同位素原位杂交，获得 228 个阳性克隆，其中性别相关基因获得阳性克隆 76 个，平均每个基因获得阳性克隆 15.2 个；采用雌性特异 AFLP 标记获得阳性克隆 152 个，平均每个标记获得阳性克隆 30 个。在获得的阳性克隆中，有 7 个阳性克隆同时含有 2 个雌性特异标记，有 1 个阳性克隆包含了 2 个基因。

2. 半滑舌鳎基因组物理图谱构建

物理图谱（physical map）是指将基因组上一系列可识别的标记按照在染色体上的实际顺序和物理距离进行排列而成的覆盖整个基因组的图谱，反映的是 DNA 片段在染色体上的实际位置。目前只有物理图谱可以有效地解决由重复序列所造成的组装难题，黄海水产研究所在已构建雌性半滑舌鳎 BAC 文库的基础上，进一步采用高信息含量指纹制备技术（HICF）和 FPC 软件构建了半滑舌鳎第一代基因组物理图谱（Zhang *et al.*，2014）。

首先进行 33 575 个 BAC 克隆的质粒提取，利用 4 种识别 6 碱基内切酶 *Bam*HⅠ、*Eco*RⅠ、*Xba*I、*Xho*I 和一种识别 4 碱基内切酶 *Hae*Ⅲ对 BAC DNA 质粒进行酶切，再利用 ABI 公司的 SNaPshot 试剂盒对酶切片段进行荧光标记，最后在 3730XL DNA 分析仪上进行毛细管电泳分析，并收集所获得的指纹信息。利用 FPminer 软件对所有指纹信息处理后获得 30 294 个有效克隆指纹，覆盖半滑舌鳎基因组约 7.5 倍，平均每个克隆含有 80.2 个条带。采用 FPC 软件对这些有效指纹信息进行组装，将 29 709 个克隆装配到 1485 个重叠群（contig）中，另外 585 个克隆仍为单个克隆（singleton）。从而构建了半滑舌鳎第一代物理图谱，该图谱总物理长度估算为 797Mb，是半滑舌鳎基因组大小的 1.27 倍。平均每个 contig 含有 20 个克隆，平均长度为 537kb。最大的 contig 含有 410 个克隆，物理长度是 3.48Mb。全部 contig 的 N50 长度为 664kb，长度超过 N50 的重叠群有 394 个，这些 contig 将是下一步进行物理图谱与遗传图谱整合及 W 性染色体组装非常有用的资源。该研究还用 PCR 方法对物理图谱可靠性进行了检验，在考虑末端测序克隆均匀分布的前提下，随机抽取了 21 个不同长度的重叠群（307～1276kb），对它们的所有克隆分别进行质粒提取、PCR 扩增和电泳分析。最后有 20 个重叠群分别用一对或多对引物扩增出阳性条带，只有一个重叠群中存在一个克隆没有能够扩增出阳性条带。总的来说，676 个克隆中有 675 个克隆得到验证，阳性比例达 99.85%，这充分证明了本研究所建物理图谱具有很高的可靠性（Zhang *et al.*，2014）。

3. 半滑舌鳎全基因组测序和精细图谱绘制

中国水产科学研究院黄海水产研究所与深圳华大基因研究院合作在国内外率先完成了半滑舌鳎雌、雄鱼全基因组测序和精细图谱绘制，论文在 *Nature Genetics* 上发表（Chen *et al.*，2014）。组装后的半滑舌鳎基因组 contig N50 为 26kb，scaffold N50 为 867kb；共获得功能基因 21 516 个，获得微卫星标记序列 79 631 个；构建了半滑舌鳎高密度微卫星遗传连锁图谱，最终定位 1023 个微卫星标记和 1 个 SCAR 标记，包括 21 个连锁群，有效位点数为 1003 个，所有标记平均间隔为 1.70cM，图谱长度为 1667.3cM；利用半滑舌鳎高密度遗传连锁图谱，将半滑舌鳎基因组序列锚定到连锁群上，绘制半滑舌鳎单倍体基因染色体图谱。该图谱对应 942 个 SSR 标记和 12 111 个 SNP 标记，共有 19 800 个基因定位到染色体图谱上。

通过性染色体在雌、雄鱼基因组测序覆盖深度的不同，并结合高密度遗传连锁图谱（SSR 和 SNP），构建了 Z 染色体的精细图谱和对应的 W 染色体序列图谱。基于 ZW 同源基因推测半滑舌鳎性染色体形成时间约为 3000 万年前，相对于哺乳类和鸟类已经进化了上亿年的性染色体来说，还非常年轻。有趣的是，半滑舌鳎的性染色体和鸟类的性染色体都是 ZW 系统，它们各自独立地由同一套常染色体进化而来，属于趋同进化。另外，研究人员利用半滑舌鳎性逆转个体的遗传特性，推断出半滑舌鳎的 Z 染色体在其性别决定过程中起着主导作用，而且 Z 染色体连锁的 *dmrt1* 基因同鸟类的性别决定基因（*dmrt1*）一样，表现出性别决定基因的特性（Chen *et al.*，2014）。

半滑舌鳎虽然具有性染色体，然而其性别并不完全由遗传决定，同时也受外界环境的影响。他们发现，半滑舌鳎的雌性个体在自然发育过程中约有 14%能性逆转为雄性（称为伪雄鱼），而如果在发育早期用高温诱导可使雌鱼的性逆转率达到 73%。更为有趣的是，伪雄鱼能跟正常雌鱼交配产生后代，但后代的雌鱼几乎全部会自发性逆转成伪雄鱼。对于遗传和环境因素是如何相互作用来决定性别，目前还知之甚少。在本研究中，研究人员对半滑舌鳎正常雄鱼（ZZ）、伪雄鱼（ZW）、正常雌鱼（ZW），以及伪雄鱼和正常雌鱼交配产生的子一代伪雄鱼（ZW）和雌鱼（ZW）的性腺进行全基因组 DNA 甲基化和转录组的比较分析，发现正常雌鱼性逆转成伪雄鱼之后，全基因组的 DNA 甲基化模型几乎变得跟正常雄鱼一模一样。而且，性逆转后发生的甲基化改变，显著富集于跟性别决定通路有关的基因上。另外，通过对亲本和子代样品进行比较，研究人员发现亲本伪雄鱼相对于雌鱼发生的甲基化改变，能够被后代继承，这可能解释了为什么伪雄鱼后代不需要温度诱导就能自然发生性逆转（Shao *et al.*，2014）。对于性别主要由性染色体来决定的物种来说，性逆转后的个体会遇到性染色体剂量不平衡问题。例如，半滑舌鳎的伪雄鱼（ZW），相对于正常雄鱼（ZZ），少了一条 Z 染色体，同时又多出了一条包含雌性特异基因的 W 染色体。如何解决性染色体剂量不平衡的问题是一个物种能否发生性逆转的关键。研究人员发现，伪雄鱼的 Z 染色体并没有发生全局的剂量补偿，而是存在一个局部的剂量补偿区域，该区域中的基因表达量几乎跟正常雄鱼持平，而且该区域富集甲基化位点及存在跟精子发生相关的基因。伪雄鱼中 W 染色体上很多基因仍在活跃地表达着，研究人员推测这些 W 基因的表达很可能在一定程度上补偿了伪雄鱼部分 Z 基因的剂量不足（Shao *et al.*，2014）。

三、半滑舌鳎重要性状相关功能基因发掘研究进展

1. 半滑舌鳎性别相关功能基因克隆与表达分析

细胞色素 P450 芳香化酶是由雄激素合成雌激素的主要酶，而性激素在鱼类性别分化中是必需的。利用芳香化酶抑制剂（甲基睾酮）处理性腺未分化的半滑舌鳎，可以诱导半滑舌鳎雄性化，产生功能性伪雄鱼，表明 P450 芳香化酶在半滑舌鳎性别决定和分化时期起着重要作用。与其他鱼类一样，半滑舌鳎也具有两种芳香化酶，性腺型芳香化酶（P450aromA）和脑型芳香化酶（P450aromB），分别由 *cyp19a1a* 和 *cyp19a1b* 基因编码，它们以明显不同的形式分别存在于性腺和脑中。Deng 等发现半滑舌鳎卵巢型芳香化酶 P450aromA 只在性腺中表达，且在卵巢中的表达高于精巢。而半滑舌鳎脑型芳香化酶 P450aromB 与性腺型芳香化酶 P450aromA 同源性为 45.1%，尽管其也在性腺中表达，但脑中表达量远高于性腺。经过甲基睾酮浸浴处理和高温诱导的半滑舌鳎由雌性性反转为雄性后，性腺中的 P450aromA 和脑中 P450aromB 的表达量均降低，表明 *cyp19a1* 基因参与了半滑舌鳎的性腺分化和性别决定过程。Shao 等发现 *cyp19a1a* 基因的雌雄表达差异出现在孵化后 70d，正好是原始卵母细胞开始出现的时候，表明该基因在半滑舌鳎卵巢发育过程中有重要作用，而性逆转前后的 *cyp19a1a* 基因启动子和第一外显子区域存在明显的甲基化差异，即在雄鱼和伪雄鱼中的甲基化水平高于正常雌鱼，说明 *cyp19a1a* 基因表达水平的改变可能是由于甲基化调控造成的。

Sox（Sry-related box）基因家族编码含有可结合 DNA 的高迁移率基团 HMG 的转录因子，在脊椎动物中已报道的 40 多个 *Sox* 基因中，*Sox9* 已被证实是参与性别决定的基因。Dong 等对半滑舌鳎 *Sox9* 基因进行了克隆和表达研究，发现半滑舌鳎 *Sox9* 基因在雄性性腺中的表达显著高于雌性，且在性别分化时期表达明显升高，显示 *Sox9* 基因与半滑舌鳎雄性性腺分化的相关性。

变性因子 Foxl2 是雌性下丘脑-垂体-卵巢轴的主控调节因子，参与脊椎动物雌性性腺早期发育与分化，对卵巢发育和维持卵巢功能具有重要作用（Uhlenhaut *et al.*，2009）。然而，Dong 等发现半滑舌鳎 *Foxl2* 虽然是雌性优势表达的基因，但与性别决定及性逆转并没有必然的联系，该基因不是性别决定的关键基因。有研究表明在正常雌雄鱼和伪雄鱼的基因组中，*Foxl2* 基因中几乎都不甲基化（Shao *et al.*，2004）。

dmrt（doublesex and mab-3 related transcription factor）基因家族是一种目前已知的最保守的性别分化相关基因。其中，*dmrt1* 基因广泛参与哺乳类、两栖类、爬行类和鱼类的性别决定和性别分化过程。邓思平等克隆分析了半滑舌鳎 *dmrt1* 基因，发现该基因只在半滑舌鳎精巢中特异表达，且在甲基睾酮（MT）处理和高温诱导的由雌性性反转为雄性的精巢中也有表达，说明 *dmrt1* 可能参与了半滑舌鳎的雄性性别决定过程。Shao 等通过研究半滑舌鳎 *dmrt1* 基因的表达与甲基化程度的时空关系，发现从性别决定的关键时期开始雌性半滑舌鳎性腺的 *dmrt1* 基因遭受了一个逐渐增长的甲基化改变，*dmrt1* 基因可能是响应环境变化、触发性逆转的关键基因。Chen 等分析高温诱导性逆转的半滑舌鳎及其后代特征，发现决定半滑舌鳎性别的基因位于 Z 染色体上，其中 Z 染色体连锁的性别决定候选基因 *sf-1*、*ptch1* 和 *fst* 基因的表达模式和甲基化分析显示它们不是半滑舌鳎雄性性别决定的关键基因，而 *dmrt1* 基因则是半滑舌鳎雄性特异表达、雄性性腺发育必不可少的基因，是半滑舌鳎的雄性决定基因。

董晓丽等对半滑舌鳎的 *dmrt3* 和 *dmrt4* 基因的克隆、表达分析发现，这两个基因在雄性中优势表达，但并不是性反转的必要因素。

抗缪勒氏管激素（anti-mullerian hormone，AMH）属于转化生长因子 β（TGF-β）超家族，能调节鱼类精原细胞增殖和分化。刘珊珊等克隆得到了半滑舌鳎 *AMH* 基因，发现 *AMH* 基因在性腺分化时期高表达，预示 *AMH* 基因可能在半滑舌鳎性腺发育中起重要作用；*AMH* 基因在伪雄鱼后代的雄鱼和伪雄鱼性腺中的表达都有升高的趋势，而在雌鱼中无明显差异，也预示其可能参与半滑舌鳎的性反转过程。

Hu 等对半滑舌鳎 *Ubc9* 基因进行了克隆和表达分析，发现 *Ubc9* 基因在胚胎发生和配子形成中起重要作用，且参与半滑舌鳎的性逆转（在半滑舌鳎性腺中高表达且雄鱼显著高于雌鱼，而在伪雄鱼精巢中 *Ubc9* 基因的表达高于正常雄鱼）；重组蛋白注射实验证实 Ubc9 蛋白能够抑制 *FSE* 基因（*cyp19a1a*，*ctnnb1*，*Foxl2*）转录。

Liu 等对半滑舌鳎的 *Gadd45g* 基因进行克隆得到了三个同源基因，其中位于 W 染色体上的 *Gadd45g1* 基因在雌性性腺分化的关键时期表达显著增高，暗示 *Gadd45g1* 基因在半滑舌鳎雌性性别决定中有重要作用；*Gadd45g1* 基因与位于 Z 染色体上的 *Gadd45g2* 基因在半滑舌鳎卵巢发育和雌性性征维持上也有重要作用；而常染色体上的 *Gadd45g3* 基因则可能在半滑舌鳎雄性性别调控及精巢发育中起作用。

张红等克隆了半滑舌鳎肿瘤抑制基因 *WT1a* 基因，通过表达分析发现 *WT1a* 基因是半滑舌鳎的性别相关基因，并在半滑舌鳎的性腺分化、发育过程持续表达，但可能对性腺的分化过程并不起决定作用。Deng 等克隆分析了半滑舌鳎性别相关基因 *FTZ-F1*，发现 *FTZ-F1* 在性腺中表达较高，胚胎期表达高于孵化后，说明 *FTZ-F1* 基因可能参与了半滑舌鳎的器官形成过程。

2. 半滑舌鳎生殖相关功能基因

有关半滑舌鳎生殖相关基因克隆与表达分析目前有一些报道。Li 等克隆了半滑舌鳎雌激素受体 β 基因（*hstserβ*）的全长 cDNA 和雄激素受体基因（*AR*）的部分 cDNA 片段，定量 PCR 分析表明，*hstserβ* 的 mRNA 在精巢、脑和肝脏中的表达水平最高，而 *AR* 基因在肾脏中表达最高，并推测半滑舌鳎可能只有一种 AR。陈晓燕等克隆了半滑舌鳎促滤泡激素（FSH）和促黄体激素（LH）的受体基因 *FSHR* 和 *LHR*。PCR 分析表明 *FSHR* 除了在性腺中大量表达外，在脾脏、肾脏和头肾也有高表达。*FSHR* 在半滑舌鳎卵巢发育阶段的表达变化与血清中雌二醇含量的年季节变化一致，因此推测 FSHR 与卵巢发育成熟密切相关。而 *LHR* 在除肌肉外的各组织中均有表达，其中在脾脏和肾脏中最高。定量及半定量 PCR 技术检测 *FSHR* 和 *LHR* 在半滑舌鳎精巢发育阶段的表达水平，表明这两个基因都是在排精阶段的表达量最高，说明它们可能在排精期起重要作用。促性腺激素释放激素（GnRH）在下丘脑-垂体-性腺轴中有非常重要的作用，能够促进 GtH 的释放，对生殖调控起关键作用。研究表明，半滑舌鳎 *cGnRH-Ⅱ*主要在雌鱼的脑和垂体表达，在雄鱼的脑和性腺中表达；而 *sGnRH* 则在雌雄鱼的各个组织中均有表达。促性腺激素释放激素受体（GnRH-R）的编码基因目前已经被克隆，发现 *GnRH-R* 广泛表达于各个组织，但表达量差异较大，在性腺、脑和肾中表达量较高，其他组织较弱（李风铃等，2011）。这些基因的研究为进一步阐明下丘脑-垂体-性腺轴在鱼类生殖调控中的作用提供了理论依据。

最近的研究表明，*neurl3*、*tesk1* 可能是半滑舌鳎精子发生的重要基因。在半滑舌鳎各组织中，精巢中 *neurl3* 的表达量最高。另外，在孵化后 116d，*neurl3* 开始大量表达并达到最高。原位杂交结果表明，*neurl3* 主要在半滑舌鳎精巢中的精子细胞和成熟精子中表达，荧光原位杂交表明 *neurl3* 基因位于半滑舌鳎的 Z 染色体上，从而为揭示半滑舌鳎雄鱼精子的发生机制提供了重要证据。*tesk1* 在半滑舌鳎雄鱼和伪雄鱼的精巢中都高表达，但在不育的三倍体雄鱼精巢中则不表达，说明该基因参与了精子发生过程；性腺组织原位杂交表明，*tesk1* 主要在半滑舌鳎精巢中的精子细胞和成熟精子中表达，推测 tesk1 可能在精子形成阶段起作用。

3. 半滑舌鳎抗病免疫相关功能基因克隆与表达研究进展

近年来，随着半滑舌鳎养殖业的快速发展，由于近亲交配和种质退化，导致半滑舌鳎苗种病害越来越严重，养殖户受到巨大的经济损失。为了更好地提高半滑舌鳎养殖业的经济效益和社会效益，半滑舌鳎免疫基因研究显得尤为重要。目前，已经克隆了半滑舌鳎主要组织相容性复合体、抗菌肽、溶菌酶、组织蛋白酶和一些细胞因子等的免疫抗病相关基因。

主要组织相容性复合体（major histocompatibility complex，MHC）是一个与免疫功能密切相关的基因家族，其分布在细胞表面的表达产物称为 MHC 分子。MHC 分子是由 *MHC* 基因编码的一类细胞表面转膜蛋白，能结合并呈递内源抗原和外源抗原给 T 淋巴细胞。MHC 可分为 MHC Ⅰ类分子和 MHC Ⅱ类分子。近年来，黄海水产研究所克隆了半滑舌鳎 *MHC* 基因，主要包括 *MHC ⅡA* 和 *MHC ⅡB* 基因、*MHC Ⅰα*、*MHC ⅡDAA* 和 *MHC ⅡDAB* 等 MHC 家族的基因。同时，还研究了半滑舌鳎 MHC 基因多态性及其与鱼体抗病力的关系（Du *et al.*，2011）。

抗菌肽是生物体内产生的一类具有抗菌活性的多肽物质，具有强碱性、热稳定性及广谱抗菌性等特点。抗菌肽在自然界分布广泛、种类繁多，目前已发现约 1900 种。抗菌肽 Hepcidin 是近年来发现的一类在肝脏合成的、富含半胱氨酸的抗菌肽，属于防御素蛋白家族。中国海洋大学克隆了半滑舌鳎抗菌肽 *Hepcidin* 基因，并进行了结构分析和抗菌性能鉴定。NK-lysin 是一种在细胞毒性 T 细胞和 NK 细胞中产生的抗菌肽，存在于细胞内毒性颗粒中。研究表明，抗菌肽 NK-lysin 可提高半滑舌鳎对细菌与病毒的抗菌防御功能。

溶菌酶（lysozyme）又称胞壁质酶，是一种能水解病原菌中黏多糖的碱性酶，从而导致细胞壁破裂内容物逸出而使细菌溶解，具有抗菌、消炎、抗病毒等作用。2012 年，沙珍霞等对半滑舌鳎的一种溶菌酶基因进行了克隆与鳗弧菌感染后的表达分析。

组织蛋白酶（cathepsin）是在动物细胞内发现的一类蛋白酶。组织蛋白酶是备受关注的一类靶标蛋白酶，与多种疾病密切相关。已有研究报道对半滑舌鳎 cathepsin B、cathepsin D 和 cathepsin L 的基因结构与抗菌性能进行了分析。

细胞因子是由免疫细胞和一些非免疫细胞经刺激而合成、分泌的一类具有广泛生物学活性的小分子蛋白质。通过结合相应的受体调节细胞生长、分化和效应，调控免疫应答。细胞因子有很多种类，主要有白细胞介素、干扰素、趋化因子、集落刺激因子、肿瘤坏死因子和转化生长因子等。路飏等对半滑舌鳎干扰素调节因子 IRF1 的基因进行了克隆与表达分析；有报告表明半滑舌鳎白介素 interleukin-8 是免疫调节性能的化学引诱物；白细胞介素信号通路成分 IRAK-4 和白细胞介素受体髓样分化因子 MyD88 的基因已经被克隆。半滑舌鳎炎症 CC 趋化因子参与防御细菌感染的免疫应答也已经被证实。还有一些其他半滑舌鳎免疫抗病基因也已被克隆，如 Toll 样受体、铁蛋白、凝集素结合蛋白等。这些抗病免疫基因的克隆为研制基因工程重组抗菌肽等新型抗生素提供了基因资源。

4. 半滑舌鳎生长相关基因克隆与表达分析

半滑舌鳎具有生长速度快、耐低氧能力强等特点，是一种理想的增养殖对象。半滑舌鳎在生长过程中表现出显著的雌雄二态性，雌性个体生长比雄性个体快 2～4 倍。因此，进行生长相关基因克隆及其功能研究对于揭示半滑舌鳎生长调控机制，降低养殖成本具有重要意义。黄海水产研究所采用同源克隆方法克隆了 6 个半滑舌鳎生长相关基因的全长 cDNA 序列，它们分别是 *PACAP*/*PRP*（1237bp）（Genbank No. FJ608666）、*GH*（817bp）（FJ608663）、*GHR1*（2377bp）（FJ608664）、*GHR2*（3112bp）（FJ608665）、*IGF-I*（1207bp）（FJ608667）、*IGF-Ⅱ*（1473bp）（FJ608668）。研究结果表明，在 50 日龄～5 月龄时，半滑舌鳎雌雄个体体重差异不显著；7 月龄后，雌雄间差异显著，雌性生长显著快于雄性；至 12 月龄时，差异达最大，雌鱼平均体重是雄鱼的 3 倍左右。PCR 分析表明，*GH* 基因在雌鱼垂体中的表达水平明显高于雄鱼，提示雄鱼生长缓慢可能是由于生长激素表达水平低造成的（Ji *et al.*，2010，2011），发现在 *PACAP*/*PRP* 中存在外显子漏译现象。组织表达分析显示，*PACAP*/*PRP* 基因在脑和眼中有表达，在其他组织中不表达。生长激素受体Ⅰ型和Ⅱ型基因在半滑舌鳎血、脑等 14 种组织中都有表达，且其表达水平在各生长阶段雌雄间差异不显著。总而言之，生长轴调控的上游基因（*PACAP*）在雌、雄间表达无显著差异，生长轴调控的主基因（*GH*）在雌鱼垂体的表达量显著高于雄性，生长激素受体（*GHR*）基因，特别是 *GHR1* 在雄性中的表达量高于雌性，可能是一种负反馈调节或功能代偿机制。

5. 半滑舌鳎功能基因重组表达研究进展

有关半滑舌鳎功能基因重组表达及其生物活性测定的研究目前报道还很少。其中，黄海水产研究所陈松林研究团队开展了一些半滑舌鳎性别相关功能基因的重组表达研究。他们构建了半滑舌鳎雄性特异基因 *dmrt1* 的原核表达载体，并在大肠杆菌中进行了重组表达，将重组表达的 *dmrt1* 蛋白注射到半滑舌鳎鱼体内，发现重组蛋白在一定时间内对 *Sox9a* 表达有升高作用，而对雌性相关基因 *Foxl2* 与 *cyp19a* 表达则有抑制作用。同时，还进行了雌性相关基因 *DAZL* 的重组表达，构建了 DAZL 原核表达载体，并在大肠杆菌中进行了重组表达，分析了重组蛋白质的生物活性。另外，他们通过半滑舌鳎全基因组测序筛选到 *CSW1* 等几个雌性特异基因，构建了相关的雌性特异表达基因的原核和真核表达载体，研制出重组表达产物，用这些重组蛋白质注射半滑舌鳎，发现重组表达产物具有诱导雌性相关基因 *Foxl2* 和 *P450* 的表达水平升高的功能，同时能诱导雄性相关基因 *Sox9* 的表达水平的降低，从而为研制半滑舌鳎性别调控用饲料添加剂奠定了重要基础。

（陈松林）

第三节 牙 鲆

一、简介

牙鲆（*Paralichthys olivaceus*），俗称牙片鱼、偏口鱼，隶属鲽形目鲽亚目鲆科牙鲆亚科牙鲆属。主要分布于我国黄海、渤海、东海、南海及朝鲜、日本、俄罗斯远东沿岸。牙鲆是我国、日本和韩国的主要经济养殖鱼类，是天然捕捞的主要鱼类。我国从 20 世纪 90 年代开始进行牙鲆人工育苗和商业化养殖，经过近 20 年的养殖和推广，牙鲆已发展成为我国海水养殖鱼类的主导品种之一。

然而，随着牙鲆人工养殖业的快速发展，一些问题相继出现，如种质退化、抗病力低、病害频发等问题严重影响了牙鲆养殖业的可持续发展。围绕牙鲆基因资源发掘和良种培育，国内外近年在牙鲆重要性状相关基因和分子标记发掘等方面开展了大量工作，并取得一些进展和成果。例如，日本在牙鲆免疫相关基因筛选方面，中国在牙鲆多态性微卫星标记开发和高密度遗传连锁图谱构建、生长、性别和生殖相关基因筛选等方面取得较大进展。特别是，最近两年黄海水产研究所陈松林研究团队与深圳华大基因研究院合作，在国内外率先完成了牙鲆全基因组测序和精细图谱绘制。下面就国内外有关牙鲆基因组及功能基因发掘的研究进展进行综合介绍。

二、全基因组测序及精细图谱绘制研究进展

1. 牙鲆 cDNA 文库构建及 EST 测序

有关牙鲆 cDNA 文库构建和 EST 测序研究国内外已有一些报道。Liu 等构建了牙鲆肌肉组织的 cDNA 文库，并且从该 cDNA 文库分离出 5 个微卫星位点，每个分离出的位点都得到了 4～10 个等位基因。Arma 等构建了牙鲆脾脏组织的 cDNA 文库，并通过 EST 测序分析得到了细胞的机体防御相关的基因，其中包括巨噬细胞炎性蛋白（MIP）-3α、新型免疫型受体（NITR）。Nam 等用 EST 测序和消减杂交的方法找到了牙鲆免疫应答相关基因，研究了这些基因表达与白细胞增生的相关性。Arma 等构建了

牙鲆肝脏基因的 cDNA 文库，并通过 EST 测序分析牙鲆肝脏基因的表达，初步鉴定了与肝癌原发有关的基因。

2. 牙鲆 BAC 文库构建及基因定位研究

细菌人工染色体（BAC）文库作为基因组研究的一个重要工具，具有克隆效率高、稳定性强、载体自身较短、提取和筛选方便等优点。日本学者 Katagiri 等（2000）以纯系日本牙鲆的精子与低熔点琼脂糖混合制备 plug 胶块，用 *Hin*dIII对基因组 DNA 进行部分酶切，再通过三次脉冲场电泳（PFGE），获得 150～250kb 的酶切片段，回收连接到 pBAC-lac 载体上，并电转化到 DH10B 感受态细胞，构建了牙鲆基因组 BAC 文库。该文库共计 49 100 个克隆，保存在 128 个 384 孔板中，插入片段平均为 165kb，覆盖牙鲆单倍体基因组约 9 倍。在此基础上，他们制备了覆盖全部 BAC 克隆的杂交膜，并利用鹅型溶菌酶（goose-type lysozyme）、补体成分 8β（C8β）和 β-肌动蛋白（β-actin）探针对杂交膜进行同位素原位杂交，分别获得了 11 个、8 个和 59 个阳性克隆。最后用 Southern 印迹杂交法对补体成分 8β（C8β）的 8 个阳性克隆进行了验证。

3. 牙鲆高密度遗传连锁图谱构建

有关牙鲆遗传连锁图谱构建，国内外有过一些报道。Coimbra 等用 111 个微卫星标记和 352 个 AFLP 标记构建了牙鲆第一代遗传连锁图谱，雄性和雌性图谱分别包括 25 个和 27 个连锁群，平均标记间距离为 8cM 和 6.6cM。2008 年，韩国 Kang 等采用 180 个微卫星标记和 31 个 EST 来源的标记构建了牙鲆遗传连锁图谱，由 24 个连锁群组成，标记间平均间隔为 4.7cM。2010 年，Castaño-Sánchez 等用 1268 个 SSR 标记、105 个 SNP 标记和 2 个基因构建了牙鲆第二代遗传连锁图谱，雄性和雌性图谱总长度分别为 1147.7cM 和 833.8cM，雌、雄图谱密度分别达到了 4.4cM 和 5.0cM。在国内，宋文涛等利用基因组测序所筛选出的微卫星序列，构建了国内第一个牙鲆雌、雄分开的遗传连锁图谱，该图谱共定位 SSR 标记 260 个，雌雄图谱密度分别达到了 7.0cM 和 7.8cM。接下来，黄海水产研究所陈松林团队通过全基因组测序筛选到大量牙鲆微卫星序列，从中随机挑选 5000 条序列设计合成引物，利用 2009 年建立的第 10 号家系为作图群体，使用 JoinMap4.0 软件，构建了牙鲆高密度微卫星标记遗传连锁图谱；雌雄图谱分别由 24 个连锁群组成，共定位微卫星标记 1417 个，其中雌性图谱标记 1213 个，图谱总长度 1872cM，图谱覆盖率为 95.96%；雄性图谱标记 1115 个，图谱总长度 1717.8cM，图谱覆盖率为 96.02%。每个连锁群长度在 51.5～104.1cM 变动，连锁群上的标记数为 23～75 个。该图谱能够进行精确的 QTL 定位分析和基因定位相关研究，为开展牙鲆基因和 QTL 的精细定位及分子标记辅助育种（MAS）等奠定了重要基础。

4. 牙鲆全基因组测序和组装研究进展

利用新一代测序技术完成了牙鲆全基因组测序和组装。构建了 10 个不同大小的基因组文库（170bp、500bp、800bp、2kb、5kb、10kb 和 20kb 等），共获得可用数据 74.6G，覆盖基因组 119×。利用 SOAP*de novo* 软件进行组装，contig N50 为 20.7kb，scaffold N50 为 3.6Mb，最长 scaffold 为 14.26Mb，组装长度达到 548Mb。利用 EST 序列对组装效果进行了评价，基因区覆盖度达到 98%以上。利用已知重复序列库和 *de novo* 预测，共获得重复序列 77.8Mb，约占基因组大小的 14%。利用同源预测和 *de novo* 预测等方法获得基因 23 156 个，平均每个基因的编码区长度为 1494bp。利用 TreeFam 方法进行了牙鲆基因家族分析，共获得基因家族 15 747 个。同时检测到扩张家族数 936 个，收缩家族数 2392 个。在此基础上，对 4893 个单拷贝基因家族进行了 Ka/Ks 分析，获得正选择基因 910 个。此外，开展了牙鲆白化病、鳗弧菌病和淋巴囊肿病转录组分析，获得差异表达基因多个，并对差异基因进行了 GO 富集和 KEGG 分析。利用构建的牙鲆高密度微卫星遗传连锁图谱将基因组 scaffold 锚定到染色体上，共利用高密度图谱上的微卫星标记 1151 个将基因组 scaffold 锚定到连锁群上，构建了染色体图谱。结果表明，共有 438 个 scaffold 通过遗传连锁图谱和染色体的对应关系被定位在 24 个染色体上，覆盖基因组长度为 451Mb，约占牙鲆基因组组装大小（548Mb）的 82%。

三、功能基因发掘利用研究进展及展望

1. 牙鲆生长相关功能基因研究进展

日本学者 Kang 等最早开展牙鲆 *GH* 基因的 RFLP 分析，他们发现第 1 内含子到第 2 内含子区域存在多态性，这些 DNA 序列的变化与其体重具有一定相关性。倪静等利用 PCR-SSCP 也检测到牙鲆 *GH* 基因外显子部分存在序列多态性，且该多态性与其体重和头长具有一定的连锁关系。黄海水产研究所采用同源克隆及基因组步移方法，克隆了牙鲆肌肉生长抑素（*MSTN*）基因。经过序列分析及 cDNA 验证，牙鲆 *MSTN* 基因具有 3 个外显子和 2 个内含子，编码 377 个氨基酸。5′侧翼区含有 8 个 TATA 框，一个 CAAT 框，6 个 E 框；3′侧翼区含有加尾信号。通过同源分析，牙鲆 MSTN C 端含有 9 个保守半胱氨酸残基和一个 RVRR 蛋白酶酶切位点；进化树分析表明，牙鲆 *MSTN* 与鱼类 *MSTN* 基因聚为一支。RT-PCR 分析表明，*MSTN* 在牙鲆脑中有大量表达，暗示 MSTN 在鱼类神经发生中起着重要作用。张俊玲等研究表明，牙鲆 *IGF-I* 及其两种受体 *IGF-IR* 基因的转录本在胚胎发育的整个过程中广泛存在，且各基因的表达具有明显的发育性变化，IGF 系统为鲆鲽鱼类早期发育和生长中的生理功能提供了很有意义的理论指导，张俊玲等还克隆了牙鲆 *IGF-IR* 基因 5′调控区并发现牙鲆 *IGF-I* 及受体基因在细胞周期调控、促进细胞分化与生长中发挥重要作用，同时还暗示了甲状腺激素很有可能通过调节一些转录因子的表达而影响 IGF-I/IGF-IR 系统的生物学功能。

在牙鲆生长相关功能基因的开发利用方面，邢福国等研究表明采用含有基因重组牙鲆生长激素（r-fGH）的酵母直接作为饵料源，投喂牙鲆幼苗，不论低水平组还是高水平组的重组生长激素酵母饲料都能显著促进牙鲆幼苗的体重和体长的增加。

2. 牙鲆抗病免疫相关功能基因研究进展

牙鲆是我国重要的海水养殖鱼类，经济价值很高。近年来由于养殖密集、种质退化、环境污染等因素，致使牙鲆遭受细菌、病毒、寄生虫等病害的侵袭，大规模死亡的现象频发，造成巨大的经济损失。随着基因组学技术的快速发展，目前国内外已经克隆了 50 多个牙鲆抗病免疫相关基因，并通过建立基因多态性与抗病性状之间的关联，挖掘出与抗病性状连锁的优势等位基因和基因型，以期为解析功能基因的分子调控机制和分子辅助育种，提供基础理论依据。这些基因包括细胞因子家族基因、趋化因子家族基因、干扰素相

关基因、补体系列基因、CD 分子基因、免疫球蛋白超家族基因、热休克蛋白家族基因、抗菌肽和一系列的转录因子基因等（Hirono *et al.*，2005）。

（1）细胞因子

1）白细胞介素家族：白细胞介素是一种重要的免疫相关因子，通过与细胞表面的受体结合，介导免疫调节和免疫反应。牙鲆 *IL-1β* 在 LPS 刺激后表达量升高 30 倍，同时其他细胞因子、细胞表面受体及信号转导基因协同升高。利用 IL-1β 制备的 DNA 疫苗具有免疫佐剂的作用。从牙鲆头肾 EST 序列中发现两个新型的 *IL-1 like* 基因，在免疫相关组织中表达量较高，但是两者的 mRNA 水平在细菌和 LPS 刺激后稍有降低。IL-1 受体有两种，IL-1RⅠ主要发挥免疫介导功能，IL-1RⅡ作为竞争性抑制型受体，抑制 IL-1RⅠ的活性。牙鲆 *IL-1RⅡ*在鳗弧菌刺激后的肾脏和脾脏中表达量升高。还有其他白介素家族基因，如 *IL-6* 和 *IL-8* 在细菌刺激后表达量显著升高。

2）肿瘤坏死因子家族：肿瘤坏死因子是一种多功能的细胞因子，通过细胞膜上的两种受体发挥不同的作用。牙鲆 TNF-α 和两个受体（TNFR-1 和 TNFR-2）的基因先后被克隆，*TNFR-1* 在 LPS 刺激时表达量升高，*TNFR-2* 在 ConA/PMA 刺激时表达量升高。

3）趋化因子家族：趋化因子是一类小型分泌因子，通过与 G-蛋白偶联受体结合调控免疫细胞的迁移。已知的大约 40 种趋化因子可根据前两个丝氨酸残基的排列分为 4 类，即 CXC（α）、CC（β）、C（γ）、CX3C（δ）。所有的趋化因子都有相似的三维结构，包括三个 β-折叠和一个 α-螺旋。

牙鲆的几种趋化因子 CXCL8（即 IL-8）、CXCL13、CCL3 和一些与趋化因子同源性很高的基因和 EST 序列（如 *poCCL*、*Paol-SCYA104*）先后被克隆出来（Kono *et al.*，2003）。

4）补体：牙鲆中的补体成分 C3、C8β、C9 先后被发现，证明补体成分参与了抗病免疫应答过程。

5）干扰素及其调节因子：干扰素调节因子（IRF）家族是能对干扰素基因表达进行调控的一类转录因子，具有抗病毒的作用。目前在牙鲆中已经克隆出 6 种 IRF，包括干扰素调节因子 1、干扰素调节因子 3、干扰素调节因子 5、干扰素调节因子 7、干扰素调节因子 8、干扰素调节因子 10。在牙鲆中还发现了其他调控干扰素表达的因子，包括 IPS-1（IFN-β promoter stimulator-1）和 LGP2（a viral RNA receptor）。

干扰素能够诱导其他抗病毒蛋白的产生，包括 Mx 蛋白和微管凝集蛋白。

（2）细胞表面蛋白

1）Toll 样受体家族（Toll-like receptor，TLR）是存在于细胞膜或溶酶体膜上的一种重要的受体蛋白，介导细胞内的炎症信号通路，目前已经发现的牙鲆 Toll 样受体家族基因包括 *TLR1*、*TLR2*、*TLR5*、*TLR9*、*TLR14*、*TLR21*、*TLR22*，发挥与高等生物类似的作用。

2）T 细胞受体（T cell receptor，TCR）是 T 细胞表面的特异受体，参与免疫调节过程，在牙鲆中同时发现 4 种 TCR。

3）主要组织相容性复合物（major histocompatibility complex，MHC）家族是脊椎动物体内与免疫功能密切相关的基因家族，其编码的细胞表面蛋白具有抗原呈递、免疫应答及调控等作用。*MHC* 基因具有高度多态性、单倍型遗传和连锁不平衡等特点，与机体抗病力密切相关。在牙鲆中已经克隆得到 *MHC-DAA*、*MHC-DAB* 基因，并进行了基因多态性分析及多态性与抗病力关系的研究，发现了大量的抗病相关等位基因。

4）CD 分子与 MHC class Ⅰ和Ⅱ关系密切，作用于抗原递呈和免疫防御过程，牙鲆 *CD4*、*CD8*、*CD3* 和 *CD40* 先后被克隆出来。

（3）免疫球蛋白超家族

免疫球蛋白超家族是一类细胞表面糖蛋白，具有三个保守的区域：免疫球蛋白样区、跨膜区和胞内区，在免疫系统中发挥作用。牙鲆中 IgD、IgM 重链先后被发现。

（4）热休克蛋白家族

热休克蛋白家族是一类高度保守的细胞蛋白，介导细胞的保护功能。牙鲆中的三个热休克蛋白 40（Hsp40）具有抗病毒的作用。

（5）抗菌肽

在牙鲆中发现的抗菌肽包括 Hepcidin、NK-lysin 等，均具有广谱的抗菌活性。国内，黄海水产研究所李伟等克隆了牙鲆抗菌肽 *Hepcidin* 基因并分析了其时空表达模式。

（6）转录因子

细胞因子和生长因子通过多条信号通路，活化转录因子，将信息传导到细胞核中。其中 JAK-STAT 信号通路参与调节细胞增殖，分化和生存，迁移和凋亡等过程。牙鲆 STAT1 由干扰素 γ 选择性激活，具有抗病毒、免疫调节和抗肿瘤的作用，是干扰素通路中的重要分子。NF-kB 的 p65 亚基参与炎症信号通路的激活，诱导大量炎症因子的表达。牙鲆 LITAF 因子（lipopolysaccharide-induced TNF-α factor）是一种天然免疫过程中的重要转录因子，参与调节 TNF-α 和其他免疫因子的表达。

（7）其他免疫相关基因

包括磷脂酶 D（phospholipase D）、组织蛋白酶（cathepsin）、纤维蛋白原 β（fibrinogen β）、自然杀伤细胞增强因子（NKEF）、天然免疫防御相关巨噬细胞蛋白（natural resistance associated macrophage protein，NRAMP）、Akirin 等的基因。

3. 牙鲆性别相关基因研究进展

自从牙鲆（*Paralichthys olivaceus*）中第一个性别相关基因——细胞色素 P450 芳香化酶（*cyp19a1*）被发现以来，目前大约超过 10 种性别相关基因在牙鲆中获得了克隆和鉴定。这些基因在功能上大致可以划分为两类：一类为性类固醇激素代谢相关基因，主要包括 *cyp19a1*、*CYP17*-Ⅱ等；另一类为性别决定和性别分化通路中重要的转录因子基因，其中包括 *Foxl2*、*dmrt1*、*dmrt4*、*Lhx1*、*dax1*、*wnt4*、*Sox9*、*sf1*、*rspo1*、*AMH*、*ER*、*AR* 等。

目前，牙鲆性别相关基因的研究尚处在比较浅显的阶段，研究内容主要集中于性别相关基因克隆、表达分析及相关的功能推测等。Kitano 等克隆了牙鲆 *cyp19a1* 基因，荧光定量 PCR 检测发现该基因在未分化雌雄性腺中表达量没有差别，随着性腺分化的进行，其在卵巢中表达量急剧上升，而在精巢中的表达量则略微降低，表明 *cyp19a1* 基因参与牙鲆卵巢分化过程。Yamaguchi 等获得了牙鲆 *Foxl2* 基因 cDNA 全长，RT-PCR 检测发现该基因在性别分化之前和刚刚起始分化的性腺中具有较弱的表达，性别分化之后，在卵巢中特异性表达，精巢中不表达，暗示了 *Foxl2* 基因在牙鲆性别分化过程中发挥了重要的功能。

除 *cyp19a1*、*Foxl2* 等卵巢中主要表达基因外，还发现 *dmrt1*、*AMH*、*Sox9*、*sf1* 等精巢中高表达基因。文爱韵等克隆了牙鲆 *dmrt1* 基因，发现该基因仅在性腺中表达，并且在成体精巢中的表达量显著高于卵巢。Yoshinaga 等通过 RT-PCR 和 Northern 检测发现，*AMH* 基因仅在牙鲆成体精巢中表达，在脑、心脏、肝脏、脾和卵巢中没有表达，在性腺分化时期，*AMH* 基因呈现出性别二态性表达模式，即在精巢中的表达量远高于卵巢，表明 *AMH* 基因参与牙鲆性腺发育和精子发生过程。

此外，牙鲆性别相关基因相互作用关系及表达调控也是近几年研究的热点之一。目前，比较公认的是 *Foxl2* 基因与 *cyp19a1* 基因之间的调控关系。Yamaguchi 等通过原位杂交检测发现 *Foxl2* 基因与 *cyp19a1* 基因具有同样的组织表达位点，据此推测这两个基因之间可能发生相互作用。进一步通过体外 EMSA 和瞬时转染发现 Foxl2 通过直接与 *cyp19a1* 基因启动子结合来调控 *cyp19a1* 基因的表达，从而对牙鲆性腺分化进行调节。除 *Foxl2* 与 *cyp19a1* 基因之间相互调控关系外，很多性别相关基因中均发现了转录因子结合位点，如牙鲆 *dax1* 基因的 5′侧翼区存在 *sf1*、*WT1*、*tcf/lef*、*oct3/4* 等转录因子结合位点，牙鲆 *AR* 基因启动子上含有 ER、Pax4、Pax6 结合位点，以及 *erα* 上存在 Pax4、Gata4、oct1 和 Foxl2 结合位点等。然而这些均是基于基因序列而进行的转录因子结合位点预测，其真实性还有待进一步地验证和分析。

4. 牙鲆生殖相关基因研究进展

目前，牙鲆生殖相关基因的研究主要集中于两个方面：①生殖细胞发育相关基因的研究；②生殖内分泌相关基因的研究。

生殖细胞发育相关基因的研究可以为探讨生殖细胞发生的分子机制及后续的生殖细胞培养、冷冻保存等奠定基础。目前，已发现了诸如 *vasa*、*dax1*、*Foxl2*、*Wnt4*、*rspo1* 等牙鲆生殖细胞发育相关基因，其中绝大部分基因均是生殖细胞发生相关基因。Wu 等克隆了牙鲆 *vasa* 基因并对其表达及启动子区域进行了分析。结果发现，牙鲆 *vasa* 基因至少存在 10 种选择性剪切形式从而形成 10 种亚型（A～J），其中 A 亚型是最主要的亚型（Wu *et al.*，2014）。性腺组织表达分析显示 E 亚型和 F 亚型在卵巢中的表达量高于精巢，BC 亚型和 CIJ 亚型在精巢中高表达，而 D 亚型、G 亚型和 H 亚型在精卵巢中不存在差异表达，表明 *vasa* 基因在牙鲆配子发生过程中发挥了重要的功能。牙鲆 *vasa* 基因启动子区域含有 *OCT-1*、*SRY*、*Sox-5* 等多种性别相关转录因子结合位点，表明 *vasa* 基因可能参与牙鲆性别决定和性别分化过程的调节。王丽娟等发现牙鲆 *dax1* 基因存在二态性表达，即在卵巢中的表达量高于精巢，然而没有检测出 *dax1* 基因调控区甲基化水平在两性之间存在显著性的差异，并据此推测甲基化并不是牙鲆精卵巢 *dax1* 基因差异表达的主要原因。

生殖内分泌相关基因的研究一直是鱼类生殖相关基因热点研究领域之一。迄今为止，牙鲆中发现了如 *GtH*、*CYP17-Ⅱ*、*GnRH-R*、*GnRH* 等生殖内分泌相关基因，并且其表达和功能研究也有了程度不同的报道。与很多硬骨鱼一样，牙鲆中也发现了两种 *GtH* 基因，分别命名为 *GtH-Ⅰβ* 和 *GtH-Ⅱβ*，*GtH* 基因在卵巢和精巢中的表达规律是不同的。在卵巢中，Northern 检测两种 *GtH* 基因在未成熟卵巢中低表达，随着卵巢发育表达量逐渐增加，成熟期卵巢达到最高值，并且表达量与 17β-雌二醇和睾酮含量高度相关，表明其参与卵巢中雌二醇和睾酮的调节。在精巢中，*GtH-Ⅰβ* 的表达也呈现出与睾酮和 11-酮基睾酮含量高度的相关性，而 *GtH-Ⅱβ* 却没有出现这一规律，表明 *GtH-Ⅱβ* 在精卵巢具有不同的调节机制。细胞色素 P450C17（cyp17）含有 17α-脱氢酶和 17, 20-裂解酶活性，并且这两种酶均是鱼类中类固醇激素合成的关键酶。Ding 等在牙鲆中首次克隆了 *cyp17-Ⅱ*基因，并发现其在卵巢中表达变化规律与睾酮和雌二醇变化规律相一致，据此推测 *cyp17-Ⅱ*基因可能参与牙鲆卵巢中类固醇激素的调节和刺激卵母细胞的生长和成熟。Fang 等从牙鲆脑组织中克隆得到全长的 GnRH 受体（*GnRH-R*）的基因，并对其组织特异性表达作了分析。*GnRH-R* 基因在牙鲆脑和垂体中表达，暗示了其参与了生殖行为如产卵行为等。此外，*GnRH-R* 基因在卵巢和精巢中也有表达，表明其可能通过与 *GnRH* 基因互作来参与牙鲆自分泌或旁分泌过程。

5. 牙鲆功能基因重组表达及其应用

目前，有关牙鲆功能基因重组表达及其在水产养殖业中的应用研究报道还很少。其中，黄海水产研究所李伟等构建了牙鲆抗菌肽 Hepcidin 的原核表达载体，并在大肠杆菌中成功进行了表达，获得了重组抗菌肽蛋白，并证明其具有一定的抑菌活性，为重组抗菌肽用作饲料添加剂奠定了一定基础。

（陈松林）

第四节　石　斑　鱼

一、石斑鱼简介

1. 石斑鱼种类

石斑鱼，俗指石斑鱼亚科（Epinephelinae）的鱼类，隶属于鲈形目（Perciformes）鮨科（Serranidae），包含 15 属 159 种，广泛分布于热带与亚热带海域。目前，我国已记录的石斑鱼属种类有 45 种，其中以南海海域分布最多，约有 35 种（祝茜，1998）。

石斑鱼体长椭圆形稍侧扁。口大，具辅上颌骨，牙细尖，有的扩大成犬牙。体被小栉鳞，有时常埋于皮下。背鳍和臀鳍棘发达，尾鳍圆形或凹形。体色变异甚多，常呈褐色或红色，并具条纹和斑点。石斑鱼的种类繁多，体型大小也各有差别。有的石斑鱼体长可达 1m 以上，体重超过 100kg，如鞍带石斑鱼（*Epinephelus lanceolatus*），也有体长不超过 30cm 的小型石斑鱼，如斑带石斑鱼（*Epinephelus fasciatomaculosus*）等。

2. 石斑鱼的习性

石斑鱼属广盐性鱼类，在盐度 11‰～41‰的海水中均可以生存，最适盐度为 18‰～30‰，适宜水温为 22～30℃。大多数石斑鱼种类喜好独居的生活，长期栖息在某一个固定的地方。石斑鱼常活动于岩礁和珊瑚礁间，也有些种类的成鱼喜欢选择沙质或淤泥地域；仔稚鱼则出现在有水草的海床中。大部分石斑鱼的栖息水深在 100m 以内，但也有部分种类分布在深 100～200m 的海域（有时达到 500m），而仔稚鱼常常在潮间带发现。

作为珊瑚礁生态系统的主要捕食者，大多数石斑鱼以各种小型鱼类、较大的甲壳类和头足类为食。但也有少量石斑鱼如波纹石斑鱼（*Epinephelus undulosus*）有长而多的鳃耙适合以浮游生物为食。

3. 石斑鱼的繁殖特点

石斑鱼是典型的雌雄同体雌性先熟种类（protogynous hermaphroditism），雌鱼达一定年龄及大小时可发生性逆转，转变为雄鱼。性逆转与鱼的年龄、大小密切相关（Tupper，1999）。在天然海域中，不同石斑鱼性转化的年龄不同；同一群体中，性转变一般发生在较大的个体上。例如，暗斑石斑鱼（*Epinephelus marginatus*）雌性成熟年龄一般在5～7年，体长在38～57cm；性转变年龄发生在10～16年，体长在80～110cm（Stéphanie *et al.*，2008）。斜带石斑鱼（*Epinephelus coioides*），雌性成熟年龄一般在2～3年，体长在25～30cm；性转变年龄发生在5～7年，体长在55～75cm。在性逆转期间，卵母细胞退化，精原细胞增殖，卵巢慢慢转变为功能性的精巢组织（http：//www.fao.org/fishery/culturedspecies/Epinephelus_coioides/en）。

鱼类性逆转是脊椎动物的一个奇特的生殖策略，也是一个非常复杂的生理过程，一直以来都是科学研究的热点。然而，其中的调控机制至今仍未清楚，各种学说的争议也很大。目前普遍认为，石斑鱼类的性逆转现象除了受到年龄和个体的影响外，还受到社会因子的影响。在一个石斑鱼群体中，移走其中的雄鱼，剩下的群体中会有一尾雌鱼转变为雄鱼。体内的性类固醇激素的水平对石斑鱼的性逆转过程也有很大的影响，在石斑鱼类中通过雄激素或芳香化酶抑制剂的处理可诱导雄性化，表明类固醇激素对石斑鱼性逆转调控的重要性。但总体来说，对石斑鱼类性逆转分子调控机制的了解仍处于很浅显的水平，需要在更大层面如基因组、转录组、蛋白质组等方面来探讨这个独特的生理过程。

此外，部分石斑鱼具有临时性聚集产卵的特点，在繁殖季节常常迁徙到离栖息地几公里外的地方去产卵。聚集产卵可最大限度地增加雌雄交配的概率和大大提高受精的成功率，同时还能稀释其他天敌对成鱼和卵的破坏性。但由于这些产卵场只局限在某个固定的地方，容易遭到破坏，因为在短短1～2周的产卵期内渔民可在该产卵场捕捉到大量亲鱼，导致这类具有现成再生能力的群体大量减耗，对石斑鱼资源的可持续性造成巨大损害。

4. 石斑鱼的养殖

石斑鱼营养丰富，肉质细嫩洁白，类似鸡肉，素有“海鸡肉”之称。石斑鱼又是一种低脂肪、高蛋白质的上等食用鱼，被港澳地区推为我国四大名鱼之一，是高档筵席必备佳肴。据联合国粮食与农业组织（FAO）数据统计，2009年，全球食用石斑鱼已超过30万t，约9000万条石斑鱼在餐桌上被吃掉，较10年前增加25%，又以亚洲需求最高。由于近年石斑鱼食用需求大增，以致出现过度捕捞。同时，由于石斑鱼的繁殖周期长，渔业管理落后，造成石斑鱼资源遭到了严重的破坏。在全球100多种石斑鱼当中，多达42种类有存活威胁，其中20种更面临绝种危机。因此，加强石斑鱼种业资源的保护迫在眉睫。目前，国际上已开始通过立法来保护石斑鱼资源，如美国和加拿大规定了可以捕捉的石斑鱼尺寸规格，同时在绝大部分时段禁止捕捉雌性石斑鱼。

海水养殖和人工繁育能有效地减轻石斑鱼过度捕捞的压力及产品供应的问题。石斑鱼养殖最初出现在东南亚一些国家。20 世纪 70 年代起，中国香港从近邻诸国进口小鱼进行网箱养殖。由于石斑鱼市场价值巨大，20 世纪 80 年代起，中国大陆及台湾、菲律宾、泰国、印尼等国家和地区也开始养殖。但是，由于石斑鱼人工繁育的困难，种苗只能依靠天然的捕捞，不但限制了石斑鱼养殖规模的发展，而且对野生资源的保护也有限。

石斑鱼的人工繁殖最早开始于 20 世纪 60 年代初，日本率先开始了赤点石斑鱼的产卵习性、初期生活史和仔稚鱼形态及发育的研究。1970 年以后，东南亚如新加坡、菲律宾和泰国，波斯湾各国如科威特，大洋洲如澳大利亚、新西兰，欧洲如丹麦、西班牙等国，以及我国大陆、香港和台湾也相继开展石斑鱼人工繁养殖相关技术的研究。我国大陆对石斑鱼人工繁殖的研究开始于 80 年代并取得了初步成功。进入 2000 年后，在国家政策的引导和支持下，中山大学林浩然院士团队与合作单位共同攻关，突破了我国南方主要的石斑鱼养殖品种——斜带石斑鱼的人工繁育难关，实现了苗种的规模化生产，结束石斑鱼养殖苗种依靠进口和天然捕捞的被动局面，推动了我国石斑鱼养殖产业的快速发展。2011 年，全球石斑鱼养殖产量为 100 905t，其中，中国有 59 534t，占世界养殖总产量的 59%。

二、斜带石斑鱼基因组研究进展

1. 斜带石斑鱼简介

斜带石斑鱼（*Epinephelus coioides*）分布于印度-西太平洋，从红海至非洲南部，东至帕劳群岛与斐济，北至琉球群岛，南至阿拉弗拉海和澳大利亚。斜带石斑鱼身体延长，在头和身体的背部呈棕褐色，腹部底纹呈白色，大量橙褐色或红褐色的小点分布于头、身体和鳍条的中部。身体上有 5 条不规则的、间断的、向腹部分叉的黑斑，第一个黑斑在前背鳍棘的下方，最后的黑斑在尾柄上，2 个黑斑在中鳃盖，而另外的 1～2 个在次鳃盖和中鳃盖的边接处。斜带石斑鱼主要生活在沿海或岛屿 100m 深的水下暗礁环境，在含泥巴和碎石的咸淡水域也经常发现，以鱼、虾、蟹和其他甲壳类的动物为食，目前发现最大的个体长 111cm，15kg，年龄 22 岁。与其他石斑鱼一样，斜带石斑鱼也属于雌雄同体雌性先熟的鱼类，在其生活史中存在雌转雄的现象。由于生长慢、长寿、聚集产卵和性逆转等特点，斜带石斑鱼野生资源一度因过度捕捞遭到了严重的破坏（http：//www.fao.org/fishery/culturedspecies/Epinephelus_coioides/en）。

斜带石斑鱼是我国大陆首个苗种生产达到规模化全人工繁育水平的石斑鱼类。2001～2005 年，仅在广东省就培育了 2.5cm 以上规格的斜带石斑鱼苗种 900 多万尾，解决了斜带石斑鱼苗种供应的难题，在广东沿海地区及海南、福建等地进行推广应用，大力促进了整个石斑鱼养殖业的发展。斜带石斑鱼也是目前基础研究做得最扎实的石斑鱼类，国内外学者已对斜带石斑鱼进行了一系列的基础研究，系统地研究了斜带石斑鱼性腺发育和性类固醇激素变化特点。掌握了斜带石斑鱼胚胎发育、仔稚幼鱼形态发育和生长过程；确定了仔鱼培育阶段摄食强度的变化及食性转换；掌握了不同昼夜节律下仔鱼的摄食节律及日摄食量的规律；确定了石斑鱼受精卵孵化和幼鱼存活生长的环境条件；针对雌雄同体、雌性先熟的生理特点，建立了人工调控性反转技术；确定了斜带石斑鱼免疫系统的个体发育的进程等。充足的材料和扎实的基础研究，使得斜带石斑鱼成为石斑鱼类功能基因、遗传育种等研究的模式物种，因此，也成为石斑鱼类基因组测序和研究的首选物种。开展石斑鱼类基因组学研究，是获取石斑鱼基因资源最便捷最有效的手段，将为解析石斑鱼的遗传基础、挖掘重要生产性状相关功能基因打下坚实基础。

2. 斜带石斑鱼全基因组图谱绘制

斜带石斑鱼全基因组的测序，采用了全基因组鸟枪法测序策略及使用 Illumina 基因组分析仪测序技术，基因组组装主要是使用 SOAP*de novo* 基因组组装软件来完成。根据 K-mer 分析，估算出斜带石斑鱼的基因组大小约为 1.1Gb。GC 含量分析发现，斜带石斑鱼基因组平均 GC 含量在 41%左右，相对于斑马鱼（*Danio rerio*）、青鳉鱼（*Oryzias latipes*）和黑青斑河豚（*Tetraodon nigroviridis*），斜带石斑鱼的 GC 含量分布较为集中。组装获得斜带石斑鱼全基因组精细图谱，其中 contig N50 的长度为 22.6kb，scaffold N50 的长度为 1083.3kb，超过国际基因组框架图的标准。碱基深度分析显示覆盖深度小于 10 所占的比率低于 3%，覆盖度评估确认组装结果覆盖了超过 98%的基因区。在斜带石斑鱼基因组中预测得到 23 043 个基因，有 23 013 个基因可以被注释，占总基因数的 99.87%，另外，有 30 个基因没有被注释，可能为石斑鱼特有的基因，占总基因数的 0.13%。基因家族鉴定统计，在斜带石斑鱼基因组预测的基因中，有 585 个基因未被聚到任何家族中，其中石斑鱼基因家族为 9782 个。在石斑鱼基因组中，有 1237 个基因家族发生了扩张，包括 8079 个石斑鱼基因；380 个基因家族发生了收缩，包括 557 个石斑鱼基因。另外，石斑鱼基因组中，有 20 个基因发生了正选择，其中，有 6 个基因与生殖功能相关。

三、石斑鱼功能基因挖掘与利用研究进展

1. 石斑鱼生殖相关功能基因研究

与其他脊椎动物类似，石斑鱼的生殖活动主要受“脑/下丘脑-脑垂体-性腺”轴（hypothalamus-pituitary-gonad axis，HPG 轴）的调控。然而，对于调控下丘脑促性腺激素释放激素（gonadotropin releasing hormone，GnRH）与脑垂体促性腺激素（gonadotropin，GtH）分泌的分子机制仍不清楚。最近十几年来，围绕调控石斑鱼生殖轴的重要相关功能基因，开展了系统深入的研究，特别是在神经内分泌调控 GnRH 与 GtH 分泌的机制方面取得了突破性的进展，证实了 RF 肽家族的 Kisspeptin 与 GnIH（gonadotropin-inhibitory hormone）两种短肽对石斑鱼生殖轴的调控起着直接而相反的作用。Kisspeptin 通过刺激 GnRH 的分泌，促进 GtH 的合成与释放，而 GnIH 则抑制 GnRH 和 GtH 的合成与释放，这些成果补充和完善了斜带石斑鱼生殖轴的内容，初步构建了斜带石斑鱼生殖的神经内分泌调控网络。

（1）Kisspeptin/GPR54

在斜带石斑鱼克隆了两种 *kiss* 基因（*kiss1*、*kiss2*）。除了保守的 Kisspeptin 十肽

（Kiss1-10 和 Kiss2-10），*kiss* 基因编码的氨基酸序列与其他脊椎动物的同源性较低。目前只克隆出一种 *GPR54* 序列（*GPR54a*），其序列保守性较高。通过细胞孵育、转染GPR54a、Kisspeptin 诱导的荧光报告实验，证明 Kiss2-10 能结合 GPR54a 并通过 PKC 通路传导下游信号。通过腹腔注射两种 Kisspeptin，发现 Kiss1-10 对处于卵母细胞二时相的雌性斜带石斑鱼下丘脑的 *GnRH1* 和 *GnRH3* 及垂体中的 *FSHβ* 和 *LHβ* 的转录水平均无显著性影响；然而，Kiss2-10 能显著升高下丘脑中 *GnRH1* 和垂体中的 *FSHβ* 的转录水平，但是对 *GnRH3* 和 *LHβ* 的转录水平却没有显著影响。证实了斜带石斑鱼的 *kiss2* 也能像哺乳动物一样调控 GnRH，且是刺激斜带石斑鱼生殖的主要调控者。在甲基睾酮（MT）诱导斜带石斑鱼雌鱼提早发生性逆转的过程中，当雌鱼成功性逆转为雄性后（MT 处理第 4 周），性逆转雄鱼的 *kiss2* 表达水平显著高于对照组（雌性），而 *kiss1* 的表达量与对照组无显著性差异。相应地，*GnRH1* mRNA 的表达情况与 *kiss2* 的类似，也是在第 4 周性逆转为雄性时，*GnRH1* mRNA 表达量显著高于对照组，但是，*GnRH3* 的 mRNA 水平在整个性逆转过程中无显著性变化。说明 kiss2/GPR54 信号系统参与了斜带石斑鱼性逆转过程的调节，且 kiss2 似乎扮演着生殖活动的主要调控者，而 kiss1 更像是个辅助者。

（2）GnIH/GnIHR

从斜带石斑鱼下丘脑中克隆得到 *GnIH* 和 *GnIH* 受体（*GnIHR*）的 cDNA，预测在其前体肽里面包括一段 21 个氨基酸的信号肽和三段潜在的 LPXRFa 多肽（X=L 或 Q）。配体-受体（LPXRFa 多肽-GnIHR）的相互作用实验表明，在转染了 GnIHR 的 COS-7 细胞中，LPXRFa-1, 3 能够以剂量依存的方式降低 *CRE* 基因启动子的活性，表明化学合成的 LPXRFa-1, 3 具有生物活性，能激活 GnIH 受体。组织表达模式分析显示，*GnIH* mRNA 仅在下丘脑表达，而 *GnIHR* 在所有检测的组织中广泛表达，在雄性精巢的表达量最高，在各脑区有着中度或低度表达。原位杂交结果显示，GnIH 细胞只位于下丘脑的 NPPv 区。离体孵育实验表明，LPXRFa-1 多肽能显著地下调下丘脑碎片中 *GnRH1* 的表达量，但是，对垂体 *LHβ* 和 *FSHβ* 的表达没有显著影响，不过，却能显著地降低由 LHRH-A 刺激的垂体 *LHβ* 的表达量。表明 GnIH 对斜带石斑鱼生殖轴的抑制作用主要通过调控 GnRH 来实现。

（3）GnRH/GnRH-R

在斜带石斑鱼中克隆得到三种 *GnRH* 基因（*GnRH1*、*GnRH2* 和 *GnRH3*）和 5 种 *GnRH-R* 基因（*GnRH-R1A*、*GnRH-R1B*、*GnRH-R2A*、*GnRH-R2B*、*GnRH-R2C*）全长 cDNA 序列。GnRH1 主要分布于视前区的小细胞视前核[parvocellular part of the parvocellular preoptic nucleus（NPOav）of preoptic area，POA]，GnRH2 主要分布于中脑内侧纵视核（nucleus of the medial longitudinal fascicle，nMLF），GnRH3 主要分布于腹侧端脑区（the ventral telencephalon，VT），在 NPOpc 区有少量分布。推测 GnRH1 在 HPG 轴的调控中起主要作用，GnRH2 发挥神经递质或神经传导等方面的功能。通过表达定位、表达模式与表达调控的研究初步表明，在斜带石斑鱼垂体中，只有 *GnRH-R1B* 和 *GnRH-R2A* 两种受体基因表达，并且，*GnRH-R1B* 在性原细胞时期及性原细胞开始分化为初级卵母细胞时期表达量高，而 *GnRH-R2A* 在初级卵母细胞皮层小泡生长期和卵黄生成期具有高表达的趋势，推测 GnRH-R1B 在性腺发育早期起主导作用，对性别分化具有调控作用，而 GnRH-R2A 在卵黄生成及卵子排放中起主导作用，二者在参与 HPG 轴的调控中呈现互补的作用。

（4）GtH/GtHR

在斜带石斑鱼克隆并鉴定了两种促性腺激素（GtH），即卵泡刺激素（follicle-stimulating hormone，FSH）和促黄体素（luteinizing hormone，LH），利用毕赤酵母表达系统重组表达了具有生物活性的重组斜带石斑鱼 FSH 和 LH，为研究斜带石斑鱼 GtH 的生物功能奠定了基础。同时还获得了两种促性腺激素受体，即 FSHR 和 LHR。FSHR 只在脑、垂体、卵巢和精巢表达，而 LHR 仅表达于脑、卵巢和精巢，这是在硬骨鱼中首次发现两种 GtHR 在各个脑区均有表达。*FSHR* 和 *LHR* 在卵黄生成不同阶段的表达均存在显著变化并呈现不同的表达模式，提示斜带石斑鱼 FSHR 和 LHR 可能均在卵黄生成期间发挥作用，但分工有所不同。另外，FSH/FSHR 和 LH/LHR 信号系统均参与了甲基睾酮（MT）诱导的斜带石斑鱼性逆转过程，可能在调控性类固醇激素变化方面存在不同的功能。在斜带石斑鱼卵巢发育和 MT 诱导的性逆转过程中，CYP19a 和 FSHR 的表达模式相似，因此推测 FSH/FSHR 信号可能对 CYP19a 存在保守的调控作用。

（5）芳香化酶基因

在斜带石斑鱼和赤点石斑鱼中鉴定了两种芳香化酶基因 cDNA 全长，即脑芳香化酶（P450aromB）和性腺芳香化酶（P450aromA）（Zhang *et al.*，2004；Li *et al.*，2006）。P450aromB 有广泛的组织分布，脑和垂体的表达量很高，各组织表达量有明显的雌雄差异；而 *P450aromA* 表达主要集中于垂体和性腺，且不论雌雄，其性腺表达量均高于脑垂体。两种芳香化酶可能都参与了石斑鱼性逆转过程的调节。

（6）性类固醇激素受体基因

克隆了多个介导斜带石斑鱼性类固醇激素效应的受体，包括雄激素受体（androgen receptor，AR）、3 种雌激素受体（estrogen receptor，ER），以及 4 种孕激素受体（PR）及其膜组分（PGRMCs）的 cDNA 序列，并通过组织表达、生殖周期的表达模式，以及性逆转的表达调控，研究它们在生殖调控中的功能。AR 可能与斜带石斑鱼精巢发育和（或）维持相关；ERα 主要作用于卵巢的发育和成熟，而两种 ERβ 亚型作用于卵巢的早期发育及雄性性腺的发育与维持。在卵巢发育过程中，mPRα 主要参与卵母细胞最后成熟的调控。

（7）性别决定相关因子

在斜带石斑鱼克隆了一批与性别决定相关的因子的基因，这些因子包括雄性性别决定相关的因子，如维尔姆斯氏肿瘤抑制因子 1（WT1）、Sox9 等；卵巢决定因子，如 dax1、Foxl2 和 Wnt4 等，它们在石斑鱼性腺分化、发育成熟及性逆转过程的调节中均起了重要的作用。

2. 斜带石斑鱼生长相关功能基因的研究

围绕调控斜带石斑鱼生长的脑-脑垂体-肝脏轴，克隆了一系列与生长发育调控相关的功能基因，包括生长激素释放激素（growth hormone releasing hormone，GHRH）及其受体、生长激素（growth hormone，GH）及其受体、胰岛素样生长因子（insulin-like growth factor，IGF-Ⅰ和IGF-Ⅱ）及其受体、生长激素抑制激素（somatostatin，SS）及其受体、神经肽 Y（neuropeptide Y，NPY）及其受体、脑垂体腺苷酸环化酶激活多肽（pituitary adenylate cyclase-activating polypeptide，PACAP）及其受体、脑肠肽（ghrelin）及其受体等的基因。分析了它们的序列结构、进化位置和时空表达特征，证明了它们在石斑鱼生长发育过程中的作用，证明了 GH/IGF-Ⅰ生长轴对石斑鱼生长的调控作用，并发现石斑鱼生长轴的调控具有多因子协同作用和多种调控模式的特点。下丘脑分泌的多种神经内分泌因子，包括 PACAP、GHRH、GnRII 等，直接作用于脑垂体生长激素分泌细胞，促进 GH 的合成与释放；而下丘脑分泌的 SS 则可以直接抑制脑垂体 GH 的合成与释放，又可以通过调控 GH 刺激性因子而间接抑制脑垂体 GH 的合成与释放。利用甲醇诱导型启动子 AOX1 和组成型启动子 GAP 建立了石斑鱼生长激素基因的毕赤酵母的高效表达系统，把酵母表达产物拌入苗种饲料中作为添加剂，能显著促进石斑鱼苗种的生长。运用毕赤酵母表达系统还获得了石斑鱼胰岛素样生长因子、神经肽 Y、脑肠肽等一系列具有功能的可供开发利用的促生长因子重组蛋白。

3. 斜带石斑鱼免疫/抗病相关功能基因的研究

基于斜带石斑鱼基因组数据，分析了斜带石斑鱼 TLR、TGF、TIM、TNF、NOTCH、IG、MHC 等 7 个重要的免疫相关基因家族，并与其他硬骨鱼中的免疫相关基因进行聚类比较发现，在斜带石斑鱼中存在较多的 *TLR13* 基因拷贝，同时，在斜带石斑鱼中发现了 *BTNL* 的同源基因，这是在鱼类中首次发现该基因的存在；但是，在斜带石斑鱼中缺失了 *ROBO4* 基因。

在斜带石斑鱼基因组图谱的基础上，结合病毒、细菌、寄生虫感染等方面的研究，在斜带石斑鱼中筛选了大量与免疫/抗病相关的功能基因，包括硫氧化还原蛋白基因及其超家族的相关成员、翻译调控肿瘤蛋白、防御素、GB 型溶菌酶、C 型溶菌酶、血清样蛋白 A、干扰素刺激基因 15 编码蛋白、C 型凝集素、脂多糖诱导的肿瘤坏死因子、抗菌肽和干扰素等因子，并且对它们进行克隆表达及免疫/抗病等方面的功能研究，深入地阐明了防御素、干扰素等因子免疫/抗病的机制，制备了重组表达蛋白质，并探讨了它们在斜带石斑鱼病害防治中的潜在应用价值。

防御素（defensin）：防御素是抗菌肽家族中最大的亚家族，是一类由粒性白细胞和上皮细胞产生、富含半胱氨酸的内源阳离子抗微生物肽，借助二硫键形成由 α-螺旋、β-片层和肽环形成的三维立体结构，具稳定的分子结构和众多生物活性，是生物体天然免疫的重要组成部分。本研究根据得到的 EST 序列首次对石斑鱼 β-defensin 进行了研究，并且发现 LPS、新加坡石斑鱼虹彩病毒（SGIV）和 poly（I∶C）刺激石斑鱼后，该基因的表达明显增加。成功构建其原核表达载体后对其进行了原核表达并制备了多克隆抗体。免疫荧光显示 defensin 对病毒 SGIV 和神经坏死病毒（VNNV）的感染具有免疫活性。化学合成多肽 defensin 不仅能够高效地抑制各种病原微生物，如革兰氏阴性菌、革兰氏阳性菌和真菌，还能极大降低 SGIV 和 VNNV 感染后的病毒滴度、病毒基因的表达和病毒结构蛋白的积累。过量表达 *defensin* 的石斑鱼脾细胞（GS/pcDNA-defensin）同样可以抑制病毒的感染，并且调节宿主免疫相关基因 *Mx* 和促炎性细胞因子基因 *IL-1β* 的表达。转染质粒 pcDNA-defenisn 的细胞在 SGIV 和 VNNV 感染后，报告基因 *IFN-Luc* 和 *ISRE-Luc* 活性明显上调，表明 defensin 可以激活 I 型干扰素和干扰素敏感反应元件（ISRE）。以上研究表明，defensin 在病毒病原体入侵宿主的抗病毒免疫反应中发挥了重要作用。

干扰素（interferon γ，IFNγ）：借助斜带石斑鱼基因组数据库，克隆了其两种 IFNγ 可读框（ORF）序列，获得两种 IFNγ 重组蛋白质。石斑鱼 IFNγ1 和 IFNγ2 均具有典型的信号肽及[IV]-Q-X-[KQ]-A-X2-E-[LF]-X2-[IV]保守结构。两种 *IFNγ* 的组织表达模式差异较大，*IFNγ2* 广泛地表达于多个器官和组织，而 *IFNγ1* 仅在胸腺、肠、肾脏、肌肉和鳃表达，与黑青斑河鲀相似，提示两种 *IFNγ* 基因可能存在功能分化。在体实验结果显示，虹彩病毒侵染后，石斑鱼两种 *IFNγ* 都显著上调；而离体使用 TLR 识别配体——人工合成病毒类似物 Poly（I：C）能诱导脾脏白细胞中两种 *IFNγ* 表达，但另一种配体 LPS 则无明显作用，表明斜带石斑鱼两种 IFNγ 很可能参与到抵御病毒感染的宿主免疫反应。两种重组表达的石斑鱼 *IFNγ* 产物均都能刺激 *MHCII* 和 *IRF1* mRNA 表达，但 STAT1 和 TLR3 则分别只对 IFNγ2 和 IFNγ1 敏感。石斑鱼两种 IFNγ 分别调节不同的免疫基因，提示两种 IFNγ 能够差异化调节机体的免疫应答。

四、展望

斜带石斑鱼全基因组图谱构建的完成，为石斑鱼类功能基因组学、发掘新基因提供了海量的序列和基因资源，对于石斑鱼类的基础和应用研究具有里程碑的意义。斜带石斑鱼基因组图谱的完成，有利于从功能基因组角度揭示石斑鱼生长、发育、营养、代谢、繁殖、遗传、免疫等重要生命现象的分子调控机制，筛选鉴定出石斑鱼类重要的功能基因，建立一流的石斑鱼功能基因开发与利用平台，为开发具应用潜力的功能基因产品奠定基础；同时，基因组图谱的完成，将提供大量的重要性状相关功能基因和分子标记，建立石斑鱼品种改良的理论基础，为建立石斑鱼基因组辅助育种技术，快速培育抗病、抗逆、优质、高产的优良品种奠定重要基础。此外，在石斑鱼全基因组测序的基础上，从基因组水平进行研究，将能鉴别石斑鱼性别调控的基因并揭示石斑鱼性别分化和性别转化的相关功能基因的作用机制，对于揭示整个脊椎动物性别决定机制的形成及进化途径有非常重要的理论价值，对于建立鱼类性别控制的生物技术途径具有重要意义。

（刘晓春　李水生　林浩然）

第五节　弹　涂　鱼

一、弹涂鱼简介

弹涂鱼通常指栖息于河口潮间带滩涂，低潮时可暴露在空气中的鱼类，俗称跳跳鱼。

在分类学上弹涂鱼隶属于鲈形目（Perciformes）鰕虎鱼科（Gobiidae）背眼鰕虎鱼亚科（Oxudercinae）的 4 个属：齿弹涂鱼属（*Periophthalmodon*）、弹涂鱼属（*Periophthalmus*）、大弹涂鱼属（*Boleophthalmus*）和青弹涂鱼属（*Scartelaos*），根据最新的弹涂鱼物种鉴定结论，齿弹涂鱼属有 3 个种，弹涂鱼属有 18 个种，大弹涂鱼属有 5 个种，青弹涂鱼属有 4 个种，全世界总共有 30 种弹涂鱼。我国已报道的有 6 种，即大弹涂鱼（*B. pectinirostris*）、广东弹涂鱼（*P. modestus*）、大鳍弹涂鱼（*P. magnuspinnatus*）、银线弹涂鱼（*P. argentilineatus*）、青弹涂鱼（*S. histophorus*）和大青弹涂鱼（*S. gigas*）。

二、弹涂鱼的两栖习性

弹涂鱼类生活于海洋潮间带滩涂，分布于亚洲、南太平洋群岛、澳大利亚北部、阿拉伯半岛及非洲西岸等地。海洋潮间带是海洋和陆地的交汇地带，潮汐运动使得潮间带周期性地被海水浸没和干露，生态环境变化剧烈。生活于海洋潮间带滩涂的弹涂鱼类，它们既能生活于海水中，又能暴露于空气中，因此被称为两栖弹涂鱼类。从终身生活于水中的鱼类进化到既可在水中生活又可在暴露于空气的潮间带生活的两栖鱼类，必须解决空气呼吸、耐受高浓度氨、潮间带滩涂上活动、空气中视觉和潮间带滩涂繁殖等问题。现存的两栖弹涂鱼类经过长期的进化已形成了适应于海洋潮间带湿地滩涂特殊生境的身体结构和生理生态机能：①以鳃作为主要呼吸器官，以具有丰富微血管的皮肤、口咽腔和鳃腔作为辅助呼吸器官；②皮肤黏液细胞丰富，使得弹涂鱼类长期暴露于空气中或在烈日的暴晒下仍能保持皮肤湿润；③弹涂鱼类经常暴露于空气中或者在水体体积有限且水体交流不畅的环境活动，导致其体内排出的氨无法及时被溶解吸收，即使排出来，也会出现外界环境较高浓度氨胁迫，相比于终身生活在水中的鱼类，弹涂鱼类具有较强的氨耐受能力；④长期生活于周期性干露的潮间带环境，运动方式的改变使得部分器官组织相应特化，如胸鳍肌肉发达（当肌肉收缩或舒张时，带动胸鳍的前后移动）、左右胸鳍愈合成吸盘状，使其能在潮间带爬行、跳跃和附着在基质上；⑤幼鱼（开始底栖生活）和成鱼视觉器官眼睛的位置突起于头部背面，使之能看清空气中的物体，视觉敏锐，有利于摄食、避敌和交配繁殖等一系列生命活动；⑥形成了洞穴产卵的习性，受精卵的孵化率较高，雄鱼有护卵行为，有利于对后代的保护。由于弹涂鱼类具备上述的生理生态特征，其既可在水中生活，又可长时间暴露于空气中，特化成为名副其实的“两栖鱼类”。

弹涂鱼类栖息于潮间带，但不同种类的活动范围处于潮间带的不同区域。例如，弹涂鱼属中的大鳍弹涂鱼（*P. magnuspinnatus*）生活于海洋潮间带高潮区，涨潮期间栖息于洞穴内，退潮时在潮间带的高潮区跳跃，经常爬上红树林和岸边石块。齿弹涂鱼属的许氏齿弹涂鱼（*P. schlosseri*）则在潮间带的中高潮区活动和摄食。大弹涂鱼属的大弹涂鱼，生活于海洋潮间带中低潮区，涨潮期间栖息于洞穴内，退潮时离开洞穴在潮间带的中低潮区爬行和摄食。而青弹涂鱼属的青弹涂鱼则一般在潮间带的低潮区活动和摄食。不同弹涂鱼占据不同的生态位，反映了弹涂鱼类不同种类两栖习性的差异。

三、弹涂鱼基因组学研究进展

2011 年 7 月，深圳华大基因研究院联合深圳市野生动物保护中心、厦门大学、新加坡分子和细胞生物学研究所及美国国立卫生研究院等单位启动了弹涂鱼基因组项目。该项目完成了 4 种弹涂鱼（大弹涂鱼、大鳍弹涂鱼、许氏齿弹涂鱼和青弹涂鱼）基因组测序与组装分析，这 4 种弹涂鱼分别代表了弹涂鱼类的 4 个属，而且占据了潮间带的不同生态位（图 4-1），呈现出不同的两栖习性，以利于开展比较基因组学研究。同时，完成了 2 种弹涂鱼（大弹涂鱼和大鳍弹涂鱼）在空气暴露条件下的转录组测序与分析。通过这些基因组和转录数据的分析，该项目首次系统揭示了弹涂鱼两栖习性演化的基因组学机制（You *et al.*，2014）。

拉丁名	*Scartelaos histophorus* (SH)	*Boleophthalmus pectinirostris* (BP)	*Periophthalmodon schlosseri* (PS)	*Periophthalmus magnuspinnatus* (PM)
中文名	青弹涂鱼	大弹涂鱼	许氏齿弹涂鱼	大鳍弹涂鱼
基因组大小/Gb	0.806	0.983	0.780	0.739
Scaffold N50	14 331	2 309 662	39 090	288 532
Contig N50	8 413	20 237	16 864	27 590
基因数	17 273	20 798	18 156	20 927
重复序列含量/%	41.25	46.92	44.40	41.03
图片	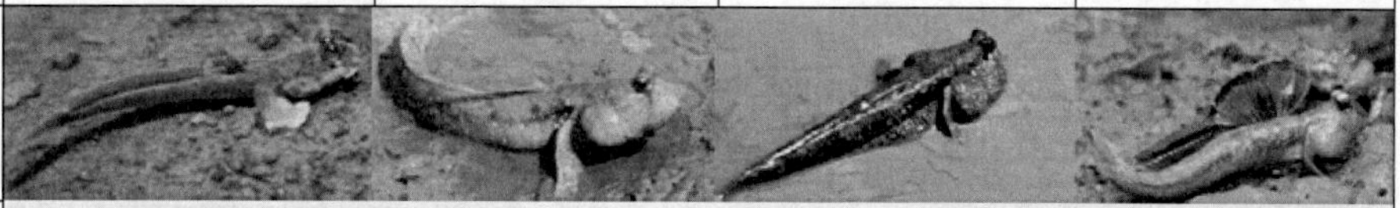			
栖息地	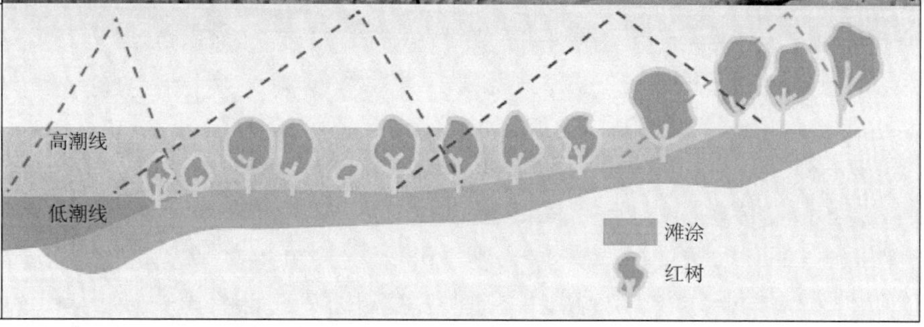 高潮线 低潮线 滩涂 红树			

图 4-1　4 种弹涂鱼的基本信息及其基因组组装结果（You *et al.*，2014）

为表述方便，分别以 4 种弹涂鱼的属名和种名的首字母组合代表对应的物种，即 BP、PM、PS 和 SH 分别代表大弹涂鱼、大鳍弹涂鱼、许氏齿弹涂鱼和青弹涂鱼。

1. 弹涂鱼基因组测序与组装

用于基因组测序的 BP 和 SH 采捕于深圳湾红树林湿地，PM 采捕于珠海淇澳岛，PS 的 DNA 样品由新加坡分子和细胞生物学研究所提供。采用全基因组鸟枪法（WGS）策略，基于 Hiseq2000 测序平台进行测序，对于 BP、PM、SH 和 PS，分别获得了 232.72Gb、

93.80Gb、79.74Gb 和 66.65Gb 的测序数据。基于 17-mer 分析，估计 BP、PM、PS 和 SH 的基因组大小分别为 983Mb、780Mb、739Mb 和 806Mb。采用 SOAP*de novo*2 进行基因组组装，组装结果如图 4-1 所示，其中 BP 的 contig N50 和 scaffold N50 分别为 20.2kb 和 2.3Mb，BP、PM、PS 和 SH 组装出的基因组大小分别为 966Mb、715Mb、682Mb 和 720Mb。

2. 基因组组装评价

为评价弹涂鱼基因组组装质量，采用以下 4 种方法：①构建 BP 的 fosmid 文库，并随机挑选了 8 个克隆，采用 Sanger 测序技术测通，fosmid 克隆与基因组 scaffold 的比对结果显示出超过 98%的一致性；②采用与 SOAP*de novo*2 同样是基于 de Bruijn 算法的 WGS 组装软件 ALLPATH-LG 对 BP 进行基因组组装，并挑选出 9 条最长的 scaffold 与 SOAP*de novo*2 组装的 scaffold 进行比对，结果显示，两者呈现一对一的线性比对关系，且一致性超过 99.5%；③基于转录组数据，组装出 BP 和 PM 的转录区域并与各自的基因组数据进行比对，比对率分别为 92%～96%和 94%～96%；④利用真核生物核心基因集比对法（core eukaryotic genes mapping approach，CEGMA），将 248 个 CEG 比对到 BP 和 PM 的基因组，结果显示，超过 80%的 CEG 能完整比对上，超过 98%的 CEG 能部分比对上。

3. 基因组注释

（1）基因组重复序列注释

BP、PM、PS 和 SH 的重复序列分别为 453Mb、294Mb、303Mb 和 297Mb，分别占其基因组大小的 46.92%、41.03%、44.40%和 41.25%。其中 DNA 转座子中 hAT 家族类型的重复序列的含量在 4 种弹涂鱼之间差异较显著，在 BP、PM、PS 和 SH 中分别为 98Mb、28Mb、50Mb 和 33Mb。由此看出，4 种弹涂鱼之间基因组大小的差异主要是由重复序列含量不一致导致的。

（2）蛋白质编码基因注释

采用 *de novo* 预测、同源预测和转录组数据预测，并采用 GLEAN 软件整合，预测出 BP、PM、PS 和 SH 的蛋白质编码基因数目分别为 20 798、20 927、18 156 和 17 273。对于 BP 和 PM，超过 70%的基因同时得到 3 种预测方法的支持，大约 95%的基因得到至少 2 种预测方法的支持。利用 InterPro、GO、KEGG、Swissport、TrEMBL 数据库对 4 种弹涂鱼的基因集进行功能注释，在 BP、PM、PS 和 SH 中分别注释出 19 870 个、20 082 个、16 262 个和 15 221 个基因，分别占其基因集数目的 95.54%、95.96%、89.57%和 88.12%。

4. 弹涂鱼基因组单核苷酸变异与种群规模演化分析

（1）弹涂鱼基因组单核苷酸变异识别与分布

将 BP 和 PM 的小片段文库（500～800bp）测序数据比对至各自基因组，采用 SOAPsnp 过滤和识别比对结果的单核苷酸变异（single-nucleotide variation，SNV），识别出 BP 和 PM 的 SNV 数目分别为 1 683 572 个和 820 179 个。对于 BP，11 847 个非同义 SNV 位于 6101 个基因的蛋白质编码序列。对于 PM，则有 9512 个非同义 SNV 位于 5666 个基因的蛋白质编码序列。为验证弹涂鱼基因组 SNV 的准确性，随机挑选了 BP 基因组上的 37 个 SNV，以其侧翼序列设计引物进行 PCR 扩增，并用 Sanger 测序，有 34 个 SNV 得到验证。

（2）弹涂鱼种群历史演化分析

基于 BP 和 PM 基因组 SNV，构建了这两种弹涂鱼 2 000 000～10 000 年前的种群大小变动趋势。如图 4-2 所示，BP 的种群大小始终比 PM 要大，这两种弹涂鱼的种群变动与海平面变化显著相关，BP 处于种群规模最大时海平面相对较低，而 PM 处于种群规模最大时海平面相对较高。这种现象可能与海平面变化对这两种弹涂鱼栖息地和食物的影响有关。BP 栖息于中低潮带的泥滩，植食性，刮食底栖硅藻。PM 栖息于中高潮带的水草或红树林滩涂区域，肉食性，捕食水生昆虫及小型甲壳生物等。低海平面能使更多的泥滩裸露并有利于底栖硅藻的繁殖，从而有利于 BP 的繁衍。而海侵引发的海平面上升，有助于 PM 在水草或红树丰盛的区域活动觅食，从而促进其种群扩繁。

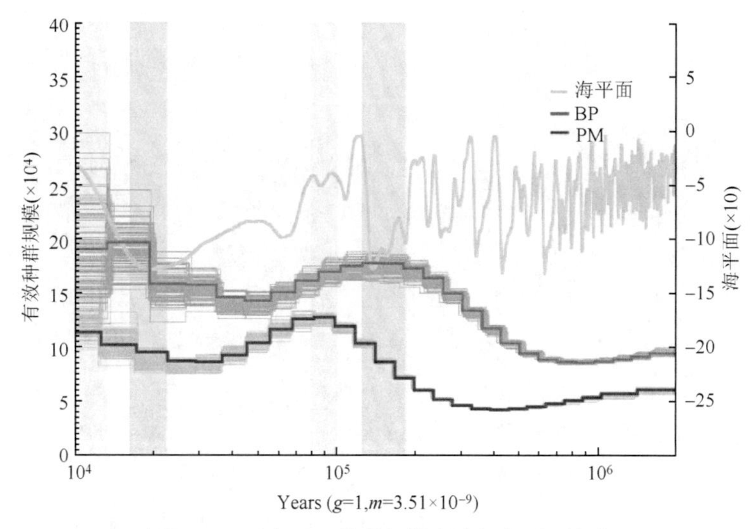

图 4-2 BP 和 PM 种群规模变动与海平面变化

g 表示弹涂鱼的繁殖周期，*m* 表示弹涂鱼基因组序列每个核苷酸每年的变异速率

5. 弹涂鱼基因组进化分析

（1）弹涂鱼特异基因家族

以人（*Homo sapiens*）、斑马鱼（*Danio rerio*）、红鳍东方鲀（*Takifugu rubripes*）、爪蟾（*Xenopus tropicalis*）、三棘鱼（*Gasterosteus aculeatus*）、绿河鲀（*Tetraodon nigroviridis*）、蛇蜥（*Anolis carolinensis*）和青鳉（*Oryzias latipes*）的蛋白质序列作为参照，识别弹涂鱼特异的基因家族。相对于人、蛇蜥、爪蟾和斑马鱼，BP 有 2215 个特异基因家族，其中含有 2349 个基因，其中有 95.8%的基因有转录证据支持。而相对于红鳍东方鲀、青鳉、三棘鱼和斑马鱼，BP 有 1358 个特异基因家族，其中含有 1493 个基因。

（2）弹涂鱼进化地位分析

从以上 8 种脊椎动物和 4 种弹涂鱼提取了 1913 个单拷贝同源基因，利用这些基因的 4 重简并位点（four-fold degenerate sites，4D sites）信息，构建进化树。如图 4-3 所示，4

种弹涂鱼所处的进化分支与其他硬骨鱼类的分支的分离时间为 140 000 万年。在弹涂鱼分支内部，BP 与 SH 形成 1 个姐妹群，而 PS 和 PM 形成另 1 个姐妹群，这种进化分支结构与这 4 种弹涂鱼的生态习性吻合，BP 与 SH 偏向于水生习性，而 PS 和 PM 的陆生习性较强。然而，基于形态学的弹涂鱼类分支结构显示，PS 隶属的齿弹涂鱼属与 PM 隶属的弹涂鱼属聚成一支，再与包含 BP 的大弹涂鱼属聚在一起，然后与包含 SH 的青弹涂鱼属聚成一支。为明确这 4 种弹涂鱼的进化分支关系，我们集中于 4 种弹涂鱼和斑马鱼（作为外群），提取 4306 个单拷贝直系同源基因，利用这些基因的变异位点信息及采用不同的建树方法，得到的结果与图 4-3 的分支结构一致。

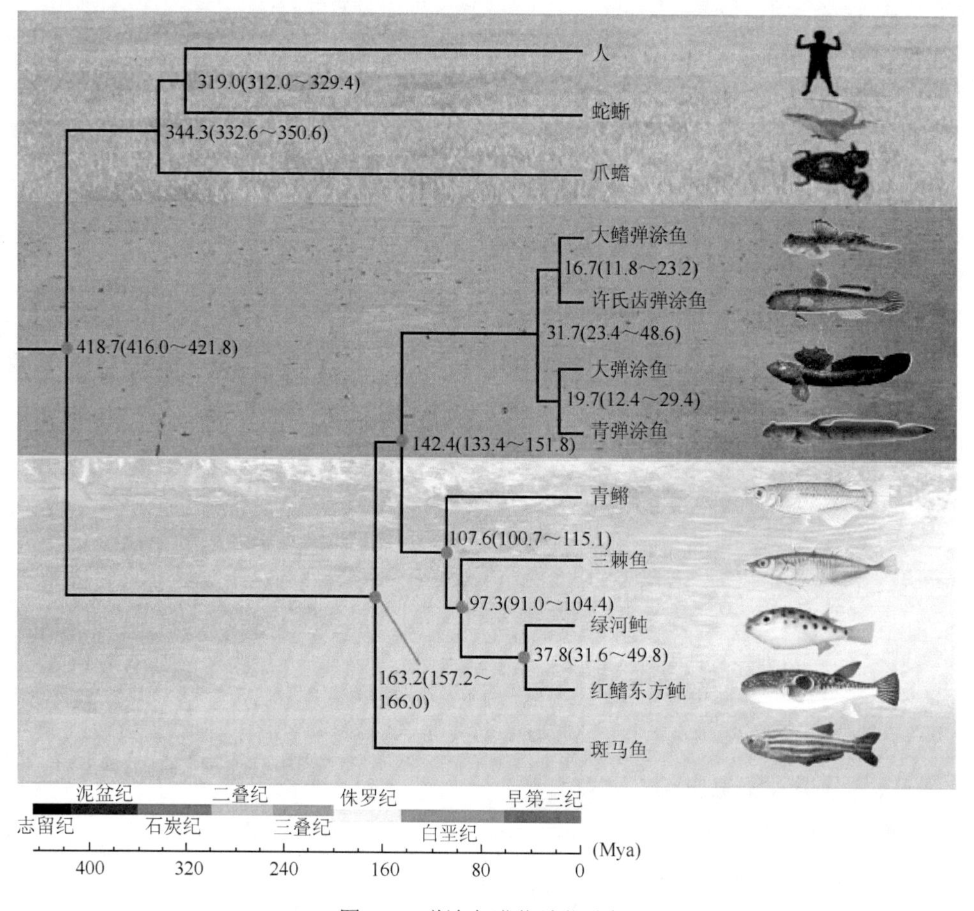

图 4-3 弹涂鱼进化地位分析

进化分支节点的数字表示进化支之间的分化时间；圆圈标记的进化节点表示来源于 TimeTree（http://www.timetree.org/）的分化时间；Mya. Million years ago，即百万年前，余同

（3）弹涂鱼特有基因与正选择基因分析

采用 MCscan 软件识别 5 种硬骨鱼（斑马鱼、青鳉、三棘鱼、红鳍东方鲀和绿河鲀）、BP 和 PM 之间的直系同源信息和共线性模块，发现了 684 个弹涂鱼（BP 和 PM）特有基因，其中有 657 个基因有转录本。对这些基因进行结构域功能富集分析，表明这些基因显著富集于免疫功能结构域。在这些基因里面，包含 4 个 Toll 样受体 13（Toll-like receptor 13，

TLR13）基因，TLR13 属于先天免疫受体家族，能识别细菌的 23S rRNA。弹涂鱼 *TLR13* 基因的拷贝数达到 11 个，脊椎动物的 *TLR13* 分成两大支，弹涂鱼在其中一支显著扩张（图 4-4）。通过产生新功能，由复制导致的多拷贝基因有助于物种的适应性进化。特有的 *TLR13* 基因及特有的具有免疫功能域的基因为弹涂鱼适应水陆两栖生活的免疫机制研究提供重要参考。

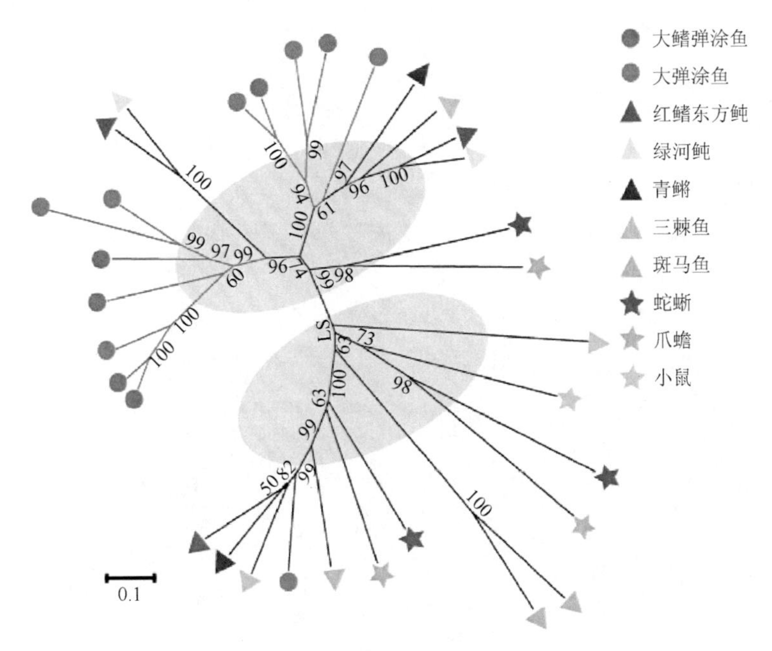

图 4-4 *TLR13* 基因进化分析

从 BP、PM 与 5 种硬骨鱼类（斑马鱼、青鳉、三棘鱼、红鳍东方鲀和绿河鲀）获得 4844 个一对一的直系同源基因并进行正选择基因分析，其中，BP 和 PM 的正选择基因（positively selected gene，PSG）分别为 722 个和 705 个。这些正选择基因显著富集于“DNA 修复”、“DNA 复制”、“核酸代谢过程”和“应激响应”等 GO 注释条目，表明这些正选择基因可能在弹涂鱼适应潮间带温度变化及日光直射等方面具有重要作用。

6. 弹涂鱼氨耐受的基因组学机制

在自然条件下，相比于终身生活在水中的鱼类，两栖鱼类面临着较高浓度氨胁迫。研究发现，许氏齿弹涂鱼 24h、48h 和 96h 的氨半致死浓度分别为 643μmol/L、556μmol/L 和 536μmol/L，薄氏大弹涂鱼（*Boleophthalmus boddaerti*）则分别为 77.1μmol/L、64.0μmol/L 和 60.2μmol/L。体重为 7.0～52.1g 的虹鳟 96h 的氨半致死浓度为 23.1～28.5μmol/L。以上研究表明，弹涂鱼具有很强的氨耐受能力。弹涂鱼超强的氨耐受能力与其高效的氨排泄机制是分不开的。弹涂鱼鳃组织氨排泄的基本模式可以总结如下：当血液流过弹涂鱼鳃上皮富线粒体细胞时，血液中的 NH_4^+通过 Na^+/K^+（NH_4^+）/$2Cl^-$协同转运蛋白（NKCC）、Na^+/H^+交换因子（NHE）或者 Na^+/K^+（NH_4^+）-ATP 酶（NKA）进入到细胞内；NH_3 通过浓度梯度扩散作用进入细胞，细胞中的碳酸酐酶（CA）催化 CO_2

水化产生碳酸氢盐及质子，NH_3 获得质子变成 NH_4^+；同时累积的碳酸氢盐可由碳酸氢盐/氯离子交换通道排出体外；而氯离子则通过类囊性纤维化跨膜阴离子通道（CFTR）被转运出细胞；进入细胞内的 NH_4^+通过 NHE 排放到环境，而 NH_3 则通过浓度梯度排放到体外；同时，细胞顶端表面 NHE 释放质子和大量 CO_2 的排放，可酸化环境，使 NH_3 变成 NH_4^+，防止 NH_3 回流到体内。弹涂鱼鳃组织结构的特化同样也有利于氨的排泄。总之，组织结构的特化及多种离子通道的参与是弹涂鱼鳃组织高效排氨的决定性基础。近年来，Rhesus（Rh）糖蛋白在直接转运氨分子所发挥的关键作用在一些鱼类（如红鳍东方鲀、斑马鱼、杜父鱼、红树林鳉鱼等）已得到证实。其中，在干露和外界高浓度氨胁迫下，红树林鳉鱼皮肤中 Rhesus 糖蛋白基因表达成倍上调。与红树林鳉鱼类似，弹涂鱼皮肤中可能存在 Rhesus 糖蛋白。

通过分析弹涂鱼鳃组织与氨排泄相关的基因发现，BP 的 *CA15* 和 *NHE3*，以及 PM 的 *CA15* 和 *Rhcg1* 基因受到正选择（图 4-5）。CA 能催化 CO_2 水合反应：$CO_2+H_2O \rightleftharpoons HCO_3^- + H^+$，在鱼类的鳃组织主要是 CA2 和 CA15 这两种亚型，能提供 H^+从而结合细胞质和胞外的 NH_3 形成 NH_4^+。NHE 是细胞膜上的离子通道，调节 Na^+/H^+或 Na^+/NH_4^+交换。Rhcg1 则是细胞膜上 NH_3 的通道。已有研究表明，氨基酸突变导致 Rhcg 理化性质的改变会影响其作为 NH_3 通道的通透性。根据人 RhCG 蛋白的晶体结构预测 BP 和 PM 的三维结构，研究发现，与 BP 相比，PM 在邻近 NH_3 通道中心有 3 个氨基酸突变（Leu328Cys、Leu342Phe 和 Val361Met）（图 4-6A 和 4-6B），这 3 个突变氨基酸位点的疏水性更高，更有利于中性 NH_3 的通过。另外，PS 的 Rhcg1 也受到正选择，与 PM 一样具有特异的氨基酸突变位点（图 4-6C）。以往的实验发现，在 8mmol/L NH_4Cl 的胁迫下，PS 比薄氏大弹涂鱼能排出更多的氨（NH_3/NH_4^+）到外部环境中。

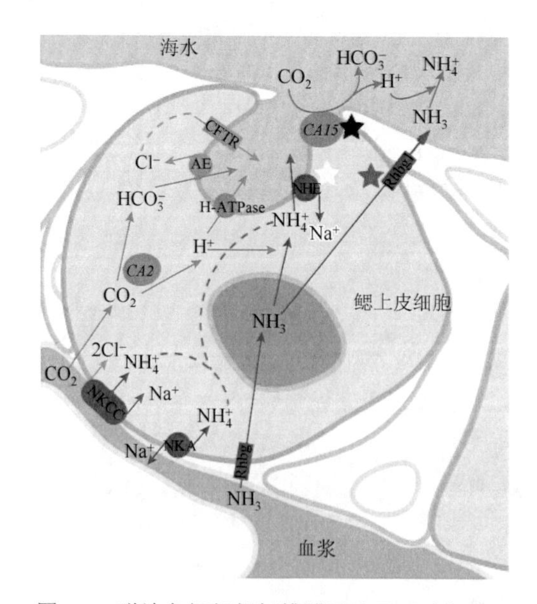

图 4-5 弹涂鱼鳃组织氨排泄通路及正选择基因

黑色星号表示 BP 和 PM 都受到正选择；白色星号表示 BP 受到正选择；灰色星号表示 PM 受到正选择

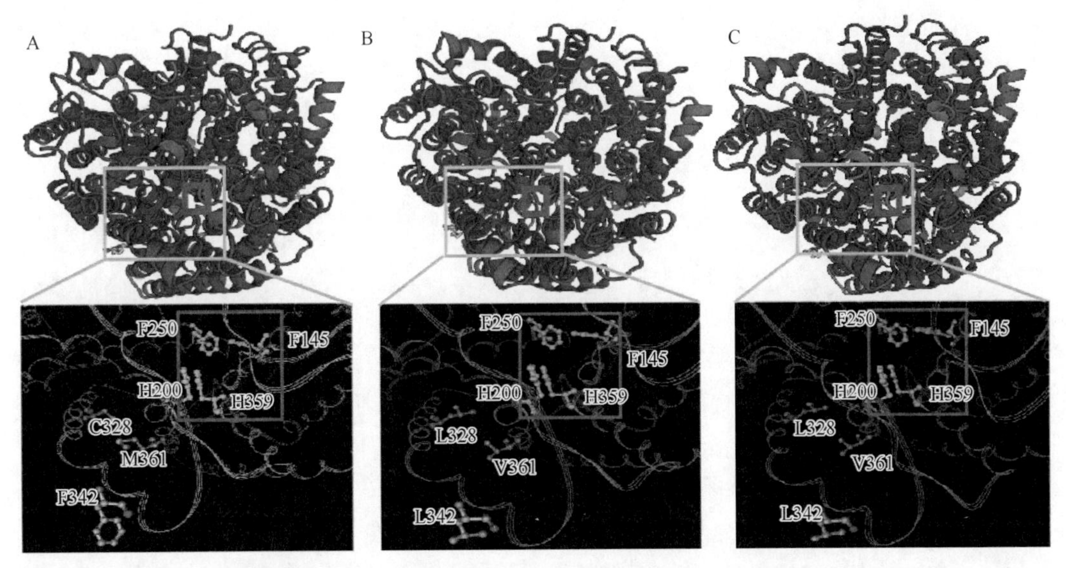

图 4-6　BP（A）、PM（B）和 PS（C）Rhcg1 三维结构预测

方框表示 NH_3 通道的中心；以保守的苯丙氨酸（F145、F250）和组氨酸（H200、H359）为标记

7. 弹涂鱼视觉进化的基因组学机制

鱼类眼睛的晶状体呈圆球形，缺乏弹性，大多数鱼类在水中，由于水对光线的折射作用，其视力是正常的，而在空气中，大多数鱼类就成为“近视眼”。对于弹涂鱼，其晶状体上下被拉长，略呈侧扁的形态，其在空气中的视觉非常灵敏，这与弹涂鱼在滩涂上捕食、求偶及有效躲避飞鸟等行为是相符合的。

通过比较 BP、PM 和一些代表性脊椎动物的视觉相关基因，发现了弹涂鱼视觉相关基因的特异性丢失和突变现象。视色素由视蛋白和生色团两部分组成。已报道的脊椎动物视网膜上的视蛋白有 5 种，即长波长视蛋白（long wavelength-sensitive，LWS）、短波长视蛋白 1（short wavelength-sensitive 1，SWS1）、短波长视蛋白 2（short wavelength-sensitive 1，SWS2）、视紫红质 1（rhodopsin 1，RH1）和视紫红质 2（rhodopsin 2，RH2）。基于全基因组数据研究发现，BP 和 PM 只含有 4 种类型的视蛋白，两者均缺失 SWS1。SWS1 的丢失可能是弹涂鱼对在陆地上免受紫外线辐射的适应。由于紫外线会损害视网膜，许多脊椎动物（如人、牛、鸡等）的 SWS1 的吸收峰值偏向紫光而不是紫外线。基于 5 个关键位点（S180A、H197Y、Y277F、T285A、A308S），估计弹涂鱼 LWS 的光谱吸收峰值。2 种弹涂鱼 LWS1 和 LWS2 之间的吸收光谱范围比其他硬骨鱼类都要大，甚至跟人的吸收光谱范围差不多。因此，LWS 的位点变异为弹涂鱼良好的空气视觉和色觉的适应性进化提供了有力证据。

松果腺是合成血液中褪黑素的主要来源，可参与调控生殖与生物节律等功能。在鱼类中松果腺具有感光和内分泌功能，而在哺乳动物中只有内分泌功能。芳烷基胺 N-乙酰转移酶（arylalkylamine *N*-acetyltransferase，AANAT）的基因是控制褪黑素合成的最重要基因，在哺乳动物、鸟及两栖类只有一个 *AANAT* 基因，在鱼类一般有 3 个。分为 *AANAT1* 和 *AANAT2*，*AANAT1* 又可进一步分成 *AANAT1a* 和 *AANAT1b*。鱼类 *AANAT1*

主要在视网膜中表达，而 *AANAT2* 主要在松果腺中表达。分析弹涂鱼全基因组序列发现，BP 有 3 个 *AANAT* 基因，而 PM 只有 2 个 *AANAT* 基因，丢失了 *AANAT1a* 基因。把 PM 基因组测序的 read 比对到 BP *AANAT1a* 序列，可以确认这一结果。AANAT1 和 AANAT2 催化的底物不同，AANAT1 具有乙酰化多巴胺的功能，从而减少眼中的多巴胺含量，降低空间视觉效果，在水中保持“近视”状态。多巴胺是光适应性化学信号，多巴胺对光刺激产生反应，主要调节光适应过程中视网膜神经元回路和 RPE 生理机能的改变。多巴胺的释放与眼轴的伸长呈负相关，可以阻止眼球伸长，在形觉剥夺性近视实验中，视网膜多巴胺浓度下降，玻璃体腔变长，巩膜伸展变薄，眼轴伸长，多巴胺与鱼在水中的空间视觉相关。PM 陆生生活时间较长，对视力要求也很高（躲避空中的飞鸟），多巴胺会抑制眼轴的生长，减少近视的产生，丢失 1 个 *AANAT1* 基因，可能让 PM 更好地适应陆地生活。

8. 弹涂鱼嗅觉进化的基因组学机制

嗅觉对于动物的捕食、交配和躲避敌害至关重要。存在于环境中的有气味的分子由嗅觉受体（olfactory receptors，OR）所识别。BP 和 PM 基因组分别存在 32 个和 33 个 *OR* 基因（表 4-1）。根据 Niimura（2009）对 *OR* 基因的命名及归类，BP 和 PM 分别有 20 个和 17 个 *OR* 基因属于 delta 族，其主要是识别水体传播的气味。其他硬骨鱼有 30～70 个 delta 族 *OR* 基因（表 4-1），由此可见，弹涂鱼的 delta 族 *OR* 基因经历了基因家族收缩。这也许说明，与其他硬骨鱼相比，弹涂鱼更少地依赖于对水体传播气味的识别。奇怪的是，在 2 种弹涂鱼中都没有发现能识别空气传播气味的 *OR* 基因（alpha 族和 gamma 族）。大多数陆生爬行动物分别有高达 200 个和 1200 个 alpha 族和 gamma 族 *OR* 基因（Niimura，2009）。弹涂鱼大部分时间都是在滩涂上活动，包括摄食和求偶。弹涂鱼缺少 alpha 族和 gamma 族 *OR* 基因值得进一步研究。

表 4-1 硬骨鱼类的 *OR* 基因个数

物种	Type 1						Type 2
	空气		水			空气/水	水
	Alpha（α）	Gamma（γ）	Delta（δ）	Epsilon（ε）	Zeta（ζ）	Beta（β）	Eta（η）
斑马鱼	0	1	62	12	37	4	38
青鳉	0	0	33	3	9	3	20
三棘鱼	0	0	71	4	18	1	8
红鳍东方鲀	0	0	30	2	4	1	10
大弹涂鱼	0	0	20	1	1	2	8
大鳍弹涂鱼	0	0	17	2	2	2	10
腔棘鱼	约 12	约 20	约 80	约 3	约 60	约 2	约 15
人	58	329	0	0	0	0	0

除了嗅觉系统，许多脊椎动物还具备犁鼻器，其作为辅助嗅觉系统在种内信息素和某些环境气味的识别中发挥作用。犁鼻器受体（vomeronasal receptor，VR）包

含两类，V1R 和 V2R。V1R 结合空气传播的化学物质，而 V2R 结合水中传播的化学物质。相比于其他硬骨鱼类，弹涂鱼有较多的 *V1R* 基因和较少的 *V2R* 基因（表 4-2）。由此可见，弹涂鱼在滩涂上可能与陆生爬行动物一样利用 V1R 识别空气传播的化学物质。

表 4-2　脊椎动物的 *VR* 基因个数

物种	*V1R*	*V2R*
斑马鱼	2	44
红鳍东方鲀	1	18
绿河鲀	1	4
大弹涂鱼	4	8
大鳍弹涂鱼	4	8
腔棘鱼	20	未知
爪蟾	21	249
家鸡	0	0
负鼠	98	79
小鼠	187	70
大鼠	106	59
人	5	0

9. 弹涂鱼半月周期产卵习性及其分子机制

弹涂鱼生活于潮间带滩涂，具有洞穴产卵习性。厦门大学洪万树教授等观察研究了海洋潮间带大弹涂鱼的生殖行为，发现生殖季节（4～6 月）大弹涂鱼雌雄配对在洞穴内的产卵室中交配产卵，受精卵依靠黏着丝均匀地黏附于产卵室的上方和周边，胚胎在产卵室内发育 5～6d 后孵出仔鱼。日本学者 Ishimatsu 等对广东弹涂鱼（*Periophthalmus modestus*）的繁殖习性有系统的研究和报道。弹涂鱼繁殖习性最有意思之处在于，雌雄弹涂鱼将受精卵产于洞穴的产卵室之后，由雄鱼负责护卵，雄鱼通过口咽腔把洞穴外的空气运送至产卵室，以供胚胎发育的耗氧需要，受精卵经过 5～6d 的发育后孵出仔鱼，此时会正值大潮，初孵仔鱼可随潮水游出洞穴，觅食生长。栖息于福建省霞浦县沿海潮间带滩涂的大弹涂鱼，在生殖季节（5～6 月）呈现出有规律的半月周期产卵现象。在大弹涂鱼生殖盛期，雌鱼和雄鱼血清中性类固醇激素含量也呈现出有规律的半月周期变化，并且峰值出现的时间与其产卵时间基本一致。由此可见，弹涂鱼的半月周期产卵习性是为了保证其初孵仔鱼能遇上大潮水。

动物的周期性产卵是一种内在的生理节律。研究表明，松果体通过分泌褪黑素参与了生理节律的调控。AANAT 是控制褪黑素合成的关键酶之一。在哺乳动物中，*AANAT* 基因在夜间的表达量升高，其编码的 AANAT 蛋白含量和活性也随之提高，继而促进了褪黑素的合成分泌。研究表明，大弹涂鱼 *AANAT2* 基因具有明显的半月周期变化规律，即 1 个月有两个周期，每个周期均出现 1 个峰值。第 1 个峰值出现的时间在上弦月附近，第 2 次峰值则出现在下弦月附近，并且每个周期峰值出现的时间与大弹涂鱼产卵时间一致（洪鹭燕等，2013）。可以推测，AANAT2 通过影响褪黑素的合成和分泌，参与了大弹涂鱼半月周期产卵的调控。

褪黑素通过作用于其相应的受体发挥作用。褪黑素受体分为高亲和力和低亲和力两种类型，存在于哺乳动物的低亲和力受体属于醌还原酶-2，它是一种细胞质酶，可能参与了细胞的解毒过程；与低亲和力受体不同，高亲和力受体属于 7 次跨膜的 G 蛋白偶联受体家族，可能参与了细胞信号通路的调控。至今为止，在脊椎动物中已经发现了 Mtnr1a、Mtnr1b、Mtnr1c 三种不同的高亲和力褪黑素受体亚型。Mtnr1a 和 Mtnr1b 在脊椎动物中广泛存在，而 Mtnr1c 仅在非哺乳类的脊椎动物中存在。在鱼类中，Mtnr1a 进一步分为 Mtnr1a1.4 和 Mtnr1a1.7 两个亚型。Hong 等（2014）研究表明，大弹涂鱼也存在 Mtnr1a1.4、Mtnr1a1.7、Mtnr1b 和 Mtnr1c，这 4 种褪黑素受体广泛分布于大弹涂鱼的不同器官组织，其中，*Mtnr1a1.4* 和 *Mtnr1a1.7* 基因比 *Mtnr1b* 和 *Mtnr1c* 基因有更高的表达水平和更广泛的分布。褪黑素受体基因在脑和视网膜的表达水平显著高于周边组织。在脑组织，大弹涂鱼 4 种褪黑素受体亚型基因在视网膜接受信号的部位均有表达，诸如视顶盖和间脑。在大弹涂鱼垂体组织，4 种褪黑素受体亚型基因均有表达，在一个农历月周期内，其表达水平呈现出显著性变化，但是并未和大弹涂鱼的产卵节律同步，这表明褪黑素调控大弹涂鱼半月周期产卵节律的主要作用位点可能不在垂体上。在卵巢组织中，除了 *Mtnr1c* 基因，其他三种均有表达，并且 *Mtnr1a1.4* 和 *Mtnr1a1.7* 基因较 *Mtnr1b* 基因的表达水平高。并且在生殖季节的一个农历月周期内，只检测到 *Mtnr1a1.7* 基因的表达水平呈现半月周期变化。更有趣的是，在大弹涂鱼发育完全的卵母细胞中，在滤泡细胞层和卵细胞中都检测到 *Mtnr1a1.7* 基因，体内、外实验均证明低浓度褪黑素可以显著促进雌性大弹涂鱼 17α, 20β-双羟孕酮（17α, 20β-DHP）的分泌，DHP 作为硬骨鱼的一种成熟诱导激素，可以促进卵母细胞的最后成熟（朱文博，2012）。因此，褪黑素可能通过受体的介导，直接作用于卵巢来调控 DHP 的合成分泌，进而影响卵母细胞的成熟。

10. 弹涂鱼空气暴露的转录组学研究

将 BP 和 PM 直接暴露在室温（27±0.5）℃，湿度 75%±3%的空气条件下，样品取自正常条件及干露 3h 和 6h 的个体，样品类型有脑、鳃、肝脏、皮肤和肌肉，基于 Hiseq2000 测序平台开展转录组分析。对于 BP 和 PM，分别有 5651 个和 5222 个基因在空气暴露的胁迫下呈现表达差异（上调或下调）。表达下调的基因显著富集于“黏着斑”、“细胞外基质受体互作”和“细胞因子及其受体互作”等 KEGG 通路。这些通路中的表达下调基因会抑制细胞移动、应激纤维收缩和增殖。这与斑马鱼和青鳉在低氧胁迫条件下表现出通过降低细胞生长和增殖达到节约能量的现象是一致的。同样的，转化生长因子 β 家族成员和血细胞发育相关基因的表达在空气暴露条件下也是显著下调。另外，肝脏组织的表达上调基因显著富集于果糖和甘露糖代谢途径，表明在缺氧和干露条件下能量代谢会偏向于厌氧能量代谢。总的来说，转录组数据提供了全景式的基因表达变化图谱，涉及呼吸、能量代谢和生长生殖调控等一系列生理生化过程，这些错综复杂的信息需要进一步的挖掘和分析。

四、弹涂鱼呼吸和体内离子平衡研究

鳃和皮肤（包括口咽腔和鳃腔）呼吸是弹涂鱼鱼类呼吸的主要特征，当生活于海水中时，主要是鳃呼吸，当暴露在空气中时，由于鱼体离开了水的流动支撑和浮力，鳃丝会粘连，不能进行正常的气体交换，则主要靠皮肤、口咽腔和鳃腔呼吸。许氏齿弹涂鱼鳃腔扩张后的容积为其全身容积的16%，确保其能含入大量空气；该种类氧债偿还能力在空气中比在水中强，把经激烈运动后的许氏齿弹涂鱼同时暴露于空气中或放入水中，前者的氧气摄取率立即增加2.5倍，而后者的氧气摄取率增加不明显，表明该种类更适合于利用皮肤在空气中进行呼吸。大鳍弹涂鱼的表皮分为3层，即外层、中间层和生发层，外层和中间层毛细血管丰富，形成网状结构，真皮血管也很丰富，这样的皮肤结构有利于气体交换。小弹涂鱼（*Periophthalmus minute*）在鳃盖上皮和邻近胸鳍基部上皮有丰富的离子细胞，这些高度特化的细胞能帮助维持体内离子平衡。弹涂鱼属的一些种类，除了皮肤有大量的黏液细胞外，表皮还出现多层大型空泡状细胞，这种结构可以作为一个屏障，能够有效减少皮肤水分损耗并存储部分水分，避免皮肤干燥，使弹涂鱼可以长时间暴露在空气中进行陆地活动。弹涂鱼鱼类呼吸生理及维持离子平衡的分子机制有待于进一步研究。

五、弹涂鱼附肢的特化

脊椎动物由水生进化到陆生。鱼类是生活于水中的脊椎动物，四足类是生活于陆地的脊椎动物，两者的运动均依靠成对的附肢。终生生活于水中的鱼类，其胸鳍形态结构仅适应于水中游泳，而两栖弹涂鱼类的胸鳍已特化，基部肌肉发达，呈团扇状，无游离鳍条，从解剖形态上看，胸鳍支鳍骨突出于体壁，形成肌柄，而弹涂鱼腹鳍愈合形成吸盘并具有吸附能力，这样使得弹涂鱼既可以在水中游泳，也可以在潮间带爬行和跳跃。大弹涂鱼胸鳍的发育有以下几个阶段：孵化后第4天仔鱼胸鳍鳍褶出现鳍条；孵化后第14天仔鱼胸鳍鳍条已分化；孵化后第28天稚鱼胸鳍呈圆形，其基部肌肉逐渐发达；孵化后第37天仔鱼胸鳍基部形成臂状肌柄，腹鳍愈合形成吸盘并具有吸附能力。鱼类的偶鳍和四足类的成对附肢是同源的，弹涂鱼胸鳍的形态及其所发挥的功能跟原始的爬行动物有所类似，因此，探究弹涂鱼胸鳍的发育调控机制对于解释脊椎动物附肢的演化具有重要的参考意义。

六、总结与展望

弹涂鱼既能生活于水中又能在陆地上活动，属于典型的两栖鱼类，是脊椎动物中较特化的一类。原始的肉鳍鱼类在距今36 000万年前成功登陆并逐渐演化出陆生爬行动物，弹涂鱼与肉鳍鱼类的进化是相互独立的，并且弹涂鱼的出现时间要晚得多。因为现存的水生肉鳍鱼与陆生爬行动物之间的过渡物种都已灭绝，两栖鱼类便成为研究脊椎动物从水生进化到陆生遗传机制的绝佳模式生物。弹涂鱼基因组学研究提供了一系列两栖鱼类如何适应陆生生活的分子机制。先天免疫系统相关基因，如 TLR13 基因家族的扩张，可能是弹涂鱼长期与滩涂病原生物相互作用的结果。鳃组织氨排泄的关键基因，如 *Rhcg1* 和 *NHE*，发生了正选择且发生了重要氨基酸位点突变，很好地解释了弹涂鱼高效的氨排泄能力。弹涂鱼视觉相关基因的丢失或者氨基酸位点突变与其敏锐的空气视觉也是相互吻合的。弹涂鱼虽然不存在能结合空气传播化学物质的嗅觉受体基因，但是识别空气传播气味的犁鼻器受体基因显著扩张，这提示犁鼻器受体基因对弹涂鱼在滩涂上进行捕食和求偶具有重要的作用。以上这些基因组学分析结果，生动地阐述了弹涂鱼在长期的进化过程中通过巧妙的“基因编辑”，获得特化的生物学功能，从而很好地适应了两栖生活。

一个物种基因组数据的解读，是探究这个物种生命奥秘的起点。现有的弹涂鱼组学数据及其两栖习性演化研究成果为今后以弹涂鱼为对象的深入研究奠定了重要基础。展望未来，还有很多有意思的地方值得进一步探究，比如：①弹涂鱼超强的氨耐受能力不仅与其鳃组织高效的氨排泄能力有关，与肝脏的蛋白质特殊代谢途径和脑组织有效的防御氨中毒机制也是密切相关的，从组学层面来解释这些科学问题，不仅具有重要的理论学术价值，同时能为鱼类抗逆性状的选育提供理论依据；②弹涂鱼属于洞穴产卵鱼类，在周围环境富含微生物的产卵室内，弹涂鱼胚胎在 5～6d 的发育过程中，受精卵卵膜始终保持清洁透明，胚胎能够顺利孵化，其抗菌机制值得研究，目前，科学家正在从基因组数据识别弹涂鱼抗菌肽基因序列，并将从转录组和蛋白质组等多组学水平进行鉴定，后续会采用一系列现代生物工程技术对抗菌肽基因的功能进行验证及开发，期望研发出新型的渔用抗菌肽添加剂产品；③弹涂鱼能较长时间在陆地上活动，其皮肤具有良好的保湿、防紫外线及有效防止有害小分子（如氨分子）渗入的功能，因此，深入研究弹涂鱼皮肤的组织生理结构、生化组分及其相关合成和代谢通路的关键基因，具有重要的理论意义及应用价值；④大弹涂鱼个体较大、肉质鲜美且营养价值很高，在国内，大弹涂鱼的室外土池人工繁育和养殖技术较成熟，商品鱼市场价达 60～80 元/斤[①]，大弹涂鱼地理分布范围较广，在国内外均存在不同的地理种群，很有必要分析不同地理种群大弹涂鱼群体的形态性状和经济性状（生长和抗逆等），选取具有优势性状和遗传多样性丰富的群体，开展人工繁育及选育，培育大弹涂鱼优良新品种；⑤作为潮间带生态系统的重要组成部分，弹涂鱼对人类在海区和陆地的活动产生的影响十分敏感，因此弹涂鱼的自然资源一直受到人口膨胀和经济发展的威胁。以深圳市为例，随着弹涂鱼栖息地（潮间带湿地滩涂和红树林区）的不断减少，弹涂鱼种质资源锐减，从而也影响到以弹涂鱼作为食物的鸟类的生存，以前在深圳湾“赏红树、观鸟飞、看鱼跃”的优美生态景观，目前已较难得一见。开展红树林滩涂湿地的弹涂鱼人工放流，采用分子生态学的研究方法，评估和预测人工放流区域弹涂鱼资源的恢复及繁衍状况，具有重要的现实意义。

（游欣欣　卞　超　石　琼）

① 1 斤=0.5kg

第六节　大　黄　鱼

大黄鱼（large yellow croaker，*Pseudosciaena crocea*），属鲈形目石首鱼科黄鱼属，是我国特有的地方性种群，分布范围北起黄海南部，经东海、台湾海峡，南至南海雷洲半岛以东。大黄鱼是我国传统的四大海水经济鱼类之一，1990 年开始批量育苗，商品鱼养殖规模从 1992 年开始不断扩大，产量逐年增加，至 2012 年，形成了年产近 10 万 t、直接产值 70 多亿元的大黄鱼养殖产业。目前大黄鱼是我国海水网箱养殖单产产量最高的鱼种，也是八大优势出口水产品之一。但是随着养殖规模的不断扩大，养殖病害（细菌、病毒和寄生虫）日益严重，制约了大黄鱼养殖业的持续健康发展。对于大黄鱼养殖病害目前主要采用药物防治。由于药物防治所带来的种种弊端，如药物残留、耐药性增强及环境污染等，严重影响了水产品质量安全和生态环境。安全有效的免疫防治策略近年来受到广泛重视，然而对于大黄鱼免疫的分子基础及机制了解甚少。因此，开展大黄鱼免疫的分子基础及重要免疫基因的功能研究，不仅对于揭示大黄鱼免疫系统的特征及其免疫机制具有重要的理论意义，而且对于其病害的免疫防治及抗病育种具有重要的意义。

一、大黄鱼免疫系统特征

为了研究大黄鱼免疫的分子基础，通过大黄鱼表达序列标签（EST）分析和转录组文库测序，获得了 15 192 个基因，其中 2673 个基因被注释为免疫相关基因，包括 186 个模式识别受体基因、24 个白细胞介素及其受体基因、75 个干扰素系统基因和 24 个肿瘤坏死因子家族及相关基因等先天免疫相关基因；179 个抗原递呈系统相关基因，347 个 T/B 细胞相关基因和 1005 个免疫球蛋白家族基因等适应性免疫相关基因。这些大黄鱼先天和适应性免疫基因的鉴定，表明了大黄鱼拥有基本的先天性免疫系统和适应性免疫系统。

1. 先天性免疫系统

当鱼体接触病原后，先天性免疫应答首先迅速起防卫作用。大黄鱼拥有大部分已知的 Toll 样受体（TLR）家族基因，包括 *TLR1*～*TLR3*、*TLR5S* 和 *TLR5M*、*TLR7*～*TLR9*、*TLR13* 和 *TLR22*；信号通路接头分子包括 MyD88、MAL、TIRAP、TRIF、TRAF-2～TRAF-6、IRAK1、IRAK4 和 RIP1 等，表明大黄鱼拥有较完善的 TLR 识别机制（图 4-7），但未发现大黄鱼 *TLR-4* 基因。大黄鱼也拥有较丰富的 C 型凝集素受体，包括甘露糖结合凝集素（MBL）、DC-SIGN、树突状细胞 c 型植物血凝素-1（dectin-1）、dectin-2、巨噬细胞诱导型 C 型凝集素受体（mincle）和巨噬细胞半乳糖型凝集素（MGL）等；清道夫受体（scavenger receptor）家族 A、B、F 和 H；胞质受体及其信号通路分子，包括 MDA5、LGP2、NOD1、NOD2、NOD3、TAK1、TAB-1～TAB-3、IKK 等（图 4-7）。

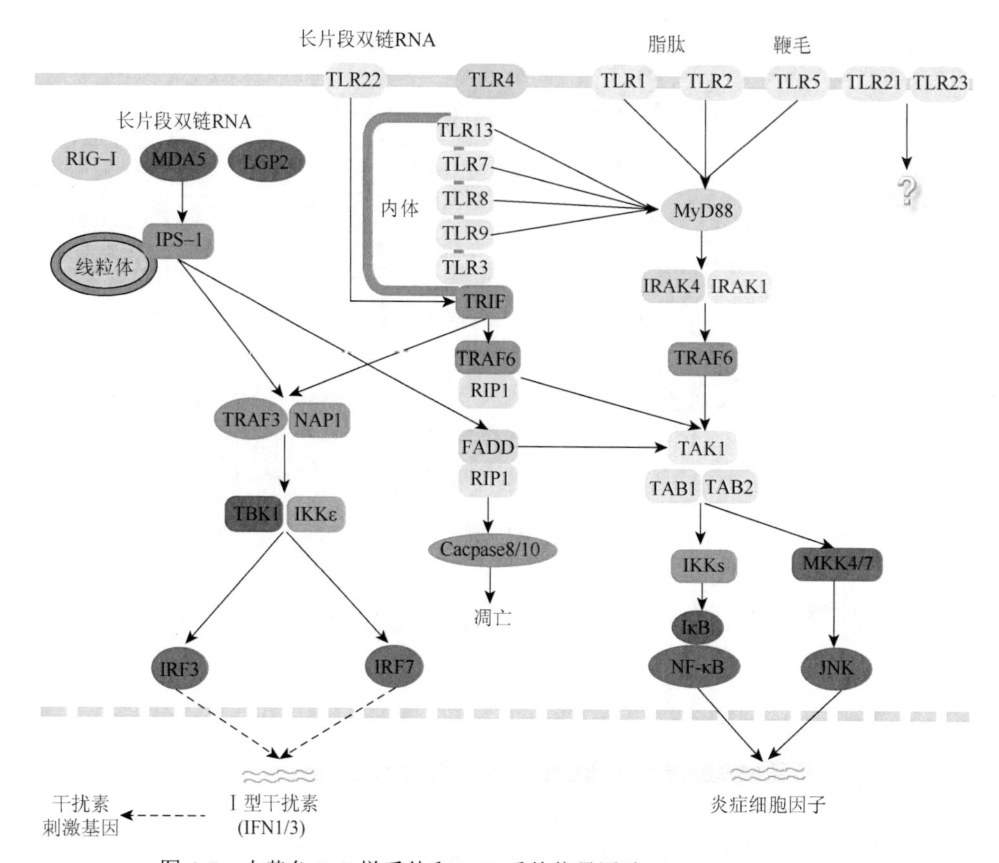

图 4-7　大黄鱼 Toll 样受体和 RIG 受体信号通路（Mu *et al.*，2014）

大黄鱼具有典型的Ⅰ型和Ⅱ型干扰素（*IFN*）基因，完善的 IFN 信号通路分子包括 JAK-1、JAK-2、JAK-3 和 STAT1～STAT6；转录调节因子干扰素调控因子 IRF1～IRF10；活性调节因子细胞因子信号转导抑制蛋白 SOCS-1～SOCS-7 及信号转导分子 TRIF、TRAF2～TRAF6、TAK1、TBK1、TAB1～TAB3、NEMO、IRAK1、IRAK4、TANK 和 RIP1，反映出大黄鱼具有较完善的抗病毒免疫系统。大黄鱼具有补体系统经典途径成分 C1q、C1r、C1s、C2、C3、C4B 和 C6，甘露糖结合凝集素途径成分 MBL、MASP1 和 MASP2 和替代途径成分 complement factor B、D、P 和 H。大黄鱼还拥有重要先天性免疫分子包括白细胞介素 IL-1α、IL-1β、IL-2、IL-6、IL-8、IL-10、IL-12p35/p40、IL-12b 和 IL-17 等；肿瘤坏死因子家族 TNFα、TNFβ、CD40L、FasL、TRAIL 和 CD258 等；趋化因子及其受体 CC3、CC4、CC14、CC17、CC19、CC20、CC24、CC25、CXC10、CXC14、CCR1、CCR2、CCR5～CCR7、CCR9、CCR11、CXCR1、CXCR3～CXCR7 和 XCR 等；抗菌肽 Hepcidin、Nramp 和 NK-lysin；溶菌酶；Peroxiredoxin（Prx）1～Prx6 和蛋白酶抑制剂 Cystatin 家族等。总体而言，大黄鱼拥有较完善的模式识别、信号转导和免疫效应机制。

先天性免疫系统是宿主抵抗病原侵染的第一道防线，TLR 能够识别抗原分子并激活先天性免疫应答。嗜水气单胞菌感染大黄鱼 24h 后，脾脏差异表达谱显示大黄鱼 TLR 信号通路中 29 个基因变化显著。其中大黄鱼 *TLR1* 上调表达而 *TLR2* 下调表达，大黄鱼 *TLR3*

在细菌感染后也有22.5倍的上调表达，说明TLR3不仅在哺乳动物能够识别双链RNA，在鱼类抗细菌免疫应答中也具有重要作用。TLR22是鱼类特有的Toll样受体，能够识别长链的dsRNA。大黄鱼*TLR22*在表达谱中下调表达，提示大黄鱼*TLR22*在细菌感染的早期受到了抑制。综上所述，革兰氏阴性菌嗜水气单胞菌能够诱导多种大黄鱼的TLR差异表达，意味着多个TLR介导的信号通路参与抗细菌的免疫应答。同时发现嗜水气单胞菌能够刺激大黄鱼促炎细胞因子的表达，如*IL-1β*、*IL-8*和*TNF-α*，这些细胞因子的上调表达表明炎症反应在鱼类细菌感染早期的抗细菌机制中发挥重要作用。

2. 适应性免疫系统

大黄鱼具有较完善的适应性免疫系统，如$CD8^+$T细胞免疫系统及$CD4^+$T细胞免疫系统：包括较全面的抗原加工递呈分子MHCⅠ、TAP-1～TAP-2和Tapasin等；CD8协同受体及IL-7、PRF1、GZM、IFN-γ和TNF-α等$CD8^+$T细胞活性调节和效应分子；MHCⅡ（α/β链、Ii恒定链）抗原递呈分子；CD4辅助受体、CD40L共刺激信号分子及$CD4^+$Th1型细胞活性调节和效应分子HVEM、IFN-γ、IL-12p40、IL-12p35和TNF-α等；T细胞受体信号通路相关基因*TCRα/β*、*CD3ε/γ/δ*、*CD4*、*CD8α*、*CD8β*、*CD40*、*CD83*、*LCK*、*SPL76*、*CaN*、*Ras*和*Raf*等。另外，大黄鱼还具有IL-17及其受体基因*IL-17C*、*IL-17D*、*IL-17A/F*、*IL-17RA*、*IL-17RB*、*IL-17RC*、*IL-17RD*和*IL-17RE*；CD分子CD2～CD4、CD6～CD9、CD22、CD27、CD40、CD44、CD48、CD453、CD59、CD63、CD81～CD83、CD93、CD97、CD109、CD151、CD166、CD209、CD226、CD276和CD302等。Treg细胞的标志分子及相关因子在大黄鱼中也基本存在，包括活化诱导因子TGF-β、活化相关受体分子CD45RO、关键信号通路分子STAT5、核心转录因子Foxp3及免疫效应分子IL-10和TGF-β等，表明大黄鱼拥有Treg细胞及其介导的免疫调节机制。大黄鱼中还发现有抗体IgM、IgD和IgT；B细胞受体信号通路包括Ig heavy chain、Ig light chain、CD22、CD81、LYN、BTK、VAV、SHIP和SYK等。

二、大黄鱼免疫相关基因研究

1. Toll样受体

Toll样受体（TLR）是一类保守的跨膜蛋白家族，能够广泛地识别病原相关分子模式（PAMP），如细菌和真菌的细胞壁成分、细菌脂蛋白、细菌和病毒的核酸等。TLR识别PAMP后导致级联效应，促进炎症反应、激活先天性免疫和适应性免疫应答。迄今为止，在大黄鱼中发现了TLR1～TLR3、TLR5S、TLR5M、TLR7～TLR8、TLR9A、TLR9B、TLR13和TLR22等11个TLR，已报道的有TLR1、TLR3、TLR7、TLR8、TLR9A、TLR9B和TLR22。

（1）大黄鱼TLR1

TLR1属于Toll样受体家族中的重要成员，在识别脂肽并启动和调节先天性免疫，防御病原微生物过程中起重要作用。大黄鱼Toll样受体1（*LycTLR1*）基因cDNA编码区全长2409个核苷酸，编码802个氨基酸的蛋白质。LycTLR1蛋白序列具有典型的TLR结构域，包括胞外段4个富含亮氨酸的重复序列（LRR）、1个C端LRR序列、跨膜区及胞内段 1 个保守的 Toll/IL-1 受体结构域（Toll/IL-1 receptor domain，TIR）（图 4-8）。基因组结构分析表明，*LycTLR1* 基因组由 2 个外显子和 1 个内含子组成，与几种近缘硬骨鱼类的 *TLR1* 基因组结构相似。受 LPS 刺激后，*LycTLR1* mRNA 水平在大黄鱼肾细胞中显著升高，而 PGN 和 Poly（I∶C）刺激后，*LycTLR1* mRNA 水平无明显变化，这表明 *LycTLR1* 在抗细菌免疫反应中发挥重要作用。

（2）大黄鱼 TLR7 和 TLR8

TLR7、TLR8 和 TLR9 是识别来源于病毒或细菌的核苷酸衍生物的 TLR 亚家族成员，在进化上聚成一簇。TLR7 和 TLR8 识别单链 RNA（single-stranded RNA，ssRNA），而 TLR9 识别非甲基化的 CpG-DNA。大黄鱼 Toll 样受体 7（*LycTLR7*）和大黄鱼 Toll 样受体 8（*LycTLR8*）cDNA 编码区分别是 3165 和 3093 个核苷酸，依次编码 1054 和 1030 个氨基酸的蛋白质。这两个蛋白质具有典型的 Toll 样受体结构域：胞外段有数个 LRR 结构域，胞内段有一个保守的 TIR 结构域（图 4-8）。亚细胞定位显示，LycTLR7 和 LycTLR8 在鲤鱼上皮瘤细胞（EPC）中都定位于内质网上，与哺乳动物 TLR7 和 TLR8 定位相同。*LycTLR7* 和 *LycTLR8* mRNA 在受试的大黄鱼组织中都有表达，尤其在脾脏和肾脏中表达量较高。Poly（I∶C）刺激后，*LycTLR7* 和 *LycTLR8* mRNA 水平在大黄鱼肾脏和脾脏组织中显著上调。这表明大黄鱼 TLR7 和 TLR8 在大黄鱼免疫应答中发挥重要作用。

（3）大黄鱼 TLR 3 和 TLR22

已有报道鱼类 TLR3 位于粗面内质网，识别相对较短的 dsRNA，而 TLR22 则位于细胞表面识别较长 dsRNA。在 Poly（I∶C）刺激的鱼细胞中，TLR3 和 TLR22 均可与接头分子 TICAM-1 结合诱导 IFN 的表达。鱼类 TLR22 可能是人类细胞表面 TLR3 的功能替代者，并在鱼类抗病毒免疫反应中发挥重要作用。大黄鱼 *TLR22*（*LycTLR22*）cDNA 全长 4607 个核苷酸，包含一个长度为 2892 个核苷酸的可读框，编码 963 个氨基酸的蛋白质，理论分子质量约为 109.6kDa。预测发现 LycTLR22 蛋白包含位于 N 端的 18 个 LRR 的结构域，一个 C 端的 LRR 结构域（LRR-CT）及位于 N 端 TIR 结构域（图 4-8）。*LycTLR22* 启动子在 EPC 中，能够启动报告基因表达。在 Poly（I∶C）和三联菌苗刺激大黄鱼后，*LycTLR22* 在大黄鱼体内的转录表达上调。这表明 LycTLR22 能够响应免疫刺激，具有免疫相关功能，为后续抗病害研究提供依据。

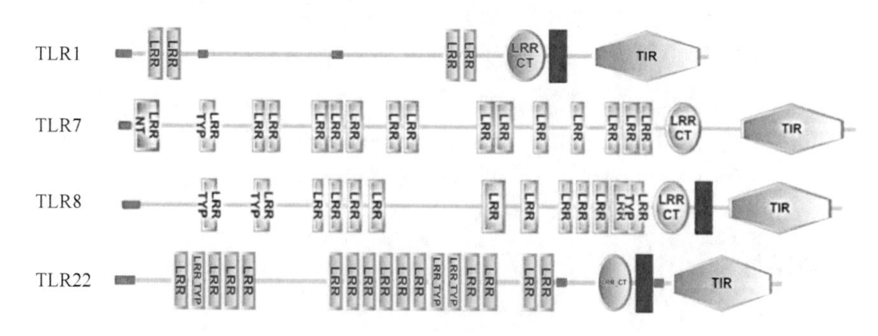

图 4-8 大黄鱼 TLR 蛋白结构域分析

LRR：富含亮氨酸重复序列；LRR_TYP：特有的富含亮氨酸重复序列；TIR：Toll/IL-1 受体结构域；NT：氮端；CT：碳端；■：跨膜区；■：信号肽

2. 抗氧化物酶

Peroxiredoxin（Prx）是新近发现的一类过氧化物酶，属于抗氧化蛋白超家族，广泛存在于原核生物和真核生物中。哺乳动物的 Prx 家族包括 6 个成员：PrxⅠ、PrxⅡ、PrxⅢ、PrxⅣ、PrxⅤ和 PrxⅥ。该家族所有蛋白质的 N 端均具有保守的半胱氨酸残基（-Cys），部分成员的 C 端也具有保守的半胱氨酸残基。Prx 家族蛋白主要功能是通过硫氧还蛋白还原过氧化物或超氧化物，消除代谢过程中产生的过氧化物。哺乳动物 Prx 家族成员除具有共同的抗氧化功能外，还参与细胞的增殖与分化、基因表达调控、细胞信号转导及调节免疫反应等功能。在大黄鱼中 PrxⅠ～PrxⅥ均有发现，后续对大黄鱼 PrxⅣ结构和功能进行了重点研究。

（1）大黄鱼 *PrxⅣ*基因的克隆、重组表达和体外活性检测

大黄鱼 *PrxⅣ*（*LycPrxⅣ*）cDNA 全长包括 951 个核苷酸，编码 260 个氨基酸的蛋白质。LycPrxⅣ蛋白具有 Prx 家族的特征性结构域（FFYPLDFTFVC̲PTEI 和 HGEVC̲PA），其中两个形成链间二硫键的半胱氨酸位置也相当保守。为了了解大黄鱼 LycPrxⅣ的功能，利用原核系统对 *LycPrxⅣ*进行了重组表达，获得了 LycPrxⅣ重组蛋白（图 4-9A）。活性发现重组 LycPrxⅣ蛋白在存在 DTT 的情况下可水解 H_2O_2，在不存在 DTT 的情况下则不能有效水解 H_2O_2，从而说明了 LycPrxⅣ可能是硫依赖型抗氧化酶（图 4-9B）。采用免疫电镜技术分析发现 LycPrxⅣ蛋白主要分布在正常脾细胞的内质网膜上。三联细菌疫苗刺激后，胶体金颗粒在内质网膜上的分布明显多于正常脾细胞，说明了细菌疫苗诱导增加了 LycPrxⅣ蛋白在内质网膜上的合成，提示 LycPrxⅣ可能参与了细菌疫苗诱导的免疫反应。此外，胶体金颗粒也存在于胞质过氧化物酶体内，说明 PrxⅣ也可能以胞内抗氧化酶的形式发挥功能。

（2）大黄鱼 PrxⅣ的功能研究

研究表明，Prx 家族成员可通过调节细胞内氧化还原状态来调控核转录因子 NF-κB 活性，那么 LycPrxⅣ是否也能调控 NF-κB 的活性？实验结果显示，针对 LycPrxⅣ的 siRNA 可分别在 mRNA 和蛋白质水平上显著地抑制 *LycPrxⅣ*的表达，然而伴着 *LycPrxⅣ*在体内表达水平的逐渐降低，NF-κB 的活性明显升高。同时重组 LycPrxⅣ蛋白注射可显著地增加 LycPrxⅣ在体内的水平（图 4-9C），伴着 LycPrxⅣ在体内含量的增加，NF-κB 活性则明显降低，说明了 LycPrxⅣ可负调控转录因子 NF-κB 活性（图 4-9D）。NF-κB 是前炎性基因表达的重要调控因子之一，NF-κB 可介导前炎性因子 TNF-α、IL-1β 和一些趋化因子的表达。进一步研究发现，*LycPrxⅣ*基因的活体表达沉默可显著上调前炎性因子 TNF-α 和 CC 型趋化因子的表达水平，而下调抗炎因子 IL-10 的表达水平；相反，LycPrxⅣ蛋白的活体过表达则明显下调前炎性因子 TNF-α 和 CC 型趋化因子的表达水平，而上调抗炎因子 IL-10 的表达。因此，可以认为 LycPrxⅣ可通过抑制前炎性因子的表达和上调抗炎因子的表达，从而负调节炎症反应。那么 LycPrxⅣ对前炎症反应的负调节会产生怎样的免疫学效应呢？在 *LycPrxⅣ*基因表达沉默和重组 LycPrxⅣ蛋白注射活体过表达条件下进行了混合菌攻毒实验（溶藻弧菌、副溶血弧菌和嗜水气单胞菌），5d 后发现 *LycPrxⅣ*基因沉默组大黄鱼的死亡率高达 94%，而重组 LycPrxⅣ蛋白注射组大黄鱼的死亡率仅为 42%（图 4-9E），说明了 LycPrxⅣ在抗细菌免疫反应中发挥了作用。以上结果表明，大黄鱼 PrxⅣ可通过抑制 NF-κB 激活来调节炎症反应，保护大黄鱼免受细菌攻击，从而揭示了一种鱼类抗细菌感染的新机制。

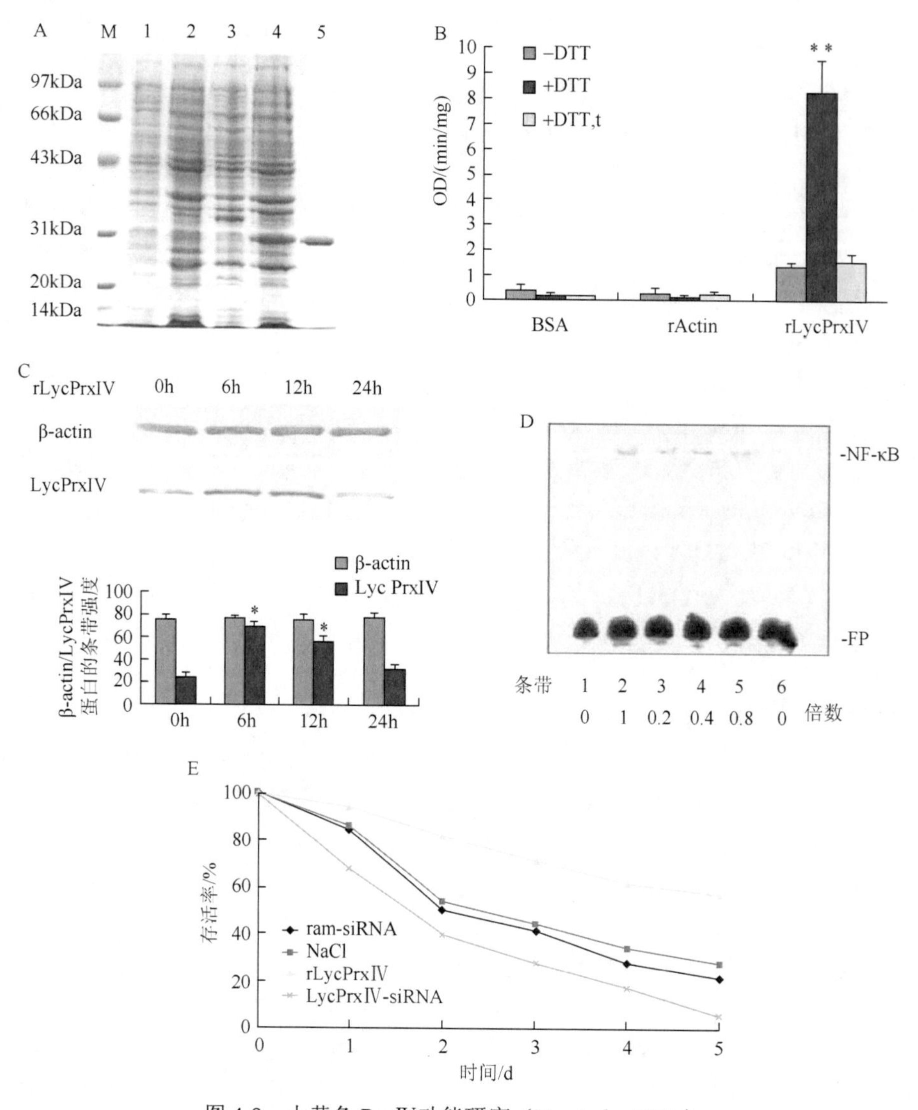

图 4-9 大黄鱼 PrxⅣ功能研究（Yu *et al.*，2010）

A：重组大黄鱼PrxⅣ蛋白表达的SDS-PAGE分析。1. 非诱导pET-His-28a/BL-21（仅作载体对照）；2. 诱导的pET-His-28a/BL-21；3. 非诱导 pET-His-PrxⅣ/BL-21（含大黄鱼 *PrxⅣ*基因）；4. 诱导的 pET-His-PrxⅣ/BL-21；5. 纯化的重组大黄鱼 PrxⅣ蛋白。B：重组大黄鱼 PrxⅣ蛋白体外抗氧化活性检测。“–DTT”代表 10μg 蛋白质中不含 DTT；“+DTT”代表 10μg 蛋白中含 10mmol/L DTT；“DTT，t”代表 10μg 灭活蛋白质（0.5% SDS 中高温灭活 5min），含 DTT 10mmol/L。C：重组大黄鱼 PrxⅣ蛋白注射后大黄鱼脾组织 PrxⅣ蛋白表达水平的 Western blot 检测。D：大黄鱼 PrxⅣ蛋白过表达对 NF-κB 的影响。E：攻毒实验

（3）大黄鱼 PrxⅣ的结构与功能解析

为了深入了解大黄鱼 PrxⅣ结构与功能的关系，本节作者所在实验室采用 X 射线衍射技术解析了其晶体结构，发现大黄鱼 PrxⅣ晶体结构的核心部分具有 Trx-like 折叠，其基本功能单位是同源二聚体（图 4-10A）；与其他 2-Cysteine Prx 晶体结构相比，大黄鱼 PrxⅣ结构的 N 端多了一个小的 β-sheet，该 β-sheet 可通过形成 4 个氢键稳定二聚体的结构（图 4-10B）。功能分析显示，该 β-sheet 的删除不仅显著地降低了大黄鱼 PrxⅣ的体外抗氧化酶活性（图 4-10C），而且也影响 PrxⅣ对核转录因子 NF-κB 活性的负调控（图 4-10D）。

溶藻弧菌、副溶血弧菌和嗜水气单胞菌混合菌攻毒实验结果显示，大黄鱼 PrxⅣ N 端 β-sheet 的删除也明显降低了其对细菌攻毒的保护作用，从而证明了大黄鱼 PrxⅣ N 端 β-sheet 在维持对其生物学功能中发挥作用。

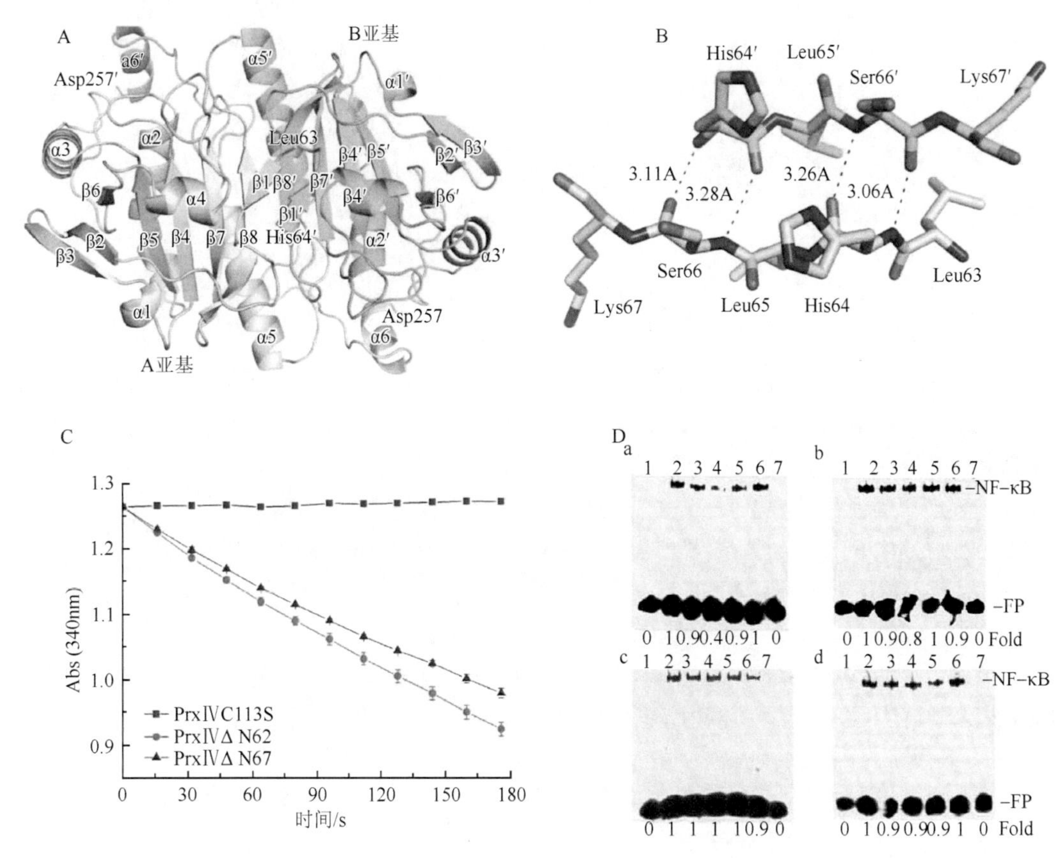

图 4-10　大黄鱼 PrxⅣ的晶体结构及其 N 端 β-sheet 的功能

A：大黄鱼 PrxⅣ的同源二聚体结构。B：N 端反向平行 β-sheet 的 4 个氢键。C：过氧化物酶活性实验。D：大黄鱼 PrxⅣ及其 N 端截短突变蛋白对 NF-κB 激活的影响。a. 大黄鱼 PrxⅣ；b. N 端截短 62 个氨基酸的突变蛋白 PrxⅣΔ62；c. N 端截短 67 个氨基酸的突变蛋白 PrxⅣΔ67；d. 生理盐水（对照）；1. 只有探针的阴性对照；2～6. 0h、12h、24h、48h 和 72h 样品注射脾脏核蛋白提取物 EMSA 实验；7. 100 倍过量探针竞争性实验

3. 趋化因子

趋化因子是由多种细胞在细菌、病毒和寄生虫等致病因子刺激后分泌的一类低分子质量的相关蛋白质（分子质量为 8～14kDa），通常 90～100 个氨基酸，具有诱导白细胞的趋化性。从结构上，趋化因子根据前两个半胱氨酸的位置排列可分为 4 类，前两个半胱氨酸相邻的为 CC 型；被一个氨基酸隔开的为 CXC 型；第三种类型是前两个半胱氨酸被三个氨基酸隔开，为 CX3C 型；第四种类型为 C 型，其氨基端只有一个保守的半胱氨酸。近些年来，对鱼类的趋化因子进行了大量的研究，主要集中在 CXC 型和 CC 型两类。

（1）大黄鱼 CC 型趋化因子

CC 型趋化因子是目前已知数量最大的一类趋化因子，已从各种哺乳动物中鉴定了 28

个 CC 型趋化因子成员。目前对于鱼类 CC 型趋化因子的研究主要集中在基因克隆及分子进化方面，有关其在免疫反应中的功能研究较少。大黄鱼 CC 型趋化因子 1（*LycCC1*）cDNA 全长 817 个核苷酸，包含一个长度为 303 个核苷酸的可读框，编码 100 个氨基酸的蛋白质。大黄鱼 CC 型趋化因子 2（*LycCC2*）cDNA 序列全长 568 个核苷酸，包含一个长度为 282 个核苷酸的可读框，编码 93 个氨基酸的蛋白质。*LycCC1* 和 *LycCC2* 两者的序列一致性仅有 17.7%。趋化实验分析表明重组的 LycCC1 和 LycCC2 都具有趋化活性。RT-PCR 显示，*LycCC1* 和 *LycCC2* 在所检测的 9 个组织中都有表达。Poly（I∶C）或三联菌苗诱导后，*LycCC1* 和 *LycCC2* 转录水平均明显上调，12h 达到最高，Poly（I∶C）对 *LycCC1* 的诱导效果比三联菌苗更为明显。重组的 LycCC1 蛋白能诱导 *LMP10*、*MHC class* Ⅰ α *chain* 和 $\beta_2 m$ 的表达。由此可见，LycCC1 不仅参与了 Poly（I∶C）或三联菌苗诱导的免疫反应，还参与了大黄鱼 MHC class Ⅰ 抗原呈递途径的调节。

（2）大黄鱼 CXCL12

CXC 型趋化因子最初被认为是嗜中性粒细胞的潜在诱导者，但现在已知它们也同样作用于淋巴细胞和单核细胞。CXCL12 和 CXCL13 属于无 ELR 家族趋化因子，主要是趋化淋巴细胞和单核细胞，对嗜中性粒细胞的作用较小。大黄鱼 CXCL12（*LycCXCL12*）基因 cDNA 序列全长 679 个核苷酸，编码 97 个氨基酸的蛋白质，分子质量为 11.1kDa，包含一个 22 个氨基酸的信号肽和 75 个氨基酸的成熟肽。LycCXCL12 蛋白含有 4 个保守的半胱氨酸残基（在第 31 位、33 位、56 位和 71 位）。组织分布研究显示 *LycCXCL12* 基因在检测的所有组织中都有表达，包括肠、鳃、心脏、肌肉、脾脏、肝脏、血液和肾脏。在三联细菌疫苗或 Poly（I∶C）作为刺激物进行诱导后，*LycCXCL12* mRNA 在鳃、肾脏和脾脏中的表达量都有不同程度的上升。Poly（I∶C）刺激后，在脾脏和肾脏中 12h 表达量达到最高，在鳃中 24h 达到最高；三联灭活细菌疫苗刺激后，在肾脏中 24h 表达量达到最高，在脾脏和鳃中 48h 达到最高。以上结果说明 LycCXCL12 可能在炎症反应和内环境稳定过程中发挥重要作用。

（3）大黄鱼 CXCL13

大黄鱼 CXCL13（*LycCXCL13*）基因 cDNA 序列全长 796 个核苷酸，编码由 97 个氨基酸组成的蛋白质，分子质量为 10.7kDa，包含一个 24 个氨基酸的信号肽和 73 个氨基酸的成熟肽。LycCXCL13 蛋白有 4 个保守的半胱氨酸残基（位于第 25 位、27 位、52 位和 68 位），前两个半胱氨酸被一个精氨酸分开。比较发现 LycCXCL13 蛋白和其他已知的鱼类 CXCL13 蛋白有 41%～44%的同源性，和脊椎动物有 26%～40%的同源性。进化分析显示 LycCXCL13 和鱼类 CXCL13 形成独立一支。用大肠杆菌表达系统重组表达了 LycCXC13 蛋白，其对大黄鱼白细胞具有明显的趋化活性。组织分布研究显示 *LycCXCL13* 基因在所检测的 7 个组织中有表达，而在小肠中未检测到表达。在三联细菌疫苗或 Poly（I∶C）作为刺激物进行诱导后，*CXCL13* 基因在肾脏和脾脏中的表达量都有不同程度的增加，其中经 Poly（I∶C）刺激后，在脾脏和肾脏中 12h 表达量达到最高；经三联灭活细菌疫苗刺激后，在肾脏中 24h 表达量达到最高，在脾脏中 48h 达到最高。以上结果说明 LycCXCL13 可能在炎症反应有重要作用。

4. 免疫球蛋白

抗体是脊椎动物在对抗原刺激的免疫应答中，由淋巴细胞产生的一类能与相应抗原特异性结合的具有免疫功能的球蛋白。免疫球蛋白（immunoglobulin，Ig）具有高特异性和高亲和性的特点，是鱼类特异性体液免疫应答中最主要的介质。目前，人们已从许多鱼类中分离得到免疫球蛋白。硬骨鱼类体内主要的免疫球蛋白种类为四聚体的IgM，以可溶型和膜结合型两种形式存在。可溶型免疫球蛋白由B细胞分泌，出现于血液和其他体液中，作为免疫效应分子存在；膜结合型免疫球蛋白分子则嵌入B细胞膜，作为抗原受体存在，它和辅助分子结合成B细胞受体复合物。

（1）大黄鱼免疫球蛋白重链

大黄鱼免疫球蛋白IgM重链（*LycIgH*）基因cDNA全长1987个核苷酸，编码一个585个氨基酸的蛋白质。它与其他鱼类IgH有着35.0%～61.0%的序列一致性。组织分布研究显示*LycIgH*基因在所检测的8个组织中都有表达。Poly（I∶C）诱导后，*LycIgH*基因在肾脏和脾脏中的转录产物均有不同程度的增加。三联菌苗诱导下，*LycIgH*基因转录水平在这两种组织中也出现上调，在脾脏中在48h达到最高，最高表达量是正常组织的14.53倍，这些结果揭示了鱼类免疫球蛋白可能参与天然免疫反应。这些结果为进一步研究鱼类IgH的功能奠定基础。

（2）大黄鱼免疫球蛋白轻链

通过对大黄鱼EST文库分析，发现了与鱼类及哺乳动物免疫球蛋白轻链有同源性的EST克隆，进一步通过RACE-PCR技术获得了10条大黄鱼免疫球蛋白轻链（LycIgL）全长cDNA，根据结构特征将它们分成了三类，即*LycIgL1*、*LycIgL2*和*LycIgL3*。组织分布研究显示*LycIgL1*和*LycIgL2*基因在所检测的8个组织中有表达，包括鳃、肠、心脏、肌肉、脾脏、肝脏、血液和肾脏，而第三类*LycIgL3*在心脏中未检测到表达。在三联细菌疫苗或Poly（I∶C）作为刺激物进行诱导后，三类*LycIgL*基因在肾和脾中的表达量都有不同程度的升高，只有*LycIgL3*的表达水平在三联菌苗刺激下在脾脏中先有略微的下调又在72h恢复正常并开始上调，推测*LycIgL3*在脾脏中可能先出现一个不应期，在识别之后即展开免疫应答。大黄鱼三类*IgL*在细菌或Poly（I∶C）刺激下的表达上调，说明它们均参与了大黄鱼的免疫应答，并在刺激初期就有效果。

5. 主要组织相容性复合体（MHC）

（1）大黄鱼β_2-微球蛋白

主要组织相容性复合体（MHC）Ⅰ型分子由一条重链（α链）和一条轻链（β链）经非共价键结合形成，其中重链由多个等位基因编码，呈高度多态性；而轻链则为高度保守的β_2-微球蛋白（β_2-microglobulin，β_2m）。大黄鱼β_2m（*Lyc*β_2m）基因cDNA全长926个核苷酸，编码116个氨基酸的蛋白质，预测蛋白分子质量约为12kDa。在N端具有一个由16个氨基酸组成的信号肽，编码区具有典型的MHC家族标志序列（YSCRVTH），在第28位和83位都具有一个半胱氨酸残基。组织分布研究显示*Lyc*β_2m在8个受试组织中属于组成型表达，其中在肝脏、脾脏和肠中的基因转录水平较高，在肌肉和脑中最低。在Poly（I∶C）或三联细菌疫苗诱导后，在脾脏、肾脏和肠中*Lyc*β_2m转录水平均上调，且在0～24h变化明显，说明大黄鱼β_2-微球蛋白在免疫反应中发挥重要作用。

（2）大黄鱼MHC classⅡα/β

MHC classⅡ分子呈递来自细菌等外源性抗原，被$CD4^+$T细胞TCR所识别，进而诱导产生辅助性T细胞反应（T-Helper）。MHCⅡ类分子是由α和β两条链以非共价键连接的异源二聚体。采用RACE-PCR技术克隆了大黄鱼MHC classⅡα/β链的全长cDNA，发现大黄鱼classⅡα/β链基因存在多态性；RT-PCR分析表明大黄鱼*MHC class Ⅱα/β* mRNA分别以不同水平在所有检测的组织中组成型表达，Northern blot分析进一步显示了大黄鱼*MHC class Ⅱα*和*β*的转录本分别为1.4kb和1.3kb左右。Poly（I：C）诱导12h后，大黄鱼*MHC class Ⅱα/β*基因在小肠、肾脏和脾脏组织的表达量迅速上升，而在三联疫苗刺激后，大黄鱼*MHC class α/β*基因的表达水平在48h后得到明显上调。这些结果说明了大黄鱼*MHC class Ⅱα*或*MHC class Ⅱβ*的表达上调出现在Poly（I：C）或三联细菌疫苗诱导的早期，并且在各种组织中被不同的刺激剂差异地调控。

此外，还对大黄鱼凋亡通路相关基因*Caspase 3*和*Caspase 9*，半胱氨酸蛋白酶抑制剂cystatin和stefin、G-型溶菌酶、PA28β、GILT、IFI56、IFITM1和CD59等免疫相关的基因功能进行了初步研究，这些结果对深入了解大黄鱼免疫系统和免疫基因的功能具有重要意义。

（陈新华 母尹楠）

第七节 海 马

一、海马简介

海马（*Hippocampus*）隶属海龙科（Synagnathidae），广泛分布于热带或亚热带的浅海海域，尤其以近岸的海草床、红树林和珊瑚礁等海域分布最广。目前已知全球海域约有49种海马，所有种类均被列入国际濒危野生动物物种保护范围；自2004年5月15日起，我国也将海马属所有种定为二级保护动物。在我国，海马主要用作传统的中药材，素有“南方人参”之美誉；早在《神农本草》中已有记载其强身补肾、舒筋活络等功效。同时海马因体形优美雅致，长相奇异，又有雄性育儿的特性（图4-11）（Pagel，2003），在欧美海洋鱼类水族观赏市场备受青睐。

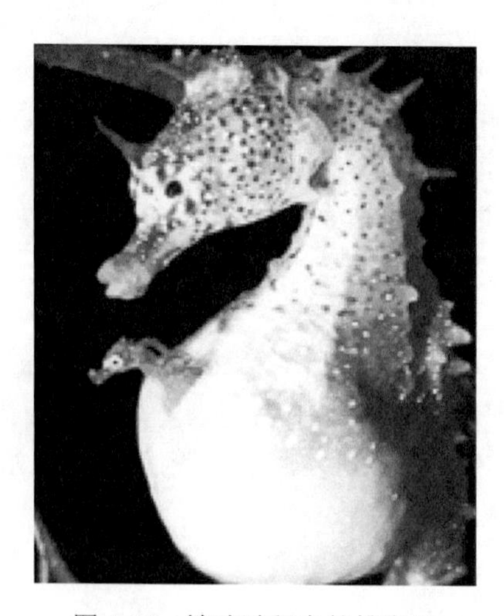

图4-11 繁殖过程中的雄海马

根据全国沿海的实地调研结果分析，我国目前每年海马养殖总量为 200 万只左右，而非法的野生捕捞为 700 万～900 万只，而且随着野生捕捞的持续和不节制进行，我国很多海域已经出现无海马可捕捞的状况。中国是世界上最大的海马进口国，我国海马的“源”主要是依赖于从越南、菲律宾、马来西亚和泰国等国进口。目前，国际范围内海马资源的最大威胁是来自于传统的亚洲制药业，加之自然变化和人类活动等造成的近岸海域过度污染等原因，野生海马资源已濒临枯竭。而随着我国海马为原料的保健品、医药行业的飞速发展，人民生活水平的提高，对生活素质、健康长寿的心理需求与日俱增，对海马的需求量也逐年增加。国家医药管理部门统计显示，海马的市场需求量年增长率在 13%左右。因此，大力发展海马产业化养殖及其产品精深加工等具有非常大的市场潜力。

海马是海龙科中非常特殊的一个属，因为它们的体型特征和繁殖方式都别具特色，引起国际上许多学者的兴趣和关注。美国德克萨斯农工大学的 Jones 等从事海龙科鱼类研究十多年，主要针对海龙的性选择及群体遗传等开发微卫星标记，并报道了一种澳大利亚海马 *Hippocampus angustus* 性征相关的微卫星标记。布鲁克林学院的 Tony Wilson 等目前正在进行基于海龙科鱼类 *Nerophis ophidion* 和 *Syngnathus typhle*-雌-雄交配系统的分子标记筛选，这对于海马遗传标记的开发有一定的指示意义，尤其是海马性状相关的标记开发对水产动物的遗传育种有直接的关联。近年来，随着国际上海马养殖产业的发展，一些相应的基因组学研究也正在兴起，芬兰埃博学术大学的 Charlotta Kvarnemo 正在对一种欧洲海马 *H. subelongatus* 性别相关基因进行研究，期望获得海马的性别决定相关结论；而德国基尔大学 Thorsten Reusch 基于一种海龙 *S. typhle* 的基因组对海龙科鱼类的进化特征进行探索，并尝试获得海龙科鱼类繁殖性状特征及其进化地位，并着手开发 SNP 标记，期望这些研究能为海马功能基因筛选及其遗传性状标记的开发等相关研究有所启示。

纵观国际海马相关研究报道，尚无关于海马性腺发育的分子和生理机制相关研究，这在很大程度上限制了海马遗传育种的发展。众所周知，水产动物的性成熟是在人工养殖过程中出现并影响其生长速度的重要因素之一；在水产动物遗传选育过程中，选育性成熟较迟的种群对于整个提高养成效率将起到很大的促进作用。综合鱼类内分泌学等相关研究，其性成熟同哺乳动物一样表现为一个复杂的调控过程，通过“下丘脑-脑垂体-性腺（hypothalamic-pituitary-gonad，HPG）”生殖内分泌调控轴来调控其性腺发育、成熟、排精和产卵。下丘脑、脑垂体和性腺在中枢神经的调控下形成一个封闭的自反馈系统，三者相互协调、相互制约使动物的生殖内分泌系统保持相对稳定。与哺乳动物和其他鱼类相比，海马的性成熟的分子调控机制研究还相当缺乏。

与此同时，在生物学与进化研究领域，海马因其特殊的雄性育儿与体型等进化特征而受到关注，在海龙科内很多其他鱼类都有相似的雄性育儿特征，其主要原因是由于它们都有一个共同的育儿袋。育儿袋是孵化后代的场所，能提供给子代营养，最近的研究发现，亲代也可以从育儿袋内的后代获取营养物质，这在一定程度上也影响了雌雄海马之间的性选择过程。从体型上讲，海马是一种非常特殊的鱼类，能直立游泳，有特殊的尾巴可以勾住外物附着，肌肉高度退化，骨骼包被其外，这一系列特征都与其生存环境密切相关。虽然海马化石的发现让人们对海马的起源时间有了初步了解，但是这仍然不足以明确或解释其体型进化特征。海马主要生活在浅海的海草、珊瑚礁、红树林等区域，较大的海浪使得它们经常“随波逐流”，或者附着在外物上固着自己。海马游泳能力较弱，容易受到捕食，因此它们体型进化为枝条状，与周围海草、珊瑚等相似，体色也常随外部环境不同而发生适应性变化。海马在行为与适应性进化方面表现突出，海马全基因组计划也成为探索海马进化历程的重要前提。

二、海马基因组及功能基因研究进展

1. 海马全基因组

海马家族种类繁多，目前的研究条件无法将所有的海马悉数进行全基因组研究，因此，选择有代表性的海马种类进行深入探索是比较合理的。东南亚海域一直被认为是国际海马家族的起源地，该海域海马种类繁多，体型差异较大。在所有的海马家族中，虎尾海马（*Hippocampus comes*）是一个比较“大众化”的种类，它体型中等（18～22cm），分布数量较多，生存在东南亚浅海海域，是一种典型热带海马种，因此，它最终被定为国际海马全基因组的研究对象。

利用 Illumina Hiseq2000 二代测序方法对雄性虎尾海马（*Hippocampus comes*）进行全基因组测序，经过筛选过滤掉低质量和重复的 read 后，获得 132.80Gb 用来组装的原始数据；基于 17-mer 预测海马基因组大小为 688Mb，其中用于 K-mer 预测的高质量 read 数为 23.39Gb，测序深度达到 34×；通过 SOAP*de novo* 组装获得海马基因组大小为 501Mb，contig N50 的长度为 34.60kb，scaffold N50 的长度为 1.87Mb。利用虎尾海马各组织的转录组数据和同源蛋白质进行比对的方法对海马基因组进行注释，发现海马基因组中含有 20 958 个蛋白质编码基因，其中大约 90.2%的海马基因与其他物种的功能基因相似性很高（图 4-12）。

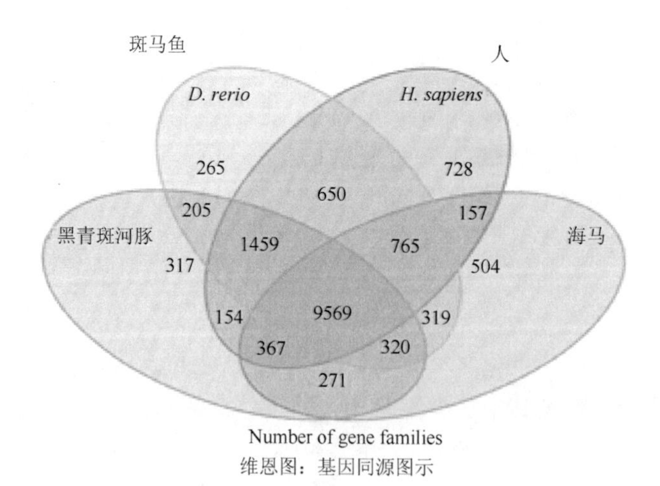

图 4-12　海马同源基因维恩图

包括人类、黑青斑河豚、斑马鱼和海马

为了鉴定海马特有的基因家族，选择罗非鱼、三刺鱼、日本青鳉、红鳍东方鲀、大弹涂鱼、斑马鱼、斑点雀鳝和剑尾鱼进行同源基因的比较，利用 TreeFam 软件比对各物种的同源基因来鉴定基因家族（图 4-13）。结果表明虎尾海马的单拷贝直系同源基因数目和其他硬骨鱼类大致相同，鉴定出了 162 个海马特有基因，同时还有 3788 个未聚类的功能基因。

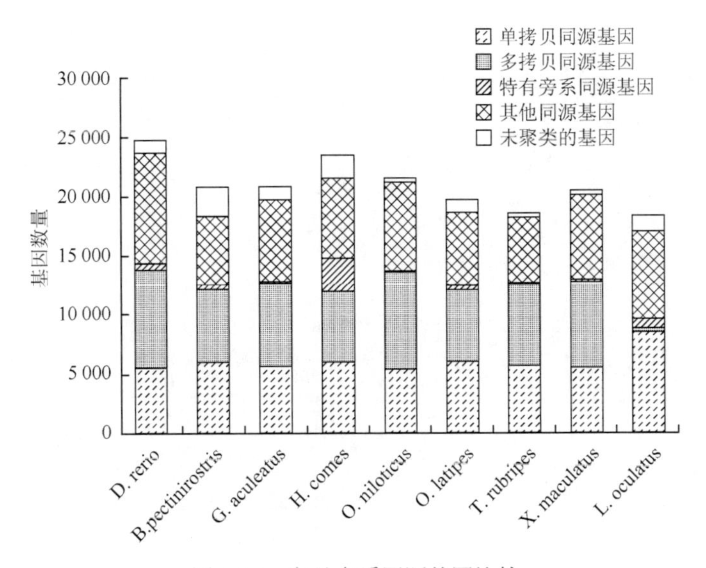

图 4-13 海马直系同源基因比较

包括斑马鱼、大弹涂鱼、三刺鱼、虎尾海马、罗非鱼、日本青鳉、红鳍东方鲀、剑尾鱼和斑点雀鳝

基于海马和其他已测基因组的硬骨鱼类的单拷贝基因构建系统进化树，同时推测出相应的分化时间，发现海马较其他棘鳍鱼类的分化时间更早，推测海马的出现大约在 1 亿年前（图 4-14）。

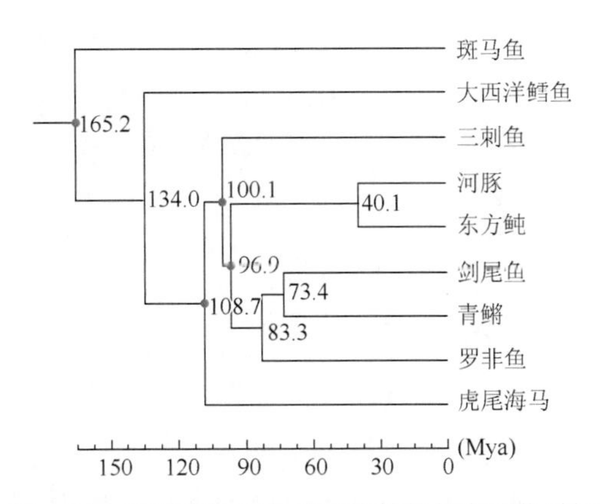

图 4-14 海马系统进化树和推算的相应分化时间

2. 育儿袋候选功能基因

海马是由于特定的生活史特征——雄性育儿，从而导致其在面临过度捕捞和栖息

地破坏等干扰时变得十分脆弱。实际上，正是人们对于这个奇特现象的好奇心致使现今有关海马的研究多集中在繁殖而不是其他的生活史特征。对于海马来说，最常用的判断是否性成熟的方法是看雄鱼是否已经有一个发育成熟的育儿袋。育儿袋为精卵结合及胚胎发育提供一个相对稳定的环境。而在整个海洋鱼类中，唯独海龙科鱼类有着育儿袋或类似育儿袋的特征，但育儿袋本身的生物学特征也跟物种之间有较大的差异（图 4-15）。

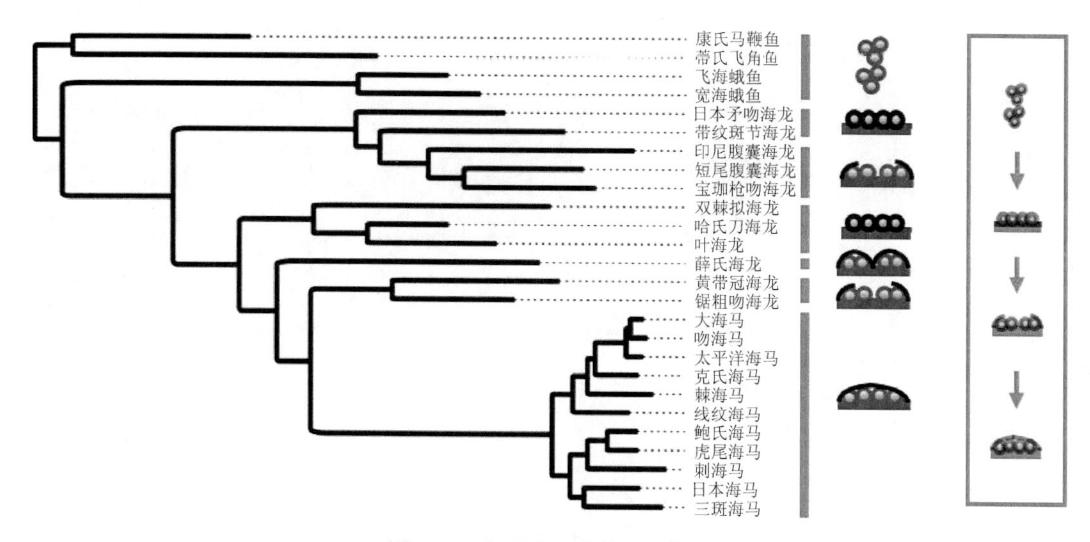

图 4-15　海马育儿袋的进化关系

为研究育儿袋在海马繁育中的独特作用，人们测了育儿袋发育期、育儿袋发育完全但未怀孕、怀孕期育儿袋及怀孕后育儿袋 4 个时期的海马转录组数据。通过对育儿袋组织和非育儿袋组织进行基因富集，共获得 368 个育儿袋高表达的基因（图 4-16，图 4-17），如 *Wnt10a* 在育儿袋组织的表达量明显高于其他组织，该基因与体型发育相关；对海马育儿袋 4 个时期转录组依据条件进行筛选，筛选的条件是怀孕期的 RPKM 是其余几个时期 RPKM 的 2 倍以上，同时 RPKM 大于 50，共筛选 139 个基因，根据功能分为三大类别：第一，调节肌肉运动相关基因，如原肌球蛋白（tropomyosin）、胶原蛋白（collagen）和肌钙蛋白（troponin）等家族的基因；第二，与脂类或是离子运输相关的基因，如 sodium/potassium-transporting ATPase 和 fatty acid-binding protein 等的基因，有文献报道，prolactin 是鱼类渗透调节的一种重要激素，在鱼类鳃中的 mitochondria-rich 细胞中存在着 prolactin receptor，但是在海马的育儿袋中是否存在 prolactin receptor 还未见报道，但是在海马育儿袋的转录组中发现 *prolactin receptor* 也有表达，但是表达量不是很高，其他的离子通道也有表达，可以说明海马的育儿袋也起到渗透调节的作用；第三，免疫相关基因，如补体（complement component）和巨球蛋白（alpha-2-macroglobulin）等的基因。同时，在育儿袋转录组中发现了一些激素类基因及激素受体（如雌激素受体 G-protein coupled estrogen receptor 1），这说明育儿袋发育很可能和性腺发育一样，受到下丘脑-垂体-性腺分泌激素协同作用。有文献报道，在海龙中育儿袋的发育与虾青素 patristacin 相关，同样在海马育儿袋中也发现了 *patristacin*，并且存在多个拷贝。

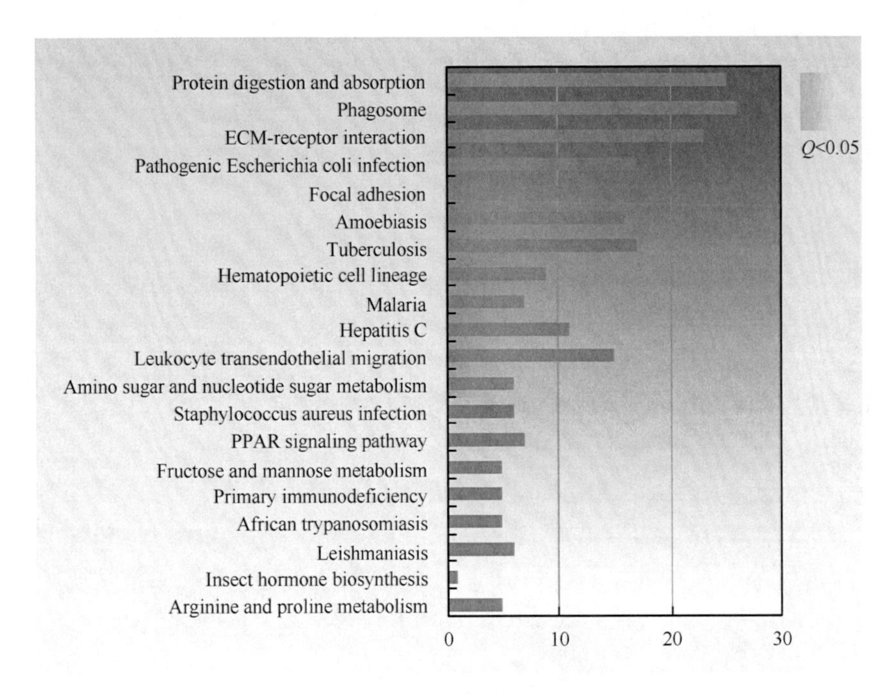

图 4-16　海马育儿袋高表达基因 KEGG 分析

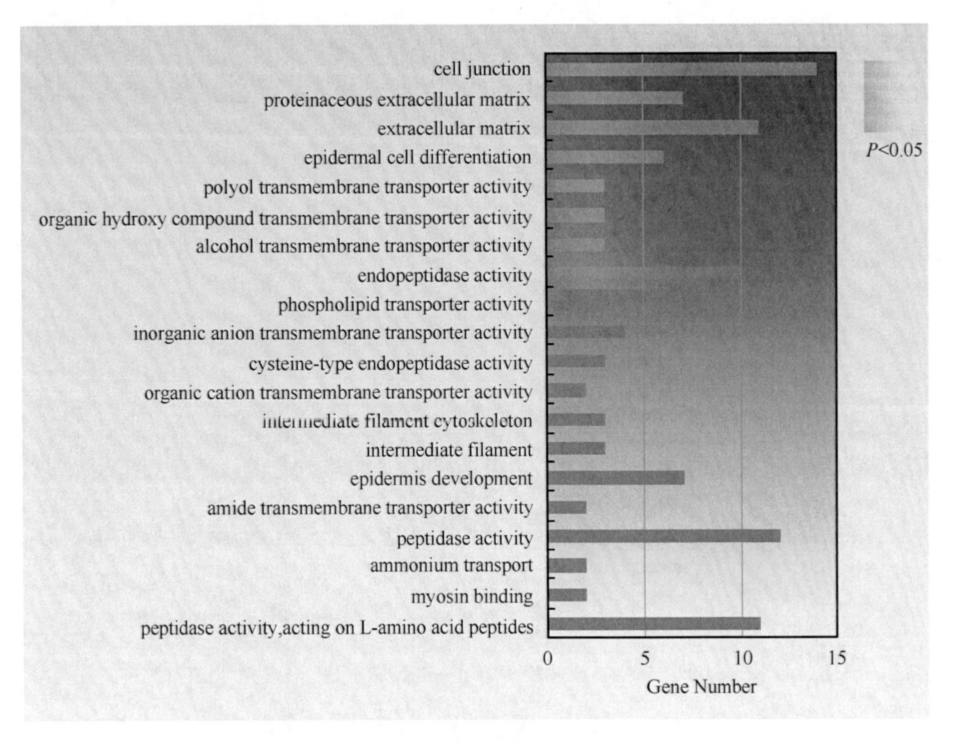

图 4-17　海马育儿袋高表达基因 GO 分析

根据海马怀孕和非怀孕蛋白质组数据分析，其中差异显著的蛋白质共有 56 个，在转录组中查找对应基因，其中怀孕期表达量均高于其他时期基因共 36 个。这些基因根据功能可以大概分为两个大类，一类是跟肌肉运动相关的蛋白质基因，如原肌球蛋白（tropomyosin）和胶原蛋白（collagen）家族的基因。另一类是跟免疫相关的蛋白质基因，如补体（complement component）和巨球蛋白（alpha-2-macroglobulin）的基因。同时，以蛋白质的表达量大于30标准对为海马育儿袋蛋白质组数据进行筛选，筛选出55个蛋白质，主要有原肌球蛋白和胶原蛋白家族，这两类蛋白质都与肌肉运动相关。

由于海马蛋白质组和转录组表达较高的蛋白质和基因主要集中在免疫、离子等运输通道、肌肉运动等方面，因此推测海马育儿袋对胚胎的发育起到保护、提供营养、调节渗透压的作用，而调节肌肉运动相关基因的表达，有利于孵化的海马从育儿袋中释放出来。

3. 海马瘦素（leptin）和胆囊收缩素（CCK）的功能研究

瘦素（leptin），也称瘦蛋白、抗肥胖因子、苗条素，在哺乳动物中，主要是由脂肪细胞分泌的一种激素样蛋白质。瘦素具有参与摄食调控、能量代谢、生殖发育、骨代谢、造血和免疫等过程的生物学功能。leptin 作为机体摄食调节和能量代谢平衡的重要激素在哺乳动物中研究较多，而 leptin 在变温动物中的功能则尚不清楚，尤其是在硬骨鱼中。Kurokawa 等利用基因共线性分析在红鳍东方鲀中找到了与人类同源的 *leptin* 基因，并用同源克隆的方法得到了 *leptin* 的序列，发现它与人类 leptin 的氨基酸序列相似度只有 13.2%，蛋白质序列十分不保守。自鱼类的 *leptin* 基因发现后，很多硬骨鱼的 *leptin* 基因相继得到鉴定；包括鲤鱼、斑马鱼、日本青鳉、虹鳟、河狸、大西洋鲑鱼和黄颡鱼。但在海马这种雄性育儿的卵胎生鱼类中，leptin 的功能尚不清楚。

通过设计兼并引物，在线纹海马中克隆得到 *leptin* 基因的中间片段，同时利用 Smart-Race 的方法扩增得到 *leptin* 基因的全长序列，发现海马的 *leptin* 基因 ORF 全长 489bp，编码 162 个氨基酸，具有 21 个氨基酸的信号肽。并克隆得到相应的 leptin 受体基因，ORF 全长 3351bp，编码 1116 个氨基酸，是一种单次跨膜的受体蛋白。通过与其他脊椎动物的 leptin 蛋白序列多重比对，发现海马 leptin 的 4 个螺旋环部分的结构相对较为保守（图 4-18）。

```
                    Signal peptide                 Helix A
Common_Carp1   MYFS-ALLYPCILAMLSLVHG-----IPIHSDSLKNLVKLQADTIIIRIKDHNAELKLYP
Common_Carp2   MYFS-VLLYPCILGMLSLVHA-----IPVHPDSLKNLVKLQADTIILRIKDHNEKLKLSP
Grass_Carp     MYSP-VLLYTCFLSILGMIDGRS   IPIHQDNLKNLVKLQADTIIHRIKEHNEKLKLSP
Zebrafish-A    MRFP-ALRSTCILSMLSLIHG-----IPVHQHDRKN-VKLQAKTIIVRIREHIDGQNLLP
Tetraodon      MDYT-LALALSLLQ-LSMCTFVP---MMQDSGRMKTKAKWMVQQLLVRLK----------
Takifugu       MDHI-LALVLALLP-LSLCVALPGALDAMDVEKMKSKVTWKAQGLVARI-----------
Grouper-A      MDYT-LALLFSLLHVFSVGTAAP---LPVEVVKMKSKVKWMAEQLVVRLNK---------
Seahorse       MDCITLAILVSVSQVWGAVTAAP---MSVEVIRMKATVEGKSKQLVARLN----------
Medaka-A       MDSA-LVLFAFLFHCLNVATAAP---VNPELQEMKSNVIDIAKELSLRLES---------
Human          MHWGTLCGFLWLWPYLFYVQA---------VPIQKVQDDTKTLIKTIVTRINDISHTQSVSS
               *           .                           :  .    .  :  *:
```

```
                                               Helix B                   Helix C
Common_Carp1   KLLIGDPELYPEVPADKPIQGLGSIMDTITTFQKVLQRLPKGRVSQIHIDLSTLLGHLKE
Common_Carp2   KLLIGDPELYPEVPANKPIQGLGSIVETLSTFHKVLQRLPKGHVSQIRNDLFTLLGYLKD
Grass_Carp     KILIGDSELYPEVPADKPIQGLGSIVDTLTTFQKILQTLPKGHVSQLHNDMSTLLEYFKD
Zebrafish-A    TLIIGDPGHYPEIPADKPIQGLGSIMETINTFHKVLQKLPNKHVDQIRRDLSTLLGYLEG
Tetraodon      DNVWPHFDMPPTFSADD-LEGSASIVARLENFNSLISDNLGD-VLQIKAEISSLTGYLNN
Takifugu       DKHFP--DRGLRFDTDK-VEGSTSVVASLESYNNLISDRFGG-VSQIKTEISSLAGYLNH
Grouper-A      DFQVPP-GLTLSPPADI-LDGPSSIVTVLDGYNSLISDTFNG-VSQVKFDISSLTGYIGQ
Seahorse       KIQVPP-GMTLTPPADR-LDGLSSVVTLLDGYDKLISDSLN--VSQVKAEISWLKSYLGQ
Medaka-A       IIQTS-IGPKFSPPSDE-LNGLSSIMAVLDECTNQISDNFDE-AKKIKVDISSLMDSMSE
Human          KQKVTG--LDFIPGLHP-ILTLSKMDQTLAVYQQILTSMPSRNVIQISNDLENLRDLLHV
                                   .  :   .:  :   . :      . ::  ::  *   :

                                                            Helix D
Common_Carp1   RMTSMHCTSKEPANGRALD---AFLEDNATHHITVRYLALDRLKQFMQKLLVNLDQLKSC
Common_Carp2   RMTSMRCTLKEPANERSLD---AFLENNATHHITFGFLALDRLKQFMQKLIVNLDHLKSC
Grass_Carp     RMTFMRCTLKEPANGKSLD---TFIEKNATHHITFGYMALDRLKQFMQKLIDNLDQLKSC
Zebrafish-A    ----MDCTLKESTNGKALD---AFLEDSASYPHTLEYMTLNRLKQFMQKLIDNLDQLKIC
Tetraodon      WRH-NNCKEQRP-RTAVPG-LPQEPQRRKDFIQSVTIDALMSMKEFLNLLLQNLDHLEIC
Takifugu       WRE-GNCQEQQP-K-VWP---------RRNIFNHTVSLEALMRVREFLKLLQKNVDLLERC
Grouper-A      WRQ-GHCTEQRP-KPSVPG-PLQELQSRKEFIHTVSIEALMRVKEFLNLLLKNLDHLETC
Seahorse       WKK-GRCGEAKANRTSATGGALQRLQSQRSFVLTVGIEALVRVKDILTRMLQNMEHLDKC
Medaka-A       WSD-KHCGEQPS--TQAEN------QTSRRFSITESMQAVTRLKHFLLLLQNNSDQLEIC
Human          LAFSKSCHLPWASGLETLD---SLGGVLEASGYSTEVVALSRLQGSLQDMLWQLDLSPGC
                     *  .                         :    ::  ::  :  :  : :   *
```

图 4-18　脊椎动物 leptin 蛋白多重比对

同时通过 Swiss-model 三维结构预测，发现海马 leptin 蛋白的三维结构与人类 leptin 高度相似，且都具有 I 类细胞因子家族特有的四螺旋环结构（图 4-19）。基于脊椎动物的 leptin 蛋白序列构建 NJ 进化树，结果表明海马与斜带石斑鱼 leptin 同源性最高（图 4-20）。

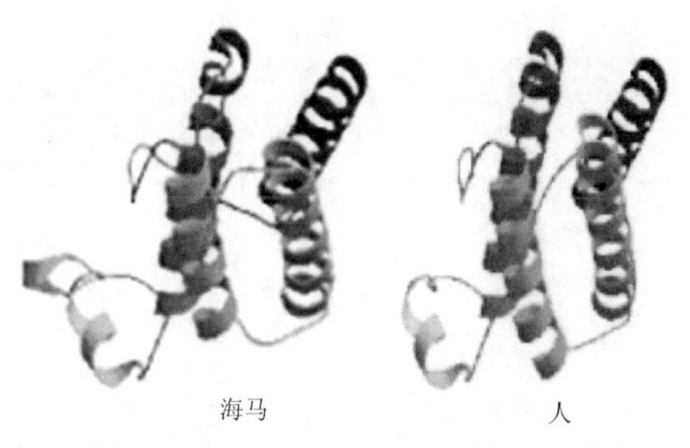

图 4-19　海马 Leptin 蛋白的三维结构预测

利用 RT-PCR 检测 leptin 和 leptin 受体在雌雄各组织的表达模式，结果表明：在雌性海马中，leptin 主要分布在脑和几乎所有外周组织中，其中脑中的表达量最高；leptin 受体在脑和大多数外周组织中表达，肝脏和肾脏组织中除外。在雄性海马中 *leptin* 也是在脑和大部分外周组织中表达，且在精巢中表达量较高；而 leptin 受体（lepR）只在心脏、眼睛、肌肉和肠中表达量较高，在精巢中不表达（图 4-21）。

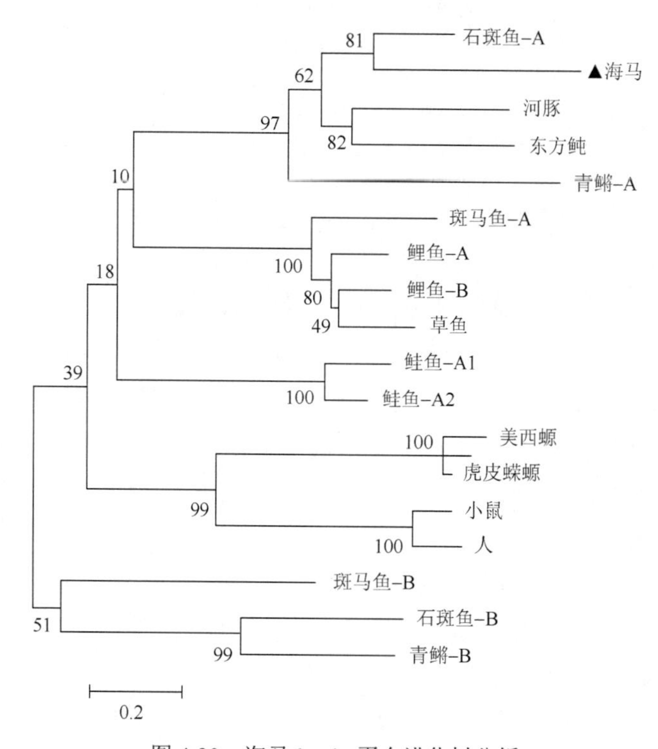

图 4-20 海马 leptin 蛋白进化树分析

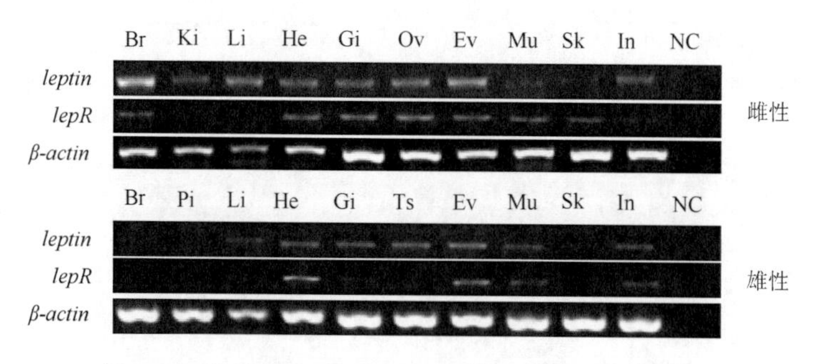

图 4-21 线纹海马 leptin 及其受体的组织分布表达分析

Br 为脑；Ki 为肾；Li 为肝；He 为心脏；Ci 为鳃；Ov 为卵巢；Ts 为精巢；Ev 为眼睛；Mu 为肌肉；Sk 为皮肤；Zn 为肠；NC 为空白对照

胆囊收缩素 CCK 属于 Gastrin-CCK 家族，主要分布在胃和肠道中，在中枢和外周组织中都有表达，CCK 在胃肠道中具有促消化作用，通过促进胰蛋白酶和糜蛋白酶的分泌、胃肠道的蠕动和提高胆汁的浓度并延迟胃排空的时间来调节摄食和能量代谢。在很多硬骨鱼中都克隆得到了 CCK 的基因，其中包括斑马鱼、虹鳟、牙鲆、黑青斑河豚、大西洋鲑鱼和草鱼，除了鲤科鱼外，大多数鱼类都具有两种亚型的 *CCK* 基因，分别为 *CCK-1* 和

CCK-2；其功能研究也主要集中在摄食调控方面。

根据硬骨鱼类两种 *CCK* 的序列设计兼并引物，在线纹海马中克隆两种 *CCK* 基因的中间序列，并利用 Smart-Race 的方法克隆得到两种 *CCK* 基因的全长序列。*CCK-1* 和 *CCK-2* 基因的 ORF 都为 402bp，编码 134 个氨基酸。通过与其他脊椎动物的 CCK 蛋白序列进行多重比对，发现 CCK 蛋白中具有十分保守的核心八肽 CCK-8（图 4-22）；同时基于脊椎动物的 CCK 蛋白序列构建 NJ 进化树（图 4-23），发现海马 CCK-1 与其他硬骨鱼 CCK-1 聚为一支，海马 CCK-2 与其他硬骨鱼 CCK-2 聚为一支。

图 4-22　脊椎动物 CCK 蛋白的多重比对

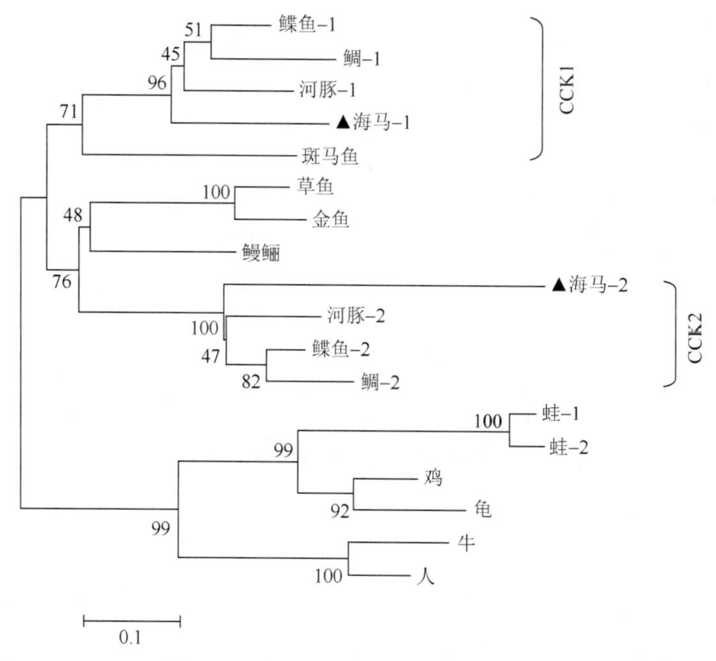

图 4-23 海马 CCK 蛋白系统进化分析

利用 RT-PCR 检测 *CCK-1* 和 *CCK-2* 的组织表达模式（图 4-24），发现在雌性海马中，CCK-1 分布较为广泛，在脑和几乎所有外周组织中都有表达，其中在脑中表达量最高；*CCK-2* 的表达则相对比较集中，在脑和部分外周组织中表达，其中在脑和肠中表达量最高。

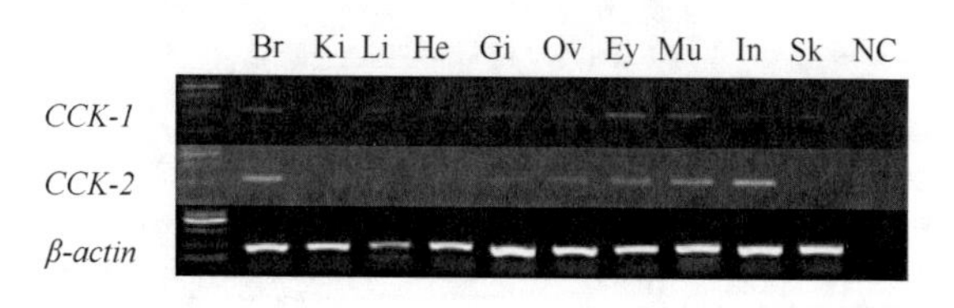

图 4-24 海马 CCK-1 和 CCK-2 组织分布表达分析

海马在孵化前主要依赖内源性营养即油球来提供能量，孵化后开始摄食，即开始有外源性营养提供，海马孵化后随着油球的逐渐消失，营养来源也逐渐由内源性营养转化为外源性营养来源。分别取刚刚孵化后样品和孵化后 1～4d 的饥饿、投喂和饥饿后再投喂的 3 组实验组样品，并用 realtime-PCR 检测 *leptin* 和 *CCK* 在此过程中的表达变化（图 4-25）。结果发现 *CCK-1* 和 *CCK-2* 在饥饿后复投喂 4d 时表达量显著性升高，同时显著高于对照组（正常投喂组），表明 CCK-1 和 CCK-2 在内源性营养转为外源性营养的过程中起主要调控作用。同时，在此过程中没有检测到 leptin 和 leptin 受体的基因的表达，推测 *leptin* 在海马发育后期才开始表达并调控能量代谢。

4. 海马线粒体基因组

进化是生物群体长期生存的一个最明显的特征，比较基因组学同样以进化理论作为理论基石，同时其研究结果又前所未有地丰富和发展了进化理论。当在两种以上的基因组间进行序列比较时，实质上就得到了序列在系统发生树中的进化关系。近年来，动物的线粒体基因组因长度较小、进化速率快、结构紧凑、母系遗传等特点而成为基因组进化研究的良好模型，也成为比较基因组学研究的理想工具。

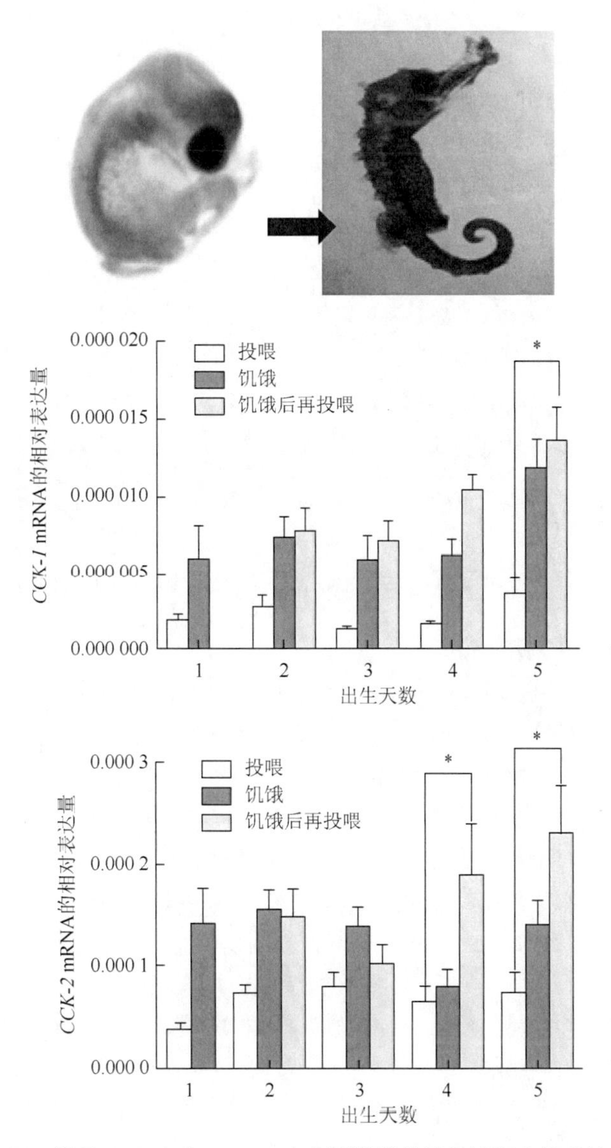

图 4-25　海马 *CCK-1* 和 *CCK-2* 在内源性营养转换过程中的表达变化

目前 NCBI 公布的海马属已测定的线粒体基因组全序列共 4 种，包括大海马（*Hippocampus kuda*）、刺海马（*H. histrix*）、虎尾海马（*H. comes*）和三斑海马（*H. trimaculatus*）。采用 Sanger 测序法测定了海马属的鲍氏海马（*H. barbouri*）、线纹海马（*H. erectus*）、太平洋海马（*H. ingens*）、克氏海马（*H. kelloggi*）、日本海马（*H. mohnikei*）、吻海马（*H. reidi*）、棘海马（*H. spinosissimus*）和三斑海马线粒体基因组全序列，对其结构和序列进行了比较分析。结果表明，测定的 8 种海马线粒体基因组和其他硬骨鱼类的基因组组成和基因排列顺序基本相同，包括 22 个 *tRNA* 基因、2 个 *rRNA* 基因、13 个蛋白质编码基因和 1 个主要非编码区，不存在基因重排现象，以三斑海马、大海马和三刺鱼（*Gasterosteus aculeatus*）为例进行共线性分析（图 4-26），序列长度差异主要表现在 *12S rRNA*、*16S rRNA* 和 *CR* 区。大部分基因由重链编码，包括 14 个 *tRNA* 基因、2 个 *rRNA* 基因、12 个蛋白质编码基因；只有 *ND6* 和 8 个 *tRNA* 是由轻链编码。利用 11 种海马的线粒体基因组构建系统发育树，结果表明线纹海马处于最外支，随后平行进化为两组大的类群，一组包括棘海马、克氏海马、吻海马、大海马和太平洋海马；另一组包括刺海马、虎尾海马、鲍氏海马、日本海马和三斑海马（Zhang *et al.*，2014）。

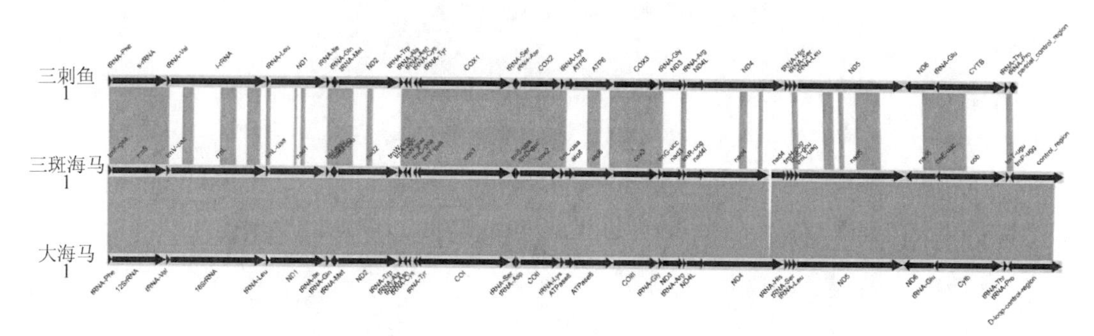

图 4-26 三斑海马、大海马、三刺鱼线粒体基因组共线性分析

5. 海马药用功能基因发掘

多不饱和脂肪酸（polyunsaturated fatty acid，PUFA）是指含有 2 个或 2 个以上双键、碳原子数为 16～22 的直链脂肪酸；其中，双键数量≥3、碳原子数≥20 的 PUFA 称为高度不饱和脂肪酸（highly unsaturated fatty acid，HUFA）。PUFA 是细胞膜磷脂的重要成分，参与调节细胞膜的组成，是人及动物生长发育所必需的脂肪酸。同时，在炎症反应、调节血压、信号传递等重要的生物学过程中发挥着重要的作用。但是，人体自身合成 PUFA 的能力有限，需通过日常饮食来补充足够的 PUFA 以维持机体的营养和健康。PUFA 的主要来源是深海鱼油，而近年来，由于过度捕捞等原因已经造成全球海洋野生鱼类资源的日益减少，鱼油产量已远不能够满足迅速增长的保健市场需要。然而，目前有关海水鱼类的 PUFA 合成和代谢的研究不够深入，仅局限于该合成途径中涉及脂肪酸去饱和酶和碳链延长酶基因的克隆鉴定。单个或几个基因的克隆和表达并不能深入理解鱼类 PUFA 的新陈代谢，相关基因的表达和调控机制需要在基因组或转录组水平获得证据。

海马为名贵的中药材之一，具有补肾壮阳、调气活血等功效。近年来研究表明，海马富含多种脂肪酸，主要以十六酸、9-十八碳烯酸、8, 11-十八碳二烯酸和 4, 7, 10, 13, 16, 19-二十二碳六烯酸（DHA）为主。不饱和脂肪酸占总脂肪酸的 65.18%～76.22%，其中以 DHA、9-十八碳烯酸和 8, 11-十八碳二烯酸含量较高。其中克氏海马 DHA 含量达 31.86%，大海马 DNA 占 28.92%，为此类药物具有降低血脂和胆固醇、抗血栓、抗动脉硬化等作用提供了重要依据。

进一步利用高通量测序技术，从转录组水平上研究了海马 PUFA 的合成和调控相关的基因及调控网络。通过对线纹海马和日本海马的肌肉、脑和性腺等多个组织混合样品进行 Solexa 双末端测序，分别获得约 4G 的数据量和约 5000 万条原始 read，经过质量过滤和

de novo 拼接，得到约 900 万条 unigene，平均长度达到 800bp。对 unigene 进行 Nr 注释、GO 功能分类和 KEGG 代谢途径注释等多方面分析。通过与 KEGG 数据库比对，获得了约 1000 个酶（EC）和 300 多条信号通路。其中，在脂肪酸新陈代谢的信号通路中，线纹海马和日本海马分别有 160 多条 unigene 涉及相关信号通路，编码信号通路中的 40 多个酶。在 PUFA 的合成途径中，线纹海马和日本海马分别有 24 条和 21 条 unigene 涉及相关信号通路，编码信号通路中的 14 个酶，如酰基-CoA 去饱和酶、脂肪酸链延长酶、甘油-3-磷酸酰基转移酶、乙酰辅酶 A 羧化酶和 β-酮还原酶等（图 4-27）。

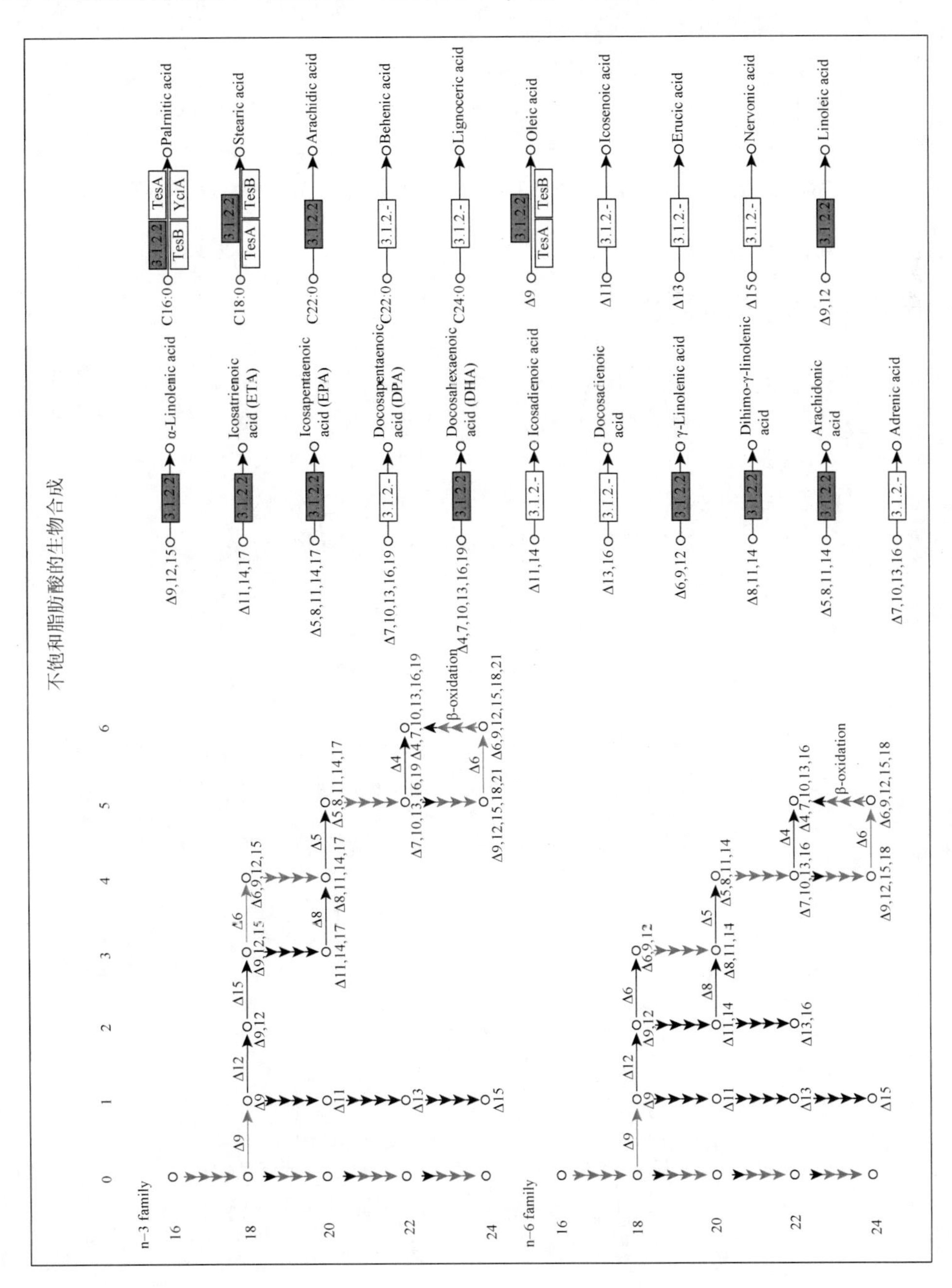

图 4-27 线纹海马和日本海马不饱和脂肪酸合成途径

与哺乳动物一样，由于体内缺乏Δ12及Δ15去饱和酶，海马不能从头合成n-3 HUFA和n-6 HUFA。从图4-27可知，海马HUFA的生物合成将以18C亚油酸（18：2 n-6）和α-亚麻酸（18：3 n-3）为底物，在脂肪酸去饱和酶和延长酶的作用下转化成20～22C的HUFA。其中，从EPA到DHA可能存在两条途径：一条是普遍认为的22：5 n-3在延长酶2/延长酶4（Elovl2/Elovl4）和Δ6去饱和酶的作用下转化为24：6 n-3，再经过β-氧化反应转化为DHA；另一条是22：5 n-3在Δ4去饱和酶的作用下直接转化为DHA，该途径仅在少数鱼类中得到证实，海马是否存在这一合成途径还需进一步验证。现有研究表明，影响这些关键酶基因表达的主要因素包括营养因子、环境因素、激素、转录因子和遗传因子等。但是，有关这些因素影响关键酶表达或酶活性的分子机制尚不清楚，包括small RNA对编码酶mRNA表达的调控机制、关键酶的空间结构及底物偏好性和HUFA合成的转录后调控机制等。此外，机体中碳水化合物、蛋白质、脂类三大营养物质的代谢相互影响，HUFA的合成代谢调控还涉及多个重要的生理过程，需要从整体上对HUFA合成代谢进行系统的综合研究。

三、海马功能基因研究展望

功能基因组学的主旨是揭示生物的一些新的、重要的基因或基因功能，对基因进行综合分析和突变检测等，而就研究技术而言，它是一个多学科交叉的研究。对于海马这个体型特殊、行为特异且药用价值明显的研究对象来说，功能基因组研究技术无疑是一个很好的工具，它能帮助人们从海马身上获取更多的生物学信息，更深度地解读海马的科学价值。在未来一段时间内，海马功能基因组研究将有可能聚焦以下两个方面：第一，海马的遗传选育与资源保护，目前我国沿海对海马养殖尤为关注，然而，海马的繁殖与生长也随着种质水平的降低受到了较大的影响，与此同时，我国近海的海马多样性水平也因气候变化和人为活动而受到巨大冲击，海马群体的适应性水平也随之发生改变，相关适应性进化研究亟待开展，功能基因组研究可以推动海马遗传选育和野生资源保护等研发进程；第二，海马的药用基因筛选及其功能解析，海马作为传统的中药材已有几百年历史，近年来，虽然基于现代分子生物学技术一度试图揭示其药用成分及代谢机制，但是进展缓慢，要厘清海马药用根源，尚需对海马药用功能基因及其代谢途径开展持续挖掘和深度探索。

（林　强　张艳红　张辉贤　罗　伟）

第八节　菊黄东方鲀

一、简介

菊黄东方鲀（*Takifugu flavidus*），隶属于鲀形目（Tetraodontiformes）鲀科（Tetraodontidae）东方鲀属（*Takifugu*），分布于我国的黄海、东海和渤海海域，属于温带近海底层鱼类。菊黄东方鲀肉味鲜美，蛋白质和脂类含量极高，但含有河鲀毒素，经去毒加工后是极美味的食品。从其肝脏、性腺中提取的河鲀毒素是一种很强的神经毒素，在临床医学和生理学等方面有重要应用价值（杨竹舫等，1991）。

二、基因组及功能基因研究进展

1. 菊黄东方鲀基因组草图的搭建和分析

红鳍东方鲀（*Takifugu rubripes*）和绿河鲀（*Tetraodon nigroviridis*）基因组测序已经完成（Aparicio *et al.*，2002；Jaillon *et al.*，2004）。中国科学院海洋研究所利用 SOLiD 4 测序平台对菊黄东方鲀基因组进行测序，其是第三个被测序的河鲀基因组，同时也是第一个基于高通量测序数据的河鲀基因组。采取辅助拼接策略，共获得总长度为 76.0Gb 的 read，经过组装得到 50 947 条 scaffold，scaffold N50 和 contig N50 值分别为 305.7kb 和 2.8kb。

（1）菊黄东方鲀基因组结构特征

1）基因组 GC 含量：菊黄东方鲀基因组平均 GC 含量为 45.2%，与红鳍东方鲀基因组平均 GC 含量 45.5%相当，略低于绿河鲀基因组的平均 GC 含量（46.3%），略高于人类基因组的平均 GC 含量（41%）。在这三种河鲀中，菊黄东方鲀基因组序列中 GC 含量更为平均，GC 含量接近平均值的区域数量更多，而相对地“富 GC 区域”和“贫 GC 区域”（GC-rich and GC-poor）的数量略少于其他两种河鲀。菊黄东方鲀与红鳍东方鲀同属于东方鲀属，亲缘关系较近，两者的产地也多有重叠，生存环境类似，这可能是两者 GC 含量十分接近的原因。

将菊黄东方鲀基因组所有 scaffold 按长度降序排列并统计 GC 含量时，发现后端含较多的 GC-rich 区域并且几乎不存在 GC-poor 区域。将每个 scaffold 的 GC 含量和 GC 偏移进行统计，发现若干明显的 GC-rich/poor 区域和 GC 偏移区域，这些信息对该物种新基因的解析和 DNA 复制起点的相关研究具有重要的指导作用。

2）重复序列：菊黄东方鲀基因组中共含 26.5Mb 的重复序列，约占全基因组的 6.87%。其中，简单重复序列（simple sequence repeats，2～10bp）总长为 12.4Mb，占所有重复序列的 46.9%。双碱基、三碱基和四碱基的简单重复序列（di-，tri-and tetra-nucleotide SSR）分别占所有简单重复序列的 26.1%、7.9%和 11.0%。其中，（CA）*n*、（GCA）*n* 和（ATCC）*n* 为最常见的重复模式，分别占双碱基、三碱基和四碱基简单重复序列的 83.0%、24.4%和 26.6%。菊黄东方鲀基因组中的重复序列比例略低于红鳍东方鲀（7.40%），略高于绿河鲀（4.51%）。

菊黄东方鲀基因组内的散在重复序列（interspersed repeat）中，逆转录因子（retroelement）即Ⅰ型转座子（class Ⅰ transposable element）含量最高，序列总长度占基因组序列总长度的 3.53%。而在逆转录因子中，L2/CR1/Rex type LINEs 和 RTE/Bov-B type LINEs 最为常见，分别占基因组序列总长度的 1.64%和 0.50%。DNA 转座子（DNA transposons）即Ⅱ型转座子（class Ⅱ transposable element）的序列占基因组序列总长度的 1.04%。对三个河鲀基因组的重复序列种类进行对比分析，Ⅰ型转座子都占有较高比例，且 L2/CR1/Rex type LINEs 和 Tc1-IS630-Pogo type 转座子分别为最常见的Ⅰ型转座子和Ⅱ型转座子；另外，各类重复序列的拷贝数在三种河鲀之间都十分接近，这与河鲀各物种之间分化相对较晚相符。这些信息也提示这些重复序列因具有某种重要功能而始终处于进化压力之下，因此在紧凑的基因组中仍占有一席之地。

（2）非编码 RNA 基因和蛋白质编码基因的注释

1）非编码 RNA 基因分析：非编码 RNA 普遍存在于各种生命形式之中，具有重要的生物学功能。菊黄东方鲀基因组内共有 296 种不同的非编码 RNA 基因（non-coding RNA gene），总拷贝数为 1253，包括 659 个 *tRNA* 基因，115 个 *5S rRNA* 基因，19 个 *SSU rRNA* 基因，75 个 *snoRNA* 基因，86 个 *snRNA* 基因，183 个 *miRNA* 基因和 116 个其他 *RNA* 基因。在菊黄东方鲀基因组中，共发现 143 类 183 个 *miRNA* 基因，在种类和拷贝数上与哺乳动物十分接近。通过对三种河鲀基因组进行比较，菊黄东方鲀中的 *miRNA* 基因有约 53%存在于红鳍东方鲀中，但仅有 13%存在于绿河鲀中。另外，菊黄东方鲀中拷贝数最高的 20 种 *miRNA* 基因全部存在于红鳍东方鲀中，其中 6 种 *miRNA* 基因具有相同的拷贝数，另外的 14 种 *miRNA* 在菊黄东方鲀中具有更高的拷贝数，提示了其靶基因可能与菊黄东方鲀的某些特有性状相关，并且在东方鲀属内各物种的分化形成后，*miRNA* 基因扩张仍在发生。

2）蛋白质编码基因分析：在菊黄东方鲀中共预测得到 30 285 个蛋白质编码基因，其中，29 192 个基因具有完整的可读框，其余的 1093 个基因具有不完整的可读框。预测的最长蛋白质编码产物为 13 255 个氨基酸，最短的为 50 个氨基酸。有 19 599 个蛋白质长度小于 500 个氨基酸，而 33.7%的蛋白质（10 206/30 285）长度超过所有蛋白质的平均长度——519.9 个氨基酸。平均每个基因含 7.2 个内含子，75%的内含子长度小于 543bp，出现频率最高的内含子长度为 76bp。

将菊黄东方鲀、红鳍东方鲀和绿河鲀基因组中的蛋白质序列进行相似性比对，发现菊黄东方鲀中分别有 27 337 个和 24 088 个基因的蛋白质产物序列与红鳍东方鲀和绿河鲀中相应的序列相似。对三种河鲀的蛋白质进行聚类，分别生成了 24 422 个、23 274 个和 13 996 个蛋白簇。以蛋白簇为单位进行序列相似性比对，结果表明菊黄东方鲀中有 14 004 个蛋白簇（57.3%）与其他两种河鲀存在明显的序列相似性（E-value=1×10^{-50}）。其中，与红鳍东方鲀相似的蛋白簇为 11 142 个，与斑点绿河鲀相似的蛋白簇为 8819 个。菊黄东方鲀不论在蛋白质编码基因的数量上还是蛋白质产物的大小上，都与红鳍东方鲀相近。而通过对三种河鲀的蛋白质序列进行相似性比较，菊黄东方鲀与红鳍东方鲀也更为相似。

3）蛋白质功能注释：共有 15 813 个蛋白质成功进行了 GO 功能注释，得到 51 990 条 GO 注释信息。根据行使功能的不同，将所有的 GO 注释分别归入分子功能（molecular function）、生物过程（biological process）和细胞组分（cellular component）三个类别。

在生物过程的第二级 GO 注释中，细胞过程（cellular process）、代谢过程（metabolic process）和生物调节过程（biological regulation）为比例最高的 GO term，分别为 19.0%、17.2%和 14.0%。而在分子功能和细胞组分的范畴中，结合功能（binding）和细胞组件（cell）为最为常见的第二级 GO term，比例分别为 51.7%和 54.5%。对菊黄东方鲀的所有蛋白质进行 KEGG 数据库检索，共得到 117 条 KEGG 通路信息。

对菊黄东方鲀的所有蛋白质进行 InterPro 数据库的比对检索，共得到 270 803 条注释信息。在 30 285 个蛋白质产物中，有 26 344 个蛋白质（87.0%）被成功注释。将菊黄东方鲀和红鳍东方鲀的全蛋白质组注释信息相比较，有957种蛋白质签名的拷贝数差异超过10个，其中有578种（60.4%）蛋白质签名在菊黄东方鲀中拥有更高丰度。而与绿河鲀全蛋白质组的注释信息相比较时，有1285种蛋白质签名的拷贝数差异超过10个，其中有361种（28.1%）蛋白质签名在菊黄东方鲀中拥有更高丰度。菊黄东方鲀中有221种蛋白质签名的丰度均高于红鳍东方鲀和绿河鲀，如纤连蛋白Ⅲ型超家族（SSF49265）和SET结构域超家族（SSF82199）等。同时，神经递质门控离子通道跨膜超家族（SSF90112）等253种蛋白质签名在菊黄东方鲀中拥有较低的丰度。

（3）性状相关基因研究

1）体表颜色变化相关基因：在菊黄东方鲀基因组中，共存在16个色素合成相关基因参与载黑素细胞中的黑色素合成途径和黄色素细胞中的蝶啶合成途径，包括3个CSF-1受体编码基因，3个酪氨酸酶编码基因，6个四氢生物蝶呤合成酶编码基因和4个GTP环化酶编码基因。另有116个基因参与微管依赖性运输途径，包括104个动力蛋白（dynein）编码基因和12个网蛋白（plectin）编码基因。而在红鳍东方鲀中相应的基因仅有58个，基因数量的差别提示菊黄东方鲀成长过程中体表色彩改变及色斑形状变化可能与微管依赖性的色素颗粒运输有关。

2）生长发育相关基因：对菊黄东方鲀基因组中生长发育相关基因进行鉴定，共发现718个编码9种生长因子（VEGF、EGF、FGF、TGF、PDGF、NGF、IGF、G-CSF和GM-CSF）及其受体的基因，8个编码生长激素基因及7个编码生长激素抑制激素的基因。比较分析发现，菊黄东方鲀基因组中存在42个Brinker编码基因，而相应的基因尚未在红鳍东方鲀中被发现。其中40个Brinker编码基因具有完整的可读框，并且散布于38个scaffold上，表明其并非为单一基因倍增后的假基因产物，而是起源于多个该家族基因。另外，菊黄东方鲀中VEGF、EGF和PDGF及相应受体的编码基因拷贝数明显高于红鳍东方鲀，其功能均与血管生成相关。

3）脂类代谢相关基因：菊黄东方鲀基因组中共有394个基因参与脂类代谢，包括185个脂类消化相关基因，12个脂类吸收相关基因，154个脂类胞外/胞内运输相关基因，38个脂类合成和代谢相关基因和5个脂类动员相关基因。菊黄东方鲀能进行季节性短距离迁徙，而红鳍东方鲀在生殖周期中有较长距离的迁徙习性。菊黄东方鲀脂联素受体编码基因和去甲肾上腺素转运蛋白编码基因具有较多的拷贝数，这两种基因拷贝数的差异提示菊黄东方鲀可能具有较强的脂类动员和代谢相关活性，这可能与其特殊的栖息环境和迁徙习性相适应。

（4）进化树的构建分析

利用11个物种的全蛋白质组序列构建了进化树，包括斑马鱼（*Danio rerio*）、大西洋瓶鼻海豚（*Tursiops truncatus*）、非洲爪蟾（*Xenopus tropicalis*）、三刺鱼（*Gasterosteus aculeatus*）、七鳃鳗（*Petromyzon marinus*）、腔棘鱼（*Latimeria chalumnae*）、尼罗罗非鱼（*Oreochromis niloticus*）、青鳉鱼（*Oryzias Latipes*）、红鳍东方鲀（*Takifugu rubripes*）、绿河鲀（*T. nigroviridis*）和菊黄东方鲀（*T. flavidus*），并采用了基于组分矢量的进化树构建方法，使用不同的*K*值进行进化树的构建，均得到一致结果（图4-28）：菊黄东方鲀、红鳍东方鲀和绿河鲀处于同一进化分支，且菊黄东方鲀与红鳍东方鲀的进化位置最为接近。

该结果与基因组重复序列分析、蛋白质序列相似性比较等结果一致，表明菊黄东方鲀和红鳍东方鲀分化时间较晚，为近缘物种。

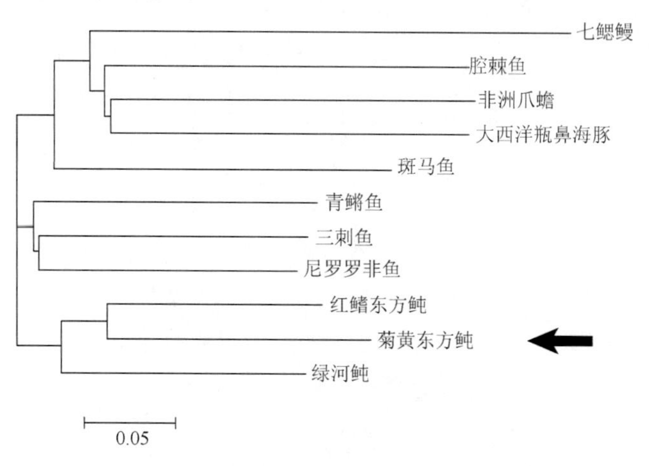

图 4-28　全基因组进化树

黑色箭头指示菊黄东方鲀在进化树中的位置

2. 冀研一号东方鲀杂交优势的比较转录组学解析

通过对比冀研一号和两个亲本（红鳍东方鲀和菊黄东方鲀）的全转录组测序数据，对基因表达水平进行了定量比较，以期揭示杂交河鲀的基因表达模式及冀研一号东方鲀的杂交优势机制。

（1）测序数据比对和转录本丰度分析

三个转录组测序总长度为 12 189Mb，约有 55.9%的 read 可以比对至参考序列。三个转录组的 mapping rate 和 uniquely mapping rate 彼此较为接近，超过 90%的已知转录本分别出现在三个转录组中，并且多数转录本的表达水平维持在极低的水平（FPKM<1），这表明多数基因呈本底表达。具有较高丰度的转录本多数为 snRNA、snoRNA 和 miRNA 等，参与基因表达调控、mRNA 前体加工和 RNA 可变剪接等过程，表明样本处于活跃的基因表达阶段，与本研究所用河鲀正处于快速生长阶段相符合。通过对三个转录组的 FPKM 值进行统计比较，三个转录组未见明显差别。

（2）差异表达转录本

三个转录组中共存在 44 305 个转录本，其中 14 148 个转录本出现差异表达。多数差异表达转录本在不同组之间的表达水平相差 4～32 倍。其中冀研一号与红鳍东方鲀之间的差异表达转录本数量约为冀研一号与菊黄东方鲀之间差异表达转录本数量的两倍，表明冀研一号的转录组与菊黄东方鲀的转录组更为接近。冀研一号中的差异表达转录本多数呈上调表达，表明其基因的转录活性普遍增强。发现有 5047 个转录本（DT_{PP}）在红鳍东方鲀和菊黄东方鲀之间呈差异表达，可能与其物种差异性状相关。有 8310 个转录本在红鳍东方鲀和冀研一号之间呈差异表达（DT_{HTi}）；有 4879 个转录本在菊黄东方鲀和冀研一号之间呈差异表达（DT_{HTa}）。冀研一号中共有 2237 个转录本的表达水平与红鳍东方鲀、菊黄东方鲀相比均存在显著差异（DT_{HPco}+DT_{co}），其中 213 个转录本的表达水平在红鳍东方鲀和菊黄东方鲀之间也存在差异。值得注意的是，有 2024 个差异转录本（DT_{HPco}）仅存在于冀研一号与两亲本之间，在红鳍东方鲀和菊黄东方鲀之间无显著差异，更有可能与冀研一号的杂交优势相关，因而成为进一步功能注释分析的对象。

（3）冀研一号的表达模式

在冀研一号的差异表达转录本中，有 68.7%的转录本表达水平显著高于两亲本（“above high parent”），符合超显性假说的基因表达模式。有 19.8%的差异转录本表达水平与亲本中一方的表达水平相近（“low parent”或“high parent”），符合显性假说的基因表达模式。另外，有 4.6%的差异转录本表达水平与两亲本表达水平的平均值相近，符合累加效应的基因表达模式。综上，在冀研一号中，多数差异转录本表达模式符合超显性假说，部分差异转录本表达模式分别符合显性假说和累加效应假说，表明冀研一号的杂交优势由超显性效应、显性效应和累加效应等多种效应的共同作用所决定。

（4）DT_{HPco} 的功能注释

对 DT_{HPco} 进行 GO 注释，GO term 的分布与其他物种中的 GO term 分布无显著区别，但是在富集分析后，代谢相关的 GO term 被显著富集，1184 个富集转录本中有 783 个转录本主要参与代谢和蛋白质水解代谢等过程（图 4-29）。冀研一号中活跃的代谢活性可能与某些杂交优势表征如更快的生长速度和较大的体型等相关。

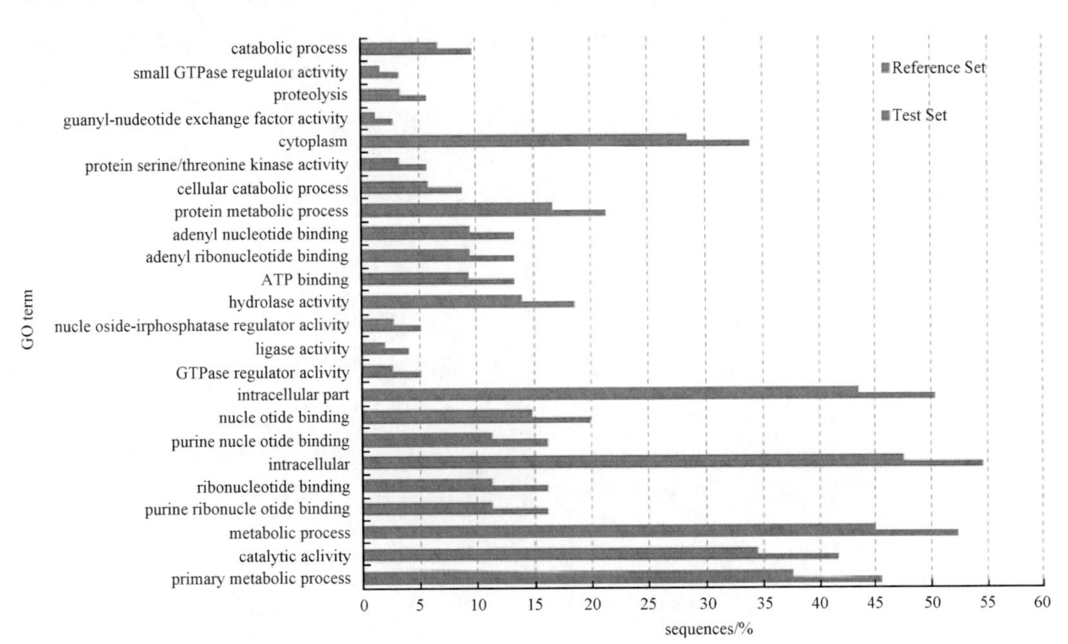

图 4-29　DT_{Hpco} 的 GO 富集分析结果（Gao *et al.*，2013）

依富集显著程度升序排列，横坐标代表序列数量所占的百分比

富集得到的转录本，特别是在冀研一号中被大幅度上调/下调表达水平的转录本更有可能参与杂交优势的形成和调控，如 *GEF11*、*MEF2C* 和 *MAPK6* 在冀研一号中都拥有极显著的高表达水平，推测其高表达可能提高了机体对病原的抵抗力和应激胁迫的适应能力，进而提高了存活率。

冀研一号中共富集得到了35条KEGG通路，每条通路至少含有三个DT_{Hpco}作为组件。部分通路已被证明与杂交优势的形成相关，但是大部分通路与杂交优势的关系尚不明确。

（5）杂交优势相关通路探讨

1）细胞色素P450介导的外源性化学物代谢通路：细胞色素P450介导的外源性化学物代谢通路可能与冀研一号的高抗逆性相关。共有4个细胞色素P450的转录本被富集（ENSTRUT00000001084、ENSTRUT00000035401、ENSTRUT00000040597和ENSTRUT 00000047091）。三个转录本在冀研一号中拥有更高的表达水平，转录本ENSTRUT00000047091表达量超过其他两种河鲀80余倍，提示在冀研一号中细胞色素P450酶活显著增强。这一被显著激活的外源性化学物代谢活性提示该杂交河鲀具有更强的有毒有机化合物耐受力，可能成为提高冀研一号存活率的因素之一。

2）碳水化合物、氨基酸和脂类代谢通路：共有包括4条氨基酸代谢通路（丙氨酸/天冬氨酸/谷氨酸代谢通路、甘氨酸/丝氨酸/苏氨酸代谢通路、丝氨酸/甲硫氨酸代谢通路和缬氨酸/亮氨酸/异亮氨酸降解通路）、5条碳水化合物代谢通路（果糖/甘露糖代谢通路、半乳糖代谢通路、淀粉/蔗糖代谢通路、聚糖降解通路和*O*-聚糖降解通路）、2条脂类代谢通路（脂肪酸合成通路和脂肪酸代谢通路）、2条中间产物代谢通路（丙酮酸代谢通路和丙酸酯代谢通路）和TCA循环通路在内的14条代谢通路被富集。除两个乙酰辅酶A羧化酶转录本外，所有通路中的差异表达转录本在冀研一号中均为上调表达。冀研一号代谢相关通路具有异于亲本的活性，提示其机体内碳水化合物、蛋白质和脂类的新陈代谢更为活跃，并有可能决定了冀研一号较快的生长速度。另外，不同于亲本的氨基酸和脂类积累速度导致其含量的差异，并可能与冀研一号鲜美的口感相关。

（6）新转录剪接体分析

在冀研一号中共鉴定了特有的14 680个新转录片段，并据此得到了来自3476个基因的8579个潜在新转录剪接体，其长度分布与河鲀中已知的转录本剪接形式无明显区别。有316个基因（316/3476=9.1%）被发现具有至少3个新转录剪接体，其中*IPO4*、*LPIN1*和*SULF2* 3个基因存在6个新剪接体。根据新转录剪接体的序列，共翻译得到9278个蛋白质序列。分别使用Pfam、SMART和SUPERFAMILY数据库对这些蛋白质进行功能预测，发现多数蛋白质具有离子结合、蛋白质结合功能或激酶活性。对新转录剪接体进行研究，以上结果表明冀研一号在信号转导、新陈代谢和物质跨膜运输等方面均与亲本有所不同，提示杂交优势由多通路多层次差异的积累形成，而并非起源于单一机制。

三、功能基因发掘利用

河鲀基因组的测序结果表明，其基因数量与人类接近，基因间区和内含子区长度短，且缺乏重复序列，基因密度远高于已知脊椎动物。以河鲀基因组作为参考，有利于开展对其他脊椎动物进行基因发掘和功能预测等研究工作，也为研究脊椎动物的进化历史提供了基础信息。国内外学者针对河鲀功能基因开展了基因克隆和序列分析研究，如白介素、主要组织相容性复合体（MHC）、生长激素等。另外，研究人员通过对河鲀毒素的研究，开发河鲀毒素衍生物药物，在临床上有着广泛的应用价值。随着人们对河鲀基因组的深入研究，将有越来越多的功能基因被开发和利用。

（宋林生　高　强　高　扬）

第九节　中国明对虾

一、简介

对虾是甲壳动物的代表类群，也是重要的水产养殖种类。对虾养殖为提高人们饮食结构中的高品质蛋白质比例和缓解世界粮食短缺等问题作出了重要贡献。我国是世界第一对虾养殖大国，对虾产业已成为我国渔业经济重要的支柱产业。

中国明对虾（*Fenneropenaeus chinensis*）又称东方对虾、中国对虾（图 4-30），是世界上第一个大规模养殖的对虾种类。它是我国近海特有物种，主要产于渤海、黄海至朝鲜半岛西部海域，具有分布纬度高、集群及长距离洄游习性等特点。在 20 世纪五六十年代，我国科学家陆续阐明中国明对虾生活史并建立人工繁殖和育苗技术，80 年代初，随着对虾工厂化人工繁育技术的突破，对虾苗种实现了规模化生产，促使我国对虾养殖进入大发展时期；80 年代中期至 90 年代初，对虾养殖达到高峰，年产量达 22 万 t，主要养殖品种即中国明对虾，在当时已经形成了一个超过百亿元的产业，掀起我国海水养殖业的第二次浪潮，极大地带动了诸如苗种繁育、饲料加工、运输和销售等行业的蓬勃发展，增加了劳动就业机会并显著促进了沿海区域经济的发展。然而 90 年代初对虾产业遭遇到全球范围的白斑综合征病毒（white spot syndrome virus，WSSV）暴发，1993 年我国对虾养殖总产量下降到 8 万 t，中国明对虾产量不足 6 万 t。至今，WSSV 病害仍然是影响中国明对虾养殖产业恢复的主要原因。

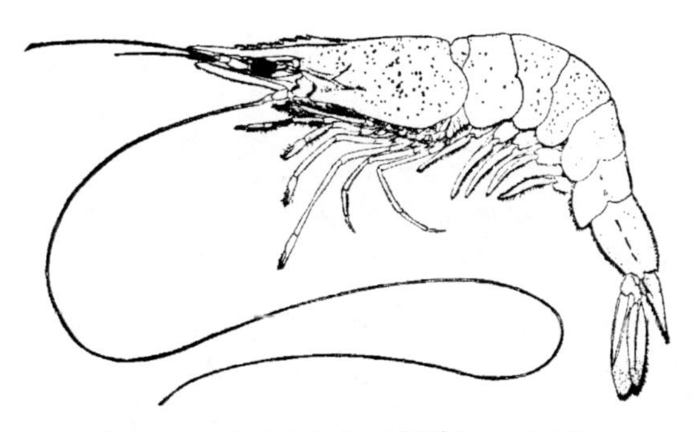

图 4-30　中国明对虾（刘瑞玉，1955）

对虾病害之所以难以控制，就物种自身来说，作为低等动物，对虾的免疫系统还不完善，没有后天免疫系统，不能像脊椎动物一样采用疫苗来抵御病毒。同时另一个重要原因，就是有关对虾的基础研究还很薄弱，病毒是如何侵入到对虾体内的，对虾自身的免疫系统又是如何发生作用的，对虾的生长发育、性别决定等基本生物学机制都不是非常清楚。随着生命科学的迅速发展，这些问题可能通过分子生物学、遗传学、基因组学等方法解决。

从20世纪80年代开始，我国学者在探索对虾抗病免疫、生长繁殖等方面做了大量的工作。由于中国明对虾规模养殖开展最早，早期的对虾生物学研究也主要集中于中国明对虾，即使目前产量仅占我国对虾产量的4%左右，中国明对虾仍然是基础研究最为广泛和深入的对虾种类，特别是其分子生物学、免疫生物学、神经内分泌和繁殖生物学等研究都有重要发现。

基因资源的研究，决定着国家之间遗传资源的竞争能力。鉴于对虾在水产业中的重要地位，许多国家和地区，围绕对虾功能基因和基因组研究投入了大量的人力、物力，相继取得了许多重要研究成果。1997年，美国等国家启动了包括鲑鱼、鲇鱼、罗非鱼、牡蛎和对虾的5种水产经济生物基因组研究计划，建立了主要水产经济生物遗传图谱，定位和克隆了一些与生产性状和生物活性相关的特定功能基因。欧盟接连设立了两个框架协议项目，研究对虾的免疫和疾病控制。我国自1999年开始也相继启动了3个有关水产生物病害研究的973项目，在对虾的遗传基础、病原发生的分子机制及对虾对病原刺激的免疫应答机制方面开展了广泛的研究；2009年，农业部又设立了“对虾产业体系岗位科学家”等项目开展虾病控制和生产应用研究。我国的这些研究项目与世界上的研究计划相近，主要集中在免疫抗病、生长发育、养殖营养、遗传育种等几个方面，全面深入地开展功能基因和基因组研究。目前已经发现了10多个关键病原模式识别分子，筛选和克隆了40多个对虾免疫重要调控的关键分子，勾画出对虾体液免疫和细胞免疫的基本模式，全面地揭示了病原与宿主、感染与免疫相互作用的分子和细胞学基础，丰富和提升了人们对对虾病害的认知。这些进展与国际上的对虾功能基因研究是基本一致的，甚至有些方面处于领先的地位。

二、中国明对虾功能基因及基因组研究进展

1. 抗病与免疫基因研究

作为无脊椎动物，虾类只具备先天性免疫系统，在应对病原入侵时主要靠造血淋巴中的细胞吞噬和释放出的免疫因子，杀灭和清除外来成分。由于病害一直是对虾养殖的主要问题，对虾的抗病和免疫相关基因的筛选与应用是国内外水产基础研究领域主要的发展趋势。

（1）免疫效应因子

抗菌肽作为先天性免疫中的一种重要组分，在对虾的免疫系统中起着重要作用。对虾中主要的阳离子抗菌肽包括Penaieidin、Crustin和抗脂多糖因子（anti-lipopolysaccharide factor，ALF）。这些对虾抗菌肽具有不同的亚型，它们由血细胞合成后释放进体液中发挥免疫防御作用。

Penaeidin又称对虾肽，是对虾抗菌肽家族中的一大类，是对虾抗病机制研究中最早开始也是研究最深入的一类体液免疫因子。目前在EMB、GenBank、DDBJ数据库可以找到的*Penaeidin*序列超过200个，成为研究最多的一个对虾基因家族。由于Penaeidin的命名非常混乱，Bachere等对虾抗菌肽研究领域的科学家建议根据氨基酸顺序相似性采用共同的命名规则，由此建立了一个专门提供关于Penaeidin物产、多样性和命名规则的综合

信息数据库 PenBase，这为 Penaeidin 有关数据提供了统一的管理。中国明对虾的抗菌肽研究开展很早，Kang 等根据凡纳滨对虾（*Litopenaeus vannamei*）的 *Penaeidin* 序列设计引物，从 cDNA 中扩增得到中国明对虾 *Penaeidin* 基因，发现其为Ⅲ型 Penaeidin（*Fenchi* PEN3-1），其重组蛋白表现出对大肠杆菌的抑菌活性。到目前为止，在中国明对虾中，已发现了 3 种 Penaeidin，除了 *Fenchi* PEN3-1 还有两个Ⅴ型的 *Fenchi* PEN5-1 和 *Fenchi* PEN5-2，其中重组表达的 *Fenchi* PEN5-1 对革兰氏阳性菌、革兰氏阴性菌和真菌都有抑制活性，但目前 PEN5 还没有被 PenBase 收录。

Crustin（甲壳素）是另外一种重要的抗菌肽，主要在血细胞中表达，具有特殊的 WAP 核心结构域，在甲壳动物体内发现了数 10 个不同的 *Crustin* 基因，分析表明属于 6 类不同类型。中国明对虾中有 3 种得到了较为深入的研究，发现 Type Ⅲ Crustin 重组蛋白 rFc-SWD 和 rmFc-SWD 对革兰氏阳性菌、革兰氏阴性菌、真菌和细菌的蛋白酶都有明显的抑制作用。在最近的转录组研究中发现，中国明对虾有 5 种 Crustin，都与对虾抗病有关。

抗脂多糖因子（ALF）也是一种重要的抗菌肽，具有广谱的抗菌性和与内毒素结合的生物活性，可以结合并中和脂多糖（LPS），介导细胞去颗粒作用，同时触发细胞内凝集的小蛋白质分子。本节作者所在课题组最早克隆了中国明对虾的 *ALF* 基因，目前已经得到 7 种类型的抗脂多糖因子基因（*FcALF*1～*FcALF*6 和 *ALFFc*）全长并对 *ALF* 的功能域进行有关的推测和功能验证研究。这 7 种抗脂多糖因子的组织分布模式和对不同病原的抑制活性各不相同，其 LPS 结合域在其功能活性中发挥着重要作用，人工合成的 ALF LPS 结合域多肽对细菌和 WSSV 的活性有明显的抑制作用。

随着对虾免疫系统研究的深入，许多结构上与脊椎动物先天性免疫具有同源性或相同结构域的免疫因子陆续得以在中国明对虾中被发现并研究，如凝集素（lectin）、溶菌酶（lysozyme）、酚氧化酶（phenoloxidase，PO）、超氧化物歧化酶（SOD）、过氧化物还原酶（peroxiredoxin）、过氧化氢酶（catalase）、磷酸酶（ACP/AKP）、铁蛋白（ferritin）、蛋白酶抑制因子、细胞黏附分子、LPS 结合蛋白、β-糖苷结合蛋白、四跨膜蛋白（tetraspanin）、Carcinin 等免疫相关因子，并对其中的许多基因进行了功能验证。

（2）模式识别和信号转导分子

在中国明对虾中发现了若干关键病原相关模式识别分子，包括对虾凝集素、Toll 样受体、LGPB 和四跨膜蛋白、CD9、CD63 等，它们是识别入侵者，并呈递信号的分子基础，它们在对虾对不同病原（细菌、病毒）进行识别应答中发挥功能。

凝集素是甲壳动物中一种重要的病原识别分子，在对虾病原感染时大量表达。王金星教授课题组发现中国明对虾凝集素基因至少有 7 类，包括 *C-type*、*L-type*、*M-type*、*P-type*、*fibrinogen-like domain lectin*、*galectin* 及 *calnexin/calreticulin*，其中仅 *C-type lectin* 就有 7 种。这些 *lectin* 基因序列各不相同，不仅表现出了结构多样性，同时还具有一定的病原识别特异性；在功能上，这些 lectin 具有诱导病原凝集、参与抗病毒免疫、促进吞噬、诱导酚氧化酶激活系统的活化等多种功能。这些具有功能多样性的凝集素分子可能是在无脊椎动物与病原体长期斗争进化过程中形成的，以弥补其不具备获得性免疫的不足，为对虾先天免疫具有一定“特异性”提供了基础。毫无疑问，lectin 在对虾免疫中占据了重要地位。

在中国明对虾中本节作者所在课题组鉴定了四跨膜蛋白家族成员的存在，发现这种跨膜蛋白可能作为病毒或细菌从细胞外进入细胞内的重要通道。同时也克隆并鉴定了一批重要的信号转导分子如 Relish、Dorsal，证实了它们在调节对虾抗菌肽的转录过程中所起的关键作用。由此系统研究了在对虾体液免疫中具有重要作用的模式识别分子、信号转导分子及效应分子的结构与功能。

（3）对虾免疫信号通路

随着一些昆虫免疫信号途径中的类似组分在对虾中被鉴定出来，也有一些关于其功能的初步研究，推测几种主要的信号途径参与了对虾免疫调控。虾类的免疫通路参与调控了体液免疫，主要是通过转录调控抗菌肽（AMP）的表达发挥免疫作用。在虾类中三条重要的免疫调节通路（包括 Toll 通路、IMD 通路、JAK/STAT 通路）的主要组分都已被鉴定。

一个典型的例子是 Toll 通路、IMD 通路及通路中的信号分子的研究，目前对虾 Toll 信号通路中的大部分信号分子如 Toll-like receptor 分子及其配体 Spätzle-like 分子、TRAF6、Pelle、Dorsal 均已得到研究，IMD 通路中的 IMD、Relish 等分子也已被鉴定（Li & Xiang，2013a），由此勾画了对虾体液免疫的两条重要信号通路（图 4-31，图 4-32）。

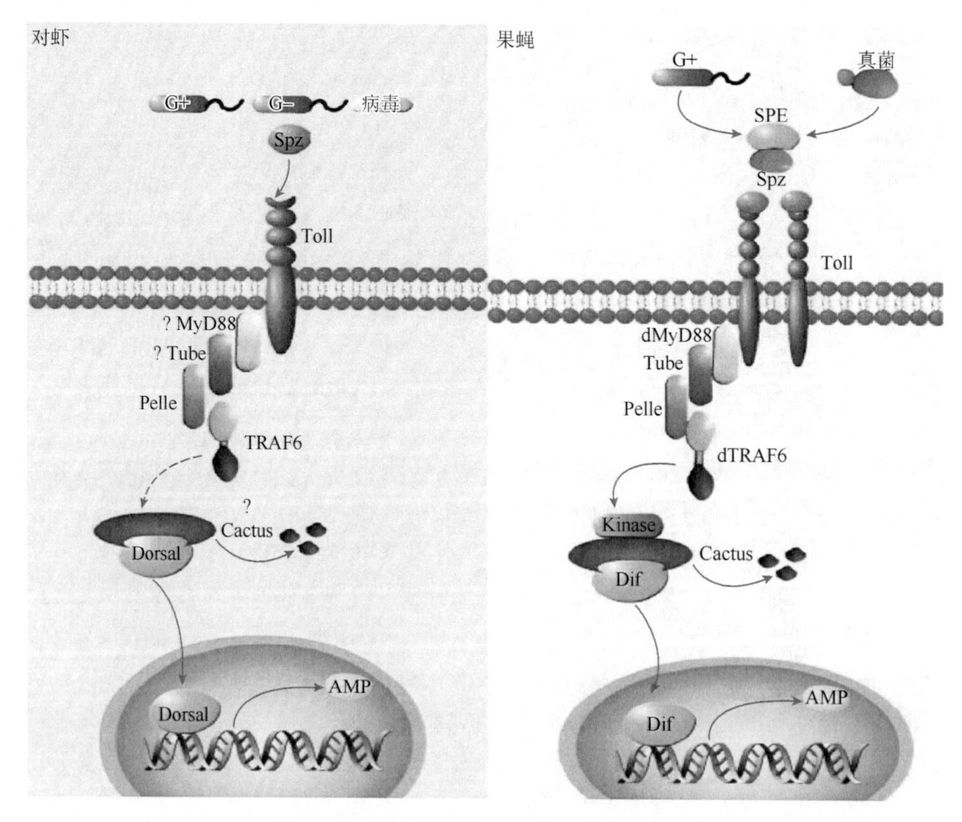

图 4-31　对虾和果蝇 Toll 信号通路比较图

G+. 革兰氏阳性菌；G−. 革兰氏阴性菌，余同

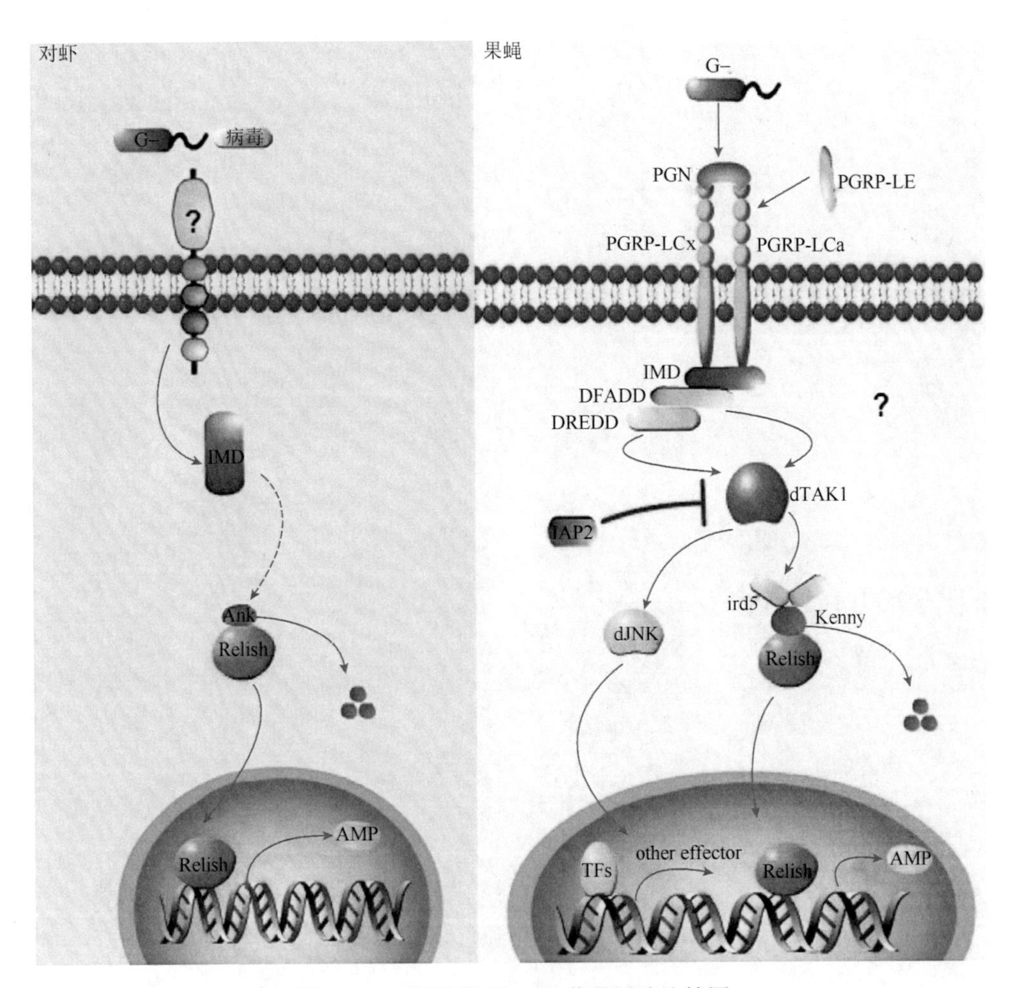

图 4-32 对虾和果蝇 IMD 信号通路比较图

利用基于双向电泳技术和液相色谱技术结合的蛋白质组学分析方法，本节作者所在课题组分析了环境胁迫及病原感染条件下的蛋白质组双向电泳图谱变化情况，从对虾中筛选出一批对病原感染或环境胁迫应答的重要蛋白质。同时利用 RNA-seq 和 iTRAQ 等高通量组学技术，分别从转录水平和蛋白质水平系统比较研究了对虾在 WSSV 潜伏感染和急性感染状态下的免疫应答差异，初步解析了细胞吞噬、细胞凋亡和一些重要生物学过程如信号转导、酚氧化酶途径级联反应等在 WSSV 急性感染对虾过程中可能发挥的重要作用。通过对一系列对虾免疫重要调控的关键分子，包括抗菌免疫调控通路、酚氧化酶调控通路和凝结调控通路上重要分子的鉴定，目前可以大体勾勒出对虾所具有的先天免疫系统中的细胞免疫、体液免疫和维持免疫稳态的较完整体系和调控的主要途径（图 4-33，图 4-34）（Li & Xiang，2013b）。以上研究进展不仅丰富和完善了对虾免疫的理论体系，也为对虾的免疫防治提供了创新思路。

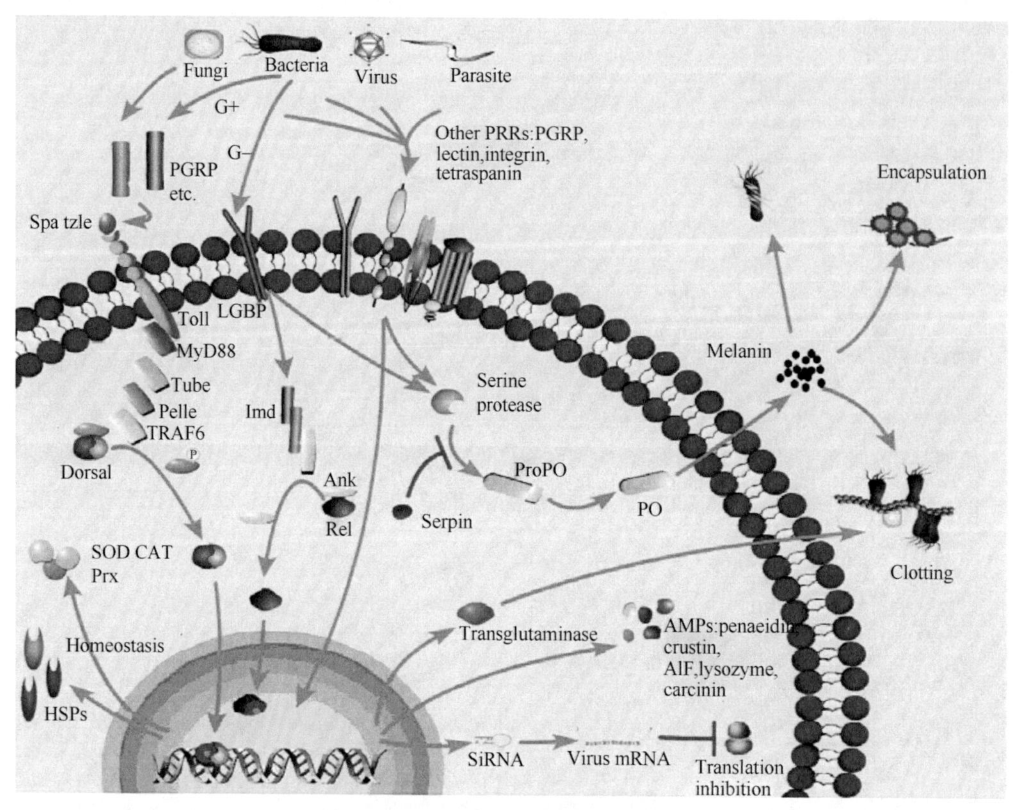

图 4-33 对虾体液免疫模式图

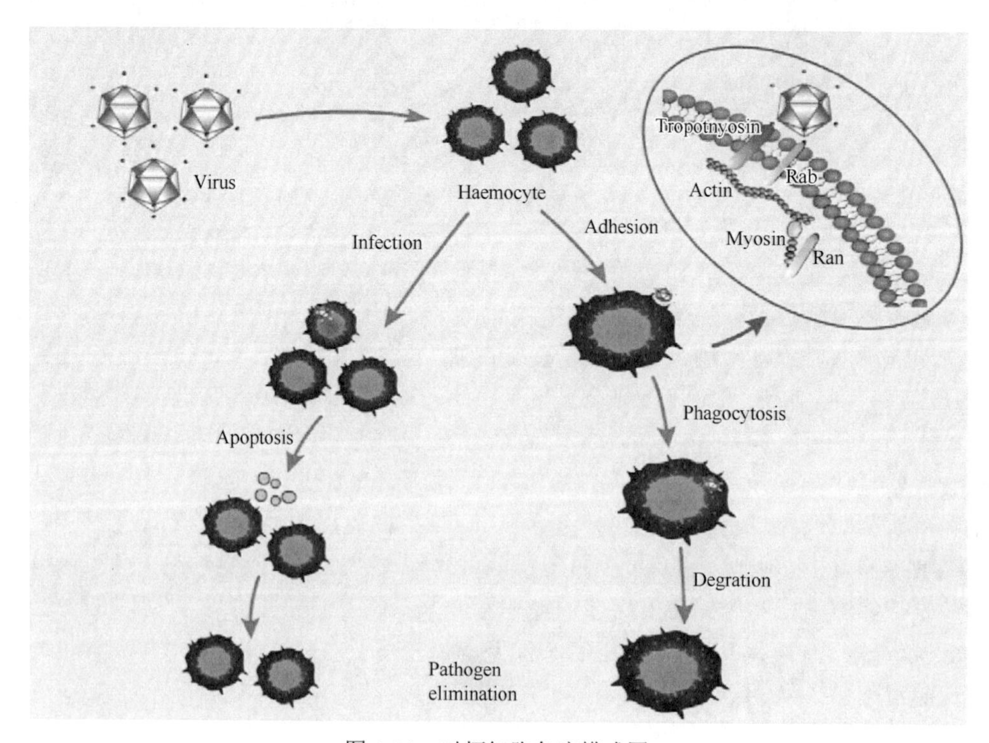

图 4-34 对虾细胞免疫模式图

2. 对虾生长、繁殖和性别相关基因

（1）与生长有关的基因

甲壳动物繁殖和生长发育调控机制方面的研究开展得虽早，近年来相关报道却不如免疫抗病方面的多。神经内分泌因子对甲壳动物的繁殖及生长发育具有重要的调控作用，各神经内分泌因子的分子结构及它们的生理功能一直是研究热点。甲壳动物高血糖激素（crustacean hyperglycemic hormone，CHH）、家族神经肽［包括分泌蜕皮抑制激素（molt-inhibiting hormone，MIH）］、性腺抑制激素（gonad-inhibiting hormone，GIH）即卵黄发生抑制激素（vitellogensis inhibiting hormone，VIH）、大颚器抑制激素（mandibular organ-inhibiting hormone，MOIH）等，它们直接或间接参与了对虾生长和生殖的调控。2003年，本节作者所在课题组克隆了中国明对虾的蜕皮抑制激素 MIH 的基因，并初步构建了甲壳动物 CHH 家族神经激素调控蜕皮和生殖的功能模式图。随后又采用大肠杆菌表达系统对中国明对虾蜕皮抑制激素（MIH）进行了体外重组表达，融合蛋白与兔抗对虾 MIH 的多克隆抗体特异结合，证实该融合蛋白为中国明对虾 MIH。由大颚器官产生的甲基法尼酯（MF）与昆虫中保幼激素Ⅲ相似，在对虾蜕皮中也起到促进的作用，其合成的限速酶——法呢酸甲基转移酶（*FAMTase*）基因已经在几种虾中被克隆得到。

本节作者所在课题组也分离得到中国明对虾两种不同形式的 *FcCHH* 基因序列（*FcCHH1* 和 *FcCHH2*），序列分析发现它们的推导氨基酸序列具有 78%的相似性；与其他研究结果不同的是，*FcCHH1* 特异地在雄性对虾精荚囊内壁的上皮细胞中表达，可能与精子保存和成熟有关，这是近年来对虾神经肽领域的一个新的发现。

蜕皮激素（MH）下游基因 *E75* 和 *RXR* 在中国明对虾中被克隆和鉴定，通过 RNA 干扰发现两个类视色素的 X 受体（FcRXR-1，FcRXR-2）在调控蜕皮激素诱导蛋白基因（*E75*）和几丁质酶（*Chitinase*）基因的表达中起到重要作用，从而影响到对虾的蜕皮和生长。然而有关对虾蜕皮相关分子间相互作用的研究非常缺乏，蜕皮调控过程有必要在分子水平上得到更深入的解释。

（2）繁殖和性别相关基因

中国明对虾的促雄性腺的结构和功能很早即被阐明，近期通过促雄性腺相关组织全长 cDNA 文库测序、抑制性消减杂交（SSH）和半定量 RT-PCR 验证，获得了 *transformer* 2（*FcTra-2*）、*sex lethal*（*FcSxl*）、*doublesex*（*FcDsx*）、*insulin-likeandrogenic gland hormone*（*Fc-IAG*）和 *crustacean hyperglycemic hormone*（*FcCHH*）等多个性别相关基因。其中 *FcTra-2* 在卵巢中的表达量显著高于其在精巢中的表达量，并且它在对虾性腺分化之前的糠虾时期表达量急剧上升，说明它可能参与了对虾的性别决定过程；对 *FcSxl* 和 *FcDsx* 的表达进行分析，发现它们在卵巢和精巢中的表达水平都存在明显的差异。研究发现，*Fc-IAG* 前体 mRNA 通过选择性剪切产生两种不同形式的成熟 mRNA——*Fc-IAG1* 和 *Fc-IAG2*，分析其具有不同的生物学功能，可能参与性别决定的转录表达调控。在甲壳动物中，对虾雌雄之间存在明显的生长速度和成体大小差别，雌性个体明显大于雄性，因此单性化养殖能够有效地提高对虾产量和生产效率。通过研究对虾性别决定和性别分化的机制及促雄性腺素的表达调控机制，发展高效的对虾性别控制技术，可以实现大规模的对虾单性化养殖。

3. 中国明对虾的基因组研究

随着高通量、高精度的研究手段迅速发展，与国际上动植物基因组测序的重大进展同步，各种组学技术包括基因组学、转录组学和蛋白质组学在海水养殖生物中得到越来越广泛和深入的应用。

（1）EST 和转录组

2002 年，本节作者所在课题组建立了高质量的中国明对虾 cDNA 文库，随即测序获得了 16 000 多条 EST（当时在 GenBank 中注册的对虾 EST 仅有 3000 余条，而且该数据来源于多种对虾），采用生物信息学方法注释了对虾头胸部 500 多条与免疫可能相关的功能基因。利用已获序列的 EST 创制了 3136 个点的基因芯片，分析鉴定出一批对虾对不同病原（弧菌和 WSSV 病毒）感染应答的重要功能基因和蛋白质，首次比较了细菌和病毒所引起的基因表达谱的差异（图 4-35）。结果显示了对虾在细菌和病毒感染不同时间（6h，12h）出现明显表达变化的基因。通过对数据的详细分析，发现了与 WSSV 感染相关的两个基因群Ⅰ和Ⅱ。基因群Ⅰ的表达趋势以 WSSV 活体感染后 6h 左右为主要表达高峰，但在 12h 后，其表达趋于下降，而在濒死对虾中，这些基因的表达几乎无法检测，主要以凝血栓（thrombospondin）蛋白基因、类围食膜（peritrophin-like）蛋白基因、角蛋白（keratin）的基因、*Dorsal switch protein 1* 基因等与对虾免疫系统密切相关的基因为主；基因群Ⅱ的表达趋势主要表现为在大于 24h 后的活体 WSSV 感染组织中高水平表达，而在灭活 WSSV 感染的组织中，仅在 3～12h 内有明显的上调表达，主要以对虾四跨膜蛋白超家族成员及其肠黏蛋白等基因为主。由此筛选出 200 多个与对虾抗菌免疫或抗病毒免疫相关的基因。

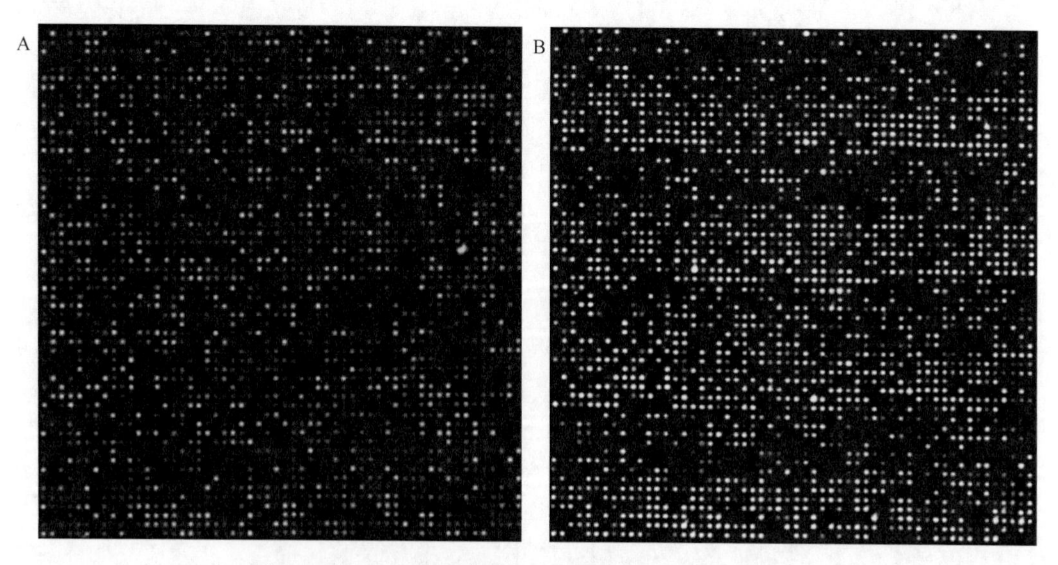

图 4-35　WSSV 和弧菌感染 6h 后对虾的基因表达模式

A. WSSV 感染；B. 弧菌感染

近年来利用第二代测序技术，又获得了中国明对虾 WSSV 急性感染和潜伏感染的转录组，测序和组装后获得了 46 676 条 unigene，24 000 条 unigene 可以注释到已知的数据库中，805 个差异表达的基因可以划分到 11 个可能的功能类群中。通过基因表达谱分析，发现从潜伏感染到急性感染过程中，有大量的 Toll 和 IMD 途径、Ras 激活的内吞、RNA 干扰等基因发生变化，为完整阐释对虾功能基因的时空变化打下基础。

（2）遗传图谱

遗传图谱（genetic map）又称连锁图谱（linkage map），是指依据基因/标记在染色体上的重组值，将染色体上的各个基因/标记之间的距离和顺序标志出来而成的图谱。对虾的遗传连锁图谱的建立，主要是为了定位与生产性状相关的功能基因或数量性状位点（quantitative trait locus，QTL）。目前已发表的中国明对虾遗传图谱有 7 个（表 4-3），作图标记从 RAPD、ALFP、SSR 到 SNP 都有，作图的材料基本采用拟测交策略，以亲缘关系相对较远的杂合亲本交配所得的 F_1 代为作图群体，图谱的密度都不是很大，目前还没有 QTL 定位到图谱上。随着高通量测序和作图技术的发展，高密度遗传图谱的构建正在进行中，有望实现中国明对虾重要的经济性状（生长、抗病等）的 QTL 定位，开展分子标记辅助育种。

表 4-3　已发表的中国明对虾遗传连锁图谱

标记类型和数目（雌/雄）	标记平均距离（雌/雄）/cM	基因组覆盖（雌/雄）/%	连锁群数目（雌/雄）	文献
AFLP（197/194）	13.5/11	74.2/72.6	36/35	Li *et al.*，2006
AFLP（123/119）	12.20/11.45	51.93/50.21	31/25	王伟继等，2006
RAPD 和 SSR（49/46）	11.28/12.05	59.36/62.01	8/10	Sun *et al.*，2008
AFLP（103/144）	14.53/16.36	58.04/59.02	28/35	Tian *et al.*，2008
RAPD（237），SSR（45）和 AFLP（501）	12.5/11.9	73.5/73.3	40/41	李健等，2008
AFLP（300），SSR（42）和 RAPD（12）	11.3	75.8	47	Liu *et al.*，2010
SNP（119/115）	8.9/9.4	53.77/57.94	21/21	Zhang *et al.*，2013

（3）基因组测序

近年来，海鞘、紫海胆、星状海葵、文昌鱼、斑马鱼和水溞等水生模式生物的全基因组测序相继发表。在我国，海洋经济动物基因组研究也有了重要突破，太平洋牡蛎、半滑舌鳎和鲤鱼基因组已经发表，大黄鱼、石斑鱼的全基因组测序也先后宣告完成，标志着海水养殖生物研究进入到基因组时代。甲壳动物虽然是仅次于昆虫的第二大动物类群，但被测序基因组的仅有水溞一个物种。对虾的全基因组序列一直缺乏，这与其重要的经济地位是不相称的。

在第二代测序仪器问世前，DNA 测序是非常昂贵的，随着高通量测序技术的加速发展与应用，测序成本大大降低，对虾基因组测序成为可能。然而，中国明对虾基因组测序面临很多挑战，一是中国明对虾的全基因组较大，约为 1.98Gb，测序成本很高；二是由于中国明对虾基因组 DNA 的某种未知的生化特性，其 DNA 文库的构建十分困难，至今没有获得高质量的中国明对虾 BAC 基因组大片段文库；三是前期研究显示对虾基因组杂合度高，重复序列丰富，使得搭建基因组图谱和基因组测序及组装的难度大大增加。同时，作为我国特有种，只有我国科学家研究中国明对虾，缺乏国际合作。然而，中国明对虾基因组测序也具有一些优势，其基因组比与目前世界第一养殖品种的凡纳滨对虾要小近500Mb，繁殖习性、适应环境等方面有很大差异，与之开展比较基因组研究具有很大意义。

2010 年，本节作者所在课题组开展了中国明对虾基因组测序，主要采用 Illumina Hiseq2000 测序技术平台，获得了约 380Gb 测序数据，覆盖基因组约 253 倍，在此基础上开展了初步分析和基因组组装。K-mer 分析显示基因组的大小约为 1.96Gb，杂合度超过0.5%，重复序列大约占基因组的 80%。由于杂合率较高、重复序列较多，后期又加入了大量三代测序数据，目前组装出的 contig N50 已达 53.26kb，达到基因组草图的程度。新的文库测序和组装分析正在进行中，适用于对虾基因组拼接的策略和技术也正在开发，预计近期将获得更好的组装结果，最终达到基因组框架图的指标。

三、中国明对虾功能基因研究的应用前景

1. 病害防治

（1）病毒检测

利用对虾病原研究中发现的特异核酸或蛋白质序列，制成探针，可以在对虾被病毒或细菌侵袭的早期发现病原，提前作出预报，以便采取措施减小病害造成的损失。目前，由黄倢研究员等发明“检测多种对虾病原的基因芯片及其检测方法”包含 18 种对虾病原的探针，可在同一尼龙膜上对多种对虾病原微生物进行同时检测，具有高通量、高精度的特点，可以替代之前的对虾病原微生物检测方法，是现有对虾病原微生物鉴定技术的突破。

（2）抗菌因子的应用

在对病害防治途径的探索中，传统抗生素引起致病菌的抗药性和对环境的负面作用，使其应用越来越受到限制。由于抗菌肽具有特异杀灭病原微生物，不会使病原菌产生抗药性，不会污染环境等优点，因而越来越受到人们的重视，在水产养殖动物病害防治中展现出重要的应用潜力。例如，杨燚等利用原核重组表达技术，大量获得活性中国明对虾丝氨酸蛋白酶同源物（rFc-SPH）蛋白，通过肠溶控释包衣技术将其添加到饵料中，通过 8d 的室内养殖实验发现，WSSV 感染后，与投喂常规饵料的对照组相比，投喂活性饵料的实验组对虾死亡率显著降低，对照组死亡率已达到 100%，而实验组仅达到 62.2%，表明病毒的复制得到了显著抑制。目前国内几个以对虾为材料的实验室正在加紧对 SPH、ALF、Penaeidin、lectin、Crustin 等多种抗菌因子开展体外重组和过表达研究。一方面研究其作为药物或饲料添加剂直接应用于水产养殖的可行性，另一方面也可以通过过表达从自身提高对虾的抗病能力。

（3）WSSV 单克隆抗体库

由于 WSSV 囊膜与靶细胞相互作用从而介导病毒对宿主的感染，因此探明这一机制并进而阻断，可成为防控 WSSV 感染的重要途径。战文斌教授课题组构建对虾白斑征病毒（WSSV）单克隆抗体库，筛选得到具明显病毒中和作用的抗 WSSV 囊膜蛋白（如VP28，VP26）单克隆抗体，发明了 WSSV 的现场、快速、简便、准确、灵敏的单抗检测诊断技术，深入研究 WSSV 感染机制，建立了 WSSV 的单抗阻断技术，可明显延缓WSSV 对宿主的感染。

（4）RNAi

RNAi 作为一种新兴的基因功能研究工具，在对虾病害防治方面也可以起到一定作用。中国明对虾经过 FcRac1 dsRNA 干扰后，*Rac1* 下游的效应因子 *PI3K* 转录水平显著下调，而同时，对虾感染金黄色葡萄球菌（革兰氏阴性菌）的能力也明显下降。在凡纳滨对虾中，注射 WSSV 基因 *VP28* 的 dsRNA 后，即使在 1000 倍致死剂量的病毒感染下，对虾仍能保持很低的累积死亡率，可见基于 RNA 干扰的对虾抗病毒研究具有很好的应用前景。

2. 遗传育种

WSSV 敏感、生长速度慢、养殖密度低成为困扰中国明对虾产业恢复和增长的焦点问题，通过品种培育以提高养殖特性和抗病能力成为解决上述问题的关键，也是中国明对虾养殖业有希望走出困境的重要途径。

与美国的凡纳滨对虾亲虾培育相比，中国明对虾的遗传育种工作起步较晚，但近年来由于各种分子生物学技术应用于对虾的遗传学和育种，新品种培育研究步伐明显加快。通过传统育种与现代分子生物学相结合进行分子标记辅助选择育种的研究已成为了培育抗病抗逆和具生长优势对虾的研究热点。从 1997 年起，黄海水产研究所开始对中国明对虾进行品种选育，主要策略是在各种性状都较好的虾中优中选优。至 2004 年培育出生长快、抗逆能力强的中国明对虾‘黄海 1 号’新品种，通过了国家水产原良种审定委员会的审定。它具有明显的生长优势，平均体重增加 26.86%。随后，以中国明对虾‘黄海 1 号’、‘即抗 98’两个养殖群体，以及朝鲜半岛南海群体、乳山湾群体、青岛沿岸群体及海州湾群体 4 个自然群体，通过不平衡巢式交配设计方案，建立中国对虾‘黄海 2 号’的育种群体。与中国对虾‘黄海 1 号’相比，‘黄海 2 号’更多的是侧重于抗病力和染病后的存活率。在推出‘黄海 1 号’、‘黄海 2 号’的同时，他们也推出了一系列的配套养殖技术和基因检测技术，使得中国明对虾养殖成活率大大提高，中国明对虾产业看到了复苏的希望。

鉴于病害是当前对虾养殖的主要问题，对虾抗病育种仍然需深入研究。为更快地培育出抗病力更强的新品种，还需要进一步研究来阐明对虾抗病的遗传机制，分离抗病基因，同时加快其他经济性状主效基因的筛选和利用，培育更多的对虾抗病高产新品种。

3. 展望

经过几十年不断的努力，我国在中国明对虾中已经建立起完整的分子生物学的研究体系，大量的功能基因被发现，完善的病害检测、人工繁育、染色体组操作和基因转移等技术也已具备，同时拥有大量遗传学和免疫学研究基础。然而，与陆地上的畜禽等经济动物的功能基因研究相比还存在很大差距，在功能基因的利用方面更是刚刚起步，能够解决当前生产需要的研究成果非常有限。同时对虾基因组研究及应用也存在许多亟待解决的问题，特别是基因的功能验证，由于缺乏对虾细胞系、相应的模式生物和转基因的技术平台，在其他动物基因研究中得心应手的许多技术手段难以实现。此外，对虾遗传育种的历史很短，可供分子育种分析或验证的家系和品系为数不多，也限制了功能基因的深入研究。好在近年来随着现代分子生物学和基因组学技术的不断发展，许多最新实验技术如 SSH、2-DE-MS、RNAi 等及新一代测序和生物信息学分析技术已经开始应用于对虾，促进了对虾功能基因的基础研究和开发应用。

对于中国明对虾这样一个我国特有的优良海水养殖物种，只要投入一定的人力、物力，深入开展对虾基因功能研究、全基因组育种并加强种质资源保护，把已发现的功能基因应用到生产中，提高生长、发育、繁殖、抗性等性状，必将更加地推动中国明对虾产业进步和发展，使中国明对虾的养殖重现辉煌。

（张晓军　相建海）

第十节　凡纳滨对虾

一、简介

凡纳滨对虾（*Litopenaeus vannamei*）（图 4-36）又称南美白对虾，属于甲壳动物亚门软甲纲十足目对虾科滨对虾属。凡纳滨对虾原产于中南美洲的太平洋沿岸水域，具有生长速度快、抗逆性强、盐度适应范围广、对饵料中的蛋白质含量要求低、繁殖周期长、适应高密度养殖等特点，与斑节对虾（*Penaeus monodon*）和中国明对虾（*Fenneropenaeus chinensis*）并列为世界上养殖规模最大的三大经济虾类。在这三种对虾中，凡纳滨对虾具有更突出的养殖特性，使其成为全球最为广泛的养殖对虾种类。2012 年其产量达 318 万 t，年产值达 136 亿美元，是目前水产养殖生物中单一品种产值最大的物种。

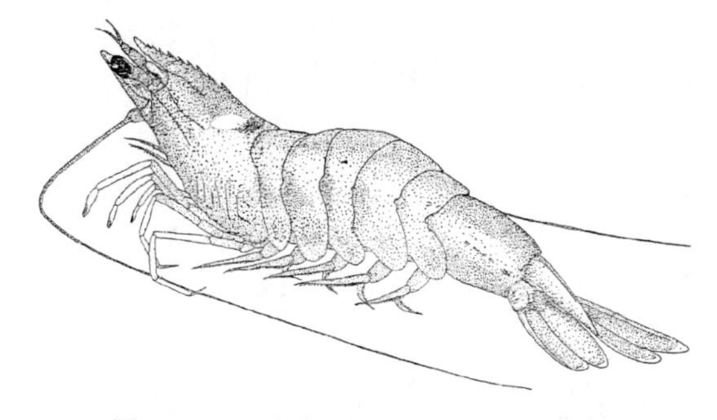

图 4-36　凡纳滨对虾（张伟权，1990）

1988 年，中国科学院海洋研究所张伟权研究员将凡纳滨对虾引入我国，原来的设想是作为中国明对虾养殖的一个补充品种。但是 1993 年我国暴发了大范围的病毒性虾病，对虾养殖业陷入谷底。人们发现凡纳滨对虾具有很强的抗 WSSV 感染的能力，由此对其苗种培育、养殖模式、营养饲料、病害预防及分子生物学等研究逐渐加强。20 世纪 90 年代末，张乃禹研究员等先后突破了凡纳滨对虾全人工繁育和集约化防病养殖技术，使其成为我国养殖产业中发展最为快速的一个种类。2008 年，“凡纳滨对虾引种、育苗、养殖技术研究与应用”成果获得国家科技进步奖二等奖。至 2012 年，我国的凡纳滨对虾养殖总产量已达 130 万 t，占我国养殖对虾总产量的 85%左右，带动了相关饲料、加工、出口等产业的大规模发展，产生了巨大的经济和社会效益。

然而病害和种质退化一直严重制约着对虾养殖业的健康发展。全世界针对这两个问题开展了大量的基础研究工作。1997 年，美国启动了包括对虾在内的 5 种水产经济生物基因组研究计划，目的是建立主要水产经济生物遗传图谱，定位一些与生产性状相关的功能基因。1997～2000 年，欧盟设立了“虾类免疫和疾病控制”（shrimp immunity and disease control，SI&DC）项目；2002～2005 年，欧盟又与包括我国在内的多个国家合作，设立“海洋无脊椎动物抗菌免疫物质的特征及其在水产病害控制中的应用”（IMMUNAQUA）项目，在生化和分子水平上分离鉴定了多种对虾抗菌肽蛋白。我国也启动了一系列有关对虾的免疫机制和病害控制的项目，其中有关对虾基因和基因组基础研究包括在“海水重要养殖生物病害发生和抗病力的基础研究”（1999～2004 年）、“对虾对病原感染的免疫应答机制”（2006～2010 年）、“对虾功能基因开发与利用”（2012～2014 年）和“海水养殖动物主要病毒性疫病爆发机制与免疫防治的基础研究”（2012～2016 年）等研究项目中。

近年来现代分子生物学技术逐渐被应用于水生生物研究领域，对对虾的报道越来越多地集中于抗病免疫和遗传育种方面。与中国明对虾相比，我国在凡纳滨对虾分子生物学的研究开展较晚，最早是20世纪90年代末采用分子标记对其遗传多样性和亲缘关系的研究；进入 21 世纪后，随着凡纳滨对虾养殖的快速发展，功能基因方面的研究发展迅速，相继取得了许多重要的研究成果。

二、凡纳滨对虾功能基因及基因组研究进展

1. 凡纳滨对虾抗病与免疫基因研究

（1）抗菌肽

抗菌肽（antimicrobial peptide，AMP）是对虾中的主要抗菌效应因子。在国际上，凡纳滨对虾的抗菌肽研究起始较早，目前在凡纳滨对虾中发现了三类抗菌肽 Penaeidin、Crustin、ALF 家族共 20 多种。

Penaeidin 又称对虾肽，既有抗细菌活性也有抗真菌活性。在凡纳滨对虾中已发现 4 个亚类：PEN2、PEN3、PEN4、PEN5 约 16 种类型，它们在血细胞中合成并存储，当受到外来微生物刺激时，立即释放到血淋巴中，参与抗菌反应。其中 PEN3 型的表达量最高，占所有 Penaeidin 的 90%以上。

Crustin（甲壳素）是另外一种重要的抗菌肽，具有高度保守的乳清酸蛋白核心结构域，在凡纳滨对虾体内发现了数十个不同的 *Crustin* 基因，分析表明属于 6 类不同类型，不同的类型呈现出不同的组织分布谱，但大多数 *Crustin* 基因都能在血细胞中检测到并呈组成型表达。

ALF（抗脂多糖因子）也是一种重要的抗菌肽，具有广谱的抗菌性和与内毒素结合的生物活性。有研究鉴定了两种 ALF 亚型（LvALF1、LvALF2）并发现其在血细胞中高量表达；而最近发现凡纳滨对虾 ALF 至少有 7 种亚型，具有不同的表达模式和功能，除了抗菌还具有抗病毒的作用。

（2）血蓝蛋白

血蓝蛋白是对虾血淋巴中的主要蛋白质，主要负责氧的运输。然而近年来研究表明，

血蓝蛋白功能复杂，不仅与能量的储存、渗透压的维持及蜕皮过程的调节有关，还具有酚氧化物酶样活性、抗病毒活性和凝集活性等多种非特异性免疫学功能。特别引人注意的是，血蓝蛋白在免疫防御反应中还可降解产生多种具有抗菌活性的片段。凡纳滨对虾肝胰脏中的血蓝蛋白 p73 亚基和 p75 亚基在抗感染免疫中发挥重要的作用，离体条件下纯化的 p75 可与病原，如 WSSV 的囊膜蛋白 VP24 和 VP26 直接发生作用。糖基化修饰差异可能是导致其抑菌活性差异的主要原因，同时也表现出分子多样性，表明血蓝蛋白可能具有非特异性免疫分子的多样性和复杂性。

（3）其他抗菌因子

在凡纳滨对虾中，也发现了很多其他种类的抗菌因子，如溶菌酶（lysozyme）、凝集素（lectin）、酚氧化酶（phenoloxidase，PO）、超氧化物歧化酶（SOD）、过氧化物还原酶（peroxiredoxin）、过氧化氢酶（catalase）、磷酸酶（ACP/AKP）、一氧化氮合成酶（NOS）、铁蛋白（ferritin）、蛋白酶抑制因子、细胞黏附分子、LPS 结合蛋白、β-糖苷结合蛋白、类 Ig 蛋白、抗病毒因子（AV）等，这些免疫相关因子都在对虾抵抗病原感染中发挥重要作用。

特别是近年来采用高通量测序技术对血淋巴的转录组进行深度测序，利用数字基因表达谱技术对病原感染早期和晚期的差异表达基因进行筛选，大量的对虾免疫基因被发现，并对其中的许多基因开展了功能研究。

（4）免疫信号通路研究

随着对虾抗病基因研究的深入，许多结构上与脊椎动物先天性免疫具有同源性或相同结构域的模式识别分子、信号转导分子及效应分子如 Toll 受体、CD9、CD63、LGPB、四跨膜蛋白、peroxinectin 等的基因陆续得以被克隆并研究其表达调控。虾类的细胞免疫和体液免疫过程逐步清晰，即在遭病原入侵后，对虾通过模式识别受体识别病原组分，引发细胞免疫或通过解除丝氨酸蛋白酶抑制剂和激活丝氨酸蛋白酶的细胞外级联反应，将收到的刺激信号进行放大或解除，进而启动信号转导途径，激活转录因子的转录活性，最后激活效应因子反应系统如抗菌肽的表达，杀灭病原，发挥免疫作用。近年来，在虾类中多条重要的免疫调节通路包括 Toll、IMD、JAK/STAT、PI3K-Akt、MAPK 等的主要组分都已被鉴定。

2. 凡纳滨对虾生长繁殖相关基因

相对于免疫相关基因，凡纳滨对虾的繁殖和生长发育调控基因方面的研究工作较少。随着对虾功能基因研究的深入和组学技术的发展，生长繁殖相关基因越来越受到关注。

（1）生长和蜕皮相关基因

甲壳动物体表都有一层几丁质外壳，其生长、生殖总是与蜕皮过程相伴。对虾一生要蜕皮 50 多次。如果不能及时蜕皮，将直接阻碍对虾生长。蜕皮的调控主要涉及神经内分泌和外界环境因子作用。CHH 家族如高血糖激素（CHH）、蜕皮抑制激素（MIH）、性腺抑制激素（GIH）和大颚器抑制激素（MOIH）等神经肽激素，协同调控着甲壳动物的生长、繁殖与蜕皮等生理生化过程。这些激素的基因在凡纳滨对虾中都已获得，其序列与中国明对虾和斑节对虾相似。近期有研究通过 qPCR 和 RNA 干扰研究了凡纳滨对虾的 *EcR*、*RXR* 和 *E75* 在不同组织、不同发育时期特异性表达特征，发现对虾的蜕皮信号转导在不同的组织中具有不同的形式，展示出不同的功能，分别与蜕皮、几丁质代谢及肌肉生长有关。然而，有关对虾蜕皮相关分子间相互作用的研究非常缺乏，蜕皮调控过程有必要在分子水平上得到解释。

α-淀粉酶（alpha amylase，AMY）是一种类淀粉酶，由 *AMY* 基因转录合成，对肝糖原降解起重要的作用，在凡纳滨对虾的营养吸收及代谢过程中起着非常重要的作用。组织蛋白酶 L（cathepsin-L，CTSL）是一种重要的半胱氨酸蛋白酶，在生物体细胞内蛋白质代谢过程中起关键作用。本节作者的研究发现，凡纳滨对虾早期胚胎和幼体中有 16 种 *AMY* 基因，成体中至少有 7 种，它们互相间的序列和表达模式有很大不同。*CTSL* 基因也有很多种，*AMY* 和 *CTSL* 基因多态性对凡纳滨对虾生长性状具有一定的影响，可作为影响凡纳滨对虾生长发育的候选基因，为优良品系培育提供参考。

对虾幼体到成体的肌肉生长速度取决于肌蛋白的合成速度和降解速度。研究发现，肌细胞肌原纤维的降解是由钙蛋白酶（calpains）调控的，钙蛋白酶抑制蛋白可以抑制肌细胞的分解，肌蛋白降解速度相对降低会导致肌肉生长速度的增加，也会提高摄入营养物质的肌肉转化效率。

（2）性别和繁殖相关基因

凡纳滨对虾性腺抑制激素（gonad-inhibiting hormone，GIH）由其眼柄 XO-SG 复合体分泌，也是甲壳动物神经多肽家族成员。早期研究发现，GIH 对雌性对虾卵巢发育中的卵黄蛋白原合成具有抑制作用，因此将其命名为卵黄蛋白原抑制激素（vitellogenin inhibiting hormone，VIH），其后发现该激素通过抑制促雄性腺活性间接调控雄性发育，抑制雄性精巢发育成熟和交配行为。除了对性腺的抑制作用，GIH 还能在抑制蜕皮的同时，和性腺诱导激素（gonad stimulating hormone，GSH）一起协同调控仔虾的性腺发育。

对虾的性别一直是甲壳动物研究的热点，通过研究对虾性别决定和性别分化的机制，以及促雄性腺素的表达调控机制，发展高效的对虾性别控制技术，可以实现大规模的对虾单性化养殖。在日本囊对虾和凡纳滨对虾的遗传连锁图谱研究中发现一系列雌性特异的 DNA 标记被定位到同一连锁群上，推测其为 ZW 型性别决定系统模型。最近，在凡纳滨对虾高密度遗传连锁图谱中，也发现了其性别决定系统可能是 ZW 型的证据。

3. 环境适应相关基因

（1）盐度适应

凡纳滨对虾具有很强的耐低盐能力，可在 0.1%～4%的盐度下正常生长。由于淡化养殖可以避免病害发生及缓和对沿岸海洋环境的污染，凡纳滨对虾的内陆淡化养殖已经成为我国目前对虾养殖的一个发展亮点，2011 年我国淡水对虾养殖为 66 万 t，占对虾总产量的 42.44%，相应的盐度适应研究也大量开展。

Na^+, K^+-ATPase 是被研究的最为透彻的一类渗透压调节酶。它作为生物膜上重要的膜结合蛋白酶，在物质运输、能量转化和信息传递方面发挥着重要的作用。众多关于 Na^+, K^+-ATPase 活性的研究在凡纳滨对虾中开展。研究发现，CHH 和 MIH 也具有调节甲壳动物血淋巴中葡萄糖含量的作用，由此在渗透调节等方面都发挥着重要的作用，这是对虾神经肽和盐度适应研究的新发现。游离氨基酸在对虾体内的含量随盐度的升高而增加，在渗透调节过程中发挥着重要的作用，谷氨酸是其中最为重要的一种，而谷氨酸脱氢酶

（GDH-A）在应对盐度急性胁迫时高表达，其主要靶器官为鳃，显示与急性盐度胁迫下的渗透调节关系密切。同时其他一些应激基因如 *HSP70*、*HSP90* 等也被认为在渗透调节过程中发挥了作用。

在高碳酸盐碱度胁迫下，碳酸酐酶（CA）基因、Na^+, K^+-*ATPase* 基因等与离子调控相关的基因上调表达，调控酸碱平衡。这对探索凡纳滨对虾的耐盐碱机制、培育适于盐碱地水产养殖的品种有着重要的意义

（2）温度适应

热休克蛋白（heat shock protein，HSP）是指细胞或生物体在一定时间内遭受热刺激及其他环境、生理或病理胁迫时，新合成或含量增加的一类蛋白质。根据分子质量大小和序列的同源性比对，可分为 HSP110、HSP100、HSP90、HSP70、HSP60、HSP40 和 HSP20 等。正常状态下，HSP 存在于细胞质和线粒体基质中呈现出稳定的状态，当对虾受到胁迫时，HSP 大量合成，作为分子伴侣，帮助恢复变性蛋白质的天然构象，尽可能地恢复其生物活性。研究发现 HSP 在抵抗病毒感染时也起到一定作用。

在低温环境下，腺苷酸转移酶 ANT2（adenine nucleotide translocase）的基因在凡纳滨对虾肌肉组织中表达量最高，15℃处理下基因表达量发生显著变化，13℃开始呈下调表达，11℃时表达量又升高，推测可能在凡纳滨对虾低温适应中发挥作用。

（3）氨氮胁迫

氨氮是虾类养殖过程中最常见的环境胁迫因子，是造成虾类免疫功能低下，甚至大量发病和死亡的主要原因之一。还原型谷胱甘肽（GSH）对凡纳滨对虾生长、抗氧化系统及非特异免疫因子具有重要影响。它可以促进凡纳滨对虾原代培养肝胰腺细胞的增殖、生理生化功能及相关抗氧化酶的活力，提高对虾机体的抗氧化水平和抗氧化能力，缓解离子铵引起的氧化应激。研究表明，血清和肝胰腺是凡纳滨对虾对氨氮造成胁迫的敏感组织，抗氧化酶 SOD、CAT、GSH-Px 和丙二醛含量可作为衡量凡纳滨对虾氧化应激状态的敏感指标。

（4）低氧胁迫

在对虾生产养殖过程中，容易受到低氧胁迫影响。低氧条件下积累的电子能用来形成活性氧，导致活性氧的含量升高。在这种情况下，几个与抗氧化有关的蛋白质（cMnSOD、GSH-Px、FABP10、CBR1 和 ALDR1）含量下降。在低氧条件下，虾的血细胞数、吞噬和清理细菌的功能、呼吸爆发、溶菌活性、抗菌活性都显著降低，而酚氧化酶的活性升高。低氧 3.5h，丝氨酸蛋白酶（如胰凝乳蛋白酶 BI、胰蛋白酶和丝氨酸蛋白酶）含量上升，循环低氧和持续低氧使虾体中凝集素的表达上调，HSP60 的含量明显降低，影响虾的免疫调节机制。

4. 凡纳滨对虾基因组研究

（1）凡纳滨对虾 EST 和转录组测序

公共数据库中大量 EST 数据的公布，为对虾功能基因克隆和遗传标记的开发等提供了重要的资源。截至 2014 年 7 月，在 NCBI 等数据库中总计收录凡纳滨对虾 EST 序列 162 933 条，是对虾中 EST 公布最多和组织分布最广的。利用已发布的凡纳滨对虾公共数据，大量的功能基因得到克隆，极大地促进了包括免疫在内的对虾分子生物学研究。然而，

这些 EST 序列都是通过传统的 Sanger 测序获得的，数量有限、长度不足，且只有 1 万多条被注释，难以满足研究需求。

近年来，随着高通量测序技术的发展，在凡纳滨对虾中又开展了多个转录组测序。转录组测序可以获得某一生理条件下细胞内所有转录产物的信息，能够进行全面的遗传信息挖掘，进行基因结构分析，也能够发现新基因或低表达基因及非编码 RNA，比较差异基因表达，非常适合对虾这样研究基础较少的物种。在凡纳滨对虾中，目前至少已经有 7 个转录组发表（表 4-4），主要集中在抗病免疫和早期发育方面。这些数据极大地丰富了对虾功能基因资源，为深入研究对虾免疫抗病、生长发育相关基因的功能和调控及分子标记开发打下基础。

表 4-4　已发表的凡纳滨对虾转录组

实验材料	测序平台	数据量/Gb	unigene 数目	unigene 平均长度/bp	注释的 unigene（NR 库）	验证实验（qPCR）	文献
孵化 20d 幼体	Illumina GA II	2.40	109 169	396	27 789（25.46%）	12 个胚胎发育 unigene	Li *et al.*，2012
WSSV 感染组与对照组成体	454	0.14	14 538	574	10 625（73.08%）	随机选取 8 个 unigene	Chen *et al.*，2013
TSV 感染组与对照组成体	454	0.13	15 004	507	10 412（69.39%）	随机选取 6 个 unigene	Zeng *et al.*，2013
亚硝酸盐刺激组与对照组成体血细胞和肝胰腺	Illumina Hiseq2000	4.76	42 336	561	21 350（50.43%）	10 个免疫应答和凋亡相关 unigene	Guo *et al.*，2013
TSV 抗性群体和易感群体血液	Illumina Hiseq2000	40.90	61 937	546	12 398（20.02%）	随机选取 22 个 unigene	Sookruksawong *et al.*，2013
WSSV 感染组与对照组成体血细胞	Illumina Hiseq2000	2.54	52 073	520	20 343（39.07%）	4 个免疫相关 unigene	Xue *et al.*，2013
早期发育不同时期（受精卵、囊胚、原肠胚、肢芽期幼体、无节幼体、蚤状幼体、糠虾幼体、仔虾等）	Illumina Hiseq2000	26.33	66 815	1 851	32 398（48.49%）	4 个差异表达的 unigene	Wei *et al.*，2014

（2）凡纳滨对虾的 BAC 基因组文库

由于对虾基因组 DNA 中多糖及其他次生代谢产物的干扰，大片段 DNA 文库的构建十分困难，国际上许多团队曾努力尝试都未获成功，直至 2009 年本节作者所在课题组成功构建了世界上第一个凡纳滨对虾 BAC 基因组文库。该文库为基因组 DNA 经 *Hin*dⅢ部分酶切，连接到 BAC 载体上，经过电击转化共获得克隆 102 528 个，保存于 267 个 384 微孔培养板中，平均插入片段约为 101kb，覆盖基因组约 5 倍（图 4-37）。稳定性检测表明，所构建的 BAC 文库的插入片段能够稳定传代（Zhang *et al.*，2010）。选用 92 160 个对虾 BAC 克隆，制备了对虾高密度 BAC-DNA 膜。采用 Overgo 探针技术在高密度膜上初步筛选出 35 个含重要免疫功能基因的 BAC 克隆。同时建立了 pool 筛选方法，以 PCR 的方法进行文库筛选，选出转座酶基因和 *lectin* 等多个基因阳性克隆，并对这些 BAC 克隆进行了测序分析。

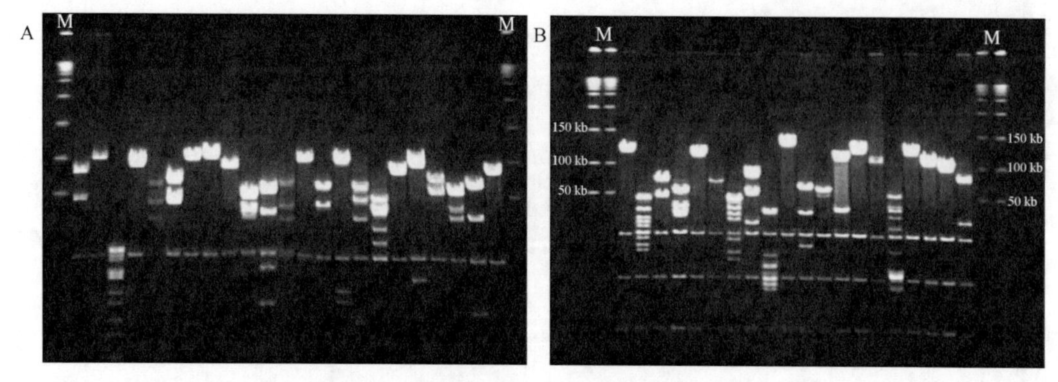

图 4-37 凡纳滨对虾 BAC 文库插入片段

A. 以 pECBAC1 为载体的文库；B. 以 pCLD04541 为载体的文库

另外也开展了凡纳滨对虾 BAC 末端测序，完成了近 2 万个 BAC 克隆的末端测序，获得 28 993 条末端序列（其中 11 279 个 BAC 克隆为双末端测序），测序总长度达 11 278 277bp，占凡纳滨对虾基因组的 0.5%。研究显示，凡纳滨对虾基因组富含 AT（60.52%），含有大量串联重复序列，在此基础上对凡纳滨对虾基因组进行了初步分析，这些序列对初步了解对虾基因组的结构特点提供了重要信息，并为对虾全基因组的测序打下了基础。

（3）凡纳滨对虾全基因组测序

基因组序列是遗传学研究的基础，一个物种基因组计划的完成，就意味着这一物种学科和产业发展的新开端。近年来随着新一代测序技术的不断革新，测序通量大幅度提高，测序成本不断下降，目前已有 200 多种动植物的全基因组测序计划先后完成。然而在大型甲壳动物中，尚没有完成基因组测序的报道。

凡纳滨对虾基因组大小约为 2.45Gb，二倍体含有 88 条染色体。然而一直以来，关于基因组特征所知甚少，尽管 GenBank 中收录的凡纳滨对虾 DNA 序列增长很快，但有基因注释信息的却不多。虽然成功构建 BAC 库并进行了末端测序，却还缺少物理图谱及能够与甲壳动物进行比较基因组学研究的动物性模型。国际上曾围绕对虾基因组研究组织过不同的合作，但在第二代测序仪器问世前，DNA 测序采用 Sanger 的方法，花费非常昂贵，对虾的基因组研究进展缓慢。随着高通量测序技术的加速发展与应用，测序成本大大降低，对虾基因组测序成为可能，也使得围绕对虾这样重要物种的国际竞争正在加剧。总之，尽管对虾分子生物学研究已经取得了较大的成就，但基因组学研究尚属于起步阶段。对虾基因组本身有其特殊的难度，除了其基因组较大以外，其重复序列异常丰富，同时由于驯化时间短，对虾基因组杂合度很高，使得搭建基因组图谱和基因组测序及组装的难度大大增加。另外，由于对虾基因组 DNA 的某种未知的生化特性，DNA 文库的构建和测序十分困难，得到的测序数据质量不高，也极大妨碍了对虾基因组测序和组装的进展。

从 2009 年起，本节作者所在课题组采用 Illumina 及 454、Ion Torren 和 PacBio 等测序技术，对凡纳滨对虾开展基因组测序，到目前已获得了 333 倍覆盖的基因组数据。结合 BAC 克隆测序及末端序列，初步估计凡纳滨对虾基因组杂合度约为 0.98%，基因组重复序列比例超过 80%。可以确定凡纳滨对虾基因组较大、杂合度高、重复序列丰富，为结构非常复杂的基因组，测序和组装难度比较大。经过一系列调试，已初步建立了针对对虾基因组特点的组装拼接技术，获得了对虾基因组草图，contig N50 已达 32.16kb，scaffold N50 达 123.98kb，基因组覆盖率达 81.25%以上，基因区域覆盖度达 95.75%以上。更深入的基因组结构和功能分析正在进行中。

显然，对虾功能基因组测序具有自身的特点和难点，这对我国科学家来说既是机遇也是挑战。经过多年的发展，我国在对虾分子生物学研究领域已经有很好的基础，在此基础上结合最新测序技术和生物信息学方法，获得高质量的对虾基因组图谱是指日可待的。基因组测序完成后，我国对虾的功能基因的开发与利用将提升到一个新的台阶。

（4）凡纳滨对虾肠道微生物宏基因组

随着宏基因组技术的发展，肠道微生物研究受到空前的重视。对虾肠道内共附生着大量的微生物，形成了一个特定的微生态群落，直接影响着对虾的生长、繁殖和疾病。凡纳滨对虾肠道微生物宏基因组分析结果显示，数据中 35.5%属于真核生物，64.1%的数据属于未知序列，而已知的微生物和病毒序列所占比例仅有 0.4%[大部分为弧菌属（*Vibrio*）]。数据中未知功能序列和未比对上序列极有可能是虾肠道中独特的或未被测定的微生物种群基因组序列。

（5）凡纳滨对虾基因图谱构建

建立遗传图谱、定位和克隆一些与生产性状和生物活性相关的特定功能基因是基因组研究的一个重点，也是对虾这样重要经济养殖生物基因组研究的热点。目前利用各种分子标记构建的凡纳滨对虾遗传图谱主要有 6 个（表 4-5）。这些遗传图谱主要是以 AFLP 和微卫星为主，难以在别的种群中使用。最近本节作者所在课题组利用高通量简化基因组测序技术成功构建了凡纳滨对虾高密度遗传连锁图谱，整合图谱包含 44 个连锁群标记 6146 个，总图距 4271.43cM，标记间平均图距 0.7cM，基因组的覆盖度为 98.39%（图 4-38）。利用连锁分析，将生长相关 QTL 定位于 6 个不同的连锁群上，另有 1 个性别相关 QTL 定位于 18 号连锁群上。这是目前标记密度最高的对虾遗传连锁图，为对虾全基因组的测序和组装搭建框架、图位克隆、QTL 定位及全基因组选择育种等研究奠定基础（Yu *et al.*，2015）。

表 4-5　已发表的凡纳滨对虾遗传连锁图谱

标记类型和数目（雌/雄）	标记平均距离（雌/雄）/cM	基因组覆盖（雌/雄）/%	连锁群数目（雌/雄）	性别特异标记	文献
AFLP（212/182）	17.1/16.5	59/62	51/47	Yes	Perez *et al.*，2004
AFLP（319/267）和 SSR（30）	14.5/15.1	87.7/90.4	45	Yes	Zhang *et al.*，2007
SSR（67）	22.2	26	14	Yes	Alcivar-Warren *et al.*，2007
EST-SNP（418/413）	5.41	37.25/48.27	45	Yes	Du *et al.*，2009
AFLP（429）和 SSR（22）	7.6	79.5	49	No	Andriantahina *et al.*，2013
SNP（3296/4201）	0.7	98.39	44	Yes	Yu *et al.*，2015

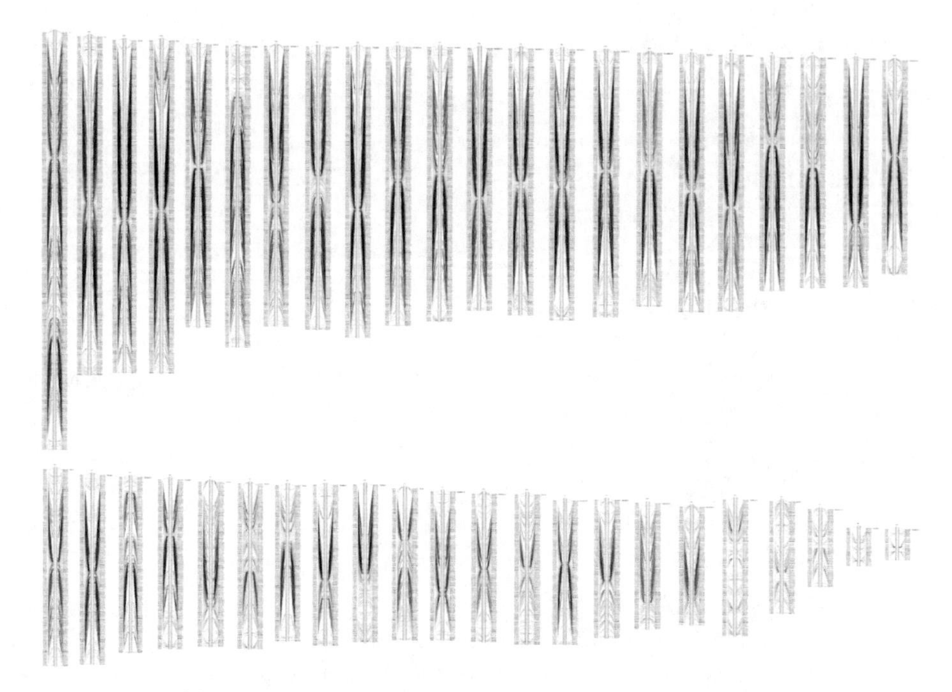

图 4-38 凡纳滨对虾高密度遗传连锁图（Yu *et al.*，2015）

三、凡纳滨对虾功能基因和基因组研究在生产中的应用

1. 遗传育种

实践已证明，凡纳滨对虾是适合我国养殖的优良品种，然而 SPF 亲虾（指一种严格控制病原侵入的养殖模式所培育的对虾，即不带有目前对虾养殖中能够检测到并常出现的特定病毒）严重依赖进口，成本高且不利于对虾产业的长远发展。而本土亲虾多数直接从虾塘挑选，品质参差不齐。因此，筛选优良的凡纳滨对虾种质资源和培育我国自己的 SPF 亲虾已经成为迫在眉睫的工作。结合分子生物学、种群遗传学、数量遗传学及功能基因和基因组学研究的结果，一些科研单位和企业联合开展自主选育，目前已经取得了一系列明显的成绩。

目前我国获得通过农业部审定的凡纳滨对虾新品种有 5 个，分别是：‘科海 1 号’（图 4-39）、‘中兴 1 号’、‘中科 1 号’、‘桂海 1 号’和‘壬海 1 号’。这些新品种都是通过运用数量遗传学和分子标记方法对个体或者家系进行多代选择，使得优良的基因在选育品种中积累，从而培育出具有优良性状的个体。其选择方向各有侧重，使得各品种有各自的特点，如提高其生长速度、成活率和均匀度或者耐低盐、耐低温、增强其对养殖环境的适应性，以此来解决发病率高的问题，从而提高大面积养殖产量。

然而目前凡纳滨对虾新品种仍然不多，性状显著性还不够突出，性状遗传稳定性方面也还很不足，与替代进口亲虾的目标还有很大距离。然而，目前对虾养殖业树立品牌的意识已经深入人心，很多科研单位和养殖企业对新品种培育的投入也越来越多。对于对虾业来说，经济性状就是生长速度、饲料转化率、产卵量、抗病性等，分子生物学育种的主要目的便是找到决定这些经济性状的主效基因，然后用于生产。

水产新品种

证　书

新品种名称：凡纳滨对虾“科海1号” 品种登记号：GS01-006-2010

培育单位：中国科学院海洋研究所、西北农林科技大学、海南东方中科海洋生物育种有限公司

该品种业经审定，根据农业部《水产原、良种审定办法》，特发此证。

图 4-39　凡纳滨对虾‘科海 1 号’及新品种证书

2. 基因芯片

凡纳滨对虾的基因芯片制备与中国明对虾和斑节对虾一样，最初也是为了研究对虾在细菌和病毒感染过程中的基因表达变化，比较了细菌感染和病毒感染所引起的基因表达谱的差异，并根据基因表达的变化将基因按照在免疫反应中的变化进行功能分类，以阐明对虾对病原感染的应答机制。

在育种芯片方面，大量的遗传标记开发研究已经积累了相当数量的 SNP 标记，这些标记已经足够制备芯片应用于分子育种，特别是凡纳滨对虾的基因组测序已接近完成，结合多个转录组数据，开发出的 SNP 芯片可以覆盖全基因组，可以开展复杂性状的 GWAS 和定位重要性状的 QTL，提高对虾育种的准确性。

另外，在对虾中一个芯片应用例子是病毒检测，把对虾病毒和细菌各自的特异性核酸序列制成芯片，用于养殖现场的病原检测，保证了检测的特异性和灵敏性，可以提前发现病害，减小病害造成的损失。例如，由黄倢研究员等发明的“检测多种对虾病原的基因芯片及其检测方法”可以同时精确快速检测 18 种对虾病原。

3. RNA 干扰

近年来，研究发现对虾体内存在 RNA 干扰（RNAi）机制，可以提高抗病毒免疫力。令人惊叹的一个例子是向对虾注射 WSSV 基因 *RR2*、*DP* 或 *VP28* 的 dsRNA 后，即使在 1000 倍致死剂量的病毒感染下，对虾仍能保持很低的累积死亡率。由此基于 RNA 干扰的对虾抗病毒研究成为研究热点，具有良好的发展前景。

除了作为一种新的“基因疗法”和一种新兴的基因功能研究工具外，RNAi 还可以作为简洁快捷的方法来研究基因的功能，大大缩短了研究周期，特别是在目前对虾细胞培养一直没有突破的情况下。另外，通过 RNAi 能高效特异地阻断基因的表达，使它可以用来研究细胞信号转导通路和细胞生长分化过程，以此深入了解对虾的免疫和生长发育机制。

4. 展望

在世界和我国的重要经济地位使得对虾养殖业对科学养殖技术和有效的病害防治提出了迫切需求。然而对虾作为一种驯化时间很短的水产养殖动物，其包括遗传学在内的基础研究普遍开展较晚。人们对对虾基因组的探索还只是刚刚起步，距离清晰解读这些生命密码还有很远的距离，在功能基因和基因组研究方法上还缺少基因验证平台及能够与甲壳动物进行比较基因组学研究的动物模型，在分子育种方面非常明确的主效基因还没有找到。可以说对虾功能基因的开发与应用任重道远。

随着现代分子生物学和基因组学技术的不断发展，许多最新实验技术及新一代测序和生物信息学分析技术已经更多应用于对虾功能基因和基因组研究，这必将极大促进对虾分子生物学研究和应用。特别是我国作为对虾养殖大国，对虾产业科技力量雄厚，支撑体系逐渐完善，对虾遗传和免疫机制研究越来越受到大家的关注并取得了许多重要进展。人们有理由相信，通过对对虾基因组结构与特征的全面解析，深入开展对虾功能基因研究，可以为对虾生长、发育、繁殖、抗性等性状的基因调控网络解析和分子设计育种奠定理论基础。这为保持和提升我国在对虾基础研究的国际地位和竞争力，建立我国对虾分子改良的理论和基因资源利用技术体系，促进我国对虾产业的发展具有十分重要的作用。

（张晓军　相建海）

第十一节　牡　　蛎

海洋生物具有区别于陆地生物的独特性状，这些特殊性状相关的基因资源是海洋资源的重要组成部分，也是国家重要战略性资源。牡蛎、帽贝、鳕鱼等物种基因组测序的完成极大地推动了海洋生物基因资源的开发与利用。首先，全基因组测序的完成，有助于人们深入剖析海洋生物关键基因的结构和功能特征；其次，利用转录组学等手段，可以批量发掘与生长、发育、生殖、性别调控、生物矿化和抗逆性等重要性状相关的功能基因，深入研究基因的作用机制和调控网络；再次，对重要经济性状进行遗传解析，明确基因型与表型关联性，为性状改良和品种培育提供理论基础；最后，有助于开发编码具特殊营养或应用价值的多肽和蛋白质基因，筛选海洋生物特有的药物功能基因或药物合成相关的功能基因，为批量生产功能多肽和蛋白质及研制开发新型海洋药物奠定基础。基因功能研究是基因规模发掘和最终实现利用之间最重要的环节，是实现基因资源开发利用的前提，也是生命科学研究的核心内容之一。

牡蛎俗称海蛎子、蚝等，隶属于种类繁多、体制多变的软体动物门双壳纲珍珠贝目，为全球性分布。牡蛎作为第一大养殖贝类，世界牡蛎年产量约逾 400 万 t，是人类可利用的重要的海洋生物资源之一。中国所处的亚太海域是世界上牡蛎物种资源最为丰富的海区。中国沿海有 20 余种牡蛎，占世界牡蛎物种数的一半以上，尤其是巨蛎属（*Crassostrea*）牡蛎，多为经济种类，我国牡蛎养殖产量占世界的 80%。

牡蛎是海洋生态系统的关键种，对内湾和近海生态系统调控具有重要作用。作为营固着生活的海洋生物，牡蛎也是重要的海洋污损物种之一。牡蛎在动物系统演化中具有举足轻重的地位，是形态各异的冠轮动物的代表。由于其分布广、经济和生态价值高，受到广泛的关注，是研究得最为充分的贝类。牡蛎也通常是研究神经生物学、生物矿化、海洋酸化及在全球环境变化背景下潮间带生物适应机制的重要对象。

一、牡蛎全基因组测序

中国科学院海洋研究所牵头完成了牡蛎全基因组序列精细图谱的构建，这是我国海洋水产领域完成的第一个全基因组序列图谱，也是世界上首个贝类的全基因组序列图谱。牡蛎基因组测序使用的是一只经过 4 代近交的牡蛎。针对牡蛎复杂基因组的特点，研究人员开发了基于 fosmid 混池的多层次分级组装策略：首先构建了牡蛎 10 倍覆盖度的 fosmid 文库，大约 145 170 个 fosmid 被随机分成 1613 个混池，每个混池进行测序和组装，获得超级重叠序列群（super contig），经过去冗余，最后，利用大片段测序文库的信息，对这些组装序列进行定位和排序，最终获得了牡蛎基因组组装序列。已获得的 contig N50 的长度为 19.4kb，scaffold N50 的长度为 401kb。牡蛎基因组序列图谱在进行不断完善。在序列图谱的基础上，利用基因组学、比较基因组学，结合转录组、表达谱和蛋白质组等多组学技术及实验生物学手段，对牡蛎基因资源进行了批量发掘，并对牡蛎的潮间带逆境适应、典型生长发育阶段及贝壳形成等分子机制进行了解析，为以贝类为代表的海洋生物基因资源的开发与利用奠定基础。

利用从头（*de novo*）预测，冠轮动物和蜕皮动物已经完成的全基因组序列（帽贝、小头虫、水蛭），以及不同组织和不同发育阶段的转录组数据，共预测牡蛎基因 28 027 个。表达量（RPKM）超过 1 和超过 5 的基因所占的比例分别是 96.1%和 82.6%。在预测的所有蛋白质中，有 21 085 个蛋白质的氨基酸序列（占 75.2%）和已有的数据库相吻合，在没有相匹配的 6942 个蛋白质中，有 96.2%的蛋白质，其 mRNA 的表达量（RPKM）大于 1 或在冠轮动物中能找到同源证据。

该项目组利用 RNA-seq 高通量测序的方法，研究了牡蛎不同发育时期、不同器官的特异表达基因。从受精开始，直到附着变态形成稚贝，共获得了 38 个发育时期基因表达信息。同时，研究了牡蛎在常见潮间带应激原刺激条件下的基因表达模式。长牡蛎基因组序列图谱的绘制和不同发育阶段、不同环境因子应激下的转录组研究，可以从组学水平对牡蛎生长发育及逆境胁迫相关的基因资源进行立体式解析。

二、生长发育基因与应用展望

通过对转录因子、信号转导分子预测及已知发育基因的同源比对，获得约 4320 个发育候选基因。鉴定了 395 个雌性性腺特异的基因和 526 个雄性特异表达基因，这些基因包括大量的母性或父性效应基因、性别发育和调控相关基因等。一些基因的同源基因功能已在其他物种中进行了详细的研究。例如，*sneaky*（CGI_10007724）和配子识别基因 *bindin*（BND，CGI_10005529）分别在父本效应和精卵识别方面起到重要作用。

1. 牡蛎性别决定相关基因的筛选

收集了 56 个其他物种已经报道的性别决定相关基因，通过同源比对的方法，在牡蛎中进一步锁定 369 个候选基因。通过手工校对，对包括 *dmrt1*、*Sox8*、*Foxl2*、*Wnt4*、*Fem*、*Gata4* 及 *Lhx9* 7 个关键基因进行详细分析。其中 *Sox8* 基因是 *Sox E* 家族中的一员，文献

报道中 *Sox E* 这一类基因在脊椎动物雄性性别决定中起着关键作用；*dmrt1* 基因也是一类在脊椎动物雄性中起着性别决定作用的关键基因，它是果蝇的性别决定关键基因 *Doublesex* 和线虫性别决定关键基因 *mab-3* 的同源基因。

2. 与早期胚胎发育相关的基因筛选

通过比较基因在不同发育时期的表达，鉴定出在卵子中高度表达的基因，这些基因大多为母体效应基因，即一类在卵巢中特异表达的基因，其在卵母细胞成熟过程中，在看护细胞中转录，然后将合成的 mRNA 运送到卵母细胞表达。由于这些 mRNA 翻译合成的蛋白质在早期胚胎发育中调节合子基因的转录，因此将它们称为母体基因。从基因组数据中选取了 5 种母体基因作为重点研究对象，分别为：①丝氨酸/苏氨酸蛋白激酶 mos（MOS）的基因是一种原癌基因，该酶与 MyoD 蛋白相互作用，MyoD 蛋白在机体发育过程中，向骨骼系统提供中胚层细胞，并调控该过程，它也在肌肉分化调控过程中起关键作用。②组蛋白 H2B（histon H2B），组蛋白是染色质的主要蛋白质。它们是脱氧核糖核酸（DNA）折叠时所依赖的线轴，并在基因表达调控中占一角色。H2B 是 6 种组蛋白中的一种，它参与核小体的结构。③核仁磷酸蛋白（nucleophosmin）参与核糖体的发生并可能协助小型基础蛋白质转运到核仁中。④*Nanos* 基因是一种转录调控因子，它在配子发生过程中是初级生殖细胞生存和保存下来所必需的。此外，对早期体制决定相关基因进行了详细梳理，在牡蛎中筛选到与体制决定相关的基因共 85 个，其中有 31 个是在卵子中表达量最高的，这些基因对于前期胚胎发育具有重要作用。对 Hedgehog 信号通路相关的基因进行了分析，如 *Hip*、*Smo* 等基因主要在早期表达，并可能与牡蛎早期的体制发育相关。

3. 重要发育相关基因家族的鉴定

对牡蛎中重要的发育相关基因家族进行了系统的梳理，主要包括 11 个 *Wnt* 基因，132 个 *Homeobox* 基因，21 个 *Fox* 基因等。研究表明，牡蛎、帽贝和小头虫的 *Fox* 基因数量分别为 25 个、21 个和 25 个，其中牡蛎和帽贝缺少了 *FoxI*、*FoxQ1*、*FoxR*、*FoxS* 和 *FoxX* 5 个基因，而小头虫缺少了 *FoxR*、*FoxS* 和 *FoxX* 基因。一个重要发现是首次在原口动物中鉴定出了 *FoxAB-like*、*FoxY-like* 和 *FoxH* 基因，表明这些基因具有比较古老的进化历史。对长牡蛎的核受体家族基因进行了系统分类研究，共鉴定出 43 个编码核受体家族的基因，其中 42 个之前都未见报道。比较长牡蛎核受体中 DBD 和 LBD 与人、果蝇、线虫、水蚤核受体中对应结构域氨基酸序列的相似性发现，同源核受体中 DBD 的相似性普遍比 LBD 的高，进一步表明前者在核受体基因进化中较保守，这提示核受体作为转录因子对下游基因转录调控机制的相似。

重要生长发育基因是海水养殖生物种质改良的重要资源，与生物质量性状和生长性状相关的很多基因都是重要的发育基因。通过发掘和验证这些基因功能，可以为海洋生物的分子育种及转基因育种提供基础，培养优良性状的新品种。近年来，国内外科学家研究了一批与海洋生物肌肉发育相关的基因如 *MSTN*，与性腺发育相关的基因如 *Foxl2* 等，这些基因对海洋生物的重要经济性状具有重要作用。这些重要的研究基础将有助于分子标记育种、转基因育种的开展。这些基因在牡蛎中也已鉴定出来，并进行了初步研究。海洋生物发育相关基因，如生长因子基因、功能性多肽基因的研究和开发将有助于开发海洋生物细胞系培养技术，促进海洋生物的生长发育调控技术研究。此外，通过检测卵子内的基因转录或蛋白质表达情况可以筛选优良的卵子；通过发现一些表达量与受精率的发育潜力相关的基因，利用基因芯片研究卵子中基因表达量与后代发育状态和存活情况的关系。

三、贝壳形成相关功能基因与应用展望

研究贝壳的形成和生物的矿化不但有助于理解贝类生物学、进化及对海洋酸化的响应，而且还能促成工业和生物医学领域新材料的发现。贝类的贝壳主要由精巧的有机框架和无机成分构成，无机成分主要是文石或方解石。研究者利用三种方法获取贝壳形成相关的基因：一是在外套膜特异表达或高表达的基因，二是牡蛎中与其他物种贝壳形成相关基因同源的基因，三是贝壳蛋白基因。目前一共鉴定得到 214 个外套膜特异表达的基因，278 个外套膜高度表达的基因（Zhang *et al.*，2012）。这些基因包含了已知的贝壳形成相关基因，如碱性磷酸化酶基因、碳酸酐酶基因、几丁质合成酶基因、*IMSP*、*PFMG*、*Pif177*、纤连蛋白基因、几丁质合酶基因、层粘连蛋白基因、胶原蛋白基因、肌浆钙结合蛋白基因和酪氨酸酶基因等。从其他物种中收集到 197 个贝壳形成相关基因，但由于不同物种之间贝壳形成相关基因分化较大，牡蛎中只有 39 个已知的贝壳形成基因的同源基因。

提取了牡蛎贝壳中总蛋白质，测定了牡蛎贝壳蛋白质谱，发现了 259 个蛋白质存在于牡蛎贝壳中。其中，蛋白酶抑制因子 I2 结构域、几丁质结合结构域及酪氨酸酶结构域在贝壳蛋白质中富集。虽然在贝壳中发现了几丁质有关的蛋白质，但没有发现任何与丝蛋白有关的蛋白质存在于贝壳甚至整个牡蛎蛋白质中。还发现 84%的蛋白质是非分泌性蛋白质，而且这些蛋白质的功能涉及细胞和外来体的基本功能，暗示了多种蛋白质可能参与了贝壳基质的构建和修饰。许多贝壳蛋白质具有酶活性，它们可能参与了贝壳基质蛋白的构建与成熟。贝壳中还发现了含量较多的青霉素结合蛋白（转肽酶的一种）和多个酪氨酸酶，这些蛋白质可能也参与了贝壳有机框架的构建和修饰。牡蛎的贝壳中发现了一类含量丰富的蛋白质，称为青霉素结合蛋白，是细菌细胞壁的主要成分。

海洋经济动物的附着变态过程为人工采集苗种提供了基础。但是，附着变态行为同时也造成了严重的生物污损，对水产养殖、船舶航行、工业生产、近海基础设施等与海洋有关的人类活动均造成不同程度的影响。如何在环保的前提下去除船舶和工业管道的牡蛎附着污损，是一项很有价值的研究，具有很好的经济效益和社会效益，当然也是一个很有国际挑战性的研究课题。如果能够筛选到牡蛎附着的相关蛋白质，进而发现干扰这些蛋白质生理功能的化学物质，就可将这种化学物质添加到管道或船舶的油漆中，以避免或减少牡蛎的附着污损。另外，牡蛎贝壳形成相关的蛋白质在牙科、骨科的仿生制造等行业也具有很好的应用前景。本节作者所在课题组发现了 43 个在牡蛎幼虫原壳形成时期高表达的贝壳蛋白质基因，这些基因在研究海洋酸化对贝壳的影响中需重点关注。

四、牡蛎抗逆相关基因的筛选及应用前景

牡蛎生活在环境高度多变的潮间带，其环境温度、盐度在不同潮位、季节变化非常大，而牡蛎一般附着在浅海物体和礁石上，不能通过主动移动来逃避不利环境的影响，所以形成了一套独特的分子机制使其对高温、低温、低盐、露空、重金属等环境胁迫具有很强的抵抗力。生物在受到逆境胁迫后，细胞的结构和胞内各类物质将发生一系列的形态和生理变化，维持其正常的机体功能，即“应激反应”，其中功能基因的表达变化是主要的应激反应。牡蛎逆境胁迫的功能基因研究，经过多年的努力，方法和技术体系已日臻成熟，取得了很大的进展，获得了多个胁迫抗性相关的关键基因。随着牡蛎全基因组序列的破译，可以从整体上对这些抗性基因进行研究，为深入解析牡蛎抗性性状及开发相关功能基因产品奠定基础。

1. 温度适应

牡蛎所处的潮间带环境决定了其不仅需要承受每天潮汐变化所致的温度波动（几小时内温度波动 10～20℃），也需要承受从露空（无海水覆盖）时夏季阳光的猛烈曝晒（49℃）和隆冬时节的严寒袭击（–24℃）。无论是热激还是冷激，都能导致蛋白质的变性、细胞骨架不稳定等，从而打破细胞的内稳态平衡。

基于转录组对差异表达基因进行筛选，得出温度应激基因集合。牡蛎受到温度应激时，细胞内稳态遭到破坏，此时牡蛎的凋亡抑制相关基因马上被激活，防止细胞进入凋亡程序；而后胞内（包括内质网和线粒体内）的各类 HSP 被迅速大量合成，以减轻蛋白质变性、防止蛋白质聚集、帮助蛋白质重折叠，后续的溶酶体及蛋白质泛素化等蛋白质水解系统也开始降解变性蛋白质；细胞一方面降低生物大分子的代谢速率，另一方面抑制细胞凋亡，从而保持细胞内环境的稳定。在 35℃的样品中，表达量上调最显著的是分子伴侣蛋白质类基因，而其中热激蛋白基因 *HSP70* 的表达量占该样品所有基因表达量的 4.2%，即在该温度下每 100 个转录本中有 4.2 个为 *HSP70* 基因。此外，在高温应激下，与凋亡相关及抑制凋亡相关的基因也呈现显著的表达量波动，包括 *BCL2* 基因、*BI1* 基因、*BAG* 基因、*Caspase* 基因及凋亡抑制蛋白（*IAP*）基因等。而在牡蛎基因组预测到的 28 027 个基因中，*HSP70* 基因占了 88 个（0.31%），*IAP* 基因占了 48 个（0.17%），与其他生物如人类、海胆相比，这些基因的数目高度扩张。高温热激后存活率有显著差异的牡蛎家系间的基因表达模式也存在一定差异，其中热激蛋白 27（HSP27）、胶原蛋白（collagen）、细胞黏附蛋白（peroxinectin）、S 晶体蛋白（S-crystallin）等的基因的 mRNA 表达量在低存活家系中较高，而胱抑素 B（*cystatin B*）mRNA 水平在高存活家系中较高，这些数据可为耐热家系选育提供候选基因。在 3 月和 9 月，牡蛎体内 HSP70、HSP72、HSP90 和金属硫蛋白（metallothionein）的基因的 mRNA 表达量差异很大，并且高温应激后这些基因的表达变化幅度在 9 月份要高于 3 月份，表明在不同季节及不同的胁迫状态下牡蛎应激反应存在差异。因此，可以认为 *HSP* 的高度扩张和高诱导表达是长牡蛎高温适应的重要机制之一（Zhang *et al.*，2012）。热休克蛋白基因的表达量已经作为重要的指示指标，用于检测生物的高温胁迫状态。

2. 盐度适应

与大多数海洋无脊椎动物相同，牡蛎是变渗动物。它们调节渗透压的能力差，体液渗透压与水环境渗透压相接近，并且受水环境渗透压的影响。水环境的盐度升高时，它们的体重由于失水而减少；盐度降低时，其体重由于水分渗入而增加。而低盐是制约牡蛎存活的关键原因，是影响其分布的环境因素，也是牡蛎夏季大规模死亡的关键原因之一。

牡蛎通过细胞膜相关受体蛋白进行渗透胁迫信号的响应，进一步激活关键的信号级联系统，包括Ca^{2+}信号转导系统、ROS信号转导系统及MAPK信号级联系统等。已有的基因组和表达谱信息鉴定出了 Ca^{2+}信号转导系统关键基因，包括钙调素受体基因、钙调蛋白基因、G蛋白偶联受体基因、1-磷脂酰肌醇-4基因、5-二磷酸磷酸二酯酶基因等，与盐度变化显著相关。此外，还发现了盐度胁迫关键的转录调控因子 NFAT5，其具体功能还有待于进一步的验证。

通过一系列的转录调控机制，牡蛎体内渗透调控的关键因子产生显著的变化：①胞内离子转运通道被激活。在牡蛎中，发现了15个Na^+通道基因、71个K^+通道基因、16个Ca^{2+}通道基因及5个Cl^-通道相关基因等。通过表达谱的验证，发现鉴定出2个Na^+通道基因、4个K^+通道基因、2个Ca^{2+}通道基因及1个Cl^-通道基因与牡蛎的低盐胁迫显著相关。②水通道蛋白相关编码基因被激活。水通道蛋白介导细胞与介质间快速的被动的水运输，是水进出细胞的主要途径，也是调控牡蛎渗透胁迫的关键蛋白质。在牡蛎中存在10个该家族基因，在渗透胁迫下及不同的组织器官中发挥不同的调控作用。其中，3个水通道蛋白基因在低盐胁迫下显著差异表达，表明其可能是抗低盐胁迫的关键效应基因。③渗透调控物质代谢通路关键基因，主要是自由氨基酸（FAA）代谢通路。这些基因通过调控FAA的合成和分解，调控胞内外自由氨基酸的浓度，从而调控牡蛎的渗透胁迫。这些关键的基因包括 *TAUT*、*CSAD*、*GLD*、*P5CS*、*P5CR*、*AGT*、*ATPGD* 等。④ROS代谢关键基因是重要的盐度胁迫因子基因。研究表明，渗透胁迫引发牡蛎体过氧化还原作用，产生氧化自由基，多种抗氧化还原酶类在清除氧自由基过程中发挥关键作用。牡蛎中6个*SOD*基因、3个*CAT*基因、9个*GPX*基因和32个*PPO*基因等在牡蛎盐度适应性胁迫中发挥了不同的调控作用（Meng *et al.*，2013）。

牡蛎盐度胁迫基因大都是渗透胁迫相关的基因，调控离子和水分的运输。通过发掘和验证这些基因的功能，可以为海洋生物的分子育种及转基因育种提供基础。同时它们还广泛应用于种质冷冻保存等方面的研究中。牡蛎合成渗透调控物质的能力较强，其中关键的酶基因发挥了基础性作用。利用基因工程育种及转基因技术，可以显著地提高细胞内累积渗透调节物质如牛磺酸、脯氨酸等，从而提高转基因动物的耐盐性。水通道蛋白（AQP）参与了水和冷冻保护剂的跨膜转运，特定细胞上AQP表达、功能及调节机制研究日益深入将为细胞及组织的低温保存提供新途径。

3. 重金属适应调控

牡蛎栖息在河口水域，移动性较差，成体营固着生活，容易暴露于各种海洋污染物中并对其进行富集。此外，由于牡蛎分布广泛，种类和数量大，对各种污染物的反应灵敏，是一种理想的海洋污染指示生物。在我国受污染海域中，主要入海口的水体污染程度都相对严重，主要污染物质是无机氮、磷酸盐、油类及有机物和重金属等。

牡蛎体内一个重要的防御机制是化学防御，由一系列的防御基因构成一个基因网络，感受、传递、排出化学毒害物质。化学防御系统保护机体免受环境污染，包括重金属污染、天然复合物污染及人为复合物污染等。将已鉴定出的牡蛎基因组中化学防御基因作如下分类。

（1）污染物的感受（receptor）、转录调控及转运相关基因

1）已获取核受体系统相关基因：核受体是配体依赖性转录因子超家族，鉴定出的化学防御相关的核受体主要是 NR1H 和 NR1I 亚家族，包含 FXR、LXR、PXR、CAR（constitutively active receptor）和 VDR（vitamin D receptor）等。此外，还包括雌激素受体（ER）、PPAR，它们参与脂质代谢、能量代谢及细胞增殖等，与异生物质的代谢也密切相关。

2）已获取转录因子相关基因：①已鉴定出牡蛎重要的异生物质转录调控因子 Aryl hydrocarbon（AHR）及其所在的 bHLH-PAS 基因家族所有成员。bHLH-PAS 基因家族编码的蛋白质参与了环境污染物质（包括多环芳香烃类）和低氧胁迫的信号转导通路的转录调控，它们对于研究异生物质的转录调控具有重要的指导意义。②氧化还原应激相关受体基因，鉴定的氧化还原效应因子基因包括 CNC-bZIP 基因家族成员、*BTB-bZIP*、*Maf*（*MafF*、*MafG*、*MafK* 等）、*NF-E2*、*NRF* 等。

3）已获取转运蛋白及离子通道相关基因：很多有毒的化学物质通过一系列的膜转运蛋白进入细胞。ABC 转运蛋白家族是一类跨膜蛋白，其主要功能是利用 ATP 水解产生的能量将与其结合的底物转出质膜。在牡蛎中已鉴定出 ABC 转运蛋白基因家族成员，这对于深入研究 ABC 转运蛋白对有毒重金属、持久性有机污染物、藻类毒素等的外排作用有重要的指导意义。

（2）污染物的解毒酶防御系统

细胞色素 P450 酶系对生物有机体催化代谢外来化合物有重要作用。在牡蛎体内存在 145 个 cyp450 基因家族成员，此外，还存在 FMO（黄素单氧化酶 3）基因家族成员，与 cyp450 协同作用，进行污染物的解毒。*AKR*、*ALDH* 和 *EPHX* 等基因也已得到鉴定，这些基因在牡蛎防御外界污染物，维持自身稳态平衡方面均发挥了重要作用。一系列 *GST* 基因，包括微粒体 *GST* 基因（*MAPEG*）、*UGT* 基因和 *SULT* 基因也是牡蛎防御污染物的重要靶基因。细胞质的 GST 是可溶性的蛋白质，可以催化转移谷胱甘肽与亲电性底物结合。微粒体或者是膜结构 GST 则具备谷胱甘肽转移酶的活性和脂质过氧化物酶活性，不但可以解毒异源有毒物质，而且可以改善氧化逆境。SULT 和 UGT 具有广泛的底物，包括外源异生物质和内源代谢产物，起到解毒的作用。此外，GSH 的合成及作用相关代谢通路基因均已得到鉴定。

（3）牡蛎重金属防御机制

在重金属的转运方面，鉴定了一系列的转运蛋白，包括 ABC transporter 和溶质载体家族（SLC family）、COPT 是真核生物中 Cu 运转家族；Nramp 是高度保守的膜主要组成蛋白质家族，参与多数金属运输过程，可高效运输 Cd、Fe、Mn、Zn；Zip 家族是涉及运输 Fe、Zn、Mn 和 Cd 的蛋白质，这些蛋白质在运输底物及特性方面不同。

CNGC 位于质膜上，可使质膜非选择性通过二价和单价的阳离子；P-type ATPase 形成各种各样的运输超级亚家族，其功能是使一系列阳离子穿过细胞膜。在所有的生物中都有 P-type ATPase 用于改变不同离子包括 H^+、Na^+/K^+、H^+/K^+、Ca^{2+}，可能还有脂质的位置。CDF 是一个与膜结合的蛋白质家族，大部分定位于细胞质膜上。在螯合方面，牡蛎金属硫蛋白基因家族 4 个家族成员均已被克隆及进行了相关的功能验证和转录调控分析。此外，牡蛎中存在植物螯合肽 PCs，作为一种螯合剂，在解毒重金属中可能也发挥了重要作用。在细胞中，一系列的重金属解毒分子，如 cyp450、GST、GCS、GSH 等都可能与重金属的解毒密切相关。重金属可以区室化到溶酶体或者线粒体中，一系列的转运蛋白 mfrn1、ABC transportor、H-ATPase、Zn-ATPase 等可能参与相关的转运过程。

在污染物防御功能基因的研究方面，其应用主要体现在利用生物标志物为污染的早期预警提供参考。已有的研究中，已用乙酰胆碱酯酶、抗氧化防御系统、腺苷三磷酸、DNA 损伤及金属硫蛋白等几种分子水平上的生物标志物来监测重金属等其他污染物的污染现状。这些分子生物标志物具有特异性、敏感性等优势，可快速指示水体污染物对生物体的影响。此外，重金属螯合和氧自由基清除的关键基因——金属硫蛋白基因在应用上具有巨大的市场潜力。牡蛎的金属硫蛋白基因，一方面可用来检测海域环境污染，另一方面可利用 *MT* 基因启动子高度可诱导性，改善 MT 启动子建立的外源基因高效表达系统。此外，由于牡蛎的 *MT* 基因具有很强的氧自由基清除能力，可以利用 MT 生产化妆品及相关的保健药品，有效地增强机体的抗氧化衰老能力。

4. 干露适应

2 亿年来，潮间带多变的环境练就了牡蛎对干露的适应能力，在离水露空条件下可存活 1～2 周，甚至 1 个月的时间，因而牡蛎也被誉为潮间带的王者。

潮间带牡蛎从海水以下过渡到干露初期及长时间的干露，主要影响机体内的氧气浓度，所以牡蛎缺氧的研究是其干露研究的主要内容。当细胞暴露于缺氧环境中时，细胞快速激活 AMPK 代谢通路、MAPK 代谢通路和 IGF/PI3K/Akt 代谢通路，通过激活 phosphofructokinase-1 和 pyruvate kinase 的表达，增强糖酵解过程，调控机体的代谢过程，主要是能量代谢，这是短期的低氧反应。长期的低氧反应会进一步激活低氧诱导因子 HIF，激活下游基因的表达。下面就低氧代谢通路的激活、糖酵解、氧化磷酸化及 HIF 介导的低氧代谢通路等关键基因及其应用作一个简单介绍。

在牡蛎中，O_2 感受信号通路结合受体还不清晰。通常认为，在不同的氧分压下，可能存在不同的信号受体，感受氧浓度。结合受体一般通过变构效应与 O_2 分子进行可逆的结合，介导下游的酶促反应或者 ROS 反应等。MAPK、AMPK 及 IGF/PI3K/Akt 等信号通路被认为在低氧反应中发挥了关键的作用。MAPK 基因家族成员主要由 ERKs Ⅰ、JNK/SAPK 和 p38 三个亚家族组成。在斑马鱼中，低氧条件可通过改变 *MAPK* 的表达，从而调控缺氧诱导因子（HIF）的活性。在低氧条件下，由于能量代谢不足，机体不能产生足够的细胞所需的 ATP，故会激活 AMPK 代谢通路，激活胞内逆境反应通路，产生胞内适应性反应。此外，低氧条件还能激活 IGF/PI3K/Akt 等代谢通路，增加 *HIF-1α* 转录，激活下游调控基因。在牡蛎基因组中，找到了上述相关的信号转导通路基因，但其在牡蛎低氧代谢中的作用机制还有待于进一步研究。

低氧主要影响牡蛎体内的能量代谢途径。为了适应低氧环境，细胞会激活无氧的糖酵解途径，抑制线粒体的有氧代谢，降低细胞内能量的供应。本节作者所在课题组鉴定出牡蛎糖酵解途径的 8 个关键酶编码基因，三羧酸循环过程中的 9 个关键酶编码基因，它们的高表达暗示在牡蛎干露应激中发挥了关键的作用。ATP 合成的关键基因包括 ATP 合成酶基因和乳糖脱氢酶基因等，也在牡蛎的干露应激中发挥了关键作用。

缺氧诱导因子 1（HIF-1）是缺氧条件下调节多种分子反应的关键转录因子，是由 α 亚基和 β 亚基组成的异源二聚体，其中 α 亚基是调节亚基。在正常有氧情况下，相当于“氧气感受器”的脯氨酰羟化酶（PHD1-3）会使 HIF-1α 亚基上的脯氨酸发生羟化。脯氨酸羟化后会使 α 亚基发生泛素蛋白酶体降解途径，结果使 HIF-1 不具备转录因子活性。在缺氧情况下，脯氨酰羟化酶使 α 亚基中脯氨酸羟化的途径受阻，从而使 HIF-1 α 亚基稳定存在并可以和转录因子 p300/CBP 结合发挥转录因子活性。HIF-1 对下游基因的调控是结合基因启动子区域的缺氧反应原件（HRE），从而启动目的基因的转录。已有的数据表明，牡蛎具有提高 *HIF-1α* 基因表达来达到适应缺氧等应激的生存策略。另外有研究报道在缺氧下，HIF 对热激蛋白转录因子 HSF 的调节，导致 HSF 不同可变剪切方式的变化，维持牡蛎缺氧下蛋白质的结构稳定。在牡蛎中已对 HIF-1α 的调控功能做了初步的验证，但是其转录调控基因及调控其活性的关键基因 *PHD* 等功能还需要进一步验证。

研究干露相关的功能基因及其应用具有广泛的前景。目前随着国内外市场对牡蛎需求的增加，促进了我国牡蛎养殖业和加工出口的发展，加工和养殖单位每年都要购买大量的成贝和苗种，在运输途中牡蛎会经历干露的应激，但由于控制不当，常出现大量死亡现象。研究耐干露机制，对如何延长牡蛎耐干露时间、提高牡蛎苗种成活率和成品保鲜保营养也有重要的产业应用价值。牡蛎在缺氧损伤、保护，氧感受通路等方面具有很好的研究潜力，所以利用牡蛎作为潜在的研究缺氧的动物模型，用于人类缺氧疾病的研究，也具有潜在的应用价值。

（张国范　李　莉　孟杰　许　飞　王晓通）

第十二节　扇　　贝

冠轮动物（Lophotrochozoa）为两侧对称动物中的三大类群之一，软体动物（mollusca）属于冠轮动物中的一大门类，是动物界中仅次于节肢动物的第二大门类。其中的双壳贝类（bivalves）出现于寒武纪，分布广泛，约 30 000 个现存种，组成了软体动物的第二大类，因其在种类和数量上似乎经久兴盛不衰，并且长期生活在水环境中，其形态和习性并未发生大的改变，故而代表着无脊椎动物中古老且进化相对成功的一大类。双壳类大部分生活于海洋中，少数生活于淡水中，在海洋生态系统的结构和功能发挥中扮演着重要的角色，许多种双壳贝类有极强的环境适应力。

目前已被测序的动物基因组多集中在脊椎动物、模式动物或关键进化节点上的动物等，而作为动物界最大门类的冠轮动物，仅有不足10种已发表了全基因组序列，这与冠轮动物庞大的物种类群和重要的进化地位极不相符。其中双壳贝类有两种，分别是太平洋牡蛎和马氏珠母贝。2012年，以论文形式发表在*Nature*上的牡蛎全基因组测序及拼接组装工作填补了在冠轮动物门类基因组研究的空白，同时为高多态性双壳贝类基因组从头测序和组装积累了丰富的经验。扇贝作为双壳贝中的一大类，其在形态结构、表型特征和栖息环境等方面都与牡蛎存在较大差异，通过基因组测序揭示其遗传信息与适应性表型方面的差异，有利于进一步对贝类的特殊生物学性状和环境适应性的研究。对扇贝开展遗传学和基因组学研究对于加快经济种的遗传改良，环境适应性强的分子机制的解析及系统进化研究具有重要意义。

一、扇贝全基因组序列图谱组装及质量评估

虾夷扇贝和栉孔扇贝是我国北方最重要的扇贝养殖种类。栉孔扇贝（*Chlamys farreri*，Jones et Preston，1904）为我国本地种，分布于中国沿海、日本和韩国海域，是我国极具商业价值的重要经济种。虾夷扇贝属于冷水性贝类，原产于日本北部沿海、朝鲜半岛北部和俄罗斯库页岛海域。1982年，辽宁省海洋水产研究所首次从日本将该种引到我国并进行了繁殖和养殖技术研究。经过20多年的探索与推广，虾夷扇贝已在我国北方的辽东半岛、山东长岛等海区进行大规模人工养殖、增殖生产。全基因组测序的开展及全基因组框架图谱的获得，将为虾夷扇贝和栉孔扇贝的遗传学和基因组学的研究提供全面的信息，进而为解析双壳类系统进化、环境适应机制和生长、发育、繁殖等生物学问题提供重要基础资源。

1. 虾夷扇贝基因组序列图谱组装及质量评估

在进行全基因组测序前，通过基因组survey测序获取一部分基因组数据，据此了解基因组概况，制订适当的测序组装策略。因此，基因组survey是相当重要的环节，能否有效利用survey数据信息，关系到后续基因组测序进展是否顺利。对虾夷扇贝基因组的预测序及survey分析结果显示，其基因组大小约为1.31Gb，基因组杂合率为1.38%，重复序列比例约为68%，属于高杂合、高重复的复杂基因组。

根据虾夷扇贝的复杂基因组特点，从测序材料体系构建、序列组装策略及后续拼接辅助手段等多方面考虑制订了虾夷扇贝基因组测序策略。首先，测序所用材料来自于雌雄同体自交系的一个子代，与普通杂交贝相比，前者的杂合度更低，在一定程度上降低了贝类高杂合问题给基因组拼接带来的潜在风险。同时还使用这只测序个体的材料构建了覆盖基因组4×的fosmid克隆文库，利用这只个体所在自交家系构建了包含1289个SNP标记的高密度遗传连锁图谱。来自同一套测序材料的大片段克隆文库和高密度遗传图谱为虾夷扇贝基因组辅助拼接提供了良好的材料基础。其次，在基因组拼接算法方面，对基因组中的纯合区域和杂合区域采用“分而治之”的策略（图4-40）：利用全基因组鸟枪法，搭配不同长度的DNA片段文库（180bp、500bp、2kb、5kb、10kb、15kb、20kb），基于Illumina Hiseq2000测序平台，共获得514.3Gb的高通量测序数据，有效数据的基因组覆盖度达到338×（表4-6）。利用这些高深度测序数据，根据覆盖深度的差异将基

因组上的纯合区域和杂合区域分开（基因组上杂合部分的理论测序覆盖深度应为纯合部分的一半），两部分单独拼接后再进行整合。最终拼接得到的虾夷扇贝基因组总长为1.03Gb，contig N50达到35.8kb，scaffold N50达到786kb（表4-7）。与已有贝类全基因组序列图谱相比，虾夷扇贝基因组采用全基因组鸟枪法结合高通量测序的方法，拼接得到的序列图谱指标比长牡蛎和合浦珠母贝都长，是目前应用高通量测序平台拼接得到的指标最好的贝类基因组序列图谱。

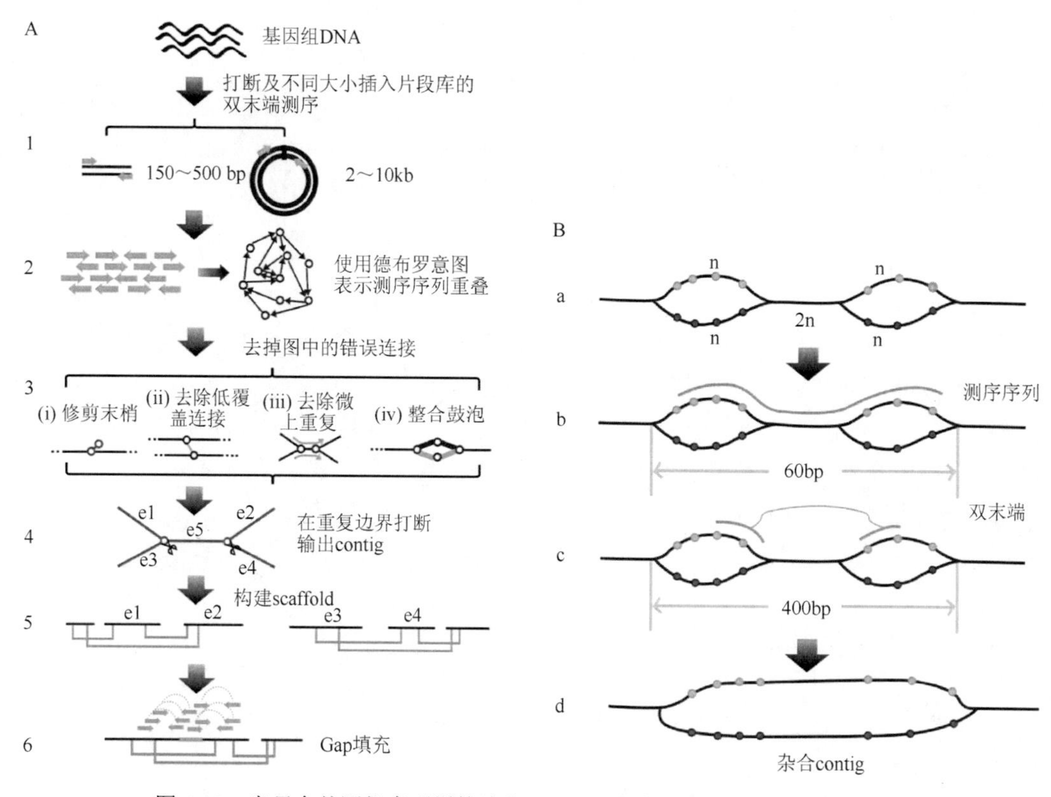

图4-40 扇贝全基因组序列拼接流程（A）及高杂合区段的拼接策略（B）

表4-6 虾夷扇贝基因组测序数据量统计结果

文库插入片段/bp	测序读长/bp	原始数据/Gb	高质量数据/Gb	深度（×）*	非冗余数据/Gb	非冗余深度/×
180	100_100	192.0	190.5	138	—	—
300	100_100	67.9	67.1	49	—	—
500	100_100	73.3	73.0	53	—	—
2 000	100_100	46.3	33.5	24	28.1	20.4
5 000	101_101	48.7	37.9	27	11.7	8.4
10 000	100_100	65.3	51.0	37	14.2	10.3
15 000	100_100	7.5	6.2	4	3.6	2.6
20 000	100_100	13.3	8.0	6	1.2	0.8
总计	—	514.3	467.2	338	—	—

表 4-7　虾夷扇贝基因组组装结果统计

	长度		序列条数	
	contig/bp	scaffold/bp	contig	scaffold
Total	941 926 336	1 034 899 358	—	—
Max	363 470	7 498 238	—	—
Number≥200	—	—	248 113	96 441
Number≥2 000	—	—	56 942	7 491
N50	35 832	786 493	12 560	434
N90	4 016	17 867	55 223	2 676

对基因组序列图谱的组装评估结果显示，虾夷扇贝全基因组常染色体区域拼接覆盖度达到 90%，拼接完整性较好，fosmid 克隆与拼接 scaffold 无明显序列冲突，1289 个遗传连锁图谱标记中仅有 3 个在序列拼接和遗传连锁位置上有冲突，拼接准确性达到 99%以上，基因组 scaffold 序列基因区的覆盖度达到 98%以上，完整性较好。高质量虾夷扇贝全基因组序列图谱的获得证明所用基因组测序策略在构建其基因组序列图谱中高效可行，全基因组序列图谱为贝类基因组学研究提供了丰富的数据资源。

2. 栉孔扇贝基因组序列图谱组装及质量评估

选取一只野生栉孔扇贝个体对其进行基因组的预测序及 survey 分析，结果显示栉孔扇贝基因组大小约 951Mb，重复序列约 61.17%，杂合率为 1.0%～1.4%。与虾夷扇贝类似，同属于高杂合、多重复的复杂基因组。因此，为了降低高杂合度给基因组组装带来的风险，重新选用家系来源的一只贝的液氮冻存组织为原材料，采用全基因组鸟枪法（WGS）策略，利用新一代测序技术，根据栉孔扇贝基因组的具体特点，搭配不同长度的 DNA 插入片段（180bp、500bp、2kb、5kb、10kb、20kb、30kb），在 Illumina Hiseq2000 上对这些片段两端进行双末端（paired-end）测序，获得总测序量为 427Gb，覆盖基因组深度达到 448×（表 4-8）。然后组装过程采用 NOVOheter 软件，先将两套杂合 contig 分出后，采用单倍体基因组单独拼装再整合的策略进行栉孔扇贝全基因组框架图谱的绘制。目前栉孔扇贝基因组还在拼接调试阶段，初步获得的中间版基因组序列图谱总长 780Mb，contig N50 和 scaffold N50 分别达到 21.5kb 和 602kb。栉孔扇贝基因组框架图谱的获得，极大地丰富了栉孔扇贝基因组学研究所必需的序列信息，为解析双壳类系统进化、环境适应机制和生长、发育、繁殖等生物学问题提供了重要基础资源，同时为栉孔扇贝基因组精细图谱绘制奠定了基础。

表 4-8　栉孔扇贝基因组测序原始数据统计

pair-end 文库	插入片段大小	总数据量/G	测序长度/bp	测序覆盖度/×
Illumina read	180bp	144.41	100	152
	300bp	72.53	100	76
	500bp	54.31	100	57
	2kb	37.25	100	39

续表

pair-end 文库	插入片段大小	总数据量/G	测序长度/bp	测序覆盖度/×
Illumina read	5kb	48.55	100	51
	10kb	47.29	100	49
	20kb	10.64	100	11
	30kb	12.78	100	13
总计		427.76		448

为评估组装的准确性，首先选取部分测序数据比对回组装后基因组，评估组装的完整性和测序的均匀性。用小片段库数据比对回基因组的比对率在77.8%左右，覆盖率在93.8%左右。将栉孔扇贝454测序拼接的转录组isogroup与基因组scaffold比对，发现99%的isogroup可比对到基因组scaffold。比对覆盖度分析显示，有88%的转录组序列可被单条基因组scaffold覆盖90%以上，有97%的转录组序列可被单条基因组scaffold覆盖50%及以上。

二、扇贝基因组注释及结构特征分析

1. 虾夷扇贝基因组注释及结构特征分析

拼接获得全基因组序列只是基因组 *de novo* 测序工作完成的第一步，要利用这些序列信息进一步分析物种基因组内的基因结构特点，探究基因序列与功能之间的关系，对拼接得到的基因组注释必不可少。虾夷扇贝基因组注释及结构特征分析主要包括SNP多态性分析、重复序列注释、基因结构注释及功能注释等。首先，为了评估自交效应对杂合度降低带来的影响，对测序个体所在自交系的亲本进行重测序及SNP分析。目前利用10×的重测序数据初步分析自交系亲本的杂合SNP约有372 000个，以此为参照找到组装个体的杂合SNP 1 780 000个，自交个体的杂合率约为亲本的48%，基本符合自交降低50%杂合度的预期值。对虾夷扇贝基因组序列共注释得到380Mb重复序列，占虾夷扇贝基因组全部拼接序列的38.54%，其中串联重复序列为183Mb，占基因组全部拼接序列的18.52%；而对于转座元件部分，通过同源比对方式注释得到78Mb的重复序列，*de novo* 预测得到的转座元件则达到200Mb，占全部转座元件的绝大部分。虾夷扇贝基因组共预测出基因27 072个，平均CDS长度为1425bp，每个基因中含有exon平均个数为7个，平均exon长度为203bp，平均intron长度为2080bp。其中24 583个基因可在至少一个蛋白质公共数据库（Swiss-Prot、TrEMBL、InterPro、Gene Ontology和KEGG）中得到同源功能注释。

2. 栉孔扇贝基因组注释及结构特征分析

栉孔扇贝基因组注释及结构特征分析主要包括重复序列注释、基因结构注释及功能注释等。栉孔扇贝基因组序列共注释得到239Mb重复序列，占全部基因组拼接序列的30.47%，其中串联重复序列为88Mb，占全部基因组拼接序列的11.28%。栉孔扇贝基因组共预测出基因20 200个，平均CDS长度为1693bp，每个基因中含有exon平均个数为8个，平均exon长度为210bp，平均intron长度为1760bp。目前蛋白质功能及结构域的注释工作正在进行中。

三、扇贝基因家族分析及比较基因组分析

对包括虾夷扇贝在内的关键进化节点上的 13 个物种进行基因家族聚类分析，共得到 25 985个直系同源基因家族。13个物种共有基因家族1032个。虾夷扇贝扩张的基因家族有 141 个，包含 1491 个基因，GO 富集分析得到 64 个 GO 注释条目，其中显著富集的功能条目包括蛋白质糖基化、转移酶活性、神经递质、磺基转移酶等。对虾夷扇贝与长牡蛎基因组的比较基因组分析结果显示，两个物种共线性区域约占各种基因组大小的 10%，去掉 gap 区后两物种的同源序列仅有 29Mb。虾夷扇贝基因家族分析及其与长牡蛎的比较基因组分析为物种的系统发生分析、贝类起源与进化研究提供了全基因组水平的遗传信息参考。

四、扇贝胚胎发育基因表达模式

软体动物虽然种类繁多、形态多样，但都具有相似的胚胎发育时期，即在生活史早期阶段都要经历一个形态形似的担轮幼虫期，经过附着变态期后逐渐发育成不同形态的种类。早期的浮游幼虫时期与成体在形态上有明显差异，同时，这一阶段也为贝类幼体的附着变态和成体的健康发育提供充分而必要的准备。附着变态期不仅是贝类幼体发育的明显形态变化时期，也是贝类生活史中的重大转折点，只有顺利通过变态成功附着的幼体，才能发育成成体。因此已有关于形态变化和理化因子对贝类幼体发育的研究都认为该时期是贝类发育的关键时期。对虾夷扇贝 11 个胚胎发育关键时期全转录组表达谱分析及基因表达模式聚类结果显示（图 4-41），虾夷扇贝幼体发育阶段基因表达谱呈现两个明显差异的

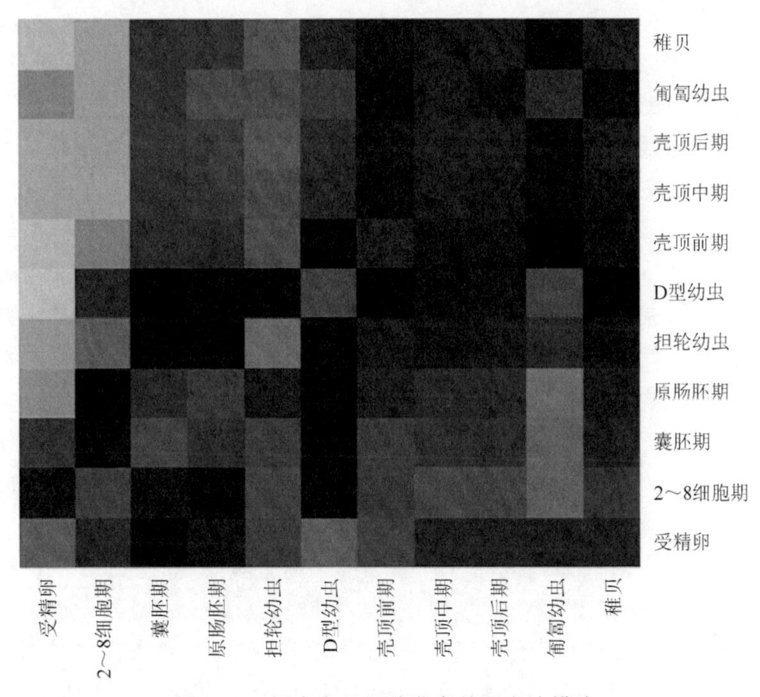

图 4-41 虾夷扇贝胚胎发育基因表达模式

阶段，但是两个差异阶段的分界点不是以往普遍研究的附着变态时期，而是更早的早期壳顶幼虫时期，暗示扇贝胚胎发育时期在基因表达调控水平的变化要先于形态特征的变化。在附着变态期之前的早期壳顶幼虫时期，扇贝胚胎发育基因调控模式发生了一次较大的变化，以往仅根据形态特征的分析无法准确确定基因表达调控的这一关键变化时期。

五、扇贝特殊适应性性状的遗传基础、调控机制及进化途径分析

不同于牡蛎、贻贝等固着生长的双壳贝类，扇贝可以在水中自由游泳，具有较强的游泳能力，可通过较长距离的游泳进行摄食、逃避敌害、选择栖息地等生物活动。为了适应其海洋生存、自由游泳等生活特性，扇贝在长期的环境适应中也具备了一些不同于其他贝类的特殊生物学性状。扇贝闭壳肌异常发达，闭壳肌指数（闭壳肌重/软体重）显著高于牡蛎、贻贝、蛤蜊等双壳贝类，这为其较强的自由游泳能力提供了生物学基础。与人等模式动物不同，扇贝闭壳肌可随着其年龄增长一直保持生长状态。扇贝上下两层外套膜边缘分布有数量较多的眼睛，可达 100～200 个。扇贝眼睛结构特殊，包含两层视网膜：近端视网膜（感光束视细胞）和远端视网膜（纤毛状视细胞）。扇贝的滤食性使其对周围环境中的食物选择性较差，一些有毒性的藻类通过滤食进入扇贝体内，从而在其体内积累贝毒毒素。但是一些毒性较强的神经性贝毒对贝类自身的毒害作用不大，扇贝为适应其低选择性的滤食作用在贝毒毒素耐受、代谢转化等方面具有特殊的遗传基础。

1. 扇贝肌肉发生及生长调控

twist 基因为胚胎发育调控关键基因，其在胚胎中胚层形成、肌肉原基的形成过程中发挥关键的起始作用。关于果蝇胚胎发育及成体基因表达谱的研究结果表明，果蝇的 *twist* 基因在其胚胎发育的原肠期开始表达，*twist* 基因的表达启动 *Mef2* 基因的表达，因此 *Mef2* 在原肠期以后开始表达。*Mef2* 的表达进一步启动一系列肌肉发生相关基因的表达，从而启动中胚层肌肉原基的形成。在果蝇的成体中，*twist* 在肌肉前体细胞（肌肉干细胞）中表达，*twist* 基因的持续高表达对于维持细胞干性具有重要作用。而在人、小鼠等脊椎动物中，*twist* 仅在胚胎时期有表达，正常成体肌肉和其他器官中不表达 *twist* 基因。对虾夷扇贝 *twist*、*Mef2* 基因及其下游调控基因在不同胚胎发育时期和成体器官中的表达模式分析结果显示，*twist* 表达模式在扇贝胚胎时期与果蝇胚胎时期相似，即都在原肠期开始表达，*twist* 基因的表达启动 *Mef2* 基因表达，进而启动下游肌肉生长调控基因开始表达，胚胎发育中肌肉原基开始形成。但是扇贝 *twist* 基因在成体器官中的表达模式不同于人、鼠、线虫、果蝇等模式生物，扇贝的 *twist* 基因在成体闭壳肌中有显著高表达。此结果暗示扇贝成体肌肉中可能存在大量未分化的肌肉干细胞。成体肌肉中 *twist* 基因的高表达及大量肌肉干细胞的存在，很可能是维持扇贝肌肉无限生长的分子及细胞生物学的基础。

对扇贝肌肉组织显著高表达基因的通路富集分析显示，mTOR、PI3K-Akt 及能量代谢等肌肉生长调控通路中的大部分或部分基因都在肌肉组织中高表达。以 mTOR 信号通路为例（图 4-42），扇贝具有较为完整的类似模式生物 mTOR 信号通路，通路中与细胞生长相关的基因在横纹肌中显著高表达。运动带来的肌肉生长分子机制研究表明，mTOR 信号通路与肌细胞运动生长有关。mTOR 是肌肉大小的关键调节器，也调控运动诱导的骨骼肌重塑反应。

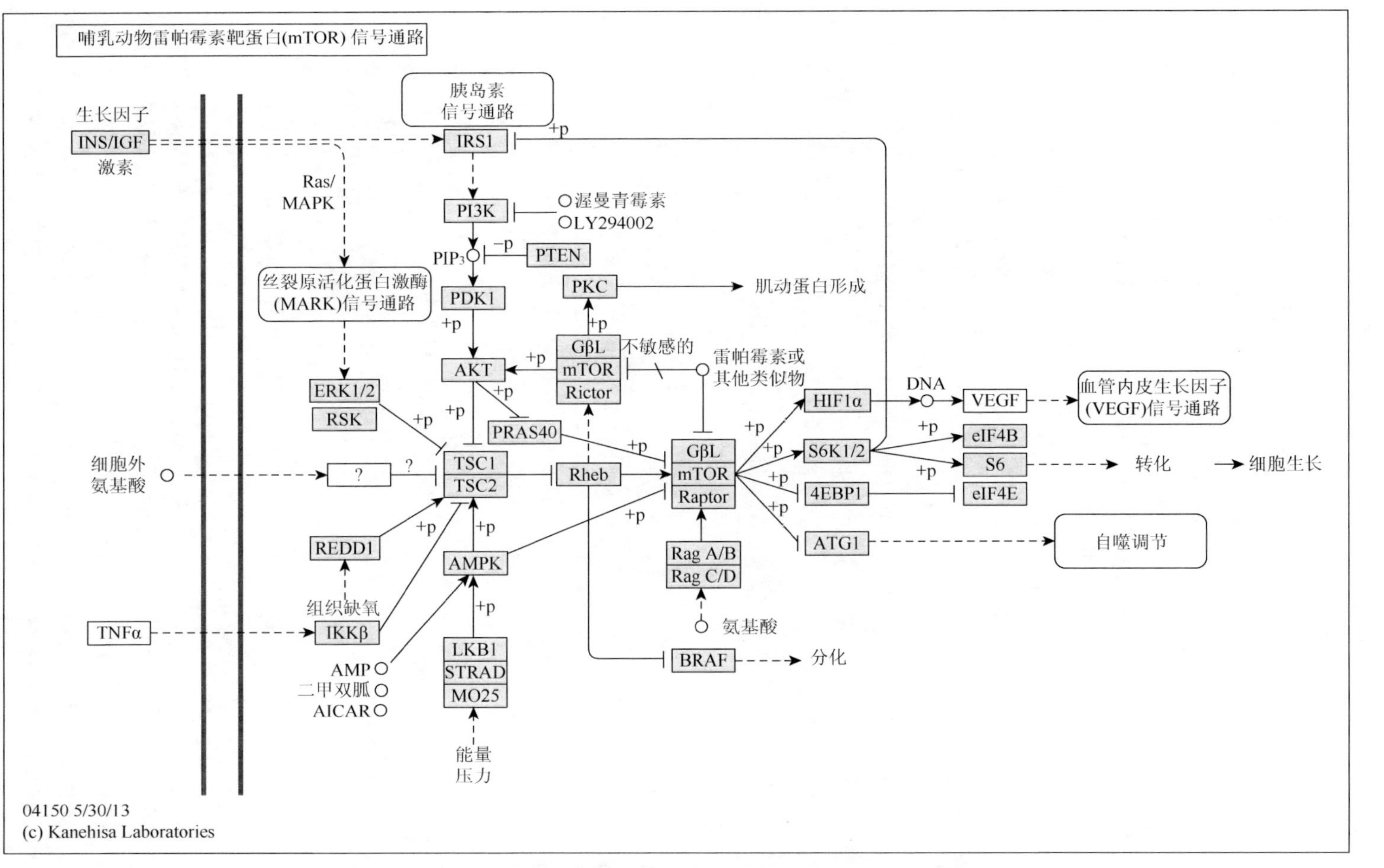

图 4-42 虾夷扇贝哺乳动物雷帕霉素靶蛋白（mTOR）信号通路基因表达情况

2. 扇贝眼睛发生及进化起源

软体动物门物种丰富，其 7 个大类中有 4 个都是有眼的生物，几乎涵盖了动物界所有的眼睛形态和结构类型。扇贝眼睛结构特殊，扇贝无明显的头部特化，眼睛分布于两层外套膜边缘，属于外套膜眼；扇贝眼睛数目众多，结构特殊，包含两层视网膜，即近端视网膜和远端视网膜。*Pax6* 在不同物种的眼睛形成中都起到关键的诱导起始作用，是眼睛形态发生中一个非常保守的“决定基因”，*Pax6* 被认为是眼睛发生的主导控制基因。随着研究物种门类的增多，研究者发现很多物种的眼睛发生的控制基因不是 *Pax6*，如在水母等较原始的物种中，其眼睛发育控制基因为 *PaxA*/*PaxB*。因此眼睛起源的单源论被修正，认为动物的眼睛发育由不同 Pax 家族成员控制，其中双侧对称动物眼睛发育主导控制基因为 *Pax6*。虾夷扇贝虽然有完整的 *Pax6* 基因，但其在眼睛和外套膜中均不表达，暗示 *Pax6* 基因可能与扇贝的眼睛发生并非直接相关。对其他 Pax 基因家族成员在眼睛和外套膜中的表达情况分析发现，*poxn* 和 *Pax5* 在眼睛中表达，且 *poxn* 在眼睛和外套膜中特异表达，*Pax5* 在眼、外套膜、鳃、足等多种器官中表达（图 4-43）。两个基因的系统发生分析显示扇贝 *poxn* 基因属于 PaxA/PaxC 家族，*Pax5* 基因属于 PaxB 家族（图 4-43）。功能域分析发现这两个基因含有与 Pax6 行使功能的关键 PD domain。结合上述 Pax 家族基因的分析结果，推测 *Pax6* 基因可能与扇贝眼睛发生没有直接关系，扇贝眼睛发生主导控制基因功能可能由其他 *Pax* 基因所取代。

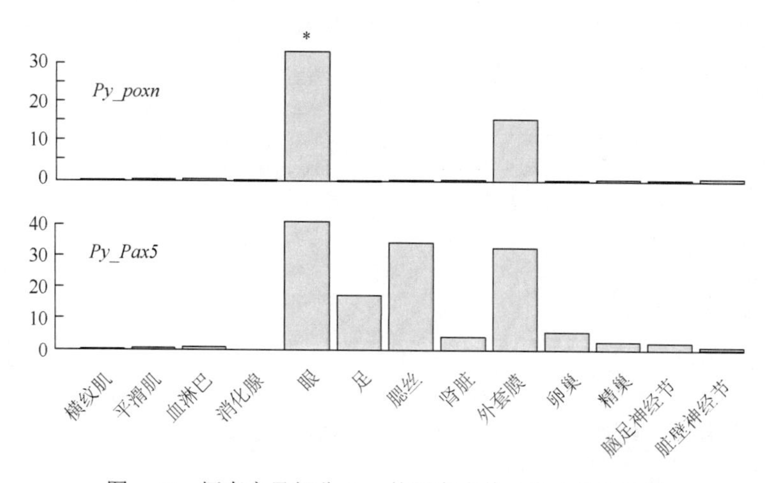

图 4-43　虾夷扇贝部分 *Pax* 基因在成体器官中的表达谱

3. 扇贝贝毒积累代谢及耐受机制

扇贝可以通过滤食的藻类在体内积累贝毒。目前贝类毒素主要分为 4 类：腹泻性贝毒（diarrheic shellfish poisoning，DSP）、麻痹性贝毒（paralytic shellfish poisoning，PSP）、神经性贝毒（neurotoxic shellfish poisoning，NSP）、记忆缺损性贝毒（amnesic shellfish poisoning，ASP）。其中麻痹性贝毒是目前世界上分布最广、危害最严重的一类海洋毒素，几乎全球沿海地带都有过人类 PSP 中毒致死的报道。但是，PSP 毒素对贝类的生存影响不大，即使用产毒藻作为唯一的食物来源，其死亡率也无明显增加。目前对双壳贝类 PSP 抗性机制的研究主要包括毒素代谢速率、电压门控钠通道（voltage-gated sodium channel，

VGSC）突变和生物转化等方面。

对虾夷扇贝钠离子通道基因在基因组中的查找结果显示，其基因组有两个该基因座位。对这两个基因的蛋白质序列与其他生物该蛋白质序列比对发现，Nav2 在 Domain Ⅰ 精氨酸 Arg（R）突变为谷氨酰胺 Gln（Q），DomainⅢ氨基酸 Lys（K）突变为 Glu（E）；Domain Ⅳ氨基酸 Asp（D）突变为 Asn（N），这些位点的突变，会使 Nav2 对贝毒的耐受性增强。Nav1 突变位点较 Nav2 及原始 Nav 更分散，而 Nav2 的抗毒突变位点在 Nav1 中已经发生变异，如 Domain Ⅲ中由 Nav2 的抗毒位点 E 突变为 K，但这些突变更好地提升了对 Na^+的选择通过性，是物种进化过程中的适应性表现。同时抗毒物种如蛇、河豚等 Nav1 选择其他位点的突变，在保证高 Na^+选择通过性的同时，并不影响其抗毒能力。特定位点氨基酸突变的 Na^+通道基因降低了 STX、TTX 等毒素与离子通道的结合能力，增强了物种对毒素的抗性。

进一步对虾夷扇贝钠离子通道基因和钙离子通道基因在不同胚胎发育时期和成体器官的表达谱分析显示，在胚胎发育过程中，虾夷扇贝 *Nav2* 表达水平高于 *Nav1*，推测在胚胎发育初期，虾夷幼虫环境耐受性较低，抗毒离子通道 Nav2 的基因高表达使扇贝幼虫能够更好地应对来自环境的毒素与压力。通过对比两种离子通道基因在成体组织器官的表达情况，*Nav1* 在神经元细胞高表达，这与 Nav1 有更高效的钠离子选择性有关，而 *Nav2* 则在鳃、肾脏等高贝毒积累的器官中表达。值得注意的是，在同样是高贝毒含量积累的肝胰腺中，两种钠离子通道基因表达均很低。由于贝毒多结合钠离子通道进而影响生物体正常生理活动，虾夷扇贝可能是以其他离子通道代替钠离子通道行使的功能，进而屏蔽了贝毒影响的机会，通过查找发现双孔钙离子通道（TPC）在该组织高表达。本研究为贝类在毒素耐受方面有关自然选择和适应性进化等问题提供了分子基础理论依据，有助于揭示贝毒解毒的分子机制。

磺基转移酶（SULF）在降低贝毒毒性中起重要作用，其可通过向反应底物上添加磺基来降低毒素毒性，往 STX 上添加一个磺基，降低毒性 40%；添加两个磺基，降低毒性高达 99%。目前关于 SULF 解毒作用研究主要集中在产毒鞭毛藻中，尚未有贝类相关报道。在虾夷扇贝基因组中找到 20 余种磺基转移酶基因，数量之多令人惊讶。系统发生分析显示，与产毒藻类及人等动物相比，虾夷扇贝的磺基转移酶单独聚为一支。这些结果暗示贝类在毒素代谢及耐受机制方面可能受到长期的自然选择及进化，为贝类毒素研究提供了基因组学方面的有利证据。对虾夷扇贝 20 种磺基转移酶的转录组表达谱分析显示，磺基转移酶在虾夷扇贝肾脏中有显著高表达，某些磺基转移酶基因在肾脏中的表达量甚至是其在消化腺表达量的 10 倍以上。这些结果暗示肾脏在贝类毒素积累和解毒等方面起到显著作用。

4. 扇贝足丝附着机制的遗传基础研究

附着生活是多种海洋生物如贻贝、藤壶、扇贝等生活史中的重要生理活动之一。目前对附着生活的研究主要集中在粘连蛋白的组分分析等方面，而针对黏附过程涉及的相关分子调控机制尚知之甚少。栉孔扇贝利用足分泌的足丝蛋白可以附着在水下的岩石、附着基等上面，其足丝蛋白在海水中具有较强的黏附作用。与贻贝相比，栉孔扇贝的附着生理活动有其独特的特点：栉孔扇贝足分泌的足丝蛋白总量要比贻贝多；栉孔扇贝可以自行切断足丝蛋白，进行游泳运动以寻找新的栖息地或逃避敌害。

为解析栉孔扇贝附着过程涉及的分子调控机制，利用现代基因组、转录组、蛋白质组等多种组学研究技术首次对栉孔扇贝足丝黏附蛋白的组成及基因表达调控网络进行了研究。利用高通量测序技术获得了第一个栉孔扇贝足转录组文库，为了解扇贝足基因转录调控提供了较为全面的遗传信息。对足表达基因进行的GO注释分析确定了涉及多种生物学功能和通路的注释结果。其中对足高表达基因的富集分析结果显示，离子活性基因为显著富集的分子功能。确定了75个足特异表达基因，其中包括酪氨酸酶（*tyrosinase*）基因、钙调蛋白（*calmodulin*）基因、EGF类似蛋白（*EGF-like protein*）基因及蛋白酶抑制剂（*protease inhibitors*）基因等。利用转录组表达谱基因查找与蛋白质谱相结合的技术方法，确定了9种栉孔扇贝足丝蛋白，其中3种蛋白质可在已知蛋白质数据库中找到同源序列，其他为新确定的足丝蛋白种类。生化分析方法验证显示，片段Ⅰ和片段Ⅲ是扇贝足丝蛋白的重要组成部分。此外，研究发现转录后修饰也是扇贝足丝蛋白的重要特征之一。该研究首次为扇贝足丝黏附机制研究提供了来自多维组学研究技术的数据，不仅为理解扇贝足丝蛋白的合成、调控及黏附机制提供了重要线索，同时也有助于推动了新型生物黏附材料的开发。

（包振民）

第十三节　马氏珠母贝

一、简介

马氏珠母贝（*Pinctada martensii*）又称合浦珠母贝（*Pinctada fucada*），隶属于软体动物门双壳纲珍珠贝目珍珠贝科。分布于印度洋-太平洋及大西洋西海岸南北回归线之间的广阔海域，属于水暖性双壳贝类，适宜的水温为15～30℃。马氏珠母贝营固生生活，自然条件下，以足丝附着在浅海海底的岩礁、砾石等硬质的底质上。马氏珠母贝成贝贝壳中等大小，略成正方形，壳高一般为7～10cm，其最大的特点是贝壳由方解石和文石两种晶型的碳酸钙结晶构成，文石结晶构成的珍珠层具有迷人的彩虹光泽，这也是天然珍珠的结晶形式。

珍珠自古以来就是人类十分欣赏的宝石，也赋予它各种神奇的传说。20世纪初，日本科学家成功完成了利用外套膜小片移植手术形成珍珠囊，进而分泌产生珍珠的系列研究，达成了人工规模化培育珍珠的目的，使得日本成为首个珍珠生产国家。我国在20世纪60年代初，先后自主研发了珍珠养殖和马氏珠母贝人工育苗的关键技术，使我国逐步步入人工养殖珍珠王国的行列，目前已超越日本成为世界珍珠养殖大国。马氏珠母贝也成为我国最主要的海水育珠贝。

马氏珠母贝基因组的研究和功能基因的发掘，能够在分子水平上对软体动物基因参与调控细胞的分子机制进行深入探索，加强对珍珠贝特有的生物矿化机制和育珠性能的深刻了解；有效利用基因资源进行品种性状的改良，同时为生物矿化和仿生材料等其他领域的研究提供理论参考。

二、马氏珠母贝基因组的研究

基因组学是对所有基因进行基因组作图（包括遗传图谱、物理图谱、转录图谱）、核苷酸序列分析、基因定位和基因功能分析的一门学科。因此，基因组的研究分为两个阶段：以全基因组测序为目的的结构基因组学研究和以基因功能研究为目的的功能基因组研究。结构基因组作为基因组分析的早期阶段，主要是建立高分辨的遗传、物理图谱。而以人类为代表的基因组学研究则进入功能基因组学研究的后基因组学时代。

目前，水产经济贝类的研究多数处于分子标记开发、遗传图谱构建和转录本分析等结构基因组学阶段。2012 年，日本的 Takeuchi 等首次公开发表了对马氏珠母贝的全基因组测序结果，获得了马氏珠母贝基因组草图。他们用于测序的 DNA 取自一个个体的精子，应用 Roche 454 GS-FLX 和 IlluminaGAIIx 测序仪测序，测序深度为 40×，得到基因组大小为 1150Mb。与人类等后生动物相比，马氏珠母贝基因组 AT 比例较高，GC 比例只占到 34%。组装后共获得 1 085 563 个 contig 片段，N50 大小为 1.6kb，其中最长的 contig 有 44.5kb。基因组有 40%的序列被 2kb 以上的 contig 片段覆盖，contig 的缺口区仅有 7.6kb。组装得到 scaffold 共 800 982 条，N50 大小为 14.5kb，scaffold 总长度为 1029Mb，其中最长的 scaffold 有 709.8kb。基因组有大约 44%的序列被 20kb 以上的 scaffold 覆盖，scaffold 的缺口区有 384Mb。基因组测得 DNA 转座子、逆转录转座子在基因组中的比例分别为 0.4%和 1.5%。由于基因组较大，各种类型重复序列的存在及较高的等位基因多态性和高杂合度可能为基因组的组装带来困难，造成组装的不完整性。整个基因组有 7.9%为串联重复序列，其中接近 3.7%为微卫星序列。重复序列尤其是短的重复序列在基因组的组装过程中被丢弃，从而影响了基因组的整体组装。

广东海洋大学珍珠研究课题组自 2012 年起开展马氏珠母贝基因组测序项目，对马氏珠母贝进行全基因组测序，并构建基因组精细图谱，项目已在 2015 年完成。本项目利用 Illumina Hiseq2000 system 测序平台进行测序，在基因组组装前，为了用测序所得的 read 信息估计基因组特征，该课题组采用基于 K-mer 的分析方法来估计基因组的大小和杂合度等。分析结果显示马氏珠母贝基因组大小约 925Mb，经杂合模拟估计该基因组的杂合率约为 3%，属于高杂合度基因组。为此，基因组组装采用 BAC-to-BAC 策略。共有 46 080 个 BAC clone 用于 NGS 测序，基因组测序共获得的总数据量为 214.94Gb。基因组组装使用 SOAP*de novo* 软件来完成，组装获得 scaffold N50 为 324kb，contig N50 为 21kb，数据显示基因组中重复序列的比例达 48.5%，基因组组装最终获得编码蛋白质的基因共 30 906 个，其中获得功能注释的基因共 25 379 个。

此外，该课题组利用 RAD 技术构建高密度遗传图谱。此项目共有 148 个样品，用 RAD-seq 技术构建了 8 个文库并进行双末端测序，平均测序深度 1.22×，共得到 212 834 个多态性序列标记。用 joinmap 软件（version4.1）对上述 marker 进行 X2 检验，筛选 genotype miss≤50、X2≤19 的 17 287 个 marker，LOD 值 4.0 进行分群，利用 ML 算法构图。由于马氏珠母贝染色体倍型为 $2n$=28，该课题组构建了 14 个连锁群，覆盖了 17 251 个 marker。构建遗传图谱共利用 4463 个 SNP 位点，每个连锁群平均有 1232 个标记，大小为

13 223.3cM。基因组组装获得的 scaffold 中有 86.18%定位在虚拟染色体上。通过对组装后的基因组进行分析，获得 32 937 条编码蛋白质的基因，其中有 83.96%的基因在已有数据库中具有同源序列。随后，该课题组利用马氏珠母贝基因组数据展开一系列的研究。通过对马氏珠母贝、牡蛎、帽贝三个软体动物、小头虫和水蛭在内的环节动物及脊椎动物斑马鱼和人共 7 个已完成基因组测序的物种进行了系统进化分析，获得马氏珠母贝特有基因 4250 个，特有基因家族 1342 个。系统进化分析显示，软体动物和环节动物属于不同分支，在 529（514～539）Mya[①]发生分离。马氏珠母贝和牡蛎同属于双壳纲珍珠贝属，在进化上，二者属于同一进化分支，在 316（149～444）Mya 发生分离。因此，系统进化分析明确了马氏珠母贝的进化地位，为阐述马氏珠母贝及软体动物双壳纲的特征奠定了基础。

为了阐明软体动物的生物学特性，对软体动物门和环节动物门进行了比较分析。研究模拟了软体动物门和环节动物门的共同祖先，通过与软体动物和环节动物的共同祖先相比较，获得软体动物和环节动物在进化过程中与扩张的基因相关的代谢通路，发现 neuroactive ligand-receptor interaction 和 calcium signaling pathway 被显著富集，这些通路与神经信号传导密切相关，并且通路中的基因，如 *nicotinic acetylcholine receptor*、*prostaglandin E receptor* 和 *adrenergic receptor* 等在马氏珠母贝的多个组织中均有表达。这些结果说明在进化过程中软体动物和环节动物进化出相对发达的神经配体-受体相互作用系统来应对生境中复杂的外源性刺激，从而弥补冠轮动物不发达的神经系统。同时，该研究也暗示在软体动物和环节动物中可能存在发达的神经免疫系统来补充非特异免疫系统的不足。此外，还发现与环节动物相比，软体动物的 Toll-like receptor signaling pathway 和 NF-kappa B signaling pathway 显著性扩张，该通路在贝体防御外来物质和病原体的入侵中发挥重要作用，而这些通路的扩张则表明了马氏珠母贝具有强大的防御系统应对外源物质入侵。以上这些结果为软体动物免疫应答研究提供了新的方向。

贝类拥有碳酸钙组成的贝壳作为天然屏障，保护机体免受捕食和应对短期的干燥。而贝壳作为生物矿化的产物，其形成机制长期以来是生物材料研究的热点问题。为了解释贝壳形成的共同的分子机制，进行了有贝壳和无贝壳的共 7 个物种的基因组比较分析。结果发现马氏珠母贝、牡蛎和帽贝的 chitin synthase 和 chitinase 均发生扩张，这两类酶可以调控 chitin 的合成与分解。目前的研究证明，chitin 是贝壳有机框架中最基本的成分，在贝壳的形成中发挥重要作用。马氏珠母贝具有丰富的珍珠层，珍珠层作为珍珠的主要成分，除了具有绚丽的珍珠光泽以外，还具有优越的材料学特性。因此，珍珠层的形成机制是珍珠贝研究的重要问题。由于牡蛎所形成的贝壳几乎不含珍珠层，并与马氏珠母贝亲缘关系相对较近，因此进行了马氏珠母贝和牡蛎的基因组比较分析，力求通过基因组进化分析比较来发现珍珠层形成的分子机制。分析的结果显示在马氏珠母贝基因组中扩张的酪氨酸酶可能通过参与贝壳中有机基质的交联发挥功能，而含有磺酸基团的酸性黏多糖合成相关的代谢通路因磺基转移酶家族的显著性扩张而被富集。该结果表明磺基转移酶可能通过大量合成含有磺基的酸性黏多糖参与矿化的成核过程，这些分析为进一步深入挖掘珍珠层形成相关的功能基因奠定了基础。

因此，通过对马氏珠母贝基因组的研究，有助于进一步分析阐明软体动物的生物学特

① Mya 为 million years ago，即百万年前

征，同时为相关领域功能基因的研究提供方向和参考资源。

三、以基因组为基础的功能基因研究

在全基因组测序之前，对马氏珠母贝功能基因的发掘早期是通过同源基因克隆、蛋白质测序等技术手段获得，这种传统的方式效率低、耗时长、进展慢。在马氏珠母贝基因组序列公开之前，进行的高通量测序获得转录组数据，往往是在无参考基因组的前体下进行组装。高通量测序技术的使用使得大量的基因被发现，对马氏珠母贝的认识迅速加深，对功能基因的研究工作进展迅速。但是由于没有参考基因组，使得测序结果的组装和拼接的难度增大，基因的完整性相对较低。由于转录组是在特定时空条件下基因转录的产物，因此仍有大量的基因无法被检测。同时大量的相关信息如基因的启动子、可变剪切和调控区域等大量信息也无法发掘。

2012 年，日本科学家发布马氏珠母贝基因组草图，为从基因组层面挖掘功能基因，研究马氏珠母贝生长、发育、矿化、免疫等生命现象提供了可能，也为研究者后期进行转录组的组装和拼接及后续的数据分析带来极大的方便。Setiamarga 等（2013）通过对基因组的数据分析，发现了与发育相关信号通路的配体，如 FGF、Hedgehog、PDGF/VEGF、TGFβ 和 Wnt 家族。为了加深对软体动物发育及软体动物独特生活史的进化关系的认识，Morino、Koga 和 FukiGyoja 等分别从基因组角度搜索编码转录因子的基因。Morino 等（2013）研究发现，马氏珠母贝基因组中包含有 92 个 *homeobox-containing* 基因，5 个 *homeobox-less Pax* 基因，10 个或 11 个 *Hox* 基因。Gyoja & Satoh（2013）检测了马氏珠母贝基因组中的 bHLH 家族，发现基因组中有 65 个 *bHLH* 基因。Koga 等（2013）对基因组序列的研究还发现了 133 个编码转录因子的基因，如 *Tbx*、*Fox*、*Ets*、*HMG*、*NFκB*、*bZIP* 和 *C2H2 zinc finger protein* 等。研究证明部分转录因子为触手担轮类特有的转录因子。Daisuke 等（2013）在马氏珠母贝基因组的比对注释结果中筛选出与肌肉收缩相关的基因，并通过 RACE 技术获得全长。此外，Matsumoto 等（2013）还以基因组数据为基础，进行马氏珠母贝繁殖相关的分子机制的研究。

在软体动物中，贝壳基质蛋白与生物矿化过程密切相关。贝壳基质蛋白的研究对更深入地理解种类丰富的软体动物的适应辐射有重要意义。Miyamoto 等（2013）通过对马氏珠母贝基因组序列的信息学分析，获得了 30 种不同的基质蛋白，其中包括 Perlucin、ependymin-related protein 和 SPARC 这些双壳类与腹足类共有的基质蛋白。而大部分腹足类动物的贝壳基质蛋白在马氏珠母贝基因组中没有发现，但富含甘氨酸的蛋白质具有保守性。同时还发现一些贝壳基质蛋白由多基因编码，例如，在基因组中有三个编码 ACCBP-like protein 的基因、三个 *CaLP* 基因、5 个 *chitin synthase-like protein* 基因、2 个 *N16 protein*（*pearlin*）基因、10 个 *N19 protein* 基因、2 个 *nacrein* 基因、4 个 *Pif* 基因、9 个 *shematrin* 基因、2 个 *prismalin-14 protein* 基因和 21 个 *tyrosinase* 基因，以上结果说明贝壳基质蛋白的多样性可能导致了软体动物贝壳形态的多样性。获得的大量的贝壳基质蛋白为今后的生物矿化研究提供了有用的基因资源。

本节作者所在课题组以测序获得的马氏珠母贝基因组数据为基础，进行了大量的转录组和蛋白质组的测序。通过从基因组到蛋白质组的一系列组学分析，探讨珍珠层形成的机制。

已通过基因组基因家族扩张分析得到酪氨酸酶家族可能参与珍珠层的形成。马氏珠母贝多个组织转录组数据比较分析发现，大量的酪氨酸酶基因在外套膜组织中高表达，通过对马氏珠母贝贝壳棱柱层和珍珠层的蛋白质全谱测序获得的数据表明贝壳中有大量的酪氨酸酶。对酪氨酸酶的系统进化分析发现，马氏珠母贝扩张的酪氨酸酶有一个分支共 32 个基因发生了独立进化，其中有 10 个基因编码的蛋白质在贝壳中能够发现，说明酪氨酸酶在贝壳的形成过程中发挥重要的功能。此外利用 NBT/glycine 染色，在贝壳中尤其是珍珠层中检测到丰富的酪氨酸酶催化产物多巴蛋白的存在，从而得出结论酪氨酸酶家族对贝壳棱柱层尤其是珍珠层的形成具有重要的贡献。而在贝壳中的酪氨酸酶本身大量存在，暗示其本身除了催化功能外，可能还发挥着其他重要功能，因此该基因家族的研究仍需要进一步探讨。

在马氏珠母贝基因组中，有 5 个磺基转移酶家族发生显著扩张，该结果表明马氏珠母贝具有很强的分泌含有磺酸基团的酸性黏多糖的能力。利用 AB-PAS 染色鉴定出在马氏珠母贝贝壳的珍珠层当中含有丰富的酸性黏多糖的分布，证明了这一推论。同时对马氏珠母贝的外套膜组织进行了染色，发现在外套膜外表皮细胞同样检测到丰富的酸性多糖的存在。然而，在牡蛎的贝壳和外套膜的染色结果显示是以中性黏多糖为主，这些结果说明酸性黏多糖在珍珠层的形成中发挥重要作用，而非在棱柱层。酸性黏多糖由于含有大量的磺酸基团，作为强的阴性离子，在诱导碳酸钙的成核反应中发挥重要作用。同时利用转录组的数据分析了磺基转移酶的表达模式，发现部分磺基转移酶在发育的 trochophore 和 pediveliger 时期显著上调，部分基因在外套膜和珍珠囊中具有较高的表达量，这些结果证明了马氏珠母贝通过加强磺基转移酶的表达，催化酸性黏多糖的形成控制幼体贝和成体贝壳珍珠层中碳酸钙晶体的成核。

此外，通过贝壳珍珠层蛋白质组的分析，首次发现 collagenⅥ蛋白家族的 5 个成员是珍珠层特有的蛋白质，在珍珠层中具有较高的表达，而利用免疫组织化学技术同样鉴定出 *collagen Ⅵ*在珍珠层中丰富表达。转录组数据表明该基因在发育的面盘幼虫期和附着变态期均有显著性上调，说明该基因对原壳和成体贝壳珍珠层的形成均发挥重要的作用。

通过蛋白质谱的测序，共获得了 366 个贝壳蛋白质，其中珍珠特有蛋白质 127 个，棱柱层特有蛋白质 132 个。利用不同发育时期的转录组数据，分析了这些贝壳蛋白质在发育过程中的表达模式。结果表明在 trochophore 时期和 pediveliger 时期，大量的贝壳蛋白质基因表达量发生显著上调，是贝壳形成的关键时期。trochophore 时期对应原壳的形成，是贝壳形成的起始时期，而 pediveliger 时期对应具有珍珠层和棱柱层两种结晶形态的成体贝壳的形成。通过对发育各个时期转录组数据的分析，找出了从卵、受精卵开始直到变态期、稚贝期共 13 个发育时期，每个时期的核心基因，阐述了各个时期的发育特点。同时分析获得了贝壳原壳和成体贝壳形成起始时期发挥作用的核心基因。蛋白质的表达受到机体的精细调控，是大量基因共表达的结果。为了进一步阐述成体贝贝壳形成的机制，利用马氏珠母贝的外套膜组织的转录组数据，利用 WGCNA 方法构建基因共表达网络。由于位于共表达网络节点位置的基因与多个基因共同表达，往往作为核心基因对机体的生命活动发挥重要作用，首先寻找编码珍珠层贝壳蛋白的基因的核心基因，结果发现 *asparagine-rich protein*、*cysteine-rich secretory protein*、*fibronectin*、*HSP70*、*proteinase inhibitor I2 containing protein*、*protein chitin-binding domain*、*COL6A* 和 *tyrosinase* 等作为核心基因，在贝壳珍珠层的形成过程中发挥着重要的作用。此外，贝壳的形成与信号转导和物质代谢息息相关。通过贝壳蛋白质基因和其他基因的共表达分析，发现 Wnt、VEGF 和 Osteoclast differentiation signaling pathways 等被显著富集，这些信号通路在高等生物骨骼的形成中发挥重要功能，而这些信号通路与贝壳蛋白的显著性共表达暗示它们有可能调控贝壳的形成。

基因组精细图谱的构建对确定马氏珠母贝进化地位，研究马氏珠母贝各种生理代谢和特异性状及其功能具有重要意义。可使人们更深刻地探讨贝类生物矿化的机制，发掘相关功能基因，为仿生学提供理论参考。同时，为在生产实践中构建优良种质创制的技术平台，促进贝类养殖产业的发展提供理论指导。

（杜晓东）

第十四节　鲍

一、物种简介

1. 鲍的简介

鲍是一类经济价值很高的贝类，其味道鲜美、肉质细嫩、营养丰富，自古便被誉为海味珍品之冠，素有“一口鲍鱼一口黄金”之说，是符合现代人追求的高蛋白质、低脂肪的高级海鲜。目前世界范围内已经命名种类的鲍有 66 种，分布于太平洋、印度洋、大西洋等广泛海域。

早年鲍的自然产量很高，主要产鲍国是澳大利亚、美国、日本、南非等，年捕捞产量曾一度达到万吨级。然而，随着自然环境变化的加剧及人为过度捕捞，鲍的自然资源急剧下降，因而人工养殖于 20 世纪下半叶应运而生，尤以近 20 年来发展最快。目前世界上已开展人工养殖的鲍有 10 余种，其中皱纹盘鲍、杂色鲍、中间鲍、黑唇鲍、虹鲍为主要的养殖品种。

2. 中国的鲍养殖

我国是世界养鲍第一大国，据 FAO 统计，2011 年世界鲍总产量为 86 090.7t，其中我国鲍产量为 76 786t，占世界总产量的 89.19%。我国的鲍养殖研究从 20 世纪 60 年代末开始，70 年代先后取得杂色鲍和皱纹盘鲍人工育苗成功，同时开展了养成实验。80 年代中期在北方开始皱纹盘鲍小规模商业化养殖并逐年增长，但在 1994 年前后遭遇大规模暴发性死亡现象，产量锐减，严重打击了鲍养殖者的积极性。而此时福建和广东等南方沿海从台湾引进“九孔鲍”的亲鲍和陆基水泥池养殖技术，发展迅猛，产量超过皱纹盘鲍。之后北方由于皱纹盘鲍杂交种的应用，养殖产业迅速回升，并进入高速增长阶段。然而南方的九孔鲍养殖却于 1999 年开始遭受冬季暴发性死亡和苗期“脱板症”的严重危害，鲍养殖陷入低谷。不过从 2000 年开始，皱纹盘鲍杂交鲍引入福建海域养殖大获成功，养殖面积和养殖产量呈现暴发式增长，皱纹盘鲍迅速成为福建海域养殖的主导种。2003～2013 年的 8 年间，我国鲍养殖产量从 9810t 快速增加到 90 694t，年产值 100 多亿元，其中养鲍大省福建更是从 3156t 增加到 65 247t，创造了巨大的经济、社会和生态效益。

二、鲍功能基因研究进展

早期对于鲍的科学研究，多集中于其生态习性、摄食、养殖条件、育种、营养、疾病防治、产品加工等方面，分子生物学研究起步较晚。自 2006 年开始，国内外学术界对鲍的功能基因进行了大量研究，取得了丰硕的成果，其中鲍的生长发育和对胁迫因子（生物和非生物因子）应激的分子机制，是受关注较多的科学问题。

1. 生长发育相关基因

鲍发育生物学研究始于早期胚胎和幼体发育过程中的形态学观察，为鲍的人工育苗奠定了重要基础。进入 20 世纪以来，该领域的研究逐渐深入到发育相关的基因调控上，并且逐渐由单基因发展到组学水平，如转录组学、蛋白质组学工作的有效开展，使得一批生长、发育相关的基因得以批量发现，功能基因研究更加深入地开展。

（1）杂色鲍早期发育阶段的转录组学分析

本节作者所在课题组对杂色鲍（*Haliotis diversicolor*）早期发育 7 个关键时期进行了转录组测序，共获得 366 991 条序列。在所获得的转录组的基础上，分析了杂色鲍幼体表达量最高的 20 个基因及这些基因的功能（表 4-9）。

表 4-9 杂色鲍表达量最高的 20 个基因信息及 BLAST 比对结果（$E<10^{-5}$）

序列名	比对序列号	长度/bp	幼体表达量	肠道表达量	功能描述
JU063545	O78682	848	29 084	1 999	细胞色素 c 氧化酶亚基 2
JU064608	Q34941	326	24 371	4 412	细胞色素 c 氧化酶亚基 1
JU064611	Q34943	929	14 044	4 877	细胞色素 c 氧化酶亚基 3
JU071714	—	1 696	13 940	327	——
JU071754	P42678	919	12 434	155	蛋白转录因子 SUI1 同源体
JU063890	P33248	382	11 305	1 499	胸腺素 β12
JU063381	ABK21482	1 320	11 177	913	未知蛋白
JU063200	AAX11341	346	11 000	17	发育调节蛋白 vdg3
JU063900	P34875	1 014	10 402	1 876	细胞色素 b
JU071628	Q34946	785	8 807	741	腺嘌呤核苷三磷酸合酶亚基 a
JU071629	Q34947	1 349	8 751	931	还原型辅酶 1-辅酶 Q 氧化还原酶链 5
JU071577	O47478	451	8 675	896	还原型辅酶 1-辅酶 Q 氧化还原酶链 6
JU064489	P53486	789	7 482	517	肌动蛋白，细胞质型 3
JU062677	ABY87349	1 763	6 594	655	肌动蛋白抑制蛋白
JU064614	Q37546	1 202	6 104	1 465	还原型辅酶 1-辅酶 Q 氧化还原酶链 1
JU071627	Q34048	1 757	4 896	862	还原型辅酶 1-辅酶 Q 氧化还原酶链 4
JU070508	—	1 973	4 787	0	——
JU062954	Q9U639	2 357	4 606	207	热休克蛋白 70 同源蛋白 4
JU071733	C7G0B5	1 979	4 229	35	霰石结合蛋白 Pif
JU063675	P10984	1 411	4 072	1 086	肌动蛋白 2

由表 4-9 可知，有 9 个基因参与能量代谢过程，4 个基因参与细胞骨架变化过程，说明杂色鲍幼体的早期发育过程中能量代谢旺盛，活跃的细胞骨架解聚和重建对细胞的迁移和形态分化起到重要作用。蛋白质翻译因子（SUI）和 HSP70 的基因的高表达说明了杂色鲍幼体蛋白质合成和折叠的高度旺盛。另外两个软体动物特异的基因即发育调控因子（*Vdg3*）基因和文石结合蛋白（*Pif*）基因可能在幼体消化器官形成和贝壳形成过程中起关键作用。其他与贝壳相关的基因还包括酪氨酸酶（*tyrosinase*）基因和分泌型蛋白（*SPARC*）基因等，这些基因的发现将有助于研究软体动物肠道的形成和壳形成的过程。

此外，对杂色鲍表皮生长因子 1（*HdEGF1*）基因进行的研究表明，*HdEGF1* 基因在幼体附着后的表达量比附着前任一时期均高 19 倍以上。全胚原位杂交结果显示 *HdEGF1* 基因集中表达在变态后幼体后消化道的表皮细胞。*HdEGF1* 基因的这种时空表达模式表明 *HdEGF1* 受严格的时空调控，直接参与了附着后杂色鲍幼体后消化道的生长和细胞分化（图 4-44）。

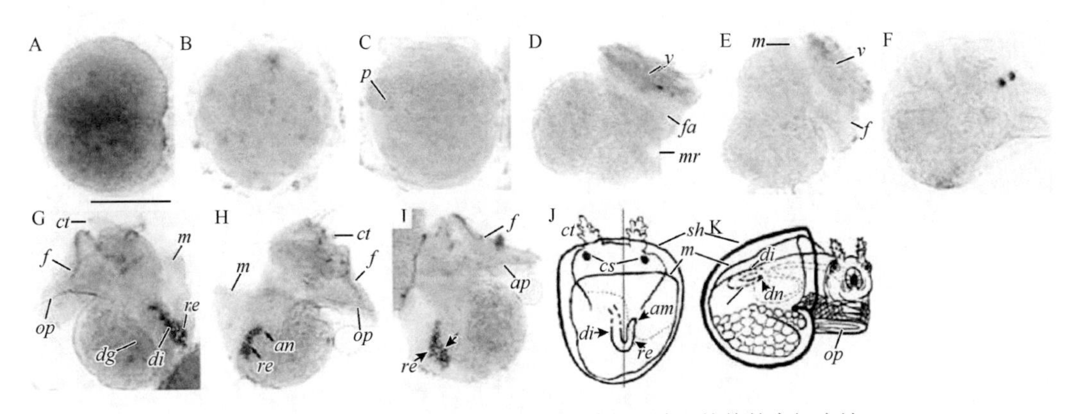

图 4-44 杂色鲍 *HdEGF1* 基因不同时期胚胎和幼体的空间表达

A. 二细胞时期；B. 桑椹胚时期；C. 担轮时期；D. 面盘幼体；E. 面盘幼体；F. 面盘幼体；G～K. 附着后变态幼体；G. 左侧面幼体图；H，I. 右侧面幼体图；J，K. *HdEGF1* 基因表达在消化道末端的表皮细胞示意图；J. 俯视图；K. 右侧面示意图

（2）杂色鲍胚胎发育蛋白质表达

蛋白质的变化可以更直接地反映出鲍胚胎发育过程的分子机制。对杂色鲍的胚胎和幼体发育的蛋白质组进行了初步研究，以了解蛋白质在发育的关键阶段中所扮演的角色，如壳的形成、鳃盖和心脏的出现、头和足部的分化等。利用双向电泳、质谱分析、肽从头测序的 MS-BLAST 等技术，共鉴定出 150 个凝胶点，其中有 42 个点与鲍蛋白质数据库匹配。这些蛋白质参与的功能主要体现在：壳的形成、能量代谢、信号传递、调控肌动蛋白、蛋白质合成与折叠、细胞周期和细胞命运决定等，说明了鲍胚胎发育是一个动态的蛋白质合成和代谢的过程。与发育过程关系密切的蛋白质在各发育时期的表达量的变化曲线见图 4-45。

（3）鲍其他生长发育相关基因的研究

1）胰岛素样生长因子（IGF，IGFBP）：胰岛素样生长因子（IGF）家族是由两个同源多肽类生长因子（IGF-Ⅰ、IGF-Ⅱ）、两类受体（IGF-ⅠR、IGF-ⅡR）和 7 种结合蛋白（IGPBP1～IGPBP7）组成，IGF 的生物学功能主要是通过刺激有丝分裂，从而促进机体的生长发育（de Santis *et al.*，2007）。van der Merwe（2010）研究发现，IGF 和 IGFBP 与中间鲍（*Haliotis midae*）的生长紧密相关，并已在转录组水平上找到确切证据。

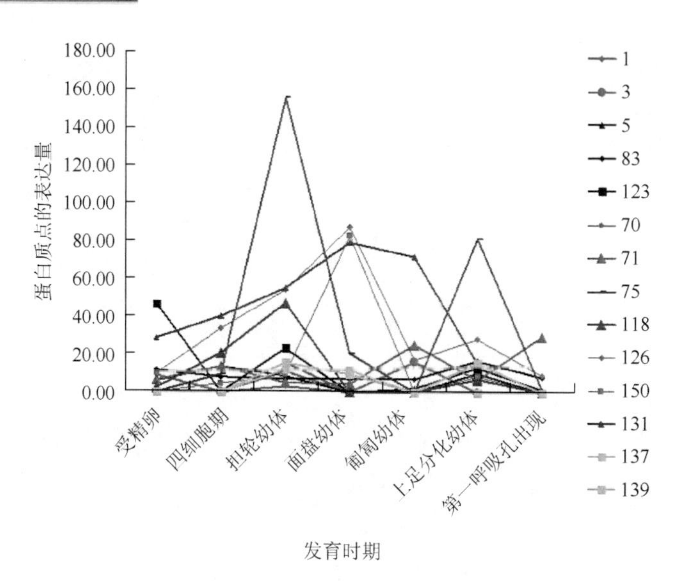

图 4-45 杂色鲍各发育时期的蛋白质表达量的变化

其中变化较明显的蛋白质点分别为铁蛋白（点 1 和点 3）、肌动蛋白解聚因子/丝切蛋白（点 5、点 83 和点 123）、类 COP9 复合体副族 4i（点 70）、肝细胞核因子类同源框蛋白（点 71）、类钙调蛋白 2（点 75）、钙网蛋白（点 118）、14-3-3ε 蛋白（点 126 和点 150）、类脑型肌酸激酶（点 131）、凝溶胶蛋白（点 137）、抑制蛋白（点 137），推测与鲍幼体发育过程中的一些生理和形态发生过程密切相关，如贝壳形成、肌动蛋白和细胞骨架构建、泛素降解系统、肝胰腺形成、钙沉积、幼体扭转、肌肉形成等

2）发育相关的基因：同源基因家族（Hox）是目前鲍类中研究最多的生长相关基因。早在 1993 年便有研究者使用定量 PCR 方法在红鲍（*Haliotis rufescens*）中确定了 8 个同源异型框的转录子，这些基因出现在幼体的发育和变态时期，说明 *Hox* 基因参与了鲍幼体的早期发育（Degnan *et al.*，1993）。接着，又有研究认识到 *Hox5* 基因对鲍幼体中枢神经系统的模式形成具有重要作用（Giusti *et al.*，2000）。而后对耳鲍幼体中获得的 5 个 *Hox* 基因进行的研究表明，*Hox* 基因除了与鲍神经系统的发生有关外，与其贝壳的形成也紧密相关（Hinman，2003）。对耳鲍的 *Vasa* 和 *Nanos* 基因进行的研究发现，这两种基因存在于许多未分化的多功能细胞中，而这些未分化的细胞，在发育过程中部分会形成原始生殖细胞（Kranz *et al.*，2010）。

3）钙调素基因：钙调素（calmodulin）是一种钙离子结合蛋白，钙离子是贝类贝壳结构形成的主要阳离子，它还在诸如肌肉收缩、神经元激活、细胞分化、细胞死亡等许多生理功能的调节中充当第二信使。Nikapitiya（2008）首次克隆得到了盘鲍（*Haliotis discus discus*）钙调素的 cDNA 全长。本节作者所在课题组也于 2011 年在鲍中鉴定出了钙调素，并运用双向电泳和质谱技术比较了西氏鲍（*Haliotis gigantea*，简写为 GG）、皱纹盘鲍（简写为 DD）和它们正反交杂交后代（简写为 DG 和 GD）之间的蛋白质表达谱，结果表明，钙调素在四群鲍中的表达水平是 GD＞GG＞DG＞DD。另外，还发现在两种杂交鲍足肌中的钙离子含量略高于亲本，其中 GD 的肌肉中含量最高，这与钙调素的表达规律一致，推测反交子代 GD 可能在肌肉收缩等功能上具有杂种优势。

4）鲍壳形成和生长的基因：过去的研究已经发现一些参与鲍壳形成的转录子和蛋白质。例如，*LustrinA* 基因被证实分布在红鲍的外套膜细胞中，它含有蛋白酶抑制剂类结构域，表明它具有结合蛋白酶的能力，从而防止壳形成基质的分泌蛋白被降解（Weiss *et al.*，2000）。一种类似于 LustrinA 的称为 Perlustrin 的蛋白质，在白鲍中被分离和鉴定出来，

Perlustrin 显示出与哺乳动物胰岛素样生长因子结合蛋白 N 端域的同源性。这个序列的相似性，结合生长因子实验数据，表明 Perlustrin 具有结合 IGF 和胰岛素的显著的结合亲和力，由此确认 Perlustrin 是 IGFBP 家族的一个成员（Weiss *et al.*，2001）。

Jackson 等（2006）通过构建鲍外套膜的 EST 转录组文库，鉴定了 15 个编码参与形成壳蛋白的基因。这些发现表明，参与贝壳形成的蛋白质主要是由快速进化的基因所编码。

5）其他鲍生长相关基因：除上述基因外，本节作者所在课题组还克隆获得了一些杂色鲍生长相关基因，包括 MAPK 互作激酶（*MNK*）和胰岛素相关多肽受体（*IRR*）两个基因的 cDNA 全长，并运用定量 PCR、原位杂交方法验证了 *MNK*、*IRR* 两个基因在幼体各发育阶段、成体各组织的表达情况。

2. 免疫相关基因

伴随着鲍养殖产业的快速发展，种质退化、环境恶化、养殖密度过大、管理不规范等造成鲍养殖过程中暴发性病害时常发生，导致鲍大规模死亡，带来了巨大的经济损失。因此，研究鲍的免疫功能的分子机制，将为鲍病防治提供理论基础。

（1）三种免疫相关基因在西氏鲍、皱纹盘鲍及杂交群体中的表达

皱纹盘鲍是我国鲍养殖的主导种，由于近交导致种质退化，在南方养殖时常发生严重病害。为解决这一问题，自 2003 年引入抗病力较强的西氏鲍与皱纹盘鲍杂交，并获得了正反交 F_1 代，海区养成实验和室内病菌胁迫实验均表明杂交子代相对于双亲具有存活率上的优势，通过研究三种与免疫相关基因的表达对杂种优势进行了部分解析。

HSP70、*CSDP* 及 *Ferritin* 都被认为是维持生物体体内稳态的重要基因，与鲍免疫反应之间存在紧密的关联性。克隆获得了西氏鲍和皱纹盘鲍的三种免疫紧密相关的基因，即热休克蛋白 70（*HSP70*）基因、铁蛋白（*Ferritin*）基因和冷休克结构域蛋白（*CSDP*）基因的 cDNA 全长，并从杂交改良种质的角度，探讨了这几种免疫相关基因的表达水平在 4 个鲍群体（DD、GG、DG、GD）中对病菌胁迫的响应情况。发现 4 个群体的 *HSP70*、*CSDP* 和 *Ferritin* 的表达水平，与其在现实养殖过程中表现出的抗病能力的强弱是对应的。以 *HSP70* 在鳃中的表达情况为例（图 4-46），4 个群体在经过病菌胁迫后 48h 内，GG、DG 和 GD 在攻

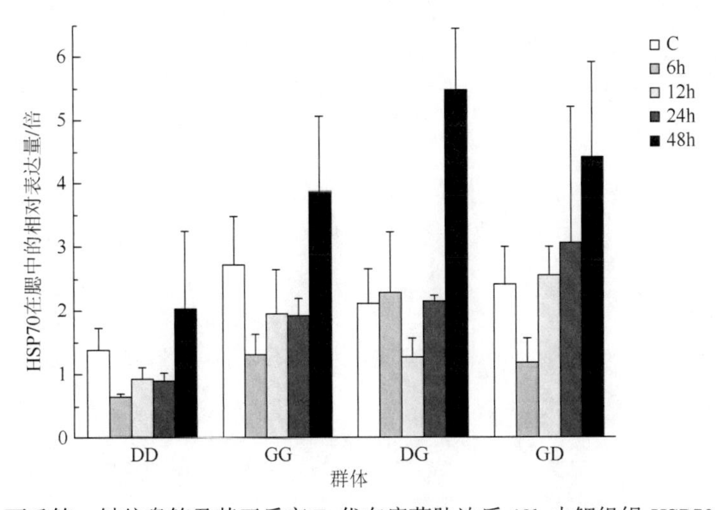

图 4-46 西氏鲍、皱纹盘鲍及其正反交 F_1 代在病菌胁迫后 48h 内鳃组织 *HSP70* 表达情况

毒后的整体 HSP70 水平，要显著高于 DD 群体，由此推测西氏鲍及杂交群体能够合成更多的 HSP70 来协助机体进行免疫反应，在面对病菌胁迫时可能具有更强的免疫调节能力。

（2）杂色鲍响应细菌攻毒血淋巴细胞差异表达基因的研究

血淋巴细胞是鲍免疫系统中重要的免疫细胞，任洪林等（2008）利用消减抑制杂交（SSH）技术，成功构建细菌攻毒杂色鲍血淋巴细胞 SSH 文库，并以此文库为基础，克隆获得 111 个杂色鲍血淋巴细胞表达基因，并利用半定量 PCR 和实时定量 PCR 两种方法确定了 52 个在注射后上调表达的基因，这些基因分属于血蓝蛋白基因、抗氧化系统基因、热休克蛋白基因、离子代谢相关基因等几大类。随后挑选出 14 个基因，并对它们的差异表达特性进行了分析，包括谷胱甘肽 S-转移酶基因（*GISTrs*）、细胞色素 P450（*cyp7A1*）、T 细胞淋巴瘤侵袭转移诱导因子-2 相似基因（*Hypo2*）、未知功能基因（*Hypo*）、胞嘧啶脱氨酸基因（*CDD*）、基质金属蛋白酶基因（*MMPvar*）、金属蛋白酶组织抑制因子基因（*TIMp*）、异体移植炎症因子基因（*AllnFa*）、泛素连接酶基因（*UbCoE*）和 β-胸腺素基因（*Thym-β*）等，发现其中 8 个基因受细菌诱导而显著上调表达。这些结果为深入研究杂色鲍免疫相关基因的功能提供了线索。

（3）其他鲍免疫相关基因的研究

近年来，有关免疫相关基因的研究是鲍功能基因研究中的一个热点，目前已知的相关研究概括见表 4-10。

表 4-10　部分鲍免疫相关基因研究

基因名	研究物种	研究手段	参考文献
白介素 1 受体相关激酶、白介素 17、核因子 kappa B 抑制因子	红鲍	基因克隆，转录表达	Valenzuela-Munoz *et al.*，2014
鹅型溶菌酶	盘鲍	基因克隆，时空表达	Bathige *et al.*，2013
I kappa B	盘鲍	基因克隆，时空表达	Kasthuri *et al.*，2013
β-胸腺素同系物	盘鲍	基因克隆，时空表达	Kasthuri *et al.*，2013
Kazal 型蛋白酶抑制剂	盘鲍	基因克隆，时空表达	Wickramaarachchi *et al.*，2013
溶菌酶	盘鲍	基因克隆，转录表达，酶活分析	Umasuthan *et al.*，2013
Toll 样受体	盘鲍	基因克隆，转录表达	Elvitigala *et al.*，2013
白介素-1 受体相关激酶 1 绑定蛋白	杂色鲍	基因克隆，时空表达	Ge *et al.*，2012
热休克蛋白 90	盘鲍	基因克隆，时空表达	Wang *et al.*，2011
EF 端域调节	盘鲍	基因克隆，时空表达	Nikapitiya *et al.*，2010
肿瘤抑制类 QM	盘鲍	基因克隆，时空表达	Oh *et al.*，2010
半胱天冬酶	杂色鲍	基因克隆，时空表达	Huang *et al.*，2010
激素原转化酶 1	杂色鲍	基因克隆，时空表达，酶活分析	Zhou *et al.*，2010
Sigma 类谷胱甘肽 S 转移酶	杂色鲍	基因克隆，时空表达，酶活分析	Ren *et al.*，2009
模式识别蛋白	盘鲍	基因克隆，时空表达	Nikapitiya *et al.*，2008

从表 4-10 可以看出，对鲍的免疫基因的研究，集中于细胞因子（白介素及相关受体），

免疫蛋白调节因子（*Kappa B* 基因等），一些蛋白质酶及其抑制剂，以及参与非特异性免疫的一类蛋白质分子（Toll 样受体）。目前在鲍中研究这些免疫基因的手段还较为单一，都是对其 cDNA 全长进行克隆，然后研究这些基因的表达与病原感染间的关系，这些工作能够在一定程度上解释鲍的分子免疫过程，然而，鲍的真实免疫反应是非常复杂、受多种环境因素影响的。未来对鲍免疫系统及免疫反应的研究，应该更加全面和具体，引入转录组、蛋白质组、代谢组等有力的组学工具，再结合鲍的生理学指标和环境指标，更深入地揭示鲍免疫功能的分子机制。

3. 抗逆性相关基因

鲍为狭温狭盐性物种，要求水质清澈，对生活环境的要求较高。对鲍的抗逆性进行生理学及分子生物学水平上的探讨，对于理解鲍的生理学特点，制订鲍养殖规范，以及进行鲍抗逆品种选育，都有积极意义。

目前对于鲍的抗逆性基因的研究，主要集中于研究鲍响应温度、盐度、氧化及重金属胁迫的相关基因。

（1）温度胁迫

不同鲍种具有不同的温度适应范围，如杂色鲍为 10～29℃，皱纹盘鲍为 15～27℃，超出该温度范围将引起鲍严重的应激反应，甚至死亡。因此，对鲍的耐热性及其相关基因的研究，一直是一个热点。

利用 HSP70 为分子指标，对西氏鲍、皱纹盘鲍及其正反交 F_1 代进行了短期温度胁迫后的生理状态的评估（图 4-47），结果显示，4 个群体在面对温度胁迫时，只有皱纹盘鲍的 HSP70 水平表现出先升后降的趋势，而其他三个群体的 HSP70 水平均随着温度的上升而上升，由于高水平的 HSP70 能够提高鲍应对不利环境因子对细胞内稳态的影响的能力，因此推测，在实际的人工养殖环境中，西氏鲍和杂交子代应对高温的能力要强于皱纹盘鲍，且 HSP70 作为一种分子辅助育种标记，具有灵敏性高、准确性好的特点，有应用于育种的潜在可能性。

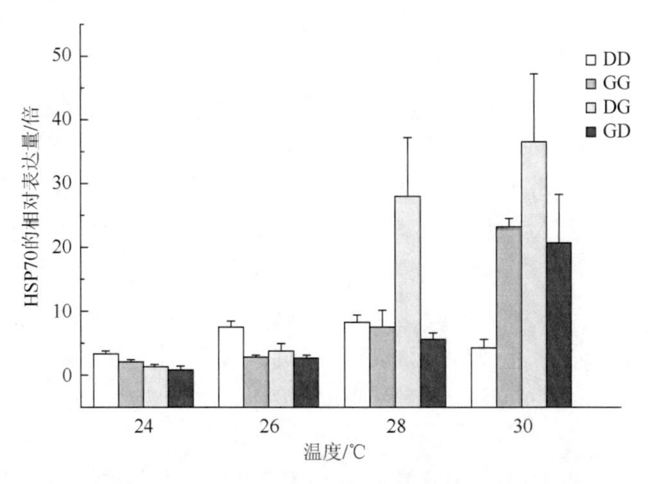

图 4-47 西氏鲍、皱纹盘鲍及其正反交 F_1 代经温度胁迫 1h 后 *HSP70* 的相对表达量

对不同鲍种的热休克蛋白的研究已有不少报道。例如，程培周等（2006）在皱纹盘鲍中克隆了热休克蛋白 70 基因的全长并研究了该基因在热应激和病菌胁迫后的表达规律，Park 等（2008）报道了皱纹盘鲍中的小分子热休克蛋白 HSP26，Wang 等（2009）报道了盘鲍中的 *HSP90* 基因，Wan 等（2012）报道了盘鲍中的 HdHSP20。这些研究大部分都着眼于热休克蛋白的转录水平变化，结果都表明 HSP 分子的 mRNA 表达与温度变化之间的关系极为紧密，且指示灵敏。

（2）抗氧化基因

鲍等生物在处于正常生理状态及外界理化因子胁迫状态下，会产生活性氧分子，以维持正常的生理生化反应。然而，如果产生了过量的活氧自由基，也会对鲍的细胞、组织产生损伤。因此，鲍体内的抗氧化体系的自平衡及其与环境因子之间的相互平衡，对于鲍维持良好的生理状态非常重要。对鲍的抗氧化体系及其分子机制进行研究，有助于理解鲍的抗氧化生理学，制订更科学的养殖策略。

抗氧化防御体系是无脊椎动物体内重要的生理功能，同时也与鲍的非特异性免疫功能关系密切，在鲍受病原菌和环境有机污染物胁迫时，抗氧化体系中的一些成分及其活性往往会发生改变。张克烽（2007）曾对杂色鲍中存在的氧化防御系统相关基因超氧化物歧化酶 *SOD* 基因、过氧化氢酶 *CAT* 基因进行了克隆，并分析了经弧菌感染和有机物三丁基锡（TBT）暴露后，这两个基因的表达情况。*SOD* 的表达水平在弧菌感染过程中没有显著的表达变化，而在 TBT 暴露后第 12h 时表达量显著低于对照组；*CAT* 的表达水平在弧菌感染后 24h 时表达显著低于对照组，在 TBT 暴露后第 2h 时显著低于对照组；推测这两种基因抵抗有机污染物对机体的损害机制可能类似于其对病原菌的抵抗过程。

吴成龙（2010）从皱纹盘鲍中克隆到了谷胱甘肽过氧化物酶 *GPX* 基因、硒结合蛋白 *SeBP* 基因、热休克蛋白 *HSP90* 基因和铁蛋白 *FT* 基因等抗氧化相关基因，并研究了它们在不同浓度硒、铁和锌元素暴露下的表达情况。分析结果显示，*GPX*、*SeBP*、*HSP90* 这三类基因的表达都受到饲料中微量元素（硒、锌和铁）添加量的显著影响，*FT* 这个基因仅受饲料中铁添加量的影响，由此推测，这几个基因可能在提高机体抗氧化能力和防止由微量元素含量过高引起的氧化胁迫中担负重要作用。

此外，Cai 等（2014）克隆获得了杂色鲍缺氧诱导因子-1 的两个亚型基因，并发现在缺氧胁迫后 4h、24h 和 96h，杂色鲍鳃中的缺氧诱导因子-1（α 亚型）基因显著出现了上调表达，在缺氧胁迫后 24h 和 96h，血细胞中的缺氧诱导因子-1（α 亚型）也出现了上调表达，他们同样发现了热压力也能够诱导缺氧诱导因子-1（α 亚型）基因的表达，因此推测缺氧诱导因子-1（α 亚型）可能在协助杂色鲍适应恶劣环境压力的过程中起到重要作用。研究者还研究了盘鲍中的 *CuZn-SOD* 基因、*TRX-6* 基因、*PRX-2* 基因、*CAT* 基因、*Mn-SOD* 基因，并对这些基因的序列结构和特点进行了分析，或是对其表达出的蛋白质进行了活性鉴定。这些研究对人们认识鲍的抗氧化防御的机制有着重要的意义。

（3）金属离子

近些年来，海洋环境污染问题日益突出，由此也给水产养殖业造成了很大的威胁，其中重金属污染是较为严重的一类。重金属超标不仅会危害养殖鲍的健康，同时也会引发食品安全问题。

Silva-Aciares 等（2011）通过消减抑制杂交（SSH）的手段，探究了红鲍（*Haliotis rufescens*）的幼鲍在经过 12h 和 168h 的不同浓度的铜离子暴露后，其体内的基因表达的变化。研究中共鉴定出 368 个差异表达的基因序列，对应 8 种不同的生理学功能，并对其中 14 个基因进行了更进一步的表达分析。Jia 等（2011）利用 cDNA 微阵列法研究了杂色鲍在经三丁基锡（TBT）暴露后基因表达水平的改变，一共鉴定出 107 个上调表达和 41 个下调表达的基因，对其中的一些基因进行定量 PCR 研究，发现有 26 个基因在 TBT 暴露后 6h、24h、48h、96h 和 192h 出现了显著的时序性差异表达，其中一些候选基因 endo-beta-1, 4-胰高血糖素基因、铁蛋白亚基 1 基因和硫酸酯包含蛋白基因，可能是 TBT 污染的良好指示物。Wu 等（2011）在皱纹盘鲍中鉴定到几种抗氧化酶基因（*Cu/Zn-SOD*、*Mn-SOD*、*CAT*、*GST*）和热休克蛋白（*HSP26*、*HSP70*、*HSP90*）基因，并研究了这些基因在鲍摄食不同浓度锌后的表达情况，最终发现 33.8mg/kg 浓度的锌就能激发抗氧化酶基因和热休克蛋白基因的表达，但是同时过高浓度的膳食锌也会导致鲍的氧化压力过大，引发生理失衡。这些研究结果有助于理解鲍对重金属暴露的适应机制。

三、鲍转基因技术的初步研究

水产生物转基因工作主要在鱼类中开展，除了鱼类之外的水产经济动物转基因研究报道相对较少，而贝类的转基因研究更是处于起步阶段。本节作者所在课题组曾对杂色鲍转基因表达载体的构建作出了初步的探索，研究的目标是获得含有“全鱼”元件的靶向转基因表达载体。

鸟苷酸脱氢酶（*ODC*）基因位点在生物体内大都为非重复性位点，已有研究证明在提高转基因稳定性方面，该位点为一个合适的靶向位点。本节作者所在课题组首先克隆了杂色鲍 *ODC* 基因的 cDNA 并对其进行了序列分析、体外产物和体内反应的分析，随后进一步获得 *ODC* 的基因组序列，发现在 polyA 信号后有一段约 600bp 的核酸片段，经比对搜索没有发现任何编码氨基酸的信息，确定该位点为外源载体进入的靶向位点。随后根据表达载体的特征，把获得的元件左右臂、增强子、启动子、抗冻肽基因、*kozak*、*IRES*、*EGFP* 和带有终止子和 polyA 识别信号的 3′端片段根据需要连接在 p19T-Simple 上，最后获得三个杂色鲍靶向转基因表达载体，分别为 Va：p19T-S-L-En-ActP-IRES-EGFP-R，Vb：p19T-S-L-En-ActP-AFP-IRES-EGFP-R，Vc：p19-S-L-En-QmP-IRES-EGFP-R。这个研究成果为下一步进行杂色鲍转基因研究提供了前提条件。

四、展望

目前对鲍功能基因的研究已取得一定的成果，各种分子生物学技术在研究鲍功能基因的过程中发挥了重要作用，大量功能基因被成功克隆出来，对它们的功能也进行了不同程度的验证，这些都有助于对鲍的各种生命过程的深入理解。但是，应该看到鲍功能基因的研究相对于模式动物及哺乳动物和鱼类的研究来说还处于初级阶段，还有很多问题亟待解决、其中一个重要问题是使用的方法技术仍然比较单一。除了上述的 cDNA 末端快速扩增技术、定量 PCR 技术和原位杂交技术已经得到广泛应用之外，其他的新技术如基因芯片技术、基因打靶技术、蛋白质组学技术、转基因技术、RNA 干涉、酵母双杂交等应用较少，功能基因表达的网络调控、信号转导通路等研究尚有较大差距，这些都是今后鲍功能基因深入研究必不可少的。此外，未来鲍基因的研究应重点开展基因组精细图的绘制，全转录组构建，蛋白质组学研究，重要经济性状相关的功能基因和标记研究及其在育种中的应用。

（柯才焕　梁　爽　游伟伟）

第十五节　芋　　螺

一、简介

1. 芋螺的生物学特征

芋螺（*Cone snails*）分类学上属软体动物门（Mollusca）腹足纲（Gastropoda）新腹足目（Neogastropoda）芋螺科（Conidae）芋螺属（*Conus*）。NCBI 上给出的分类为 cellular organisms；Eukaryota；Fungi/Metazoa group；Metazoa；Eumetazoa；Bilateria；Coelomata；Protostomia；Mollusca；Gastropoda；Caenogastropoda；Hypsogastropoda；Neogastropoda；Conoidea；Conidae；*Conus*。据估计，现存芋螺有 700 多种，广泛分布于全球的各个热带和亚热带海域中，其中以印度洋-太平洋区域最多。芋螺多栖息在暖温带和热带海域的珊瑚礁、浅滩、潮浸地带等区域，少数栖息在水深几米至 200 余米的深水区，白昼或退潮后在海藻下或珊瑚洞中栖息，夜晚外出觅食，春夏繁殖。芋螺的外形很容易辨认，螺体呈倒锥形，极其坚实，有长沟形壳口。芋螺壳或重或轻，色彩及花纹斑斓多彩，有横带、细斑点、斑纹带等。有些芋螺的壳顶扁平，另一些芋螺则具有一个突出的螺塔（图 4-48）。

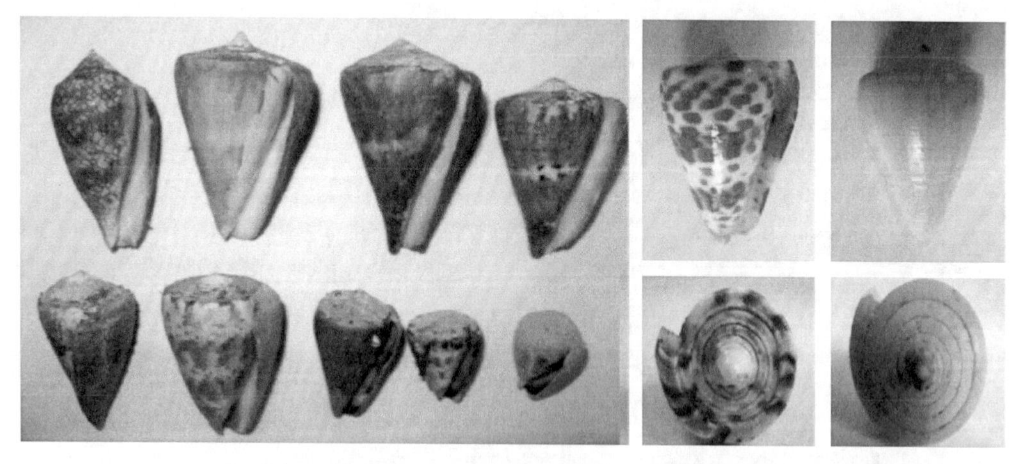

图 4-48　采自中国南海的芋螺（周茂军、吴赟采集拍摄）

芋螺是肉食性动物，行动迟缓，也没有锋利的牙齿和爪子来捕食猎物，但它发展出了精巧的毒液发射装置。芋螺捕猎时，利用毒液发射装置产生的液压，迅速发射出鱼叉状齿舌刺入猎物体内，鱼叉状齿舌连着毒管和毒泡，依靠毒泡的挤压注射毒素到猎物体内，使猎物在短时间内麻痹，然后用长鼻（proboscis）将猎物卷入体内。

芋螺食物种类很广，根据其捕食习性可分为食鱼性芋螺、食螺性芋螺、食虫性芋螺三个大的类群。其中食虫性芋螺最多，占 75%以上，这些芋螺大多捕食多毛目环节动物蠕虫，少数捕食半索海生动物及螠等。其次，食螺性芋螺也占一定比例，它们大多捕食芋螺以外的其他软体动物。数量最少但最引人注目的是捕食鱼类的食鱼性芋螺，它们分泌的毒液能迅速麻痹鱼类，然后将其猎食。值得注意的是，有些芋螺可以捕食多种类型动物，因此这种根据食性的分类并不是十分严格的。

2. 芋螺毒素

芋螺的毒液是其捕食、防御和竞争的主要武器。毒液由芋螺毒管的上皮细胞分泌产生，并储存于毒管末端的毒泡中。毒液的主要活性成分是复杂的鸡尾酒样的混合毒素多肽，即芋螺毒素（conotoxin）。每种芋螺个体的毒液中含有 100～1000 种不同成分，其中的绝大部分都是芋螺毒素。根据目前世界上权威的芋螺毒素资源统计网站 ConoServer 上的数据，到目前为止，已经从不到 100 种芋螺中获得 4136 个芋螺毒素的氨基酸序列，1914 个芋螺毒素基因的核苷酸序列和 145 个芋螺毒素的空间结构。

每个芋螺毒素都由单一的毒素基因编码而来。在芋螺毒管的上皮细胞中，毒素基因转录形成 mRNA，再翻译成一条含有 50～120 个氨基酸残基的芋螺毒素前体肽（prepropeptide）。前体肽主要由三部分构成，N 端部分的 19～27 个氨基酸组成的高度保守的信号肽（signal peptide），中间部分的 20～40 个氨基酸组成的较为保守的前导肽（pro-region）和 C 端部分的 12～50 个氨基酸组成的高度变异的成熟肽（mature peptide）。毒素信号肽的主要作用是引导毒素在细胞内的运输；而前导肽的作用至今尚无定论，推测其可能是某些翻译后修饰酶的识别位点，也可能与毒素的稳定相关。信号肽和前导肽在毒素翻译之后，都会被水解切除。在经过了一系列的翻译后修饰之后，最终得到的成熟肽就是通常所说的芋螺毒素了。芋螺多肽的前体肽在体内经过密集的翻译后修饰才会形成高活性的成熟肽毒素。迄今为止共发现了 10 种翻译后修饰，包括蛋白酶切、C 端酰胺化、二硫键形成、脯氨酸羟化、谷氨酸 γ 羧化、色氨酸溴化、丝氨酸和苏氨酸糖基化、酪氨酸硫化及氨基酸残基从 L 型转到 D 型的差向立体异构化。现在的研究表明，芋螺多肽中氨基酸的修饰对于多肽的空间结构及与受体的相互作用均具有重要的影响。

芋螺毒素一般具有以下几个特点：①分子质量较小，一般由 12～50 个氨基酸组成；②毒素的氨基酸序列中一般含有高密度的半胱氨酸（cysteine，Cys）；③毒素的空间结构紧凑稳定；④具有多种翻译后修饰。有时也会将不含有或者只含有一对二硫键的毒素称为芋螺多肽（conopeptide），而将含有两对二硫键以上的毒素称为芋螺毒素。

芋螺多肽作为一个整体，具有超乎想象的多样性作用靶点。到目前为止，已经阐明的芋螺多肽作用的神经靶点主要分为离子通道受体，包括 Na^+通道、Ca^{2+}通道、K^+通道及神经递质受体，包括乙酰胆碱受体、5-羟色胺受体（5-HT3R）、NMDA 受体（N-methyl-D-aspartate receptor）、去甲肾上腺素相关受体（NA transporter、α1-adrenoceptor）等。由于芋螺毒素能高度特异地识别和结合不同亚型的神经离子通道及受体，因此，作为天然存在最为广泛的一类作用于神经系统的多肽分子，芋螺毒素成为神经药理学研究不可多得的探针来源。目前，芋螺毒素已经开始作为体内一些具有重要生理功能靶点的探针或工具广泛用于神经科学、药理学和细胞信号传递机制的研究。与此同时，在过去十多年中，科学家在对芋螺毒素的分子靶标进行探索与鉴定的过程中，对芋螺毒素的潜在药用价值进行了大量研究。发现芋螺毒素在治疗慢性顽固疼痛、急性疼痛、癫痫、神经保护、心血管疾病、精神失常、运动失调、痉挛症、癌症及中风等方面具有广泛的开发应用前景。因此，专家将芋螺毒素称为“药物宝库”或“内容丰富的大药典”。

由 Elan 公司开发的 ω 芋螺毒素 MVⅡA（其合成形式为 Ziconotide）为神经元特异性 N 型钙通道阻滞剂，有镇痛及神经元保护作用，可用于慢性顽固性疼痛的治疗。它相对于吗啡，具有疗效好、不成瘾的独特优点。FDA 已于 2004 年 12 月 28 日正式批准此药鞘内注射治疗疼痛（商品名为 Prialt）。芋螺毒素 ω-CVID 与 ω-MVⅡA 的作用靶位相同，但多种试验表明其对 Ca^{2+} 通道的选择性更高。皮下注射还表明 CVID 具有比后者更低的毒性。因此，CVID 很可能将成为比 MVⅡA 更具有开发前景的疼痛治疗剂。Livett 等最近报道的另一芋螺毒素 vc1.1（化合物名为 ACV1）具有比吗啡和 Ziconotide 药效更强和持续时间更长的镇痛效果。它属于 α 芋螺毒素家族，可能是通过阻断外周初级传入神经元的 nAChRs 而发挥止痛作用。其给药更方便（可肌肉注射或脂肪注射），同时也无吗啡和 Ziconotide 引起的副反应（如便秘、呼吸抑制等），极有望开发成为高效止痛药物。此外，α 芋螺毒素因能选择性阻断 nAChRs 的某种亚型，除有止痛效果外，也有望开发成用于治疗焦虑症、帕金森病、肌肉紧张和高血压等病症的药物。芋螺毒素药用的另一重要方向是作为抗癫痫药物，目前临床上抗癫痫所使用的 NMDA 受体拮抗剂常因缺乏选择性而引起许多副反应。芋螺毒素 conantokin-G（化合物名为 CGX 1007）是一个含有 5 个 γ 羧基谷氨酸的多肽，是 NMDA 受体的高度选择性拮抗剂，动物实验证实有良好的抗癫痫作用，对难治疗的癫痫有效，已进入Ⅱ期临床试验，有望开发成为用于癫痫治疗的药物。

芋螺毒素由于对靶位分子作用的高度选择性及其分子的多样性，因此对于治疗神经心血管系统相关疾病药物的研究也具有极为重要的价值。芋螺毒素不仅可作为临床药物或新药导向化合物，还可为药物分子设计提供有价值的新药效模型和结构构架，更能为发现药物新作用靶位发挥特殊作用。芋螺毒素在探讨毒理药理机制、疾病病因和建立新药物靶位方面均可发挥不可替代的特殊作用。

我国有着丰富的芋螺资源，中国沿海有 70 多种不同的芋螺物种，分布在中国南海的不同海域。目前对于芋螺毒素的研究正处于快速发展阶段，在分子生物学、蛋白质化学、电生理和药理学等各个水平广泛地开展芋螺毒素的研究，将有助于寻找更多的具有新型结构和活性的芋螺毒素，深入研究其分子结构和神经药理学特性，早日使我国在小分子多肽创新药物研究开发领域取得实质性进展。

二、基因组及功能基因研究进展

对于芋螺基因组的研究最早开始于 20 世纪 90 年代。美国犹他大学的 Olivera 实验室研究了一些食鱼和食螺芋螺物种中 delta-家族及 alpha-家族毒素的基因组结构。他们发现，在 delta-芋螺毒素的前体肽基因中，存在 3 个内含子，将芋螺毒素的前体肽分隔成了 4 个外显子。内含子 1 位于 5′UTR 之中，内含子 2 位于信号肽和前导肽之间，内含子 3 则位于前导肽和成熟肽之间。内含子序列长度要远远大于外显子序列，在 delta-家族内部来自不同物种的毒素的内含子序列具有一定的保守性。在 alpha-家族芋螺毒素的前体肽基因中，存在 2 个内含子。内含子 1 位于 5′UTR 之中，内含子 2 位于前导肽之中，毒素前体肽被分成了 3 个外显子。相比起 delta-家族的毒素内含子，alpha-家族的内含子序列要短很多，但是仍然远大于外显子序列。根据 Olivera 实验室的研究结果，McIntosh 等在 2002 年首次从地纹芋螺（*Conus geographus*）的基因组中，克隆得到了一个具有镇痛活性的 alpha-芋螺毒素 GIC，此毒素被证明作用于乙酰胆碱配体门控离子通道。此后，在 2007 年，同济大学的戚正武院士实验室也在多个芋螺物种的基因组中扩增得到了 A-超家族的毒素，并且发现了毒素的假基因。

2007 年 2 月 1 日，一个由 19 个来自欧洲国家的实验室和 1 个来自美国的实验室共同发起的关于耸肩芋螺（*Conus consors*）的基因组学、转录组学及蛋白质组学研究的“CONCO”计划正式启动。该计划旨在通过多个实验室的分工协作，对耸肩芋螺进行全面系统的研究，期望可以从中获得芋螺药用相关分子发生进化的相关信息。目前，该计划已经发表了 10 余篇相关研究成果的文献，但是关于耸肩芋螺基因组的信息尚未发布。2011 年，Olivera 实验室报道了他们对红枣芋螺（*Conus bullatus*）基因组的测序结果。他们采用 Illumina 测序技术获得了红枣芋螺全基因组序列，在进行了初步拼接之后，对整个基因组的碱基构成、简单重复片段及移动元件的丰度进行了分析。由此推测，红枣芋螺的基因组约含有 30 亿个碱基对，此数值与之前预测的数值相近。

中山大学生命科学学院徐安龙教授研究团队自 2002 年以来一直从事芋螺毒素功能基因的研究。以中国南海食虫性信号芋螺为研究对象，首次构建和系统分析了信号芋螺毒管组织的 cDNA 文库，通过对文库克隆的随机测序和生物信息学分析（图 4-49），得到的 897 条有效 EST 序列被聚成了 305 个基因簇。在获得的序列当中，有 412 条（对应于 42 个基因簇）为毒素序列，约占总 EST 序列的 45.9%。其中 T-超家族芋螺毒素有 222 条 EST 序列（14 个基因簇），在所有毒素成分中占据了主导地位，约占总芋螺毒素序列的 53.9%。此外，O-超家族和 M-超家族芋螺毒素序列分布较多。研究表明不同超家族毒素和各芋螺毒素基因的出现频率存在数量级的差异。通过序列比较发现，毒素前体分子从 N 端到 C 端，变异速率依次递减，具有同一信号肽序列的超家族可能衍生出多种不同半胱氨酸骨架的成熟肽序列。除了常见超家族成员之外，文库中还发现了一个新的芋螺毒素超家族（L-超家族）和三个新的半胱氨酸骨架。对于信号芋螺毒素基因表达情况系统全面的了解，不

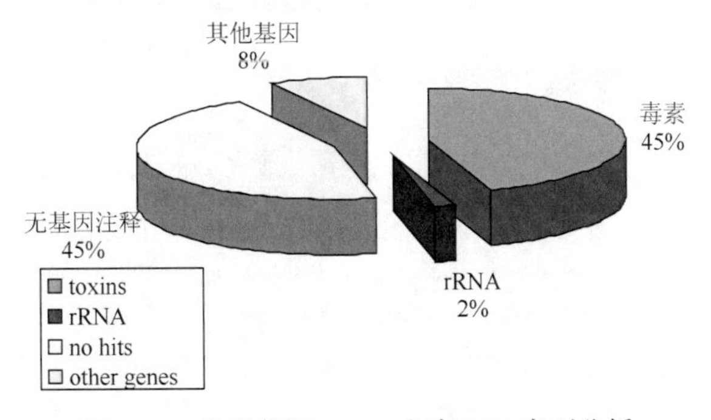

图 4-49　信号芋螺 cDNA 文库 EST 序列分析

仅为开展新毒素基因结构和功能研究奠定了基础，还将有助于芋螺毒素分子多态性及其进化机制的研究。该团队同时对中国南海线纹芋螺的毒管 cDNA 文库进行了研究，发现多个具有重要药用价值的功能基因。

为阐明芋螺毒素的基因组结构，该团队研究了来自 3 种不同食性的芋螺物种 8 个超家族芋螺毒素前体肽的基因结构，以阐明毒素基因结构、分子进化和毒素多样性之间的联系。通过基因组 PCR 和染色体步移的方法，确认了 8 个芋螺毒素超家族前体肽的完整基因结构（图 4-50），它们都由 3 个外显子和 2 个内含子组成。毒素的基因结构只与其所属的超家族相关，和半胱氨酸骨架类型或是毒素的生理学功能无关。每个超家族的内含子的序列长度都超过 3kb。内含子序列在不同芋螺物种的同一超家族内部是保守的，但在不同的超家族之间则存在较大差异。通过分析多个超家族的各个外显子序列的 dN 和 dS 值发现，从外显子 1 向外显子 3 它们都成倍递增，表明外显子 3 中存在更多的突变。除了点突变外，外显子 3 中还有很多的碱基插入缺失，这些插入缺失对于毒素和物种的进化都有很大的影响。此外，还首次在芋螺毒素中发现了可变剪接现象。芋螺毒素的多样性受到毒素基因的多拷贝、碱基插入缺失、点突变及可变剪接的共同影响，这使得毒素的分子进化更加复杂。

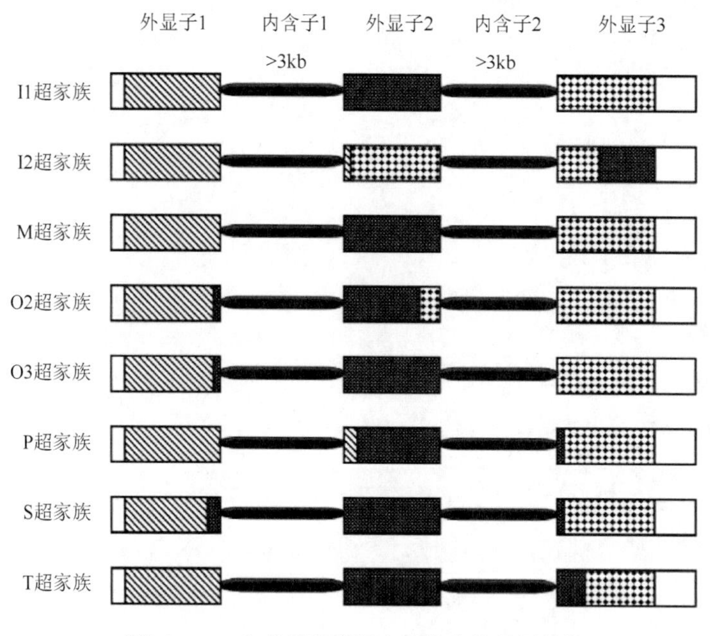

图 4-50　8 个芋螺毒素超家族的完整基因结构

为阐明芋螺多肽的进化及功能，该研究团队通过构建 cDNA 文库，利用 RACE 和 PCR 方法，从 18 种芋螺的 cDNA 和 11 种芋螺的基因组 DNA 中克隆得到 467 条 M-超家族多肽基因序列。结合从 GenBank 上下载到的 180 条 M-超家族多肽基因序列，对 M-超家族芋螺多肽进行了全面的分析，发现大约 17%的 M-超家族芋螺多肽可以在多种芋螺中发现。对 M-超家族芋螺多肽的半胱氨酸排列方式分析发现，M-超家族芋螺多肽中共有 18 种半胱氨酸骨架类型，其中 10 种半胱氨酸骨架类型是由骨架III演变而来（图 4-51）。对于芋螺物种的系统发生和 M-超家族多肽基因的分析初步阐明了芋螺多肽的进化模式。物种树和多肽树的对比分析表明，物种枝特异性和物种特异性的出生死亡进化模式产生了芋螺物种之间芋螺多肽的多样性。密码子使用频率分析表明，位点特异的密码子保守性并非由半胱氨酸残基所特有，遗传保守性的位点可能都存在特异的密码子保守性。在 M-超家族多肽序列中发现大量的插入缺失，对比芋螺多肽的功能和插入缺失位点，发现芋螺多肽功能不重要区域会放松对插入缺失的选择压力，从而导致插入缺失比率的增高。与此相对的是，功能重要区域的插入缺失，尤其是第三个半胱氨酸环中的插入缺失，会导致复制后的基因产生新的结构和功能。结合 M-超家族多肽的进化和功能分析，认为芋螺多肽复制后基因经历新功能化。在基因复制后，一个芋螺多肽基因拷贝经历净化选择或者沉默突变，另一个拷贝则经历正向选择和插入缺失从而获得新的功能。这样，芋螺既可以保有初始的功能又能获得新的生理功能，这为芋螺侵入新的生态位提供了可能。

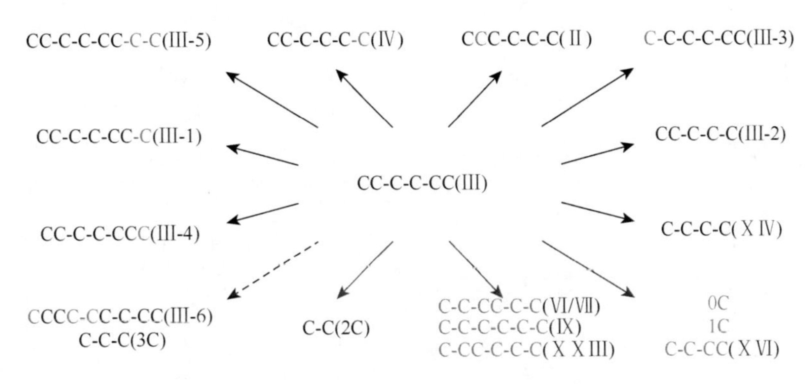

图 4-51　M-超家族芋螺毒素半胱氨酸骨架的演化

目前，没有任何一种芋螺全基因组测序结果报道，耸肩芋螺基因组的测序工作尚未完成。为了抢先保护我国南海珍贵的芋螺毒素资源，基于第二代测序技术的中国南海芋螺进行全基因组测序和转录组测序正在进行中，这对抢占宝贵的芋螺毒素资源具有重要的意义。

三、芋螺毒素功能基因发掘利用

由于芋螺毒素具有良好的药用研究前景，因此研究和开发丰富的芋螺毒素资源一直以来都受到人们的广泛关注。芋螺毒素是由单一的基因编码，因此从基因的角度入手，利用当前功能基因研究的成熟方法，可以大规模地对芋螺毒素功能基因进行系统的研究与开发。对获得的新的功能基因申请专利，保护我国特有的基因资源，推动我国基因的产业化和产权化。同时，将从根本上克服海洋生物活性蛋白药物开发的最大障碍——资源限制，为海洋活性蛋白的大规模生产提供保障，从而产生良好的经济效益。

我国近海的芋螺品种非常丰富，主要分布在海南岛、西沙群岛和台湾，国内对芋螺毒素的研究具有良好的基础。以戚正武院士为首的课题组从多种南海芋螺中纯化及克隆得到 100 多种芋螺毒素，为研发具有自主知识产权的新药提供了可能性。军事医学科学院的黄培堂课题组在发现和鉴定多种芋螺毒素的基础上，通过分子生物学手段从海洋线纹芋螺中得到一种 ω-芋螺毒素 SO3，为新型、特异性 N 型电压敏感性钙离子通道阻滞剂，该芋螺毒素可通过化学合成，用于镇痛的临床前研究已基本完成。海南大学的罗素兰教授及其课题组在芋螺毒素基因资源的多样性方面做了很多工作。

中山大学徐安龙教授研究团队，在该领域作出很多原创性的工作。克隆了一批芋螺毒素基因，其中多个芋螺毒素具有潜在的药用价值，对其中有潜在药用功能的毒素进行了重组表达及化学合成。初步的活性研究表明，lt14a 及其突变体、lt5d、lt1c、lv1a、s101 具有极其显著的镇痛效果，s4.3 能刺激细胞生长，可望用于开发促进细胞生长的制剂。通过高效液相色谱与质谱相结合的方法，发现了 5 种新的芋螺毒素，对其中的部分毒素进行了化学合成。毒素 lt6c、lt7a、lt9a、lt9b、lt16a 等特异地作用于神经细胞膜上的钠离子通道。

1. 芋螺镇痛多肽 lt14a 的成药性评价研究

从中国南海芋螺中发现的芋螺多肽 lt14a 具有显著的镇痛效果。研究结果表明，该毒素多肽对蛙坐骨神经动作电位具有抑制作用，在小鼠热板镇痛模型、醋酸扭体模型、甲醛炎症模型和 Von Frey 模型上均具有镇痛作用。其鞘内注射的镇痛效果比吗啡好，与吗啡共用可提高镇痛效果。而且，lt14a 没有成瘾性和依赖性，这是吗啡所不具备的优点。该毒素对机体的毒性非常低，因此是一种安全、高效的候选镇痛药物。其生产工艺简单，易于制备。利用核磁共振解析其空间结构，发现该毒素多肽含有 2 个反向平行的 β-折叠和 3 个转角，形成 4 个氢键。推测 lt14a 二硫键连接方式为 1-3，2-4（图 4-52）。利用点突变对其构效关系的研究表明，反向平行的 β-折叠结构和 2 对二硫键，使 lt14a 保持了稳定的空间构象。第 7 位带正电的 Lys 突变成非极性的 Ala 后，结构中的 β-折叠没有受到突变的影响，但由于斥力降低，突变体的空间构象变得紧密，同时疏水表面连接成片，有利于配体受体之间的相互结合，提高了生物活性。目前，已建立该毒素多肽的质量标准，基本完成药学、药效学、药代动力学、安全性等成药性评价研究。

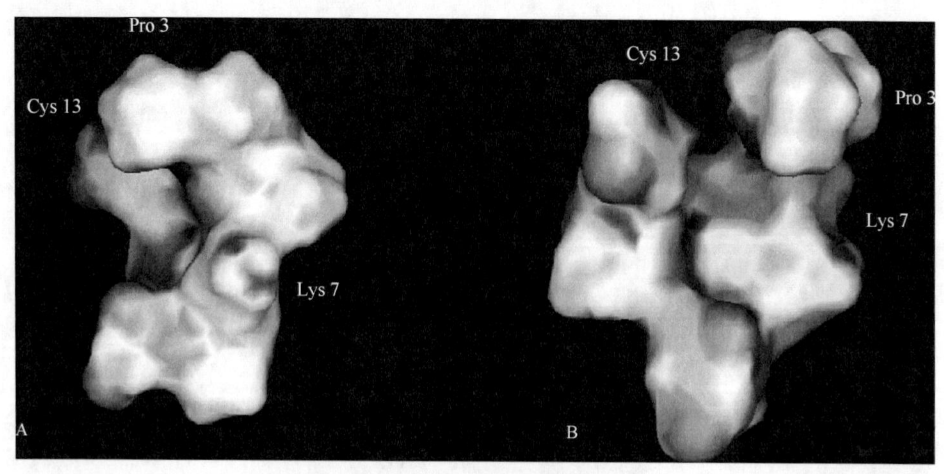

图 4-52　lt14a 3D 空间结构

A 与 B 为不同侧面

2. 阻断电压敏感型钠离子通道的芋螺毒素 lt6c 和 lt7a

在信号芋螺的 cDNA 文库中，发现两条 O-超家族毒素基因序列——*lt6.3* 与 *lt7.1*，其编码多肽分别命名为 lt6c 和 lt7a。它们在理化性质上与作用于钠离子通道的 mu 家族芋螺毒素接近，且序列上也具有较高的同源性。为了探明这两个毒素的作用靶位及特点，利用基因工程手段，采用 pTRX 表达系统将 lt6.3 与 lt7.1 成熟肽编码序列在大肠杆菌进行融合表达，获得了高纯度的重组毒素多肽。利用飞行时间质谱对重组多肽进行鉴定，显示其分子质量与预测结果相一致。同时，膜片钳实验结果表明，这两种毒素均可以阻断电压敏感型钠离子通道而不改变通道的激活与失活的动力学曲线，且这种作用具有浓度梯度依赖性。由于电压门控钠离子通道对神经元和其他细胞动作电位的产生和传播起重要作用，作用在钠离子通道不同位点的分子，可被开发成为潜在的局部麻醉剂、止痛剂及抗心律失常、抗癫痫药物或药物先导化合物。因此，其作为一类新的影响 TTX 敏感型钠离子通道的芋螺毒素，对丰富芋螺毒素的毒理类型有重要意义，同时也为进一步阐明钠离子通道的结构与功能关系提供了一种重要的研究工具，在药物开发方面也具有潜在价值。

3. 具有细胞保护作用的芋螺毒素 S4.3

从中国南海线纹芋螺毒管 cDNA 文库中发现一种新型芋螺多肽 *S4.3* 基因，重组表达获得的 S4.3 多肽对哺乳动物细胞生长具有明显的促进作用，提示其具有加快细胞修复、促进细胞生长、延缓衰老的功用，具有开发为调节细胞生长药物的潜在价值。

尽管越来越多的芋螺毒素及其功能基因被鉴定和发现，但是，也应清醒地认识到，大多数种类的芋螺毒素还未开展研究，众多芋螺毒素独特的作用机制及良好的应用前景等待人们去揭示。因此，开展我国南海芋螺毒素的生化、生理、药理特别是分子生物学方面的探索研究，寻找更多具有新型结构和活性的芋螺毒素，深入研究其分子结构和神经药理学特性，对于推动我国多肽学科的发展，促进多肽药物的开发，保护我国海洋生物及其基因资源具有不容忽视的理论意义和应用价值。

（王　磊　陈尚武　徐安龙）

第十六节　芋螺转录组与芋螺毒素基因库建设

芋螺（*Conus*）作为古老海洋生物之一，起源于 5500 万年前，分类学上属于软体动物门（Mollusca）腹足纲（Gastropoda）新腹足目（Neogastropoda）芋螺科（Conidae）。芋螺常被理解为毒蜗牛，主要分布于太平洋、印度洋和大西洋等热带浅海处的珊瑚礁、岩石和泥沙质的海底。

芋螺毒液中富含的用于捕食和防卫的多肽成分——神经毒素类小肽，称为芋螺毒素（conotoxin）或芋螺肽（conopeptide）。芋螺毒素具有高度遗传多样性，其化学结构新颖，且生物活性功能强，可高选择性地作用于配体门控离子通道、电压门控离子通道和 G 蛋白相关受体等靶标，并能对各种离子通道亚型及其亚基进行区分，已成为药理学和神经科学研究的重要工具和新药开发的新来源（Terlau *et al.*，2004）。

芋螺毒素通常由 7～46 个氨基酸残基组成，富含半胱氨酸，含 2～3 对二硫键形成的特定 loop，是自然界中最小的动物神经毒素肽。编码一种芋螺毒素的 mRNA 翻译合成一条毒素前体肽，毒素前体肽由 70～120 个氨基酸残基组成，包括 N 端信号肽序列、中间的前导区序列和 C 端的成熟肽。目前主要根据高度保守的信号肽对其进行分类，分成不同的芋螺毒素超家族，在此基础上，根据不同的半胱氨酸骨架和生理学活性进一步分为不同的家族。同一超家族的芋螺毒素，其信号肽和前导肽序列高度保守，而成熟肽序列则是高度变异的，进而导致芋螺毒素的多样性。全球热带和亚热带海域分布着 500 多种芋螺，每种芋螺均进化发展出含 100～200 种毒素的混合毒液。据此估算，全球有 5 万多种芋螺毒素，最近的研究显示每种芋螺含有 1000～2000 种特异的毒素肽（Davis *et al.*，2009），因此全球共有 50 万～100 万种芋螺毒素肽。而迄今为止，已发现和研究的芋螺多肽还不到该数量的 0.1%，这表明芋螺毒液是一个潜力无限的“天然海洋药物宝库”，亟待人类的研究、开发与利用。

深圳华大基因研究院联合中国人民解放军防化研究院、海南大学等国内多家芋螺毒素研究机构，利用自身大资源大数据的科研平台优势，开展了南海芋螺的收集工作，并在国内率先进行芋螺的人工室内饲养，在此基础上进一步开展了一种芋螺的基因组普查研究和多种芋螺产毒组织转录组测序分析，期望筛选获得一大批新型芋螺毒素功能基因。

一、芋螺基因组调查测序分析

利用采集自中国南海的桶形芋螺（*Conus betulinus* Linnaeus）和菖蒲芋螺（*Conus vexillum* Gmelin）开展基因组调查测序与分析。解剖芋螺个体，选择肌肉部分提取 DNA，随机打断，构建小片段 DNA 文库，利用新一代测序仪进行全基因组鸟枪法测序，经过数据过滤、K-mer 分析、杂合模拟、初步组装、GC 含量分析等步骤，完成两种芋螺基因组的评估。

1. K-mer 分析

利用过滤后的数据，采用基于 K-mer 的分析方法来估计基因组大小和杂合率等，分析结果见图 4-53、图 4-54 和表 4-11。

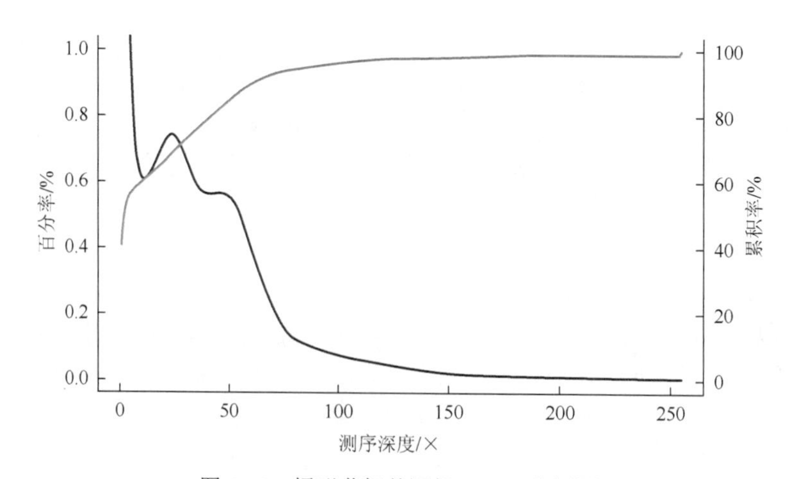

图 4-53　桶形芋螺基因组 K-mer 分析图

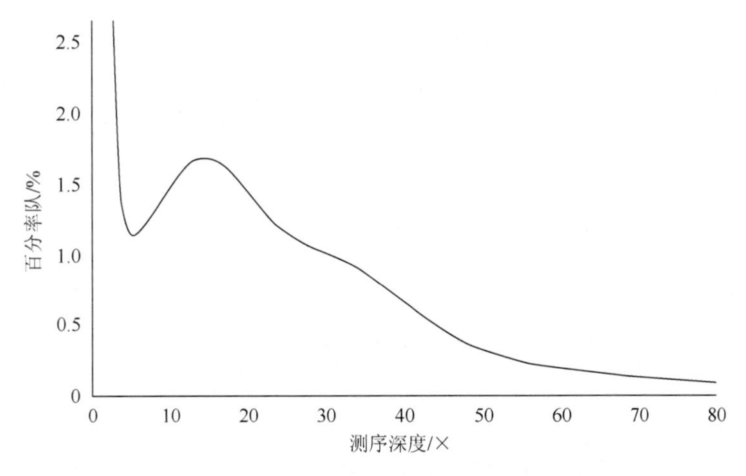

图 4-54 菖蒲芋螺基因组 K-mer 分析图

表 4-11 两种芋螺 K-mer 分析数据统计

芋螺种类	K-mer 总数	峰值深度	基因组大小/bp	使用数据量	使用 read 数
Conus betulinus	81 762 489 770	51	1 603 186 073	91 825 565 434	628 942 229
C. vexillum	68 244 669 612	30	2 274 822 320	81 243 654 300	812 436 543

从图 4-53 和图 4-54 中可以观察到，K-mer 分布曲线成峰情况较好，在 51（图 4-53）和 30（图 4-54）附近有一个峰值，即 K-mer 的期望深度。同时，在期望深度的 1/2 处有一个峰值，且比例超过了主峰，由此可以粗略地判断两种芋螺基因组具有杂合率很高的可能性。

从表 4-11 可以知道 K-mer 的总数为 81 762 489 770 和 68 244 669 612，通过公式（基因组大小=K-mer 总数/峰值深度）估算出桶形芋螺基因组的大小约为 1.60Gb，菖蒲芋螺基因组大小约为 2.27Gb。

2. 基因组组装和 GC 含量分析

利用过滤后的高质量数据进行组装，构建 contig，获得原始基因组序列。由于杂合率较高，contig N50 长度比期望的要短，由此可见，全基因组鸟枪法（WGS）可能不适合该基因组的组装。

用 SOAP 软件将过滤之后的 read 比对到组装序列上，获得碱基深度；以每个 contig 为窗口，计算每个窗口的平均深度与 GC 含量。结果显示，两种芋螺 GC_depth 分布正常，样品均无明显异常，测序无明显偏向。

建议使用“WGS”结合“BAC 文库”测序策略对桶形芋螺或菖蒲芋螺的全基因组进行测序、组装与分析。

二、多种芋螺转录组测序分析

收集获得我国南海宝贵的芋螺资源，以我国南海现存最常见的桶形芋螺的毒液管为样本，构建了全长均一化的桶形芋螺毒液管 cDNA 文库，利用 3730 高通量测序仪，进行 10 000 个克隆的测序，高通量分析筛选出大量新型芋螺毒素全长基因；开展桶形芋螺（*Conus betulinus* Linnaeus）、橡木芋螺（*Conus quercinus* Lightfoot）、独特芋螺（*Conus caracteristicus* Fischer）、将军芋螺（*Conus generalis* Linnaeus）等多种芋螺毒液管转录组测序，预期高通量分析筛选出大量新型芋螺毒素基因，初步建成全国最大的芋螺毒素基因库。与此同时，进一步开展三种不同生长发育阶段桶形芋螺（以大、中、小三个个体为样本）的毒液管和毒液腺转录组测序，构建全球最大的首个单一品种芋螺毒素基因库。

以 NCBI 和 ConoServer 数据库为参考，对桶形芋螺全长均一化 cDNA 文库 EST 数据开展同源比对和筛选，共获得芋螺毒素基因 43 个，其中首次发现的新芋螺毒素 34 条（表 4-12）。对多个芋螺转录组数据进行组装共获得 unigene 316 616 个，共注释 128 301 个编码基因，预期将至少筛选到芋螺毒素功能基因 400 个以上。随着大量新型芋螺毒素的发掘，以及毒素结构分析和功能预测的不断深入，将大大促进新型芋螺毒素功能产品和药物高通量研发进度。

表 4-12 桶形芋螺 cDNA 文库中筛选到的毒素统计表（参考 NCBI 和 ConoServer 数据库分析）

基因超家族	毒素总数/个	新毒素数/个	Cys 骨架模式
A	3	2	I，C-C-C
B1	6	6	Cys Free
B2	1	1	Cys Free
C	1	1	C-C
conantokin-like	3	3	Cys Free
F	1	1	C-C
H	2	2	VI/VII，VI/VII
I2	2	1	XI，XII
M	7	2	III，Cys Free
MSTLGMTLL-	1	1	C-C-CC-C-C-C
N	1	1	VI/VII
New01	1	1	XV
New02	1	1	VIII
New03	1	1	VI/VII
O1	2	2	VI/VII，XIV
O2	1	1	XV
O3	1	0	VI/VII
P	2	2	IX
T	5	4	V
unknow	1	1	VI/VII

（彭 超 汪金兔 孙 颖 石 琼）

主要参考文献

狄桂兰. 2011. 鲍杂交育种及胚胎发育的蛋白质组学研究. 厦门：厦门大学博士学位论文.

洪鹭燕，洪万树，刘东腾，等. 2013. 大弹涂鱼 *aanat2* 基因 cDNA 克隆及其在生殖季节的表达. 厦门大学学报（自然科学版），52（5）：690-696.

黄贝，陈善楠，黄文树，等. 2013. 斜带石斑鱼 *IFN-γ* 基因的克隆与表达分析. 中国水产科学，20（2）：269-275.

李风铃，王清印，李兆新，等. 2011. 半滑舌鳎（Cynoglossus semilaevis）*GnRHR* 基因全长 cDNA 的克隆与组织表达分析. 海洋与湖沼，42（4）：543-548.

李健，刘萍，王清印，等. 2008. 中国对虾遗传连锁图谱的构建. 水产学报，32（2）：161-173.

梁爽. 2013. 西氏鲍与皱纹盘鲍杂交子代抗逆性分子机制的初步研究. 厦门：厦门大学硕士学位论文.

刘瑞玉. 1955. 中国北部的经济虾类. 北京：科学出版社：14-15.

王伟继，孔杰，董世瑞，等. 2006. 中国明对虾 AFLP 分子标记遗传连锁图谱的构建. 动物学报，52（3）：575-584.

杨竹舫，张汉秋，匡云华. 1991. 渤海湾菊黄东方鲀（*Takifugu flavidus*）生物学的初步研究. 海洋通报，10（6）：44-47.

张洁. 2013. 杂色鲍早期发育相关基因的时空表达研究. 厦门：厦门大学硕士学位论文.

张伟权. 1990. 世界重要养殖品种——南美白对虾生物学简介. 海洋科学，14（3）：69-73.

朱文博. 2012. 大弹涂鱼褪黑素的研究. 厦门：厦门大学硕士学位论文.

祝茜. 1998. 中国海洋鱼类种类名录. 北京：学苑出版社：86-89.

Alcivar-Warren A，Meehan-Meola D，Park SW，*et al.* 2007. ShrimpMap：A low-density，microsatellite-based linkage map of the pacific whiteleg shrimp，Litopenaeus vannamei：Identification of sex-linked markers in linkage group 4. J Shellfish Res，26（4）：1259-1277.

Amemiya CT，Jessica A，Lee AP，*et al.* 2013. The African coelacanth genome provides insights into tetrapod evolution. Nature，496（7445）：311-316.

Andriantahina F，Liu X，Huang H. 2013. Genetic map construction and quantitative trait locus（QTL）detection of growth-related traits in Litopenaeus vannamei for selective breeding applications. PLoS ONE，8（9）：e75206.

Aparicio S，Chapman J，Stupka E，*et al.* 2002. Whole-genome shotgun assembly and analysis of the genome of *Fugu rubripes*. Science，297（5585）：1301-1310.

Bathige SD，Umasuthan N，Whang I，*et al.* 2013. Evidences for the involvement of an invertebrate goose-type lysozyme in disk abalone immunity：cloning，expression analysis and antimicrobial activity. Fish & Shellfish Immunology，35（5）：1369-1379.

Berthelot C，Brunet F，Chalopin D，*et al.* 2014. The rainbow trout genome provides novel insights into evolution after whole-genome duplication in vertebrates. Nat Commun，5：3657.

Castaño-Sánchez C，Fuji K，Ozaki A，*et al.* 2010. A second generation genetic linkage map of Japanese flounder（*Paralichthys olivaceus*）. BMC Genomics，11（1）：554.

Chen S，Zhang GJ，Shao CW，*et al.* 2014. Whole-genome sequence of a flatfish provides insights into ZW sex chromosome evolution and adaptation to a benthic lifestyle. Nature genetics，46（3）：253-260.

Davis J，Jones A，Lewis RJ. 2009. Remarkable inter-and intra-species complexity of conotoxins revealed by LC/MS. Peptides，(30)：1222-1227.

Degan BM，Morse DE. 1993. Programmed cell-death at metamorphosis-induction of muscle-specific protease gene-expression in the mollusk Haliotis rufescens. Journal of cellular biochemistry，17D：148-148.

De-Santis C，Jerry DR. 2007. Candidate growth genes in finfish—Where should we be looking? Aquaculture，272：22-38.

Du M，Chen SL，Liu YH，*et al.* 2011. MHC polymorphism and disease resistance to vibrio anguillarum in 8 families of half-smooth tongue sole（*Cynoglossus semilaevis*）. BMC Genetics，12（1）：78.

Du ZQ，Ciobanu DC，Onteru SK，*et al.* 2010. A gene-based SNP linkage map for pacific white shrimp，Litopenaeus vannamei. Anim Genet，41（3）：286-294.

Elvitigala DA，Premachandra HK，Whang I，*et al.* 2013. Molecular insights of the first gastropod TLR counterpart from disk abalone

（*Haliotis discus discus*），revealing its transcriptional modulation under pathogenic stress. Fish & Shellfish Immunology，35（2）：334-342.

Ewart KV，Fletcher GL. 1993. Herring antifreeze protein：primary structure and evidence for a C-type lectin evolutionary origin. Molecular Marine Biology and Biotechnology，2：20-27.

Funabara D，Watanabe D，Satoh N，*et al.* 2013. Genome-wide survey of genes encoding muscle proteins in the pearl oyster，*Pinctada fucata*. Zoological Science，30（10）：817-825.

Gao Y，Zhang H，Gao Q，et al. 2013. Transcriptome analysis of Artificial Hybrid Pufferfish Jiyan-1 and its Parental Species：Implications for Pufferfish Heterosis. PLoS One 8（3）：e58453. doi：10. 1371/journal. Pone. 0058453.

Ge H，Wang G，Zhang L，*et al.* 2012. Characterization of interleukin-1 receptor-associated kinase 1 binding protein 1 gene in small abalone Haliotis diversicolor. Gene，506（2）：417-422.

Giusti AF，Hinman VF，Degnan SM，*et al.* 2000. Expression of a *Scr/Hox5* gene in the larval central nervous system of the gastropod Haliotis，a non-segmented spiralian lophotrochozoan. Evolution & Development，2（5）：294-302.

Gwak IG，Jung WS，Kim HJ，*et al.* 2010. Antifreeze protein in Antarctic marine diatom，*Chaetoceros neogracile*. Marine Biotechnology，12：630-639.

Gyoja F，Satoh N. 2013. Evolutionary aspects of variability in bHLH orthologous families：insights from the pearl oyster，*Pinctada fucata*. Zoological Science，30（10）：868-876.

Hinman VF，O'Brien EK，Richards GS，*et al.* 2003. Expression of anterior Hox genes during larval development of the gastropod Haliotis asinina. Evolution & Development，5（5）：508-521.

Hirono I，Hwang JY，Ono Y，*et al.* 2005. Two different types of hepcidins from the Japanese flounder *Paralichthys olivaceus*. Febs Journal，272（20）：5257-5264.

Hong LY，Hong WS，Zhu WB，*et al.* 2014. Cloning and expression of melatonin receptors in the mudskipper *Boleophthalmus pectinirostris*：Their role in synchronizing its semilunar spawning rhythm. General and Comparative Endocrinology，195：138-150.

Hou R，Bao Z，Wang S，*et al.* 2011. Transcriptome sequencing and *de novo* analysis for Yesso scallop（*Patinopecten yessoensis*）using 454 GS FLX. PLoS One，6：e21560.

Huang WB，Ren HL，Gopalakrishnan S，*et al.* 2010. First molecular cloning of a molluscan caspase from variously colored abalone（*Haliotis diversicolor*）and gene expression analysis with bacterial challenge. Fish & Shellfish Immunology，28（4）：587-95.

Jaillon O，Aury JM，Brunet F，*et al.* 2004. Genome duplication in the teleost fish *Tetraodon nigroviridis* reveals the early vertebrate proto-karyotype. Nature，431（7011）：946-957.

Jiao W，Fu X，Dou J，*et al.* 2013. High-resolution linkage and quantitative trait locus mapping aided by genome survey sequencing：building up an integrative genomic framework for a bivalve mollusc. DNA Research，21：85-101.

Jung YH，Yi JY，Jung HJ，et al. 2010. Overexpression of cold shock protein A of *Psychromonas arctica* KOPRI 22215 confers cold-resistance. The Protein Journal，29（2）：136-142.

Kang JH，Kim WJ，Lee WJ，*et al.* 2008. Genetic linkage map of olive flounder，*Paralichthys olivaceus*. International Journal of Biological Sciences，4（3）：143.

Kasthuri SR，Premachandra HK，Umasuthan N，*et al.* 2013b. Structural characterization and expression analysis of a beta-thymosin homologue（Tβ）in disk abalone，Haliotis discus discus. Fish & Shellfish Immunology，527（1）：376-383.

Kasthuri SR，Whang I，Navaneethaiyer U，*et al.* 2013a. Molecular characterization and expression analysis of IκB from *Haliotis discus discus*. Fish & Shellfish Immunology，34（6）：1596-1604.

Katagiri T，Asskawa S，Hirono I，*et al.* 2000. Genomic bacterial artificial chromosome library of the Japanese flounder *Paralichthys olivaceus*. Marine Biotechnology，2（6）：571-576.

Kelley JL，Aagaard JE，MacCoss MJ，*et al.* 2010. Functional diversification and evolution of antifreeze proteins in the antarctic fish Lycodichthys dearborni. Journal of Molecular Evolution. 71（2）：111-118.

Koga H，Hashimoto N，Suzuki DG，*et al.* 2013. A genome-wide survey of genes encoding transcription factors in japanese pearl oyster

Pinctada fucata: Ⅱ. Tbx, Fox, Ets, HMG, NFκB, bZIP and C2H2 zinc fingers. Zoological Science, 30 (10): 858-867.

Kono T, Kusuda R, Kawahara E, *et al.* 2003. The analysis of immune responses of a novel CC-chemokine gene from Japanese flounder *Paralichthys olivaceus*. Vaccine, 21 (5): 446-457.

Kranz AM, Tollenaere A, Norris BJ, *et al.* 2010. Identifying the germline in an equally cleaving mollusc: Vasa and Nanos expression during embryonic and larval development of the vetigastropod Haliotis asinina. Journal of Experimental Zoology Part B: Molecular and Developmental Evolution, 314 (4): 267-279.

Lee JK, Kim YJ, Park KS, et al. 2011. Molecular and comparative analyses of type IV antifreeze proteins (AFPIVs) from two Antarctic fishes, *Pleuragramma antarcticum* and *Notothenia coriiceps*. Comparative Biochemistry and Physiology B-Biochemistry & Molecular Biology, 159: 197-205.

Li C, Zhang Y, Li JW, *et al.* 2014. Two Antarctic penguin genomes reveal insights into their evolutionary history and molecular changes related to the Antarctic environment. Gigascience, 3 (1): 27.

Li F, Xiang J. 2013a. Recent advances in researches on the innate immunity of shrimp in China. Dev Comp Immunol, 39(1-2): 11-26.

Li F, Xiang J. 2013b. Signaling pathways regulating innate immune responses in shrimp. Fish Shellfish Immunol, 34 (4): 973-980.

Li Z, Li J, Wang Q, *et al.* 2006. AFLP-based genetic linkage map of marine shrimp Penaeus(Fenneropenaeus)chinensis. Aquaculture, 261 (2): 463-472.

Liu B, Wang Q, Li J, *et al.* 2010. A genetic linkage map of marine shrimp Penaeus (Fenneropenaeus) chinensis based on AFLP, SSR, and RAPD markers. Chin J Oceanol Limnol, 28 (4): 815-825.

Liu S, Lorenzen E, Fumagalli M, *et al.* 2014. Population genomics reveal recent speciation and rapid evolutionary adaptation in polar bears. Cell, 157 (4): 785-794.

Matsumoto T, Masaoka T, Fujiwara A, *et al.* 2013. Reproduction-related genes in the pearl oyster genome. Zoological Science, 30 (10): 826-850.

Meng J, Zhu Q, Zhang L, *et al.* 2013. Genome and transcriptome analyses provide insight into the euryhaline adaptation mechanism of *Crassostrea gigas*. PloS One, 8 (3): 1-14.

Miyamoto H, Endo H, Hashimoto N, *et al.* 2013. The diversity of shell matrix proteins: genome-wide Investigation of the pearl oyster, *Pinctada fucata*. Zoological Science, 30 (10): 801-816.

Morino Y, Okada K, Niikura M, *et al.* 2013. A genome-wide survey of genes encoding transcription factors in the Japanese pearl oyster, *Pinctada fucata*: I. homeobox genes. Zoological Science, 30 (10): 851-857.

Mu YN, Li MY, Ding F, *et al.* 2014. *De novo* characterization of the spleen transcriptome of the large yellow croaker (*Pseudosciaena crocea*) and analysis of the immune relevant genes and pathways involved in the antiviral response. PLoS One, 9: e97471.

Nakamura Y, Mori K, Saitoh K, *et al.* 2013. Evolutionary changes of multiple visual pigment genes in the complete genome of Pacific bluefin tuna. Proc Natl Acad Sci, 110 (27): 11061-11066.

Niimura Y. 2009. Evolutionary dynamics of olfactory receptor genes in chordates: interaction between environments and genomic contents. Hum Genomics, 4: 107-118.

Nikapitiya C, De Zoysa M, Lee J. 2008. Molecular characterization and gene expression analysis of a pattern recognition protein from disk abalone, *Haliotis discus discus*. Fish & Shellfish Immunology, 25 (5): 638-647.

Nikapitiya C, De Zoysa M, Whang I, *et al.* 2010. Characterization and expression analysis of EF hand domain-containing calcium-regulatory gene from disk abalone: calcium homeostasis and its role in immunity. Fish & Shellfish Immunology, 29(2): 334-342.

Oh C, De Zoysa M, Nikapitiya C, *et al.* 2010. Tumor suppressor QM-like gene from disk abalone (*Haliotis discus discus*): molecular characterization and transcriptional analysis upon immune challenge. Fish & Shellfish Immunology, 29 (3): 494-500.

Pagel M. 2003. Evolutionary biology: polygamy and parenting. Nature, 424 (6944): 23-24.

Perez F, Erazo C, Zhinaula M, *et al.* 2004. A sex-specific linkage map of the white shrimp Penaeus (Litopenaeus) vannamei based on AFLP markers. Aquaculture, 242 (1-4): 105-118.

Putnam NH, Mansi S, Vffe H, *et al.* 2007. Sea anemone genome reveals ancestral eumetazoan gene repertoire and genomic organization. Science，317（5834）：86-94.

Ren HL，Xu DD，Gopalakrishnan S，*et al.* 2009. Gene cloning of a sigma class glutathione S-transferase from abalone（*Haliotis diversicolor*）and expression analysis upon bacterial challenge. Developmental & Comparative Immunology，33（9）：980-990.

Saavedra C，Bachère E. 2006. Bivalve genomics. Aquaculture，256（1）：1-14.

Setiamarga DHE，Shimizu K，Kuroda J，*et al.* 2013. An in-silico genomic survey to annotate genes coding for early development-relevant signaling molecules in the pearl oyster，*Pinctada fucata*. Zoological Science，30（10）：877-888.

Shao C W，Li QY，Chen SL，*et al.* 2014. Epigenetic modification and inheritance in sexual reversal of fish. Genome Research，24（4）：604-615.

Simakov O，Marletaz F，Cho SJ，*et al.* 2013. Insights into bilaterian evolution from three spiralian genomes. Nature，493：526-531.

Smith JJ，Shigehiro K，Carson H，*et al.* 2013. Sequencing of the sea lamprey（Petromyzon marinus）genome provides insights into vertebrate evolution. Nat Genet，45（4）：415-421，421e1-2.

Star B，Nederbragt AJ，Jentoft S，*et al.* 2011. The genome sequence of Atlantic cod reveals a unique immune system. Nature，477（7363）：207-210.

Sun Z，Liu P，Li J，et al. 2008. Construction of a genetic linkage map in Fenneropenaeus chinensis（Osbeck）using RAPD and SSR markers. Hydrobiologia，596（1）：133-141.

Takeuchi T，Kawashima T，Koyanagi RY，*et al.* 2012. Draft genome of the pearl oyster *Pinctada fucata*：A platformfor understanding bivalve biology. DNA RESEARCH，19：117-130.

Terlau H，Olivera BM. 2004. Conus venoms：a rich source of novel ion channel-targeted peptides. Physiol Rev，84（1）：41-68.

Tian Y，Kong J，Wang WJ. 2008. Construction of AFLP-based genetic linkage maps for the Chinese shrimp Fenneropaeneus chinensis. Chinese Sci Bull，53（8）：1205-1216.

Tupper M. 1999. A brief review of grouper reproductive biology and implications for management of the Gulf of Mexico gag grouper fishery. Southeastern Fisheries Association. 12.

Uhlenhaut N H，Jakob S，Anlag K，*et al.* 2009. Somatic sex reprogramming of adult ovaries to testes by FOXL2 ablation. Cell，139（6）：1130-1142.

Umasuthan N，Bathige SD，Kasthuri SR，*et al.* 2013. Two duplicated chicken-type lysozyme genes in disc abalone *Haliotis discus discus*：molecular aspects in relevance to structure，genomic organization，mRNA expression and bacteriolytic function. Fish & Shellfish Immunology，35（2）：284-299.

Valenzuela-Muñoz V，Gallardo-Escárate C. 2014. Molecular cloning and expression of IRAK-4，IL-17 and I-κB genes in Haliotis rufescens challenged with Vibrio anguillarum. Fish & Shellfish Immunology，36（2）：503-509.

Venkatesh B，Lee AP，Ravi V，*et al.* 2014. Elephant shark genome provides unique insights into gnathostome evolution. Nature，505（7482）：174-179.

Wang 1，Whang I，Lee JS，*et al.* 2011. Molecular characterization and expression analysis of a heat shock protein 90 gene from disk abalone（*Haliotis discus*）. Molecular Biology Reports，38（5）：3055-3060.

Wei J，Guo M，Ji H，*et al.* 2012. Cloning，characterization，and expression analysis of a thioredoxin from orange-spotted grouper（*Epinephelus coioides*）. Dev Comp Immunol，38：108-116.

Weiss IM，Göhring W，Fritz M，Mann K. 2001. Perlustrin，a Haliotis laevigata（abalone）nacre protein，is homologous to the insulin-like growth factor binding protein N-terminal module of vertebrates. Biochemical and Biophysical Research Communications，285（2）：244-249.

Wickramaarachchi WD1，De Zoysa M，Whang I，*et al.* 2013. Kazal-type proteinase inhibitor from disk abalone（*Haliotis discus discus*）：molecular characterization and transcriptional response upon immune stimulation. Fish & Shellfish Immunology，35（3）：1039-1043.

Wu X，Wang Z，Jiang J，et al. 2014. Cloning，expression promoter analysis of vasa gene in Japanese flounder（Paralichthys olivaceus）. Comp. Biochem. Physiol. B. 167：41-50.

Yim HS，Cho YS，Guang X，*et al.* 2014. Minke whale genome and aquatic adaptation in cetaceans. Nat Genet，46（1）：88-92.

You XX，Bian C，Zan QJ，*et al.* 2014. Mudskipper genomes provide insights into the terrestrial adaptation of amphibious fishes. Nature Communication，5：5594.

Yu J，Cheng CH，DeVries AL，et al. 2005. Characterization of a multimer type Ⅲ antifreeze protein gene from the Antarctic eel pout（Lycodichthys dearborni）. Acta Genetica Sinica，32（8）：789-794.

Yu SB，Mu YN，Ao JQ，*et al.* 2010. Peroxiredoxin Ⅳ regulates pro-inflammatory responses in large yellow croaker（*Pseudosciaena crocea*）and protects against bacterial challenge. J Proteome Res，9：1424-1436.

Yu Y，Zhang X，Yuan J，*et al.* 2015. Genome survey and high-density genetic map construction provide genomic and genetic resources for the Pacific White Shrimp Litopenaeus vannamei. Sci Rep，5：15612.

Zhang G，Fang X，Guo X，*et al.* 2012. The oyster genome reveals stress adaptation and complexity of shell formation. Nature，490（7418）：49-54.

Zhang G，Fang X，Guo X，*et al.* 2012. The oyster genome reveals stress adaptation and complexity of shell formation. Nature，490：49-54.

Zhang JJ，Shao CW，Zhang LY，*et al.* 2014. A first generation BAC-based physical map of the half-smooth tongue sole（*Cynoglossus semilaevis*）genome. BMC Genomics，15（1）：215.

Zhang JY，Wang WJ，Kong J，*et al.* 2013. Construction of a genetic linkage map in Fenneropenaeus chinensis using SNP markers. Russ J Mar Biol，39（2）：136-142.

Zhang L，Yang C，Zhang Y，*et al.* 2007. A genetic linkage map of Pacific white shrimp（Litopenaeus vannamei）：sex-linked microsatellite markers and high recombination rates. Genetica，131（1）：37-49.

Zhang X，Zhang Y，Scheuring C，*et al.* 2010. Construction and characterization of a bacterial artificial chromosome（BAC）library of Pacific white shrimp，*Litopenaeus vannamei*. Mar Biotechnol（NY），12（2）：141-149.

Zhang Y，Pham NK，Zhang H，*et al.* 2014. Genetic variations in two seahorse species（*Hippocampus mohnikei* and *Hippocampus trimaculatus*）：Evidence for Middle Pleistocene population expansion. PloS One，9：e105494.

Zhou J，Cai ZH. 2010. Molecular cloning and characterization of *prohormone convertase* 1 gene in abalone（*Haliotis diversicolor supertexta*）. Comparative Biochemistry and Physiology Part B：Biochemistry and Molecular Biology，155（3）：331-339.

第五章

海洋植物功能基因的发掘和利用

第一节　海洋植物基因组及功能基因研究进展

海洋植物是指海洋中进行光合作用合成有机物的自养型生物，是海洋中的初级生产者。海洋植物包括低等的原核藻类（如蓝藻）、真核藻类（如红藻、褐藻和绿藻等）及高等植物（如海草）等，有 13 个门，共万余种。海洋植物可以分成两大类：低等的藻类和高等的种子植物。海洋中的种子植物种类较少，仅 130 种，且都属于被子植物，可分为红树植物和海草两类。海洋高等植物与栖居于其中的其他海洋生物组成了海洋沿岸独特的生物群落。

海藻是海洋植物的主要组成部分，包括蓝藻门、绿藻门、红藻门、褐藻门、金藻门、甲藻门、隐藻门、黄藻门、硅藻门、原绿藻门、裸藻门共 11 个门。硅藻门共有 6000 多种，是海藻中物种最多的门类；原绿藻门的物种最少，只有 1 种，近来也有学者将其归为蓝藻门。海藻产生的有机物和能量是整个海洋生态系统的基础，是整个海洋生态系统稳定运行的基石。不仅如此，海藻光合作用吸收 CO_2，释放 O_2，对大气中的气体平衡及全球生态系统都起到重要作用。海藻在生长过程中可以吸收利用海水中的 N、P 等无机物，在一定程度上可减轻水体的富营养化，降低有害藻潮暴发的概率。另外，海藻还可以吸收重金属离子，净化水质，提高海产品的食品安全等级。

海藻的营养价值很高，如海带、紫菜等早已成为深受大众欢迎的餐桌美食。海藻中富含很多生物活性物质，如岩藻黄素、藻胆蛋白等，具有抗氧化、增强免疫力等功能，有巨大的药用开发潜力。海藻还可以作为造纸、化工、藻胶工业、生物柴油等的原料。从海带中提取的褐藻胶，被广泛应用于医药卫生、食品及纺织工业中；提取的碘，也是被广泛应用的工业原料。从江蓠等红藻中提取的琼胶，被广泛应用于食品、各类化妆品及培养基中。有些微藻，如微拟球藻可以积累大量油脂，有望成为生产新型生物能源的原料。

中国所属海域可划分为渤海、黄海、东海和南海，纵跨冷水带、温水带和暖水带三个海洋温度带。大陆沿岸海岸线长达 1.8 万多公里，沿岸栖地包括岩岸、沙滩、泥滩、草泽、红树林等。除此之外，还附属有数以千计的中小沿岸岛屿及为数众多的珊瑚岛，使得海岸线更加绵长。丰富多样的沿岸栖息地类型蕴藏了丰富的海藻资源。据调查，截至 2008 年，我国大型海藻物种数达到 1277 种。

我国是世界第一海藻栽培大国。据联合国粮农组织（FAO）统计，我国人工栽培海藻

年产量达到 490.0×10^4t（鲜重）（FAO，2001），约占世界年产量的 73%；2005 年，大型海藻总产量占我国海水养殖总产量的 11.5%。然而，我国海藻产业未取得与产量匹配的行业地位，在世界范围内的行业影响力和利润率均长期维持在较低的水平，表现在我国养殖海藻产量大而产值低。藻胶工业也是如此。例如，江蓠琼脂、石花菜琼脂、紫菜琼脂是我国主要生产的琼脂种类，多为中低端产品，价格低廉。另外，目前我国卡拉胶生产的原材料基本依靠进口。我国海藻产业的现状在一定程度上反映了海藻栽培业中存在的某些问题。首先，我国海藻栽培品种较少，许多经济物种如红毛菜、石花菜、凝花菜等的栽培至今未能实现产业化。其次，我国海藻栽培业很大程度上还依赖传统的栽培方法，海藻育苗等技术体系还不完善。

一、我国红藻栽培及分子生物学研究现状

目前，形成规模产业的大型海藻主要有红藻、褐藻和绿藻等，栽培品种主要包括条斑紫菜、坛紫菜和龙须菜等。

条斑紫菜属于红藻门紫菜属，主要生长在中低潮带的岩礁上。在我国，条斑紫菜自然分布在舟山群岛以北的东海、黄海及渤海沿岸，栽培的条斑紫菜主要分布在长江以北地区。条斑紫菜不但营养丰富而且味道鲜美，其加工后的产品深受人们的欢迎和喜爱。条斑紫菜含有蛋白质和氨基酸，其中游离氨基酸达 50%以上，包含人体必需的氨基酸；其中含有的脂肪酸绝大部分是不饱和脂肪酸。此外，还含有丰富的维生素。随着紫菜的营养价值和保健功能的发现，越来越多的人开始食用紫菜，因此紫菜的市场需求量会更大，栽培数量会增加。

坛紫菜属于红藻门，属暖温带性种类，是我国特有的一种紫菜物种。坛紫菜主要分布在福建、浙江和广东沿海。坛紫菜含有丰富的营养成分，其蛋白质含量达 33.61%，而脂类只有 0.95%，是一种高蛋白质且低脂肪而又味道鲜美的天然健康食品。

龙须菜属于红藻门江蓠属。在我国，龙须菜主要分布在山东沿海，生长在潮间带下部到潮下带，半埋在海沙里，以固着器固定在碎石上。自然分布的龙须菜对生长环境要求较为严格，一般生长在南向的比较洁净的水湾中。栽培的龙须菜主要分布在广东、福建、浙江、山东和辽宁。龙须菜主要的用途是提取琼胶。随着社会的发展进步，琼胶的市场需求越来越大，其在食品、医药、现代生物技术及化学制品中都有广泛的用途。琼胶不能人工合成，只能从产琼胶的海藻中提取。龙须菜的琼胶含量和质量在江蓠属中都是最多和最好的。另外，龙须菜还可以作为鲍等海洋经济动物的饵料。

江蓠属于红藻门江蓠属，是暖温带性藻类。我国自然生长的江蓠主要分布在南海和东海，黄海产江蓠较少。养殖的江蓠对生长环境要求较高，必须风浪较小、水质比较澄清及有一定的淡水流入且营养盐比较丰富，在潮间带浅滩生长的江蓠要求地势比较平坦，退潮时有一定的海水。江蓠的琼胶含量较高，干藻的藻体琼胶含量在 20%以上，是制备琼胶的重要原料之一。江蓠的胶经过加工也可以食用，具有解胃热、清凉等作用。

红毛菜属于红藻门，是一种低等的红藻。红毛菜的分布很广泛，从寒带到亚热带均有分布，且海水种类和淡水种类都有。在我国，红毛菜主要分布在沿海各地，在香港、山东

及天津等地都有野生群体可以采集到，而且在内陆的部分地区也有红毛菜淡水群体的发现。栽培的红毛菜群体主要分布在福建。红毛菜营养丰富，味道鲜美，其藻体含有丰富的藻蓝蛋白和藻红蛋白。另外，红毛菜还含有丰富的游离氨基酸，同时也含有丰富的多糖和类胡萝卜素。红毛菜的不饱和脂肪酸含量也很高，EPA 的含量在已发现的大型海藻中最高。

这些经济红藻的总栽培面积和总产值均已超过海带和裙带菜，位居海藻产业之首，在沿海地区经济建设中发挥重要作用。纵观我国的经济红藻产业，从分布区域来看，长江以北以条斑紫菜为主，主要集中在江苏省和山东省；长江以南以坛紫菜为主，主要集中在福建省和广东省。龙须菜首先在福建和广东形成产业规模，继而辐射到山东和辽宁等北方沿海省市。从经济产值来看，尽管经济红藻的产量低于海带等褐藻，但其产值却要高于褐藻。据不完全统计，全世界紫菜初级产品年产值 20 亿美元，占世界人工栽培海藻产值的 2/3。龙须菜自 2000 年由中国科学院海洋研究所和中国海洋大学合作成功选育 981 龙须菜以来，迅速发展成为我国第三大海藻栽培品种，年产值约 2 亿美元。从环境效应来看，经济红藻基本包括一年四季均可以人工栽培的海洋光合物种：紫菜虽然主要在冬春季生长（条斑紫菜在北方，坛紫菜在南方），但坛紫菜也可以在北方的秋季或初夏生长；龙须菜既可以在北方度夏，也可以在南方的初夏进行人工栽培。因此，经济红藻不仅分布广、产值高，而且对海洋环境的保护与修复意义尤为重大，特别是龙须菜可以在北方夏季高温海洋经济动物病害最严重时进行动植物混养，可有效去除栽培海区的无机氮磷，改善区系生态环境，对海水养殖业的健康可持续发展意义重大。

然而，到目前为止，海洋红藻的研究背景非常不清晰，至今国际上没有红藻类抑或大型海藻的模式物种，也未见任何一种经济红藻物种的全基因组信息，甚至连基因组草图也未见报道。尽管科技部 863 领域先后多次立项支持经济红藻的良种选育，几代藻类学家也解决了生产中一些问题，但其主要思路仍然是借鉴传统的选育模式。虽然也选出了一些经济性状较好的经济红藻品系，在生产中发挥了重要的作用，但由于这些单倍体物种不像其他二倍体物种在基因座位上的等位基因具有遮蔽效应，一旦基因发生突变，极容易使原有的优良经济性状丢失。因此，要系统构建经济红藻良种培育的“共性”技术体系，就必须彻底解析我国主要经济红藻物种（紫菜和龙须菜等）的遗传信息。

2005 年，中国科学院海洋研究所发表了坛紫菜 EST 序列 10 000 余条（庞国兴等，2005）。表达序列标签的应用，在红藻功能基因的预测方面确实起到了一些作用，在一定程度上可以解决一些问题，得到大量遗传信息。而经济红藻的深度测序及微卫星序列的获得，则大大促进了紫菜、龙须菜等红藻分子标记的发展，为海洋红藻某些性状的解释和发现提供了依据，为海藻栽培业的发展提供了理论支持。近年来，我国的藻类研究人员针对红藻的生物学特性和我国经济红藻栽培技术特点开展了多方位的品种选育工作，包括诱变育种、杂交育种、细胞工程育种（体细胞融合）、基因工程育种等。但是，海藻类植物不同于陆地植物，可见性状相对较少，在这些良种和优良品系的选育过程中，可见性状的选择是一大难题。因此，有科学家提出利用全基因组测序技术，开发覆盖全基因组的高密度标记，进行标记与表型的全基因组关联分析，鉴定对性状有影响的遗传标记，将这些标记应用于两种选择上。目前，基于全基因组选择的育种技术研究正成为红藻良种培育的研究热点。例如，2013 年基于全基因组测序的条斑紫菜良种选育计划启动，目前进展顺利。

二、我国绿潮原因种——浒苔及功能基因研究现状

近年来，大型绿藻异常增殖现象越来越多地出现在亚洲、美洲和欧洲各国暖水性海域，这种因海水富营养化和异常气候条件引起的生态学现象引起了广泛的重视，被称为绿潮（green tides），主要由浒苔、石莼、刚毛藻和硬毛藻等潮间带栖息绿藻过度漂浮生长而成。从 2007 年至今，绿潮已连续几年影响中国的黄海区域，对沿海城市的旅游业、水产业等造成严重影响。2008 年 6～7 月青岛近海海域发生了大量浒苔漂浮现象，涉及海域面积达 2.9 万多平方公里，初步估计生物量达 100 多万 t，对生态环境造成了巨大的影响。

与陆地植物相比，藻类基因组学研究才刚刚起步。虽然目前已有部分绿藻的全基因组被测序，但多集中在单细胞藻类，如 *Ostreococcus* spp.和 *Chlamydomonas reinhardtii*。相比于红藻和褐藻，绿藻的工业应用较少，目前还没有绿藻的基因组测序计划。随着后基因组时代的到来，转录组学、蛋白质组学、代谢组学等各种技术相继出现，其中转录组学是率先发展起来且应用最广泛的技术。2010 年，中国科学院海洋研究所从浒苔的 cDNA 文库中筛选出了 10 072 条高质量的 EST，注释的结果显示它们与叶绿体和核糖体蛋白质有关，GO 分类表明 1418 条 EST 参与了光合作用，1359 条与代谢和能量前体的形成有关。当绿潮暴发时，其原因种——浒苔藻体在短时间内大量增殖，因此可以推测其光合作用尤其是碳固定途径一定非常高效。KEGG 分析的结果显示浒苔的碳固定方式比较复杂，可能存在 3 种途径，即 C_3 途径、C_4 途径及 CAM 途径。C_4 途径与 CCM（CO_2 浓缩机制）密切相关，在 CO_2 浓度较低时仍可高效地进行光合作用。另外，还发现了一些高表达的蛋白质，如热激蛋白、过氧化物酶等。这些蛋白质涉及植物的抗逆过程，如干出失水，高温、高盐胁迫等。绿潮暴发时，大量浒苔藻体积聚成堆，形成厚厚的藻体浮筏，最厚可达 0.5m。浮筏的上层藻体接触不到海水，且暴露于空气中，遭受干出、高盐、高光等逆境的影响，上述抗逆相关蛋白质的高表达有利于帮助藻体抵御逆境。浒苔这种高效的固碳方式及较强的抗逆能力使得它能够在短时间内大量增殖，这可能是造成绿潮频发的内在原因。Xu 等采用 454 测序技术对浒苔的转录组进行测序，发现浒苔含有 C_3 途径和 C_4 途径所需要的几乎所有酶类。在浒苔受到一定的非生物胁迫时，C_3 途径和 C_4 途径的酶活性会升高，说明可能同时存在这两种途径。这些研究有助于分析浒苔快速增殖及黄海绿潮频发的原因。

三、我国褐藻栽培及分子生物学研究状况

我国的海带自然群体主要分布于辽宁和山东海域。我国海带栽培群体分布于北至辽宁，南至广东汕头的近海海域。从 20 世纪中期开始，我国藻类学家突破了海带育苗尤其是夏苗培育技术，发明了筏式养殖模式，实现了海带的全人工栽培。目前在我国，海带的栽培面积已超过 4 万 hm^2，2010 年的产量已增至 83.4 万 t，产量占我国藻类栽培总产量的 57.4%，占世界海带总产量的 90%。海带中富含的岩藻多糖，可以软化血管，调节血液的酸碱度。海带曾为提取碘的主要原料。从海带中提取的褐藻胶、岩藻多糖、甘露醇是海藻化工、医药卫生、农业化肥等的重要原料。裙带菜生长在水质肥沃、风浪不大的海湾内。

我国自然生长的裙带菜主要分布在浙江嵊泗列岛。人工栽培的裙带菜主要在辽东半岛和山东半岛，特别是辽东半岛的大连地区。裙带菜含有多种维生素和氨基酸及多种人体必需的不饱和脂肪酸，含有的褐藻糖有降血脂的功能。另外，裙带菜也是提取褐藻胶的重要原料。羊栖菜主要生长在暖温带-亚热带海域。羊栖菜的人工养殖主要集中在浙江省洞头县，含有多种人体必需氨基酸，是一种优良的药用和食用的海洋藻类。角叉菜主要在东南沿海及大连、青岛海域。

目前，关于海带的分子生物学研究已取得重要的进展，分子标记技术已应用于海带的遗传育种，包括遗传结构和群体多样性分析及亲缘关系分析等。已有研究将 RAPD、ISSR、AFLP 及 ITS 技术应用于海带和长海带的遗传多样性分析和系统进化分析，研究了海带种质材料的遗传信息，这些基础工作的完成为海带遗传育种奠定了基础。海带遗传图谱的研究也取得了一定的进展，主要应用 AFLP 和 SSR 标记，以 40 个配子体克隆为作图群体构建了海带雌雄配子体的遗传图谱。该遗传图谱的标记密度为 7.91cM，基因组覆盖率为 66%。已有研究者以海带‘单倍体十号’为材料，构建了 cDNA 文库，并对文库进行了 EST 测序，得到1478个EST，得到有效序列为805个。目前，研究者已对荣福海带（*Laminaria japonica*×*Laminaria saccharina*）、长叶海带（*Laminaria longissima*）和极北海带（*Laminaria hyperborean*）的线粒体全序列进行了测序，序列长度分别为 37 638bp、37 628bp、37 976bp。海带属线粒体基因排列紧凑，基因间隔区域短。另外，研究者利用高通量测序技术对荣福海带基因组进行了随机测序，序列拼接后得到了 18 051 条非冗余序列，总长为 9 397 460bp，约占海带基因组的 1.33%。然而，海带的全基因组图谱仍未见报道，相关的测序工作也将展开。

四、海洋微藻的研究与利用

微藻因在保健品行业、水产养殖业和食品工业等均有重要应用价值而备受关注。此外，某些微藻富含油脂，在生物能源开发方面具有广阔的应用前景。微藻细胞结构简单，世代交替时间短，部分物种易于进行遗传转化。正因微藻具备这些优点，因而研究得较为深入，一些物种已发展成为模式物种，如绿藻门的莱茵衣藻。

微藻具有重要应用价值，迫切需要开展其基因组学研究，以便于进行遗传操作，从而实现在基因水平上对其高附加值产物的积累进行调控。目前已完成全基因组测序的藻类大部分为微藻，包括红藻门的喜温淡水红藻（*Cyanidioschizon merolae*），绿藻门的模式生物莱茵衣藻及两种海洋真核微藻 *Ostreococcus tauri* 和 *Ostreococcus lucimarinus*，硅藻门的假微型海链藻（*Thalassiosira pseudonana*）和三角褐指藻（*Phaeodactylum tricornutum*），以及灰胞藻（*Cyanophora paradoxa*）等。微藻全基因组测序为生物进化提供了基因组水平上的依据。喜温淡水红藻及灰胞藻全基因组序列的解析揭示了质体的进化过程，认为初级质体起源于一次吞噬，即光合自养蓝藻为真核异养生物所吞噬的事件。一次吞噬产生了所有光合真核生物的祖先，并逐渐进化为三支：一支为绿藻和高等植物；一支为红藻；一支在后来的二次吞噬事件被真核异养生物所吞噬，进化为硅藻、隐藻、疟原虫、褐藻和鞭毛藻等。二次吞噬的宿主保留了内共生体的质体，而把其某些核基因整合到自己的基因组上。

对两种硅藻全基因组序列信息进行分析发现了基因横向迁移的过程，支持了二次吞噬假说。此外，微藻基因组测序还为解释某些物种特殊生物过程提供证据，如全基因组测序表明硅藻包含来源于动物、植物及细菌的基因，是一个嵌合体基因组，含有完整的鸟氨酸-尿素循环所需的所有酶，这可能是硅藻对缺氮胁迫的响应不同于高等植物和绿藻，有自己独特的响应机制的原因（Hockin *et al.*，2012）。微藻全基因组测序为进一步了解生物进化提供了新的信息。

微藻转录组和小 RNA 测序也得到了发展，主要用于研究微藻在营养盐缺乏的胁迫条件下基因的表达。对杜氏盐藻高盐胁迫下的基因表达进行分析，发现其对渗透压胁迫的适应可能与信号转导及 RNA 干扰有关。对正常和缺氮条件下培养的三角褐指藻进行了表达谱和蛋白质组分析，发现缺氮条件下三角褐指藻卡尔文循环相关酶的表达量下调，而糖酵解和 TCA 循环相关酶的表达量上调，中心碳代谢向着利于油脂合成的方向调整，Yang 等也发现，低氮条件下三角褐指藻乙醛酸循环相关酶的表达量下降。微藻小 RNA 研究也有报道，Molnär 等（2007）报道了莱茵衣藻 miRNA。Huang 等分别采用生物信息学预测和高通量测序的方法研究三角褐指藻 miRNA，发现三角褐指藻 miRNA 可能同其基因组一样，兼具动植物的特点；在缺氮和缺硅条件下发现更多的 miRNA，其潜在靶基因涉及多种生物过程，为三角褐指藻氮、硅代谢中的调控作用提供理论依据。假基因研究方面，纪长绵等采用生物信息学的方法从三角褐指藻的基因组中预测假基因，结果发现三角褐指藻基因组存在较多假基因及假基因片段。微藻功能基因组的研究能够为藻类遗传转化及基因工程操作提供参考。

微藻中的莱茵衣藻已确立了模式生物地位，此外三角褐指藻基因组小、世代短、易于遗传转化，有望发展为新的模式生物。路延笃等和朱葆华等分别构建了三角褐指藻遗传转化体系，采用基因枪微粒轰击的方法实现外源基因在三角褐指藻中的表达；de Riso 等通过导入内源基因反向序列和反向重复序列的方法实现了三角褐指藻内源基因 *phytochrome*（*DPH1*）和 *cryptochrome*（*CPF1*）的沉默，构建了第一个硅藻突变株。此外，采用电脉冲的方法也实现了对三角褐指藻的转化。而杜氏盐藻、小球藻等遗传转化也取得了成功。马瑞娟等采用根癌农杆菌介导的转化方法，对小球藻进行遗传转化，将透明颤菌血红蛋白基因导入小球藻，结果其叶黄素产量提高了 47.19%。微藻转基因技术为微藻基因工程改造提供了理论依据。对微藻代谢过程关键调控节点相关酶进行遗传改造，将有望实现高附加值代谢产物的高效积累，促进微藻工业的发展。

五、总结与展望

中国沿海跨越寒温带、温带、亚热带和热带，温差达 33℃。潮间带和渐深带生活着高度多样化的藻类植物，包括已知的 790 种大型海藻和 1799 种微藻。大型海藻主要有红藻、褐藻和绿藻等。海洋微藻（单细胞海藻）是海洋生物资源中的初级生产者，具有种类繁多、生物量大、个体小、生长繁殖快的特点。海藻由于其特殊的生活环境和代谢机制而孕育了大量特殊的代谢物质，其中许多是能源、药物和食物的重要来源。目前，只有不足 1%的海藻物种实现了规模化开发和利用。对藻类资源的开发和利用又与特定的历史发展时期密切相关。目前，我国的海藻研究及应用开发应当聚焦在三个重要方面：①大规模栽培的经济海藻资源，如海带、紫菜、裙带菜、麒麟菜、羊栖菜、龙须菜等；②具有重要生态意义的大型海藻物种，如浒苔、马尾藻、鼠尾藻、铜藻等；③广泛分布在我国沿海的主要浮游植物——微藻，如形成赤潮的单细胞物种，我国南北方主要的浮游和底栖硅藻物种及其他重要的能源或饵料种类。这三大类别的海藻资源对我国国民经济建设和生态环境保护具有迫切重要的意义。

生物基因的解析，是生命科学进入 21 世纪的划时代里程碑，有助于从更高层次阐明基因的结构与功能的关系，利于基因的定向改良和新品种的培育。作为遗传信息的载体，基因是一种战略性资源而成为世界关注的焦点和竞争的热点。基因资源已被广泛应用于农业、医疗、环境等方面并发挥了重要作用。全基因组测序是快速获取物种全部遗传物质信息、性状关键基因鉴定、关键生化过程研究的基础。2000 年拟南芥基因组的发表推动了双子叶植物的基础研究。2002 年发表的水稻基因组文章不仅完全奠定了水稻作为单子叶植物研究模式物种的地位，而且还推动了水稻基因组中重要经济性状关键基因的分离和鉴定。从 2002 年至今成功分离到的与水稻抗逆、分蘖、果实数目和大小等经济性状相关的关键基因远远大于该领域之前数十年的成果。高通量测序技术的发展，使测序成本逐渐降低。新一代高通量测序仪已经成为新基因组从头测序和相似物种重测序的主流技术。到目前为止，已经完成全基因组测序的真核生物主要包括人类、小鼠、大鼠、果蝇、线虫、蜜蜂、血吸虫、拟南芥、水稻、莱茵衣藻、大豆、杨树、木瓜、黄瓜、葡萄、大熊猫、苹果、蚂蚁等。

藻类全基因组研究起步较晚。20 世纪末，日本文部省首先聚焦经济海藻，组织了条斑紫菜基因组计划，重点进行条斑紫菜 EST 测序工作，从而掀起了海藻基因组学研究的热潮。第一个藻类基因组［小型原始红藻（*Cyanidioschyzon merolae*）］直到 2004 年才发表，并直接推动了光合作用中暗反应关键酶的进化研究（Matsuzaki *et al.*，2004）；2007 年发表的单细胞绿藻莱茵衣藻（*Chlamydomonas reinhardtii*）基因组，从鞭毛进化角度提供了动植物早期进化的线索（Guan *et al.*，2007）；2008 年海洋硅藻韦氏海链藻和三角褐指藻的全基因组序列发表；2010 年 6 月在 *Nature* 上发表的多细胞褐藻（*Ectocarpus siliculosus*）基因组和 2010 年 7 月在 *Science* 上发表的多细胞团藻（*Volvox carteri*）基因组文章探讨了多细胞生物的进化机制。目前，已完成全基因组测序的 5 种藻类的基因组大小差异极大，第一个测序的原始红藻（*Cyanidioschyzon merolae*）基因组最小，只有 16.5Mb，褐藻（*Ectocarpus siliculosus*）基因组最大，高达 214Mb，而测序技术的发展，特别是新一代高通量测序技术和拼接算法的成熟，使得针对基因组较大的大型经济海藻进行全基因组测序成为可能。由此，直接催生了美国脐紫菜基因组测序及日本条斑紫菜全基因组测序的进行。但由于共生菌的污染，美国脐紫菜基因组的测序数据一直没有公布。日本科学家于 2013 年首次发表了无共生菌污染的条斑紫菜全基因组序列，此里程碑式的工作结束了人类对红藻基因组信息知之甚少的状况。他们认为条斑紫菜基因组约含 10 000 个功能基因，其中约 1/3 为功能未知基因，与单细胞红藻（*C. merolae*）、莱茵衣藻及拟南芥相比，约 2400 个基因为条斑紫菜所特有。只有约 2000 个基因与 *C. merolae* 相似，说明自然界红藻间进化跨度极大。他们还获得了内含子长度与基因组大小的线性关系，这一结果有助于未来评价其他物种的基因组大小。他们还发现了在海洋环境中分析藻类与共生菌相互作用的关键基因，定位了藻胆体相关基因，为高产藻株的鉴定提供了筛选依据。

我国海藻基因组研究虽然起步较晚，但却具有鲜明的特色：从一开始就着眼于经济海藻，与经济海藻育种实践紧密结合。因此，经济藻类基因组研究也必定要先行，方能保证我国水产养殖领域学科和产业的可持续发展。经过几年的探索，也取得了一些成果，先后获得了江蓠属、坛紫菜、条斑紫菜的大规模 EST 序列。2013 年，条斑紫菜、海带全基因组测序计划启动。除此之外，还对浒苔进行了 EST 测序。尤其是在高通量测序技术不断发展的今天，海藻基因组研究的成本明显下降。未来我国基因组研究将以实际应用为导向，对经济物种基因组序列进行测定，并分离、克隆和表达有用的功能基因，发掘有重大应用前景的新基因，为重要经济海藻的良种培育奠定基础；以模式生物基因组学信息为基础，通过突变体制备，筛选关键基因突变的个体，研究生物个体发育和系统发育的规律及生物对环境的响应机制。

（王广策）

第二节　褐　　藻

一、简介

现代分子生物学、生物化学、生理生态学等新方法的应用，大幅度改变了人们对生物系统发生及演化过程的认识。褐藻纲（Phaeophyceae）藻类因含有大量的类胡萝卜素（岩藻黄素）及褐藻单宁酸（tannins）类物质而呈现出特殊的棕褐色。褐藻纲藻类均属于大型藻类，具有丝状、假薄壁组织和薄壁组织藻体，并且在生活史中具有明显的不等世代交替。之前的疑问在于，这一类宏观藻体的类群中缺乏与其紧密联系的单细胞和多细胞群体体制类型的藻类。从体制类型进化的角度，推测褐藻纲可能是从褐枝藻纲（Phaeothamniophyceae）中的某一类群（丝状体）演化的，其产生的游孢子与褐藻相似，但其缺乏褐藻典型的单室或多室孢子囊特征。而分子系统学研究表明，具有简单丝状体构造的水云目并非是褐藻中最早分化的类群，因此，褐藻纲藻类的早期进化及其类群分化可能存在着体制构造的平行进化。经过综合分析化石记录研究显示，网地藻目（Dictyotales）藻类化石（99 600 万～14 550 万年）与马鞭藻目（Cutleriales）化石（2500 万年）均早于类似于海带目和墨角藻目（Fucus）藻类化石（均为 1300 万年）地质时期。即使是藻体结构类型比较简单的水云目也未显示出其分子系统发育水平的早期分化特征，但毫无疑问的是，对于具有复杂体制构造（组织分化）及高级繁殖器官分化的墨角藻目（Fucus）的系统发生时期较晚（Thomas，1971）。

1. 褐藻生物学特征与特性

褐藻纲的大部分种类生长在冷温带沿海的潮间带及潮下带区域，并以大型的宏观藻体及群落成为上述区域的优势生物类群，尤其是在具有更延长大陆架的北半球，其生物多样性和群落规模更为明显，尽管在种类数量方面少于红藻，但在总生物量方面却远远超过红藻。鉴于其庞大的物种数量（已知 1836 个物种）、高生物量、生态群落的支配性及重要的经济价值，引起了人类广泛重视。

褐藻呈褐绿色、棕褐色或褐色，这是质体内含有大量类胡萝卜素类色素的缘故。褐藻叶绿素类色素包括叶绿素 a（chlorophyll a）、叶绿素 c1（chlorophyll c1）、叶绿素 c2（chlorophyll c2），而类胡萝卜素类色素包括 β-胡萝卜素（β-carotene）、墨角藻黄素（fucoxanthin）、紫黄素（violaxanthin）、花药黄素（anthcraxanthin）、玉米黄素（zeaxanthin）。由于不同物种所含的各种色素的比例不同，藻体的颜色变化较大，从橄榄绿色到深褐色不等。例如，网地藻属、海带属、间囊藻属和幅叶藻属中墨角藻黄素的含量都比较丰富，而墨角藻属中墨角藻黄素的含量却较少。

褐藻体形相对较大，都有比较明显的外部形态，都是营定生生活的，所以每个种都有“固着器”的分化。最简单的藻体外形为分枝丝状体，有多细胞组成的叶片状、垫盘状和囊状体，最复杂的藻体外形有“茎”、“叶”分化，并生有气囊，成熟的藻体还能分化出产生生殖细胞的“生殖托”；藻体依靠固着器固着于基质而定生生活，最简单的固着器由藻体基部的一个或几个细胞组成，呈小盘状，或由多细胞丝体横卧在基质上，或整个藻体紧贴在基质上，最复杂的固着器是由多细胞组成的有多分枝的“假根”。

褐藻的繁殖方式包括无性繁殖和有性繁殖两种方式。大多数属都有有性生殖，为同配、异配和卵式配合等方式，无性生殖是以孢子生殖的方式进行的；无论是配子还是孢子，其外形都是梨形或梭形，并侧生 2 根不等长的鞭毛，其中 1 根为茸鞭型（tinsel type）鞭毛；大多数属的生活史中都有世代交替，包括同型世代交替或异型世代交替。

2. 褐藻特殊的生理反应

褐藻具有特殊的蓝光诱导反应（Bartsch *et al.*，2008）。蓝光激发褐藻在饱和红光下的光合作用，并且在蓝光下显示出比红光更高的 pH 补偿点（通常 pH 补偿点越高，则表示利用 HCO_3^-能力越强）。这表明，蓝光下褐藻具有更强的无机碳利用能力，但蓝光反应的效应随无机碳浓度升高而逐渐减弱直至消失。这种机制被认为是褐藻存在着类似陆生植物的景天酸循环（crassulacean acid metabolism，CAM）途径，在囊泡中存在着“CO_2 储藏库”，蓝光作为一种诱导信号，促进 CO_2 从储藏库中释放出来，从而提高向三磷酸核酮糖羧化酶（Rubisco）的 CO_2 供应速率。褐藻纲藻类对于无机碳的吸收表现出一定的独特性，其光合固碳机制受蓝光的调控。褐藻纲的大多数种类生活于潮间带，可以吸收大量的光照。在这种环境中，其他藻类的光合作用通常会被无机碳的补给所限制。但褐藻纲藻类只要在蓝光照射时即可增加无机碳吸收量，因而储备了细胞在黑暗条件下进行光合作用所需的能量。而墨角藻目（Fucales）褐藻类则不具备该机制，推测已进化出了其他的机制。

3. 褐藻性诱导物质

褐藻性诱导物质的研究被认为是 20 世纪褐藻生物学研究的重要成就（Bartsch *et al.*，2008）。这类信息素物质，能调配有性生殖过程中细胞的活动，调节精子囊中游动精子的暴发性释放，由雌性配子或卵吸引雄性配子（精子）。褐藻中所发现的性诱导物质均为不饱和（至少含有一个双键或三键）的碳氢化合物。褐藻中已鉴定所有的性诱导物质都呈现出挥发性和疏水性。但在水体中，疏水特性使其更容易被细胞识别，当其结合到大分子受体的配子细胞膜时，可诱导有关的生殖行为。性诱导物质的挥发性能避免其在雌配子（卵）周围的缓慢积累，否则会降低雌配子周围（约 0.5mm）雌激素的梯度效力，而雌激素则被认为是短距离的效应。褐藻中已鉴定了多种性诱导物质，并根据其发现的种属名称进行了命名。除了墨角藻的性诱导物质——墨角藻烯（fucoserratene）外，其他褐藻均为 C_8～C_{11} 烯烃（至少含有一个双键的不饱和开链碳氢化合物），并且大多数形成 1 个五碳或七碳的环状结构。主要包括：水云属（*Ectocarpus*）中的水云烯（ectocarpene）；刺酸藻（*Desmarestia aculeata*）的酸藻烯（desmarestene）；海带属（*Laminaria*）的海带烯（lamoxirene）；马鞭藻（*Cutleria multifida*）的马鞭藻烯（multifidene）；网地藻（*Dictyota dichotoma*）的网地藻烯（dictyopterene）；墨角藻（*Fucus serratus* 和 *Fucus vesiculosus*）的墨角藻烯（fucoserratene）等。

二、基因组及功能基因研究进展

1. 褐藻基因组结构与特征

真核藻类也同样存在着 *C* 值悖论情况，丝状体的长囊水云（*Ectocarpus siliculosus*）*C* 值为 0.25pg，而实测基因组（组装为 30 个染色体上）为 214Mb，*n*=31 的海带（*Saccharina japonica*）基因组大小约为 550Mb，而具有最高等繁殖器官结构和组织分化的漂浮马尾藻（*Sargassum fluitans*）的 *C* 值则仅为 0.20pg。

长囊水云基因组 GC 含量为 53.6%，在 195.8Mb 基因组数据中，共预测到了 16 256 个编码基因，这些编码基因的 3′UTR 的平均长度大于 845bp，而约 29%的基因间隔区长度小于 400bp。而约有全基因组 22.7%的比例均为转座子、逆转座子和滚筒式转座子（helitron）等重复序列。超过 2kb 的长 scaffold 有 1561 条，scaffold N50 值为 504.4kb；contig 数量为 14 043 条，contig N50 值为 32.8kb；cDNA 序列在基因组数据中的匹配率为 97.4%。平均基因长度为 6859bp，平均编码序列长度为 1563bp；内含子数量为 113 619 个，平均长度为 703.8bp；每个基因的内含子数量为 6.98 个；外显子数量为 129 875 个，平均外显子长度为 242.2bp，仅有单个外显子的基因数为 856 个。编码蛋白质功能明确的注释基因数量为 10 278 个，占全部基因总数量的 63.2%；表达标签注释的基因数量为 9601 个，占全内部基因数量的 59%（Cock *et al.*，2010）。

海带基因组大小约为 545.7Mb，GC 含量为 48.75%；超过 2kb 的长 scaffold 有 11 156 条，scaffold N50 值为 118.6kb；contig 数量为 418 683 条，contig N50 值为 4.733kb；共预测到了 35 725 个编码基因，cDNA 序列在基因组数据中的匹配率为 91.28%%。平均基因长度为 5591bp，平均编码序列长度为 1152bp；内含子数量为 131 519 个，平均长度为 1203bp；每个基因的内含子数量为 4.63 个；外显子数量为 167 244 个，平均外显子长度为 250.27bp，仅有单个外显子的基因数为 7051 个。

2. 海带与水云基因组中微卫星分布的特征与规律

在海带基因组中发现了约 21 万个微卫星序列，平均每 4.2kb 有 1 个微卫星重复序列。而强壮团藻基因组中则每隔约 1.5kb 出现一个微卫星序列，莱茵衣藻每隔约 1.6kb 出现一个微卫星序列，三角褐指藻每隔约 26.6kb 出现一个微卫星序列，长囊水云每隔约 3.3kb 出现一个微卫星序列，拟南芥每隔约 12.6kb 出现一个微卫星序列。相比之下，硅藻门的三角褐指藻基因组微卫星出现频率最低，绿藻门类的莱茵衣藻和强壮团藻基因组微卫星出现频率较高，而褐藻的海带、水云基因组微卫星出现频率较低。

海带与其他几种海藻的微卫星序列在基因组水平上均是以三碱基为优势重复类型，或许是大型海藻基因组结构的一个重要特征。三碱基重复是海带基因组中的优势重复类型，重复序列数目占微卫星序列总数的 41.40%。团藻、莱茵衣藻、长囊水云、三角褐指藻基因组的微卫星序列也都是以三碱基重复类型出现频率最高，分别占其微卫星总数目的 48.27%、57.01%、65.72%和 47.40%。而作为典型高等植物的拟南芥则与上述几种藻类基因组微卫星序列的优势重复序列类型存在明显的差异，其基因组的微卫星序列则是以二碱基重复类型出现频率最高，占微卫星总数目的 34.07%。

海带与水云的不同碱基的基重复序列数目排列顺序差异较大，海带基因组为三碱基重复＞单碱基重复＞二碱基重复＞四碱基重复＞五碱基重复＞六碱基重复。绿藻门类的团藻和莱茵衣藻，以及硅藻门的三角褐指藻则都以单碱基重复序列的数目最少。

海带、团藻、莱茵衣藻、长囊水云基因组微卫星序列富含 GC，而三角褐指藻、拟南芥基因组微卫星序列富含 AT。在海带基因组单碱基重复中，G/C 重复类型较多，占单碱基重复类型总数的 56.34%，在其他藻类研究结果中也均是 G/C 重复类别最多，均在各自的单碱基重复类型中占到 90%以上。两碱基重复类型中，以 AG 重复类别最为丰富，这与长囊水云结果相同；与团藻、莱茵衣藻及三角褐指藻不同，这三种藻类的单碱基重复类型均以 AC 类型最丰富。三碱基重复类型中以 ACG 最丰富，这与长囊水云相同，但团藻和莱茵衣藻中却含有更多的 CCG，三角褐指藻中 AAC 类型最多。在四碱基重复类型中，海带以 ACAG 重复类型最丰富，依然与长囊水云相一致，与其他三种藻类则不同，而这三种藻类彼此也均不相同。

3. 海带与水云基因组中 LTR 逆转座子分布的特征与规律

对 21 种已测序藻类基因组的 LTR 注释，在 6 种原核藻类中并没有注释到相关 LTR 逆转座子，在 15 种真核藻类中的 10 种藻类注释到 LTR 逆转座子，一共得到 1635 条注释 LTR 逆转座子序列，依次分别为：托瑞蚝球藻（*Ostreococcus tauri*）1 条，细小微胞藻（*Micromonas pusilla*）11 条，假微型海链藻（*Thalassiosira pseudonana*）14 条，三角褐指藻（*Phaeodactylum tricornutum*）29 条，蓝隐藻（*Guillardia theta*）69 条，小球藻（*Chlorella variabilis*）14 条，莱茵衣藻（*Chlamydomonas reinhardtii*）67 条，强壮团藻（*Volvox carteri*）105 条，长囊水云（*Ectocarpus siliculosus*）265 条，角叉菜（*Chondrus crispus*）1060 条。其中，除蓝隐藻与角叉菜之外，在 6 种藻类中共有 133 条为包含有内部编码区的自主型 LTR 逆转座子，41 条 Ty1/Copia 超家族逆转座子，62 条 Ty3/Gypsy 逆转座子，30 条未分类逆转座子，剩余 403 条为非自主型逆转座子。统计表明除角叉菜之外，在 9 种真核藻中，LTR 逆转座子所占整体基因组比例均不到 1%，角叉菜 LTR 逆转座子所占基因组比例则超过 10%。

通过长囊水云、海带转录组研究，获得了一批转录组内部与物种内部基因组 LTR 逆转座子序列部分片段同源的表达序列。在水云转录组内部出现与基因组 LTR 同源序列中，共有 27 条 mRNA 片段对应 11 个注释 LTR 逆转座子。除 *EsLRg142* 为 Ty3/Gypsy 超家族成员外，其余均为非自主型 LTR 逆转座子序列片段。海带转录组数据同源搜索结果发现转录组同样存在 LTR 蛋白质编码区同源序列，主要为逆转录酶及核糖核酸酶 H 等与转座直接相关的酶，说明海带基因组内部存在仍然具有转录活性的潜在 LTR 逆转座子。但从整体上来看，海带和长囊水云的 LTR 逆转座子多数处于不活跃状态，这可能涉及 LTR 逆转座子的激活机制。

4. 褐藻基因组揭示的多细胞生物进化机制

褐藻细胞外分布着特殊的褐藻胶和岩藻多糖，有助于增强对海流的机械剪切力和压力，同时具有抵御捕食的作用。在水云基因组中发现了大量的与已知的褐藻胶、岩藻糖和纤维素合成及修饰有关的同源基因，显示出褐藻独立进化出了行使这一生物过程的酶。然而，更多的修饰酶、硫酸基转移酶、硫酸酯酶则改变着细胞外成分的物理特性和化学特性，如硬度、离子交换和非生物应激效应等。

对 17 种完成全基因组测序的生物的 3520 个基因家族的系统进化研究显示，真核生物物种的基因具有一致的起源，并且在近缘类群中具有更多的相同家族数量。相对单细胞生物而言，多细胞生物的基因家族仅丢失了较少数量，而进化出了更多的新基因，但目前仍无法辨别出多细胞发生的功能基因家族，生物多细胞进化的机制仍不清楚（Cock *et al.*，2010）。

通过对比单细胞硅藻基因组，可以发现长囊水云与硅藻分化后，包括细胞膜受体蛋白激酶在内的蛋白激酶的进化可以作为一个相对明显的特征。这些蛋白激酶基因在动物和维管植物中被认为是在细胞分化和组织化等细胞发育过程中发挥关键作用的基因。动物酪氨酸受体蛋白激酶和植物丝氨酸/苏氨酸受体蛋白激酶的进化分别处于两个完全独立的进化分支，这种进化分歧出现在多细胞生物体进化事件期间。水云受体蛋白激酶处于与动物和植物不同的进化分支，表明褐藻的进化也是独立发生的。在对比的细菌、动物、植物（含绿藻）、异鞭藻、红藻五大生物类群中，至少有 3 个类群显示出受体蛋白激酶家族的变化可能与复杂发育生物学进化有关。水云受体蛋白激酶家族与其他的原核藻类没有亲缘关系，但与 2 种卵菌却具有密切的系统发育关系，之前的研究显示，卵菌被认为与异鞭藻生物具有相同的起源，但在后期中丢失了质体并发生了适应寄生生活的进化。

水云基因组中还存在着另一类可能与多细胞发育功能有关的蛋白质。例如，一些膜结合蛋白（membrane-localize proteins），包括了 3 个整合素相关蛋白质。与其他原核藻类相比，水云基因组中存在着大量的离子通道功能相关的编码蛋白质序列，包括了参与钙离子信号相关的肌醇三磷酸盐/兰尼碱类型的受体蛋白基因（*IP3R/RyR*）。*IP3R* 基因也存在于硅藻和卵菌基因组中，而水云中存在 *IP3R* 基因则意味着其可能存在与墨角藻（*Fucus serratus*）相同的在萌发阶段存在“动物性”（animal-like）的钙波（calcium waves）和肌醇磷酸化诱导的钙释放现象。

水云基因组离子通道蛋白基因分析结果显示，真核生物的基因进化途径不只包括单一的途径，这些进化出的新功能基因也可能在共祖时期就已存在。相对单细胞的微生物，多细胞生物更倾向于保留更完整的 Rad 51 基因家族，尤其是对于 DNA 修复功能和减数分裂具有重要意义的编码蛋白质，这种情况也同时存在于水云等异鞭藻类中。与单细胞硅藻相比较，水云基因组中具有更为庞大的 GTP 酶基因和转录因子基因家族。

在众多的褐藻分子系统进化研究工作中，均揭示了海带目与水云目具有密切的系统发生关系。在长囊水云基因组中存在着 DNA 病毒基因组的插入分布，尽管在水云属藻类中约有 50%的种类被观察到存在着病毒侵染的现象，但基因组中发现的 EsV-1 病毒基因组则属于古老的遗传事件，已发生了病毒基因组伴随着水云基因组的重组/交换，在基因组中并非是一个完整的病毒基因组的方式存在，总长度为 335kb 的 EsV-1 病毒基因组序列发生了部分片段的丢失，但仍保留在同一个 scaffold 中，但被分隔为 112kb 和 25kb 两个长片段。同样的情况也存在于海带基因组中，但与水云基因组中分布的 2 条长片段而言，EsV-1 病毒在海带基因组中仅存在着 7 个小的同源片段，且被重组到不同的 scaffold。这种情况显示，水云目与海带目的确为进化的姐妹群，并且在共祖时期发生了 EsV-1 病毒的侵染事件。相对而言，海带基因组较长囊水云发生了更为频繁的重组和交换事件，导致了病毒基因组的破碎化；现有的海带基因组为 546Mb，而长囊水云基因组则为 196Mb，这似乎意味着褐藻从丝状体向叶状体的进化并非发生了基因组的多倍体化过程，而更多的可能是基因拷贝变化（海带基因数量达到 3.57 万个，而水云基因仅为 1.62 万个），以及剧烈重组导致的基因进化（海带中 EsV-1 病毒基因的大量丢失或被重组后无法识别）。

三、功能基因发掘利用

从藻类整体来看，功能基因克隆并进行实验验证的工作远落后于植物和水生动物。尽管长囊水云基因组的发布极大地扩充了褐藻基因数据规模，海带、马尾藻、酸藻等转录组研究也取得了丰富的进展，褐藻中已有 21 个物种得到了转录组数据。在基因注释及系统进化分析方面，近年则包括了光合作用相关、碳水化合物代谢、卤代氧化等途径。但目前为止，褐藻功能基因的研究仍十分少。除了少量工作集中在与光合作用相关的 *CA*、*rbc L* 等方面外，多数和报道较为集中的功能基因研究仍集中在水云碳水化合物代谢的功能研究方面。

1. 卤代氧化酶基因

能够行使生物卤代功能的酶主要包括卤代过氧化物酶（haloperoxidases）、黄素依赖型卤代酶（flavin-de-pendent halogenases）、甲基卤代转移酶（methyl halide transferases）、非血红素 Fe^{II}α-酮戊二酸盐依赖型卤代酶［non-heme Fe^{II}α-ketoglut-arate（αKG）-dependent halogenases］和氟化酶（fluorinases），并以前两者为主。

黄素依赖型卤代酶主要分布在细菌和蓝细菌中，而卤代过氧化物酶则是目前研究较为深入的卤代酶之一，尤其是其广泛地分布于维管植物和藻类中。卤代过氧化物酶根据其能够催化卤素种类的不同，可以分为氯代过氧化物酶（chloroperoxidase）、溴代过氧化物酶（bromoperoxidase）和碘代过氧化物酶（iodoperoxidase）三种。氯代过氧化物酶可以催化碘、溴和氯元素的卤化；溴代过氧化物酶可以催化碘、溴元素的卤化；而碘代过氧化物酶只能催化碘元素的卤化反应。目前，氯代过氧化物酶主要在陆地生物中发现，而溴代过氧化物酶和碘代过氧化物酶则主要在海洋中被发现，特别是碘代过氧化物酶，仅在少数海洋褐藻中发现。

利用已知基因序列同源比对的方式，在海带基因组（转录组）中发现了 5 条钒离子依赖型碘氧化酶（*vIPO*）基因与 37 条钒离子依赖型溴氧化酶（*vBPO*）基因同源序列，没有发现氯氧化酶（*vCPO*）基因。而根据此两种基因编码蛋白质催化卤素离子反应特征，两者均可催化碘离子的氧化并形成次碘酸复合蛋白，海带基因组中这种多拷贝方式的卤代氧化酶基因分布，与其高效率的碘吸收代谢功能有关。水云基因组中分布着与掌状海带相同的卤代氧化酶基因，并且在基因组中分布大约有 2 个卤烷烃脱卤酶基因和 21 个假定的脱卤酶基因，这可能是水云藻体中碘化物的含量远低于海带目藻类的原因。

对注释到的海带 *Sj* vBPO1 与 *Sj* vBPO2，与目前已知褐藻物种 vBPO 氨基酸序列进行相似性比较，表明其与掌状海带（*Laminaria digitata*）相关基因相似性最高，包含保守的离子结合位点 His 残基，一系列保守的结构域。系统发育分析表明，*vBPO* 基因与 *vCPO* 基因在原核生物时期即发生分化，同时，褐藻 *vBPO* 基因与 *vIPO* 基因由红藻/光合细菌一支进化而来，并且在褐藻分化之前发生了基因复制事件（Liang *et al.*，2014）。

长期以来，褐藻物种溴碘离子氧化富集机制被作为典型海洋生物卤素氧化过程所研究，La Barre 认为褐藻纲物种 vHPO 主要在细胞间质完成卤素氧化过程，卤素氧化机制为褐藻物种提供了主要的抗氧化能力，从而为防止海洋生态环境中存在的大量过氧化物侵蚀机体提供了全面有效的防护屏障。从该分析看出，信号肽位点的存在使褐藻物种 *vHPO* 基因具备跨膜能力，这是 *vHPO* 基因演化过程中发生的一种功能的完善。此外，跨膜域的预测结果也表明在褐藻尤其是海带属物种内部 *vBPO* 基因及 *vIPO* 基因存在这种更高程度的特化，三个具备跨膜结构域的 *Saccharina. japonica* vBPO2、*Laminaria. digitata* vBPO2 及 *L. digitata* vIPO2 能够在线粒体膜上进行卤化催化作用，使得海带属物种在海水环境中能够完成更加高效的 Br^-、I^-的吸收固定过程。对 *S. japonica vHPO* 基因的研究也展现出海带 *S. japonica* 物种在海水富卤素环境中极强的卤素富集能力的一面，比起同为褐藻的水云，其中存在的碘氧化酶使海带中的碘含量远高于这类不含碘氧化酶的物种。这些现象展示出海带在进化中针对其特殊生长环境所演变出的独特之处。

2. 褐藻的储藏物质与甘露醇合成通路

褐藻的储藏物质主要是可溶性的碳水化合物，储藏在液泡、细胞质或者整个原生质体内。光合作用产物主要来源于叶片的皮层组织（质体内具有色素），并在叶片和固着器内部纵向分布的髓层细胞进行运输，一般流向为叶片末端向基部分生组织，但在实验中该过程也可反向进行，这说明这种产物运输是非定向的，但主要是由光合组织向非光合组织的运输。海带多糖（海带淀粉）为 β-1, 4-糖苷键连接的葡聚糖，含有由 16～31 个残基以 β-1, 3-糖苷键连接的葡聚糖及其相关混合物。其分子数目的差异是由 1→6 连接的糖基数量、分支程度及末端是否连接 1 个甘露糖分子造成的。高比例的 C-6 连接及分支数量变化影响到其在低温水溶液中的溶解度，连接数目越大则溶解度越大。海带多糖以油滴的形式存在于质体外，通常位于囊泡（褐藻囊泡或褐藻小泡）中。多数褐藻细胞中的甘露醇含量与环境中的盐度呈正相关，这种机制可能是甘露醇作为高渗介质物质使细胞保持良好的渗透压。甘露醇含量在黑暗与光照条件下都会增加，显示出光合作用对甘露醇的积累没有影响，可能是其他储藏物质转化为甘露醇。而已知在海带属藻类中，成熟个体的甘露醇含量最高可达到干重的 25%。

藻类中甘露醇合成通路（图 5-1）为一包含 4 个酶促反应的循环，分别由 4 个酶介导：甘露醇-1-磷酸脱氢酶（M1PDH，EC1.1.1.17）、甘露醇-1-磷酸磷酸酶（M1Pase，EC3.1.30.22）、甘露醇-2-脱氢酶（M2DH）和己糖激酶（HK）。果糖-6-磷酸在 M1PDH 的作用下转化为甘露醇 1-磷酸（M1P），然后经由 M1Pase 的催化合成甘露醇，这两个酶是由果糖-6-磷酸到甘露醇合成的关键酶。红藻中这两个酶的活性均在 *Caloglossa leprieurii* 中得到证实。M1PDH 的活性分别在绿藻 *Platymonas subcordiformis* 和褐藻长囊水云 *Ectocarpus siliculosus* 中得到确认。

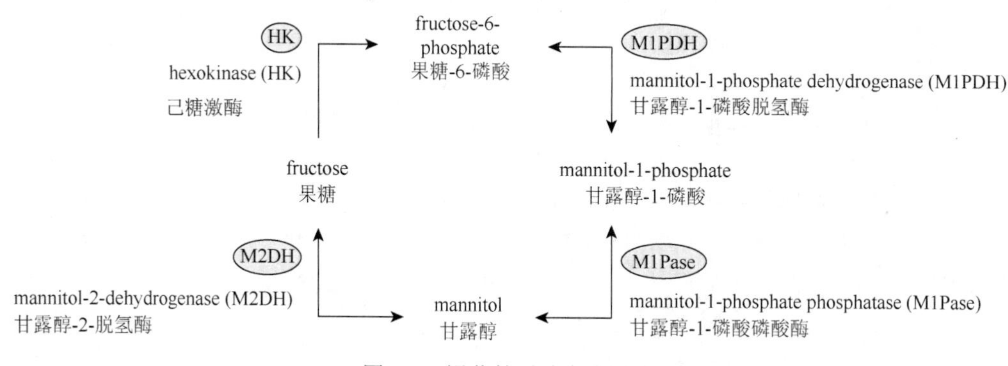

图 5-1 褐藻甘露醇合成通路

长囊水云 M1Pase 包括 2 个拷贝（Agnès *et al.*，2014）。qPCR 检测发现，与甘露醇含量变化一致，这两种 *M1Pase* 基因的表达均具有光节律性：光照条件上调，黑暗条件下调。重组 EsM1Pase2 酶活分析表明，其仅特异性催化甘露醇-1-磷酸生成甘露醇。邵展茹利用 RACE-PCR 扩增获得海带甘露醇-2-脱氢酶（*M2DH*）基因，重组蛋白酶学分析表明，其只能催化果糖生成甘露醇单向反应。qPCR 检测表明，*M2DH* 基因在低盐、氧化、干露等条件下表达显著上调，但高 NaCl 浓度条件下几乎不表达，推测海带中可能通过 *M2DH* 基因调节甘露醇的合成与分解。另外，2～6h 白光和蓝光诱导，均可使 *M2DH* 基因高表达，而 8～10h 的黑暗处理，也会略微上调其表达，这表明 M2DH 通过催化可逆反应的不同方向来调节甘露醇含量。

3. 褐藻细胞外组分与褐藻酸、岩藻糖合成通路

褐藻细胞壁通常至少由两层组成，由纤维素构成细胞壁骨架成分，而细胞壁无定形成分主要由褐藻酸（alginic acid）和岩藻多糖（fucoidin）组成。同时，褐藻酸也是构成褐藻胞外黏液和表皮的主要成分。褐藻酸和岩藻多糖在生物合成途径上，两者共有相同的从果糖-6-磷酸为底物，由甘露糖-6-磷酸（mannose-6-P）至 GDP-甘露糖（GDP-mannose）的上游途径。

褐藻的褐藻酸和岩藻多糖合成途径仍然不够明确，一些关键酶基因仍未见报道或还未得到生物功能验证。借助于绿脓假单胞菌（*Pseudomonas aeruginosa*）、棕色固氮菌

（*Azotobacter vinelandii*）等产褐藻酸细菌的研究，已分离了和鉴定出褐藻酸合成通路的主要基因。由果糖-6-磷酸到 GDP-甘露糖合成途径需要三个酶的参与，分别为 PMI（也称为 algA；编码磷酸甘露糖异构酶，phosphomannose isomerase）、PMM（也称为 algC；编码磷酸甘露糖变位酶，phosphomannomutase）、MPG（也称为 GMP 或 algA；编码 GDP-甘露糖焦磷酸化酶）。产褐藻酸细菌的 algA 为双功能酶，而其他生物中则是由不同的酶进行分步合成。而在长囊水云的褐藻酸合成通路中，则缺乏催化甘露糖-1-磷酸转化为 GDP-甘露糖的 *MPG* 基因，而推测是其 *MPI* 具有类似细菌 *alg*A 的双功能酶基因的特性。红藻 *Galdieria sulphuraria* 的 PMM 被证实为同时具有 PMM 及磷酸变构酶活性。张亚兰克隆了海带 *PMI1* 基因和 *PMI4* 基因的 CDS 序列和 *PMI4* 基因序列，并研究了 *PMI4* 基因原核重组表达蛋白的活性，酶活性达到 169.7U/mg，最适反应温度为 15℃，最适 pH 为 8.5，推测该酶为低温酶，碱性蛋白。Zn^{2+}、Cu^{2+}和 Mn^{2+}对酶活性有抑制作用；而 Ca^{2+}和 Mg^{2+}对酶活基本无影响；Co^{2+}有促进酶活的作用。

除了上述基因之外，褐藻酸和岩藻多糖合成通路其他的基因尚未见实验研究的报道。Gurvan Michel 等首次根据生物信息学手段预测了长囊水云的褐藻酸合成通路，并认为其与绿脓假单胞菌具有基本相同的代谢途径及基因（Agnès *et al.*，2014）。长囊水云代谢通路中缺少了 *MPG* 基因而呈现出非完整通路状态，而之前在褐藻（墨角藻目）加氏墨角藻（*Fucus gardneri*）中曾发现具有合成 GDP-甘露糖活性的酶。Gurvan Michel 等认为该酶并不是由传统的 *MPG* 基因编码的，该基因已经在褐藻与硅藻进化中丢失了，而是由类似于细菌 algA（MPI）的双功能酶催化该反应。同时，长囊水云中还缺少 alg8，推测以一类 GT2 酶发挥了相应的功能。但对已发布的藻类基因组、转录组数据及自行测定的 19 种褐藻转录组数据进行更为广泛的比较分析，发现其中包括的该类 *GT2* 基因与已知基因序列相似程度较低，尽管也可能是原核与真核生物之间不同进化分歧导致的，但进一步的结构域分析显示，这些基因也不具有细菌相应基因的功能域。如果是同源基因并且是行使同一功能的基因，其序列相似程度和功能域特征应保持良好的保守性。另外，更重要的是，需要对这些基因进行功能验证来确定其具体的功能。

4. 褐藻功能基因研究展望

最近的 5 年中，国际海洋生物基因组学研究取得了巨大的突破，但目前为止，多数研究仍集中在海洋经济动物、海洋模式生物、海洋细菌和海洋微型藻类等方面，对于具有重要食用、药用和工业用价值的褐藻基因组测序工作开展的仍然不多。目前为止，由于研究力量少、研究历史短及研究工具缺乏等问题，褐藻功能基因研究刚刚起步，尽管功能基因数据的匮乏已成为主要研究瓶颈之一，但在一些已完成和进行中的褐藻功能基因研究中，目前已逐渐利用体外重组表达及荧光定量 PCR 等方法进行了褐藻胶合成、卤代修饰、甘露醇合成等生物过程的研究，这无疑大大提升了褐藻功能基因研究的重要性及技术水平。但研究手段的缺乏，尤其是体内功能验证技术的不足，仍是目前验证褐藻基因真实功能的主要问题。未来褐藻功能基因研究将仍沿袭经典的功能基因研究策略来开展，一方面注重体内功能验证，包括基因编码产物定位、基因干扰和敲除、基因表达调控机制等；另一方面，以体外重组高效表达的策略，开展褐藻功能基因蛋白质工程研究，进行半生物合成及生物发酵工业尝试，实现特定成分或特定结构产物的生物制造，将为褐藻资源开发利用开辟新的空间与领域。

（刘　涛）

第三节　紫　　菜

一、简介

紫菜在分类学上原隶属于红藻门（Rhodophyta）原红藻纲（Protoflorideophyceae）红毛菜目（Bangiales）红毛菜科（Bangiaceae）紫菜属（*Porphyra*）。2011 年，Sutherland 等将原红毛菜目（Bangiales）重新划分为 15 个属，原紫菜属（*Porphyra*）的海藻被划分至 *Boreophyllum*、*Clymene*、*Fuscifolium*、*Lysithea*、*Miuraea*、*Pyropia* 和 *Wildemania* 等 8 个不同的属，而常见的条斑紫菜和坛紫菜的属名改为 *Pyropia*，为表述方便，仍习惯将原紫菜属的海藻统称为紫菜。现在全世界的紫菜种类大约有 134 种之多，我国记载的物种或变种数为 22 个。紫菜广泛分布于北半球和南半球，其中欧洲和北美的大西洋沿岸、太平洋沿岸（包括日本）及大洋洲、新西兰沿岸等地都进行过比较详尽的调查。我国从北方的辽宁省至南方的海南省都有紫菜分布，主要种类有皱紫菜（*P. crispata* Kjellm）、长紫菜［*Py. dentata*（Kjellman）N. Kikuchi & M. Miyata］、刺边紫菜（*P. dentimarginata* Chu et Wang）、福建紫菜（*P. fujiannensis* Zhang et Wang）、广东紫菜（*P. guangdongensis* Tseng et T. J. Chang）、坛紫菜［*Py. haitanensis*（T. J. Chang & B. F. Zheng）N. Kikuchi & M. Miyata］、铁钉紫菜［*Py. ishigecola*（A. Miura）N. Kikuchi & M. Miyata］、半叶紫菜华北变种（*P. katadai* Miura var. *hemiphylla* Tseng et T. J. Chang）、边紫菜（*P. marginata* Tseng et T. J. Chang）、单孢紫菜（*P. monosporangia* Wang et Zhang）、冈村紫菜（*P. okamurae* Ueda）、少精紫菜（*P. oligospermatangia* Tseng et Zheng）、青岛紫菜（*P. qingdaoensis* Tseng et Zheng Baofu）、多枝紫菜（*P. ramosissima* Pang et Wang）、列紫菜［*Py. Seriata*（Kjellman）N. Kikuchi & M. Miyata］、圆紫菜［*Py. Suborbiculata*（Kjellman）J. E. Sutherland，H. G. Choi，M. S. Hwang & W. A. Nelson］、甘紫菜［*Py. tenera*（Kjellman）N. Kikuchi，M. Miyata，M. S. Hwang & H. G. Cnoi］、越南紫菜［*Py. vietnamensis*（Tak. Tanaka & Pham-Hoàng Ho）J. E. Sutherland & Monotilla］、条斑紫菜［*Py. yezoensis*（Ueda）M. S. Hwang & H. G. Choi］等。

紫菜的生活史具有叶状体和丝状体两个世代，不同于高等植物的是紫菜的两个世代均可独立生存。叶状体就是人们常吃的紫菜，为单倍体，是由一到两层细胞组成的膜状体，可分为固着器、柄、叶片三个部分。叶状体的形态因种类不同而有所不同，有圆形或近似于圆形的椭圆形，有细长的线型，有上部变窄的长卵形或披针型，也有下部变窄的倒长卵形或倒披针型等。叶状体的形态与生长阶段、生长环境也有一定的关系。叶状体藻体长度一般为 10～30cm，藻体的长度受生长环境的影响较大，生长在自然礁石上的藻体由于营养条件的限制，长度一般不超过 30cm，但人工栽培的紫菜则可长至 1m 左右。紫菜叶状体的颜色一般为紫红、紫褐或略带绿蓝色，藻体中通常含有叶绿素、叶黄素、藻红蛋白、藻蓝蛋白和别藻蓝蛋白等。藻体的颜色与各色素含量的不同相关，不同紫菜颜色不同，相同紫菜在不同的生长阶段或不同生长环境中颜色也不尽相同。

丝状体为二倍体，是呈细丝状的微小生物体。在自然环境中，丝状体一般钻入贝壳或石灰质中生存，在人工培养条件下，它也可以悬浮在海水中生长。丝状体的形态特征在不同的发育时期相差很大，根据发育阶段的不同，丝状体阶段可分为果孢子萌发、丝状藻丝、壳孢子囊枝、壳孢子形成和壳孢子放散 5 个阶段。

紫菜的生活史类型多样，既可以进行有性生殖也可以进行无性生殖，既有雌雄同株（条斑紫菜）也有雌雄异株（长紫菜），还有雌雄异株兼雌雄同株（坛紫菜）等。根据不同的分类方法可将其生活史类型划分为不同的种类，张学成等依据孢子的特点将紫菜生活史划分为有单孢子型（条斑紫菜）、无单孢子型（坛紫菜）和无壳孢子型三种类型。鉴于紫菜生活史的复杂性，仅以条斑紫菜和坛紫菜为例介绍一下生活史。条斑紫菜是北太平洋西部特有的种类，是我国北方的主要栽培种类，同时也是日本和韩国的主要栽培品种。条斑紫菜为雌雄同株，叶状体发育成熟后形成精子囊器和果胞，每个精子囊器中有 128 个精子囊，少数为 64 个，精子囊放出精子，遇到果胞后，其内容物进入果胞完成受精。受精卵发育为果孢子囊，果孢子从果孢子囊中释放出后，钻入贝壳或石灰质中萌发为丝状体，丝状体形成壳孢子囊枝后在合适的条件下释放出壳孢子，壳孢子附着在礁石上成长为叶状体。条斑紫菜还可以进行无性生殖，其营养细胞可转化单孢子囊，每个单孢子囊仅含一个单孢子，单孢子可萌发为叶状体。坛紫菜是我国的特有种，在我国南方广泛栽培。坛紫菜多数为雌雄异株，少数为雌雄同株，其生活史与条斑紫菜基本相同，只是其不能进行无性生殖。

紫菜味道鲜美、营养丰富，紫菜中蛋白质的含量可占其干重的 25%～50%。紫菜中富含维生素 A、维生素 B1、维生素 B2、维生素 C 和烟酸。无机元素（磷、钠、钾、钙、镁等）含量可达紫菜干重的 7%。紫菜中氨基酸种类较多，以谷氨酸的含量最高，包含 9 种人体必需氨基酸。紫菜中不饱和脂肪酸比例较高，可使血清中的胆固醇含量降低。紫菜中的紫菜多糖具有抗氧化、抗衰老、抑制血栓形成等作用。同时，有研究表明，紫菜中的藻红蛋白和藻蓝蛋白可抑制癌细胞的生长。

紫菜作为一种重要的经济海藻，在中国、日本、韩国等地都有栽培，全世界的年产值达 13 亿美元。我国的紫菜养殖面积及产量都居世界首位。除经济价值外，紫菜的一些特点也使其成为研究的好材料。紫菜生活史的两个阶段——叶状体和丝状体生活在完全不同的环境中。叶状体生长于潮间带的礁石上，伴随着海水的涨落，其藻体每天都会经历复水和脱水的过程。在退潮时，叶状体完全暴露在空气和阳光下，会失去叶片内 85%～95%的水分，同时还要经历高温、高光、高渗透压等各种不利的环境条件。涨潮时，藻体可立即恢复。丝状体却不能脱离海水生存。对紫菜丝状体与叶状体的深入研究将为人们揭示其抗逆机制。

紫菜的减数分裂发生位置特殊，关于紫菜的减数分裂位置有许多不同的观点。现在一般认为紫菜的减数分裂发生在壳孢子的萌发过程中，即壳孢子的前两次分裂分别为减数第一次分裂和第二次分裂，形成的4个单倍体的细胞共同发育为一株小紫菜，因此叶状体本质上是由4个遗传组成不同的细胞共同发育而来。Ohme等以颜色突变体为材料，通过杂交实验，在得到的个体中出现了不同颜色相间分布的叶状体，证实了此观点。Shimizu等对紫菜壳孢子发育中形成一、二、以及发育的四细胞期：四细胞时期的DNA含量进行测定，结果发现一、二、以及发育的四细胞期DNA含量分别为4*n*、2*n*和*n*至2*n*，进一步从分子生物学水平上证明了此观点。

二、基因组及功能基因研究进展

紫菜基因组大小一般为270～530Mb，染色体为3～7条，其中条斑紫菜包含3条染色体，坛紫菜染色体为5条。Matsuyama-Serisawa等通过荧光光度法测定了条斑紫菜基因组大小，为避免普通营养细胞中叶绿体等自身荧光的影响，他们选择条斑紫菜的精子细胞为材料（精子中不包含质体），同时以酿酒酵母为参照，最终测定出其基因组大小约为260.1Mb。

1. 紫菜基因组测序

随着全基因测序技术的进步，紫菜的全基因测序工作也已开展。牛建峰等利用Solexa高通量测序仪获得了条斑紫菜低覆盖度的全基因组草图，基因组预测大小为220Mb，平均GC含量为53.08%。预测得到26 629个基因，每基因平均长度为1624bp，每基因平均含内含子2.22个，内含子平均长度为319bp。代谢通路分析的结果表明含量较多的蛋白质主要参与以下途径：嘌呤代谢，ATP结合转运因子，嘧啶代谢，丙酮酸代谢，缬氨酸、亮氨酸和异亮氨酸降解，核糖体，甘氨酸、丝氨酸和苏氨酸代谢，双组分信号转导系统，丙酸代谢，丁酸代谢。

坛紫菜是一种重要的经济海藻，也是我国南方沿海特有的紫菜栽培品种，栽培面积和产量均高于条斑紫菜。有研究表明，紫菜属海藻起源于热带，所以生长在热带和亚热带海域的坛紫菜极有可能比生长在温带海域的条斑紫菜更能代表紫菜属海藻的原始性状和生理过程。早在2004年，利用3730荧光测序技术，中国科学院海洋研究所和中国科学院基因组所合作构建了坛紫菜丝状孢子体cDNA文库，随机挑选其中11 000个克隆进行5′末端测序，得到5318（48.3%）条高质量的EST序列，拼接成2535非冗余的基因序列（1590singlet和945contig）。通过对NCBI的非冗余蛋白数据库（Nr）和核苷酸数据库（Nt）作比对，进行相似性注释（$E\leqslant1\times10^{-6}$），结果显示仅985种（38.9%）与NCBI数据库中注册的序列具有明显同源性，而其余1550种（61.1%）则为坛紫菜中的新基因，29种高丰度表达的基因由20个拷贝以上的EST组成，其中只有7种能够得到相似性注释，大多数为一些未知功能基因。对注释的结果，进行进一步GO功能归类，其中143种（265个克隆）可明确分类的基因中，代谢、通透性酶及酶反应辅助因子所占比重最大，包含了83种（58.0%）158个克隆（59.6%）。聚类拼接后的所有非冗余序列与KEGG的蛋白质序列数据库进行比对（$E\leqslant1\times10^{-6}$），进行代谢途径归类，结果表明表明，最丰富的EST序列集中在蛋白质的翻译及加工降解过程（192种542克隆）、MAPK型信号传导途径（18种51克隆）、碳固定（32种49克隆）及糖酵解与异生（22

种 37 克隆）等生理过程中。而在碳固定过程中，仅发现了较高丰度的磷酸烯醇式丙酮酸羧化激酶（PEPCK）、天冬氨酸转氨酶（AST）、丙氨酸转氨酶等酶，而没有发现苹果酸酶和苹果酸脱氢酶和二磷酸核酮糖羧化加氧酶（Rubisco）；对 PEPCK 进行细胞内定位分析发现 PEPCK 与其比对上的参照序列均位于细胞质内，说明坛紫菜丝状体阶段极有可能存在类 PCK 型 C_4 固碳途径。

Nakamura 等首次测定了条斑紫菜的全基因序列，使用的材料为单倍的叶状体，为避免共生菌等的影响，使用木瓜酶、琼胶酶、甘露聚糖酶和木聚糖将细胞壁酶解去除，收集无细胞壁的原生质体提取基因组 DNA 后进行测序。测序得到 46 634 个 contig，每个 contig 平均长度为 932bp，测序浓度达 166×，拼接后条斑紫菜基因组大小为 43Mb，基因组 GC 含量为 63.6%。预测得到蛋白质编码基因 10 327 个，其中 6716 个基因可与 GenBank 中的序列比对上，剩余的 3611 个为新发现的基因，与其他藻类相比，其基因的平均长度较短，仅为 849bp，且基因中内含子数量较少，其中约 60%的基因中无内含子，平均每基因的内含子数量为 0.7，仅为小球藻的 1/10。在基因组序列中仅发现 392 个微卫星序列，大多数为三碱基重复序列，重复次数最多的为 CCG（高达 233 次，占 71.5%）。

另外，由王广策研究员主持的 863 项目——“基于全基因组信息的藻类遗传选育”现正在进行条斑紫菜全基因组测序工作，该项目组以由单孢子发育而来的紫菜叶状体为测序材料，构建获得不同大小的 8 个测序文库，现获得 200×高质量中小片段文库序列，约覆盖基因组的 85%（scaffold 总长为 228/260Mb）。测序完成叶状体和丝状体 2 个时期的高通量转录组文库，有效序列总长约 18Gb，获得 20 741 个转录本，平均长度为 1.5kb，GC 含量为 66.9%，与公共数据库条斑紫菜全长 cDNA 特征基本相同，NCBI 非冗余蛋白质数据注释率为 81.4%（$E<1\times10^{-5}$）。完成了条斑紫菜叶绿体和线粒体基因组的组装和初步分析，丝状体叶绿体和线粒体转录组数据可用于细胞器 RNA 编辑分析。

紫菜因其生活史的复杂性，以及其特殊的减数分裂位置导致的叶状体的嵌合性使紫菜的遗传连锁图谱鲜见报道。Xie 等首次构建了坛紫菜的遗传连锁图谱，该图谱以野生型和红色突变型的丝状体为亲本，将杂交后得到的叶状体后代的不同色块酶解后得到用于作图分析的 DH 群体。使用 15 对 SRAP 引物和 16 对 SSR 引物对 157 个作图群体进行分析，得到的图谱总长为 830.6cM，包括 67 个 SRAP 标记和 20 个 SSR 标记，标记间平均间距为 10.13cM。该图谱共包括 5 个连锁群，最大和最小连锁群的长度分别为 197.3cM 和 134.2cM，连锁群的标记数目最多为 23 个，最少为 12 个。这将为坛紫菜的全基因组测序工作提供基础。

2. 紫菜叶绿体和线粒体基因组

除细胞核基因组测序工作外，已经有多种紫菜的叶绿体和线粒体基因组完成了测定，这些数据将利于更好地了解紫菜中叶绿体和线粒体的功能和组织方式。Reith 等测定了紫红紫菜的叶绿体基因组，基因组全长为 191 028bp，GC 含量为 33%，其中的两个 RNA 操纵子为同向重复。其叶绿体基因组编码 251 个基因，是陆地植物的两倍多。不同于陆地植物的是，编码光合作用和基因表达的基因仍位于叶绿体中，在紫红紫菜中编码光合作用相关蛋白质的基因有 53 个，编码核糖体蛋白质的基因有 47 个，35 个 tRNA 基因，基因表达相关蛋白质的基因 9 个，转录调节相关蛋白质的基因 5 个，生物合成相关蛋白质的基因 24 个。在基因序列中未发现有内含子，也没有 RNA 编辑现象。

Shivji 等构建了条斑紫菜叶绿体的基因组图谱，基因组全长为 185kb，发现紫菜叶绿体基因组中包括高等植物中不存在的藻红蛋白、rbcL 小亚基及 EF-TU 延伸因子。编码捕光藻胆蛋白的基因彼此相近排列，紫菜叶绿体基因组的另一特点是其序列与和它共分离的质粒样 DNA 分子序列同源。

Reith 等构建了紫红紫菜的叶绿体基因组图谱，共包括 125 个基因，其中 58 个（46%）在高等植物的叶绿体中未发现过，主要包括光合作用相关蛋白质基因、tRNA 编码序列、核糖体蛋白质基因、生物合成基因及基因表达调控相关蛋白质基因。基因组上较大的基因容量、内含子的缺失和保守的操纵子序列均表明其叶绿体基因组比较原始。紫红紫菜的叶绿体基因组中还有成簇存在的基因，蓝细菌中没有这些基因簇，这为质体的单系演化提供了证据。

Burger 等完成了紫红紫菜线粒体 DNA 的测定工作，该紫菜线粒体长为 36 753bp，GC 含量为 33.5%，编码序列高达 91%，编码区的 GC 含量（34%）高于非编码区（28%）。紫红紫菜线粒体编码的基因为 57 个，包括存在于动物和真菌的基础代谢基因及来自原生生物、植物线粒体基因、核糖体蛋白质和琥珀酸：泛醌氧化还原酶基因等。线粒体大亚基 rRNA 序列包含的两个内含子与蓝细菌中的序列十分相似，这表明在细菌和线粒体间发生过横向的基因转移。该线粒体的主要特征是存在两个长度为 291bp 的反向重复序列，该重复序列介导同源重组从而引起基因重排和基因编码区和间隔区的序列多态性。对 5 种不同进化地位的红藻线粒体的比较发现红藻基因组大小和基因排列位置相差不大。系统进化分析为红藻与绿藻和高等植物来源于共同祖先提供了重要证据。

Hwang 等测定了甘紫菜线粒体基因组，基因组全长为 42 268bp，AT 含量为 67.2%，编码区占基因组的 85.2%，编码核糖体大小两个亚基 RNA、24 个 tRNA、4 个核糖体蛋白质及 17 个参与电子传递和氧化磷酸化的蛋白质，还包含 4 个保守的可读框和 6 个基因内可读框。在所有紫菜的线粒体中，甘紫菜的线粒体基因组与条斑紫菜的相似性最高。甘紫菜与其他紫菜相比主要存在 4 个结构上的不同：①*rnl* 基因的数量和该基因中内含子的位置；②*cox1* 基因中内含子与外显子的排列不同；③tRNA-Gln(uug)[*trnQ*(uug)]和 tRNA-SeC(uca)[*trnSeC*(uca)]的基因间隔区；④*rps3* 基因的上游区域。

Mao 等（2012）对坛紫菜线粒体的基因组进行了测序，基因组全长为 37 023bp，AT 含量为 69.32%。编码基因数为 54 个，其中 49 个保守基因、4 个基因内 ORF 和 1 个自由存在 ORF。在所有基因中，仅 *rnl* 和 *cox1* 中存在内含子，除 *cox1* 和 *cox2* 的基因起始密码子分别为 GTG 和 CTG，其他蛋白质编码基因和 ORF 的起始密码子均为 ATG。将坛紫菜线粒体与紫红紫菜比较发现相似序列仅为 80.45%，*dpo*、*rtl*、*orf284*、*orf238* 和 *orf132* 等存在于紫红紫菜的 5 个基因在坛紫菜未找到，紫红紫菜 *cox1* 中不存在内含子。

Kong 等（2014）对条斑紫菜线粒体全基因组进行了测序，基因组全长为 41 688bp，AT 含量为 62.22%，蛋白质编码区、16S rRNA、tRNA 和非编码区的 GC 含量分别为 67.51%、65.23%、61.23%和 72.67%。该基因组包括 23 个蛋白质编码基因、4 个 ORF、3 个核糖体 RNA 基因和 27 个 tRNA 基因。在 23 个蛋白质编码基因中有 20 个终止密码子为 TAA，其余终止密码子为 TAG，对密码子分析表明其偏好于使用 AT。蛋白质编码基因的起始密码子大多数为 ATT，但其中 *cox1* 和 *cox2* 基因的起始密码子分别为 GTG 和 TTG。24 个 tRNA 可折叠成标准的三叶草型。

Wang 等（2013）利用第二代测序技术测定了条斑紫菜和坛紫菜的叶绿体基因组，并对二者进行了比较分析。条斑紫菜叶绿体基因组全长为 191 975bp，GC 含量为 33.09%，坛紫菜叶绿体基因组全长为 195 597bp，GC 含量为 32.98%，是到目前为止红藻中最大的叶绿体基因组。二者的组成和基因数目大体相同，包含 211～213 个蛋白质编码基因、37 个 *tRNA* 基因、6*rRNA* 基因，表明其叶绿体基因组有较大的基因容量。基因组中的大多数基因为单拷贝，在二者的基因组均未发现断裂基因，编码区占基因组 80%以上。在红藻中其他物种的叶绿体中发现的基因在条斑紫菜和坛紫菜中几乎都存在，其特有的编码基因主要参与藻胆体蛋白、还原系统、糖代谢和蛋白质翻译等过程。另外还发现了紫菜中含有一些古老基因，这些基因也存在于蓝藻中，这说明紫菜是比较原始的红藻。本节作者所在课题组还对坛紫菜、条斑紫菜和紫红紫菜的叶绿体基因组进行了比较，结果表明坛紫菜与条斑紫菜的遗传距离最近，与紫红紫菜的遗传距离较远，这一点与最新的分类结果相一致，条斑紫菜与坛紫菜同属 *Pyropia*，而紫红紫菜属 *Porphyra*。

3. 紫菜 EST 序列与转录组序列的测定

Nikaido 等以条斑紫菜叶状体为材料构建了 cDNA 文库，测序获得了 10 154 个表达序列标签（expressed sequence tag，EST），EST 序列平均长度为 470bp，平均 GC 含量为 65.2%。对 3267 条非冗余 EST 序列比对发现其中 33.1%的序列与已知序列相似，66.9%的序列为新发现的序列。对 101 条与已知基因序列高度相似的 EST 序列的编码区密码子的分析发现密码子第三位的 GC 含量最高为 79.4%，其次为第一位（62.2%）和第二位（45.0%），这表明条斑紫菜基因组在进化过程中经历了高 GC 压力。为寻找出与条斑紫菜丝状体和叶状体在形态、生理方面的差异基因，Erika 等构建了条斑紫菜丝状体的 cDNA 文库并获得了 10 625 条 EST 序列，与 Nikaido 等发掘的条斑紫菜叶状体的 10 154 条 EST 进行了比较分析。叶状体和丝状体的 EST 序列被划分为 4496 个非冗余群，其中 1013 个为两个世代共有，1940 个为叶状体特有，1543 个为丝状体特有。对 EST 序列统计分析发现在叶状体、丝状体中高表达的基因数目分别为 89 个、112 个。为进一步验证结果，在高表达的基因中各随机选择 6 个，通过 RT-PCR 的方法进行验证，实验结果与分析结果一致。

Fan 等从坛紫菜丝状体中测序获得了 5318 个 EST 序列，EST 序列的平均长度为 515bp，平均 GC 含量为 60.2%，聚类拼接后得到 2535 条非冗余的基因序列，其中仅 816 条（32.2%）与已知序列相似，其他为新序列。KEGG 代谢途径分析发现大多数转录本参与蛋白质翻译与加工降解过程、MAPK 信号传递、碳固定及糖酵解与糖异生等生理过程，并首次发现坛紫菜中可能存在抗氰呼吸与 PCK 型 C_4 途径。将坛紫菜丝状体的 EST 序列与条斑紫菜的比较分析发现二者共有的非冗余序列只有 707 个，大多数基因为各自特有（占 70%以上），说明尽管其形态相似，但由于遗传距离与生活环境的差异，二者在分子水平上的差异还是很明显的。

Yang 等利用 Solexa 测序技术测定了两种生长阶段的条斑紫菜丝状体和 6 种不同盐度、光照、干露程度处理的叶状体的转录组，获得高质量序列 13 333 334 条，碱基总数为 1200Mb，平均 GC 含量为 63.2%，组装后得到 31 538 条 unigene，平均长度为 419nt。将得到的 unigene 进行 BLAST 比对分析后发现 56.7%的序列为新发现。在得到的 unigene 中发现数百种与抗逆相关的基因，其中包括耐受高光与失水的基因、黄酮合成相关基因、活性氧清除相关基因和其他抗逆相关基因，说明条斑紫菜中抗逆机制的多样性。KEGG 分析发现几乎所有的 C_3 代谢途径相关的基因，勾画出条斑紫菜中完整的 C_3 代谢途径；发现了除 PPDK 外的 C_4 相关基因，推测条斑紫菜中也可能存在类 C_4 固碳途径。本节作者所在课题组还对转录组中的散在重复序列和微卫星序列进行分析，发现存在最多的三种散在重复序列为逆转座子，微卫星序列重复类型最多的为三碱基重复，其次为两碱基、四碱基、六碱基和五碱基。三碱基重复类型占到 78.8%，其中最多的重复类型为 CCG。

Contreras-Porcia 等构建了正常和失水状态下 *Pyropia columbina* 的差减文库，共获得了 1410 条有差异的 EST 序列。在差异表达的转录本中，约 15%与蛋白质合成、加工与降解相关，14.4%与光合作用和叶绿体相关，13.1%与线粒体和呼吸作用相关，10.6%与细胞壁代谢相关，7.5%与抗氧化作用相关。*Pyropia columbina* 在复水后可迅速恢复主要依靠具有重要功能的结构蛋白的重折叠和被氧化蛋白质的快速清除。同时，与能量代谢相关的蛋白质在正常紫菜中的含量高于失水紫菜，一方面利于失水后的快速恢复，另一方面在失水时能量代谢的减缓可减少 ROS 的产生，减轻对细胞的毒害。

Xie 等使用 Illumina Hiseq2000 测定了坛紫菜的转录组，得到长度为 90bp 的序列 102 967 578 条，组装后得到 24 575 个 unigene，其中最长和最短的 unigene 分别为 11 338bp 和 200bp，平均长度为 645bp，GC 含量为 63.99%。对这些序列的比对分析发现其中 16 377bp 与已知序列相似，其余为新序列。KEGG 分析发现约有 12 167 个 unigene 参与了 124 个不同的代谢途径，分布最多的代谢途径是代谢相关、RNA 转运和 mRNA 监测途径。碳代谢是紫菜中重要的代谢途径，在转录组中发现了几乎所有 C_3/C_4 相关的基因。对碳代谢相关的重要基因 *pepc*、*pepck*、*rbcL* 在叶状体和丝状体中的表达量进行比较，结果发现丝状体中 *pepc*、*pepck* 的表达量高于叶状体，而丝状体中 *rbcL* 的表达量低于叶状体，这表明不同世代中的碳代谢途径存在明显差异。本节作者还对转录组中的 SSR 序列进行分析，共发现 2727 个 SSR 序列，包括 4 种两碱基重复、9 种三碱基重复、6 种四碱基重复、9 种五碱基重复和 30 种六碱基重复。在各种不同的重复类型中三碱基重复数量最多，占 87.17%，其次为两碱基重复。

4. 紫菜小 RNA 测定

Liang 等以条斑紫菜丝状体为研究材料构建了小 RNA 文库，利用 Solexa 高通量测序获得了 13 324 条 miRNA 序列，这些序列分属于 224 个保守的 miRNA 家族。对获得的小

RNA 分析发现数量最多的为 22nt，其次为 19nt 和 20nt。对这些小 RNA 的分析发现 12 条为 miRNA，其中 7 条为新发现，这些 miRNA 长度为 21nt 或 22nt，其前体自由能最大为–22.5kcal①/mol，最小为–86.2kcal/mol，平均为–41.7kcal/mol。他们同时对这 7 条 miRNA 的靶基因进行了预测，其中仅有三条预测到靶基因，其他 4 条可能是由于比对用的 EST 序列有限而未能找到靶基因。

为了研究条斑紫菜 miRNA 及其在不同生活史中的可能调控作用，He 等采用 Solexa 测序技术对条斑紫菜叶状体和丝状体小 RNA 进行测序并进行了相关生物信息学分析，从中识别 miRNA。测序结果得到大量小 RNA 序列，其中以 2～21nt 的序列居多。大部分序列（约 75%）仅被测序到一次，说明条斑紫菜有丰富的小 RNA 库。使用 SOAP 将这些小 RNA 序列与 NCBI 中的非编码 RNA、miRbase 数据库中所有植物的 miRNA 进行比对，并根据 siRNA 的特点识别其中的 siRNA，最后对所有小 RNA 进行注释，只有少数序列被注释上。注释的小 RNA 中，丝状体以 siRNA 居多，而叶状体则含有较多的 tRNA 和 rRNA。为了识别其中的 miRNA，将注释为已知 miRNA 相似序列的小 RNA 和微注释的小 RNA 进行下一步的分析，结果得到 14 条 miRNA 候选序列，包括两条之前 Liang 等发现的条斑紫菜 miRNA 序列。预测它们的前体长度在 47nt 左右，平均自由能为–65kcal/mol，与拟南芥 miRNA 前体自由能（–65kcal/mol）相近，并且比 tRNA 和 rRNA 等低，符合 miRNA 前体的特点。末端齐性分析发现 5′端齐性比 3′端齐性好，符合 miRNA 加工的特点。为了研究 miRNA 在条斑紫菜不同生活史中的可能调控作用，对这些候选 miRNA 在丝状体和叶状体中的表达情况进行分析，14 条候选 miRNA 中，有 7 条只在丝状体中被检测到，6 条只在叶状体中检测到，只有一条是丝状体和叶状体中都检测到，暗示不同 miRNA 在条斑紫菜不同生活史中起调控作用。对这些 miRNA 进行靶基因预测，所得靶基因多为功能未知的基因，因此有必要对紫菜基因组进行进一步的研究，才能深入了解 miRNA 在条斑紫菜中的调控作用。此外，所有 miRNA 相似序列中，miR1442 相似序列在叶状体中表达量最高，而在丝状体中仅被测定一次。之前 miR1442 只在 *Oryza sativa* 盐胁迫的条件下检测到，未处理和干旱处理的条件下则没检测到，说明 miR1442 可能在条斑紫菜叶状体抗盐胁迫中起作用。此外，miR1211 在小立碗藓配子体中表达量很低，被认为可能在其他生活史如孢子体总表达，而 miR1211 在叶状体中被测序超过 2 万次，在丝状体中则仅 13 次，说明 miR1211 可能在紫菜中行使不同于小立碗藓的功能。

三、紫菜功能基因相关研究及发掘利用

功能基因的研究以基因组数据和测序为基础，通过对已知基因或基因组结构组成的比较来确定基因的功能、表达机制和基因的系统进化关系。陪伴着测序技术的进步，紫菜中的 EST 序列、转录组及基因组数据越来越多，对紫菜功能基因的研究也越来越重要和迫切。紫菜中功能基因的研究主要是光合作用相关基因及抗逆相关基因的研究。

---

① 1cal=4.186 8J

核酮糖-1, 5-二磷酸羧化酶/加氧酶（ribulose bisphosphate carboxylase oxygenase，Rubisco）是光合作用的关键酶，在紫菜中有着至关重要的作用。在高等植物中，Rubisco的大亚基和小亚基分别由叶绿体和细胞核编码，但在紫菜中 Rubisco 的大、小亚基均由叶绿体编码。紫菜中 Rubisco 的相关研究较多，Wang 等对条斑紫菜和坛紫菜不同世代中 Rubisco 的表达量在酶活和转录两个水平上进行了比较，结果表明叶状体中 Rubisco 的酶活性和 mRNA 的量均高于丝状体中。Xu 等利用 Rubisco 的大亚基对条斑紫菜和坛紫菜的杂交个体进行鉴定，结果表明 *rbcL* 可以区分出杂交个体，另外 Rubisco 的基因还被广泛用于不同种紫菜的鉴定。Klein 等结合使用核糖体小亚基和 Rubisco 的大亚基对加拿大海岸的 *Porphyra amplissima*、*P. leucosticra*、*P. linearis*、*P.minima*、*P. purpurea* 和 *P. umbilicali* 进行了区分。Lindstron 等对紫菜属 23 种紫菜的 *rbcL* 基因进行聚类分析，23 种紫菜被分为五个大类，结果与通过形态、同工酶等进行的分类相一致，说明 *rbcL* 是较好的分子鉴定方法。孙雪等克隆了来自浙江和福建的 6 个坛紫菜的 *rbcS* 和 *rbcL-rbcS* 基因间隔区序列，序列分析结果表明有 4 个坛紫菜的序列完全相同，而另两种的序列间仅一个碱基的差别。但得到的序列与条斑紫菜中的差别较大，说明 *rbcS* 和 *rbcL-rbcS* 适于区分不同种的紫菜，而不能区分同种内的不同株系。杨立恩等扩增了采自江苏的坛紫菜、浙江的长紫菜、圆紫菜及广东的皱紫菜 4 种紫菜的 *rbcL* 基因并进行了序列测定。对序列的分析结果表明，4 种紫菜的 *rbcL* 基因长度约为 1400bp，皱紫菜与坛紫菜的序列仅有 6 个碱基的差别。各紫菜的种内遗传距离最小的是坛紫菜，最大的是圆紫菜。各紫菜种间的差异碱基位点数为 6～74，其中坛紫菜与皱紫菜的差异最小，条斑紫菜与圆紫菜间的差异最大。研究结果表明 *rbcL* 可区分不同种的紫菜，适用于紫菜属不同种间的分类分析。

Kim 等分离了编码条斑紫菜和甘紫菜藻红蛋白 α 亚基和 β 亚基的基因，发现藻红蛋白 α 亚基基因位于藻红蛋白 β 亚基基因下游 74bp 处。这两个序列与紫菜的同源性达 80%以上，与蓝藻的同源性也达 60%以上，紫菜中藻红蛋白编码序列与蓝藻中序列如此高的相似度证实了质体起源于内共生的蓝藻的学说。

Kitade 等在条斑紫菜叶状体 cDNA 文库分离到了肌动蛋白基因序列，该序列编码长度为 373 个氨基酸的蛋白质。对序列密码子 GC 含量的分析表明密码子第一、二、三位的 GC 含量依次为 56.3%、42.4%和 83.9%，聚类分析发现其与皱波角叉菜的相似性最高。

Zhang 等通过电子克隆和 RACE 克隆了条斑紫菜的交替氧化酶的基因，基因全长为 1650bp，其中 5′非翻译区 170bp，3′非翻译区 148bp，可读框 1332bp，编码 443 个氨基酸。该基因编码的蛋白质分子质量为 47.33kDa，理论等电点为 9.71。由该基因编码的氨基酸序列与原核生物和高等植物的相似性高达 50%以上。本节作者所在课题组利用实时荧光定量的方法对该基因在壳孢子、叶状体和丝状体三个不同阶段的表达量进行比较，表明其表达量在丝状体中最高，其次为壳孢子中，叶状体中的最少。

钙调素在细胞渗透压调节和盐胁迫中具有重要作用，Yokoyama 通过层析法证实条斑紫菜中钙调素的存在，但其含量较低。Wang 等（2009）克隆了钙调素的编码基因，基因全长为 1231bp，包含一个内含子，编码蛋白质由 151 个氨基酸组成。同时，对失水胁迫下的表达量进行分析，结果表明钙调素基因表达量在刚失水时基本未发生变化，当失水达到 20%时表达量开始增加并在失水 40%时达到最高，之后又开始下降，但仍然比正常状态下的表达量高。吕娓娓等研究了条斑紫菜丝状体对不同种类的重金属离子的耐受能力，表明其丝状体对镉离子具有较强的耐受能力。为进一步探讨其分子机制，本节作者克隆了谷胱甘肽硫转移酶（*GST*）基因，该基因 ORF 为 417bp，编码 138 个氨基酸。将该蛋白质在大肠杆菌进行了体外表达，含有该基因的菌株表现出对重金属的耐受力，进一步证实该基因可能参与重金属脱毒过程。

海水中无机碳主要以 HCO_3^- 的形式存在，胞外碳酸酐酶可以将 HCO_3^- 水解成 CO_2，这样藻类就可以利用 HCO_3^-。有研究表明由胞外碳酸酐酶催化的无机碳利用是条斑紫菜叶状体利用无机碳的主要形式。为更好地对碳酸酐酶进行研究，Zhang 等（2013）克隆了条斑紫菜的碳酸酐酶基因，并对其在壳孢子、叶状体和丝状体中的表达量进行了比较分析。克隆到的碳酸酐酶基因全长为 1153bp，ORF 占 825bp，编码蛋白质的分子质量为 29.8kDa。基因表达量分析的结果表明该基因在叶状体中的表达量最高，为条斑紫菜叶状体的无机碳利用方式提供了分子生物学方面的证据。He 等利用坛紫菜已有 EST 序列，结合 RACE 和 genome-walking 技术获得了 *pepck* 的全序列，该序列全长为 2300bp，其中 5′非翻译区 147bp，3′非翻译区 329bp，可读框 1824bp，编码 607 个氨基酸。pepck 蛋白的预测蛋白质分子质量为 65.5kDa，理论等电点为 6.03。本节作者选取了 pepck 的保守区进行原核表达，利用表达的蛋白质制备了抗体，通过 Western blot 分析了该蛋白质在叶状体与丝状体中的表达差异，结果表明丝状体中的蛋白质含量高于叶状体。同时还在转录水平和酶活水平对 pepck 在两个世代中的差异进行了比较，结果表明丝状体中的含量均高于叶状体。这都表明丝状体和叶状体的碳代谢途径不同，丝状体中可能存在 C_4 固碳途径。

（王广策）

第四节　江　　蓠

一、简介

江蓠属（*Gracilaria*）属红藻门（Rhodophyta）红藻纲（Rhodophyceae）真红藻亚纲（Florideae）江蓠目（Gracilariales）江蓠科（Gracilariaceae）。本属是 Greville 在 1830 年建立的，初建时只有 4 个物种，目前江蓠属中记载了 170 多个物种，是红藻门种类最多的属之一，分布于热带海域、亚热带海域和温带海域。我国有丰富的江蓠资源，南海、东海、黄海和渤海沿海都有江蓠属的记录，据曾呈奎和夏邦美报道，分布于我国沿海的江蓠属已鉴定清楚的有 32 个物种、2 个变种和 2 个变型，其中 8 个物种和 1 个变种是我国特有的。地理分布上，大多产于南海海域，黄渤海和东海只有 2 个物种。江蓠属具有典型的多管藻（polysiphonia）型的生活史：生活史分为两个孢子体世代和一个配子体世代，即同形的四分孢子体（二倍）世代、配子体（单倍）世代、果孢子体世代相互交替。四分孢子体与雌、雄配子体在形态上没有明显的区别，只有在繁殖期才能在藻体上通过形成的生殖结构加以区分。二倍的四分孢子体在成熟以后经过减数分裂产生四分孢子（tetraspore），四分孢子发育成单倍的雌、雄配子体，雌性配子体性成熟后在藻体表面产生果胞，雄性配子体性成熟后释放精子，果胞与精子结合以后形成突起于雌配子体上的果孢子体，果孢子体发育成熟以后释放二倍的果孢子，果孢子最终发育成二倍的四分孢子体完成循环。在适宜条件下，江蓠的生活史可在5～6个月内完成。江蓠是少数能够在实验室完成生活史的大型红藻之一，发育成熟后能够释放大量的四分孢子和果胞子，适合于四分子分析、多基因分析和突变体诱导，且具有其他藻类所不具有的特殊特性，这些特性使江蓠比较适合于遗传学研究。

江蓠的主要用途是提取琼胶（agar）。琼胶在食品、医药、化学制品和现代生物技术中具有广泛用途。随着社会的进步，国内外市场对琼胶的需求迅速增长，琼胶价位不断攀升。目前琼胶仍不能合成，只能从产琼胶海藻中提取。江蓠琼胶含量高，生长迅速，适合大规模养殖。由于石花菜生长过于缓慢，江蓠被用作主要的琼胶提取原料，在世界范围内广泛养殖。

江蓠不仅是琼胶的主要原料，还具有其他重要的用途，主要包括以下几种。

1）作为海珍品饲料及人类的优质蔬菜。江蓠既是制造琼胶的重要原料，也可以直接食用，也是鲍等草食性海洋经济动物的优质饲料。过去常用海带等褐藻作为鲍的饲料，但海带等褐藻是冷水性藻类，在漫长的夏秋季节鲍得不到新鲜饲料，影响其生长与发育。

龙须菜饲喂的鲍生长快，口味鲜美。据测算，每千克干重的龙须菜含有牛磺酸810.97g、谷氨酸366.35g，，明显高于鼠尾藻、浒苔、石莼、角叉菜和蜈蚣藻。牛磺酸对鲍摄食起到诱食作用，而谷氨酸是鲍肉出现鲜味的主要营养成分。

2）含有丰富的生理活性物质。龙须菜的生理活性物质含量丰富，特别是藻红蛋白、血凝素、水溶性多糖及抗氧化活性物质等。

藻胆蛋白：藻胆蛋白在龙须菜中含量丰富，是总可溶性食物的50%左右，具有抗氧化、清除自由基及抑制肿瘤细胞的作用，并具有胰岛素活性。藻红蛋白对癌细胞有光动力杀伤作用，可检测病理抗原。

血凝素（hemagglutinin）：Kanoh等在真江蓠中分离出一种二聚体硫酸蛋白血凝素，Chiles等从提克江蓠中分离出细胞凝集素。

水溶性多糖：真江蓠的水溶性多糖（GWS）可促进小鼠吞噬细胞的活性。而酶解后的水溶性多糖（GWS-E）经腹腔注射后，可显著提高小鼠腹腔分泌细胞（PES）的数量、吞噬能力和对氧化物质的分泌活性，同时也促进脾巨噬细胞（SPM）分泌氧化物清除异物。

抗氧化活性物质：真江蓠的水溶性提取物对羟基自由基的清除率达50%以上，初步认为具有保护DNA的功能。

其他：江蓠的粗脂肪占干重的0.85%～2.50%，含较多的多烯不饱和脂肪酸（PUFA），其中EPA和DHA占50%左右。

目前世界范围内的重要江蓠养殖品种有龙须菜（*Gracilariopsis lemaneiformis*）、智利江蓠（*Gracilaria chilensis*）等。我国是世界上人工栽培江蓠的主要国家之一。我国的主要养殖品种有龙须菜（*G. lemaneiformis*）、细基江蓠（*Gracilaria tenuistipitata*）、菊花芯江蓠（*Gracilaria lichenoides*）、脆江蓠（*Gracilaria bursa-pastoris*）等。新中国成立以前，我国的江蓠都是天然生长的，新中国成立后随着琼胶工业的发展，需要相当数量的江蓠作为琼胶原料进行加工制造。20世纪50年代，我国山东、浙江、福建、广东、广西不少单位进行过江蓠的人工栽培试验。当时主要的是采取野生的江蓠幼苗，在浅滩上打桩拉绳夹苗、劈竹夹苗插签或利用栽培海带的浮筏悬挂夹苗绳进行栽培，都取得了一定的增产效果。但后来由于产值等问题的影响，年产量一直徘徊不前。近年来，大力开展了种苗容易解决的种类栽培，适当满足了琼胶工业的原料要求，更迅速解决了鲍鱼养殖业的饵料需要。目前，江蓠养殖已成为我国第三大海藻养殖产业，成为海洋经济的重要支柱产业之一。目前我国栽培的江蓠主要有两种类型：一种是原产于海南的细基江蓠繁枝变种，在南方半咸淡的池塘中撒播栽培，华南沿海地区栽培面积有 20 000hm^2 以上，其琼胶含量约 10%，年产量约 15 000t 干品；另一种是龙须菜，主要在南方（如福建和广东沿海）浅海区浮筏夹苗栽培，其琼胶含量约 20%，年产量达 10 万 t 干品。此外，重要的江蓠属产琼胶海藻还有细基江蓠、真江蓠（*Gracilaria vermiculophylla*）、脆江蓠（*G. bursa-pastoris*）和菊花芯江蓠（*G. lichenoides*）。细基江蓠繁枝变种琼胶含量较低（10%～15%），且胶质较差。细基江蓠（*G. tenuistipitata*）为南方（海南、福建、浙江等地）常见种，能耐高温，并且其含胶量比细基江蓠繁枝变种高 10%以上；真江蓠在中国其分布北起辽东半岛，南至广东南澳岛，向西至广西的防城港市沿岸；脆江蓠为中国特有种，分布于浙江省和福建省；菊花芯江蓠原产于台湾，为台湾省主要的养殖种类之一。真江蓠的琼胶含量在 25%以上，细基江蓠、脆江蓠含量分别约 20%，而菊花芯江蓠的胶质含量约 10%。龙须菜，琼胶含量为 15%～20%，琼胶含量高，凝胶强度在 1000g/cm^2 以上，在江蓠属中质量最好，个体大，生长迅速，是优良的栽培品种。目前，我国产琼胶海藻养殖和加工产业群主要分布于福建和广东两省，仅福建就有大中型琼胶厂 20 家左右，年产琼胶能力 4000～5000t，龙须菜干菜的年需要量为 40 000～50 000t，在福建与广东沿海形成了庞大的龙须菜栽培与加工产业链。

龙须菜（*Gracilariopsis lemaneiformis*）隶属红藻门（Rhodophyta）江蓠目（Gracilariales）江蓠科（Gracilariaceae），是暖温性海藻种类，广泛分布于北美、非洲南部、亚洲和夏威夷群岛。在我国龙须菜最适生长温度为 12～22℃，主要分布在我国山东半岛和辽宁沿海（夏邦美，2002）。龙须菜藻体直立，呈细长圆柱状，自然条件下通过基部盘状附着器附着于岩石等基质上，间断分布于潮间带-潮下带向阳且覆盖有流沙的岩石质海滩，藻体长，分枝多，生长快，是重要的产琼胶海藻。龙须菜藻体分为直立枝和盘状体两部分，直立枝圆柱状，具有髓部与表皮的细胞分化，是龙须菜生物量的主要来源；盘状体为其基部固着器，近圆锥形，具有非常强的抗逆性能和再生能力。龙须菜是江蓠属海藻中提取琼胶质量最好的种类之一，经碱变性后琼胶的凝胶强度可以与石花菜媲美。野生龙须菜琼胶的凝胶强度在 1000g/cm^2 以上，琼胶含量为 15%～20%，比南方养殖的细基江蓠高一倍，受到琼胶产业的关注。同时，龙须菜还可以直接食用，也是鲍等草食性海洋经济动物的优质饲料。与其他经济海藻（海带、裙带菜和条斑紫菜）相比，龙须藻是高温品种，在我国北方夏季高温季节经济动物病害频发时，可实现其与其他经济动物同步混养，而且此时其生长速度相对较快，并可以大量吸收海水中的 N、P 等有机元素，进而有效地减轻养殖海域的富营养化。因此，对龙须菜的栽培研究引起了广泛的关注。

早在 20 世纪 80 年代，中国科学院海洋研究所（简称“海洋所”）就已经在龙须菜的原产地——青岛海区进行人工栽培试验获得成功，标志着从采集野生龙须菜到人工规模栽培的转变。然而，青岛海区的海水温度年变化大，冬季和夏季不适合龙须菜生长，生长适温期只有 4 个月。2000 年春起研究人员开始将龙须菜南移栽培，2000 年，海洋所的费修绠研究员选育的龙须菜新品种（‘龙须菜良种 981’）（GS01-005-2006）在广东汕头南澳岛示范栽培获得成功，标志着龙须菜栽培的良种化，龙须菜栽培先后在福建、广东、山东、江苏等省取得成功，至 2005 年龙须菜栽培面积已达 20 万亩，年产量 15 万 t，产值逾 10 亿元，占我国琼胶原料的 90%以上，成为我国继海带和紫菜之后的第三大海藻养殖业。目前，我国已经形成了南方海域和北方海域互为苗种供应基地的局面：南方海域（福建等地）栽培时间为从 11 月到翌年 5 月，北方海域（山东荣成、青岛等地）栽培时间为 5～11 月。龙须菜栽培产业的发展大大促进了琼胶制造业的发展，年产量 5000 余吨，跃居世界第一，由琼胶进口国变为出口国。

大多数江蓠属海藻是很好的实验材料，特别是进行遗传学研究的好材料。许多种江蓠可以在实验室内进行培养并完成生活史，现在知道可以培养的物种如龙须菜（*Gracilariopsis lemaneiformis*）、细基江蓠（*Gracilaria tenuistipitata*）及繁枝变种（*Gracilaria tenuistipitata* var. *liui*）、提克江蓠（*Gracilaria tikvahiae*）、真江蓠（*Gracilaria vermiculophylla*）和扁江蓠（*Gracilaria textorii*）等。随着研究的深入，可能有更多的物种可以进行实验室培养。已知海带等大型海藻，它们的生活史某个阶段必须在大海里度过，这给实验工作带来一定的困难。龙须菜等海藻，在适当的培养条件下，不但可以在实验室内完成生活史，而且可以在任何时候得到四分孢子和果孢子，容易进行杂交和子代分析。因为是等世代性的生活史，实验中可在配子体世代进行观察、统计和遗传规模的分析，而不需要等到孢子体世代。一个果孢子体产生的几百个果胞子在遗传上都是同质的。可以利用四分孢子直接进行四分子分析（tetrad analysis），可产生足够大的样本进行统计学分析，可以进行基因内重组这样精细的遗传分析。另外，因为红藻特殊的光合色素组成，易于得到突变体，如色素突变体和形态突变体。利用这些遗传研究的素材，可进行系统和深入的细胞遗传学和分子遗传学研究。

二、基因组及功能基因研究进展

红藻是一类特殊的藻类，不但其形态学和发展史与其他藻类不同，而且其在遗传学上也与其他藻类相距甚远。与其他海藻相比，江蓠属海藻的遗传学研究开展得较晚。从 20 世纪 70 年代起，加拿大著名藻类遗传学家 van der Meer 及其同事用当地产的提克江蓠（*Gracilaria tikvahiae*）为材料，使用诱变、杂交等手段，利用色素突变体、多倍体和形态突变体开创性地展开了对江蓠属海藻的遗传学研究，内容包括江蓠属的生物学特性、江蓠属细胞学研究、诱变和突变体筛选、江蓠属的孟德尔遗传和非孟德尔遗传分析、互补实验和重组实验、性别决定和多倍体、江蓠属的不稳定遗传突变及其遗传特性、数量性状和杂种优势的研究。研究表明江蓠具有明显的有丝分裂重组（mitotic recombination）的特征，发现江蓠的性别由一对等位基因 mt^f 和 mt^m 控制。80 年代末起，张学成以我国的重要经济海藻——龙须菜（*Gracilariopsis lemaneiformis*）为材料，进行了系统的遗传学研究，包括细胞突变体的遗传分析、江蓠突变体光合特性的变异、突变体琼胶质量和酶活性的变异等。

1. 江蓠基因组学研究现状（以龙须菜为例）

人类、小鼠、拟南芥和水稻等模式动植物基因组测序计划的完成极大地推动了相关领域的基础科研和应用。目前已完成全基因组测序的红藻以单细胞为主，发表高质量基因组图谱的多细胞红藻只有角叉菜（Sanger 法测序技术完成，基因组大小约 105Mb），最重要的经济红藻条斑紫菜正在测序中（本节作者所在实验室未发表结果）。龙须菜作为一种具有重要经济价值的多细胞红藻，尚没有高质量的基因组图谱。

本节作者所在实验室使用二代测序技术 Hiseq2000 进行龙须菜基因组预览（genome survey），小片段数据的 K-mer 分布评估基因组大小约 95Mb，其中一半序列属于重复序列，平均 GC 含量 50%。拼接得到 scaffold 总长为 82.6Mb，约占预估基因组大小的 86%，scaffold N50 为 21.1kb。从龙须菜基因组重复序列比例、平均 GC 含量、拼接结果中原始序列利用率（95%）等几方面考虑，龙须菜基因组适合采用 Hiseq2000 测序。基因组大小与其他两个多细胞红藻角叉菜和条斑紫菜基本相同。NCBI 检索显示龙须菜一个线粒体基因组，88 条蛋白质序列和 44 条核酸序列。

龙须菜的栽培依赖营养繁殖，到目前为止，我国的龙须菜栽培使用的主要品种仍是 20 世纪 90 年代选育的‘龙须菜良种 981’，长期的营养繁殖不可避免地导致了品种退化。近年来，龙须菜养殖病害频繁，尤其是在高温时期，养殖户损失严重，龙须菜的产量和价格波动很大，龙须菜栽培业的发展遇到了瓶颈。利用高通量测序技术构建高质量基因组图谱，通过比较基因组学和比较转录组学手段对其他红藻（如紫菜和角叉菜等）对比分析发现红藻间正常生长和环境应激特征的遗传基础；在有效鉴定不同产地龙须菜，构建来自产量品质等性状有差异的龙须菜经济品种或突变材料的群体的基础上，对不同群体进行低密度高通量测序，分析决定产量和品质等关键性状的基因位点，为培育光能利用率高，经济性状优良，抗高温和病害的龙须菜新的优良品种奠定基础。

龙须菜组学研究的主要难点如下。

1）高质量、长片段和无污染基因组 DNA 的获取。高质量的长片段基因组 DNA 是构建大片段测序文库和 BioNano 等物理图谱的基础，对于红藻来说，培养过程中避免细菌或其他藻类的污染尤其重要。

龙须菜具有较高的琼胶含量，大量的多糖对其 DNA 的提取造成了较大影响。

2）龙须菜品种的收集，纯合度分析，性状鉴定和管理。龙须菜能够用于分析的性状少，龙须菜生态变型的现象很普遍，一般不具有比较普遍且具可比性的形态学指标，且孢子体世代和配子体世代同型，从形态上难以区分；品系组成复杂，南方海域和北方海域互为苗种供应基地，不断往返运输苗种，转运频繁，路线复杂。

龙须菜藻体特征受环境影响大，性状的内因和外因难以区分。由于其栽培群体绝大多数以无性繁殖获得种苗，这使得龙须菜栽培群体在生长过程中会逐渐形成相似的表观特征，仅靠龙须菜外部形态和生殖结构等特征，难以对其同种材料不同来源的种苗进行区分。孢子发育早期融合等现象非常常见，同一藻枝上常常存在不同来源乃至不同世代的藻体。

3）遗传作图群体的构建。关键在于获取产量和品质等经济性状差异的亲本，其可来自不同品种，也可以来自EMS诱变自交后产生的龙须菜品系。

4）基于高通量测序技术的低成本遗传表型关联分析技术。利用高质量基因组图谱，首先对遗传作图群体的两个亲本进行高覆盖度重测序，并对产生的 F_2 或重组自交系后代进行低密度测序，进行SNP和表型的关联分析，可快速获取决定目标性状的决定区域。该测序已被运用到水稻、拟南芥等多种植物中。

5）龙须菜遗传操作体系的建立。

6）龙须菜良种培育体系的建立和推广。

2. 江蓠属海藻基因组特性研究

江蓠系统的遗传学研究始于20世纪80年代。研究内容包括细胞核个数和染色体数目的观察、人工诱变、突变体的分离鉴定、杂交子代的性状和分离比、性别决定的等位基因的确定等，也研究了体细胞重组，揭示了多倍体藻体形成的原因。

藻类的染色体数目相差较大，是海藻分类学研究的重要特征，红藻门的种类尤其如此。从20世纪90年代初开始，以Kapraun为代表的藻类学家对江蓠属海藻的基因组特征进行了初步研究，结果表明大多数江蓠属物种的染色体数目为 $2n$=24（如 *Gracilaria flabelliforme* P. Crouan et H. Crouan ex Schramm et Maze、*Gracilaria mammillaris* Montagne 和 *Gracilaria tikvahiae* McLachlan 等），$2n$=30～32的只有龙须菜和真江蓠两种。然而，已有的研究结果也有互相冲突的地方，如关于真江蓠的染色体数目，加拿大和日本藻类学家的计数结果为 $2n$=24，*Gracilaria tenuistipitata* 染色体长度为2～4m。

通过热变性和复性估算DNA碱基组成，几种G+C含量为35.4%～46.8%，属内种间差异低于11.4%，大量的重复序列（13%～95%）。6种江蓠二倍体基因组含量为0.37～0.40pg（*Gracilaria chilensis* Bird，McLachlan et Oliveira，*Gracilaria flabelliforme*，*Gracilaria mammillaris*，*Gracilaria pacifica* Abbott，*Gracilaria tikvahiae*），龙须菜0.42～0.47pg，真江蓠0.33pg。Lluisma等发现了 *Gracilaria gracilis* 基因组中的某些基因排列非常紧密的现象；Kapraun研究发现琼胶含量与基因组中重复序列的数量和基因组的复杂程度无关。

3. DNA碱基组成的多样性（分子系统学）研究，分子水平的标记，分子辅助识别、育种，品系筛选

20世纪90年代随着分子生物学的兴起和发展，江蓠的理论研究开始从细胞遗传学转向分子生物学方向。由于江蓠属海藻的重要经济价值及其栽培模式的特点，引种、移栽频繁，种质背景复杂，利用高度变异序列（如ITS、5.8S rDNA、Rubisco spacer等），高分辨率的DNA标记技术（RFLP、RAPD、DNA fingerprint、Single locus、multiallelic、codominant DNA genetic marker），研究江蓠DNA碱基组成的多样性，进行相似性比较，可将经济性状（如生长速度、琼胶特性）与基因组特性比较，尝试将经济性状与基因组特征联系起来，进行特征辅助识别，作为种质鉴定的重要依据。

Schofield等扩增了龙须菜和其他江蓠的18S rDNA的序列；Goff等扩增了龙须菜的细胞核核糖体基因重复区的内部转录间隔（internal transcribed spacer，ITS）序列，核糖体5.8S rDNA及Rubisco间隔区及旁侧序列，进行龙须菜的亲缘关系鉴定。Luo对 *Gracilaria gracilis* 的研究得到了9个多态性微卫星（single locus microsatellites）位点（Luo *et al.*, 1999)；Li 等对龙须菜的研究揭示了与不同相态、不同性别相关的扩增多态性 DNA（random amplified polymorphic DNA，RAPD）位点（Lin *et al*. 1998）；Martinez 从 69 个随机引物中发现了其中的一个引物产生的 430bp 雄性相关标记及 620bp 雌性相关标记，两标记在二倍体世代附加，并很好地分离。汪文俊等利用随机 RAPD 技术，研究了真江蓠和 5 个龙须菜群体基因组 DNA 的遗传多样性。结果表明：①种间比种内显示出明显较高水平的遗传多样性，龙须菜种内不同群体间的遗传多样性水平也明显不同。②几种方法聚类的结果一致，真江蓠与不同龙须菜群体间的差异较大，平均相似度为 0.278，处在系统树的最外层。③龙须菜不同类群间基因组 DNA 的变异与地理分布具有一定的相关性，以青岛野生龙须菜、福建和连云港栽培龙须菜三者间的亲缘关系较近，其中又以福建和连云港栽培群体的相似度最大，为 0.875，聚类时两者总是最先聚合在一起。广东龙须菜基因组变异最大，与其他几种龙须菜群体间的平均相似度为 0.491，聚类时处在龙须菜类群的基部。这些标记对识别不同性别、不同相态及遗传育种是很有用的。江蓠的系统学研究也具有重要意义。Candia 借助该核糖体 ITS-扩增片段长度多态性（restriction fragment length polymorphism，RFLP）技术对江蓠的 5 个种进行系统分析，可以分辨产地不同的种。Destombe 用 Rubisco 间隔区序列分辨了江蓠真江蓠的几个种群，并显示该方法对江蓠科其他种的分析也是有效的。Wattier 从江蓠 *Gracilaria gracilis* 中分离了 4 个微卫星位点，并发现其中的 2 个微卫星探针在种群内显示高度多样性，93%的种群内个体有独特的基因型，因此该探针可用做种群识别标记，而其中的一个探针更可用于江蓠内不同种的鉴别。

迄今为止，有关江蓠的分类情况仍存在争议，可产琼胶的重要经济江蓠属 *Gracilaria* 和 *Gracilariopsis*，由于在形态学上相似而使两属的品系难于区分，Goff 基于分子水平的证据，对这个问题做了充分的阐述。他们采用了两种转录间隔区对两属进行分辨，用 PCR 技术扩增了细胞核核糖体基因重复区的内部转录间隔（internal transcribed spacer，ITS）及其之间的 5.8S rDNA，另外的一个参比是质体基因 Rubisco 编码区的间隔和其旁侧序列。通过核糖体基因位点的比较发现分布于美洲、欧洲和亚洲的 6 个 *Gracilariopsis* 种的该区域长度为 850～1050bp，而同样分布的 *Gracilaria* 属 8 个种的则为 1100～1450bp；沿北美太平洋沿岸近 2000n mile 的 4 个采样点的 *Gracilariopsis lemaneiformis*（Bory）Dawson，Acleto，et Foldvik 样品，其中 3 个来自 Four Mile Beach，一个来自 Pigeon Point，3 个来自 Oregen，3 个来自 Bamfield British Columbia，它们的该基因区域极为相似，不同位置来源物种的相似性与同一位置不同取样点（相隔 15m）的相似性没有显著差异，如来自 Bamfield British Columbia 的两个个体的相似性为 95.9%，一个 Bamfield British Columbia 种与一个 Four Mile Beach 种的相似性也为 95.9%，说明该序列不能用于种群区分，而对 2 个属内不同种的亲源则可提供有用的信息，但由于属间不同种的该序列长度差别大不能排列一起而不能用于属间种的研究。该区域的比较说明来自加利福尼亚的 *Gracilariopsis* 种与中国种有很大的不同，而秘鲁与北卡来罗纳相比其他种更相近。另外来自新英格兰的 *Gracilaria chilensis* Bird，McLachlan，et Oliveira 与来自东南亚的 *Gracilaria tenuistipitata* Chang，et Xia 的亲源关系与 *Gracilaria verrucosa*（Hudson）Papenfuss，*G. pacifica* Abbott，*G. robusta* Kylin 的亲源关系相同。Rubisco 编码区的间隔和其旁侧序列的分析也提供了相似的结论。

三、功能基因发掘利用

由于缺乏清晰的遗传学背景及江蓠属海藻生物学特性的复杂性，关于江蓠功能基因的研究仍处于起步阶段。目前已有的报道包括通过表达序列标签（EST）来寻找基因，通过构建抑制性消减杂交（SSH）文库的方法，分离相关基因等。

Lluisma 等（1999）报道了 200 条来自江蓠 *Gracilaria gracilis* 的 EST 序列，这是关于藻类 EST 的首次报道。他们将这些 EST 序列与数据库中已知多肽序列进行比较，发现 73%的 EST 未找到显著的相似序列，已鉴定的 EST 序列多与碳代谢、氨基酸代谢、光合作用及蛋白质的合成及降解等有关。Teo 等（2007）测序获得了 *G. changii* 的 8088 个表达序列标签（EST），发现了 4922 个基因，其中 35%与数据库中的基因信息高度相符，包括代谢、转录、复制、信号调节、转移、运输、蛋白质折叠、筛选、降解、修复、细胞分裂等。Sun 等（2002）构建了龙须菜配子体、四分孢子体 cDNA 文库，提交了龙须菜的 164 条 EST，在核苷酸数据库中进行 BLASTN 搜索发现 30 组与已知基因显著相似的 EST，其中 8 组与叶绿体基因相似。用递交的 136 组 EST 与红藻的 EST 数据库进行比较，发现有 22 组与数据库中 EST 同源，其中 6 组与江蓠 *Gracilaria gracilis* 的已公布 EST 同源。在蛋白质数据库中搜索发现了 73 组与已知功能蛋白质相似的序列，它们中大多数与能量代谢、转录/翻译及光合作用有关，分别占了 12 组、8 组和 7 组；与生长发育、信号转导、压力/防御反应有关的分别有 6 组、4 组和 3 组。综合起来，在 136 组递交序列中共有 79 组与已知 DNA 或蛋白质序列同源的 EST，即有 58.1%的 EST 在核苷酸或蛋白质数据库中找到了相似序列，而 41.9%的 EST 是首次提交的新序列。

Ren 等（2008）利用构建抑制性消减杂交（subtractive hybridization，SSH）文库的方法，从江蓠属海藻龙须菜中首次分离出 14 个在四分孢子体和雌配子体间差异表达的基因。序列同源性分析结果表明，其中的 7 条序列分别与编码小 GTP 结合蛋白（Small GTPase）即小 G 蛋白基因、天冬氨酸转移酶基因、GMP 合成酶基因、硫胺素焦磷酸化酶基因、R42 蛋白基因和两种未知功能蛋白质基因有同源性，另外 7 条序列与 GenBank 收录的序列没有显著的匹配性。这 14 个基因的表达结果表明，11 个基因在两世代间呈现表达差异，包括 7 个在四分孢子体中上调表达基因、3 个在雌配子体中上调表达基因及 1 个在四分孢子体中特异表达的基因。

目前，海藻遗传学研究水平在总体上大大落后于高等植物，而红藻门又是遗传背景最不清晰的藻类类群。新中国建立后，以曾呈奎为代表的藻类学家创立了海带筏式栽培技术，开辟了人工大规模海藻栽培的先河。如今，我国的大型海藻养殖规模遥遥领先于其他国家，年产量达到 1×10^{4}t（干重），占世界总产量的 70%以上，占我国海水养殖总产量的 11.5%，已经形成了从海藻育苗、栽培、加工到精加工的产业群。海藻养殖发展成为了我国海洋经济的支柱产业，产生了显著的经济效益和社会效益。20 世纪 90 年代以来，龙须菜育苗和栽培技术取得了长足发展，江蓠属海藻也一跃成为我国第三大栽培海藻，为广大养殖户和沿海渔民的致富开拓了一条新的路子。这是勤劳的中国人民和我国藻类学家辛勤劳动、通力协作的结果。然而近年来，龙须菜栽培过程中的病害肆掠，产量和价格极不稳定，损害了广大养殖户的积极性，使龙须菜栽培产业的发展遇到了瓶颈。我国的海藻遗传学研究虽然取得了很多成就，但是与发达国家相比，还有不少差距。江蓠既是重要的经济海藻又是进行遗传学研究的好材料。江蓠属最重要的经济海藻之一——龙须菜基因组测序的完成将大大促进江蓠属海藻基因组学及其相关研究的水平，推动海藻栽培业和加工业的持续发展。

（王广策）

第五节　微　　藻

一、简介

微藻包括蓝藻和单细胞真核藻类。蓝藻无细胞核，又称蓝细菌，是营植物型放氧光合作用的原核生物，兼具植物与细菌的特点，是藻类植物中最原始的门类。海洋蓝藻中常见的有聚球藻（*Synechococcus*）、集胞藻（*Synechocystis*）、原绿球藻（*Prochlorococcus*）等种类，重要经济蓝藻螺旋藻（*Spirulina*）的海水驯化株系也得到大规模养殖。海洋真核微藻则包括单细胞的绿藻、红藻、硅藻、甲藻、隐藻、金藻等。海洋微藻因生物量巨大、分布广泛，门类和种类极其多样，是海洋生态系统的重要成员，也是海洋功能基因资源的重要来源。

微藻功能基因的发掘与利用分别涉及基础与应用两个方面，基础研究方面，由于微藻进化地位特殊，特别是在代谢途径与产物、生境类型与适应机制等方面极具多样性，目前已发展了多种模式生物，如蓝藻中的集胞藻、聚球藻，绿藻中的莱茵衣藻（*Chlamydomonas reinhardtii*）及硅藻中的三角褐指藻（*Phaeodactylum tricornutum*），应用于植物光合作用、细胞分化与固氮、质体起源、碳源利用、逆境胁迫与适应等重要领域（Chi *et al.*，2008a）。应用研究方面，微藻可快速生长繁殖，方便进行高密度养殖，在抗氧化色素、不饱和脂肪酸等高附加值产品制备、降解有机污染物、光合产氢、生物柴油等新能源领域展示了广阔的开发前景。发展微藻功能基因的发掘与利用技术，将为深入了解其特殊生物学规律提供理论依据，并为最终实现功能基因的高效利用奠定基础（Chi *et al.*，2008b）。

目前，基因组、转录组等组学测序技术成为大规模发掘功能基因的有效手段。围绕微藻功能基因的发掘，我国研究人员开展了螺旋藻的基因组测序工作，以基因组信息为基础，通过比较基因组学分析，分别对蓝藻的限制性内切酶系统、脂肪酸代谢系统、信号转导系统、色素代谢系统及藻胆蛋白进化进行了深入系统的研究。针对微藻基因资源的利用，以基因工程为核心的重组表达、组合生物合成及代谢工程技术将发挥重要作用（Liang *et al.*，2006）。目前藻胆蛋白基因的重组产品已进入开发试制阶段，通过调控油脂合成关键基因的代谢工程研究正在系统建立相关技术方法。

二、基因组及功能基因研究进展

1. 螺旋藻基因组草图的绘制

螺旋藻是一类丝状、螺旋形、不形成异型胞的蓝藻，常分布于湖泊、池塘和半咸水中。螺旋藻含有丰富的蛋白质、B族维生素、矿物质和不饱和脂肪酸等，既可作为蛋白质原料，又可作为食品及饲料的添加剂，是目前利用最为广泛的经济微藻。

螺旋藻最先发现于非洲乍得湖，当地土著人将其作为一种天然的食品，从20世纪60年代开始，科学家对其人工养殖方法、营养价值及生理特性进行了广泛的研究，为螺旋藻的应用提供了有效的科学依据。近20多年来，国内外工业化生产的螺旋藻产业发展十分迅速，1974年，墨西哥建成全球第一家螺旋藻生产厂，泰国也于20世纪70年代在曼谷湾兴建了年产50t藻粉的企业。此后，美国、以色列、日本、印度等国家和地区相继开展了螺旋藻产品的研发，1995年全世界螺旋藻干粉产量超过1000t，销售额超过20亿美元。“七五”期间，我国在著名藻类学家曾呈奎院士的领导下，针对螺旋藻优良品系的选育，培养条件与大规模养殖、采收和加工，海洋经济动物饵料产品开发及营养品和药品开发开展了系统研究。由于海水驯化养殖螺旋藻有利于降低成本、规模化生产且能提高品质，因此，海水驯化藻株已广泛应用于生产。

我国在螺旋藻规模化人工养殖与应用方面已形成产业化格局，成为世界上最大的螺旋藻培养基地。目前，钝顶螺旋藻（*Spirulina platensis*）已完成了基因组草图的绘制，结合基因组信息，全面深入分析螺旋藻的遗传背景与分子进化规律，发掘具有育种价值的功能基因，对于推动螺旋藻遗传资源的开发及品种选育改良、促进我国螺旋藻产业的持续发展具有重要意义（Zhang *et al.*，2007）。

（1）螺旋藻基因组测序初步结果

目前，共测序read数目149 726条，其中来自1～2kb库的read数目为118 726条，来自大库4～6kb的read数目为31 000条，read平均有效读长为383bp。经Pred/phrap序列拼接后，得到contig数目为2212条，总的大小为7.17Mb，其中contig长度在1kb之下的有1227条。contig平均覆盖度为7.98。通过对每条contig两端进行寻找有克隆支持的相邻contig的关系，共得到252组scaffold，涵盖了5.79Mb的基因组，而未确定关系的contig数目共有1219条。在这些未确定关系的contig当中，长度在1kb之上的有205条，总大小为732 798bp。

（2）螺旋藻基因组的一般特征

通过前期的测序工作，估计螺旋藻的基因组大小为7.0～7.5Mb，GC含量为45.6%。Glimmer预测ORF数目为7795个，利用BLASTP搜索66个已知基因组的蛋白质序列后，发现有4768个ORF与已知基因具有不同程度的相似性，而其余3027个ORF则是“no hits”。前者中，可归到COG（cluster of orthologous groups of protein）数据库中的ORF数目为3902个，约占螺旋藻ORF总数的50%。为了进一步比较螺旋藻与其他蓝藻在基因组成上的差别，将其他所有已测序的蓝藻基因都加入到这66个基因组数据当中，使之总数达到83个。通过BLASTP搜索，发现在这3902个COG基因中，有389个螺旋藻基因相对于其他蓝藻，与非蓝藻基因有着更高的相似性（图 5-2）。

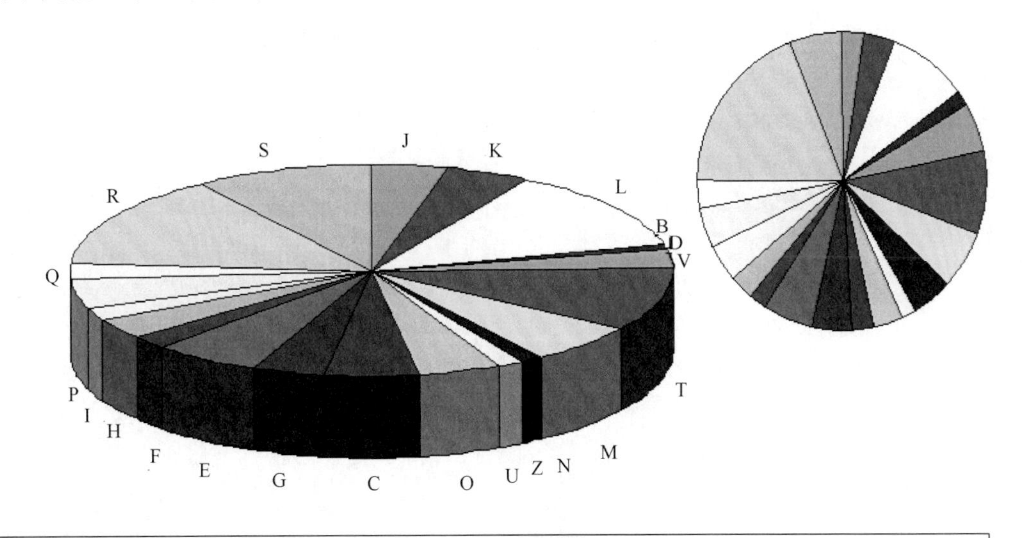

图 5-2 螺旋藻基因 COG 分类

2. 蓝藻比较基因组学研究

以螺旋藻基因组草图为基础，利用比较基因组学和分子进化的手段，对蓝藻的限制修饰系统、信号转导系统、脂肪酸去饱和酶相关基因、胡萝卜素合成相关基因、藻胆蛋白与连接多肽基因等进行了广泛深入的研究。

（1）蓝藻限制修饰系统的比较基因组研究

限制修饰系统（restriction-modification system，RM system）包括限制性内切酶（restriction endonuclease，REase）和相应的甲基转移酶（methyltransferase，MTase），前者具有特异剪切 DNA 的活性，而后者则具有对宿主 DNA 进行甲基化的功能，从而保护宿主自身的染色体。目前螺旋藻中尚未建立成熟的遗传转化系统，其体内复杂的限制性内切酶类可能是妨碍外源基因整合的关键因素。开展限制修饰系统的比较基因组研究，可为建立螺旋藻的遗传转化系统，并实现后续的螺旋藻基因功能验证模式提供一定的理论依据。

研究发现，螺旋藻基因组有 6 个基因簇编码了 I 型 RM，11 个可能的 II 型或孤立甲基化酶（MTaes）的基因，此外还有 9 个 HNH 内切酶基因。RT-PCR 分析发现，在 18 个甲基化酶基因中有 6 个未检测到 mRNA 水平的表达，而具有突变宿主特异性缺陷基因（*hsdS*）基因的 *II-hsdM* 却检测到表达。比较分析发现，丝状蓝藻含有 *RM* 基因的数目要显著多于单细胞蓝藻，这种 *RM* 基因在丝状蓝藻基因组中的扩增应该与其基因组增大有关。此外，发现 *hsdM* 和 *hsdR* 存在着共进化机制，这些高度正相关或负相关的位点可能参与了 hsdM

和 hsdR 三级结构的正确折叠及 RM 复合体的形成。在大多数的 *RM* 基因中均未找到适应性进化的机制，只有在 MTase 的部分群体中有显著加速进化的证据。

以丝状蓝藻 *Spirulina platensis*、*Anabaena* sp. 7120 和 *Anabaena variabilis* ATCC 29413 为材料，研究了其 *RM* 基因各个 Pfam 结构域彼此之间的相似性，结果表明，不同的 Pfam 结构域之间序列相似性差异很大，并且不同基因之间同一 Pfam 结构域也有着较大的差异（图 5-3）。在 *Anabaena variabilis* ATCC 29413 中某些 *MTase*（*MTase*1～*MTase*3）在其余两个丝状蓝藻中有很多关系较近的同源基因，而其他的 *MTase* 则没有或者有少数几个关系较近的同源基因。此外，与 DNA 序列识别有关的 *hsdS* 基因之间则没有明显的相似性，一般都低于 20%。*Anabaena* sp. 7120 中Ⅰ型 *RM* 基因（*hsd*2 和 *hsd*3）和 *Anabaena variabilis* ATCC 29413 的中 *hsd*2 高度相似，其中 *Anabaena* sp. 7120 的 *RM* 基因的蛋白质序列（hsdR 和 hsdm）几乎相同，而与 *A. variabilis* ATCC 29413 的相似度达到 97%。值得指出的是，两株 *Anabaena* 中 *RM* 基因之间的相似度要比它们与螺旋藻的 *RM* 基因的相似度要高（Zhao *et al.*，2006）。

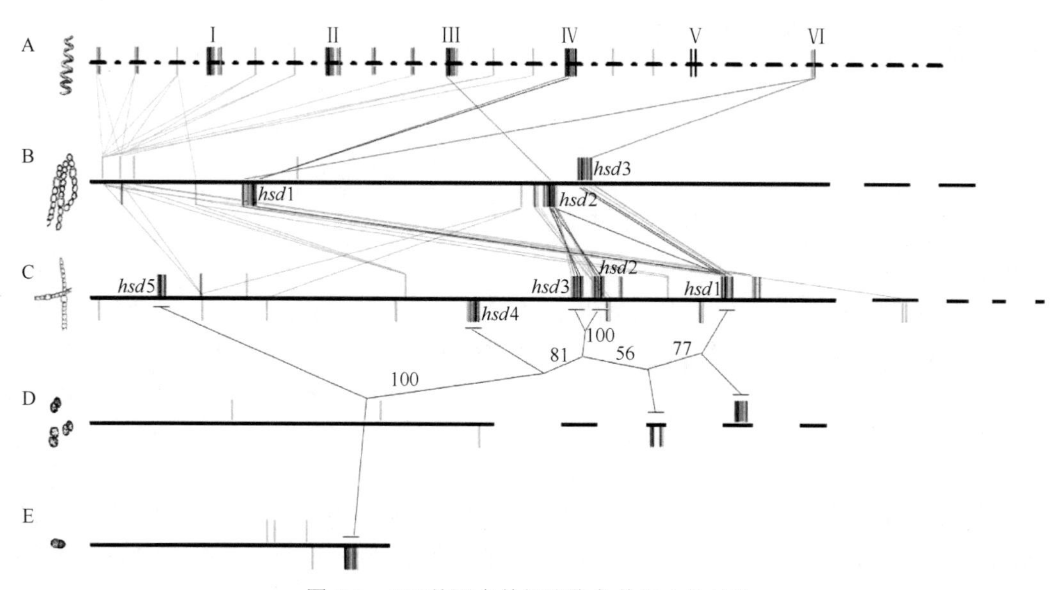

图 5-3 *RM* 基因在单细胞染色体组上的结构

A. *Spirulina platensis*；B. *Anabaena variabilis* ATCC 29413；C. *Anabaena* sp. 7120；D. *Synechocystis* sp. 6803；E. *Synechococcus elongtus*

（2）蓝藻信号转导系统的比较基因组学分析

蓝藻经过漫长的进化，在地球上具有极其广泛的分布，且对环境胁迫具有极强的耐受性，信号转导系统起到了至关重要的作用。蓝藻信号转导系统主要包括二元信号转导系统和丝氨酸/苏氨酸激酶（serine/threonine protein kinase，STK）。蓝藻全基因组测序的完成，为系统研究蓝藻中的基因家族奠定了基础。采用比较基因组学的方法对蓝藻中的丝氨酸/苏氨酸激酶进行了系统的分析。在进行本地搜索及序列筛选之后，在 21 株蓝藻中共找到 286 个假定的丝氨酸/苏氨酸激酶序列，它们在不同蓝藻中的分布是基因组大小、生理和生态特征共同作用的结果。蓝藻的 STK 序列具有与真核 STK 类似的保守域和保守氨基酸位点，推测它们具有类似的催化机制。除此之外，还发现了 6 个具有蓝藻或原核生物特异性的保守氨基酸位点。根据蓝藻 STK 结构的不同将其分为三大家族。另外，在蓝藻 STK 中共发现了 14 类 131 个附属功能域，这些附属功能域主要参与信号或底物的识别，协助 STK 完成复杂的调控作用。蓝藻 STK 的系统发生关系非常复杂，基因的丢失与获得在进化过程中起最主要的作用，另外还伴随着结构域的插入、丢失及随机重排等现象（Zhang *et al.*，2007）。研究初步建立了蓝藻 STK 的序列-结构-功能的框架结构，为蓝藻 STK 功能的研究奠定了基础。

（3）微藻脂肪酸去饱和酶基因的比较基因组学分析

不饱和脂肪酸是机体生物膜的重要组成成分，对生物膜结构、机能、相转变、通透性的调节及相关过程的调控有重要作用。脂肪酸去饱和酶是催化不饱和脂肪酸生物合成的关键酶类。以螺旋藻基因组草图为基础，对已测序的 37 株蓝藻的脂肪酸去饱和酶基因进行比较基因组学分析，发现丝状或固氮蓝藻中具有的脂肪酸去饱和酶的种类一般多于单细胞蓝藻；海洋来源的聚球藻和原绿球藻的酰基-脂去饱和途径明显不同于其他来源的蓝藻，这两属的蓝藻与其他蓝藻可能具有不同的系统发育过程；与嗜温蓝藻相比，三个嗜热蓝藻藻株，*Thermosynechococcus elongatus* BP-1、*Synechococcus* sp. JA-2-3B'a（2-13）、*S.* sp. JA-3-3Ab 只含有 Δ9 去饱和酶基因，这可能与它们的生长环境（温泉）有关（Chi *et al.*，2008a）。

对已测序的 7 株真核微藻的脂肪酸去饱和酶相关基因进行比较基因组学分析，发现真核微藻不饱和脂肪酸合成途径具有多样性。绿藻、衣藻、团藻（*Volvox*）、*Ostreococcus tauri*、*O. lucimarinus*、硅藻三角褐指藻和假微型海链藻中均存在两条不饱和脂肪酸合成途径，即原核途径和真核途径。原核途径位于叶绿体，真核途径位于内质网，但合成的脂肪酸产物有所不同。原始红藻 *Cyanidioschyzon merolae* 只含有 3 个去饱和酶基因，2 个 Δ9 基因和 1 个 Δ12 基因。不饱和脂肪酸合成缺失了一条原核途径，明显不同于其他蓝藻、绿藻、硅藻和高等植物，这可能是它们特定的生长环境（酸性火山温泉）导致的（Chi *et al.*，2008b）。

（4）蓝藻类胡萝卜素合成酶基因的比较基因组学及代谢调控研究

类胡萝卜素是一组由 8 个异戊二烯基本单位构成的碳氢化合物（胡萝卜素）与它们的氧化衍生物（叶黄素）组成的化合物，在生物体内具有重要的生理功能。类胡萝卜素的生物合成在植物和细菌中分别存在不同的途径。对已测序的 18 种蓝藻的类胡萝卜素合成基因进行了比较基因组学研究，发现除了 *Gloeobacter violaceus* PCC 7421 的类胡萝卜素合成途径是细菌型，其余蓝藻的类胡萝卜合成途径均属于植物型。序列比对发现蓝藻中参与合成途径上游的酶基因在进化中保守性较高。研究还发现，一些类胡萝卜素合成酶在结构和功能上存在趋同或趋异进化，揭示了它们进化上的多样性。还发现在集胞藻 *Synechocystis* sp. PCC6803 等几种蓝藻中，没有典型的番茄红素环化酶基因的同源基因，却存在着与绿硫细菌中的 γ-carotene 环化酶基因相似的基因，如集胞藻的 *sll0147* 和 *sll0659*。但基因功能验证的结果显示，*sll0147* 和 *sll0659* 的突变对番茄红素环化过程影响不明显，提示在这些蓝藻中可能有其他基因参与环化过程，而 *sll0659* 基因可能参与了细胞的分裂过程（Liang *et al.*，2006）。

（5）藻胆蛋白及连接多肽的分子进化研究

藻胆蛋白是蓝藻及部分真核藻类如红藻、隐藻等的捕光色素蛋白，能够吸收光能并通过非放射性过程将激发能高效地传递到含有叶绿素的反应中心，还能作为细胞中的储存蛋白，使藻类在氮源缺乏的季节得以生存，对藻类具有十分重要的意义。藻红蛋白是藻胆蛋白的一种，它广泛分布于所有红藻及部分蓝藻和隐藻中。通过对 7 种蓝藻、5 种原绿球藻和 10 种真核红藻及 1 种隐藻（*Guillardia theta*）的藻红蛋白基因序列和氨基酸序列进行比对分析，发现藻红蛋白 α 亚基和 β 亚基的 5′端相当保守而 3′端保守性相对较差，这与藻蓝蛋白和别藻蓝蛋白的基因序列比对有着相似的结果。低光适应型原绿球藻和海洋聚球藻的藻红蛋白中正选择位点分布有着显著差异，提示二者的藻红蛋白基因有不同的进化模式；正选择作用位点多集中在藻胆蛋白的色基结合区域及 XY 发卡结构处，这些结构域主要与藻胆蛋白的光能捕获、能量传递和结构组装有关。该研究结果不但揭示了正选择作用的重要性，而且提示光质、光强和能量传递压等可能是潜在的正选择压力。此外，通过深入研究高光和低光适应型两个生态群体的原绿球藻藻红蛋白基因系统发育、种内多态性和种间变异度，揭示了环境因子对藻胆蛋白进化的影响。

不同的藻胆蛋白分子间依靠连接多肽相互连接。连接多肽起着稳定、组装藻胆体的作用，有的还参与了能量的传递。对蓝藻藻胆蛋白连接多肽开展了比较基因组学和系统进化分析，在 25 种蓝藻基因组中，共得到 192 条连接多肽基因序列，包括 167 条与藻胆蛋白相关的连接多肽（*linker polypeptides*）基因序列及 25 条铁氧化还原-$NADP^+$脱氢酶（*ferredoxin-NADP*$^+$*oxidoreductase*）基因序列。根据连接多肽的系统进化特征，将其分成 6 种类型。发现多数的连接多肽基因与藻胆蛋白基因聚集成簇，并多与藻胆蛋白的亚基、色基及相关的催化酶共享一个启动子。蓝藻连接多肽的产生、分化和消失是由于蓝藻对不同环境选择压力特别是光适应过程中产生的基因复制、水平基因转移或基因丢失。当前研究通过对藻胆体连接多肽系统进化的研究，加深了对蓝藻光系统功能和进化的认识，为光学活性藻蓝蛋白的合成、广泛应用及人工藻胆体的合成奠定了基础。

三、微藻功能基因的利用

微藻基因的发掘与功能验证为其开发利用提供了理论依据，以基因工程技术为核心，微藻基因的利用目前体现两条主要的技术思路：一是将微藻来源的功能基因导入大肠杆菌、酵母等异源高效表达系统，目标是通过重组表达获得功能蛋白产品；二是借鉴代谢工程的思路，将功能明确的微藻基因导入高等植物、菌株或微藻自身，对原有代谢途径进行删除、加强或延伸，目标是获得可高效积累目标代谢产物的植物新品种、工程菌株或藻株，下面分别举例说明。

1. 思路一举例：藻胆蛋白在大肠杆菌中的组合生物合成

天然藻胆蛋白既包括蛋白质亚基，也包括与亚基共价结合的小分子色基。在适当波长的光激发下，结构完整的藻胆蛋白会发射出强烈荧光。利用这种特性，可将其与生物素或各种抗体结合制成荧光探针，用于癌细胞及病毒表面抗原等生物大分子的分析。目前带色基藻胆蛋白的商业化制备仍依赖于对藻粉进行生化提取，进一步与抗体或生物素结合制备荧光探针也多采用化学交联，工序繁琐、低效。而利用传统基因工程技术，只能重组表达蛋白质的亚基部分，产物并不具备荧光特性。

在充分了解藻胆蛋白生物组装过程及其关键基因功能的基础上，利用组合生物合成技术，通过向大肠杆菌细胞中导入多个功能基因模块，分别实现色基合成、亚基合成、色基与亚基共价结合、多聚体形成等多个过程，从而实现了完整结构藻胆蛋白的人工组装，并表现预期的荧光特性。通过对工程菌株进行大规模发酵，可以较低成本规模化制备藻胆蛋白的单一亚基或多聚体，获得具有生物学活性的重组藻胆蛋白分子，详见第三章第一节。

2. 思路二举例：微藻遗传转化模式构建与代谢工程

针对微藻相关功能基因的验证、代谢途径的解析及调控规律的揭示，为在微藻自身开展代谢基因工程提供了最直接的理论依据。关键技术是在微藻中围绕导入方法、载体元件、打靶方式及筛选方法几个方面，系统建立可实现外源基因稳定表达的遗传转化技术（表 5-1），为后续改造原有代谢途径提供必要的技术手段。

表 5-1　海洋微藻遗传转化研究

藻种	转化方法	核/叶绿体转化	瞬间/稳定
亚心形扁藻	玻璃珠	核	瞬间
	基因枪/玻璃珠	核	稳定
	基因枪	叶绿体	稳定
杜氏盐藻	电激法	核	瞬间
	基因枪	核	稳定
三角褐指藻	基因枪	核	瞬间
	基因枪	核	稳定
	电激法	叶绿体	稳定
	电激法	核	稳定

3. 展望

海洋微藻极具多样性，是功能基因资源的巨大宝库，面向新材料、新能源等人类社会面临的重大问题，微藻基因资源利用研究也提出了独特的解决思路。伴随组学技术的渗透和基因功能验证技术平台的迅速发展，可以预期，海洋微藻中具有重要利用价值的基因将不断得以发现，并加快基因产品推出的步伐。

这其中，海洋微藻代谢基因工程的发展尤其值得关注。微藻营光合自养，具备成熟的养殖、加工等产业化基础，是廉价而有特色的细胞工厂。在充分了解微藻重要代谢途径与网络调控规律的基础上，通过借鉴微生物的相关技术和方法，建立精细的基因操作平台，有望构建功能强大或特殊的微藻藻株，产生独特应用，在创新思路和方法上引领海洋生物基因利用新世代的到来。

（姜　鹏　赵　瑾）

主要参考文献

庞国兴，王广策，胡松年，等. 2005. 坛紫菜（*Porphyra haitanensis*）丝状孢子体 EST 的获取及其生物信息学分析. 海洋与湖沼，36（5）：452-457.

Agnès G，Shao ZR，Gurvan M，et al. 2014. Mannitol metabolism in brown algae involves a new phosphatase family. Journal of Experimental Botany，65（2）：559-570.

Bartsch I，Wiencke C，Bischof K，et al. 2008. The genus Laminaria sensu lato：recent insights and developments. European Journal of Phycology，43（1）：1-86.

Chi XY，Yang QL，Zhao FQ，et al. 2008a. Comparative analysis of fatty acid desaturases in cyanobacterial genomes. Comparative and Functional Genomics：25 Pages.

Chi XY，Zhang XW，Guan XY，et al. 2008b. Fatty acid biosynthesis in eukaryotic photosynthetic microalgae：Identification of a microsomal delta 12 desaturase in Chlamydomonas reinhardtii. Journal of Microbiology，46（2）：189-201.

Cock JM，Sterck L，Rouzé P，et al. 2010.The Ectocarpus genome and the independent evolution of multicellularity in brown algae. Nature，465（7298）：617-621.

Guan X，Qin S，Zhao F，et al. 2007. Phycobilisomes linker family in cyanobacterial genomes：divergence and evolution. International Journal of Biological Sciences，3：434-445.

Hockin NL，MockT，Mulholland F，et al. 2012. The response of diatom central carbon metabolism to nitrogen starvation is different from that of green algae and higher plants. Plant Physiology，158（1）：299-312.

Kong FN，Sun P，Cao M，et al. 2014. Complete mitochondrial genome of Pyropia yezoensis：reasserting the revision of genus Porphyra. Mitochondrial DNA，25（5）：335-336.

Liang CW，Zhao FQ，Wei W，et al. 2006. Carotenoid biosynthesis in cyanobacteria：structural and evolutionary scenarios based on comparative genomics. International Journal of Biological Sciences，2（4）：197-207.

Liang XY，Wang XM，Chi S，et al. 2014. Analysis of Saccharina japonica transcriptome using the high-throughput DNA sequencing technique and its vanadium-dependent haloperoxidase gene. Acta Oceanologica Sinica，33（2）：27-36.

Lluisma AO，Ragan MA. 1999. Occurrence of closely spaced genes in the nuclear genome of the agarophyte Gracilaria gracilis. Journal of Applied Phycology，11（1）：99-104.

Luo H，Morchen M，Engel CR，et al. 1999. Characterization of microsatellite markers in the red alga Gracilaria gracilis. Mol Ecol，8（4）：700-702.

Mao YX，Zhang BY，Kong FN，et al. 2012. The complete mitochondrial genome of Pyropia haitanensis Chang et Zheng. Mitochondrial DNA，23（5）：344-346.

Matsuzaki M，Misumi O，Shin IT，et al. 2004. Genome sequence of the ultrasmall unicellular red alga Cyanidioschyzon merolae 10D. Nature，428（6983）：653-657.

Molnär RA，Schwach F，Studholme DJ，et al. 2007. miRNAs control gene expression in the single-cell alga Chlamydomonas reinhardtii. Nature，447（7148）：1126-1129.

Ren XY，Zhang XC. 2008. Identification of a putative tetrasporophyte-specific gene in Gracilaria lemaneiformis（Gracilariales，Rhodophyte）. Journal of Ocean University of China，7（3）：299-303.

Sun X，Yang GP，Mao YX，et al. 2002. Analysis of expressed sequence tags of a marine red alga，Gracilaria lemaneiformis. Progress in Natural Science，12（7）：518-523.

Teo SS，Ho CL，Teoh S，et al. 2007. Analyses of expressed sequence tags from an agarophyte，Gracilaria changii（Gracilariales，Rhodophyta）. European Journal of Phycology，42（1）：41-46.

Thomas CA Jr. 1971. The genetic organization of chromosomes. Annu Rev Genet，5：237-256.

Wang L，Mao YX，Kong FN，et al. 2013. Complete sequence and analysis of plastid genomes of two economically important red algae：Pyropia haitanensis and Pyropia yezoensis. PloS One，e65902.

Wang MQ，Mao YX，Zhuang YY，et al. 2009. Cloning and analysis of calmodulin gene from Porphyra yezoensis Ueda（Bangiales，

Rhodophyta）. Journal of Ocean University of China，8（3）：247-253.

Zhang BY，Yang F，Wang GC，et al. 2010. Cloning and quantitative analysis of the carbonic anhydrase gene from porphyra yezoensis. Journal of Phycology，46（2）：290-296.

Zhang XW，Zhao FQ，Guan XY，et al. 2007. Genome-wide survey of putative serine/threonine protein kinases in cyanobacteria. BMC Genomics，8：395.

Zhao FQ，Qin S. 2006. Evolutionary analysis of phycobiliproteins：Implications for their structural and functional relationships. Journal of Molecular Evolution，63（3）：330-340.

第六章

海洋微生物功能基因的发掘和利用

第一节　对虾白斑综合征病毒

对虾白斑综合征病毒（white spot syndrome virus，WSSV）属于线头病毒科（*Nimaviridae*）白斑病毒属（*Whispovirus*），是一种具有囊膜的大型双链环状 DNA 病毒。完整的 WSSV 病毒粒子经负染在电子显微镜下呈椭圆状，并带有一条细长的类尾结构。病毒粒子长约 300nm，宽约 120nm。该病毒于 20 世纪 90 年代初暴发，对全球对虾养殖业造成了巨大的经济损失。由于 WSSV 宿主范围广、传染力强、致死率高，WSSV 至今仍是对虾产业危害最大的病毒性病原。

一、WSSV 基因组研究

目前 GenBank 数据库已收录了 4 株 WSSV 分离株的全基因组序列，这些病毒株来自不同的宿主和不同的地理区域，分别为：①分离自日本囊对虾（*Marsupenaeus japonicus*）的中国大陆株（WSSV-CN，Accession No. AF332093），基因组为 305 107bp（Yang *et al.*，2001）；②分离自斑节对虾（*Penaeus monodon*）的泰国株（WSSV-TH，Accession No. AF369029），基因组为 292 967bp；③分离自斑节对虾的台湾株（WSSV-TW，Accession No. AF440570），基因组为 307 287bp；④分离自凡纳滨对虾（*Litopenaeus vannamei*）的韩国株（WSSV-KR，Accession No. JX515788），基因组为 295 884bp（Yang *et al.*，2001）。

根据生物信息学分析结果，WSSV 基因组预测包含约 180 个编码功能蛋白质的基因，但仅有少数基因编码的蛋白质和数据库中已知的蛋白质有同源性，它们主要是一些与核苷酸代谢和 DNA 复制有关的蛋白质，属于病毒的非结构蛋白。这些蛋白质在病毒侵染宿主的过程中表达，并在病毒复制增殖中扮演重要角色。这类蛋白质包括核糖核苷酸还原酶（ribonucleotide reductase）、胸腺嘧啶核苷酸（thymidylate kinase，TMK）/胸腺嘧啶激酶（thymidine，TK）、非特异性核酸酶（non-specific nuclease，WSV-NSN）、DNA 聚合酶（DNA polymerase，DNA pol）、TATA 框结合蛋白（TATA box-binding protein，TBP）、胸腺嘧啶核苷酸合成酶（thymidylate synthase，TS）、dUTP 酶等。其中 *wsv191* 基因编码的 WSV-NSN 含有保守的核酸酶活性区结构域。在 *E. coli* 中重组表达的 WSV-NSN 具有 DNA/RNA 内切酶双重功能，即既可以水解 DNA，也可以水解 RNA。因此 WSV-NSN 有着潜在的应用价值，如在重组蛋白质纯化、酶类制备、完整病毒粒子分离纯化等方面，可作为双功能核酸酶去除生物制品中 DNA 和 RNA 的污染。

二、WSSV 结构蛋白研究

病毒结构蛋白是组成一个形态完整且有侵染活性的病毒颗粒所必需的蛋白质，对于囊膜病毒而言，囊膜蛋白和核衣壳蛋白是病毒粒子的构成蛋白质。病毒的结构蛋白不仅可以支持病毒基本形态、保护病毒遗传物质，还在病毒对宿主细胞的吸附和侵入过程中起着关键作用。由于 WSSV 基因组分析并不能鉴别哪些基因编码病毒的结构蛋白，因此蛋白质组学技术成为鉴定病毒结构蛋白的主要手段。目前已从 WSSV 病毒粒子中鉴定出结构蛋白 40 多个，其中丰度最高的 4 个囊膜蛋白是 VP28、VP26、VP24 和 VP19（Xie *et al.*，2006），而主要的衣壳蛋白是 VP664 和 VP51，与病毒基因组结合的蛋白质是 VP15。

众所周知，病毒囊膜蛋白在病毒感染过程中起关键性作用，通常涉及病毒入侵宿主细胞时与细胞表面的受体识别及结合。在已鉴定的所有病毒囊膜蛋白中，高丰度囊膜蛋白 VP28、VP26、VP24 和 VP19 约占囊膜蛋白总量的 90%，而其他均为低丰度囊膜蛋白。VP28 是最早鉴定且研究最为深入的病毒囊膜蛋白，由病毒 *wsv421* 基因编码。由于 VP28 位于病毒粒子表面且含量很高，因此它可作为潜在的病毒病预防或治疗靶点。研究表明，VP28 抗血清可以在一定程度上中和 WSSV，阻止其对对虾的感染；在实验室中，投喂添加重组表达 VP28 蛋白细菌的饲料可降低感染 WSSV 对虾的死亡率。另外，VP28 可与螯虾血细胞膜蛋白中的小 GTP 结合蛋白（PmRab7）相互作用，这些发现暗示 VP28 在病毒感染的最初入侵阶段可能起着重要作用。

VP19 是含量仅次于 VP28 的高丰度 WSSV 囊膜蛋白，其单克隆抗体可有效中和 WSSV 的侵染。此外，经肌肉注射重组 VP19 对斑节对虾进行免疫接种（vaccine）可在一定程度上抵御病毒的侵染致病。这些结果说明病毒表面蛋白 VP19 也可能参与病毒感染。

VP26 和 VP24 最初被认为是病毒的核衣壳蛋白，但胶体金免疫电镜发现它们均位于 WSSV 病毒囊膜上。序列比对发现 VP24 与 VP28 的氨基酸序列具有 43%的同源性，与 VP26 的氨基酸序列有 40%的同源性，推测这三个结构蛋白进化自同一个原始蛋白基因祖先。目前的研究已显示 VP28、VP26、VP24 和 VP19 4 种主要囊膜蛋白之间存在着广泛的相互作用。通过酵母双杂交、免疫共沉淀、亲和下拉等方法证明了 VP28-VP26、VP28-VP24、VP28-VP19、VP26-VP24、VP24-VP19 之间具有相互作用，且 VP28、VP26、VP24 和 VP19 均具有自身聚合能力，以多聚体的形式存在于囊膜中（Zhou *et al.*，2009）。值得关注的是 VP26 和 VP24 还能与许多低丰度囊膜蛋白相互作用如 WSV010、VP33、VP38、VP52A 和 VP52B 等。

基于目前对 WSSV 结构蛋白的研究资料，Li 等（2011）结合 WSSV 囊膜蛋白 2-D Blue-Native/SDS-PAGE 凝胶电泳数据，提出了病毒囊膜形成和包膜化的假设，即 4 种 WSSV 主要囊膜蛋白 VP19、VP24、VP26 和 VP28 之间通过相互作用形成囊膜的基本架构，而脂类则被 VP19 和 VP28 的疏水区募集到基本架构中。其他低丰度蛋白质则被 VP24 或 VP26 募集到基本架构中，各种蛋白质进一步通过网络状相互作用形成完整的囊膜。其中，VP26 还起着极其重要的链接蛋白作用，通过与病毒衣壳蛋白 VP51 的相互作用，完成病毒囊膜对核衣壳的包裹。最近 VP24 被发现具有结合几丁质的功能，因对虾消化道覆盖了几丁质层或含有几丁质成分，因此 VP24 很可能在 WSSV 通过消化系统感染的过程中起到关键性作用。

三、WSSV 极早期基因研究

对于双链 DNA 病毒而言，通常其基因组的表达具有时序性，可分为极早期（immediate-early，IE）基因、早期（early）基因和晚期（late）基因。在病毒侵染宿主初期，病毒 DNA 尚未复制，也无新合成的病毒蛋白质时，那些利用宿主细胞“转录机器”启动转录的病毒基因属于 *IE* 基因，而 *IE* 基因编码的蛋白质称为 IE 蛋白。IE 蛋白通常是一些调控因子，在病毒的复制过程中对病毒自身和宿主细胞起着非常重要的调控作用。一方面参与调节病毒早期基因和晚期基因的表达；另一方面可以与宿主细胞的调控因子相互作用，调控细胞的生理状态或帮助病毒躲避宿主免疫系统的识别和清除，从而为病毒增殖创造合适的环境。

病毒 *IE* 基因的筛选鉴定主要采用抑制细胞内蛋白质合成的方法。放线菌酮（cycloheximide，CHX）是一种最常用的细胞内蛋白质合成抑制剂。通常将细胞用 CHX 处理一段时间，阻断新蛋白质合成，然后进行病毒感染。由于病毒 *IE* 基因的转录不受 CHX 影响，而病毒非 *IE* 基因的转录会受到 CHX 的抑制，利用这个原理，研究人员在 2005 年首次鉴定了 3 个 WSSV *IE* 基因，并将它们命名为 *ie1*、*ie2* 和 *ie3*。随后，利用类似的技术又鉴定出 16 个 *IE* 基因（Li *et al.*，2009），分别是 *wsv051*、*wsv069*（*ie1*）、*wsv078*、*wsv079*、*wsv080*、*wsv083*、*wsv091*、*wsv094*、*wsv098*、*wsv099*、*wsv100*、*wsv101*、*wsv103*、*wsv108*、*wsv178* 和 *wsv249*。此外，2013 年，Lin 等利用绿色荧光蛋白（EGFP）作为检测启动子活性的报告基因，结合 CHX 处理实验，证明 *wsv056*、*wsv403*、*wsv465* 也是 WSSV *IE* 基因。到目前为止，已发现 WSSV 的 *IE* 基因达到 21 个。

在已鉴定的 *IE* 基因中，*ie1* 目前研究得最深入，其编码蛋白质全长 224 个氨基酸，在 C 端有 DNA 结合位点和硫氧化还原蛋白（thioredoxin，Trx）结合位点，在靠近 N 端的位置有 TATA box 结合蛋白（TATA-binding protein，TBP）和成视网膜瘤蛋白（retinoblastoma protein，RB）结合位点。暗示 IE1 可以通过与细胞转录因子结合，参与调节细胞内各种生化反应。

研究表明，IE1 同时具有转录激活和 DNA 结合的能力，其转录激活结构域存在于蛋白质 C 端前 80 个氨基酸中，而 DNA 结合结构域位于 C 端第 81 个氨基酸到第 224 个氨基酸之间。此外，当 IE1 与 DNA 结合时，IE1 可以自身发生相互作用，形成二聚体，说明 IE1 可能以同源二聚体形式发挥转录调节的作用。已有研究表明，IE1 的 81～180 位氨基酸区域能与对虾 TATA-box 结合蛋白（TATA box-binding protein，PmTBP）171～230 位和 111～300 位氨基酸区域发生相互作用，并且这种结合促进了病毒早期基因 DNA 聚合酶基因的表达，因此 IE1 和 PmTBP 的相互作用能够影响病毒在宿主细胞内的增殖。

成视网膜瘤蛋白（retinoblastoma protein，RB）是调控细胞周期的关键蛋白质，RB 与 E2F 转录因子的相互作用可以调控细胞周期从 G0/G1 期进入 S 期。当 RB 与 E2F 结合形成蛋白质复合体时，E2F 的活性被抑制；当 RB 与某些调控蛋白结合后，RB-E2F 复合体解离，释放出 E2F 蛋白，使之能够结合到靶基因的启动子上，启动下游基因的转录。对 WSSV 的研究表明 IE1 蛋白可以通过其 C 端的“LxCxE”结构域，与 RB 结合；这种相互作用导致 RB-E2F 复合体的解离，使 E2F 活化。活化的 E2F 调节下游基因的表达，从而导致宿主细胞从 G0/G1 期进入 S 期。

在对 *ie1* 的启动子研究中发现，其启动子活性比 CMV（cytomegalovirus immediate-early）还要强。这种强启动子活性主要存在于从–92～–74 的这一段序列，如果这一段序列发生缺失或者突变，那么启动子的活性丧失。*ie1* 的启动子上存在着一系列的转录因子结合位点，*ie1* 启动子通过与细胞转录因子的作用来增强 IE1 的表达。

在宿主细胞中，信号转导因子和转录激活因子（signal transducer and activator of transcription，STAT）在宿主抵抗病毒侵染的过程中起着很重要的作用。当 WSSV 侵入宿主细胞时，STAT 本身被活化定位到细胞核中，结合到 *ie1* 启动子上 STAT 结合区域，即从–84～–64 的这段序列（ATTCCTAGAAA），直接增强 *ie1* 的表达。但是这个结合的过程并不破坏 STAT 的结构，STAT 仍然保持原有的活性，能够激活 JAK-STAT 通路。上述研究表明极早期基因 *ie1* 可以利用宿主细胞的 JAK-STAT 通路来增强自身表达。另外，研究表明 WSSV 可以利用 IKK–NF-κB 信号通路来促进病毒基因的转录，其中包括了极早期基因 *ie1*、*wsv051*、*wsv083*。体外实验已证实对虾的 NF-κB 同源蛋白 LvRelish 可以直接结合到 *ie1* 启动子上，激活 *ie1* 转录。

经过 20 多年的研究，人们已对 WSSV 的形态结构、基因功能、结构蛋白、极早期基因等方面有了较深入的认识，但是在 WSSV 入侵、调控和复制等方面的研究还处于起步阶段。深入开展 WSSV 功能基因研究，有助于揭示 WSSV 的感染机制，为抗病毒药物的设计提供理论基础。

（李钫　杨丰）

第二节　迟缓爱德华菌

一、迟缓爱德华菌简介

爱德华菌（*Edwardsiella*）属于肠杆菌科家族，为革兰氏阴性菌，氧化酶阴性，过氧化酶阳性，短杆状具有周生鞭毛的细菌。目前，爱德华菌属由迟缓爱德华菌（又名迟钝爱德华菌）（*Edwardsiella tarda*）、鲶鱼爱德华菌（*Edwardsiella ictaluri*）和保科爱德华菌（*Edwardsiella hoshinae*）3 个种所构成。爱德华菌主要感染鱼类、爬行动物、两栖动物及人类。爱德华菌是一种重要的鱼类致病菌，能对 20 多种海洋鱼类和淡水鱼类致病，包括鲆鲽类、鳗鲡、罗非鱼和鲶鱼等，引起爱德华菌病，使宿主发生系统性肠道出血症、肠道溃烂和皮肤损伤，导致经济鱼类的大量死亡，造成鱼类养殖业的重大损失。

E. tarda 主要从鱼体及人体分离得到，是目前水产养殖业中危害极大的革兰氏阴性病

原菌（Xiao *et al.*，2008）。1962 年从日本鳗鲡中分离得到的 *E. tarda* 是造成日本鳗鲡红点病的病原菌。*E. tarda* 已经在全世界各地 20 多种海水鱼类（牙鲆、大菱鲆等）及淡水鱼类（虹鳟、鳗鲡等）中引起各类病害，也是我国北方养殖鱼类鲆鲽类的主要病原菌。*E. tarda* 通常造成鱼体产生爱德华菌病症状（Edwardsiellosis）并引起肠道出血性败血症。部分鱼源性 *E. tarda* 菌株对氨苄青霉素、多黏菌素、四环素及氯霉素等多种常用抗生素具有耐受性，表明大量使用抗生素已造成 *E. tarda* 具有很强的耐药性。此外，*E. tarda* 也是人的条件致病菌，是 *Edwardsiella* 中唯一感染人的物种，能够引起患者腹泻、肠胃炎、败血症及黄疸等疾病。尽管目前对 *E. tarda* 的研究还不详尽，但已经观察到它能在人体中产生类似于沙门氏菌的肠胃炎，这最终会导致肠道疾病和系统性感染，因此它也是一种研究肠道细菌的很吸引人的模式生物。

二、迟缓爱德华菌基因组

自从 2009 年第一株 *E. tarda* 菌株 EIB202 全基因组数据精细图公布后，人们陆续完成了 *Edwardsiella tarda* FL6-60、C07-087 和 *E. ictaluri* 93-146 的全基因组测序，*E. tarda* ET080813^T、FPC503、NUF806、E22、ATCC 15947^T、ATCC 23685、DT、NBRC 105688、SU100、SU117、SU138、SU224 和 *E. ictaluri* ATCC 33202^T 及 *E. hoshinae* ATCC 33379^T 等基因组草图数据（表 6-1）。

在已经完成测序的 *Edwardsiella* 菌株中，其 G+C 含量普遍在 56.8%～59.7%。其中，人源的 *E. tarda* 菌株和分离自鱼体的无毒菌株 G+C 含量相对较低，在 57%～57.5%；分离自鱼体的致病 *E. tarda* 菌株 G+C 含量相对较高，在 59%以上；而分离自鳗鲡的毒力菌株 ET080813^T G+C 含量介于两者之间。通过对基因组数据进行注释，可以看出 ET080813^T 的基因组大小约为 4.3Mb，在目前已经完成全基因组及草图测序的 *Edwardsiella* 菌株中最大。另外，*Edwardsiella* 菌株基因组中大约 20%的 CDS 被标注为假定蛋白质，这与目前对 *Edwardsiella* 菌株遗传背景的研究相对不充分有关。

表 6-1 *Edwardsiella* 基因组测序信息

微生物	测序状态	大小/Mb	基因数	GC/%	质粒数	来源宿主	信息
E. tarda ET080813^T	Draft	4.3	4146	58.4	2	Japanese eel	AFJH0000000，China，2012
E. tarda FPC503	Draft	3.95	3562	59.1	—	Red sea bream	DRA001012，Japan，2013
E. tarda EIB202	Complete	3.8	3563	59.7	1	Turbot	CP001135，China，2009
E. tarda FL6-60	Complete	3.73	3194	59.7	1	Striped bass	CP002154，Netherland，2011
E. tarda C07-087	Complete	3.86	3525	59.6	—	Catfish	CP004141，USA，2013
E. tarda NUF806	Draft	3.75	3517	59.7	—	Flounder	DRA001012，Japan，2013
E. tarda E22	Draft	3.96	3759	59.4	—	Eel	DRA001012，Japan，2013
E. tarda ATCC 15947^T	Draft	3.69	3351	57.1	—	Human feces	AFJG00000000，China，2012
E. tarda ATCC 23685	Draft	3.63	3397	57	—	Human feces	ADGK00000000，USA，2010

续表

微生物	测序状态	大小/Mb	基因数	GC/%	质粒数	来源宿主	信息
E. tarda DT	Draft	3.76	3460	57	—	Oscar fish	AFJJ00000000，China，2012
E. tarda NBRC 105688	Draft	3.61	3328	57.3	—	Human feces	BANW00000000，Japan，2012
E. tarda SU100	Draft	3.63	3277	57.2	—	Eel	DRA001012，Japan，2013
E. tarda SU117	Draft	3.63	3258	57.3	—	Eel	DRA001012，Japan，2013
E. tarda SU138	Draft	3.76	3337	57.3	—	Eel	DRA001012，Japan，2013
E. tarda SU224	Draft	3.75	3357	57.2	—	Eel	DRA001012，Japan，2013
E. ictaluri 93-146	Complete	3.81	3783	57.4	0	Catfish	CP001600，USA，2012
E. ictaluri ATCC 33202^T	Draft	3.70	3617	57.5	—	Catfish	AFJI00000000，China，2012
E. hoshinae ATCC 33379^T	Draft	3.71	—	56.8	—	Female puffin	BAUC00000000，Japan，2012

根据分离宿主的不同，引发鱼类爱德华菌病的迟缓爱德华菌可以分为分离自鲆鲽类和分离自鳗鲡的两大类菌株。因此，Wang 等首先将从我国山东大菱鲆体内分离得到的高致病性菌株 *E. tarda* EIB202 进行全基因组测序（Wang *et al.*，2009）。EIB202 含有一个大小为 3 760 463bp 的环状染色体及一个大小为 43 703bp 的环状大质粒，基因组 GC 含量为 59.7%。EIB202 染色体具有 8 个 rRNA 操纵子结构，95 个 *tRNA* 基因和 8 个预测得到的非编码 RNA 基因。8 个 rRNA 操纵子中包括一个 rRNA 操纵子串联结构（16S-23S-5S-16S-23S-5S）及一个 5S rRNA 多拷贝扩增结构（16S-23S-5S-5S）。与其他肠杆菌科病原菌相比，EIB202 菌株具有较高的 GC 含量及较多拷贝 rRNA 操纵子。由于专性寄生菌有较高的 AT 含量，*E. tarda* 菌株 GC 含量较高暗示其具有更广的环境适应性。*E. tarda* 菌株具有 8 个拷贝的 rRNA 操纵子结构，与 *E. tarda* 菌株能在丰富培养基条件下快速生长具有较好的相关性（Yang *et al.*，2012）。

EIB202 含有一个编码 53 种蛋白质的多耐药性大质粒 pEIB202，其中 27%的蛋白质为功能未知的假定蛋白质。通过对已知耐药基因同源比对发现，pEIB202 含有 6 个耐药相关基因，使 EIB202 具有四环素（对应耐药基因为 *tetA* 和 *tetR*）、链霉素（对应基因 *strB*）、氯霉素（对应基因 *catA*）及磺胺类抗生素（对应基因 *sulII*）耐药性。除此之外，pEIB202 上编码大量 T4SS 分泌系统相关蛋白质。许多报道认为 T4SS 是由水平转移获得的，推测 pEIB202 中大量 T4SS 相关基因也是由于 pEIB202 质粒在不同病原菌中水平转移而获得（Xiao *et al.*，2011）。

在这之后，Shao 等（2015）将分离自我国福建境内鳗鲡来源的高致病性菌株 ET080813^T 作为模式菌株，进行全基因组测序。ET080813^T 基因组含有一个大小为 4 200 387bp 的环形染色体及两个大小分别为 127 046bp 和 2 219bp 的环形质粒。染色体平均 GC 含量为 58.7%，两个质粒平均 GC 含量分别为 47.5%和 47.4%。ET080813^T 染色体上有 4202 个蛋白质编码区（CDS），其平均长度为 853bp，占到全部序列的 85.3%，具有 33 个基因岛（GIs），有 2408 个（约为基因组的 55.8%）CDS 序列能够进行 COG 功能聚簇分析。同时，在染色体上预测得到 97 个 *tRNA* 基因和 8 个 rRNA 操纵子结构。相较于肠杆菌科其他菌株，ET080813^T 具有较多的 rRNA 操纵子结构，反映出 *E. tarda* 能够在外界营养丰富情况下迅速生长。

ET080813^T 染色体上有 *pvsA/pvsB/pvsC/pvsE* 系统和 *hemY/hemX/hemC/hemD* 系统。这两套基因在大量革兰氏阴性菌中已得到了广泛研究，主要与铁摄取系统相关。这与其宿主主要为鳗鲡并且生活在严重限铁环境中相关。同时，也与其他 *Edwardsiella* 菌株相类似，ET080813^T 染色体上还编码了 14 个黏附素/血球凝集素相关的蛋白质。

质粒 p080813-1 包含有 114 个 CDS 序列，主要插入序列属于 ISPa40 家族和 IS5 家族。根据目前已公布测序数据，质粒 p080813 1 是日前 *Edwardsiella* 菌株中最人的质粒，具有接合能力。另外，p080813-1 还包含有编码四环素抗性的基因序列及编码与砷耐受相关蛋白质的基因序列。除此之外，p080813-1 还富含大量的转座酶序列及插入序列家族，这有利于 ET080813^T 菌株通过水平转移获得大量有利于生存进化方面的相关基因，也表明 ET080813^T 还处在不断进化的过程中。质粒 p080813-2 较小，只携带有 3 个 CDS 序列，为编码氯霉素乙酰转移酶及转座酶相关序列。这可能与 ET080813^T 为了获得氯霉素抗性，在进化过程中，接受水平转移基因有关。

三、迟缓爱德华菌基因功能研究

基于已经获得的全基因组数据，可以对所有基因序列进行注释，发掘筛查出重要的基因元件，对其进行相关功能研究。本节以 *E. tarda* EIB202 为例，介绍基于全基因组数据进行的有关双组分系统、蛋白质分泌系统、群体感应系统和溶血素毒力基因等功能元件的发掘及鱼类疫苗的设计与开发工作。

1. 迟缓爱德华菌双组分系统（TCS）

细菌双组分系统（two component system，TCS）一般由组氨酸激酶（histidine kinase，HK）跨膜受体蛋白和胞内的响应调节子蛋白（response regulator，RR）组成。TCS 调控了一系列的细胞过程，包括细胞分裂、趋化性、生物被膜、耐药性、毒力等，赋予细菌有效地适应宿主内外不同微环境的能力。基于 EIB202 的全基因组序列数据，通过与已知基因功能的同源类似物进行比对，发现其编码 63 个假定的 TCS 蛋白，其中包括 30 个 HK 蛋白和 33 个 RR 蛋白。这些 TCS 蛋白参与了一系列不同的细胞过程，包括代谢、趋化性、营养摄取、金属离子转运、耐药性、渗透压、蛋白质分泌和毒力等。Lv 等通过无标记缺失技术构建了 EIB202 菌株中 33 种 *RR* 基因的突变株，系统评价了这些突变株对生长、生物被膜、抗生素抗性、压力应激、蛋白质分泌和毒力的影响，鉴定发现了 4 种生长调控蛋白、4 种生物被膜调控蛋白、2 种耐药性调控蛋白和 4 种压力应激调控蛋白。其中，EsrB 和 PhoP 为迟缓爱德华菌中主要的毒力调控因子。PhoP 主要通过两条途径参与该菌的毒力机制，分别为对 T3SS、T6SS 的调控和对阳离子抗菌肽（CAMP）的抵抗作用。缺失 *esrB* 和 *phoP* 的突变株在斑马鱼体内表现为 2.5 个数量级的减毒。

2. 迟缓爱德华菌双精氨酸转运（Tat）系统

细菌 Tat 系统是一个跨胞质到周质空间的蛋白质运输途径，其显著特征是以折叠好的蛋白质为运输底物。基于已获得的 EIB202 全基因组序列信息，发现 Tat 系统由 TatA、TatB

TatC、TatD、TatE 5 个元件组成，*tatA*、*tatB*、*tatC*、*tatD* 组成一个操纵子，*tatE* 位于染色体上较远的位置。EIB202 TatA、EIB202 TatB、EIB202 TatC、EIB202 TatD 和 EIB202TatE 与 *E. coli* K-12 中的 5 个相应组分分别存在 56%、57%、77%、62%和 67%的氨基酸序列相似度。在 EIB202 中，TatA 和 TatE 存在 65%相似度。TatA、TatB、TatE 均是单次跨膜螺旋结构，TatC 则是 6 次跨膜结构。

在Δ*tatABCD* 基础上缺失与毒力密切相关的 T3SS 效应子 EseBCD 和 EscA 元件及内源性 R 质粒 pEIB202，构建了高效的候选疫苗株 WYM1。该疫苗株在抵抗爱德华菌感染时具有较好的免疫保护效果，RPS 达到 80%以上。WYM1 可在鱼体内稳定存活一定时间，引起更长期的保护效果。同时由于 Tat 系统与迟缓爱德华菌的盐度耐受性关系密切，可将其开发成一种新型的海水疫苗安全限制系统。另外，基于 Tat 信号肽高效运输异源抗原还成功构建了多价载体减毒活疫苗。利用 Tat 信号肽来介导外源抗原蛋白 *Aeromonas. hydrophila* GapA 在迟缓爱德华菌减毒疫苗株 WED 中的表达和分泌，筛选到了分泌效果好的 DmsA 信号肽。构建的重组菌 *E. tarda* WED::pUTt-Pdps-ssDmsA-GapA 在抵抗 *E. tarda* EIB202 和 *A. hydrophila* LSA34 联合感染或单独感染时均具有较好的免疫保护效果，为多价载体减毒活疫苗开发提供了技术平台，具有良好的疫苗开发前景。

3. 迟缓爱德华菌毒力分泌系统

关于 *E. tarda* 的致病原因和机制在很大程度上仍属未知。然而，现有的研究已经鉴定发现了一些相关毒力因子。T3SS 和 T6SS 被发现与 *E. tarda* 在宿主中存活、复制及致病过程中起着至关重要的作用。基于已获得的 *E. tarda* 全基因组序列信息及功能基因组学研究，T3SS 和 T6SS 被鉴定为 *E. tarda* 中重要的毒力决定因子。通过构建 *E. tarda* T3SS 和 *E. tarda* T6SS 基因簇的缺失株发现，其对斑马鱼、大菱鲆等的毒力显著减弱，充分证明这两套分泌系统是 *E. tarda* 的重要毒力决定因素。

T3SS 能够使 *E. tarda* 避免被吞噬细胞吞噬及在吞噬细胞内复制。T3SS 的主要结构是一种针孔状复合物，帮助分泌蛋白通过针孔直接从细菌的细胞质中进入宿主细胞的细胞质中。组成 T3SS 这一装置蛋白包括组成针孔复合物的成分（EsaB 和 EsaN），在宿主细胞膜上形成转运小孔的转运蛋白（EseB、EseC 和 EseD），以及确保效应蛋白在细胞质中处于未被折叠可溶解状态的伴侣蛋白（EseB 和 EseD 的伴侣蛋白 EscC、EseC 的伴侣蛋白 EscA 及 EseG 的伴侣蛋白 EscB）。其他组成 T3SS 装置的蛋白质包括注入宿主细胞的效应蛋白（如 EseG），控制和协调毒力因子转录的调控蛋白（如双组分系统 EsrA-EsrB）和 AraC 家族的调控蛋白 EsrC 等。

Edwardsiella tarda 的 T6SS 基因簇包括有 16 个可读框，编码的蛋白质依次命名为 EvpA～EvpP。关于其中每一个蛋白质在 *E. tarda* 致病机制中的功能目前还没有完全明白。其中，EvpC、EvpI 和 EvpP 这三个蛋白质已被研究发现能分泌至细胞外。整个 T6SS 基因簇仅有 P*evpP* 和 P*evpA* 两个启动子，且所有元件均具有共转录表达的特性，P*evpP* 能启动全部 16 个元件的表达，P*evpA* 则能启动除 EvpP 外的 15 个元件的表达。根据预测，EvpO 是一类 ATP 酶，其结构上具有 Walker A 区域，能够与 EvpA、EvpL 和 EvpN 相互作用形成一个分泌系统所需的蛋白质复合物。另外一个在 *E. tarda* T6SS 中发现的 ATP 酶是 EvpH，

其与 AAA+家族的 ClpB 同源。

4. 迟缓爱德华菌群体感应（QS）系统

细菌利用自诱导物交流并实现生理功能及控制基因表达的现象称为群体感应（quorum sensing，QS）。通过对迟缓爱德华菌 EIB202 全基因组测序结果的筛查，发现其基因组上存在 AⅠ-1 介导和 AⅠ-2 介导的群体感应系统。其中 EdwⅠ、EdwR 和 LuxS 与欧文氏菌 ExpI、ExpR、LuxS 的同源度达 58%、76%和 78%，并且发现了类似胡萝卜软腐欧文氏菌群体感应系统 ExpI/R 调控的相关基因 *rsmA*（*csrA*）、*rsmC*（*csrC*）等。其中 *edwⅠ*和 *edwR* 基因转录方向相反，且在其 3′端有 18bp 的重叠区域。EdwR 蛋白的特异结合区 lux box 不同于哈氏弧菌，而是存在于 *edwR* 基因的上游。同时，基于对 EIB202 基因组信息的分析发现，*E. tarda* EIB202 携带类似的 QseB-QseC 系统，并通过转录分析发现该系统元件具有共转录性质。QseB-QseC 系统被发现与 *E. tarda* 的表面结构形成有密切联系。其中，鞭毛合成基因的表达严格受到 QseB-QseC 系统调控，并在体外实验中明显表现出被肾上腺素诱导的特征。QseB 和 QseC 对 MRHA 相关的纤毛合成元件的调控中发挥了截然相反的作用。QseC 用于激活纤毛基因的表达及产生血细胞凝集，而 QseB 却能抑制这些表型的发生。QseB 在 Δ*qseC* 菌株中的去磷酸化能抑制纤毛蛋白的合成，而在 Δ*qseB* 菌株消除了对纤毛蛋白的阻遏而提高纤毛的表达。对 *E. tarda* 胞内生存相关基因的考察中发现 T3SS 元件与 *E. tarda* 胞内寄生能力有关，T3SS 元件和 QseB 在胞内寄生过程中均有显著提高，暗示 QseB-QseC 系统极可能响应自诱导信号参与 T3SS 的胞内调控。

5. 迟缓爱德华菌溶血素

E. tarda 是一种以造成出血性败血症（septicemia）为典型病征的鱼类病原菌，能引起受感染宿主的肝、脾、肾等器官肿大、充血。在少数慢性感染中，甚至出现内脏腐烂等严重病症。*E. tarda* 的感染常与溶血性病症紧密联系。因此，溶血素（hemolysin）是 *E. tarda* 中重要毒力因子之一，被认为与出血性败血症密切相关。*E. tarda* 基因组测序结果证实 EIB202 菌株中携带了 EthA/EthB 溶血素系统编码基因，并在进一步工作中鉴定 *E. tarda* 溶血素前体 EthA 的实际分子质量为 147kDa。针对 Δ*ethA* 菌株溶血活性测定进一步证实 EthA 是 EIB202 中主要的溶血元件，但是与 *E. tarda* 的毒力没有直接关系。另外，核酸结合蛋白 Hha 通过直接结合于 *ethA* 基因启动子区域调控 EthA 的表达，造成溶血素前体 EthA 温度诱导型表达。

四、基于迟缓爱德华菌毒力功能基因的相关疫苗设计

目前我国已研制出大量的用于水产业中防治迟缓爱德华菌感染的高效候选疫苗，其中有些已经处于向商业化疫苗产品的转化过程中。这些候选疫苗包括有灭活疫苗、亚单位疫苗、重组疫苗、DNA 疫苗、减毒活疫苗和弱毒的野生 *E. tarda* 菌株。一些与佐剂联合使用的疫苗表现出几乎 100%的相对保护率，大部分疫苗都表明具有显著保护效果。值得注意的是，在过去 10 年间，针对鲆鲽鱼免疫保护的发表文献中，75%是由中国、日本及韩国科学家发表的。这也从侧面反映出，在远东地区鲆鲽鱼感染爱德华菌病已经相当严重，

急需有效的商业化疫苗。

鞭毛蛋白常常是有效的疫苗候选组分。将 FlgD 在大肠杆菌中表达纯化以后，将其通过肌肉注射对斑马鱼和大菱鲆进行针对 *Edwardsiella tarda* EIB202 的免疫保护率实验，发现其保护率较高，这使得 FlgD 成为针对爱德华菌病的一个潜在候选疫苗组分。同样，关于候选疫苗组分 Eta2 的研究也采用了两种不同的方法：表达纯化重组亚单位疫苗 rEta2 和 DNA 疫苗。这两种形式的疫苗均能引发特异性免疫和非特异性免疫。但是，DNA 疫苗 pCEta2 主要引发 B 细胞与 T 细胞的免疫应答，而 rEta2 主要引发体液免疫应答。

等位基因交换策略和插入突变通常也是构建减毒活疫苗的主要方法。基于等位基因交换策略，Xiao 等（2011）构建了缺失 T3SS 基因 *eseB*、*eseC*、*eseD*、*escA* 和 *aroC* 基因的 *E. tarda* 减毒活疫苗 WED。与野生株相比，WED 的半致死剂量（LD_{50}）数值要高于野生株 5700 倍，同时具有 70%的免疫保护率。而且，基于注射及浸泡两种方式，WED 能产生有效的免疫保护周期分别长达 12 个月和 6 个月。由于在接种时减毒活疫苗仍然可能被排放至环境中，因此其依然具有一定的环境安全问题。于是，一些联合减毒活疫苗也处于研制中。Yan 等在 WED 候选疫苗基础上同时有效表达嗜水气单胞菌 LSA34 的有效抗原基因 *gapA 34*。这株候选疫苗能够有效引发针对 *E. tarda* 和嗜水气单胞菌的免疫反应，在养殖渔业中具有较大的应用前景。

因此，针对单个病原的疫苗已经不能满足需求，针对 2 个或更多病原菌的多价疫苗正在逐渐展开。针对日本牙鲆使用灭活的 *E. tarda* TX1、鳗弧菌 C312、海豚链球菌 SF1、哈维氏弧菌 T4D 及它们的不同组合进行免疫，发现联合组分 M4（TX1、C312、SF1 和 T4D 混合菌液）、M3（TX1，C312 和 SF1 混合菌液）及 M2（TX1 和 C312 混合菌液）均针对 *E. tarda* 具有较高的免疫保护，M2 和 M4 针对鳗弧菌的免疫保护相对更高。利用已开发的鳗弧菌减毒活疫苗 MVAV6203 表达 *E. tarda* 的潜在抗原甘油醛-3-磷酸脱氢酶（GAPDH），发现其针对鳗弧菌和 *E. tarda* 均具有有效的免疫保护作用。

（王启要　张元兴）

第三节　其他海洋微生物

一、简介

海洋微生物是指以海洋水体为正常栖居环境的一切微生物，海洋细菌、放线菌、真菌是海洋微生物的主要成员。作为分解者它促进了物质循环；在海洋沉积成岩及海底成油成气过程中，都起了重要作用。还有一小部分化能自养菌则是深海生物群落中的生产者。海洋细菌可以污损水工构筑物，在特定条件下其代谢产物如氨及硫化氢也可毒化养殖环境，从而造成养殖业的经济损失。但海洋微生物的拮抗作用可以消灭陆源致病菌，它的巨大分解潜能几乎可以净化各种类型的污染，它还可能提供新抗生素及其他生物资源，因而随着研究技术的进展，海洋微生物日益受到重视。

大部分海洋放线菌同陆地放线菌类似，也是一类具有分枝状菌丝体的高 G+C 含量、革兰氏阳性菌，广泛存在于各种海洋生态环境中，种类繁多、代谢功能各异。放线菌特殊的化学分化能力，表现在可以合成多种结构复杂的次级代谢产物来调控细胞的结构分化和细胞周期，其分枝状的菌丝体能够产生各种胞外水解酶，降解环境中的各种不溶性有机物质以获得细胞代谢所需的各种营养源。许多放线菌能产生生物活性物质，如抗生素、有机酸、氨基酸、维生素、甾体、酶及酶抑制剂、免疫调节剂等，是一类具有广泛实际用途和巨大经济价值的微生物资源。

在过去的几十年里，从陆地放线菌中分离得到各种抗生素，广泛用于临床治疗及农业。自从 20 世纪 40 年代初 Waksman 用链霉菌进行系统筛选新抗生素以来，放线菌已被认为是新抗生素产生菌的主要来源。至今发现的近万种天然抗生素中，约有 2/3 是由放线菌产生，其中许多具有重要的医用价值而应用于临床，如氨基糖苷类、蒽环类、氯霉素类、β-内酰胺类、大环内酯类和四环素类抗生素。同陆地放线菌类似，海洋放线菌也是新生物活性物质的重要来源，早在 20 世纪 50 年代，Grein 和 Meyers 便研究了 166 种从海水分离出的放线菌，发现 70 多种对革兰氏阳性菌和革兰氏阴性菌有抗菌活性。自 20 世纪 70 年代从海洋放线菌分离到抗生素 SS-228Y 以来，从海洋放线菌发现的新结构强生理活性的物质已达几百个，绝大部分来自链霉菌属。新颖结构代谢物质的产生，使海洋放线菌有可能和陆地放线菌一样，成为抗生素等制药工业的新来源。

链霉菌属（*Streptomyces*）在分类学上属于放线细菌纲放线细菌亚纲放线菌目放线菌亚目链霉菌科，是一类有简单形态分化、好氧、革兰氏阳性、DNA G+C 含量为 69%～78% 的放线菌；细胞壁含有 L, L-二氨基庚二酸（L, L-DAP），无特征性糖（胞壁 I 型，糖型 C）；在培养基上形成丰富的具高度分枝的基内菌丝和气生菌丝，基内菌丝直径 0.5～1.0μm，在营养细胞中通常缺少横隔壁，菌丝的生长发生在顶端；无枝菌酸，磷酸类脂类型 P II 型，主要甲基萘醌为 MK-9（H4，H6，H8）；气丝通过形成横隔壁直接分隔菌丝分化成链状的孢子丝；孢子丝不少于 3 个孢子，形态通常是直、波曲、螺旋或缠绕的，孢子圆形、椭圆或杆状，表面通常光滑或有疣、刺、凸起等纹饰。链霉菌在土壤中分布广泛，有土腥味，已经有超过 500 种被鉴定，孢子丝形状、孢子表面结构、孢子颜色和菌丝体色素是最主要的分类特征。

2002 年，模式链霉菌——天蓝色链霉菌（*Streptomyces coelicolor*）A3（2）的基因组序列完成，其拥有大约 7825 个编码基因，远大于革兰氏阴性菌大肠杆菌的 4289 个基因和革兰氏阳性菌枯草芽孢杆菌的 4099 个编码基因，甚至大于真核酵母菌基因组的 6200 个编码基因。通过对基因组的比较发现，仅有 2000 个基因是维持 *Streptomyces coelicolor* 生长和繁殖必需的，而剩余的大量的基因都涉及调控、转运、环境适应及各种次级代谢活动。2003 年，另一株重要的工业菌株——阿维链霉菌（*Streptomyces avermitilis*）的基因组测序完成，它是重要杀虫抗生素——阿维菌素（avermectins）的产生菌。由此开启了链霉菌基因组学研究的时代，尤其对丰富次级代谢途径的调控、修饰及组合合成的研究，进入到新的阶段。

海洋生态环境的多样性、特殊性和复杂性赋予海洋微生物种类、遗传和生态功能的多样性，在基因组结构上，也往往表现出特殊性，如海洋放线菌中产生及调控重要次生代谢物质的基因簇，重要代谢途径通路的调控蛋白的编码基因等，如果有相应微生物已知的基因组的信息，将极大地缩短研究的进程，为研究提供极大的便利。例如，专性海洋放线菌 *Salinispora* 的基因组显示，大量的次级代谢途径和环境适应相关的基因位于基因组岛上，推测可能是环境适应性的结果。

当前，现代高通量的基因组和后基因组技术已被广泛应用于海洋微生物学。大规模进行 DNA 测序或杂交技术在鉴别基因的同时，还能鉴别生物个体的基因调控网络。现在已测序的海洋微生物包括来自真光层、深层水体、海底沉积物、热液口、深部生物圈等环境的细菌、古菌和真核藻类，极大地促进了海洋微生物基因组学的发展。目前已经完成了 350 多种海洋微生物全基因组测序。基因组测序和分析正处于“指数增长期”。随着测序技术的发展，测序容量的增大和成本的降低，基因组测序计划发展迅速。

二、基因组及功能基因研究进展

1. 革兰氏阳性菌

链霉菌是一类具有丝状分枝细胞的革兰氏阳性菌，在分类学上属原核生物界放线菌目链霉菌科。与其他细菌相比，链霉菌具有较为复杂的发育分化过程，形态分化的同时伴随着复杂的生理变化和大量次级代谢产物的生成。此外，链霉菌能产生抗生素、胞外酶等多种次级代谢产物，据统计由链霉菌产生的抗生素占自然界已知抗生素的 70%。

Li 等（2011）利用 454 GS FLX 测序仪，结合 Illumina Solexa 测序技术，首次完成了一株海洋链霉菌——灰橙链霉菌（*Streptomyces griseoaurantiacus*）M045 的基因组测序和注释。该菌株分离自海洋沉积物，能产生手霉素（manumycin）和 chinikomycin。基因组由一条线型染色体组成，其大小为 7 712 377bp，6839 个蛋白质编码基因，分布在 46 个重叠群（contig）。编码蛋白质中有 5003 个能归属到相应的同源蛋白质聚簇（cluster of orthologous group，COG），而另外 614 个预测的蛋白质在现有的数据库中不能搜到与之匹配的已知蛋白质。基因组有 6 个 rRNA 操纵子，65 个 *tRNA* 基因，G+C 含量为 72.73%（表 6-2）。众所周知，基因组岛（genomic island）将菌株的次生代谢与功能及环境适应偶联，该菌株基因组中有 18 个基因组岛。基因组分析揭示了大量与次生代谢产物相关的基因，其中 manumycin 合成相关的基因簇定位在一个基因组岛。该基因组岛包含 28 个基因，包括 3, 4-AHBA（3-amino-4-hydroxybenzoic acid）合成酶基因、3, 4-AHBA 载体蛋白基因、3-氧酰基合成酶基因及 5-氨基乙酰丙酸合成酶编码基因。此外，chinikomycin 包含一个对氨基苯甲酸（p-aminobenzoic acid，pABA）核心，同时其基因与 manumycin 共享了部分基因簇，包括两个三烯聚酮和一个 2-amino-3-hydroxycyclopent-2-enone 合成途径。值得注意的是，该菌株染色体上广泛分布着双组分调控系统，此系统有助于感知海洋环境的变化并作出反应。采用蛋白质的亚细胞定位技术，揭示了该系统中 234 个属于分泌蛋白，1352 个为跨膜蛋白，106 个为脂蛋白。链霉菌 M045 具有完整的 Sec 分泌系统及部分 Tat 分泌途径，其有助于各种初级和次级代谢产物的合成及分泌。通过系统发育分析，在链霉菌 M045 基因组中发现了不同于陆生链霉菌的切割脂蛋白信号肽的Ⅱ型信号肽酶和转肽酶的基因，而与同样来自海洋环境的 *Salinispora* 专性海洋放线菌具有一定的同源性，可能与海洋环境适应相关。

表 6-2 链霉菌 M045 和 6 株已经完成基因组测序的链霉菌染色体的特征描述

species	accession	length/bp	avg GC content	number of ORF	avg ORF length/bp	number of rRNA operon [a]	number of tRNA gene	reference
Streptomyces coelicolor A3（2）	AL645882	8 667 507	72.12%	7825	991	6	63	Bentley *et al.*, 2002
Streptomyces avermitilis MA-4680	BA000030	9 025 608	70.70%	7574	1034	6	68	Ikeda *et al.*, 2003
Streptomyces griseus IFO 13350	AP009493	8 545 929	72.20%	7138	1055	6	66	Ohnishi *et al.*, 2008
Streptomyces bingchenggensis BCW-1	CP002047	11 936 683	70.80%	10023	—	6	66	Wang *et al.*, 2010
Streptomyces scabiei 87.22	FN554889	10 148 695	71.45%	8746	—	6	75	Bignell *et al.*, 2010
Streptomyces flavogriseus ATCC 33331	CP002475	7 337 497	71.14%	6298	—	6	67	JGI Project ID：4086230，2011
Streptomyces griseoaurantiacus M045	AEYX00000000	7 712 377	72.73%	6839	979	6	65	Li *et al.*，2011

a. rRNA operons（16S-23S-5S）

Qin 等对从胶州湾分离的一株海洋链霉菌进行了基因组测序，获得基因组草图，获得 536 432 条 read，包含 186 808 079bp 的数据，达到基因组的 20.6×覆盖率，得到 284 个 contig，长度为 9 057 348bp，GC 含量为 71.36%，预测得到 7904 个编码基因，编码蛋白质基因组中含有 4 套核糖体 RNA 操纵元，64 个 *tRNA* 基因。在所有的预测蛋白质中，有 4898 个 COG 家族蛋白，2542 个预测蛋白质与其他微生物中的未知功能的保守蛋白质同源，另外 308 个预测蛋白质与公共数据库中的蛋白质无任何匹配，为首次发现。在预测的蛋白质中，共发现 2968 个预测蛋白质可归到 764 个 Paralog 蛋白家族。链霉菌 W007 共预测到 1050 个蛋白质含有信号肽，确定有 461 个蛋白质属于分泌蛋白，1266 个蛋白质属于跨膜蛋白，149 个蛋白质是脂蛋白。海洋链霉菌 W007 富含双组分调控系统，以适应环境，响应胞外刺激。通过两个蛋白质组分将外界信号从体外传递到细胞内，从而控制细胞生理代谢过程，在链霉菌次生代谢中起到全局调控的功能，属于多效调节因子。相对于链霉菌次生代谢中的其他的调控模式而言，二元转导系统是一种更为精细的信号调控模式，且存在调控机制的多样性、复杂性和分布的普遍性。在链霉菌 W007 的基因组上发现了潜在的Ⅰ型和Ⅱ型聚酮合酶基因簇、烯二炔合酶基因簇、非核糖体多肽合酶基因簇等，发现了完整的 augucyclione 类抗生素的生物合成基因簇（图 6-1）。通过对这些功能基因的分析发现，链霉菌 W007 具有产生聚酮、烯二炔及聚肽等化合物的潜力。在对链霉菌 W007 次级代谢产物进一步的分离纯化中，获得 6 个 augucyclione 类抗生素，其中化合物 A 和化合物 E 是新颖结构（图 6-2）。结合基因簇信息，对 augucyclione 类抗生素与异苯并呋喃衍生物可能的生物合成途径进行了分析，如图 6-3 所示。

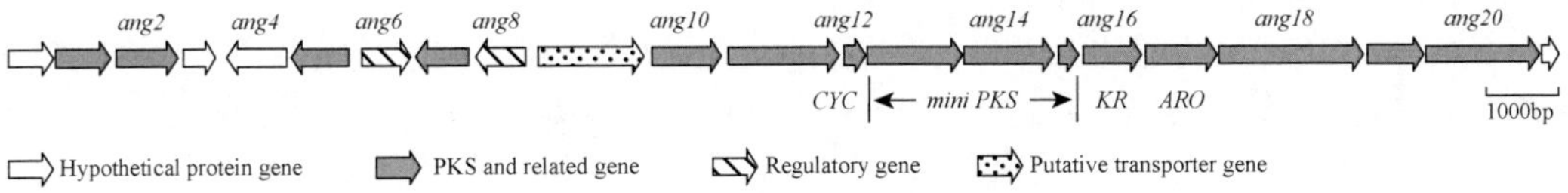

图 6-1 来源于海洋链霉菌 W007 的 angucyclinone 类抗生素生物合成基因簇

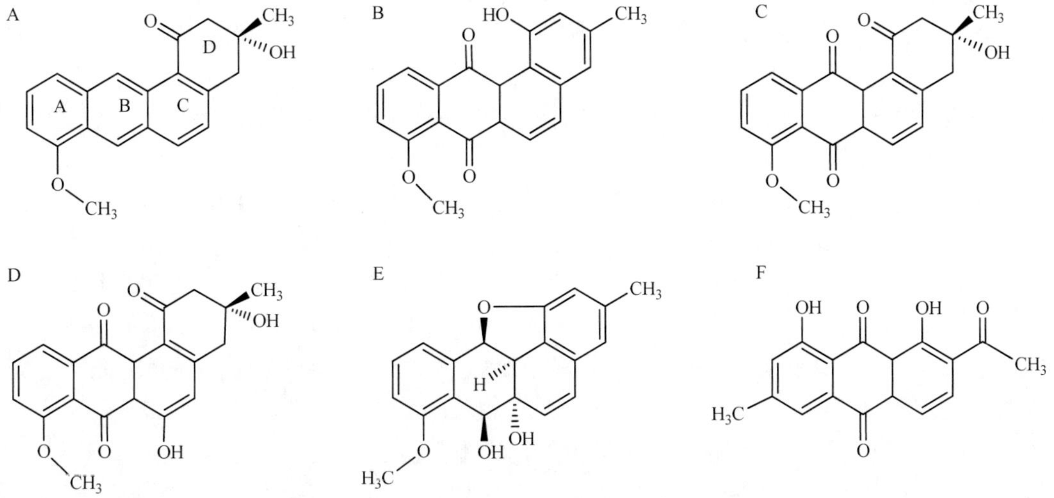

图 6-2 从海洋链霉菌 W007 次级代谢产物中分类获得的 augucyclione 类抗生素

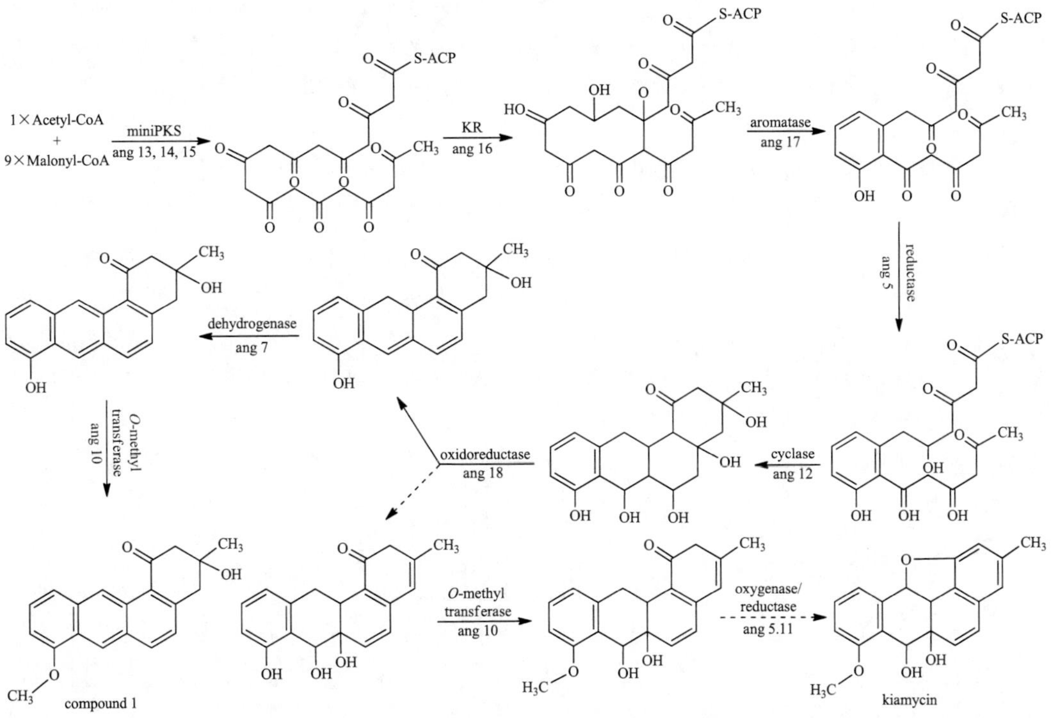

图 6-3 海洋链霉菌 W007 产生的新结构化合物 1 与 kiamycin（化合物 5）可能的生物合成途径

Fan 等对分离自波罗的海哥特兰海盆 241m 水深的表层沉积物链霉菌菌株 PP-C42 进行了全基因组测序。基因组草图显示其序列大小为 7 167 114bp，预测该菌株基因组大小约为 9.6Mb，包含 4410 个可读框（open reading frame，ORF），62 个 *tRNA* 基因和 24 个 *rRNA* 基因，G+C 含量为 72.5%。4410 个 ORF 中有 2774 个基因与菌株 *Streptomyces* sp. IFO 13350 为直系同源，而另外 1076 个 ORF 在 5 个已公开的链霉菌基因组序列中没有找到，有 1068 个 ORF 即使在目前公开数据库中也未找到任何信息。已鉴定的 19 个不同的次生代谢相关基因定位在不同的基因簇中。同时，在该菌株基因组信息中也检测到抗菌肽系列，但与来源于其他链霉菌的直系同源基因相比，这些序列在核苷酸和氨基酸水平上存在很大差异。

Streptomyces xinghaiensis NRRL B24674^T 是一株分离自大连星海湾沉积物样品的链霉菌新物种典型菌株。Zhao 和 Yang 对 B24674^T 的全基因组序列进行了分析，基因组草图显示大小为 7 618 725bp，占预测 8.2Mb 基因组大小的 92.7%，基因组由一条线型染色体组成，有 6 个 rRNA 操纵子，65 个 tRNA 基因，6654 个编码序列 CDS（coding sequence），G+C 含量为 72.5%。该菌株的蛋白质编码序列中，有 5563 个蛋白质能在直系同源蛋白质家族中找到相应信息；4980 个预测的蛋白质与链霉菌相吻合，另外 1091 个编码序列编码的蛋白质在数据库中找不到任何与之匹配的已知蛋白质。基因组分析表明该菌株携带许多次生代谢产物合成相关的基因。值得一提的是，很多预测的抗生素生物合成基因与已知基因的相似性很低，表明其很可能产生新的天然产物，值得今后进一步挖掘新型的活性物质。目前已鉴定的基因簇中包括一个与核糖霉素合成很相似的基因簇，其他一些基因簇与多肽、萜类及非核糖体肽类抗生素的合成相关。除此之外，还发现其包含有编码纤维素酶、木聚糖酶、几丁质酶、蛋白酶、酯酶、肽酶和脂肪酶的基因，以及耐受重金属汞、铜和镍的基因。

枯草芽孢杆菌（*Bacillus subtilis*）菌体在生长过程中产生的枯草菌素、多黏菌素、制霉菌素、短杆菌肽等活性物质对致病菌或内源性感染的条件致病菌有明显的抑制作用，是研究细菌分化、基因和蛋白质调控的模式生物。Fan 等首次报道了一个来源于印度洋沉积环境的枯草芽孢杆菌斯皮兹仁亚种（*B. subtilis* subsp. *spizizenii*）菌株 gtP20b 的基因组序列。结果显示其基因组序列由 4 247 908bp 组成，包含 4331 个 ORF，77 个 *tRNA* 基因，30 个 *rRNA* 基因和 1 个假基因，G+C 含量为 44.8%。在其基因组中发现至少有 59 个基因与次生代谢相关。该菌株中有 81.7%的 ORF 在其亲缘关系最近的菌株 *B. subtilis* 168 中能找到直系同源基因（BLASTP$<1\times10^{-5}$），有 444 个 ORF 在现有公开的芽孢杆菌基因组中不存在，另有 392 个 ORF 在现有的数据库中不存在。

2. 革兰氏阴性菌

美国科学家研究发现，一种被称为 *Pelagibacter ubique* 的海洋微生物拥有地球上所有生物中最完美的基因。生物学家指出，尽管这种微生物的基因结构并不复杂，而且并不发达，但它却是世界上极其完美的基因。据悉，这种微生物的基因组由 1354 个基因组成，如此小的数量只有最原始的微生物才拥有。可以比较一下：人的基因组由约 30 000 个基因组成。然而，不同于其他发达生物体的是，科学家没有在这种微生物体内发现任何一个闲置的和重复的基因。它的所有基因都在不遗余力地发挥着其应有的功能，事实上，其主要功能全都是为了谋生——吸取营养服务。科学家认为，这种微生物也许正是因为其具有基因的优势才造就了它作为一种非常成功的微生物而存在于地球上，其存在数量远远超过了地球上所有鱼类生物量的总和。此外，这种微生物在生物圈的化学领域也肩负着非常重要的使命：它吸收广泛分布在海洋中的有机化合物并生产出藻类生长发育所必需的营养物质。而在地球上所有的植物中，藻类通过其光合作用释放的氧气要占所有地球植物所释放氧气的一半多。

柠檬酸杆菌属直径约 1.0μm，长 2.0～6.0μm，单个和成对，与肠杆菌科的一般定义相符。通过合成磷酸盐来吸收铀，它们体内的铀含量可以达到周围环境的 300 倍。2010 年，Jiao 等对分离自南海表层水的柠檬酸菌（*Citromicrobium bathyomarinum*）JL354 利用焦磷酸测序技术获取了全基因组信息。基因组草图显示该菌株基因组大小为 3 273 334bp，平均 G+C 含量为 65.0%，包含 3401 个 ORF，分布在 68 个重叠群。值得注意的是首次在一个菌株中发现了两个不同的光合作用（photosynthetic，PS）操纵子，其中一个是完整的，由 *puhCBA-thaA-bchMLHBNF* 和 *pufMLAB-bchZYXC-crtFDC* 操纵子组成；另一个不完整，仅由 *pufLMC-puhCBA* 组成。两个 *pufLM* 基因序列的相似性低于 70%，在不完整的操纵子中的 *pufLM* 基因进化上与 γ-变形菌（γ-proteobacteria）相关。同时，在该菌株的基因组中也发现了原噬菌体的序列，由此推断可能存在横向基因转移。

目前所发现的柠檬酸微菌属（*Citromicrobium*）的菌株为好氧不产氧光合细菌（aerobic anoxygenic phototrophic bacteria，AAPB），但分离自南海表层水的菌株 *Citromicrobium* sp. JLT1363 不表现出光合营养生长，具有完整的鞭毛形成编码基因和完整的三羧酸循环基因。Zheng 等报道了该菌株的全基因组序列，基因组草图表明其大小为 3 117 324bp，G+C 含量为 64.9%，有 3198 个 ORF，分布在 26 个重叠群，有一个 *16S-23S-5S rRNA* 操纵子和 46 个 *tRNA* 基因。特别之处在于，菌株 JLT1363 基因组中有多种不同的水平基因转移机制，如有一个约 100kb 的整合型结合元件（intergrative conjugative element，ICE），并且在该 ICE 中有两个区域携带有外源 DNA；还有一个约 15kb 的几乎完整的基因转移因子（gene transfer agent，GTA）。在该菌株的基因组中有一个 7 基因（virB2virB3virB4-virB6-virB9virB10virB11）的Ⅳ型分泌系统（T4SS），大约 7kb。在该菌株 JLT1363 中 PGC 丢失。通过水平基因转移实现的遗传信息的交换在细菌进化中起到重要的作用，菌株 JLT1363 具备的多重水平基因转移机制和 PGC 的缺失，为进一步研究好氧不产氧光合细菌中的光合基因进化提供了线索。

海洋玫瑰杆菌属以其多样化的代谢及参与碳汇和生物地球化学的多个过程引起了科学家的广泛关注。2013 年 Dogs 等报道了玫瑰杆菌菌株 T5（T）的全基因组序列。该菌株分离自德国的瓦登海，基因组长度为 4 130 897bp，包含 3923 个蛋白质编码基因，与褐色杆菌 *Phaeobacter inhibens* DSM 17395 和 *Phaeobacter inhibens* DSM 24588 在遗传和基因组上高度相似。除了染色体，该菌株还拥有 4 个质粒，其中 3 个与菌株 DSM 17395 和 DSM 24588 高度同源，暗示了这些菌株之间的基因转移。Riedel 等 2013 年报道了玫瑰杆菌属 *Leisingera aquimarina* 菌株 DSM 24565（T）的全基因组序列。其基因组长度为 5 344 253bp，包括一条染色体和 7 个染色体外因子。基因组包含 5129 蛋白质编码基因及 89 个 *RNA* 基因。

黄杆菌属（*Flavobacterium*）细菌因产生黄色素而得名。Qin 等报道了他们对黄杆菌科（Flavobacteriaceae）深海王祖农菌（*Zunongwangia profunda*）SM-A87 基因组分析结果。该菌株分离自冲绳海槽南部的 1245m 深海沉积物，原位环境温度为 4.7℃。该菌株环状染色体长度为 5.1Mb，没有其他染色体外遗传物质。基因组大小为 5 128 187bp，G+C 含量为 36.2%，包含 4653 个 ORF，ORF 平均长度为 960bp，平均包含 3 个 tRNA 操纵子，47 个 tRNA 基因。该菌株除了具有深海细菌共性的特征，如携带有大量的转位酶和 ABC 型转运蛋白，基因组信息也显示其代谢的多功能性和广泛的水解能力。该菌株能产生大量荚膜多糖，并且拥有两个多糖生物合成基因簇。菌株拥有 130 个肽酶，其中 61 个有信号肽。除了产生胞外肽酶，菌株 SM-A87 还能产生许多降解碳水化合物、脂质和 DNA 的胞外酶。这些胞外酶的存在暗示该菌株能水解沉积物中的有机物，特别是碳水化合物和蛋白质类有机氮。感知营养流、合成胞外多糖以吸收营养物质、分泌丰富的水解酶降解各种底物、有效转运底物至细胞并且通过多种代谢途径利用资源，这些特征是菌株 SM-A87 在深海环境生存的保障。

菌株 HQM9 分离自红藻表面，为好氧革兰氏阴性菌，代表了黄杆菌科的一个新物种，具有降解琼胶的能力。Du 等发表了该菌株的全基因组测序结果。基因组草图分析显示其大小约为 4Mb，G+C 含量为 33.2%，包含 183 个重叠群，它们可组装成 74 个 scaffold，scaffold N50 为 440 279bp，包含 3971 个蛋白质编码基因，2 个 rRNA 操纵子，37 个 tRNA 基因。比较基因组学结果表明大约 7%的基因与黄杆菌科的另一个成员——大西洋金黄色杆菌（*Citromicrobium atlanticus*）HTCC2599 相似性大于 30%。值得关注的是，在菌株 HQM9 基因组中有 34 个琼胶酶编码基因，这是目前为止，在一个细菌基因组中发现最多的琼胶酶基因。基于序列相似性分析发现，这些琼胶酶都属于 β-琼胶酶，其中有 14 个属于 GH-16 家族，6 个属于 GH-86 家族，2 个属于 GH-50 家族。除此之外，还预测了 57 个肽酶和 14 个糖苷水解酶。分析表明大多数基因编码的蛋白质与糖酵解、TCA 循环和戊糖磷酸途径及半乳糖和脂肪酸代谢相关。

极小单胞菌由于能够有效降解原油而引起广泛关注。2011 年，Cao 等对分离自渤海底泥的耐冷柴油降解菌极小单胞菌（*Pusillimonas* sp.）T7-7 进行了全基因组测序。结果表明，该菌株的染色体长度为 3 883 605bp，此外还包括一个 41 205bp 的质粒。染色体平均 G+C 含量为 56.92%，质粒平均 G+C 含量为 56.01%。染色体包含 3696 个蛋白质编码基因，2 个 *tRNA* 操纵子，47 个 *tRNA* 基因和 5 个假基因。质粒携带 77 个蛋白质编码基因。比较基因组分析结果显示，菌株 T7-7 与博德特氏（*Bordetella petrii*）DSM 12804 有 2062 个同源蛋白质。缺乏完整的 EMP 途径（embden-meyerhof-parnas pathway）、ED 途径（entner-doudoroff pathway）和戊糖磷酸途径，表明菌株 T7-7 对糖的利用能力十分有限。但该菌株拥有完整的乙醛酸支路和糖异生途径，表明通过降解非糖类物质（包括柴油）产生的乙酸盐能作为唯一碳源被利用。该菌株降解烷烃（柴油的主要成分）的能力可能与一些新基因（如 *alkB* 基因和 *ladA* 基因）或其他已知编码烷烃羟化酶的基因有关。T7-7 菌株的基因组中还包含一些推测的单双加氧酶或双加氧酶基因，这些基因能实现烷烃羟基化的功能。

粘细菌是革兰氏阴性的单细胞原核微生物，具有复杂的社会习性，通常分离自陆地环境，并且不能在高于1%的盐浓度生长，然而近来有一些海洋来源的嗜盐耐盐粘细菌被分离到。橙色黏球菌（*Myxococcus fulvus*）Hw-1（ATCC BAA-855）是一株分离自近岸海水样品的单行耐盐菌株。基因组测序结果显示该菌株有一个环状染色体，大小为9 003 593bp，G+C含量为70.6%，预测的基因有7361个，占基因组总长度的85.5%，有3个rRNA操纵子、67个tRNA基因和7285个预测的CDS。CDS平均长度为1054bp，并且63.9%的CDS编码的蛋白质功能是未知的。

弧菌 *Vibrio natriegens* 是一种中性嗜盐微生物，广泛存在于海洋或者海湾的水体和沉积物中。由于能够利用各种有机物作为碳源引起了科学家的广泛兴趣。*V. natriegens* 同时也被认为是一种能够快速降解有机物的微生物，这种快速生长需要极高速率的蛋白质合成相对应，这与该类菌拥有较高含量的rRNA有很大关系。该菌营养多元化，生长迅速，也不是致病菌，因此是教学和科研很好的材料。另外，也暗示了如果能够深入地了解其特性，将有助于建立成熟的遗传操作系统用于快速表达有用的蛋白质。基于以上原因，Wang等测定了ATCC 14048（NBRC 15636，DSM 759）的全基因组。基因组草图显示该菌株基因组有两条染色体，长度为 5 131 685bp，包括 4587 个可读框。第一条染色体长度为3 202 568bp，G+C含量为43.7%，86.1%的编码序列，13.3%为未确定序列，含有11个rRNA操纵子，至少103个tRNA。另一条染色体长度为1 929 117bp，G+C含量为42.1%，85.2%的编码序列，19.5%为未确定序列，包括1个rRNA操纵子，以及至少21个tRNA，基因组含有至少7个插入序列。对该菌进一步的遗传研究正在进行中，可望不久的将来用于快速大量表达有用的蛋白质。

三、功能基因发掘利用

科研人员可以分析海洋微生物全基因组序列，选择感兴趣的基因，克隆至大肠杆菌等工程菌中进行大量表达，研究其性质并大规模体外生产。

对极端嗜热古菌 *Thermococcus onnurineus* NA1 的基因组序列分析显示其基因组中包含一个1377bp类似于α-淀粉酶的基因，含有一个长度为25个氨基酸的信号肽，该基因编码458个氨基酸。把该基因克隆到大肠杆菌中，进行过量表达，纯化后研究其性质。结果表明，该酶的最适作用条件为80℃，pH为5.5。该酶还有水解活性，能水解低聚麦芽糖、支链淀粉及淀粉，从而生成麦芽糖（G2）到麦芽七糖（G7）的产物，但是无法生成支链淀粉和糊精。令人吃惊的是，该酶热不稳定，在90℃的条件下，活性半衰期仅有10min，远低于高度同源的来源于 *Pyrococcus* 的淀粉酶。因此，进一步研究了影响该淀粉酶热稳定性的因子，结果表明钙离子的存在至关重要。如果环境中存在0.5mmol/L的钙离子，可以将90℃条件下的热稳定半衰期从10min提高到153min。另一方面，钙离子不能被其他二价阳离子如锌离子代替。

对南极细菌 *Pesudoalteromonas haloplanktis* TAC125 的基因组进行分析，寻找可能的编码酯酶的基因。其中，基因 *PSHAa0051* 可能编码分泌型的酯酶/脂酶。该基因被克隆至 *P. haloplanktis* TAC125，并被命名为 *PhyTAC125 Lip1*。纯化后的蛋白质定位在外膜上，对人工合成的带有长链的脂类有很强的降解作用。并通过结构分析得出结论，该酯酶是一类新家族酯酶。

视紫质通常存在于人体的视觉细胞中，是一种感光体，其作用是接收外界光线并通过复杂的生理生化反应将光能转化成为神经信号，而海洋微生物中的这种细菌视紫质则能够将光线转化成移动电子，成为推动菌体新陈代谢的能量，这也就形成了海洋微生物体内特有的光合作用机制。细菌视紫质在光学、物理学、计算机等领域有很广泛的应用潜力，引起了科学家的广泛关注。海洋黄杆菌 *Nonlabens marinus* S1-08^T 菌株的全基因组经报道后，科学家通过仔细分析其基因组序列发现，基因组中包含三个可能编码细菌视紫质的基因，即 *Nonlabens marinus* 1（*NM-R1*）、*Nonlabens marinus* 2（*NM-R2*）和 *Nonlabens marinus* 3（*NM-R3*）。进一步的功能分析证明 NM-R1 和 NM-R2 分别能够将 H^+、Na^+，在光驱使下泵到胞外，而 NM-R3 可以将 Cl^-泵到细胞内，维持细胞的渗透压平衡，这是在海洋细菌中第一个报道的 Cl^-泵。通过进化树的分析证明，来源于海洋细菌的 Cl^-泵与古菌域中的 Cl^-泵差别很大，暗示了海洋细菌和古菌在 Cl^-泵的进化过程中是相对独立的。

海洋放线菌一直是新颖的具有药用价值的次级代谢产物重要来源，吲哚倍半萜是很有特色的生物碱类次级代谢产物，已报道的吲哚倍半萜生物碱类化合物主要来源于植物和真菌，直到最近两年，才有一些来源于放线菌的吲哚倍半萜类化合物被发现。研究人员从中国南海 880m 深的海洋沉积物中分离到的链霉菌 *Streptomyces* sp. SCSIO 02999 的发酵液中，获得了吲哚倍半萜类化合物 xiamycin A（XMA，1），以及 4 个新的结构类似物 oxiamycin（OXM，2）、dixiamycin A（DXM A，3）、dixiamycin B（DXM B，4）和 chloroxiamycin（5）。OXM（2）含有一个罕见的七元氧环（2, 3, 4, 5-四氢噁庚英环）；DXM A（3）和 DXM B（4）则是从自然界中首次发现的 N-N 偶联的位阻异构二聚体，它们由两个吲哚倍半萜结构单体（XMA）通过两个 sp3 杂化的 N 原子之间的立体异构轴相连形成，其中二聚体的抗菌活性优于单体。研究人员紧接着通过基因组扫描的方法确定了 XMA/OXM 的生物合成基因簇。该基因簇包含了 18 个可能与 XMA/OXM 生物合成相关的基因。研究人员通过基因敲除的方法对其中的 13 个基因进行了突变，其中敲除芳香环羟化酶 *xiaK* 基因获得的突变株发酵能积累化合物 indosespene（6），以及少量的 XMA（1），但大多数生物合成基因的突变株不再产生 XMA/OXM 或者其代谢中间体。通过体内喂养实验，研究人员初步证实了 indosespene（6）是 XMA 和 OXM 的生物合成中间体，并且可能是吲哚氧化酶 XiaI 的直接底物。在随后的体外生化实验中，重组表达的 XiaI 能催化 indosespene（6）反应生产 prexiamycin（7），后者能自发氧化生成 XMA（1），从而揭示了吲哚倍半萜生物合成途径中的一种新颖的氧化环化机制。

Streptomyces sp. SCSIO 03032 分离自印度洋孟加拉湾深达 3412m 的海底沉积物样品，研究人员发现，在相同的培养条件下，该菌还能生产 α-pyridone 类抗生素 mer-A2026B 和 piericidin A1。piericidin A1 是线粒体和细菌 NADH-泛醌氧化还原酶的强效抑制剂。通过基因组扫描，研究人员定位了 piericidin A1 的生物合成基因簇，阐明了羟化酶 Pie E 和甲基化酶 Pie B2 的生物学功能，并从 Δ*pieE* 突变株中获得了一个新的 C-2/C-3 环氧的 α-pyridone 类抗生素 piericidin E1（Chen *et al.*，2014）。进一步对

其基因组测序分析表明，它还含有 26 种可能编码次级代谢产物的基因簇，研究人员已经定位了 spiroindimicins A～spiroindimicins D，indimicins A～indimicins E 等含有独特的螺环或去芳构化吲哚环结构化合物的基因簇，正在研究它们的生物合成机制。这些化合物不仅丰富了吲哚生物碱的化学多样性，也为生物化学家解析深海放线菌中存在的独特的酶学机制提供了材料及支持。

polycyclic tetramate macrolactam（PTM）类化合物是一类广泛存在、活性多样的天然产物，其结构复杂，具有多环稠合的大环内酰胺结构，属于聚酮和非核糖体肽杂合抗生素。虽然已发现 PTM 基因簇，并推测出聚酮合成酶/非核糖体肽合成酶组装 PTM 类化合物骨架的生源本质，但 PTM 类化合物的多环形成机制仍旧是未解之谜。斑鸠霉素是 PTM 家族的代表性化合物，其独特的结构和优良的抗肿瘤活性吸引了化学家和生物学家的广泛关注。研究人员从珠江口沉积物来源的海洋链霉菌 *Streptomyces* sp. ZJ306 中发现了斑鸠霉素，发现与其他 PTM 化合物一致，斑鸠霉素的生物合成源于聚酮合成酶/非核糖体肽合成酶（PKS/NRPS）的杂合途径。通过基因敲除及异源表达等分子生物学技术，确定了三个基因 *ikaA*、*ikaB*、*ikaC* 足以介导斑鸠霉素的异源生物合成，同时初步阐明了 IkaA、IkaB、IkaC 的功能及反应顺序（图 6-4）：①推测 PKS/NRPS 杂合酶 IkaA 负责化合物 2 的合成，其 PKS 功能域可重复利用两次，合成两个稍有不同的 12 碳侧链，和 1 分子鸟氨酸缩合形成化合物 2，这个推测与 ^{13}C 同位素标记结果相符；②FAD 依赖的氧化还原酶 IkaB 经推测催化 C-10 与 C-11 之间的碳碳连接，产物经自发或者 IkaB 催化的 Diels Alder 反应形成产物 3；③NADPH 依赖的脱氢酶 IkaC 催化独特的类似于 Michael Addition 的[1+6]加成反应，形成了斑鸠霉素的内部五元环，这个独特的还原环化反应机制通过体外生化和巧妙的氘原子标记实验获得了解析和证实（Zhang *et al.*，2014）。

Chen 等从一株南海深海放线菌 *Marinactinospora thermotolerans* SCSIO 00652 中分离得到 5 个海洋 β-咔啉生物碱类化合物（1～5）入手，利用基因组挖掘、生物信息学分析和在变铅链霉菌中的异源表达技术，成功定位了基因组上的一段 DNA 序列编码合成海洋 β-咔啉生物碱（1～5），分别为编码酰胺键合成酶的基因 *mcbA*、未知功能基因 *mcbB* 和编码脱羧酶的基因 *mcbC*。研究人员采用组合方式将 *mcbAmcbBmcbC*、*mcbAmcbB* 和 *mcbB* 基因分别克隆到大肠杆菌 *Escherichia coli* BL21 中，并分析其表达产物。结果表明，携带 *mcbAmcbBmcbC* 和 *mcbAmcbB* 的基因组合均成功在 *E. coli* BL21 中表达海洋咔啉生物碱 1～5，而未知功能基因 *mcbB* 在 *E. coli* BL21 中单独表达时，产生一个 β-咔啉生物碱母核主产物 6 和两个中间体结构衍生物 5 和 8，证明 McbB 蛋白负责 β-咔啉骨架的形成，是一个催化该类母核形成的新颖的 Pictet-Spengler 反应酶。通过前体和同位素标记（5-F-Trp 和 1-^{13}C NaAc，2-^{13}C NaAc，1，2-^{13}C NaAc）喂养试验，研究人员揭示 β-咔啉母核 6 的形成以色氨酸和三羧酸循环途径中的草酰乙酸作为前体，其形成机制包括 Pictet-Spengler 环化、脱羧和脱氢过程，是一个初级代谢和次级代谢有效结合的范例（图 6-5）。研究人员进一步对 McbB 蛋白进行同源序列分析，发现其在真菌和细菌中均有分布，对其中 42 个高度保守的氨基酸进行单点突变并分析产物 6 的产生，证实 Glu97 是 McbB 唯一的催化活性中心。

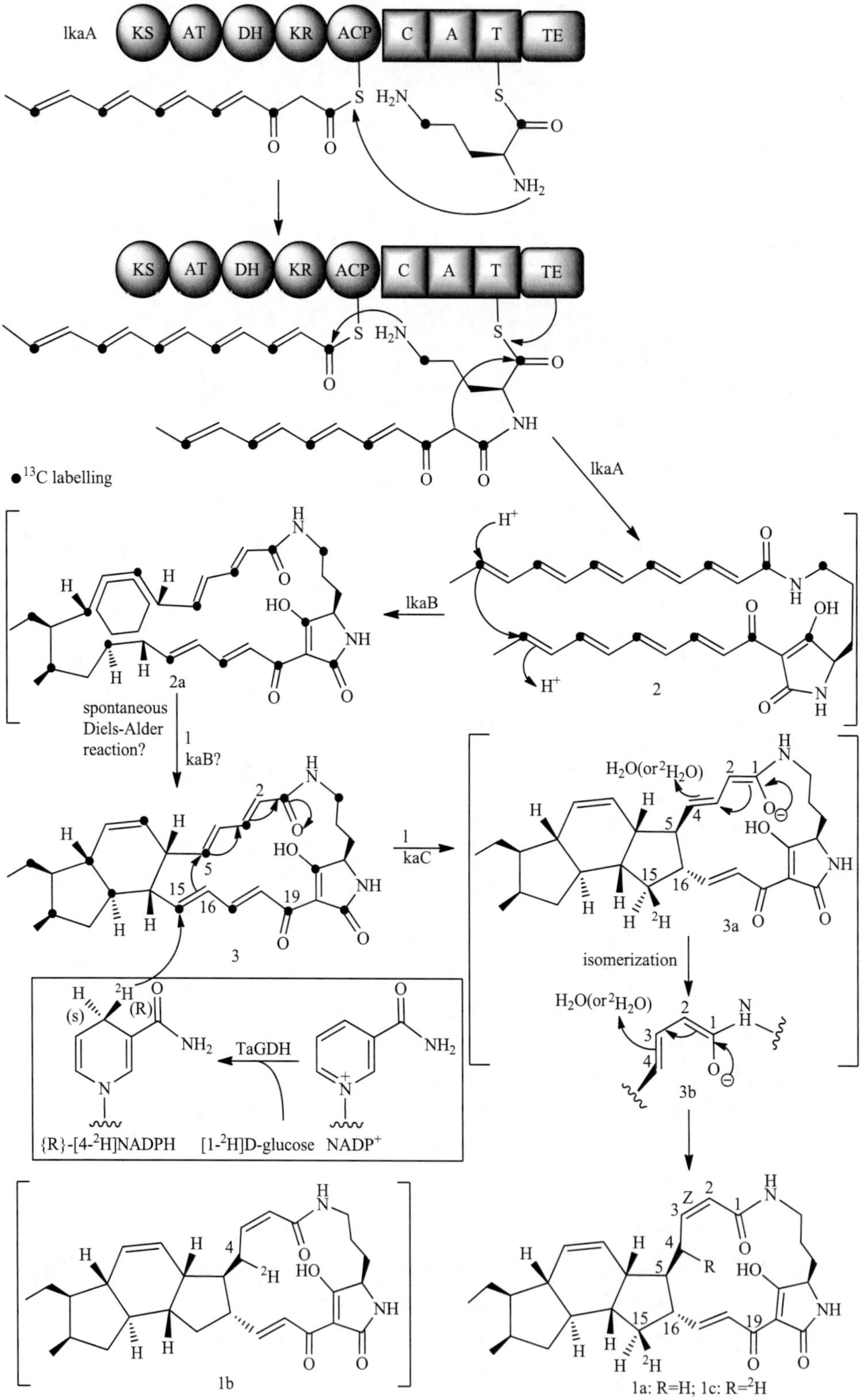

图 6-4 推测的斑鸠霉素生物合成途径及 IkaC 的催化机制

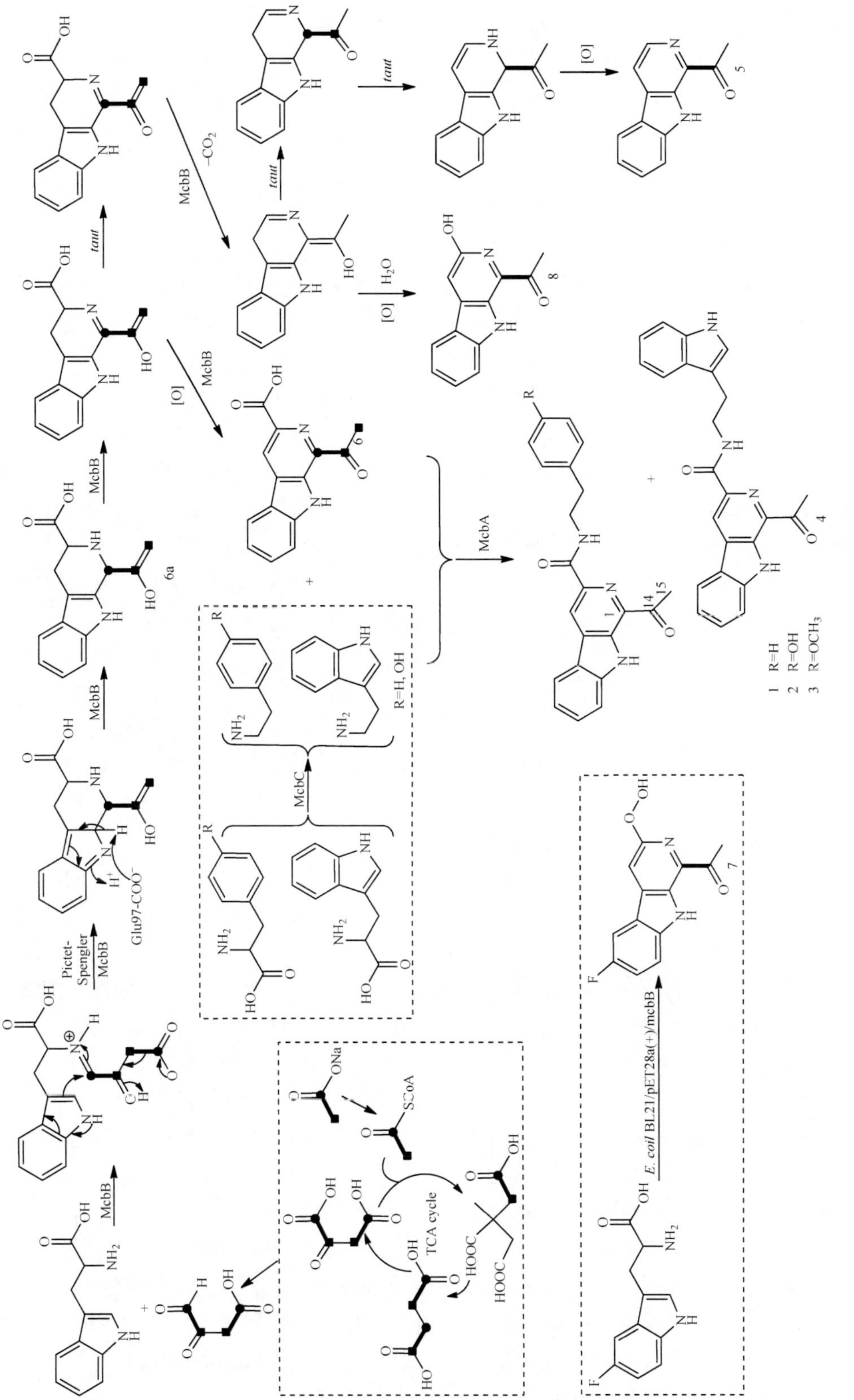

图 6-5　β-咔啉生物碱（1～5）的生物合成途径

但是，目前能够在实验室纯培养的微生物尤其海洋微生物仅占其总数的不到1%，绝大多数微生物不可培养，并且代谢功能未知。早在20世纪80年代，Lane等认为简单的形态学、生理性状对微生物鉴定提供的信息很少，应重视非传统方法在微生物研究中的应用。随着人们对不可培养微生物的认识，针对多种特殊环境（如海洋及沉积物，深海热液及冷泉，土壤，动物瘤胃及内脏，人肠道等）的微生物群落多样性，建立了基于微生物基因组学和分子生态学（如16S rDNA，ITS，recA，psbA等分子标志）的微生物群体基因组分析方法，即元基因组技术，通过直接从环境中分离基因组DNA，构建BAC、fosmid及cosmid等大片段基因组文库，以及基于16S rDNA及其他特殊分子标志的小片段基因组文库。元基因组技术实现了对不同环境中不可培养微生物基因组进化的研究，为分析特殊环境微生物多样性及其群落功能提供了新的思路，尤其是在海洋微生物研究中的应用。

新工业用酶的发现是元基因组研究的一大贡献。通过构建特定环境基因组文库，对文库进行序列和功能筛选，获得表达特定酶活性的克隆。研究人员从南海深海沉积物中分离得到元基因组DNA，并构建元基因组fosmid文库，筛选克隆获得酯酶完整基因*est424*，长度为921bp，编码307个氨基酸，在氨基酸水平上与已经发现的酯酶同源性低于90%，可能是一个新的酯酶（Zhang *et al.*，2015）。利用pET28系统构建酯酶重组表达载体，在大肠杆菌BL21（DE3）中诱导表达，但是重组酯酶形成包涵体，因此利用伴侣蛋白系统chaperone plasmid set与酯酶重组表达载体进行共转化，通过5种伴侣蛋白的优化，利用分子伴侣蛋白dnaK-dnaJ-grpE共表达，最终获得了可溶性的重组酯酶蛋白，约35kDa。利用Ni^{+}亲和层析系统，对重组酯酶进行分离纯化，获得了单一的纯化的重组酯酶est424。利用p-nitrophenol butyrat方法，研究重组酯酶的酶学性质。酯酶est424最适反应温度为35℃，最适反应pH为8.0，该酯酶是一个中温碱性酯酶，其酶活单位为171.03U/mg。它在20℃条件下稳定，Fe^{2+}和Mn^{2+}可以有效提高酶的活性，1%的Tween 80和Tween 20也可以提高酯酶的活性。从海洋微生物及海洋环境中来源的重组酶，在大肠杆菌系统中容易形成包涵体，该研究利用伴侣蛋白的共表达方法解决了包涵体的问题，并且为开发和利用海洋环境来源的酯酶资源，提供了理论和方法学基础。

海洋占地球表面积的71%，蕴藏着丰富的、最具优势和特色的海洋微生物资源。多样性研究是挖掘和利用海洋微生物资源的关键（Teeling *et al.*，2012）。关注海洋微生物的物种多样性和遗传多样性，发现功能多样的新颖代谢产物，揭示海洋微生物的关键次生代谢过程和主要调控机制，开发生物合成新技术，是发现创新药物和开发特色功能产品的重要基础。随着大规模测序技术的发展，通过基因组扫描或基因筛选可以快捷地发现一些次级代谢途径相关的功能基因，从而指导活性化合物的发现和优化（Yebra *et al.*，2014）。近年来，元基因组技术的飞速发展克服了海洋微生物培养技术的限制，促进了对于许多未培养海洋微生物的了解，直接为人们反映了海洋环境中微生物的遗传特征，较为客观地帮助人们认识海洋微生物的遗传多样性。元基因组改变了微生物学家解决问题的方法，尤其对于深海环境中大量未培养微生物的研究，重新定义了基因组并且加速了新基因发现的速度。元基因组在生物工业上也具有很广阔的前景，新基因的发现可以提供不可培养的海洋微生物群落结构的信息和功能，用来解决医药、农业及工业问题。

（李富超　孙超岷　姜　鹏）

第四节　极端环境微生物

一、简介

极端环境泛指存在某些特殊物理和化学状态的自然环境，包括高温、低温、强酸、强碱、高盐、高压、寡营养、低氧、高浓度金属离子等。典型的极端环境包括温泉、极地、冰川、盐碱湖、深海等。适合在极端环境中生活的微生物称为极端微生物（extremophiles）。

地球表面大约 71%的面积为海洋所覆盖，平均深度约达到 3800m。深海的典型环境条件是黑暗、低温、高压，在海底热液区还存在高温的条件。因此，无论是面积还是体积，深海都是地球上最大的极端环境。自 1977 年美国 Alvin 号深潜器在太平洋上的加拉帕戈斯群岛附近 2500m 的深海热液区发现了完全不依赖于光合作用而独立生存的生态系统以来，越来越多的研究表明，微生物生存在海洋的各个角落。在“深海钻探计划”（deep sea drilling project，DSDP）和“大洋钻探计划”（ocean drilling program，ODP）的实施过程中，科学家甚至发现在海底地层 800m 以下仍有微生物活动的迹象。海洋环境中微生物量巨大，每一滴海水中含有 10^5 个细胞，而这些总数超过 10^{30} 个细胞的微生物构成了地球上最大的基因储库。

深海中典型的极端环境因子包括温度、压力、pH、离子浓度等，深海极端微生物所具有的各种特殊性质与这些环境因子直接相关。在温度方面，深海存在嗜冷、耐冷、嗜热、耐热等极端微生物。嗜冷微生物的最适生长温度约为 15℃，而最低和最高生长温度分别约为 0℃和 20℃；耐冷微生物的耐受的低生长温度一般仅为 3～5℃，其适宜的和耐受的高生长温度均为 20～30℃。

嗜热菌一般分为兼性嗜热菌、专性嗜热菌和超嗜热菌三类。兼性嗜热菌最适生长温度为 50～65℃，专性嗜热菌最适生长温度则为 60～80℃，超嗜热菌的最适生长温度则高达 80～108℃。

在压力因子方面，深海压力适应菌可以分为三类，其中耐压菌在常压下生长良好，并可耐受至少 400 个大气压的压力；嗜压菌在常压下基本不生长，最适生长压力一般在 100 个大气压以上；极端嗜压菌不能在低于 400 个大气压的压力下生长，一般生存在 10 000m 水深以下。

在 pH 因子方面，最适生长 pH 低于 4，且在中性条件下不能生长的微生物称为嗜酸微生物；而能在强酸条件下生长，但最适生长 pH 接近中性的微生物称为耐酸微生物；而嗜碱微生物则可以在 pH 为 10～11 的条件下生长。

在盐度因子方面，根据对盐分的不同需求，可以将嗜盐微生物分为弱嗜盐微生物（最适生长盐浓度 0.2～0.5mol/L）、中度嗜盐微生物（最适生长盐浓度 0.5～2.5mol/L）和极端嗜盐微生物（最适生长盐浓度 2.5～5.2mol/L，大部分为古菌）。

随着研究的不断深入，微生物生存的各种环境极限不断地刷新。目前已发现的极端微生物中，最高温度极限为122℃；pH最高达11，最低为0.7；压强达130MPa（相当于13 000m水深）。

这些极端微生物依赖细胞中特殊的细胞结构及代谢系统维持其在各种极端环境中的生命活动。例如，极端酶在低温、高温、强碱、强酸、高盐等条件下仍然保持较高的催化效率，保证菌株能够从环境中获得足够的营养物质并完成体内代谢；极端微生物具有在低温、高温、高压等条件下正常合成蛋白质的能力，保证其生命活动的正常进行；耐/嗜冷微生物细胞膜中不饱和脂肪酸含量增加，而耐/嗜热微生物细胞膜含有高比例长链饱和脂肪酸，通过这些脂类含量的调节来适应低温或高温的环境。所有这些特殊的结构和功能都是在特殊的基因表达调控机制下形成的。因此极端微生物的特殊功能基因，以及基因的表达调控机制对于海洋微生物功能基因的研究开发具有重要的价值，也因此成为国际热门研究领域。

二、基因组及功能基因研究进展

极端微生物所产生的各种具有特殊功能的活性物质是人们关注的焦点，这些活性物质主要包括在高温、低温、强碱、强酸等条件下保持活力的极端酶；具有新结构及新活性的次级代谢产物；以及对人体健康具有重要作用的各种多糖、脂类等。与陆地和近海微生物不同，深海极端微生物的大规模培养往往对温度、压力、营养盐有特殊的需求，而目前尚没有成熟的规模化发酵技术和相应的反应器。因此从极端微生物中获取活性物质的编码基因或基因簇，再通过基因工程、蛋白质工程、发酵工程等手段来大规模制备或生产活性物质是目前进行极端微生物研究和开发利用的最有效方式。

1. 基于纯培养菌株的功能基因研究

功能基因和基因簇的获得有多种不同的方式，最传统的方式是先利用各种筛选培养基获得纯培养的功能菌株，再从菌株的遗传物质中克隆相关基因。以极端酶为例，最初的克隆技术是根据菌株所表现出来的功能，在数据库中寻找已知的同种酶的基因序列进行比对，获得保守序列后设计引物。或者是纯化出酶蛋白进行质谱分析，获取保守肽段的序列，进而设计引物。通过不同方法获得引物之后，再利用各种PCR方法逐步获得全长基因，如快速步移法（universal fast walking）、锅柄PCR（panhandle PCR）、随机引物PCR（random primed PCR）、反向PCR（inverse PCR）和接头连接PCR（Adaptor ligation PCR）等。这种方法费时费力，而且除了酶的编码基因之外，难以得到可能影响酶蛋白正确折叠的其他基因元件，影响了后续表达效率。

随着新一代测序技术的发展，微生物菌株基因组测序技术已经十分成熟，且成本日益降低。通过基因组扫描方法可以得到菌株中几乎全部酶的编码基因，以及其上下游所有的相关影响酶活性的序列元件，这种方法目前已广泛应用于极端微生物酶基因的研究开发工作中。但最大的问题在数据分析阶段，因为基因组扫描结果中，同一种酶的编码基因不止一个，以醛脱氢酶为例，目前从每个测序的古菌、细菌的基因组中可以获得的醛脱氢酶的数量分别是1～5个和1～26个。由于缺乏功能验证，因此这些序列在数据库中只能体现为“预测”或“假设”的酶蛋白，而且这些预测的结果是根据已知序列的同源性比对得到的。

因此要从大量的高同源性的酶基因序列中找到与真正菌株功能相对应的序列具有较大的难度。在这种情况下，一种较为有效的方法是对纯化出的酶蛋白进行质谱分析，利用所获得的肽段序列与基因组中相关的序列进行匹配，以确定真正表达并表现出活性的酶基因。

从纯培养菌株中进行功能基因的克隆无论是在基础研究还是在开发应用方面均具有优势。首先，可以通过菌株的增殖培养获得DNA、RNA等遗传物质，为功能基因的克隆和研究提供足够的原料。其次，可以获得与功能基因表达调控相关的完整的元件和机制，有助于进行基因改造、高表达基因工程菌构建及通过代谢途径调控来提高目的蛋白质的发酵产量。最后，从生产菌株角度上来说，基因工程菌一般均存在功能退化的现象，而利用纯培养的野生菌株作为生产菌株则能保证菌株功能的稳定性。因此到目前为止，通过改变培养基成分、模拟深海自然环境等手段来获得更多的纯培养菌株，包括细菌、古菌、放线菌、真菌等，仍然是获取极端微生物功能基因的重要内容。

2. 基于宏基因组文库的功能基因研究

虽然从纯培养菌株中开展功能基因的研究与开发具有优势，但自然界中只有极少部分微生物能够在现有技术条件下得到分离与培养，尤其在深海环境中，可培养微生物的比例被普遍认为还不到1%。虽然不断发展出新的人工培养方法来获得更多的功能菌株，环境样品中可培养菌株的比例也不断提高，如在淡水湖样品中这一比例可达10%，在一个海洋潮汐沉积物样品中这一比例达到了23%，但大部分极端微生物功能基因仍无法得到挖掘。

为了突破上述限制，充分挖掘和利用环境微生物的多样性基因资源，人们在寻找新技术方法上倾注了极大的热情。1998年，Handelsman等提出了“宏基因组”（metagenome）的新名词，其定义为“生境中全部微小生物遗传物质的总和”（Handelsman *et al.*，1998）。宏基因组既包含了可培养的又包含了未能培养的微生物基因，从而可以避开分离培养的技术瓶颈，使人们可以对难以培养的微生物的基因和功能进行研究，并获得新颖的活性物质。目前宏基因组在推动极端微生物的生态学研究和功能基因的开发方面均已表现出巨大的潜力，尤其是在新药筛选和新的生物催化剂方面。

利用宏基因组技术进行功能基因的一般流程包括从环境样品中提取宏基因组DNA，克隆DNA到合适的载体，导入宿主菌，筛选目的转化子等。高质量环境样品宏基因组DNA是开展后续工作的基础。在2000年前后，针对环境样品宏基因组DNA的提取进行了大量的探索与改进，目前已经有了较为成熟的试剂盒，基本解决了宏基因组DNA的获取问题。但相同重量或体积的深海沉积物样品中微生物量远远低于陆地、近海的样品，因此在提取时仍需根据不同研究目标对方法进行改进，以提高效率。例如，根据目标基因的功能设计选择性培养基对样品进行富集，然后再提取宏基因组DNA，从而获得具有特定功能的微生物菌群，从中定向获取目标功能基因。例如，Rees等通过在含有羧甲基纤维素的培养基上富集培养，使构建的宏基因组文库中的纤维素酶基因富集了4倍。这一结果虽然是在盐碱湖中取得的，但可以证明富集后再提取宏基因组DNA的方法也可有效地获得深海等极端环境中的特殊功能基因。

从低生物量的极端环境样品中提高宏基因组DNA量的另一个方法是通过环境全基因组扩增（whole genome amplification，WGA）。利用φ29DNA聚合酶进行多重置换扩增

（multiple displacement amplification，MDA），可以将原始的宏基因组 DNA 量提高 50～100 倍。虽然通过扩增后的 DNA 与原始 DNA 相比会产生一些误差，也会产生一些相对较短的片段和假序列，但是对于从极端环境微生物中获取一些新颖的极端酶基因来说并不会造成太大的影响。

目前构建海洋环境微生物宏基因组文库所采用的载体种类包括 cosmid、fosmid、BAC、K2 噬菌体及各种穿梭载体，其中 cosmid、fosmid 和 BAC 是目前常用的载体。BAC 插入的片段大（可达 350kb），但克隆效率低，因此目前仅应用于筛选微生物次生代谢产物这类由基因簇控制的活性物质。其他的深海微生物活性物质研究一般都采用 cosmid 载体和 fosmid 载体。这两个载体插入的片段较小（35～40kb），但可以满足极端酶等单基因控制的活性物质的研究。而且它们的克隆效率较高，尤其是 fosmid 插入片段在 *E. coli* 中的克隆效率和稳定性更高，因此目前 fosmid 已经成为最常用的载体。

在宿主方面，有观点认为目前数据库中至少 40%的基因可以通过 *E. coli* 表达系统得到表达（Gabor *et al.*，2004）。普通质粒（插入片段＜15kb）、cosmid（插入片段 15～40kb）、fosmid（插入片段 25～45kb）、细菌人工染色体（BAC）（插入片段 100～200kb）等各种片段都在 *E. coli* 表达系统中成功得到表达。此外，为了消除以 *E. coli* 为单一宿主的局限性，目前也已经建立了穿梭载体和一些非 *E. coli* 宿主系统，如 *Burkholderia*、*Bacillus*、*Sphingomonas*、*Streptomyces* 和 *Pseudomonas* 等。

环境样品宏基因组文库容量一般较大，活性克隆的筛选成为研究开发的瓶颈。目前宏基因组文库筛选方法大致包括两大类，即序列驱动筛选和功能驱动筛选。

序列驱动筛选是利用已知序列设计保守引物或探针，利用 PCR 或杂交等对文库克隆进行筛选。其最大的缺点是由于引物的设计依赖于已有的序列信息，因此发现新功能基因的概率较低。但该方法简便易行，效率高，因此被广泛采用。在序列驱动筛选中，通过 PCR 一般只能获得基因的部分片段，而不能获得完整的功能基因。因此在获得基因片段之后，还需要利用各种方法来获得完整的基因序列，如上述的快速步移法、锅柄 PCR、随机引物 PCR、反向 PCR 和接头连接 PCR 等。

功能驱动筛选不依赖于任何已知的序列信息，仅根据文库克隆产生的活性进行筛选。该方法能够发现全新的活性物质及其编码基因，目前在极端酶筛选中应用最多，但其工作量相对较大。由于 cosmid 和 fosmid 载体并不是表达载体，因此所获得的活性克隆中极端酶基因的表达是由插入片段中自带的基因元件控制的。在理论上，通过目的基因的亚克隆，并在高效表达载体中进行表达，可进一步提高酶的活性。但目前的表达载体均为常温表达载体，在低温或高温酶基因的表达中并不一定适用。因此直接利用具有高酶活的宏基因组文库克隆来生产低温酶是可行的。

3. 基于宏基因组测序的功能基因研究

第二代测序技术的发展降低了环境样品宏基因组的测序成本，提高了准确性，从而为基因、基因簇的筛选和研究提供了有力的工具。由于可以获得较长的片段，因此 454 焦磷酸测序是之前用得最广泛的二代测序技术。后来，大规模宏基因组测序渐渐采用 Illumina 和 Solid 测序平台，虽然它们所获得的片段较小，但是在同样的价格下，它们可以提供更高的通量和覆盖率。

宏基因组测序结果使极端微生物功能基因的研究进入了大数据时代。随之而来的问题是如何对海量的宏基因组序列信息进行分析，从中获得所需要的目的基因。目前已有一些专用的程序用以从宏基因组序列中进行基因预测，如 MetaGene、MetaGeneAnnotator、Orphelia 和 FragGeneScan 等。所预测基因的功能注释主要是通过数据库比对来进行的，常用的包括与 SWISSPROT、NCBI 或 KEGG 数据库进行蛋白质 BLAST 比对，与 Pfam 和 TIGRfam 数据库进行 HMMer 比对等。由于二代测序技术的应用，生物信息学这一学科越来越显示出其重要性，并且极大地推动了极端环境微生物功能基因的研究与开发。

4. 基因组测序计划

由于基因组测序在功能基因挖掘方面显示出的巨大潜力，目前在菌株和宏基因组方面都开展了大规模的基因组测序。我国目前在海洋微生物新种发现、基因组测序方面的发展极快，数据量已居于世界前列，对深海宏基因组测序的工作也已逐步开展。Craig Venter 及其同事正在开展的工作是迄今为止最大的一项海洋微生物测序计划，包括从 Sargasso 海采集表层海水（Venter *et al.*，2004）和全球海洋取样（global ocean sampling，GOS）计划（Yooseph *et al.*，2007）。目前通过 GOS 从微生物中新获得的蛋白质家族的数量仍在不断增加，这意味着仍有许多微生物功能物质尚待发现。而如果这一工作涉及深海领域，势必将带来庞大的具有应用潜力的极端酶及其他活性物质资源。

在深海环境样品宏基因组研究方面，目前已完成宏基因组测序的样品包括来自北太平洋 Gyre ALOHA 站位和地中海海域的 Ionian 海的深海海水样品，以及来自 Peru Margin 和加利福尼亚沿岸的 Eel 海盆的海床沉积物样品。

与一般海洋微生物相比，由于较难获得纯培养菌株，因此已经完成基因组测序的极端微生物较少。第一个完成基因组测序的极端微生物是嗜热菌 *Methanococcus jannaschii*（Bult *et al.*，1996）。但目前为止也有 20 株以上的极端微生物的基因组已经完成了测序，其中大部分是超嗜热古菌，包括 *Archaeoglobus fulgidus*、*Pyrococcus horikoshii*、*Thermococcus* strain CL1、*Aeropyrum pernix*、*Desulfurococcus fermentans*、*Thermogladius cellulolyticus*、*Pyrococcus yayanosii* CH1、*Thermococcus barophilus*、*Thermoplasma acidophilum*、*Methanobacterium thermoautotrophicum* 等。

三、功能基因发掘利用

现代生物技术对新酶有着持续不断的需求，尤其是一些高温、低温、强碱、强酸、高离子浓度的生产过程对极端酶有着更强烈的需求。极端酶是微生物在各种极端环境压力下维持正常生命活动所必不可少的活性物质，因此目前绝大多数极端微生物功能基因的开发利用都围绕着各种极端酶来开展。

深海存在各种不同的极端环境，因此深海极端微生物可以提供性能齐全的各种新颖的极端酶，如热稳定、冷适应、耐酸、耐碱、耐高盐、耐压等。目前利用基于序列的方法和基于功能筛选的方法已经从纯培养和未培养的海洋极端微生物中获得了众多新颖的酶基因，包括海藻糖酶（trehalase）、β-牛乳糖酶（galactosidase）、β-糖苷酶（glycosidase）、纤维素酶（cellulase）、内切葡聚糖酶（endoglucanase）、α-淀粉酶（amylase）、几丁质酶

（chitinase）、酯酶（esterase）、脂肪酶（lipase）、蛋白酶（protease）、异柠檬酸脱氢酶（isocitrate dehydrogenase）等，它们在普通酶已无活性的低温、高温、强酸、强碱等条件下仍具有很高的催化效率，其中低温脂肪酶、低温蛋白酶、高温淀粉酶等已经应用于工业生产中。

性质不同的极端酶在不同的生产领域有各自的应用。例如，冷适应酶可以应用于低温环境中的废物分解，应用于食品加工过程中以保留食品的风味，以及一些需要快速失活的酶反应过程中。耐压酶可以应用在食品的高压和低温灭菌过程中，以保持食品的颜色和风味。耐盐酶具有良好的热稳定性和有机溶剂稳定性，可以在防污涂膜和涂料工业中得到应用。

虽然基因组测序使极端微生物基因资源的研究开发得到了飞速的发展，但目前为止，这种发展仍然主要体现在基因的数量方面。目前 Genbank 等数据库约有 40%的非冗余蛋白质序列为功能未知的假设蛋白质。因此未来在基因组数据分析中，对基因功能的预测是亟待发展的关键技术。

另外，对于极端酶、天然产物等来自极端微生物的活性物质来说，即使它们的功能已知，也并不意味着可以马上投入应用。因为它们所具有的新颖结构、独特的活性与产量、稳定性等方面往往存在矛盾，最典型的例子是适冷酶，虽然它们在低温下活力很高，但几乎所有的适冷酶都存在热稳定性差的问题。因此，极端微生物功能基因需要化学修饰、基因改造、蛋白质改造、发酵工程等一系列生物技术的综合利用才能真正实现开发应用。

（曾润颖）

主要参考文献

Bult CJ，White OR，Smith HO，et al. 1996. Complete genome sequence of the methanogenic archaeon，Methanococcus jannaschii. Science，273（5278）：1058-1073.

Chen YL，Zhang WJ，Zhu YG，et al. 2014. Elucidating hydroxylation and methylation steps tailoring piericidin A1 biosynthesis. Organic Letters，16：736-739.

Gabor EM，Alkema WB，Janssen DB. 2004. Quantifying the accessibility of the metagenome by random expression cloning techniques. Environmental Microbiology，6（9）：879-886.

Handelsman J，Rondon MR，Brady SF，et al. 1998. Molecular biological access to the chemistry of unknown soil microbes：a new frontier for natural products. Chemistry and Biology，5（10）：245-249.

Li F，Li MY，Ke W，et al. 2009. Identification of the immediate-early genes of white spot syndrome virus. Virology，385（1）：267-274.

Li FC，Jiang P，Zheng HJ，et al. 2011. Draft genome sequence of the marine bacterium Streptomyces griseoaurantiacus M045，which produces novel manumycin-type antibiotics with a pABA core component. Journal of Bacteriology，193（13）：3417-3418.

Li ZC，Xu LM，Li F，et al. 2011. Analysis of white spot syndrome virus envelope protein complexome by two-dimensional blue native/SDS PAGE combined with mass spectrometry. Archives of Virology，156（7）：1125-1135.

Shao S，Lai QL，Liu Q，et al. 2015. Phylogenomics characterization of a highly virulent Edwardsiella strain ET080813T encoding two distinct T3SS and three T6SS gene clusters：propose a novel species as Edwardsiella anguillarum sp. nov. Systematic and Applied Microbiology，38（1）：36-47.

Teeling H，Glockner FO. 2012. Current opportunities and challenges in microbial metagenome analysis-a bioinformatic perspective. Briefings in Bioinformatics，13（6）：728-742.

Venter JC，Remington K，Heidelberg JF，et al. 2004. Environmental genome shotgun sequencing of the Sargasso Sea. Science，304（5667）：66-74.

Wang QY，Yang MJ，Xiao JF，et al. 2009. Genome sequence of the versatile fish pathogen Edwardsiella tarda provides insights into its adaptation to broad host ranges and intracellular niches. PLoS One，4：e7646.

Xiao JF，Chen Q，Wang QY，et al. 2011. Search for live attenuated vaccine candidate against edwardsiellosis by mutating virulence-related genes of fish pathogen Edwardsiella tarda. Letters in Applied Microbiology，53（4）：430-437.

Xiao JF，Wang QY，Liu Q，et al. 2008. Isolation and identification of fish pathogen Edwardsiella tarda from mariculture in China. Aquaculture Research，40（1）：13-17.

Xie XX，Xu LM，Yang F. 2006. Proteomic analysis of the major envelope and nucleocapsid proteins of white spot syndrome virus. Journal of Virology，80（21）：10615-10623.

Yang F，He J，Lin XH，et al. 2001. Complete genome sequence of the shrimp white spot bacilliform virus. Journal of Virology，75（23）：11811-11820.

Yang MJ，Lv YZ，Xiao JF，et al. 2012. Edwardsiella comparative phylogenomics reveal the new intra/inter-species taxonomic relationships，virulence evolution and niche adaptation mechanisms. PLoS One，7：e36987.

Yebra DM，Kiil S，Dam-Johansen K. 2004. Antifouling techniques-past，present and future steps towards efficient and environmentally friendly antifouling coatings，Prog org coat，50（2）：75-104.

Yooseph S，Sutton G，Rusch DB，et al. 2007. The sorcerer II global ocean sampling expedition：expanding the universe of protein families. PLoS Biology，5（3）：e16.

Zhang H，Li FC，Chen HX，et al. 2015. Cloning，expression and characterization of a novel esterase from the South China Sea sediment metagenome. Chinese Journal of Oceanology and Limnology，33（4）：819-827.

Zhou Q，Xu LM，Li H，et al. 2009. Four major envelope proteins of white spot syndrome virus bind to form a complex. Journal of Virology，83（9）：4709-4712.

第七章

其他海洋生物功能基因的发掘和利用

第一节　单 环 刺 螠

一、种类概况简介

单环刺螠（*Urechis unicinctus*）属于螠虫动物门（Echiurioidea）螠纲（Echiurida）无管螠目（Xenopneusta）刺螠科（Urchidae）。单环刺螠主要分布于我国渤海湾、俄罗斯、日本和朝鲜等，是我国北方沿海泥沙岸潮间带下区及潮下带浅水区海洋底栖生物的最常见种类之一。俗名各地叫法不一，分别称为海肠、海肠子、海鸡子等。螠虫动物门种类丰富，常见的有螠虫螠、池体螠和绛体管口螠等（图 7-1），单环刺螠也是螠虫动物门的一个典型代表。该物种体表裸露，身体柔软，体表无光滑毛刺，呈粉红色。单环刺螠体型粗大，长 100～300mm，宽 25～27mm，体表布满大小不等的粒状突起，吻圆锥形；腹刚毛 1 对，粗大；肛门周围有一圈 9～13 条褐色尾刚毛。单环刺螠营养价值与海参不相上下，故单环刺螠又有“裸体海参”的美誉。

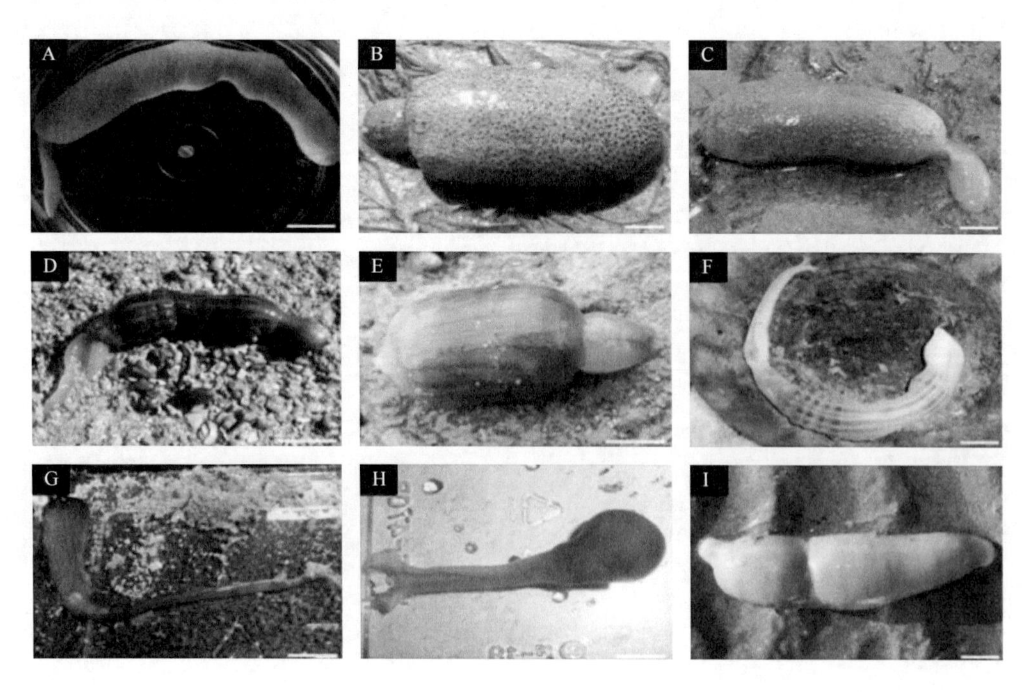

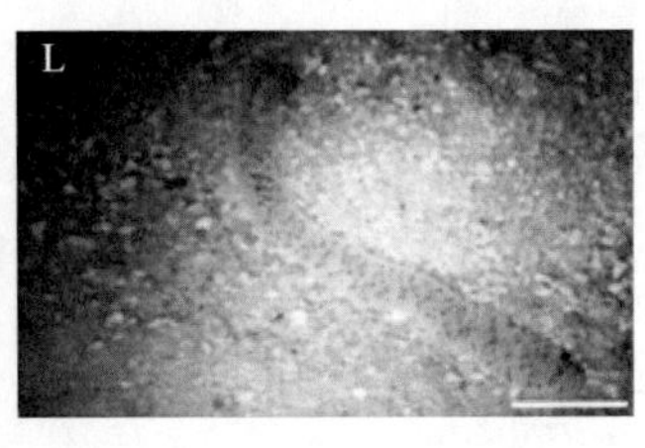

图 7-1　典型螠虫图谱（Goto *et al.*，2013）

A. 螠虫螠（*Echiurus echiurus*）；B. 池体螠（*Ikedosoma gogoshimense*）；C. 欧式绿螠（*Thalassema owstoni*）；D. 寄蝇铲荚螠（*Listriolobus sorbillans*）；E. 绛体管口螠（*Ochetostoma erythrogrammon*）；F. 管口螠亚种 1（*Ochetostoma* sp. 1）；G. 管口螠亚种 2（*Ochetostoma* sp. 2）；H. 管口螠亚种 3（*Ochetostoma* sp. 3）；I. 单环刺螠（*Urechis unicinctus*）；J. 翠绿螠（*Bonellia viridis*）；K. 池田鳗鰕虎鱼螠（*Ikeda taenioides*）；L. 池田螠亚种 1（*Ikeda* sp. 1）

多年来，人们都把单环刺螠当作“鱼饵”使用，真正把它用来制作佳肴充其量不过是几十年的历史，除了作为人们津津乐道的美味佳肴外，单环刺螠营养成分丰富，还具有温补肝肾、壮阳固精保健的作用。目前对单环刺螠的利用主要集中在药物研发、种系进化及环境监测研究上。因而单环刺螠也是一种珍贵的研究海洋生物活性物质的优质种类，具有广阔的开发利用价值。

二、基因组及功能基因研究进展

单环刺螠是一种古老神秘的物种，随着研究的深入，人们已经越来越意识到其存在及利用价值，仅存不多的生物学信息预示着巨大的开发利用潜力。迄今该物种仍然蒙着一层神秘的面纱。

生物基因组大数据时代的到来，许多海洋生物物种基因组学相继被揭示，所获得的分析数据库被广泛地应用到教学、科研、工业生产、养殖、疾病防治等领域。迄今针对单环刺螠基因组研发利用的项目还不是很多。大部分研究仅仅停留在线粒体和一些特殊组织 cDNA 单体基因研究。目前存在的基因开发利用相关数据也是寥若晨星。最近 10 年来人们对单环刺螠抗血栓组分的分离纯化和药效学开展了一系列研究，并在其组织中分离出许多生物活性成分，如溶栓酶、速激肽等，并对其做了药效学、药理学初步探索。

1. 药用潜能基因发掘

单环刺螠为海洋常见的底栖生物（benthos），单环刺螠柔软的身体、丰富的体腔液内含有大量独特的蛋白质和宽大的呼吸肠提供它在水底得天独厚的生活本领，独有的生物学结构让单环刺螠适应海底穴居生活。研究发现新鲜提取的单环刺螠多肽具有一定的抗肿瘤及提高小鼠免疫功能的作用，鉴于单环刺螠这种得天独厚的优势，为新药研发提供全新的药源。

（1）速激肽（tachykinin peptide，TK）及其基因

速激肽主要分布在神经系统和胃肠道内皮细胞内，参与心血管、痛觉、消化和肺功能的调节，在一些炎症、休克、疼痛及某些类癌的发病机制中有重要研究价值。TK 族中的 SP 具有痛觉及谷氨酸的感觉传导、激活纹状体-黑质多巴胺能神经系统、紧张性兴奋神经原及参与免疫、呼吸、消化活动等作用。同时作为重要神经肽，研究发现速激肽被应用到哮喘治疗具有重要意义。

早在 1993 年，Ikeda 等（1993）最早从单环刺螠体内提取的生物活性物质是来自腹神经索的两种新型神经肽，即螠速激肽Ⅰ（urechistachykininⅠ，Uru-TKⅠ）和螠速激肽Ⅱ

（urechistachykinin Ⅱ，Uru-TK Ⅱ）。近年来 Kawada 等又从单环刺螠中发现了螠速激肽Ⅰ和螠速激肽Ⅱ的 5 种类似肽，它们都是无脊椎动物速激肽，被命名为螠速激肽Ⅲ～螠速激肽Ⅶ。这些类似速激肽和单环刺螠速激肽Ⅰ和Ⅱ的来源于同一 cDNA。速激肽的前体基因序列也由 Kawada 团队发现，它是一段长 1091bp 序列（Genbank 注册号：AB019537），也是最早被发现的无脊椎动物速激肽前体基因序列。

（2）纤溶酶（fibrinolysin）及其基因

经过长年的进化，单环刺螠已形成了独特的抗血栓机制。研究发现主要是体腔液中存在大量的纤溶酶活性的丝氨酸蛋白酶，单环刺螠作为海洋中常见的物种，体型人，且资源丰富，进一步研究极有可能成为继蚓激酶（earthworm fibrinolytic enzyme，EFE）后又一种新型的纤溶药物。经分离纯化发现单环刺螠体内至少有 4 种纤溶活性酶，目前从单环刺螠体内发现并分离纯化出了一系列具有纤溶活性的蛋白酶，根据分子质量由大及小被命名为单环刺螠纤溶酶Ⅰ（45.1kDa）、纤溶酶Ⅱ（26.7kDa）、纤溶酶Ⅲ（20.8kDa）和纤溶酶Ⅳ（10～11kDa）。其中纤溶酶Ⅱ和纤溶酶Ⅲ的基因序列已经被克隆到 906bp 和 867bp 并上传 NCBI 数据库（ⅢGenbank：KC69 5751；ⅡGenbank HM623463）。解码的编码产物进行比较，相似度较高的蛋白质为沙躅胰凝乳蛋白酶原、蚓激酶、蚯蚓纤溶酶、孢囊线虫和栉孔扇贝的丝氨酸蛋白酶等，可见单环刺螠作为一种海洋生物，其基因组具有一定特殊性，故使用核苷酸序列比对时未见相似度高的序列。

（3）抗菌肽（antimicrobial peptide）及其基因

单环刺螠是一种出淤泥而不染的顽强生存的海洋底栖生物，体壁裸露的单环刺螠不被外界病原体侵袭，推断这种动物必定存在强大的抗菌防御体系。Pan 等于 2004 年首先从其全虫匀浆液中纯化得到抗菌肽沙蚕素（perinerin），对革兰氏阳性菌、革兰氏阴性菌和真菌都具有明显的抗菌活性。

单环刺螠中另一种非常具有研究价值的蛋白质就是该单环刺螠血红蛋白（Uu-Hb），许多研究发现血红蛋白肽具有抗菌活性，已从多种动植物体内获得，但是对于血红蛋白是否具有抗菌活性，一直存在争论。而目前对于长链血红蛋白或亚基的研究及有关血红蛋白片段抗菌作用主要有三种观点：Daoud 等认为大部分血红蛋白没有活性；但是 Parish 发现人血红蛋白具有很强的、广谱性的对革兰氏阳性菌、革兰氏阴性菌及真菌的抗菌活性；而 Mak 等则认为人血红蛋白主要针对的是革兰氏阴性菌如大肠埃希菌、肺炎克雷伯杆菌等。

为验证单环刺螠血红蛋白的抗菌活性，本节作者所在课题组从 2007 年开始开展相关研究，从单环刺螠体内分离纯化得到其血红蛋白（15kDa），并 N 端测序通过 Edman 降解法测定该蛋白质 N 端 10 个氨基酸为 GLTGAQIDAI，以此 10 个氨基酸序列设计的简并引物为 5′引物和 Oligo（dT）20 为 3′引物，从单环刺螠总 RNA 中克隆到 Uu-Hb cDNA 并连接到 pMD18-T 载体中测定序列，序列分析得到 Uu-Hb 的 cDNA 包含 426 个核苷酸（图 7-2），编码 141 个氨基酸。

本节作者所在课题组以琼脂糖弥散抑菌试验检测天然单环刺螠血红蛋白对金黄色葡萄球菌、大肠杆菌、大肠埃希氏菌和绿脓杆菌的抑菌效果均不理想，但是后续对修饰后单环刺螠血红蛋白抗菌活性研究过程中发现血红蛋白片段具有更好的抑菌抗菌效果。修饰的单环刺螠血红蛋白分子质量被缩小，并且含有丰富的 α-螺旋结构，推断血红蛋白片段抗菌机制来源于 α-螺旋的细胞膜锚定能力，该结构能够与微生物的细胞膜锚定在一起并产生细胞毒性。

```
  1 GGCCTTACGG GGGCGCAAAT AGACGCCATC AAGGGTCATT GGTTTACCAA
 51 CATCAAGGGA CATTTGCAGG CGGCAGGGGA TTCCATCTTC ATCAAGTACC
101 TCATTACTTA CCCAGGGGAT ATAGCGTTCT TTGACAAGTT TTCCACGGTC
151 CCCATCTATG CCCTGCGATC GAACGCAGCG TACAAAGCCC AGACTCTAAC
201 AGTTATCAGC TACTTGGATA AAGTGATTCA AGGTCTGGGC AGCGATGCAG
251 GTGCTTTGAT GAAAGCCAAG GTCCCAAGTC ACGAGGCTAT GGGGATCACC
301 ACGAAGCATT TCGGACAACT CTTGAAGTTG GTGGGAGTTG TGTTCCAAGA
351 ACAGTTTGGG GCATGCCCGG AAACTGTCGC TGCCTGGGGA GTCGCTGCTG
401 GTGTCCTGGT GGCCGCCATG AAGTAA（426 bp）
```

图 7-2　Uu-Hb cDNA 序列（李华等，2009）

2. 耐受（环境相关）功能基因探索

在自然水体中、温泉、海底泥、火山及现代一些污染性强的工业污水等环境中广泛存在硫化物，硫化物主要以 H_2S、HS—、S_2—三种化合物形式存在，三种形式氧化程度不同，可以相互转化。其中 H_2S 不带电荷，能透过细胞膜，进入组织造成机体潜在伤害；HS—是硫化物转化的中间体，控制着各组分的平衡；S_2—造成黑色硫化物沉积于水体底质，这是去除水体中硫化物的策略之一。三种形式中，以 H_2S 的毒性最强。单环刺螠生存环境随时可能受到外界各种不良环境的威胁，为抵御这种不良环境单环刺螠进化出强力的环境耐受体系，多数生物无法在硫化物环境中存活，少数生物因表现出硫耐受的能力而受到关注。在单环刺螠硫耐受机制中，交替氧化酶和硫醌氧化还原酶等具有重要的作用。

（1）交替氧化酶（alternative oxidase，AOX）及其基因

交替氧化酶（alternative oxidase，AOX），也称抗氰氧化酶（cyanide resistant oxidase）。它广泛存在于高等植物及部分真菌和藻类中。该酶易被水杨基氧肟酸所抑制，却不为氰化物等抑制。作为线粒体硫化物代谢机制的支路，它不仅具有其他双铁羧基蛋白共有的结构特点及去除分子氧的功能，更重要的是它还可以通过改变自身结构等方式来主动调节抗氰呼吸途径的运行程度，进而调节细胞多方面的代谢和功能，以适应环境条件的改变，增强星虫生物适应各种逆境的能力，调节生长速率，调控细胞凋亡。而且该酶不受传统线粒体组分抑制剂如氰化物、硫化物的抑制，推测其在动物的硫化物氧化解毒中起到重要作用。

单环刺螠交替氧化酶基因则是由中国海洋大学基因与发育研究室首次发现的，该基因的 cDNA 全长 1725bp（Genbank 注册号：HQ822262）：其中可读框（ORF）长 1047bp，编码 348 个氨基酸；5′ UTR 为 288bp；3′ UTR 为 390bp。根据核酸所推测出的氨基酸序列含有 AOX 所特有 LET、NERMHL、LLEEA、REDE-H 保守区，并含有 1 个泛醌结合位点（Q-binding site）。Huang 等 2013 年克隆得到单环刺螠 AOX 全长 cDNA。此外，检测了暴露在硫化物中的单环刺螠的体壁和后肠的细胞色素 c 氧化酶（CCO）结合活性的 mRNA 表达图谱。AOX mRNA 的表达与单环刺螠所处物理条件有关。

（2）硫醌氧化还原酶（sulfide：quinone oxidoreductase，SQR）及其基因

硫醌氧化还原酶硫氧化代谢是硫代谢的主要途径，即将有毒的硫化物如 H_2S，HS—，S_2—等转化为无毒或毒性较低的硫酸盐、硫代硫酸盐、亚硫酸盐等物质。硫醌氧化还原酶是线粒体硫化物氧化途径的第一个酶，也是一种关键酶。在单环刺螠底栖生活耐受能力中起到非常重要的作用。

目前研究发现单环刺螠硫醌氧化还原酶全长 cDNA 序列（GenBank 序列号：EF487538），全长 2315bp，可读框 1356bp，编码 451 个氨基酸，含有保守 FAD 结合结构

（IDIVIVGGGCAGSAIANKFAPYLGQGKV；Ⅱ，GDKLKYDYLLVSMG；Ⅲ，NFVTVNRD-TLQHTKYPNVFGMGD），保守的半胱氨酸（Cys202 和 Cys380），组氨酸（His80 和 His294），泛醌结合位点（Phe422 和Ⅱe390）和谷氨酸（Glul59）。单环刺螠各组织硫醌氧化还原酶分析结果表明：中肠表达量最高，肛门囊和体腔液细胞次之，体壁、呼吸肠表达量最低。

（3）硫氰酸酶基因

1933 年，Lang 首次发现了硫氰酸酶，指出它存在于所有动物组织中，并具有氰化物解毒功能，主要是将硫原子从供体上转移到噻硫的受体上。董英萍等首次发现单环刺螠的硫氰酸酶基因，该物种的硫氰酸酶基因 cDNA 全长为 2318bp，其中 ORF 长 870bp，可以编码 289 个氨基酸，3′ UTR 含有 24 个碱基的 polyA 尾，具有硫氰酸酶保守的氨基酸序列（CEVGVT）及活性位点 Cys230。Bordo 等（2000）使用 CLUSTAL-W 软件对原核生物和真核生物硫氰酸酶基因的氨基酸序列进行了多序列比对，确定了硫氰酸酶的保守氨基酸序列及保守的活性位点 Cys230。

3. 与发育相关基因探索

（1）*vasa* 基因

vasa 基因编码 DEAD-box 家族成员中一种 ATP 依赖的 RNA 解旋酶，在果蝇中作为生殖质的组成成分被首次报道。VASA 蛋白是构成生殖质的主要成分，而生殖质又是生殖细胞迁移的必要物质。*vasa* 基因的突变将导致卵子发生缺陷（包括生殖细胞分化和卵细胞决定的异常），从而造成雌雄个体不育。单环刺螠 *vasa* 基因 cDNA 全长 4080bp（GenBank：JQ665715），其中可读框长 2322bp，可以编码 733 个氨基酸的蛋白质；5'UTR 为 322bp；3'UTR 为 1436bp。3'UTR 含有 30 个碱基的 ployA 尾，在 ployA 尾上游 18bp 处可见单一的 ployA 加尾信号序列 AATAAA。在单环刺螠的整个发育过程中 *vasa* 基因几乎完全限制在生殖细胞中特异性表达，因此 *vasa* 基因的表达产物可以作为生殖细胞的分子标记物。在卵母细胞及受精卵中均存在 *vasa* mRNA 的表达信号，因此认为单环刺螠早期胚胎中 *vasa* 基因的表达是由母源提供的；受精后启动了 *vasa* 的合子表达，担轮幼虫之后 *vasa* 基因主要由合子表达提供，其表达趋势与其他大多数物种的 *vasa* 基因相类似。

（2）*Hox* 基因

目前 Cho 等设计简并引物发现单环刺螠 *Hox* 基因的 9 个片段（GenBank：Post2 AY770073，Antp gene AY770070，Scr gene AY770069，Hox3 gene AY770067，Lox6gene AY770068，Lox4 geneAY770072，lab01 gene AY770065，lab02 gene AY770066，Lox2 gene AY770071）。这些 120～231bp 的序列均是整个基因的部分序列。其中 3 个片段位于前端、5 个位于中部和 1 个位于后端。在单环刺螠近亲 *Urechis caupo* 中也发现（*Hox*3、*EMS* 和 *Gbx2*）。*Hox* 基因是生物体中一类专门调控生物形体的基因，一旦这些基因发生突变，就会使身体的一部分变形。其作用机制，主要是调控与细胞分裂、纺锤体方向，以及硬毛、附肢等部位发育相关的其他基因。*Hox* 基因对系统发育学也具有非常重要的研究价值。

（3）线粒体基因组与系统发育

线粒体基因组功能基因的挖掘主要建立在长 PCR 技术和线粒体基因组内含子极少和较短特点的基础上。Wu 等利用长 PCR 法获得了单环刺螠线粒体基因组 DNA，总长度为 15 761bp（图 7-3），与其他大多数后生动物一样，包含 37 个典型基因（13 个蛋白质编码基因、2 个核糖体 RNA 基因和 22 个转运 RNA 基因），与所有已知的环节动物一样，单环刺螠的所有基因都被编码在同一条链上。基因组在 GenBank 序列接收号：EF656365。

单环刺螠线粒体基因组有 3 个基因块(gene block)，与环节动物具有一样的基因顺序，这 3 个基因块分别是 *trnT*，*nad4L nad4*；*nad1 trn I*；*trnQ*，*nad6*，*cob*，*trnW*，*atp6*，*trnR*，*trnH*，*nad5*，*trnF*。这些相似的基因顺序在一定程度上揭示出单环刺螠和环节动物有着紧密的亲缘关系。除 *cox1* 之外（其启动子是 GTG），所有的蛋白质编码基因的启动子都是 ATG，*cox1*、*cox3*、*atp6*、*atp8*、*nad4*、*nad3*、*nad6*、*nad4l* 这 8 个基因都具有完全的终止子 TAA，*cob*、*nad2* 基因终止子 TAG，剩下的 *cox2*、*nad1*、*nad5* 具有不完全终止子。这种终止子不完全的现象在动物线粒体基因中相当普遍。

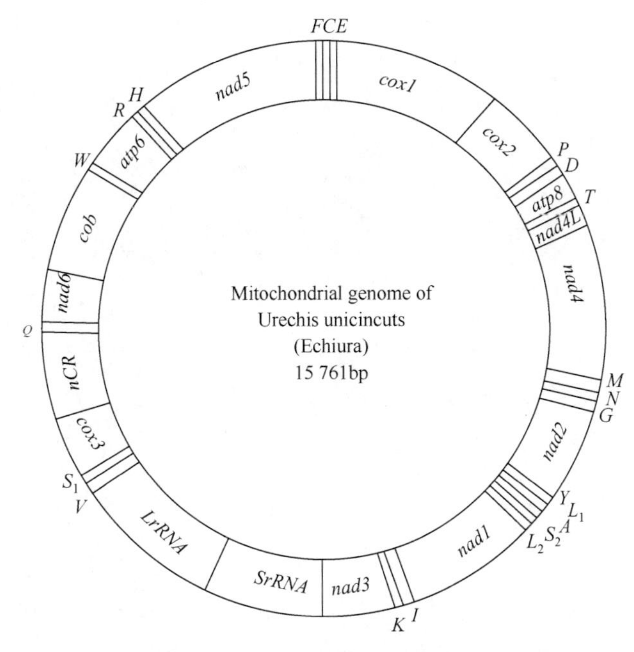

图 7-3　单环刺螠质粒基因组图

所有基因均由相同的链编码；nCR 代表最大的非编码区域；所有基因均由标准术语命名，除了 *tRNA* 基因需要使用数字代表

三、功能基因应用研究

1. 功能基因作为物种分类或形态发育阶段的标志物

目前，螠虫类生物的研究主要依赖于形态解剖学，分子水平检测方法还不太成熟，在氨基酸序列构建的系统进化树中，螠虫动物支、环节动物支、软体动物支和腕足动物支构成了冠轮动物支，与节肢动物支（蜕皮动物）一起构成了后口动物总支。现在越来越多的分子和形态学方面的证据显示螠虫动物应该是环节动物门的一员。例如，在形态学方面的证据主要包括螠虫动物存在刚毛与表皮，同时它们的超级结构与环节动物很相似；螠虫动物存在一个担轮幼虫发育时期；螠虫动物的血管分布位置和超级结构；口前叶与神经系统

的发育机制。从分子证据方面，基于细胞核基因和线粒体基因的系统发生分析，都显示螠虫动物与环节动物有着紧密的亲缘关系。但这些发现还不够系统，亟需利用线粒体基因组信息对螠虫类生物进行分类研究。吴志刚等分析单环刺螠线粒体基因组信息后否定了螠虫动物门的独立地位，应将其归入到环节动物门内；螠虫动物的姐妹群更可能是寡毛纲而非目前普遍接受的多毛纲；多毛纲动物是环节动物的最低等动物这一观点，也再一次在线粒体全基因组水平得到了证实。

单环刺螠个体发育相关功能基因研究与单环刺螠繁育及一些生理机制研究紧密相关。单环刺螠的MAPK虽与减数分裂起始无关，但为减数分裂进程所必需，PKC激活剂可加速受精卵排极和卵裂进程，并使MAPK失活时间提前。可能高活性PKC通过促使MAPK提前失活，使减数分裂进程加快。*Hox*基因是生物体中一类专门调控生物形体的基因，一旦这些基因发生突变，就会使身体的一部分发生变形。总之，发育基因的功能研究对单环刺螠的水产养殖业具有非常重要的意义。其中*vasa*基因在许多动物生殖系细胞中具有特异性表达，可用作生殖细胞的分子标记物，对动物生殖细胞发生和生殖调控等机制进行研究（图7-4）。

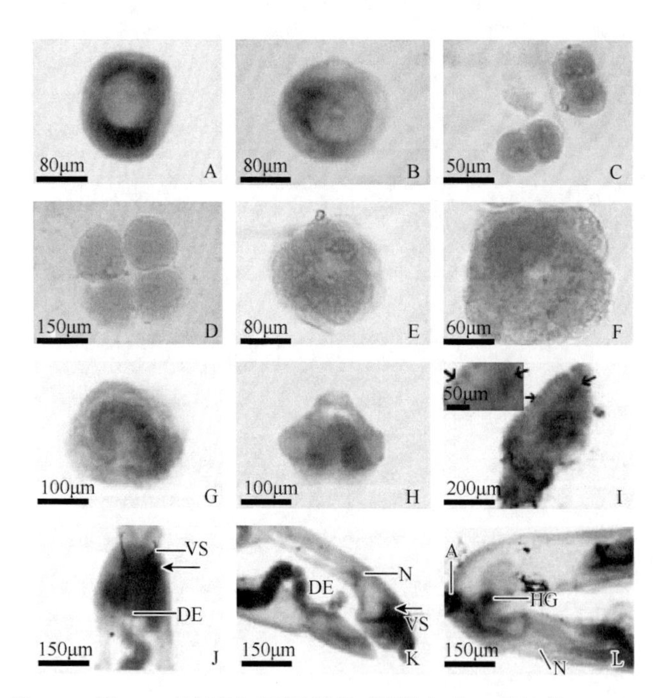

图7-4 用*vasa*基因标记不同发育时期的细胞（林娜等，2012）

在单环刺螠胚胎及幼虫中的表达*Uu-vasa* mRNA阳性信号呈现蓝色。A. 未受精卵；B. 受精卵；C. 2细胞；D. 4细胞；E. 多细胞；F. 早期原肠胚阴性对照；G. 原肠胚；H. 担轮幼虫；I. 体节幼虫；J. 蠕虫状幼虫的头部（腹面观）；K. 蠕虫幼头部（侧面观）；L. 蠕虫幼尾部（侧面观）。VS. 腹刚毛；DE. 食道；N. 腹神经索；A. 肛门；HG. 后肠

2. 重组纤溶酶的开发与利用

目前市场存在的溶栓药物主要是链激酶（streptokinase，SK）、尿激酶（urokinase，UK）、组织纤溶酶激活剂（t-PA）和一些天然组织提取溶栓酶（如蛇毒和蚓激酶）。从一代、二代溶栓治疗药物到现在的三代药均存在许多缺陷（如短效、低靶向性、高抗原性等），

因此对新型溶栓药物的探索从未间断。最近在大量动植物、微生物中均发现具有纤溶酶活性的蛋白酶如蝙蝠、螳螂、蜈蚣、蝎子，蚯蚓等。如今海洋资源的开发利用已经成为研究的热点。在沙蚕体内分离纯化得到纤溶酶活性成分，包括中国渤海湾沙蚕（*Nereis virens*）和日本沙蚕（*Neanthes japonica*）。Kiminori Matsubara 在一种海洋绿藻如交织松藻（*Codium intricatum*）中也分离到了一些具有溶栓能力的蛋白酶。然而得到一种溶栓活性高、稳定性好的纤溶酶仍是众多科研者探索的目标。

中国药典规定溶栓活性测定方法，利用纤维平板溶解实验发现天然分离纯化的纤溶酶具有非常强的纤维蛋白溶解能力。UFEⅢ可能同时具有直接降解血纤蛋白和激活血纤维蛋白溶酶原、Aα-chains N Bβ-chains N γ-chain 的功能。毕庆庆等发现 UFEⅢ具有很好的溶栓活性且没有明显的血细胞溶解活性。动物学实验、大鼠颈部动脉血栓模型试验发现其具有很好的溶栓活性，UFEⅢ能有效延长电诱发颈动脉血栓闭塞的时间。除此之外，UFEⅢ不仅延长了激活兔子和老鼠局部血栓形成时间和凝血酶时间，也减少了纤维蛋白原含量。因此，单环刺螠纤溶酶是一种非常有潜力的新一代溶栓药物。

单环刺螠纤溶酶的开发利用刚刚起步，目前局限在分子克隆和体外表达水平，原核表达系统能表达出目的蛋白质，但表达的融合蛋白和包涵体活性较低。单环刺螠重组纤溶酶是一种高级蛋白质结构，预测分析存在许多的磷酸化等修饰，因此真核系统是一种非常有潜力的表达系统。虽然目前没有相关的文献记载真核系统能够表达出具有纤溶酶活力的重组单环刺螠纤溶酶，但蚯蚓、蛇毒等生物的纤溶酶都已经在真核表达系统中成功表达出活性蛋白质，为下一步研究提供了借鉴。

3. 抗菌功能基因的应用前景

抗菌肽在水产养殖和医药行业都具有广泛的开发和应用价值，抗菌肽具有抗菌活性强、不易引起微生物耐药性等优点，不但可作为替代抗生素的抗病害药物，还可以作为饲料添加剂。目前抗菌肽开发利用还存在分离困难、抗菌活性低等问题，因此，寻找新的抗菌肽和生产方法仍然是今后的研究焦点。

血红蛋白是一种非常具有研究和开发应用价值的抗菌肽源，1999 年，首次报道了血红蛋白具有抗菌活性，目前利用胃蛋白酶水解、化学裂解法和基因工程法等方法已相继从不同的生物体中获得了具有抗菌活性的血红蛋白片段。单环刺螠体腔液含有大量的血红蛋白，是一种血红蛋白类抗菌肽制备的理想材料，目前本节作者所在实验室李华等已经成功地把单环刺螠血红蛋白基因重组到工程菌中表达。在后续陈翔等的研究中通过修饰改造后的单环刺螠血红蛋白基因提高了抗菌活性。琼脂糖弥散平板扩散抑菌法检测表现出非常好的抗菌活性。因此，单环刺螠血红蛋白基因在抗菌肽研究领域具有非常大的研究价值。

4. 功能基因作为环境的检测指标

单环刺螠一个显著的特点就是对硫化物的耐受性，它能够代谢和利用硫化物，因此筛选具有氰化物解毒功能的硫氰酸酶等硫化物代谢基因对环境监测和氰化物中毒解救具有重要意义。

（许瑞安　王庆波　王明席　吴雅清）

第二节 绿 海 龟

一、绿海龟和中华鳖简介

绿海龟（*Chelonia mydas*），爬行纲龟鳖目海龟科海龟属，因其身上的脂肪为绿色而得名。其是海洋中的爬行类动物，是海龟属下的唯一一种。一生中大多的时间都在海中生活，但演化过程中仍然保留了部分祖先的生活方式，所以必须回到陆地上产卵，繁育后代，形成了一种较独特的生活习性。

中华鳖（*Pelodiscus Sinensis*），爬行纲龟鳖目鳖科中华鳖属，是常见的养殖龟种。野生中华鳖在中国、日本、越南北部、韩国、俄罗斯东部都可见。常栖息于沙泥底质的淡水水域，有上岸进行日光浴的习性。肉食性，以鱼、虾、软体动物等为主食，多夜间觅食。中华鳖没有有效的亚种分化，却存在着地理变异。

龟鳖类有着漫长的进化历史，是形态学上最为特化的爬行动物之一，其具有独特的解剖学特征，以及特化的背甲，使其躯体发育进化成为难解的谜团。目前关于龟鳖类的系统分化，多以形态学为基础。通过对中华鳖和绿海龟基因组的研究，将有助于阐明龟鳖类的系统发育及躯体进化的机制。

二、绿海龟和中华鳖基因组的测序及组装

研究人员采用 Illumina 公司生产的 Hiseq2000 测序仪，采用鸟枪法对绿海龟和中华鳖分别进行了全基因组测序（Wang *et al.*，2013），采用 SOAP*de novo* 软件对基因组进行组装（表 7-1）。

表 7-1 中华鳖和绿海龟基因组组装的基本参数

	中华鳖	绿海龟
基因组大小	2.21Gb	2.24Gb
测序深度	105.6×	82.3×
scaffold N50	3.33Mb	3.78Mb
GC 含量	44.4%	43.5%
基因数目	19 327 个	19 633 个

三、结果与分析

研究人员采用 1113 个直系同源单拷贝基因构建了 12 个物种的系统发育树，认为龟鳖类很可能是鳄类和鸟类共同祖先的姐妹群（图 7-5）。并根据分子钟及化石证据推测，龟鳖类大概在 2.679 亿～2.483 亿年前从初龙类中分化出来。而这个时期正是从晚二叠纪向三叠纪过渡阶段，也就是说龟鳖分化的时间可能紧随二叠纪末的大灭绝事件或与之重合，由此便形成一种推测，龟鳖类的出现是否和当时海洋动物的灭绝有关。

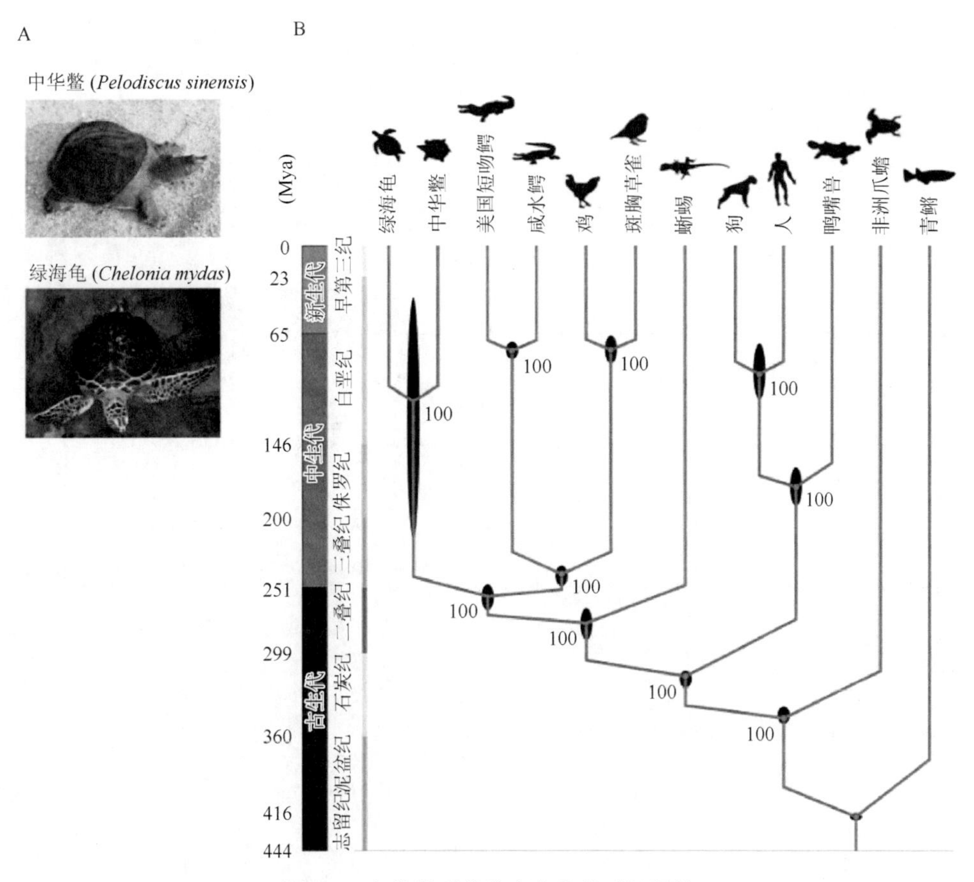

图 7-5　龟类的系统发育和分歧时间预估

A. 中华鳖（*P. sinensis*）和绿海龟（*C. mydas*）的照片；B. 通过对 12 种脊椎动物的 1113 个单拷贝编码基因分析，确定了这 12 个物种的系统发育树和分歧时间。该拓扑结构获得了 1000 次重复实验 100%的支持，节点上的黑色椭圆表示分歧时间的浮动范围，节点圆圈表示有化石记录支持的分歧时间。Mya 表示百万年前

为了能够解释龟类系统发育的地位和特殊的形态特征，研究人员对绿海龟和中华鳖的基因进行了分析。发现中华鳖和绿海龟的嗅觉受体（olfactory receptor，OR）基因家族在基因组中高度扩张（图 7-6），尤其是中华鳖包括了 1137 个完整的嗅觉受体基因，数量远超了其他大多数的哺乳动物。而嗅觉 I 型受体基因中的 α 亚型基因具有很强的亲水性（图 7-6A）。详细分析了两个物种的基因组序列，进一步验证了 α 嗅觉受体基因的扩张是在两种龟分化后产生的（图 7-6B）。根据嗅觉受体基因在基因组上的分布推测这种扩张最有可能由基因的复制形成（图 7-6C、D）。过去对哺乳动物的研究表明脊椎动物会通过丢失一些嗅觉受体基因适应水生环境从而扩展自己的生态位，而此次发现龟鳖嗅觉受体的扩张，可能与绿海龟和中华鳖对水生环境适应机制相关。此外，研究人员还发现，龟鳖许多味觉感知相关的基因都发生了丢失，调控饥饿刺激和调节激素的胃促生长素基因也发生了丢失，这可能与龟鳖低代谢的生活方式相关。进一步的研究发现，中华鳖和绿海龟丢失了许多与正常发育相关的直系同源基因。龟鳖类在系统进化过程中有许多的改变，包括形态特征，这些改变可能与上述基因的丢失或扩张有关。

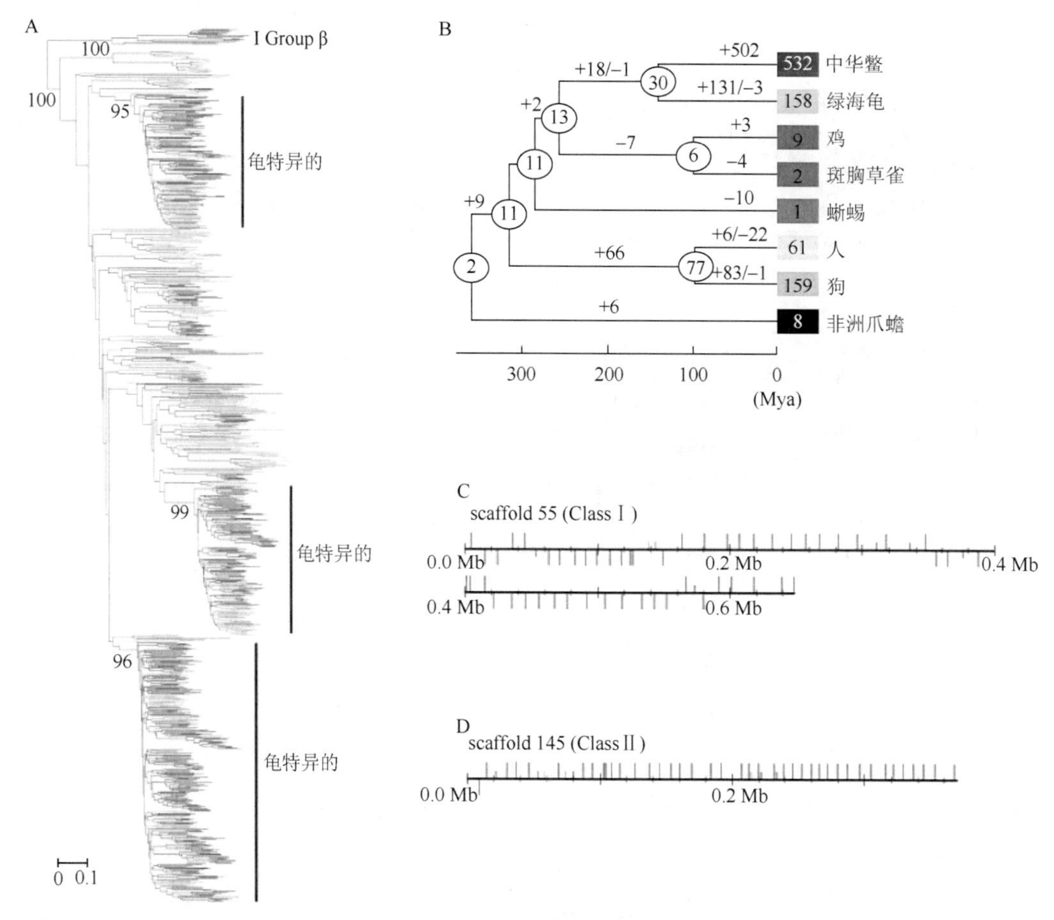

图 7-6　龟嗅觉受体基因的扩张

A. 以嗅觉受体 β 为外群，构建的脊椎动物嗅觉受体 α 的系统发育树，选取的 8 种脊椎动物为绿海龟、中华鳖、鸡、斑胸草雀、蜥蜴、人、狗和非洲爪蟾。树枝上数值显示拓扑结构的支持率（500 次重复）。标准尺度代表氨基酸替换率。B. α 嗅觉受体基因在四足动物的进化中的扩张。方框中数字显示每个物种当前的 α 嗅觉受体基因的数量。每个节点上椭圆内数字表示的是该祖先物种中 α 嗅觉受体基因的数量，分支上分别用+–符号显示其增加或者丢失的基因数量。该拓扑结构的分化时间参考的是 TimeTree 的中间值。值得注意的是绝大部分 α 嗅觉受体基因的扩张是在两种龟分化后独立产生的。A、B 图中相同的物种使用同一种颜色。C、D. 中华鳖基因组的 scaffold 55 和 scaffold 145 上的嗅觉受体的基因簇示意图。灰色的垂直条带代表Ⅰ类嗅觉受体基因（C）和Ⅱ类嗅觉受体基因（D）。条带处在水平线上下方分别表示处在 scaffold 的正链或者负链。长条带表示完整的嗅觉受体的基因，短条带表示假基因或者不完整的基因片段

研究人员对基因组进行注释得到基因集，对中华鳖胚胎发生基因调控的变化进行了研究。现有研究发现在一些模式动物胚胎发生中会呈现出沙漏模型，即各种分类群在胚胎早期阶段开始出现不同，到胚胎发生中期趋于类似的形状，最后到后期再次呈现出差异。但这种沙漏模型迄今为止还没有在非模式动物中观察到。在本研究中，研究人员借助于 RNA-seq 技术和以前用贝叶斯统计建立的模型，对中华鳖-鸡的整个胚胎发育的基因表达谱进行比较（图 7-7A），发现鳖-鸡胚胎发生也存在沙漏模型，其保守性最强大的时期在脊椎动物种系特征发育阶段，而非更晚一些的羊膜动物普遍模式发育时期。这就表明保守时期的改变依赖于两个比较物种之间关系的远近，这与嵌套的沙漏模型具有相似的观点（图 7-7B）。对中华鳖和鸡的基因表达谱的多对多比较展示，相似度最高点发生在中华鳖的 Tokita-Kuratani11（TK11）胚胎阶段和鸡的 HH16 胚胎阶段（图 7-7C）。中华鳖 TK11

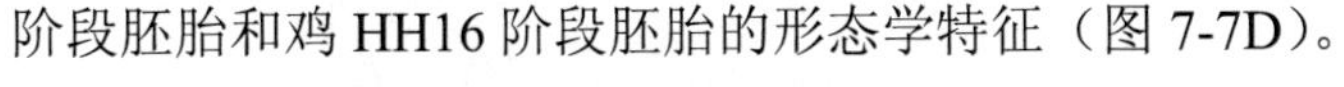

阶段胚胎和鸡 HH16 阶段胚胎的形态学特征（图 7-7D）。

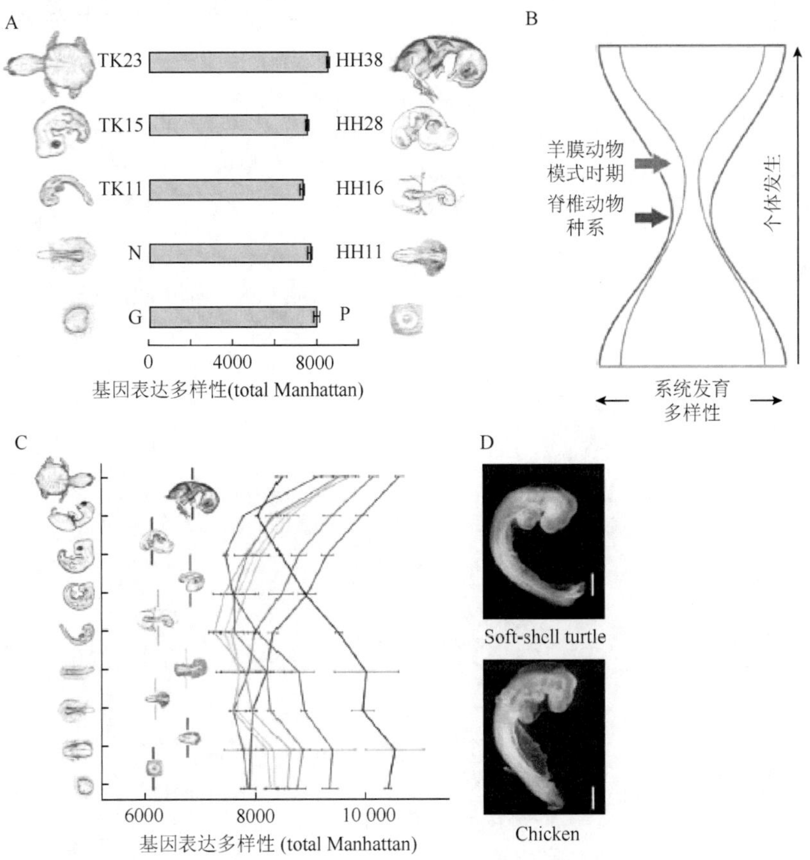

图 7-7　中华鳖和鸡胚胎发育的基因表达谱存在沙漏模型，并在发育中期（种系特征性发育阶段）显示出最大的保守

A. 鸡与中华鳖在胚胎期的 11 602 个同源基因的表达谱差异分析（深度归一化后的结果）。Tk. Tokita Kuratani 阶段；HH. Hamburger Hamilton 阶段；P. 原条；N. 神经胚；G. 原肠胚。B. 假想模式（嵌套沙漏），个体发育和物种发育均呈现沙漏的形状。该模型显示物种之间的远近程度决定了模型中最保守时期的差异程度。脊椎动物之间的比较及羊膜动物的比较分别用箭头标注，可看出羊膜动物的最保守时期要滞后于脊柱动物的最保守时期。C. 对中华鳖和鸡的基因表达谱的多对多比较展示，相似度最高点发生在中华鳖的 TK11 胚胎阶段和鸡的 HH16 胚胎阶段。HH16 阶段是之前研究被确定为脊椎动物的种系特征性发育阶段，这点与 B 图中模型并不一致。D. 中华鳖 TK11 阶段胚胎和鸡 HH16 阶段胚胎的形态学外貌，这两个时期具有最高的基因表达谱相似性。标准尺度：1mm

在脊椎动物种系特征发生时期鳖和鸡具有共同的胚胎发育调节基因（图 7-8A），但是在 TK11（在脊椎动物种系特征发生时期）之后，研究人员发现 233 个与龟特异特征相关的基因表达量增加（图 7-8B）。此外，通过 GO（gene ontology）分析鉴定了许多与骨化和细胞外基质调节的相关基因，它们大量分布于龟壳和折叠的体壁中（图 7-8C）。在鳖胚胎脊椎动物种系特征发生时期后，会形成一个新的结构——背甲脊，这个结构在后期会发育成肋骨。研究人员采用 RNA-seq 分析了中华鳖胚胎的 3 个组织附肢、体壁、背甲脊（图 7-8D），在这 3 个组织中发现了大量特殊的 miRNA，在背甲脊组织中发现了 212 个，包括 Wnt 信号，而研究发现，Wnt 家族基因在 TK14 时期表达，但是只有 *Wnt5a* 在中华鳖背甲脊中表达（图 7-9A），这支持了在形成中华鳖特异性新特征的过程中，肢体相关的 Wnt 信号可能发生了共选择，这为中华鳖背甲的形成研究提供了线索。

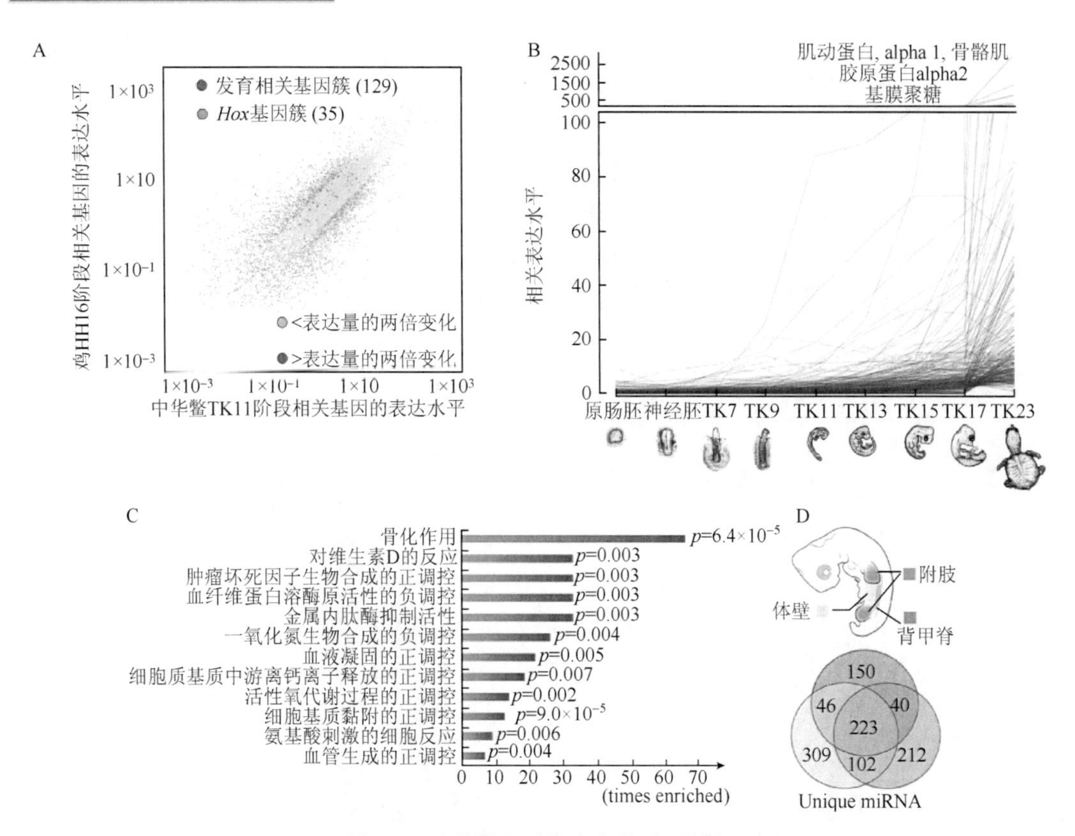

图 7-8 中华鳖胚胎发育期的分子特征

A. 种系特征性发育阶段中华鳖和鸡的发育相关的基因的表达模式；B. 种系特征性发育阶段后，表达水平显著增长的基因（*IAP* 基因），每条曲线代表了该基因在两个生物学重复下的平均表达量，TK23 阶段表达水平最高的前三名基因名称上方已列出，一共检测出 233 个中华鳖的 *IAP* 基因；C. 233 个中华鳖的 *IAP* 基因的 GO 富集结果，其中 *P* 值通过费希尔精确检验方法计算获得；D. 种系特征性发育阶段后的胚胎中，大量的组织特异性 miRNA 被确定（在背甲脊中）

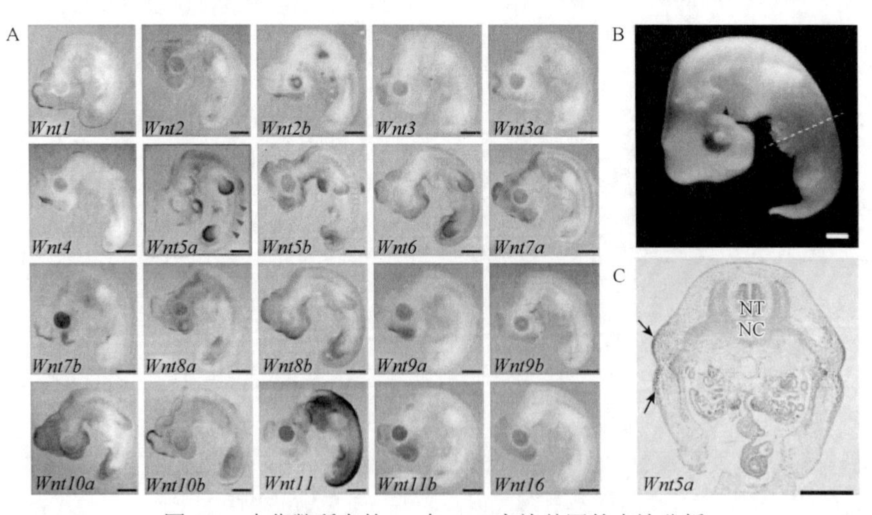

图 7-9 中华鳖所有的 20 个 Wnt 家族基因的表达分析

A. 对 Wnt 家族进行全胚原位杂交（ISH）。结果显示 *Wnt5a* 在龟壳区域是特异表达的（灰色箭头指示），而其他的基因表达模式均和前人的小鼠与鸡的实验相似，标准尺度为 0.5mm；B. 中华鳖胚胎 TK14 时期的示意图；C. 在 6μm 的石蜡切片上进行 ISH 实验，同样确定了 *Wnt5a* 在龟壳区域的特异表达，石蜡切片的位置是 B 图中的虚线部分，箭头指向龟壳区域；NT. 神经管（neural tube）；NC. 脊索（notochord），标准尺度为 0.5mm

四、总结

龟鳖嗅觉受体家族OR在基因组中高度扩张，这可能与其水生生活是相适应的。其胚胎经历保守的脊椎动物种系特征发生时期后，开始形成龟鳖特异的形态特征，包括全新的结构特征背甲脊，背甲脊在龟鳖胚胎发育后期形成肋骨，继而再通过复杂的分化、折叠等，形成其特殊的背甲结构。总的来说，也就是龟鳖类先形成古老的脊椎动物躯体模式，然后再形成其特异的新特征。

（黄智勇　张新辉）

第三节　小　须　鲸

一、物种简介

小须鲸是属于鲸目须鲸亚目，主要分布于太平洋、大西洋的一种海洋哺乳动物。由于生存面临严重威胁，已被列入国际红皮书，属国际濒危动物。由于最早的生命被证实出现在海洋，很多科学家一直致力于解释生物是如何完成从海洋登陆陆地，如何演化为陆生生物。然而，鲸类的进化却反其道而行之，由陆生向水生演化，与陆生偶蹄动物如牛、猪等拥有一个共同的祖先——一种现已灭绝的类似鹿的半水生哺乳动物Indohyus。在大约5400万年前，Indohyus进化为两个分支：一支渐渐习惯了水生生活最终进化成今天的鲸，而另一支则坚持陆地生活，成为陆生偶蹄类哺乳动物。因此，对于小须鲸的研究有助于人们了解鲸类是如何适应深海缺氧、高压强、高盐及完全水生的生活环境，同时依然维持与陆地哺乳动物相同的生理特征如肺呼吸。

二、基因组工作

本研究的策略分为：①*de novo* 测序——利用从一只雄性小须鲸肌肉中提取的DNA进行高深度全基因组从头测序；②重测序——材料分别来自三只小须鲸、一只长须鲸，一只宽吻海豚和一只江豚。经过转录组数据的验证，小须鲸的基因组中总共被鉴定出20 605个编码基因及2598个非编码RNA。通过比较分析发现，小须鲸、宽吻海豚、猪和牛共有9848个直系同源基因家族，其中小须鲸的特异基因家族数为494个（图7-10）。

值得一提的是，小须鲸所含有的嗅觉、视紫红质类G蛋白偶联型受体和哺乳动物的味觉受体这些家族远远少于牛和猪。同时，与非鲸类哺乳动物相比，鲸类中有特异突变位点氨基酸的基因总数为4773，其中695个基因上发现了功能性的氨基酸突变，小须鲸中有特异突变氨基酸的基因数为574。同时，科研人员也利用PSMC方法在小须鲸的群体历史演化进程中预测出一个明显的瓶颈效应。小须鲸和江豚的基因组数据表明，它们的群体在晚更新世期间（130 000～12 000 年前）没有显著地增加，但是鳍鲸和宽吻海豚却有显著地增加（图 7-11）。

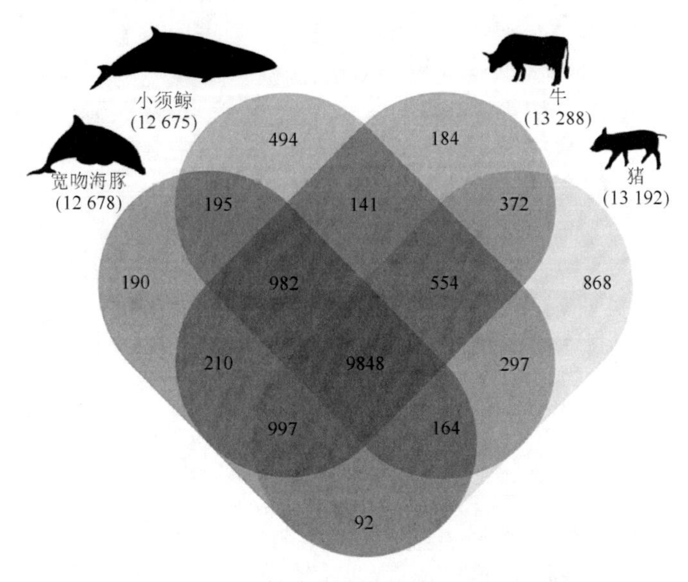

图 7-10　4 种偶蹄目动物直系同源基因聚类

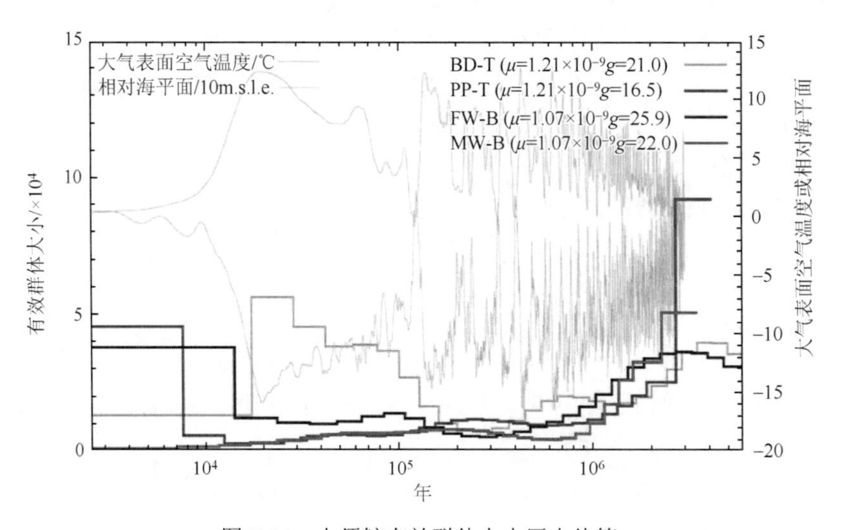

图 7-11　小须鲸有效群体大小历史估算

10m.s.l.e.. 10m 海平面等效值（sea level equivalent）；MW. 小须鲸；FW. 鳍鲸；BD. 宽吻海豚；PP. 江豚；g. 时代时间；μ. 突变率（每个位点，每年）

由深圳华大基因、韩国海洋科学技术研究所等单位所组成的尖端科研团队成功破译了小须鲸的全基因组图谱，并基于此深入研究分析了鲸类独特生理习性相关的基因及遗传学机制，最新研究成果已于（*Nature Genetics*）杂志上发表，标题为“Minke whale genome and aquatic adaptation in cetaceans”（Yim *et al.*，2013）。

三、重要功能基因

研究人员从鲸类的独特生物学性状和环境适宜性方面下手，对相关重点基因进行了研究。研究表明，鲸类中一些与抗压相关的基因家族，如过氧化物酶基因家族（PRDX），呈现出显著的扩张。过氧化物酶在清除过氧化物及新陈代谢相关的氧化还原过程中起着重要作用。*PRDX1* 基因在小须鲸、宽吻海豚中发生了不同程度的扩增，另外 *PRDX1* 同源基因在长须鲸和江豚中也发生了扩增。*PRDX3* 基因在两类须鲸中都发生了扩增，而 *PRDX4* 基因在小须鲸和宽吻海豚中发生了正向选择。

由于鲸类不同于鱼类，它们依然使用肺部进行呼吸，那么它们的各项生理机能是如何适应深海环境如缺氧这一现象呢？针对这一问题，科研人员进行了深入分析。首先，先前的研究已经证实蛋白质 O-GlcNAc 糖基化可增强细胞的抗缺氧和渗透压的能力。针对鲸类基因组中编码蛋白质 O-GlcNAc 转移酶（OGT）的基因的研究表明，其在鲸类中发生了不同程度的扩增，其中宽吻海豚中有 11 个拷贝，小须鲸中有 3 个拷贝。另外，由于鲸类处于深度潜水状态时，机体内残余的活性氧需要及时进行处理，如谷胱甘肽就是很好的处理媒介。通过对谷胱甘肽代谢通路中相关基因的研究表明，*GPX2*、*ODC1*、*GSR*、*GGT6*、*GGT7*、*GCLC* 和 *ANPEP* 等与谷胱甘肽代谢相关的基因都发生了特异性的氨基酸突变（图 7-12A），这些突变或可使鲸类具有强大的谷胱甘肽代谢能力。其次，一种抗氧化蛋白——结合珠蛋白，可以通过与游离的血浆血红蛋白结合从而防止铁通过肾脏损失，同时也可以保护肾脏免受活性氧的损害。在鲸类中，编码结合珠蛋白的基因具有 10 个特异性的氨基酸突变，这些突变可以增强结合珠蛋白和血红蛋白的结合作用（图 7-12B）。

和其他一些处于缺氧环境下的哺乳动物一样，鲸类中乳酸脱氢酶（LDH）的基因及其同源基因 *LDHA* 的功能都相应地增强。这些基因有助于丙酮酸和乳酸的转化和转移，从而维持其在深潜时的各项生理机能正常运作。尽管鲸类的水分大部分来自消化食物、体内脂肪时产生的代谢水，它们依然会利用肾素-血管紧张素-醛固酮系统来直接摄取海水。这个系统主要是系统调节血压和水反应的钠平衡，在鲸类中也是发现了特异性的氨基酸突变。

A

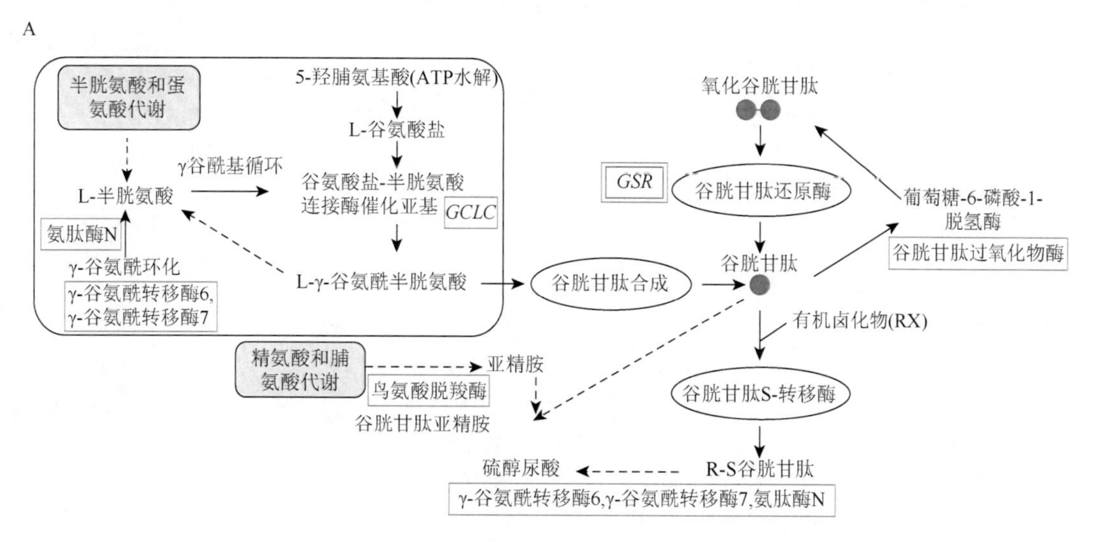

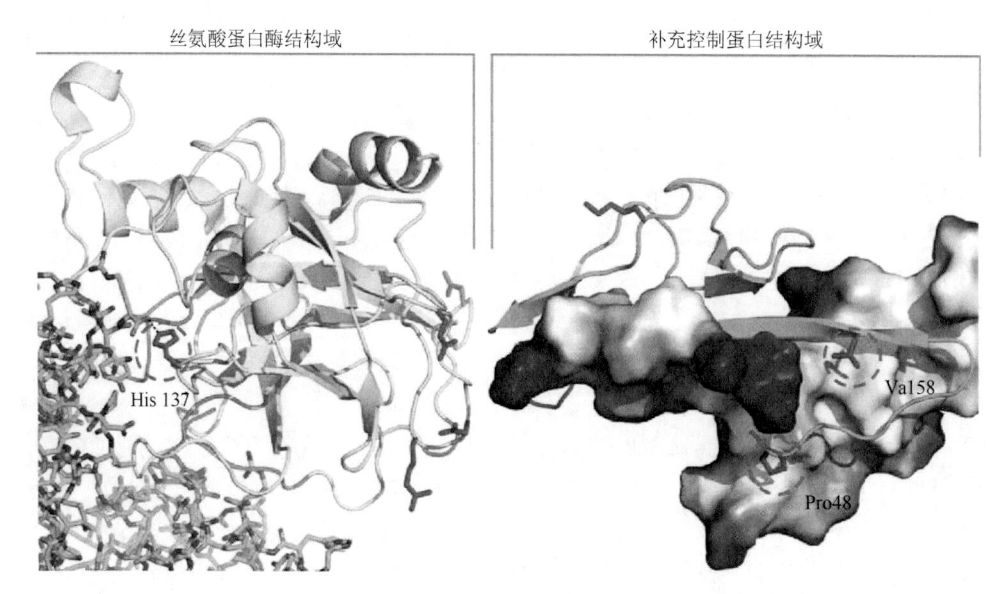

图 7-12 在谷胱甘肽代谢通路和结合珠蛋白中鲸类特意的氨基酸突变

A. 7 个在谷胱甘肽代谢通路中具有氨基酸突变的基因，其中 GSR 基因为在宽吻海豚中同样受到正选择，方框所示基因为特异性的在鲸类中表现出氨基酸位点突变；B. 虚线圈所示为在结合珠蛋白-血红蛋白复合体中特异性的氨基酸突变位点

除了这些代谢调节方面的变化，形态学方面也有一些基因使得鲸类更加适应深海生活。小须鲸，顾名思义，其具有的是须而不是坚硬的牙齿。研究人员发现，须鲸中与牙釉质形成和生物矿化相关的基因 *MMP20*、*MMP* 和 *AMEL* 有关，由于存在提前终止密码子导致这些基因变成了假基因。与毛发形成相关的角蛋白基因家族发生了显著收缩，而与水生生活相适应的一些 Hox 家族在进化的过程中受到了正向选择。

（冯少鸿）

主要参考文献

李华，2009. 全新的单环刺螠血红蛋白的纯化、基因克隆与生物信息学分析. 厦门：华侨大学硕士学位论文.

林娜，霍继革，王航宁，等. 2012. 单环刺螠 *vasa* 基因的早期发育表达图式. 水产学报，36（1）：32-40.

Bordo D，Deriu D，Colnaghi R，*et al*. 2000. The crystal structure of a sulfurtransferase from azotobacter vinelandii highlights the evolutionary relationship between the rhodanese and phosphatase enzyme families. Journal of Molecular Biology，298（4）：691-704.

Goto R，Okamoto T，Ishikawa H，*et al*. 2013. Molecular phylogeny of echiuran worms （Phylum：Annelida）reveals evolutionary pattern of feeding mode and sexual dimorphism. PloS One，8（2）：e56809.

Ikeda T，Minakata H，Nomoto K，*et al*. 1993. Two novel tachykinin-related neuropeptides in the echiuroid worm，*Urechis unicinctus*. Biochemical and Biophysical Research Communications，192（1）：1-6.

Wang Z，Pascual-Anaya J，Zadissa A，*et al*. 2013. The draft genomes of soft-shell turtle and green sea turtle yield insights into the development and evolution of the turtle-specific body plan. Nature Genetics，45（6）：701-706.

Yim HS，Cho YS，Guang X，*et al*. 2013. Minke whale genome and aquatic adaptation in cetaceans. Nature Genetics，46（1）：88-92.

第八章

海洋生物基因资源共享及数据库建设

第一节　海洋生物基因资源共享办法

一、总则

第 1 条　海洋生物基因资源是海洋生物资源的重要组成部分。近年来，随着测序技术的不断发展，高通量和低成本使得海洋生物基因组测序、转录组测序等相关项目日益增加，国内一些重要海洋生物物种的基因组测序项目正在进行、部分接近甚至业已完成，产生了海量的基因数据资源。然而，由于缺乏有效的交流共享机制及与之相适应的权益保护原则，海洋生物基因资源得不到充分的开发利用，成为制约相关研发工作高效开展的瓶颈。为使海洋生物基因资源发挥最大效能，加快我国海洋生物技术的发展，建立科学、规范的海洋生物基因资源共享机制，特订立本办法。

第 2 条　本办法的适用范围为 863 计划海洋技术领域支持的课题及子课题。

第 3 条　本办法中提到的海洋生物基因资源是指来自各种海洋动植物和微生物的基因或基因组数据，具有一定科学意义，可直接或间接应用于各种科学研究，具有实际或潜在应用价值的核苷酸序列以及推导出的氨基酸序列，包括具有编码功能、结构功能和调节功能的核糖核酸和脱氧核糖核酸序列及其氨基酸序列。

二、共享海洋生物基因数据资源的保存原则及方式

第 4 条　在 863 计划海洋技术领域支持下获得的海洋生物基因资源属于国家所有，委托发现/发明人所在单位进行管理。

第 5 条　承担 863 计划项目的单位应按照国际相关数据库的规范搭建海洋生物基因资源数据库，其数据库的相关参数应与承担课题的考核指标对应，数据库的访问权限应该在本方法的指导下对 863 计划海洋技术领域办公室和项目内部成员开放。

第 6 条　暂时不具备海洋生物基因资源保存和管理的研究单位，由 863 计划海洋技术领域办公室指定国家认可的海洋生物基因资源共享平台进行保存，并申请、取得保存号。所有在 863 计划海洋技术领域支持下获得的海洋生物基因信息，都应及时提交基因（组）数据。

第 7 条　863 计划海洋技术领域课题验收时，凡是有海洋生物基因开发任务的，均需出具保存号，方可认定；利用海洋生物功能基因开展研发工作的，需要注明基因信息来源，

加注基因保存号。

第 8 条　资源持有方在向海洋生物基因资源共享平台提交基因数据时，可以选择公开、有限公开和非公开的方式进行保存。根据需要，申请人也可以申请将基因信息延缓（6个月）公开。

第 9 条　在提交海洋生物基因信息时，应注意知识产权的保护；有应用价值的海洋生物功能基因信息，应在提交保存的同时，申请专利保护。

三、海洋生物基因资源共享原则及方式

第 10 条　海洋生物基因资源共享遵循国家所有权原则、事先知情同意原则、无害化原则、惠益分享原则等资源共享的基本原则，既保证海洋生物基因资源的充分共享利用，又规范共享行为、保障各共享主体的权益、遵守国家有关生物安全管理的规定。

第 11 条　除涉及国家机密的数据外，各单位在 863 计划项目支持下获得的海洋生物基因资源的相关信息，均应通过网络公开以实现共享。

第 12 条　海洋生物基因资源按照公益性共享、合作研究共享、知识产权交易性共享、资源交易性共享、行政许可性共享等五种方式实施共享。在 863 计划支持下获得的海洋生物基因资源，其持有方如无正当理由，不得拒绝公益性共享、合作研究共享和行政许可性共享。

第 13 条　（1）公益性共享：使用方获取资源用于非盈利性的科技基础研究、应用研究、教育及科普活动等公益事业的共享。

第 14 条　凡已经公开发表论文且不涉及知识产权保护的海洋生物基因信息，或经持有方同意提供的任何基因信息，均应公开以进行公益性共享。

第 15 条　（2）合作研究共享：持有方和使用方为了充分发挥各自在资源、人才、技术、设备、研究基础、经费等方面的优势，设立研究项目，共同研究和开发具有科研价值的海洋生物基因资源，共同享有所产生的知识产权以及相关效益。合作形式和成果的分配方式由资源持有方和使用方协商。

第 16 条　（3）知识产权交易性共享：使用方通过合理的支付方式取得固化在特定资源上全部或部分科研成果、技术资料等的共享行为，称为知识产权性交易共享。支付方式由知识产权持有方和使用方协商确定。

第 17 条　（4）资源交易性共享：使用方通过合理的支付方式从持有方获得目标资源的全部或部分所有权的共享行为，称为资源交易性共享。支付方式由资源持有方和使用方协商确定。

第 18 条　（5）行政许可性共享：根据国家宏观管理、资源保护和公共安全保障的需要，国家行政机关在其法定的权力和职能范围内，以行政命令的方式许可特定资源参与特定领域共享，使用方须向国家有关部门申请行政许可证，并获得授权后方可取得列入行政许可范围内资源的共享行为，称为行政许可性共享。由国家 863 计划海洋领域办公室认定并确定共享方式。

四、海洋生物基因资源保存及共享各方责权

第 19 条　资源持有方在将海洋生物基因资源提交国家认可的海洋生物基因资源共享平台保存时，有权选择所提供资源的保存方式，但所提交的数据必须采用统一的格式，并且应至少有一定比例（不少于 30%）属于公开保存。

第 20 条　基因资源保存平台（单位）有保护基因资源不被进行除研究之外使用的义务。

第 21 条　资源持有方对所提交资源的专利权等所有知识产权，不因资源的提交保存而发生任何转移。

第 22 条　提供资源的研究人员对自己保存的资源享有优先使用的权利，对共享平台中由他人提交的同类资源享有对等的免费使用的权利。

第 23 条　使用方应充分尊重资源持有方的劳动成果和知识产权，严格在约定范围内使用资源。

第 24 条　使用方利用共享平台保存的资源进行公益性共享时，需在成果中明确注明资源出处，否则持有方享有向海洋生物基因资源管理专家委员会投诉或追究责任的权利。

第 25 条　未经资源持有方同意，使用方不得将获得的基因资源转赠第三方。

第 26 条　使用方获得海洋生物基因资源用于科学研究，但在规定时间内（原则上不超过一年）未开展工作的，将自动丧失使用权限。如需使用，必须重新申请。

五、管理机构及职能

第 27 条　863 计划海洋技术领域办公室成立海洋生物基因资源管理专家委员会，负责资源的管理政策、运行调节和投诉处理。管理委员会向 863 计划海洋技术领域办公室和主题专家组负责。

第 28 条　鼓励其他渠道支持下获得的海洋生物基因资源参照本办法实施共享。

第 29 条　对于违反本管理办法的单位和个人，将按照 863 计划有关管理办法，视情节严重程度，给予不良信用记录登记、领域内通报批评、课题不通过验收、取消申报和承担 863 计划海洋技术领域课题资格等形式的处罚。

第 30 条　本办法解释权归 863 计划海洋技术领域办公室，自发布之日起开始试行。

863 计划海洋技术领域办公室
二〇一三年三月

第二节　千种鱼类转录组计划

鱼类是所有脊椎动物中种类最多的群体，据估计，全球鱼类总数约为 3.2 万余种，物种数目超过脊椎动物总数的一半以上。鱼类的种类多样性、行为多样性、生理多样性及遗传多样性是鱼类对环境的适应和亿万年长期进化的结果，是自然界生物多样性的一个重要

组成部分。鱼类不仅是人类生活中重要的蛋白质来源，也是许多生物药剂、营养品的主要活性成分，具有极大的药用价值和营养价值。

近年来，随着新一代测序技术的快速发展，高通量测序得到了越来越广泛的应用，它能一次完成对几十万到几百万条 DNA 的序列测定，为基因的结构、功能和表达调控等生物学研究提供大量数据信息，使生物学研究进入了基因组时代。但与其他的生物类群相比，鱼类基因组测序的研究严重滞后，截至 2014 年 1 月，已发表的动、植物基因组有 200 余种，其中仅有 16 种鱼类的基因组被公开报道。

现今转录组测序技术和生物信息分析技术的飞速发展，使得大规模的转录组测序项目成为可能。转录组测序的研究对象为特定细胞在某一功能状态下所能转录出来的所有 RNA 的总和，包括 mRNA 和非编码 RNA。和基因组测序相比，转录组测序不仅减少了测序时间，降低了测序成本，而且可比较不同功能状态下基因表达的变化，能够鉴定稀有转录本和正常转录本，检测基因可变剪切造成在不同转录本表达，极大地促进了人们对基因结构、功能和调控的认识。

然而，已测序并发表的鱼类转录组数据仍然极具缺乏，截至 2014 年 3 月，NCBI 公共数据库中，仅有 128 种鱼类转录组数据，主要集中在硬骨鱼类的鳉形目（Cyprinodontiformes）、鲈形目（Perciformes）和鲤形目（Cypriniformes）三个目，每个目分别有 33 个、31 个和 15 个鱼类转录组信息。鱼类组学数据的缺乏，使得大规模的鱼类转录组数据库建设显得尤其必要且迫切。

2013 年 11 月 19 日，千种鱼类转录组计划（1000 Fish Transcriptome，Fish-T1K）正式启动，该项目依托国家基因库（China National Genebank，http://www.cngb.org/）的资源收集和高质量样本存储能力，计划完成 1000 种鱼类转录组的测序和组装、数据分析及数据挖掘，建立一个前所未有的大规模的鱼类转录组数据库，助力科研人员开发出新的分析技术及策略，解密鱼类的起源、进化、生殖、发育、性别调控和免疫等问题，以更好地应对鱼类育种、疾病防控、海洋食品安全和生物多样性保护等带来的诸多挑战。

相对于其他鱼类转录组研究，Fish-T1K 具有规模大、综合性强、学科交叉广的特点，在全球范围内尚属首例。在华大基因研究院的高通量测序和生物信息分析技术的支持下，该项目产出的所有组学数据将会与凭证样本的元数据相链接，并保存在国家基因库的云存储中心，通过国家基因库进行公开，以保证科学家可以实时掌握鱼类研究动态。

为保证生物样本及转录组数据的高质量，确保样本库和数据库的规范化管理，Fish-T1K 项目围绕样本收集运输及保存、样本管理、样本库建设、数据库建设、数据共享等各方面内容，建立了一系列的标准规范及操作准则。此外，研究人员也致力于新的生物信息学软件和分析技术的开发，进一步推进转录组测序及数据分析的发展与应用。

依据 Guillermo Ortí 教授建立的新的鱼类分类系统（Betancur *et al.*，2013.），目前鱼类共包含 71 个目，398 个科。截至 2014 年 11 月，Fish-T1K 项目规范收集并保存的生物样本多达 7000 多份，已涵盖鱼类的 44 个目（占 61.97%），分别隶属于 109 个科（占 27.38%）（图 8-1）。已完成转录组测序的鱼类有 37 种，涵盖 17 个目，隶属于 26 个科。随着项目的不断进行，这些数据也将不断增加。

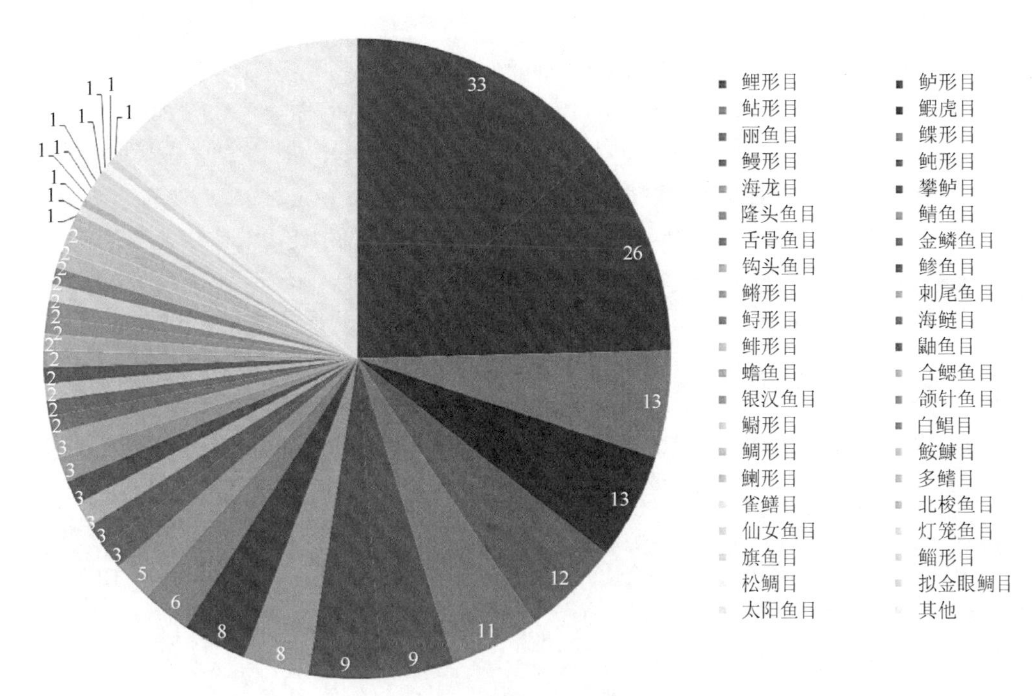

图 8-1　Fish-T1K 项目已收集样本分布图（截至 2014 年 11 月）

目前，该项目已建立了由国家基因库、深圳华大基因研究院、美国乔治华盛顿大学、新加坡分子与细胞生物学研究所、美国国家自然历史博物馆、加拿大圭尔夫大学、中国水产科学研究院黄海水产研究所、昆明动物研究所、南海海洋研究所、中山大学等 21 家海内外知名科研机构及单位组成的国际一流的科研团队，吸引了 33 位学者的广泛参与和积极合作，涉及鱼类学、分类学、分子生物学、细胞生物学、基因组学、进化生物学、计算生物学、系统生物学等多个领域，为 Fish-T1K 项目的顺利运营保驾护航。

2014 年 5 月，Fish-T1K 的官方网站 http://www.fisht1k.org 已全面上线，站上提供该项目的详细介绍及最新进展。

（孙　颖　黎小锋　黄　玉）

第三节　国际水生哺乳动物基因组计划

2014 年春，华大基因正式启动国际水生哺乳动物基因组计划。该项目由深圳华大基因研究院、深圳国家基因库和深圳华大基因科技服务有限公司联合推出，旨在与全球合作者共同促进水生哺乳动物的基因组测序、基因资源研究和物种保护。

全球水生哺乳动物共计 144 种，隶属于 6 目 23 科 71 属。其中最多的物种分布在鲸目（Cetacea），有 14 科 40 属 85 种，华大基因已完成全基因组测序的有宽吻海豚、小须鲸（Nature，2014，46：88-92）、白鳍豚（Nature Communication，2013，4：2708）及正在合作的中华白海豚、江豚等都属于这个大类群。食肉目（Carnivora）是第二大类群，有 4 科 25 属 48 种，常见的海狗、海狮、海豹、海象、水獭等都在这个目下，其中深圳华大基因研究院领衔研究的北极熊基因组以封面文章发表在 *Cell* 上（2014，157：785-794）。海牛目（Sirenia）有 2 科 2 属共 4 种，为水生哺乳动物中唯一食草的类群，其中海牛科海牛属有 3 种，美国 U.S. Geological Survey 与 Broad Institute 已合作完成西印度海牛（*Trichechus manatus*）的全基因组测序，详细信息见网址 http://www.ncbi.nlm.nih.gov/genome/10467；华大基因即将与澳大利亚昆士兰大学合作，启动儒艮的全基因组测序工作。偶蹄目（Artiodactyla）也只有 4 种（1 科 2 属），动物园里常见的河马就属于这个类群。单孔目（Monotremata）只有 1 科 1 属 1 种，即举世闻名的鸭嘴兽（Pompa *et al.*，2011）。

绝大多数水生哺乳动物生活在海洋中，因此通常也被称作海洋哺乳动物，甚至简单地被称为海兽。它们形体各异，与陆生哺乳动物相去甚远，但也有着陆生哺乳动物共有的基本特征，即胎生、哺乳、体温恒定等。水生哺乳动物与陆生哺乳动物同源，但多数处于濒危的困境。在野外已多年找不到白鳍豚的踪迹，故被列为功能性灭绝物种。目前江豚、中华白海豚等也正处于同样尴尬的发展趋势。在呼吁保护野生种质资源的同时，亟待人们开展基因组测序来保存有关的珍稀基因资源。

（石　琼　陈洁明　白　洁　孙　颖）

第四节　深圳国家基因库的数据库建设与应用

一、简介

1. 国家基因库概述

（1）背景

随着测序技术的不断发展及测序成本的急剧下降，测序数据量呈爆炸式增长，生物也迎来了大数据时代。早在 20 世纪八九十年代，发达国家就已开始对生物数据进行专门管理和利用；美国、欧洲和日本分别建立世界三大生物数据中心：NCBI、EBI 和 DDBJ，这三大生物数据中心管理着全球大部分的生物数据和资源。

在这样的大背景下，中国也涌现出了大批的数据库和样本库。生物资源已成为国家战略资源的一部分，中国出台了大量的政策性文件来支持生物产业的发展。例如，2011 年，《“十二五”生物技术发展规划》明确要求：要“建设国家生物信息科技基础设施——国家生物信息中心，包括国家生物技术管理信息库，基因组、蛋白质组、代谢组等生物信息库，大型生物样本、标本、病例资源和人类遗传资源库以及共享服务体系；建设若干实验动物和模式生物基础设施和生物医学资源基础设施。”2012 年，《生物产业发展规划》指出：要“构建大规模和高通量基因组测序技术和装备、海量生物信息处理与分析技术；建设大规模的生物资源库和生物信息中心核心平台，建设网络化的国家生物资源和生物信息服务设施。”

（2）建立

2011 年 1 月，国家发改委批复同意深圳依托华大基因研究院组建国家基因库，同年 10 月，国家发展改革委、财政部、工业和信息化部、国家卫生计生委（原卫生部）4 部委联合批复同意组建国家基因库，相关项目列入国家战略性新兴产业发展专项资金计划。

国家基因库采取生物资源样本库和生物信息数据库相结合的建设模式，储存和管理我国特有的遗传资源、生物信息和基因数据。生物资源样本库收集并保存资源样本；而生物信息数据库则收集海量数字化样本资源，包含基因组、转录组、蛋白质组、表观组、代谢组及临床表型等数据信息。国家基因库还建立了覆盖广泛的联盟网络，对我国的生物资源及基因数据资源进行有效保护、合理开发和利用；同时，国家基因库致力于建立各种标准规范，期望建成大规模、高质量、规范化的基因库。

（3）愿景

国家基因库通过收集大量的不同来源和形式的资源样本，致力于建立大规模的生物资源样本库，确保我国生物资源尤其是我国的特有物种、濒危物种、具有重要经济价值和科学研究价值的物种及生态系统物种种群的安全性，有效地保护我国生物资源的多样性；同时，生物信息数据库将存储依托生物样本资源库丰富的样本资源生成的基因数据，并建立开放性平台，为海量生物资源表型数据及组学数据的处理和分析提供支持，为我国生命科学研究和生物产业发展提供基础性和支撑性服务平台。

国家基因库成立后，充分发挥深圳华大基因研究院的科研优势，推动国内外相关科研机构和企业间的广泛合作，期望形成高效运转的公益性服务模式，实现生物多样性的有效保护和生物资源的合理利用，提高我国生命科学研究水平和国际影响力，促进我国生物产业的全面发展。

2. 生物信息数据库概述

随着测序技术的进步及许多大项目的开展，产生了海量的生物信息数据。为了更好地组织和维护数据，以及有效地利用和挖掘数据的意义，各研究中心和机构建立了一系列数据库，并以此来展示和共享生物信息数据，如基因组数据库、核酸数据库、蛋白质数据库等。

自从生物数据库产生以来，其发展十分迅速。《核酸研究》（*Nucleic Acids Research*，*NAR*）杂志在每年最新一期的 Database Issue 中会详细介绍各种最新的或更新的生物信息数据库，这些数据库由专门的机构建立和维护，并负责收集、组织、管理和发布生物分子数据，向生物学研究人员提供了大量有用的信息。2001 年的 Database Issue 中共介绍了 281 种数据库（Baxevanisa，2001），而 2014 年最新一期的 Database Issue 公布：NAR 在线分子生物学数据库收集网站（http://www.oxfordjournals.org/nar/database/a/）已经收录了 1552 个分子生物信息数据库（Fernández-Suárez *et al.*，2014），收录的数据库数量已经增长了近 6 倍。

生物数据库在发展迅速的同时也越来越趋于全球化。例如，Genbank、ENA 和 DDBJ 三大数据库于 1988 年建立了合作关系，共同成立了国际核酸序列数据库协会（international nucleotide sequence database collection，INSDC，http://www.insdc.org/），每天将更新的数据进行交换和共享，以保证各数据库中数据信息的完整与同步。从理论上说，这三个数据库所拥有的 DNA 序列数据是完全相同的。

生物信息数据库逐渐发展到今天，其复杂程度也不断增加。在数据内容上，不再局限于单纯的测序数据，在对测序数据进行处理后，添加了许多注释、分类等信息，形成了许多具有专业用途的二次数据库和复合数据库；在功能上，大部分数据库除了提供数据查询和上传下载功能外，还提供分析功能，以满足生物学研究人员研究需要和数据库的实用性需求。

二、国家基因库数据库建设

1. 数据库建设过程

数据库构建是指对于一个给定的应用环境，构造最优的数据库模式，建立数据库及其应用系统，有效存储数据，满足用户信息要求和处理要求的过程。数据库构建大致分为需求分析、概念结构设计、逻辑结构设计、数据库物理设计、数据库构建实施、数据库运行和维护等阶段，如图 8-2 所示。

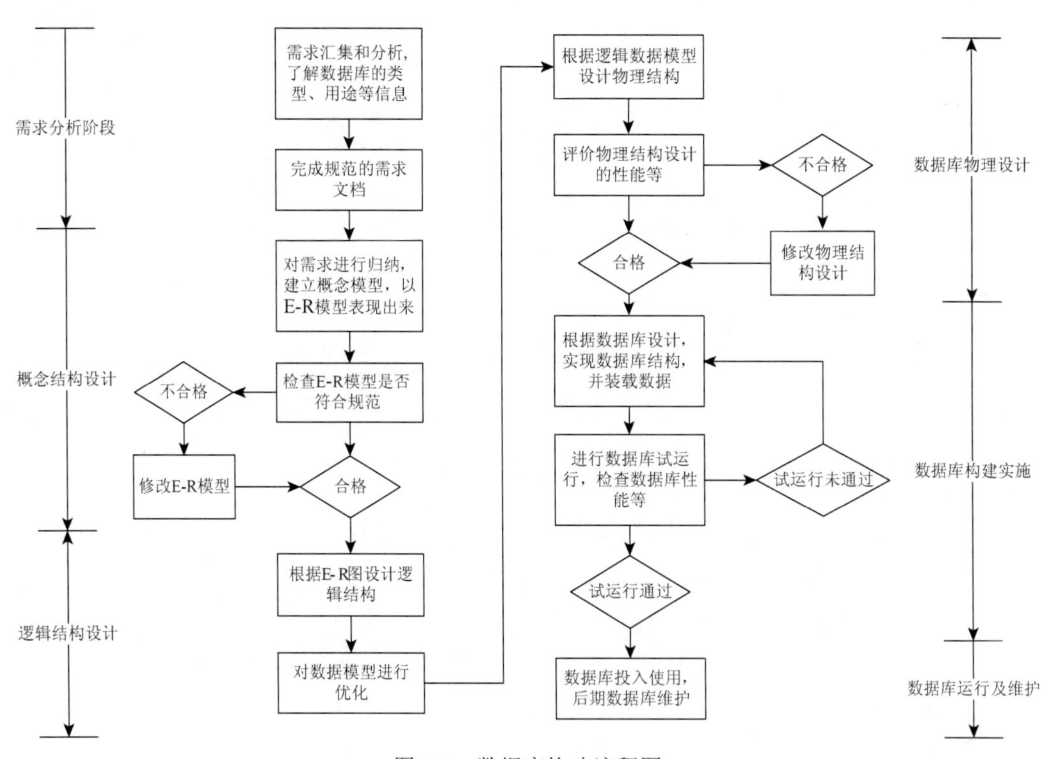

图 8-2　数据库构建流程图

（1）需求分析阶段

需求分析是指在设计数据库之前，充分地了解和分析用户的需求和数据库的用途，主要是调查、收集和分析用户在数据管理中的信息要求、处理要求、安全性及完整性要求。一般情况下是由专门的需求分析人员来针对数据库系统的最终用户进行需求分析，需求分析的结果需要整理成一个详尽的、规范的需求文档，作为后期数据库开发的依据。

对于生物信息数据库而言，一般可以分为数据的检索查询、数据上传、数据下载及分析等功能模块，大部分数据库的数据则是以 FTP 的形式存储，供用户下载。

（2）概念结构设计阶段

概念结构设计是指对用户需求进行综合、归纳与抽象，建立一个较为稳固的概念模型，通过实体-联系模型（E-R 模型）表现出来。通常建立 E-R 模型包括对需求的整合、定义实体、定义联系、定义码、定义属性及定义其他对象和规则等多个步骤。

在该阶段得到的数据模型通常是一个不依赖于数据库管理系统（database management system，DBMS）支持的数据库模型，但该模型可以转换为计算机上某一 DBMS 支持的特定数据模型。此时的数据模型应具有以下特点：①数据模型应该具有足够强的表达能力，以区分数据的不同类型、联系和约束；②数据模型应尽量简单，以便非专业用户能够理解和使用模型的相关概念；③数据模型应只具有少量的基本概念，这些概念应互不相同，并且含义互不重叠；④数据模型应提供图形化表示法，用于显示易于解释的概念模型；⑤数据模型中所表示的概念模式必须能够对数据进行无歧义的形式化规范说明，因此必须对模式概念进行准确且无歧义的定义（Elmasri *et al.*，2011）。

（3）逻辑结构设计阶段

逻辑结构设计是指将基本 E-R 图转换为与使用的 DBMS 产品所支持的数据模型相符合的逻辑结构，并对其进行优化。

目前，关系模型是生物信息数据库系统中最为常见的。在逻辑结构设计过程中，需要遵循一定的原则，将 E-R 图转换为关系模型，也就是将实体、实体的属性和实体之间的联系转化为关系模式。

为了进一步提高数据库应用系统的性能，还需要对数据模型进行优化，这个过程通常是以规范化理论为指导，对数据模型的结构进行适当的修改、调整，如确定数据依赖、消除冗余的联系、确定各关系模式分别属于第几范式、确定是否要对它们进行合并或分解等。

（4）数据库物理设计阶段

数据库物理设计即逻辑数据模型选取一个最适合应用环境的物理结构的过程，数据库的物理结构是指数据库在物理设备上的数据存储结构与存取方法，主要是选择 DBMS 和硬件系统。

数据库物理设计的目标主要是提高数据库的性能，以及存储空间的利用率，其内容主要包括两部分：确定数据库的物理结构，对物理结构进行评价。

（5）数据库构建实施阶段

完成数据库设计后，就可以开始实现数据库系统了。数据库实施方法主要是：运用 DBMS 提供的数据语言（如 SQL）及其宿主语言（如 C 语言），根据数据库设计的结果，用数字定义语言（data definition language，DDL）定义数据结构，建立数据库结构；然后向数据库装载数据。数据库建立完成后还需要编制与调试应用程序，最后对数据库进行试运行（李晶，2009）。

（6）数据库运行和维护阶段

一旦数据库系统完成，并且所有数据也已经装载到数据库中，就可以进入数据库的运行和维护阶段。数据库运行和维护的主要内容包括：数据库的转储和恢复，数据库的安全性、完整性控制，数据库性能的监督、分析和改进，数据库的重组织和重构造（李晶，2009）。

在数据库系统运行过程中必须不断地对其进行评价、调整与修改。根据收集的性能统计数据，当发现数据库系统的性能出现问题，或者数据库的需求发生改变时，就要对系统进行优化，以保证数据库的正常使用。

2. 数据库建设标准、规范

生物技术发展迅速，产生了海量的生物信息数据，目前生物信息数据资源收集过程中缺乏统一数据选择标准和管理规范，生物数据类型多样化，分析、处理标准不统一，各数据持有者之间在管理原则、方法及对各种生物信息的描述方法和处理标准等方面存在很大的差异性，大大增加了数据存储、检索和管理的复杂性，数据共享存在困难。

国家基因库在建设生物信息数据库的过程中，逐渐形成了生物信息数据资源收集、管理规范及数据库建设规范，旨在形成生物信息数据采集、处理及存储的统一标准和要求，并提出了生物信息数据库在资源建设、技术实现和运维服务等方面需要完成的工作和需要满足的要求。

《生物基因信息数据库建设与管理规范》是深圳市市场监督管理局于2014年发布的深圳市标准化指导性技术文件，该标准规定了生物基因信息数据库在建设、管理及硬件环境等方面的基本要求与生物信息数据的采集、处理和存储的方法及原则。

《生物信息数据库建设、使用和管理指南》是一本关于生物信息数据库构建的指导手册，全书从数据库现状、数据收集及分析、数据库构建等几个方面介绍了生物信息数据库构建的基本要求。

三、国家基因库数据库应用实例

如今，生物信息数据库逐渐成为一种生物学研究成果的展现方式。国家基因库目前收集了包括基因组、转录组、蛋白质组、表观组等在内的多组学数据，根据研究方向的不同，构建了大量的生物信息数据库（表8-1）及分析平台。

表8-1 国家基因库数据库列表

数据库名称	网址
人方向数据库	
Yanhuang Genome Database	http://yh.genomics.org.cn/
Chinese Cancer Genome Consortium	http://cancerdb.genomics.org.cn/
植物方向数据库	
Rice Genome Database	http://rise2.genomics.org.cn/
Cucumber Genome Database	http://cucumber.genomics.org.cn/
Foxtail millet Genome Database	http://foxtailmillet.genomics.org.cn/
动物方向数据库	
Pig Database	http://pig.genomics.org.cn/
Giant Panda Database	http://panda.genomics.org.cn/

续表

数据库名称	网址
Tree Families Database	http://treefam.genomics.org.cn/
Chicken Genome Database	http://chicken.genomics.org.cn/
Macaque Genome Database	http://macaque.genomics.org.cn/
Mole-rat Genome Database	http://mr.genomics.org.cn/
Chinese Macaque SNP（CMSNP）Database	http://monkey.genomics.org.cn/
微生物数据库	
Salmonella Choleraesuis Genome Database	http://salmonella.genomics.org.cn/
综合类数据库	
GigaDB	http://gigadb.org/

1. 生物信息数据库

（1）千种鱼类转录组数据库

海洋生物是地球上最庞大的生物群体，其中鱼类是所有脊椎动物中种类最多的群体，很多鱼类具有极大的经济和医学价值，同时鱼类在生态保护中也起着重要的作用，是自然界生物多样性中一个不可或缺的组成部分。如今测序技术和生物信息分析技术的飞速发展，使得大规模鱼类转录组测序及研究成为可能。

2013 年 11 月，国家基因库海洋分库发起千种鱼类转录组计划（Fish T1K），依靠国家基因库的样本存储能力和强大的生物信息分析能力，并与多家机构合作建立首个专门针对鱼类组学研究的全球性合作网络，计划在未来3～5年内完成约1000种鱼类转录组的测序、组装及分析工作。该项目产出的所有数据将通过国家基因库进行公开，并构建高质量的鱼类转录组数据库及生物信息平台，以保证科学家可以实时掌握鱼类研究动态及 RNA-seq 测序技术的最新应用。

千种鱼类转录组数据库（http://fisht1k.org/）将展示这个项目的所有数据，包括物种分类信息、样本来源、测序组织、转录组测序结果、数据组装结果、RNA 质量等大量数据及信息。用户可以在数据库网站上搜索下载数据，也可以在 FTP 上浏览下载数据。

在展示数据库的基础上，Fish T1K 数据库将为用户提供基本的分析服务，如 Blast 比对分析等。用户可以搜索并选择自己感兴趣的物种及其数据用于分析，如进行物种鉴定、基因分类、注释等生物信息分析。

（2）炎黄数据库

2007 年炎黄计划完成首个亚洲人的基因组测序，并建立炎黄数据库（YH database，http://yh.genomics.org.cn/），是首个亚洲人二倍体基因组数据库。

炎黄基因组是对研究亚洲人疾病与健康十分有意义的数据，所有测序数据都已上传至炎黄数据库。通过与其他数据库的比对及分析，得到大量遗传信息。例如，将炎黄基因组数据比对到人类参考基因组上，用来确定以人群为基础的、构成复杂疾病的多态性数据；与 HGMD 数据库比对，以获得表型相关信息。表 8-2（引自炎黄基因组数据库网站）是炎黄数据库的数据统计结果。

表 8-2 炎黄数据库数据统计

项目	数量统计
总核苷酸数（nucleotide）	117.7Gb
比对到参考基因组核苷酸数（map to genome）	102.9Gb
基因组覆盖率（coverage of genome）	99.97%
单核苷酸多态性（SNP）	307 万个
插入缺失（indel）	135 262 个
结构变异（structural variations）	2 682 个

目前炎黄数据库包括有炎黄一号的基因组序列数据、基因组的注释数据、多态性数据、基因型（genotype）等多项信息，这些信息均可以在 MapView 页面中查看。

同时炎黄数据库还提供 BLAST（basic local alignment search tool）比对分析服务，比对时有多种 BLAST 工具（BLASTN、BLASTP、BLASTX、TBLASTN 和 TBLASTX）可供选择，分析的参数可以自己设置，也可以选择默认参数。分析结果页面上首先会显示参考数据库的详细信息；其次是比对分析的描述信息，如提交序列的长度、比对上参考序列的数量及最好的比对结果信息；最后，所有的比对结果会按照得分降序排列，并且显示提交序列和参考序列比对上的位置等详细信息。

为了方便数据共享，炎黄数据库的基因组数据都以 FASTA 的格式保存，并附有测序质量文件；SNP、插入缺失（indel），结构变异（structural variation，SV）等则以 gff3 格式保存。炎黄数据库的所有数据都可以在数据库网站上下载。

（3）大熊猫数据库

大熊猫是中国特有的动物物种，是世界濒危物种之一，破解大熊猫的基因密码将帮助人们从遗传方面更好地了解大熊猫，以保护大熊猫这一濒危物种。2008 年，名为晶晶的 3 岁雌性大熊猫的基因组序列初稿完成，大熊猫数据库（giant panda database，http://panda.genomics.org.cn/）也由此而建立。

大熊猫数据库中的数据包括大熊猫基因组序列，以及组装信息（如表 8-3 所示，引自大熊猫数据库网站）和注释信息（如表 8-4 所示，引自大熊猫数据库网站），如基因结构和功能、非编码 RNA（ncRNA）、重复序列（repeat element）、SNP、插入缺失（indel）、结构变异（structural variation，SV）等。

表 8-3 组装信息统计

类型	数量/个	大小/bp
contigs total	200 603	2 245 302 481
contigs N50	16 105	39 886
contigs N90	58 757	9 848
scaffold total	81 469	2 299 498 912
scaffod N50	521	1 281 781
scaffod N90	1 867	312 670

表 8-4 注释信息统计

类型	数量/个	大小/bp
gene	21 001	31 052 448
ncRNA	1 448	137 352
repbase TE	3 104 061	779 790 576
SNP	2 682 349	2 682 349
indel（1～6bp）	267 958	451 943
SV（>100bp）	4 379	1 320 687

用户可以通过基因和scaffold编号来搜索数据，点击搜索结果项可以查看详细的信息，如可以了解某个基因的染色体位置、基因序列及蛋白质序列等信息；scaffold 的信息通常只包含编号、类型和长度。

为了展示每个基因组区域的详细的注释信息，大熊猫数据库开发了基于 Google Web Toolkit 的 Mapview 页面。用户可以在搜索结果详情页面点击“Mapview”查看，也可以在数据库导航栏处进入“Mapview”页面，选择合适的区域来查看基因组及注释信息。Mapview 的一大特点是可以同时查看多条记录，方便用户进行更直观的比较。

用户可以利用 BLAST 对熊猫基因组进行同源性比对，有多种 BLAST 工具（BLASTN、TBLASTN 和 TBLASTX）可供选择，分析的参数可以自己设置，也可以选择默认参数。

大熊猫数据库的所有数据都可供用户免费下载，数据库下载页面包括组装数据、基因注释、功能注释及多态性等数据。

（4）猕猴基因组数据库

猕猴属与人类关系密切，是医学研究中最常用的灵长类动物，猕猴在生物研究中的广泛应用使得了解它们的遗传信息变得十分重要。猕猴基因组数据库（macaque genome database，http://macaque.genomics.org.cn/）包含了恒河猴（Indian rhesus macaque，IR）、食蟹猴（crab-eating macaque，CE）、蛮猴（Chinese rhesus macaque，CR）的基因组信息，以及恒河猴和食蟹猴的表达数据，包括基因组序列数据（genome sequence）、编码序列数据（CDS）、蛋白质序列数据（protein sequence）、基因信息（gene）和重复序列信息（repeat）。

用户可以通过基因和 reference 编号来搜索数据，点击搜索结果项可以查看详细的信息，如 reference/scaffold 的编号、类型及长度信息。搜索基因时则可以查看该基因的染色体位置、表达数据、基因序列及蛋白质序列等信息（如表 8-5 所示，引自猕猴基因组数据库网站）。

表 8-5 猕猴基因搜索结果示例

Gene	ENSMMUP00000012629
specie	CE
chromosome	C125595861
location	61-273（-）
source	Exonerate
GO	GO：0005840；GO：0005762；GO：0005622；GO：0045182；GO：0006412；GO：0005739；GO：0003735；

续表

Gene	ENSMMUP00000012629
IPR	IPR000271;
KEGG	NA
symbol	MRPL34
description	mitochondrial ribosomal protein L34
expression	brain RPKM 86.8118 Total_read 6002951 Gene_read 111 Gene_length 213 ileum RPKM 79.5901 Total_read 9850947 Gene_read 167 Gene_length 213 kidney RPKM 117.143 Total_read 5650982 Gene_read 141 Gene_length 213 liver RPKM 76.3644 Total_read 17152744 Gene_read 279 Gene_length 213 testes RPKM 237.544 Total_read 10909743 Gene_read 552 Gene_length 213 white_adiposed RPKM 136.886 Total_read 3086768 Gene_read 90 Gene_length 213
sequence	1 AGGTGGCTCC AGCCCCGGGC CTGGCTGGGG TTCCCGGACG CCTGGGGCCT 51 CCCCACCCCA CAGCAGGCCC GGGGCAAGAC TCGCGGAAAC GAGTATCAGC 101 CGAGCAACAT CAAACGGAAG AACAAGCACG GCTGGGTCCG GCGCCTGAGC 151 ACGCCGGCCG GCGTCCAGGT CATCCTTCGC CGAATGCTCA AGGGCCGCAA 201 GTCGCTGAGC CAT
protein	1 RWLQPRAWLG FPDAWGLPTP QQARGKTRGN EYQPSNIKRK NKHGWVRRLS 51 TPAGVQVILR RMLKGRKSLS H
Map View	Map View

数据库中所有的数据都可以在 Mapview 中查看，用户可以在搜索结果详情页面点击“Mapview”查看，也可以在数据库首页的导航栏处或右侧的 Mapview 模块处进入“Mapview”页面。Mapview 可以更直观地显示某个区域内的基因信息、SNP 信息、GC 含量及测序深度，并且可以同时查看多条记录，方便用户进行比对。

同时还提供 BLAST 比对分析服务，用户可以利用 BLAST 对猕猴基因组进行同源性比对。比对时可以选择多种 BLAST 工具（BLASTN、BLASTP、BLASTX、TBLASTN 和 TBLASTX），也可以选择和不同的数据集进行比对；分析的参数可以自己设置，也可以选择默认参数。分析结果页面上会显示参考数据集的信息，其次是比对分析的结果，包括提交序列的长度、比对上参考序列的数量及得分；最后，所有的比对结果的详细信息会按照得分降序排列。

猕猴基因组数据库的所有数据都可供用户免费下载，数据库下载页面将数据分为 5 类：基因组序列数据、编码序列数据、蛋白质序列数据、基因信息和重复序列信息；基因组序列数据、编码序列数据和蛋白质序列数据以 FASTA 格式保存，基因信息和重复序列信息则是以 gff 格式保存。

（5）GigaDB

为了促进数据的公开和提高研究的可重复性，*GigaScience* 于 2011 年建立了 GigaDB 数据库，作为 *GigaScience* 的补充，致力于将文章和其支持数据与工具结合起来。

GigaScience database（GigaDB，http://www.gigadb.org）最初是存储与 *Giga Science* 上所发表的文章相关的数据和工具等信息。GigaDB 依靠主办机构 BGI 的 PB 级存储及计算和生物信息学基础设施，使得其存储、管理和展示大规模生物数据集更容易。如今，GigaDB 数据库中也包括 *Giga Science* 文章以外的数据集，主要是来自 BGI。由于数据产生的速度远大于研究人员将其研究成果撰写成文章并发表的速度，BGI越来越倾向于在文章发表前将数据发布出去，这样能让其他研究人员能够更快地利用这些数据，用于其他研究，特别是与疾病相关的研究，这并不影响日后文章的发表。华大基因的很多未发表的数据集都在该平台上进行提前发布，其中最有影响的案例是 2011 年的德国大肠杆菌基因组，其数据发布日期比文章的发表早了 2 个月，为人们提供了更多的时间与病原体做抗争。

GigaDB 接受多种格式的文件，但 GigaDB 仅接受其使用不受限制的数据。用户提交的数据通过审核后就会在 GigaDB 数据库中发布，供其他研究人员使用。GigaDB 数据库数据提交流程如图 8-3 所示。

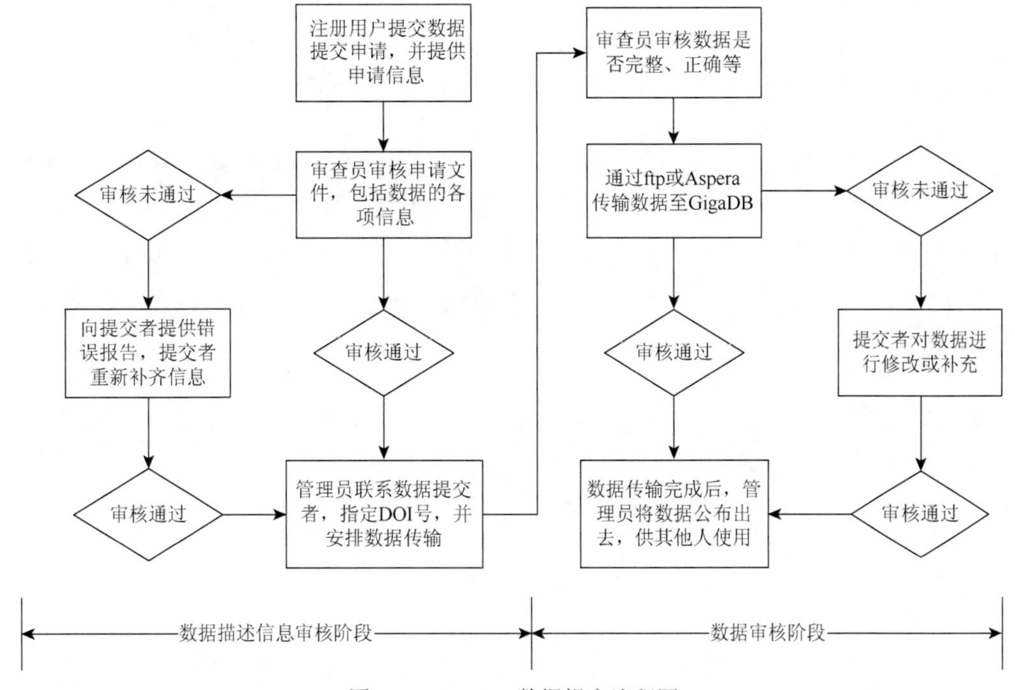

图 8-3　GigaDB 数据提交流程图

用户提交至 GigaDB 的一组数据将保存为一个数据集，包括测序数据的分析、图像文件、分析软件、分析流程等。GigaDB 与 CiteData 合作，为 GigaDB 里的每个数据集分配一个唯一的 DOI（digital object identifier）号，可以为其他文章的作者或研究人员使用这些数据时提供一个标准的引用模式；即使这些数据相关的文章还未发表，研究人员也可以通过 DOI 号来引用该数据集。

针对 GigaDB 数据库，用户可以选择全文搜索和关键词搜索。GigaDB 的全文搜索工具以开源工具 Sphinx 为基础，搜索效率更高；对于关键词搜索，用户可以对搜索结果进行进一步的过滤。注册用户还可以保存搜索条件，当出现与该搜索条件符合的新的数据集时，用户可以收到邮件通知。

GigaDB 包含了许多已经被发现的、可追踪的、可引用的数据，公众可以随时免费下载及使用。

2. 生物信息分析平台

（1）Galaxy

Galaxy 是一个开放的基于网页的生物信息分析平台，目前已经存在的公共 Galaxy 分析平台有 30 个左右，不同的 Galaxy 分析平台，其侧重点也不相同。

Galaxy 分析平台的搭建可以以云计算系统为基础，如 Galaxy main 生物信息分析平台就是基于亚马逊弹性云来搭建的。通过将计算分布在云计算平台上，使应用系统能够根据需求来获取计算资源、存储空间和软件资源等，为海量数据的高速处理、存储、资源扩展等提供有效的途径。

国家基因库搭建和维护的 Galaxy 生物信息分析平台致力于整合生物数据和分析工具，依托国家基因库和深圳华大基因研究院强大的存储能力及信息分析技术，可以为国内外用户提供计算存储资源和流程化分析服务。国家基因库目前搭建了两大 Galaxy 平台——鸟类 Galaxy（http://biocloud.cngb.org/avian/）和人类基因组 Galaxy（http://biocloud.cngb.org/galaxy/）。

Galaxy 平台集成了生物数据和生物分析工具，能以用户友好界面的形式进行生物信息分析。其最大的优势在于用户能够在不下载和安装任何软件和工具的前提下做各种生物信息学分析，也不需要编程的经验。另外，用户可以使用平台提供的分析流程，也可以使用其他科研人员共享的分析流程，能让用户更加方便地进行生物信息分析。Galaxy 能够记录每一步分析过程，同时可以与其他科研人员共享数据、分析记录及构建的工作流等。

（2）Blast for OneKP Project

OneKP 项目（http://www.onekp.com/）在 2008 年 11 月被倡议发起，旨在通过国际合作获得 1000 种以上不同植物的基因序列信息。值得注意的是，该项目为转录组测序而非基因组测序。该项目提供了目前全球规模最大，种类最齐全的植物转录组数据，目前已有 1328 条记录，详细记录了样本编号、目名、科名、种名、用于测序的组织类型、目前状态（是否已测序）、数据及项目情况等信息。

Blast for OneKP project（http://www.bioinfodata.org/app/Blast4OneKP/）平台主要是为 OneKP 项目提供 BLAST 比对服务。该平台提供了 1000 多种植物的序列供用户进行比对分析，用于植物的进化、基因功能、分类等分析研究。OneKP 项目的数据大都在成果发表前就已公布出来，数据不可以公开下载，但是用户可以在 OneKP 的网站查看已测序植物的数据。

“About”页面有比对分析使用方法的详细介绍：①用户需要注册后便可以进行数据搜索，并选择感兴趣的数据进行比对分析；②规定 BLAST 比对时序列必须以 FASTA 的格式输入；③附有 FASTA 格式中字母含义的介绍及对各个 BLAST 工具的介绍；④用户可以为比对序列添加符合规定的描述信息。

在“Tools”页面，用户可以利用该平台提供的 BLAST 工具，针对 OneKP 项目的数据进行 BLAST 比对。进行比对时，可在输入框中输入查询序列，也可上传文本文件，“Clear”按钮可清除输入的序列或上传的文件。在下方会有一些基本的参数供用户设置，可以选用默认参数，也可以自己设置。完成参数设置后便可以点击“BLAST”按钮开始进行分析。

四、生物信息数据库建设的探讨

一方面，在建设生物信息数据库过程中，生物数据类型多样化，不同测序仪器产生的数据和不同的生物信息分析工具产生的结果千差万别，格式不统一等问题长期存在；数据类型的多样化大大增加了数据存储、检索和管理的难度。这些问题也一直阻碍数据库间的数据共享，从而降低了数据的利用率，浪费了大量的资源。

另一方面，面对海量的数据资源，许多研究人员利用生物信息学手段去深层次挖掘这些数据的潜在信息和数据间的潜在关联，并以得到的数据或信息为基础构建出大量数据库。目前的研究过程中出现了大量的生物数据分析流程和工具，数据分析过程迥异，这样导致即使是相同的原始数据，最终的分析结果也会不同，甚至可能相差甚远。

数据资源作为数据库的源头和核心，其存储和管理十分重要，因此，有必要建立完善的数据资源管理规范及合理的数据选择标准，对生物信息数据资源进行合理、有效的管理。

在有效管理的基础上，还应该针对不同的原始数据类型建立一套公认的标准分析流程，供研究人员使用，增加数据间的共享性。在条件允许的情况下，应该建立一个数据共享的平台，促进该领域间的数据共享和交流，提高数据的利用率，促进生物研究的发展。

（严志祥　张　勇）

主要参考文献

李晶. 2009. 数据库设计理论的研究. 科技创新导报，18：33.

Baxevanis AD. 2001. The molecular biology database collection：an updated compilation of biological database resources. Nucleic Acids Research，29（1）：1-10.

Betancur R R，Broughton RE，Wiley EO，*et al*. 2013. The tree of life and a new classification of bony fishes. PLoS Currents，（5）：e1001550.

Elmasri R，Navathe S B. 2011. 数据库系统基础. 6 版. 李翔鹰，刘镔，邱海艳等译. 北京：清华大学出版社.

Fernández-Suárez XM，Rigden DJ，Galperin MY. 2014. The 2014 nucleic acids research database issue and an updated NAR online molecular biology database collection. Nucleic Acids Research，42（Database Issue）：D1-D6.

Pompa S，Ehrlich PR，Ceballos G. 2011. Global distribution and conservation of marine mammals（IUCN），180（33）：13600-13605.